KB242757

이해하기 쉬운 산업안전보건법

전면 개정판

이해하기 쉬운 산업안전보건법(전면 개정판)

발행일　　2026년 3월 26일

지은이　　강만구, 김동걸
펴낸이　　손형국
펴낸곳　　(주)북랩

출판등록　2004. 12. 1(제2012-000051호)
주소　　　서울특별시 금천구 가산디지털 1로 168, 우림라이온스밸리 B동 B111호, B113~115호
홈페이지　www.book.co.kr
전화번호　(02)2026-5777　　　　　　　　팩스　(02)3159-9637

ISBN　　979-11-7598-167-6 03530 (종이책)　　　979-11-7598-168-3 05530 (전자책)

작가 연락처 문의 ▶ ask.book.co.kr

전용 게시판에 문의를 남기시면 저자에게 직접 전달됩니다.

(주)북랩 성공출판의 파트너

북랩 홈페이지와 SNS에서 다양한 출판 솔루션을 만나 보세요!

홈페이지 book.co.kr　　•　**블로그** blog.naver.com/essaybook　　•　**출판문의** text@book.co.kr
카톡채널 북랩

이해하기 쉬운
산업안전보건법

OCCUPATIONAL SAFETY AND HEALTH ACT

산업안전보건 기본서

강만구, 김동걸 공저

변화된 산업안전보건법령 체계, 한 권으로 완성
제도의 구조를 흐름으로 읽는 산업안전보건법

∨ 산업안전보건 업무를 한눈에 파악하는 실무 참고서
∨ 필요한 규정을 빠르게 찾는 목차형 구성
∨ 산업안전보건 업무 역량을 높이는 핵심 정리

북랩

제2판을 내면서

초판 『이해하기 쉬운 산업안전보건법』을 발간한 이후 약 6년이 지났습니다.

그동안 산업안전보건법은 산업현장의 변화, 새로운 위험요인의 등장, 사회적 요구의 확대에 따라 여러 차례 개정되어 왔습니다.

법령이 개정된다는 것은 제도가 발전하고 있다는 의미이기도 하지만, 한편으로는 산업현장에서 반복되어 온 사고와 희생을 더 이상 방치할 수 없다는 사회적 경고가 누적되어 왔다는 뜻이기도 합니다.

최근 우리나라는 경제성장과 산업구조의 고도화를 거치며, 산업안전보건에 대한 사회적 관심이 매우 높아지고 있습니다.

특히 중대재해처벌법이 예외 없이 전면 시행되면서, 안전보건은 일부 업종이나 일부 대규모 사업장에만 해당하는 문제가 아니라, 산업 전반에서 반드시 관리해야 하는 핵심 과제로 자리 잡고 있습니다.

그러나 관심의 확대가 곧바로 현장의 안전 확보로 이어지는 것은 아닙니다.

산업재해는 단순히 개인의 부주의로만 설명하기 어려운 경우가 많습니다.

작업의 속도와 생산성이 우선되는 구조, 다단계 도급과 외주화로 인한 책임의 분산, 위험작업의 하청화, 안전투자와 인력운영의 불균형, 숙련도와 교육수준의 격차, 안전보건관리체계의 형식적 운영 등 구조적 요인이 복합적으로 작용할 때 사고는 반복되기 쉽습니다.

또한 산업현장은 제조업·건설업뿐 아니라 물류·서비스·시설관리·유지보수 등으로 확대되고 있으며, 설비의 자동화와 화학물질의 다양화, 고령화에 따른 건강장해 문제까지 더해지면서 산업안전보건이 다루어야 할 범위는 더욱 넓어지고 있습니다.

이러한 상황에서 산업안전보건법은 사업주와 근로자, 안전보건관리자와 관리감독자, 도급인과 수급인, 발주자, 전문기관, 공공기관과 지방자치단체 등 다양한 주체가 무엇을 해야 하는지를 규정하는 기본 틀로서 기능합니다.

그러나 산업안전보건법은 법·시행령·시행규칙뿐 아니라 산업안전보건기준에 관한 규칙, 다수의 고시와 기술기준, 위임·준용 구조까지 포함하고 있어 처음 접하는 독자에게는 체계가 복잡하게 느껴질 수 있습니다.

또한 업종과 작업특성에 따라 적용 내용이 달라지고, 기술적 용어가 많으며, 의무와 제재가 함께 규정되어 있어 빠르게 읽고 핵심을 잡기 쉽지 않은 것이 현실입니다.

초판은 이러한 어려움을 줄이기 위해, 산업안전보건법을 법령 순서에 따라 정리형으로 구성하여 "빠르게 찾아볼 수 있는 기본서"로서의 기능을 목표로 하였습니다.

다만 초판은 실무에서 자주 언급되는 주요 규정을 중심으로 구성하는 과정에서, 일부 독자에게는 "필요한 규정이 빠져 있다."라는 아쉬움이 남기도 하였습니다.

그 의견은 오히려 이 책의 독자가 생각보다 다양하다는 사실을 확인하게 해 주었습니다.

산업안전보건법을 활용하는 사람은 현장의 관리자뿐 아니라, 안전보건 업무 담당자, 컨설턴트, 교육기관 종사자, 전문기관 관계자, 공공기관 및 발주업무 담당자, 그리고 안전보건에 관심을 가진 일반인까지 폭넓게 존재합니다.

따라서 산업안전보건법의 일부만을 요약하는 방식만으로는, 독자층의 요구를 충분히 충족하기 어렵다는 점도 분명해졌습니다.

이번 개정판은 이러한 배경을 바탕으로, 단순히 "개정된 조문을 반영한 수정판"이 아니라 책의 구성 자체를 보다 체계적이고 논리적으로 재정비하는 데 중점을 두었습니다.

초판이 조문 중심의 정리형이었다면, 개정판은 조문 체계를 유지하면서도 제도의 흐름이 머릿속에 그려질 수 있도록, 독자가 따라가기 쉬운 순서로 내용을 재배치하고 연결하였습니다.

특히 각 단원은 제목형 스타일을 강화하여, 독자가 필요한 정보를 빠르게 찾고 바로 적용할 수 있도록 구성하였습니다.

한 항목 안에서도 핵심 개념과 의무, 적용 주체, 관련 제도 간의 연결이 자연스럽게 이어지도록 정리하여, 읽는 과정에서 조문이 "따로따로" 보이지 않도록 하였습니다.

또한 이번 개정판에서는 초판에서 상대적으로 비중이 적었던 규정들도 적극적으로 반영하여,

산업안전보건법의 전체를 보다 균형 있게 아우르도록 구성하였습니다

산업안전보건법은 일부 핵심 규정만으로 이해하기보다, 관리체계·교육·조치·감독·제재가 하나의 흐름으로 연결될 때 실무에서 제대로 작동합니다.

따라서 개정판은 법령의 전반적 구조를 유지하면서도, 독자가 제도의 큰 그림을 놓치지 않도록 돕는 데 초점을 맞추었습니다.

이 책은 해설서처럼 특정한 견해를 제시하기보다, 법령에 근거한 객관적인 내용을 중심으로 정리하여 "기본서"로서 기능하는 것을 목표로 합니다.

독자가 본서를 통해 산업안전보건법의 전체 흐름을 이해하고, 필요한 조항을 빠르게 찾아 실무에 적용하며, 안전보건관리체계를 점검하는 기준으로 활용할 수 있기를 바랍니다.

또한 이 책이 산업현장의 안전과 건강을 지키는 데 있어 작은 기준점이 되고, 더 나아가 산업재해를 줄이기 위한 사회적 노력에 의미 있는 밑거름이 되기를 기대합니다.

2026년 3월

강만구, 김동걸

머리말

산업현장에서 근로자가 안전하고 쾌적한 환경에서 업무를 수행할 수 있도록 안전보건교육, 시설 개선, 건강진단 등 다양한 안전보건활동이 이루어져야 합니다.

근로자를 고용하는 기업은 산업안전보건법에서 정한 기준에 따라 안전보건활동을 이행하여야 하므로, 산업안전보건법의 내용을 충분히 숙지할 필요가 있습니다.

산업안전보건법은 법, 시행령, 시행규칙, 고시 등으로 구성되어 체계가 방대할 뿐 아니라, 업종별 특성에 따라 적용 내용이 달라지고 전문·기술적인 요소도 많아 쉽고 빠르게 이해하기 어려운 측면이 있습니다.

또한 1981년 제정되고 1990년 전문 개정된 이후 약 30여 년 만에 전부 개정된 산업안전보건법은 2019년 1월 15일 공포되어 2020년 1월 16일부터 시행되었습니다.

이번 전부개정은 법률 조항의 정비에 그치지 않고, 보호대상의 확대, 산업재해 예방 책임 주체의 확대, 제재 강화 등 산업현장 전반에 걸쳐 큰 변화를 가져왔습니다.

이러한 배경에서 산업안전보건법을 다양한 계층의 독자가 보다 쉽고 빠르게 숙지하고 활용할 수 있는 정리서의 필요성을 느껴 본서를 집필하였습니다.

본서는 개정된 산업안전보건법의 체계를 따라 법령의 순서와 일치하도록 구성하였습니다.

제1장에서는 산업안전보건법의 목적, 정의, 적용대상을 정리하였고, 제2장에서는 안전보건활동의 기본이 되는 안전보건관리체계와 규정을 정리하였습니다.

제3장에서는 근로자의 안전의식 향상을 위한 안전보건교육을, 제4장에서는 산업재해 예방을 위한 유해·위험 방지조치를, 제5장에서는 도급사업에서 발주자 및 도급인이 준수하여야 할 의무를 정리하였습니다.

또한 제6장과 제7장에서는 유해·위험 기계 및 유해·위험물질에 관한 조치사항을, 제8장에서는 건강진단 등 보건관리에 관한 사항을 주제별로 구분하여 수록하였습니다.

아울러 각 주제와 관련된 벌칙 규정도 함께 정리하여, 의무 불이행 시 발생할 수 있는 행정적·법적 책임까지 한눈에 이해할 수 있도록 구성하였습니다.

끝으로 본서의 집필 과정에서 법령 해석에 도움을 주신 모든 분들께 감사의 말씀을 전합니다.
본서가 산업현장에서 산업안전보건법을 이해하고 적용하는 데 도움이 되는 기본서가 되기를
바랍니다.

2020년 1월 고(故) 김용균 님을 추도하며…
강만구, 김동걸

일러두기

본서는 산업안전보건법, 같은 법 시행령, 시행규칙, 고시, 업무지침, 질의회시 등을 바탕으로 집필하였습니다.

다만, 법령은 개정되거나 해석·운영 기준이 변경될 수 있으므로, 독자는 본서의 내용과 함께 최신 법령 및 관계기관의 공식 자료를 병행하여 확인할 필요가 있습니다.

본서의 내용은 일반적인 정보 제공을 목적으로 하며, 개별 사안에 대한 법률적·행정적 판단을 대체하지 않습니다.

따라서 본서의 이용 또는 해석 과정에서 발생할 수 있는 결과에 대하여 저자는 법적 책임을 부담하지 않음을 미리 알려드립니다.

또한 이해가 어려운 부분이 있거나, 법령 이행 과정에서 추가 설명이 필요한 경우에는 아래 연락처로 문의하여 주시기 바랍니다.

저자 : 강만구(kang10009@shai.or.kr)
　　　 김동걸(issc@safetysc.co.kr)

약칭표현

본서에서는 독자의 이해와 반복 용어의 간결한 표기를 위해 다음과 같은 약칭을 사용합니다.

· 산업안전보건법: 법

· 산업안전보건법 시행령: 시행령

· 산업안전보건법 시행규칙: 시행규칙

· 산업안전보건기준에 관한 규칙: 안전보건규칙

· 한국산업안전보건공단: 공단

· 산업안전지도사 및 산업보건지도사: 지도사

목차

제2판을 내면서   4

머리말   7

일러 두기   9

제1장 산업안전보건법 총칙

1. 산업안전보건법의 목적 및 정의(법 제1조, 제2조)   16

2. 산업안전보건법의 적용 범위(법 제3조)   21

3. 정부 및 지방자치단체의 책무(법 제4조, 제4조의2, 제4조의3)   26

4. 사업주 및 근로자등의 의무(법 제5조, 제6조)   29

5. 산업재해 예방에 관한 기본계획 및 협조체계(법 제7조, 제8조, 제9조)   32

6. 산업재해 발생건수 등의 공표(법 제10조)   36

7. 산업재해 예방시설 설치·운영 및 재원(법 제11조, 제12조)   40

8. 기술 또는 작업환경에 관한 표준(법 제13조)   42

제2장 안전보건관리체제

1. 안전관리체제의 기본구조   46

2. 이사회 보고 및 승인 등(법 제14조)   50

3. 안전보건관리책임자(법 제15조)   52

4. 관리감독자(법 제16조)   55

5. 안전관리자(법 제17조)   68

6. 보건관리자(법 제18조)   80

7. 안전보건관리담당자(법 제19조)   88

8. 산업보건의(법 제22조)   92

9. 명예산업안전감독관(법 제23조)   95

10. 산업안전보건위원회(법 제24조)   100

11. 안전보건관리규정(법 제25조)   105

제3장 안전보건교육

1. 근로자 안전보건교육(법 제29조)   110

2. 건설업 기초안전보건교육(법 제31조)   130

3. 직무교육(법 제32조)   132

제4장 유해·위험 방지 조치

1. 법령 요지 등의 게시(법 제34조)   138

2. 근로자대표의 통지 요청(법 제35조)   140

3. 위험성평가의 실시(법 제36조)   142

4. 안전보건표지의 설치·부착(법 제37조)   158

5. 안전조치 및 보건조치(법 제38조, 제39조, 제40조)   167

6. 고객의 폭언 등으로 인한 건강장해 예방조치(법 제41조)   171

7. 유해위험방지계획서의 작성·제출(법 제42조)   173

8. 공정안전보고서의 작성·제출(법 제44조)   186

9. 안전보건진단(법 제47조)   204

10. 안전보건개선계획 수립·시행(법 제49조)   207

11. 작업중지(법 제51조, 제52조)   210

12. 고용노동부장관의 시정조치(법 제53조)   212

13. 중대재해 발생 시 조치(법 제54조~제56조)   215

14. 산업재해 발생 은폐 금지 및 보고(법 제57조)   219

제5장 도급 시 산업재해 예방

1. 산업안전보건법에서의 도급   224

2. 유해한 작업의 도급금지(법 제58조)   237

3. 유해하거나 위험한 작업의 도급승인(법 제59조)   245

4. 적격 수급인의 선정(법 제61조)   252

5. 안전보건총괄책임자(법 제62조)   254

6. 도급인의 안전조치 및 보건조치(법 제63조)   257

7. 도급에 따른 산업재해 예방조치(법 제64조)   261

8. 도급인의 안전 및 보건에 관한 정보 제공(법 제65조)   270

9. 도급인의 관계수급인에 대한 시정조치(법 제66조)   272

10. 건설공사발주자의 산업재해 예방 조치(법 제67조)   275

11. 안전보건조정자(법 제68조)   280

12. 공사기간 단축 금지 기간 연장(법 제69조, 제70조)   283

13. 설계변경의 요청(법 제71조)   287

14. 건설공사 등의 산업안전보건관리비 계상(법 제72조)   291

15. 건설공사의 산업재해 예방 지도(법 제73조)   306

16. 노사협의체의 구성·운영에 관한 특례(법 제75조)   311

17. 기계·기구 등에 대한 건설공사도급인의 안전조치(법 제76조)   315

18. 특수형태근로종사자에 대한 안전 및 보건조치(법 제77조)   318

19. 배달종사자에 대한 안전조치(법 제78조)   324

20. 가맹본부의 산업재해 예방조치(법 제79조)   326

제6장 유해·위험 기계 등에 대한 조치

1. 유해하거나 위험한 기계·기구에 대한 방호조치(법 제80조)   330

2. 기계·기구 등의 대여자 등의 조치(법 제81조)   334

3. 안전인증(법 제83조~제87조)   338

4. 자율안전확인의 신고(법 제89조)   351

5. 안전검사(법 제93조)   359

제7장 유해·위험물질에 대한 조치

1. 유해인자의 분류기준(법 제104조)   370

3. 유해인자 허용기준의 준수(법 제107조)   373

4. 신규화학물질의 유해성·위험성 조사(법 제108조)   376

5. 중대한 건강장해 우려 화학물질의 유해성·위험성 조사(법 제109조)   381

6. 물질안전보건자료의 작성 및 제출(법 제110조)   388

7. 물질안전보건자료의 제공(법 제111조)   391

8. 물질안전보건자료의 일부 비공개 승인(법 제112조)   396

9. 국외제조자가 선임한 자에 의한 정보 제출 등(법 제113조)   406

10. 물질안전보건자료의 게시 및 교육(법 제114조) 409

11. 물질안전보건자료대상물질용기의 경고표시(법 제115조) 414

12. 제조등 금지물질(법 제117조) 420

13. 허가대상물질(법 제118조) 424

14. 석면조사(법 제119조) 428

15. 석면의 해체·제거(법 제122조~제124조) 433

제8장 근로자의 보건관리

1. 작업환경측정(법 제125조) 440

2. 휴게시설의 설치(법 제128조의2) 451

3. 건강진단(법 제129조) 454

4. 건강관리카드(법 제137조) 471

5. 질병자의 근로 금지·제한(법 제138조) 476

6. 유해·위험작업에 대한 근로시간 제한(법 제139조) 478

7. 자격 등에 의한 취업 제한(법 제140조) 480

제9장 산업안전지도사·산업보건지도사

산업안전지도사·산업보건지도사(법 제142조~154조) 488

제10장 근로감독관 등

근로감독관 등(법 제155조~157조) 502

제11장 기타

1. 영업정지의 요청(법 제159조) 516

2. 비밀 유지(법 제162조) 518

3. 서류의 보존(법 제164조) 520

4. 현장실습생에 대한 특례(법 제166조의2) 524

5. 산업안전보건법에 따른 기관 526

부록 529

제1장

산업안전보건법 총칙

1 / 산업안전보건법의 목적 및 정의(법 제1조, 제2조)

① 목적

① 산업안전보건법의 기본 목적

산업 안전 및 보건에 관한 기준을 확립하고, 그 책임의 소재를 명확하게 하여 산업재해를 예방하고 쾌적한 작업환경을 조성함으로써 노무를 제공하는 사람의 안전 및 보건을 유지·증진함을 목적으로 함

② 목적 규정의 실무적 의미

단순히 사고를 줄이기 위한 규제가 아니라, 누가 어떤 책임을 지고 무엇을 해야 하는지를 명확히 함으로써 산업재해를 예방하는 책임 구조 중심의 법률임

따라서 이후 각 장에서 규정하는 사업주, 도급인, 수급인 등의 의무는 모두 이 목적 조항을 전제로 설정됨

② 산업안전보건법 체계에서의 목적 규정의 위치

① 법·시행령·시행규칙의 역할 구분

(1) 법: 산업안전보건 제도의 기본 원칙과 책임 구조를 정함

(2) 시행령: 법에서 위임된 사항을 구체화하고 제도의 큰 틀을 보완함

(3) 시행규칙: 실제 현장에서 적용되는 절차, 서식, 기준을 정함

② 목적 규정은 이 세 가지 법령 체계를 관통하는 최상위 기준에 해당함

③ 정의 규정의 기능과 중요성

■ 정의 규정의 역할

(1) 산업안전보건법 제2조의 정의 규정은 이후 조문에서 반복 사용되는 핵심 용어의 의미를 명확히 하기 위한 기준 조항임

(2) 실무에서는 특정 의무가 적용되는지 여부를 판단할 때, 해당 용어가 정의 규정에 포함되는지가 출발점이 됨

④ 용어 정의

① "산업재해"란 노무를 제공하는 사람이 업무에 관계되는 건설물·설비·원재료·가스·증기·분진 등에 의하거나 작업 또는 그 밖의 업무로 인하여 사망 또는 부상하거나 질병에 걸리는 것을 말함

→ 업무 관련성이 판단의 핵심 기준이며, 산업재해 해당 여부 판단 및 산재 처리·통계 산정의 기초가 됨

② "중대재해"란 산업재해 중 사망 등 재해 정도가 심하거나 다수의 재해자가 발생한 경우로서 다음 각 호의 어느 하나에 해당하는 재해를 말함

⑴ 사망자가 1명 이상 발생한 재해

⑵ 3개월 이상의 요양이 필요한 부상자가 동시에 2명 이상 발생한 재해

⑶ 부상자 또는 직업성질병자가 동시에 10명 이상 발생한 재해

→ 사망 여부 또는 동시 발생 인원이 판단 기준이며, 중대재해 보고·조사 및 법정 의무 이행 여부 판단의 기준이 됨

③ "근로자"란 「근로기준법」 제2조제1항제1호에 따른 근로자[1]를 말함

→ 산업안전보건법은 기본적으로 근로자 보호법의 성격을 가지며, 임금을 목적으로 근로를 제공하는지 여부가 기준임

→ 안전보건조치 적용 대상, 교육·건강진단 등 의무 적용 범위를 판단하는 출발점이 됨

④ "사업주"란 근로자를 사용하여 사업을 하는 자를 말함

→ 산업안전보건법상 대부분의 안전·보건 조치 의무는 사업주를 중심으로 부과되며, 근로자 사용 관계가 성립하면 사업주로 판단됨

→ 안전보건조치 이행 주체 및 과태료·처벌 등 책임 주체 판단에 직접 연결됨

⑤ "근로자대표"란 근로자의 과반수로 조직된 노동조합이 있는 경우에는 그 노동조합을, 근로자의 과반수로 조직된 노동조합이 없는 경우에는 근로자의 과반수를 대표하는 자를 말함

→ 산업안전보건위원회 구성, 협의 절차 등에서 핵심적 역할을 하며, 과반수 노동조합

---

1) 「근로기준법」 제2조【정의】
  ① 이 법에서 사용하는 용어의 뜻은 다음과 같다.
    1. "근로자"란 직업의 종류와 관계없이 임금을 목적으로 사업이나 사업장에 근로를 제공하는 사람을 말한다.

존재 여부에 따라 대표 방식이 달라짐

→ 근로자 의견수렴, 협의·심의 절차의 적법성 판단에 활용됨

⑥ "도급"이란 명칭에 관계없이 물건의 제조·건설·수리 또는 서비스의 제공, 그 밖의 업무를 타인에게 맡기는 계약을 말함

→ 계약 명칭이 아니라 업무를 맡기는 실질이 기준임

→ 도급·용역·위탁 관계에서 도급인의 의무 발생 여부 판단의 출발점이 됨

⑦ "도급인"이란 물건의 제조·건설·수리 또는 서비스의 제공, 그 밖의 업무를 도급하는 사업주를 말함. 다만, 건설공사발주자는 제외

→ 도급을 주는 사업주가 원칙이나 건설공사발주자는 제외됨

→ 도급인의 안전보건조치·정보제공·관리 의무 적용 여부 판단에 활용됨

⑧ "수급인"이란 도급인으로부터 물건의 제조·건설·수리 또는 서비스의 제공, 그 밖의 업무를 도급받은 사업주를 말함

→ 도급을 받은 사업주가 수급인에 해당함

→ 수급인의 자체 안전보건조치 이행 및 도급인과의 협력 의무 판단에 활용됨

⑨ "관계수급인"이란 도급이 여러 단계에 걸쳐 체결된 경우에 각 단계별로 도급받은 사업주 전부를 말함

→ 다단계 도급이면 각 단계 수급인 전부가 포함됨

→ 다수 수급인이 동시에 작업하는 현장에서 책임 범위와 관리 대상을 정리하는 기준이 됨

⑩ "건설공사발주자"란 건설공사를 도급하는 자로서 건설공사의 시공을 주도하여 총괄·관리하지 아니하는 자를 말함. 다만, 도급받은 건설공사를 다시 도급하는 자는 제외

→ 시공을 주도·총괄·관리하는지 여부가 핵심 기준임

→ 발주자의 법적 지위 및 도급인의 범위 적용 여부 판단에 활용됨

⑪ "건설공사도급인"이란 건설공사발주자로부터 해당 건설공사를 최초로 도급받은 수급인 또는 건설공사의 시공을 주도하여 총괄·관리하는 자를 말함

→ 최초 수급인 또는 시공 총괄·관리 주체가 해당함

→ 건설공사 현장에서 총괄 관리 의무의 중심 주체를 판단하는 기준이 됨

⑫ "건설공사"란 다음 각 호의 어느 하나에 해당하는 공사를 말함

(1) 「건설산업기본법」 제2조제4호에 따른 건설공사[2]

(2) 「전기공사업법」 제2조제1호에 따른 전기공사[3]

(3) 「정보통신공사업법」 제2조제2호에 따른 정보통신공사[4]

(4) 「소방시설공사업법」에 따른 소방시설공사[5]

(5) 「국가유산수리 등에 관한 법률」에 따른 국가유산 수리공사[6]

→ 건설공사 해당 여부는 각 법령상 공사 범위를 기준으로 판단됨

→ 건설공사 관련 의무(도급·발주 관련 규정) 적용 여부를 가르는 기준이 됨

---

2) 「건설산업기본법」 제2조【정의】
　　이 법에서 사용하는 용어의 뜻은 다음과 같다.
　　1. "건설공사"란 토목공사, 건축공사, 산업설비공사, 조경공사, 환경시설공사, 그 밖에 명칭과 관계없이 시설물을 설치·유지·보
　　　수하는공사(시설물을 설치하기 위한 부지조성공사를 포함한다) 및 기계설비나 그 밖의 구조물의 설치 및 해체공사 등을
　　　말한다. 다만, 다음 각 목의 어느 하나에 해당하는 공사는 포함하지 아니한다.
　　　가. 「전기공사업법」에 따른 전기공사
　　　나. 「정보통신공사업법」에 따른 정보통신공사
　　　다. 「소방시설공사업법」에 따른 소방시설공사
　　　라. 「국가유산수리 등에 관한 법률」에 따른 국가유산 수리공사
3) 「전기공사업법」 제2조【정의】
　　이 법에서 사용하는 용어의 뜻은 다음과 같다.
　　1. "전기공사"란 다음 각 목의 어느 하나에 해당하는 설비 등을 설치·유지·보수·해체하는 공사 및 이에 따른 부대공사로서 대
　　　통령령으로 정하는 것을 말한다.
　　　가. 「전기사업법」 제2조제16호에 따른 전기설비
　　　나. 전력 사용 장소에서 전력을 이용하기 위한 전기계장설비(電氣計裝設備)
　　　다. 전기에 의한 신호표지
　　　라. 「신에너지 및 재생에너지 개발·이용·보급 촉진법」 제2조제3호에 따른 신·재생에너지 설비 중 전기를 생산하는 설비
　　　마. 「지능형전력망의 구축 및 이용촉진에 관한 법률」 제2조제2호에 따른 지능형전력망 중 전기설비
4) 「정보통신공사업법」 제2조【정의】
　　이 법에서 사용하는 용어의 뜻은 다음과 같다.
　　2. "정보통신공사"란 정보통신설비의 설치 및 유지·보수에 관한 공사와 이에 따르는 부대공사(附帶工事)로서 대통령령으로
　　　정하는 공사를 말한다.
　　「정보통신공사업법 시행령」 제2조【공사의 범위】
　　① 「정보통신공사업법」 제2조제2호에 따른 정보통신설비의 설치 및 유지·보수에 관한 공사와 이에 따른 부대공사는 다음 각
　　　호와 같다.
　　1. 전기통신관계법령 및 전파관계법령에 따른 통신설비공사
　　2. 「방송법」 등 방송관계법령에 따른 방송설비공사
　　3. 정보통신관계법령에 따라 정보통신설비를 이용하여 정보를 제어·저장 및 처리하는 정보설비공사
　　4. 수전설비를 제외한 정보통신전용 전기시설설비공사 등 그 밖의 설비공사
　　5. 제1호부터 제4호까지의 규정에 따른 공사의 부대공사
　　6. 제1호부터 제5호까지의 규정에 따른 공사의 유지·보수공사
5) 「소방시설공사업법」
　　"소방시설공사"는 설계도서에 따라 소방시설을 신설, 증설, 개설, 이전 및 정비하는 공사를 말함
6) 「국가유산수리 등에 관한 법률」
　　이 법에서 사용하는 용어의 뜻은 다음과 같다.
　　1. "국가유산수리"란 다음 각 목의 어느 하나에 해당하는 것의 보수·복원·정비 및 손상 방지를 위한 조치를 말한다.
　　　가. 「문화유산의 보존 및 활용에 관한 법률」 제2조제3항에 따른 지정문화유산, 「자연유산의 보존 및 활용에 관한 법률」 제
　　　　2조제5호에 따른 천연기념물등
　　　나. 「문화유산의 보존 및 활용에 관한 법률」 제32조에 따른 임시지정문화유산, 「자연유산의 보존 및 활용에 관한 법률」 제
　　　　16조에 따른 임시지정천연기념물 또는 임시지정명승
　　　다. 지정문화유산 및 천연기념물등(임시지정문화유산, 임시지정천연기념물 또는 임시지정명승을 포함한다)과 함께 전통
　　　　문화를 구현·형성하고 있는 주위의 시설물 또는 조경으로서 대통령령으로 정하는 것

⑬ "안전보건진단"이란 산업재해를 예방하기 위하여 잠재적 위험성을 발견하고 그 개선대책을 수립할 목적으로 조사·평가하는 것을 말함

 → 잠재적 위험성 발견과 개선대책 수립을 위한 조사·평가임

 → 재해 예방을 위한 개선계획 수립 및 사업장 안전보건 수준 점검에 활용됨

⑭ "작업환경측정"이란 작업환경 실태를 파악하기 위하여 해당 근로자 또는 작업장에 대하여 사업주가 유해인자에 대한 측정계획을 수립한 후 시료(試料)를 채취하고 분석·평가하는 것을 말함

 → 측정계획 수립 후 시료 채취·분석·평가 절차가 포함되며, 이후 작업환경관리, 특수건강진단 제도의 기초 자료로 활용됨

2 / 산업안전보건법의 적용 범위(법 제3조)

① 개요

산업안전보건법은 모든 사업에 적용되는 것을 원칙으로 하나, 유해·위험의 정도, 사업의 종류, 사업장의 상시근로자 수(건설공사의 경우에는 건설공사 금액을 말함) 등을 고려하여 일정한 요건에 해당하는 사업 또는 사업장에 대하여는 이 법의 전부 또는 일부를 적용하지 않을 수 있음

이는 산업재해 발생 가능성이 낮거나 사업 규모가 매우 영세한 경우까지 일률적으로 동일한 규제를 적용하는 것을 방지하고, 사업의 특성과 위험 수준에 따라 법 적용 범위를 합리적으로 조정함으로써 제도의 실효성을 확보하려는 데 그 취지가 있음

② 적용 범위의 기본 원칙

① 전 사업 적용 원칙

산업안전보건법은 업종, 사업 형태, 영리 여부와 관계없이 모든 사업에 적용됨. 즉, 근로자를 사용하는 사업이라면 원칙적으로 산업안전보건법의 적용 대상에 해당함

② 예외적 적용 제외 가능성

다만, 다음 요소를 종합적으로 고려하여 대통령령으로 정하는 경우에는 특정 사업 또는 사업장에 대하여 이 법의 전부 또는 일부를 적용하지 않을 수 있음

(1) 유해·위험의 정도

(2) 사업의 종류

(3) 사업장의 상시근로자 수(건설공사의 경우 건설공사 금액을 말함)

③ 적용 제외의 구체적 기준

① 적용 제외 대상의 범위

(1) 산업안전보건법은 원칙적으로 모든 사업에 적용되나, 법 제3조 단서에 따라 사업의 유해·위험 정도, 사업의 종류, 사업 규모 등을 고려할 때 일률적인 법 적용이 적절하지 않은 경우에는 대통령령으로 정하는 바에 따라 법의 전부 또는 일부를 적용하지 않을 수 있음

(2) 이에 따라 법의 적용이 제외되는 사업 또는 사업장의 구체적인 범위와, 해당 사업

또는 사업장에 대하여 적용되지 않는 개별 규정은 시행령 [별표 1]에서 정하고 있으며, 그 내용은 다음과 같음

대상 사업(한국표준산업분류 상 코드)	적용 제외 규정	
1. 다음 각 목의 어느 하나에 해당하는 사업 가. 「광산안전법」 적용 사업 　(광업 중 광물의 채광·채굴·선광 또는 제련 등의 공정으로 한정하며, 제조공정은 제외) 나. 「원자력안전법」 적용 사업 　(발전업 중 원자력 발전설비를 이용하여 전기를 생산하는 사업장으로 한정) 다. 「항공안전법」 적용 사업 　(항공기, 우주선 및 부품 제조업과 창고 및 운송관련 서비스업, 여행사 및 기타 여행보조 서비스업 중 항공 관련 사업은 각각 제외) 라. 「선박안전법」 적용 사업 　(선박 및 보트 건조업은 제외)	제15조【안전보건관리책임자】	제16조【관리감독자】
	제17조【안전관리자】	제20조【안전관리자 등의 지도·조언】(제1호에 따른 안전관리자의 지도·조언에 한함)
	제21조【안전관리전문기관 등】	제24조【산업안전보건위원회】
	제2장제2절 (안전보건관리규정)	제29조【근로자에 대한 안전보건교육】(보건에 관한 사항은 제외)
	제30조【근로자에 대한 안전보건교육의 면제 등】(보건에 관한 사항은 제외)	제31조【건설업 기초안전보건교육】
	제38조【안전조치】	제51조【사업주의 작업중지】(보건에 관한 사항은 제외)
	제52조【근로자의 작업중지】(보건에 관한 사항은 제외)	제53조【고용노동부장관의 시정조치 등】(보건에 관한 사항은 제외)
	제54조【중대재해 발생 시 사업주의 조치】	제55조【중대재해 발생 시 고용노동부장관의 작업중지 조치】
	제58조【유해한 작업의 도급금지】	제59조【도급의 승인】
	제60조【도급의 승인 시 하도급 금지】	제62조【안전보건총괄책임자】
	제63조【도급인의 안전조치 및 보건조치】	제64조【도급에 따른 산업재해 예방조치】(제1항제6호는 제외[7])
	제65조【도급인의 안전 및 보건에 관한 정보 제공 등】	제66조【도급인의 관계수급인에 대한 시정조치】
	제72조【건설공사 등의 산업안전보건관리비 계상 등】	제75조【안전 및 보건에 관한 협의체 등의 구성·운영에 대한 특례】
	제88조【안전인증기관】	제103조【유해·위험기계등의 안전 관련 정보의 종합관리】
	제104조【유해인자의 분류기준】	제105조【유해인자의 유해성·위험성 평가 및 관리】
	제106조【유해인자의 노출기준 설정】	제107조【유해인자 허용기준의 준수】
	제160조【업무정지 처분을 대신하여 부과하는 과징금 처분】(제21조제4항에 해당하는 과징금에 한함)	

---

7)　제64조제①항
　　6. 위생시설 등 고용노동부령으로 정하는 시설의 설치 등을 위하여 필요한 장소의 제공 또는 도급인이 설치한 위생시설 이용의 협조

대상 사업(한국표준산업분류 상 코드)	적용 제외 규정
2. 다음 각 목의 어느 하나에 해당하는 사업 　가. 소프트웨어 개발 및 공급업(582) 　나. 컴퓨터 프로그래밍, 시스템 통합 및 관리업(620) 　다. 영상·오디오물 제공 서비스업(603) 　라. 정보서비스업(63) 　마. 금융 및 보험업(64~66) 　바. 기타 전문서비스업(716) 　사. 건축기술, 엔지니어링 및 기타 과학기술 서비스업(72) 　아. 기타 전문, 과학 및 기술 서비스업(73), (사진 처리업(73303)은 제외) 　자. 사업지원 서비스업(75) 　차. 사회복지 서비스업(87) 3. 다음 각 목의 어느 하나에 해당하는 사업으로서 상시 근로자 50명 미만을 사용하는 사업장 　가. 농업(01) 　나. 어업(03) 　다. 환경 정화 및 복원업(39) 　라. 소매업; 자동차 제외(47) 　마. 영화, 비디오물, 방송프로그램 제작 및 배급업(591) 　바. 녹음시설 운영업(59202) 　사. 라디오 방송업(601) 및 텔레비전 방송업(602) 　아. 부동산업(68)(부동산 관리업(6821)은 제외) 　자. 임대업; 부동산 제외(76) 　차. 연구개발업(70) 　카. 보건업(86)(병원(861)은 제외) 　타. 예술, 스포츠 및 여가관련 서비스업(90~91) 　파. 협회 및 단체(94) 　하. 기타 개인 서비스업(96)(세탁업(9691)은 제외)	제29조【근로자에 대한 안전보건교육】(제3항에 따른 추가교육은 제외[8]) 제30조【근로자에 대한 안전보건교육의 면제 등】

---

8)　유해하거나 위험한 작업에 필요한 안전보건교육으로, 특별교육(산업안전보건법 제29조)을 의미함

대상 사업(한국표준산업분류 상 코드)	적용 제외 규정
4. 다음 각 목의 어느 하나에 해당하는 사업 　가. 공공행정(청소, 시설관리, 조리 등 현업업무에 종사하는 사람으로서 고용노동부장관이 정하여 고시하는 사람은 제외[9]), 국방 및 사회보장 행정(84) 　나. 교육 서비스업 중 초등(851)·중등(852)·고등 교육기관(853), 특수학교·외국인학교 및 대안학교(854)(청소, 시설관리, 조리 등 현업업무에 종사하는 사람으로서 고용노동부장관이 정하여 고시하는 사람은 제외[10])	제2장제1절【안전보건관리체제】 제2장제2절【안전보건관리규정】 제3장【안전보건교육】 (다른 규정에 따라 준용되는 경우는 제외)
5. 다음 각 목의 어느 하나에 해당하는 사업 　가. 초등·중등·고등 교육기관, 특수학교·외국인학교 및 대안학교 외의 교육서비스업(855~857)(청소년수련시설 운영업은 제외) 　나. 국제 및 외국기관(99) 　다. 사무직에 종사하는 근로자만을 사용하는 사업장(사업장이 분리된 경우로서 사무직에 종사하는 근로자만을 사용하는 사업장을 포함)	제2장제1절【안전보건관리체제】 제2장제2절【안전보건관리규정】 제3장【안전보건교육】 제5장제2절【도급인의 안전조치 및 보건조치】 (제64조제1항제6호는 제외) ※ 다만, 다른 규정에 따라 준용되는 경우는 해당 규정 적용
6. 상시 근로자 5명 미만을 사용하는 사업장	제2장제1절【안전보건관리체제】 제2장제2절【안전보건관리규정】 제3장【안전보건교육】 (제29조제3항에 따른 추가교육은 제외) 제47조【안전보건진단】 제49조【안전보건개선계획의 수립·시행 명령】 제50조【안전보건개선계획서의 제출 등】 제159조【영업정지의 요청 등】 (다른 규정에 따라 준용되는 경우는 제외)

비고: 제1호부터 제6호까지의 사업에 둘 이상 해당하는 사업의 경우에는 각각의 호에 따라 적용이 제외되는 규정은 모두 적용하지 아니함

---

9)　고용노동부고시 「공공행정 등에서 현업업무에 종사하는 사람의 기준」 제2조
　　공공행정에서의 현업업무 종사자(청소, 시설관리, 조리 등 현업업무에 종사하는 사람)는 일반 행정에 관한 규제·집행 사무 및 이를 보조하는 업무와는 업무형태가 현저히 다르거나 유해·위험의 정도가 다른 업무로서 다음의 업무를 수행하는 사람을 말함
　　1. 청사 등 시설물의 경비, 유지관리 업무 및 설비·장비 등의 유지관리 업무
　　2. 도로의 유지·보수 등의 업무
　　3. 도로·가로 등의 청소, 쓰레기·폐기물의 수거·처리 등 환경미화 업무
　　4. 공원·녹지 등의 유지관리 업무
　　5. 산림조사 및 산림보호 업무
　　6. 조리 실무 및 급식실 운영 등 조리시설 관련 업무

10)　고용노동부고시 「공공행정 등에서 현업업무에 종사하는 사람의 기준」 제3조
　　교육 서비스업 중 초등·중등·고등 교육기관, 특수학교·외국인학교 및 대안학교에서의 현업업무 종사자는 수업과 행정에 관한 업무 및 이를 보조하는 업무와는 업무형태가 현저히 다르거나 유해·위험의 정도가 다른 업무로서 다음의 업무를 수행하는 사람을 말함
　　1. 학교 시설물 및 설비·장비 등의 유지관리 업무
　　2. 학교 경비 및 학생 통학 보조 업무
　　3. 조리 실무 및 급식실 운영 등 조리시설 관련 업무

② 적용 제외 방식의 유형

시행령 [별표 1]에 따른 적용 제외는 그 성격에 따라 다음과 같은 유형으로 구분됨

⑴ 특정 안전 관련 개별 법령이 적용되는 사업에 대하여 중복 규제를 방지하기 위한 적용 제외

⑵ 유해·위험 수준이 상대적으로 낮은 업종에 대하여 안전보건교육 또는 관리체계 일부를 제외하는 경우

⑶ 상시근로자 수 등 사업 규모가 영세한 사업장에 대하여 단계적으로 일부 규정을 적용하지 않는 경우

③ 적용 제외의 형태

적용 제외는 다음과 같은 형태로 이루어짐

⑴ 산업안전보건법 전부를 적용하지 않는 경우

⑵ 산업안전보건법 중 일부 규정만 적용하지 않는 경우

따라서 '적용 제외 대상 사업'이라 하더라도 모든 규정이 일괄적으로 배제되는 것은 아니며, 각 사업 유형별로 적용되지 않는 규정을 시행령 [별표 1]을 통해 개별적으로 확인할 필요가 있음

④ 사업 분류 기준

■ 사업 분류의 기준 법령

⑴ 산업안전보건법령에서 정하는 사업의 분류는 「통계법」에 따라 국가데이터처장이 고시한 한국표준산업분류(제11차 한국표준산업분류)에 따름

⑵ 이와 같이 사업 분류 기준을 한국표준산업분류에 따르도록 한 것은, 산업안전보건법의 적용 또는 적용 제외 여부를 사업자의 임의적 판단에 맡기지 않고, 객관적이고 통일된 통계 기준에 따라 판단하도록 하기 위함임

3 / 정부 및 지방자치단체의 책무(법 제4조, 제4조의2, 제4조의3)

① 개요

정부는 산업안전보건법의 목적을 실현하기 위하여 산업재해 예방을 위한 정책을 수립·집행하고, 산업 안전 및 보건에 관한 제도와 기준을 정비하는 등 법령에서 정한 책무를 부담함

또한 지방자치단체는 정부의 정책에 협력하여 관할 지역의 특성과 여건을 반영한 산업재해 예방 대책을 수립·시행하는 책무를 부담함

이는 산업재해 예방을 개별 사업주 차원의 노력에만 의존하지 않고, 국가와 지방자치단체가 정책·행정적 수단을 통해 산업 안전 및 보건 수준을 체계적으로 관리·향상시키기 위한 제도적 기반을 마련하려는 취지임

② 정부의 기본 책무

① 산업 안전 및 보건 정책의 수립·집행

정부는 산업안전보건법의 목적을 달성하기 위하여 산업 안전 및 보건 정책을 수립하고 이를 집행할 책무를 부담함

이는 산업재해 예방을 위한 국가 차원의 기본 방향과 기준을 설정하는 기능에 해당함

② 산업재해 예방 지원 및 지도

정부는 사업장에서 발생할 수 있는 산업재해를 예방하기 위하여, 예방기법의 연구·보급, 안전·보건 기술의 지원, 교육 및 지도 등 산업재해 예방을 위한 지원 정책을 추진하여야 함

③ 「근로기준법」 제76조의2에 따른 직장 내 괴롭힘 예방을 위한 조치기준 마련, 지도 및 지원

정부는 「근로기준법」에 따른 직장 내 괴롭힘 예방을 위하여 조치기준을 마련하고, 이에 대한 지도 및 지원을 수행하여야 함

이는 산업안전보건의 범위를 신체적 안전뿐 아니라 정신적 건강까지 확장한 규정임

④ 사업주의 자율적 산업 안전 및 보건 경영체제 확립 지원

정부는 사업주가 자율적으로 산업 안전 및 보건 경영체제를 구축·운영할 수 있도록 관련 기법의 연구·보급 및 안전관리·보건관리 수준 향상을 위한 정책을 추진하여야 함

⑤ 산업 안전 및 보건에 관한 의식을 북돋우기 위한 홍보·교육 등 안전문화 확산 추진

정부는 산업 안전 및 보건에 관한 사회적 인식을 높이기 위하여 홍보, 교육, 캠페인 등의 방법을 통하여 안전문화 확산을 추진하여야 하며, 이를 위하여 다음 각 사항과 관련된 시책을 마련하여야 함

⑴ 산업 안전 및 보건 교육의 진흥 및 홍보의 활성화

⑵ 산업 안전 및 보건과 관련된 국민의 건전하고 자주적인 활동의 촉진

⑶ 산업 안전 및 보건 강조 기간의 설정 및 그 시행

이는 산업재해 예방을 제도적 규율에만 의존하지 않고, 산업 안전 및 보건에 관한 인식과 실천을 사회 전반의 문화로 정착시키기 위한 규정임

⑥ 산업 안전 및 보건 기술의 연구·개발 및 설치·운영

정부는 산업 안전 및 보건에 관한 기술의 연구·개발을 촉진하고, 필요한 시설의 설치·운영을 통해 산업현장의 안전 수준을 향상시킬 책무를 부담함

⑦ 산업재해에 관한 조사 및 통계의 유지·관리

정부는 산업재해 예방을 위하여 산업재해에 관한 조사 및 통계를 체계적으로 유지·관리하고, 이를 정책 수립과 집행에 적극 반영하여야 함

⑧ 산업 안전 및 보건 관련 단체 등에 대한 지원 및 지도·감독

정부는 산업 안전 및 보건 관련 단체, 연구기관 등에 대하여 필요한 지원을 하고, 그 활동에 대한 지도·감독을 수행할 수 있음

⑨ 노무를 제공하는 사람의 안전 및 건강의 보호·증진

정부는 노무를 제공하는 사람의 안전과 건강을 보호·증진하기 위하여 건강증진사업의 추진, 깨끗한 작업환경의 조성, 직업성 질병의 예방 및 조기 발견을 위한 정책을 추진하여야 하며, 이를 효율적으로 추진하기 위하여 다음 각 사항과 관련된 시책을 마련하여야 함

⑴ 노무를 제공하는 사람의 안전 및 건강 증진을 위한 사업의 보급·확산

⑵ 깨끗한 작업환경의 조성

⑶ 직업성 질병의 예방 및 조기 발견을 위한 사업

이는 근로계약의 형식이나 고용 형태와 관계없이 노무를 제공하는 모든 사람의 안전과 건강을 보호·증진하려는 취지의 규정으로, 산업재해 예방과 직업성 질병 관리를 보다 포괄적인 정책 영역에서 추진하고자 함에 그 의의가 있음

③ 정부의 정책 수행을 위한 지원 체계

■ 한국산업안전보건공단 등과의 역할 분담

(1) 정부는 산업안전보건 정책을 효율적으로 수행하기 위하여 「한국산업안전보건공단법」에 따른 한국산업안전보건공단(이하 "공단")과 그 밖의 관련 단체 및 연구기관에 행정적·재정적 지원을 할 수 있음

(2) 이는 정부가 모든 기능을 직접 수행하기보다, 전문기관을 활용하여 정책의 실효성을 높이기 위한 구조임

④ 지방자치단체의 책무

① 정부 정책에 대한 협력 의무

지방자치단체는 정부의 산업안전보건 정책에 적극 협조하여야 하며, 관할 지역의 산업재해를 예방하기 위한 대책을 수립·시행하여야 함

② 지역 단위 산업재해 예방 활동

지방자치단체의 장은 관할 지역 내 산업재해 예방을 위하여 자체 계획의 수립, 교육·홍보, 안전한 작업환경 조성을 위한 사업장 지도 등 필요한 조치를 수행할 수 있음

③ 지방자치단체에 대한 정부의 지원

정부는 지방자치단체의 산업재해 예방 활동이 원활히 이루어질 수 있도록 필요한 행정적·재정적 지원을 할 수 있음

④ 조례를 통한 세부 사항 규정

지방자치단체의 산업재해 예방 활동에 필요한 구체적인 사항은 각 지방자치단체가 조례로 정할 수 있음

4 / 사업주 및 근로자등의 의무(법 제5조, 제6조)

☐ 개요

산업안전보건법은 산업재해 예방의 1차적 책임 주체로서 사업주에게 근로자의 안전 및 건강을 유지·증진시킬 의무를 부과하고 있으며, 이때의 사업주에는 특수형태근로종사자로부터 노무를 제공받는 자와 물건의 수거·배달 등을 중개하는 자도 포함됨

또한 근로자 역시 법령에서 정한 산업재해 예방 기준을 준수하고, 사업주 및 관계 기관이 실시하는 산업재해 예방 조치에 협력할 의무를 부담함

이는 산업재해 예방을 사업주 또는 근로자 어느 일방의 책임으로 한정하지 않고, 사업주를 중심으로 하되 근로자와 발주·설계·제조·수입·건설 등 관련 주체가 함께 역할을 분담하는 구조를 통해 산업재해를 예방하려는 취지임

☐ 사업주의 기본 의무

① 산업재해 예방 기준의 준수

    (1) 사업주는 산업안전보건법과 이 법에 따른 명령에서 정한 산업재해 예방을 위한 기준을 성실히 이행하여야 함

    (2) 이는 안전보건관리체계 구축, 위험성평가 실시, 안전조치 및 보건조치 이행 등 개별 규정의 준수를 포함하는 포괄적 의무임

② 쾌적한 작업환경 조성 및 근로조건 개선

    (1) 사업주는 근로자의 신체적 피로와 정신적 스트레스를 줄일 수 있도록 쾌적한 작업환경을 조성하고, 근로조건을 개선하여야 함

    (2) 이는 단순한 사고 예방을 넘어 장기적인 건강장해 예방까지 포함하는 개념임

③ 안전·보건 정보의 제공

    (1) 사업주는 해당 사업장의 안전 및 보건에 관한 정보를 근로자에게 제공하여야 함

    (2) 이는 위험요인, 안전수칙, 보호구 사용 방법, 유해인자 관련 정보 등을 근로자가 인지할 수 있도록 하는 의무를 의미함

④ 특수형태근로종사자 등에 대한 의무 확장

법 제5조제1항의 사업주에는 특수형태근로종사자로부터 노무를 제공받는 자와 물건

의 수거·배달 등을 중개하는 자가 포함되며, 이들 역시 해당 종사자의 안전 및 건강을 유지·증진시키기 위한 조치를 이행하여야 함

③ 발주·설계·제조·수입·건설 관련자의 의무

① 적용 대상자

다음 각 호의 어느 하나에 해당하는 자는 산업재해 예방과 관련하여 별도의 의무를 부담함

(1) 기계·기구 및 그 밖의 설비를 설계·제조 또는 수입하는 자

(2) 원재료 등을 제조 또는 수입하는 자

(3) 건설물을 발주·설계·건설하는 자

② 준수 의무의 내용

(1) 이들 대상자는 발주·설계·제조·수입 또는 건설을 할 때 산업안전보건법과 이 법에 따른 명령으로 정하는 기준을 준수하여야 하며, 해당 물건 또는 건설물로 인하여 발생할 수 있는 산업재해를 방지하기 위하여 필요한 조치를 하여야 함

(2) 이는 산업재해의 원인이 사업장 내부에만 국한되지 않고, 설계·제조 단계에서 이미 내재될 수 있음을 전제로 한 규정임

④ 근로자의 의무

① 산업재해 예방 기준의 준수

(1) 근로자는 산업안전보건법과 이 법에 따른 명령으로 정하는 산업재해 예방 기준을 준수하여야 함

(2) 이는 안전장치 임의 해체 금지, 보호구 착용, 안전수칙 준수 등을 포함함

② 산업재해 예방 조치에 대한 협력 의무

(1) 근로자는 사업주, 「근로기준법」 제101조에 따른 근로감독관, 공단 등 관계인이 실시하는 산업재해 예방에 관한 조치에 따라야 함

(2) 이는 산업재해 예방이 사업주의 일방적 조치만으로는 달성될 수 없고, 근로자의 협력이 필수적임을 전제로 한 규정임

Tip

■ **근로자의 권리와 의무**

(1) 근로자의 권리와 의무의 차이

  - 권리란, 근로자가 법에 따라 요구하거나 행사할 수 있는 것

  - 의무란, 근로자가 반드시 지켜야 할 법적 책임

(2) 근로자의 권리

급박한 위험시 작업중지 및 대피권	근로자는 산업재해가 발생할 급박한 위험이 있을 경우 작업을 중지하고 대피할 수 있음. 이 경우 지체 없이 그 사실을 직속 상급자에게 보고하여야 함
물질안전보건자료 (MSDS) 정보 요구권	근로자대표 등은 직업병 등 건강장해가 발생한 경우, 취급하는 화학물질의 MSDS에 기재되지 않은 정보 제공을 요구할 수 있음
작업환경측정 결과 설명 요구권	근로자대표 등은 화학물질(유기용제·금속류·산·알칼리·가스·금속가공유 등)을 취급하거나 작업 과정에서 소음·분진·고열 등이 발생하는 작업에 종사하는 경우, 사업주에게 작업환경측정 결과에 대한 설명회 개최를 요구할 수 있음 또한 직업병 등 건강장해 발생 시 취급 화학물질의 MSDS에 기재되지 않은 정보 제공을 요구할 수 있음

안전보건활동 참여권 (근로자·근로자단체· 노조)	근로자 및 근로자대표는 다음 사항에 참여 또는 의견을 제시할 수 있음
	  1) 산업안전보건위원회 심의·의결 또는 결정 과정 참여
	  2) 안전보건관리규정 작성·변경 시 동의
	  3) 작업환경측정 및 건강진단 실시 시 입회
	  4) 공정안전보고서 작성 및 안전보건개선계획 수립 시 의견 제시

사업주의 법 위반사실 신고권	근로자는 감독기관에 사업주의 법 위반 사실을 신고할 수 있음

(3) 근로자의 의무

안전보건교육 이수	·근로자는 정기·채용 시·작업내용 변경 시·특별작업 시 사업주가 실시하는 안전보건교육을 이수하여야 함 ·건설 일용근로자는 건설사업주가 교육기관을 통해 실시하는 건설업 기초안전보건교육을 이수하여야 함 ·화학물질 제조·사용·운반·저장 작업에 근로자 배치 시 물질안전보건자료(MSDS) 교육을 이수하여야 함 ·새로운 화학물질 도입 또는 유해성·위험성 정보 변경 시 물질안전보건자료(MSDS) 교육을 이수하여야 함
건강진단 이행	·근로자는 사업주가 실시하는 건강진단을 받아야 함 ·사업주가 지정한 건강진단기관에서 진단받기를 희망하지 아니한 경우 다른 건강진단기관에서 이에 상응하는 건강진단을 받을 수 있음 이 경우 건강진단 결과를 증명하는 서류를 사업주에게 제출하여야 함
방호조치에 대한 준수사항	·근로자는 위험기계·기구에 설치된 방호조치에 관한 준수사항을 따라야 함 ·방호조치를 해체하려는 경우 사업주의 허가를 받아 해체하여야 함 ·방호조치 해체 사유가 소멸된 경우 지체 없이 원상으로 회복하여야 함 ·방호조치 기능이 상실된 것을 발견한 경우 지체 없이 사업주에게 신고하여야 함
지급하는 보호구의 착용	·근로자는 유해·위험작업으로부터 보호받기 위하여 사업주가 제공한 보호구를 착용하여야 함 ·보호구에는 안전모·안전화·안전대·보안경·보안면·절연용 보호구·방진마스크·방독면·방진복·방한모·방한복·방한화·방한장갑·승차용 안전모 등이 포함됨

5 / 산업재해 예방에 관한 기본계획 및 협조체계(법 제7조, 제8조, 제9조)

① 개요

고용노동부장관은 산업재해를 체계적이고 효율적으로 예방하기 위하여 산업재해 예방에 관한 기본계획을 수립·공표하고, 그 이행을 위하여 관계 행정기관과의 협조체계를 구축하며, 산업재해 예방 통합정보시스템을 구축·운영할 수 있음

이는 산업재해 예방을 개별 사업장 단위의 관리에만 맡기지 않고, 국가 차원에서 정책 수립, 부처 간 협조, 정보의 체계적 관리가 유기적으로 이루어지도록 하기 위한 기본적 관리체계를 마련하려는 취지임

② 산업재해 예방 기본계획의 수립·공표

① 기본계획의 수립

고용노동부장관은 산업재해 예방을 위한 중장기적 정책 방향과 추진 과제를 설정하기 위하여 산업재해 예방에 관한 기본계획을 수립하여야 함

② 기본계획의 심의 및 공표

수립된 기본계획은 「산업재해보상보험법」에 따른 산업재해보상보험및예방심의위원회의 심의를 거쳐 공표하여야 하며, 이를 변경하려는 경우에도 동일한 절차를 거쳐야 함

> **i Tip**
>
> ■ **산업재해예방 중·장기계획 수립 연혁**
> - ○ 제1차 산업재해예방 6개년 계획(1991~1996년)
> - ○ 산업안전 선진화 3개년 계획(1997~1999년)
> - ○ 제1차 산업재해예방 5개년 계획(2000~2004년)
> - ○ 제2차 산업재해예방 5개년 계획(2005~2009년)
> - ○ 제3차 산재예방 5개년 계획(2010~2014년)
> - ○ 제4차 산재예방 5개년 계획(2015~2019년)
> - ○ 제5차 산재예방 5개년 계획(2020~2024년)
> - ○ 제6차 산재예방 5개년 계획(2025~2029년)
>   - ※ 제6차 산재예방 5개년 계획은 '노동안전 종합대책'이라는 큰 틀에서 통합적으로 수립하여 발표하였으며, 향후 민관합동으로 새로운 5개년 계획을 마련할 계획
>   - • 주요내용
>   - - '사각지대' 지원 강화, 외국인·특고·고령자 집중 지원
>   - - 소규모 사업장 안전장비, 공동안전관리자 채용 지원 확대
>   - - 자치단체에 근로감독권한 부여
>   - - 산업안전감독관 순환보직 제한 등

③ 산업재해 예방을 위한 협조체계 구축

① 협조체계의 기본 원칙

산업재해 예방 시책은 국가의 정책 수립 및 집행뿐만 아니라, 사업주, 근로자, 특수형태근로종사자 및 관련 단체가 적극적으로 참여하고 협조하는 것을 전제로 운영됨

② 관계 행정기관 및 공공기관에 대한 협조 요청

고용노동부장관은 산업재해 예방 기본계획을 효율적으로 시행하기 위하여 필요하다고 인정하는 경우 관계 행정기관의 장 또는 공공기관의 장에게 협조를 요청할 수 있으며, 구체적 내용은 다음 각 호와 같음

(1) 안전·보건 의식 정착을 위한 안전문화운동의 추진

(2) 산업재해 예방을 위한 홍보 지원

(3) 안전·보건과 관련된 중복규제의 정비

(4) 안전·보건과 관련된 시설을 개선하는 사업장에 대한 자금융자 등 금융·세제상의 혜택 부여

(5) 사업장에 대하여 관계 기관이 합동으로 하는 안전·보건점검의 실시

(6) 「건설산업기본법」 제23조에 따른 건설업체의 시공능력 평가 시 별표 1 제1호에서 정한 건설업체의 산업재해발생률에 따른 공사 실적액의 감액(산업재해발생률의 산정 기준 및 방법은 시행규칙 별표 1에 따름)

(7) 「국가를 당사자로 하는 계약에 관한 법률 시행령」 제13조에 따른 입찰참가업체의 입찰참가자격 사전심사 시 다음 각 목의 사항

　가. 시행규칙 별표 1 제1호에서 정한 건설업체의 산업재해발생률 및 산업재해 발생 보고의무 위반에 따른 가감점 부여(건설업체의 산업재해발생률 및 산업재해 발생 보고의무 위반건수의 산정 기준과 방법은 별표 1에 따름)

　나. 사업주가 안전·보건 교육을 이수하는 등 시행규칙 별표 1 제1호에서 정한 건설업체의 산업재해 예방활동에 대하여 고용노동부장관이 정하여 고시하는 바에 따라 그 실적을 평가한 결과에 따른 가점 부여

(8) 산업재해 또는 건강진단 관련 자료의 제공

(9) 정부포상 수상업체 선정 시 산업재해발생률이 같은 종류 업종에 비하여 높은 업체(소속 임원을 포함함)에 대한 포상 제한에 관한 사항

(10) 「건설기계관리법」 제3조 또는 「자동차관리법」 제5조에 따라 각각 등록한 건설기

계 또는 자동차 중 법 제93조에 따라 안전검사를 받아야 하는 유해하거나 위험한 기계·기구·설비가 장착된 건설기계 또는 자동차에 관한 자료의 제공

(11) 「119구조·구급에 관한 법률」 제22조 및 같은 법 시행규칙 제18조에 따른 구급활동일지와 「응급의료에 관한 법률」 제49조 및 같은 법 시행규칙 제40조에 따른 출동 및 처치기록지의 제공

(12) 그 밖에 산업재해 예방계획을 효율적으로 시행하기 위하여 필요하다고 인정하는 사항

③ 타 행정기관의 규제에 대한 사전 협의

고용노동부 외의 행정기관의 장은 사업장의 안전 및 보건에 관한 규제를 하려는 경우 미리 고용노동부장관과 협의하여야 함

④ 협의 결과에 따른 조정

행정기관의 장은 협의 과정에서 고용노동부장관이 규제 변경을 요구한 경우 이에 따라야 하며, 필요한 경우 고용노동부장관은 국무총리에게 협의·조정 사항을 보고할 수 있음

⑤ 사업주 및 관계인에 대한 권고·협조 요청

고용노동부장관은 산업재해 예방을 위하여 필요하다고 인정하는 경우 사업주, 사업주단체 및 그 밖의 관계인에게 필요한 사항을 권고하거나 협조를 요청할 수 있음

⑥ 정보 및 자료 제공 요청

산업재해 예방을 위하여 중앙행정기관, 지방자치단체 또는 공단 등 관련 기관·단체의 장에게 다음 각 호의 정보 또는 자료의 제공 및 전산망 이용을 요청할 수 있으며, 정당한 사유가 없는 한 이에 따라야 함

(1) 「부가가치세법」 제8조 및 「법인세법」 제111조에 따른 사업자등록에 관한 정보

(2) 「고용보험법」 제15조에 따른 근로자의 피보험자격의 취득 및 상실 등에 관한 정보

(3) 「전기사업법」 제16조제1항에 따른 기본공급약관에서 정하는 사업장별 계약전력 정보(법 제42조제1항에 따른 유해위험방지계획서의 심사를 위하여 필요한 경우로 한정)

(4) 「화학물질관리법」 제9조제1항에 따른 화학물질확인 정보(같은 법 제52조제1항에 따른 자료보호기간 중에 있는 정보는 제외함)

④ 산업재해 예방 통합정보시스템의 구축·운영

① 통합정보시스템의 구축·운영

고용노동부장관은 산업재해를 체계적이고 효율적으로 예방하기 위하여 산업재해 예방 통합정보시스템을 구축·운영할 수 있음

② 통합정보시스템 정보의 제공

통합정보시스템으로 처리한 산업안전 및 보건 관련 정보는 고용노동부령으로 정하는 바에 따라 관계 행정기관 및 공단에 제공할 수 있음

③ 통합정보시스템 처리 정보의 범위

(1) 산업재해보상보험 적용 사업장 정보

(2) 산업재해 발생 정보

(3) 안전검사, 작업환경측정 등 안전·보건 관련 정보

(4) 그 밖에 고용노동부장관이 정하여 고시하는 정보

6 / 산업재해 발생건수 등의 공표(법 제10조)

① 개요

고용노동부장관은 산업재해 예방을 위하여 법령으로 정하는 사업장의 근로자 산업재해 발생건수, 재해율 또는 그 순위 등(이하 "산업재해발생건수등")을 공표하여야 하며, 도급인의 사업장에서 관계수급인 근로자가 작업을 하는 경우에는 도급인의 산업재해 발생 현황에 관계수급인의 산업재해 발생 현황을 포함하여 통합하여 공표하도록 함

이는 산업재해 발생 현황을 사회에 공개함으로써 사업장의 안전보건 관리 수준을 객관적으로 드러내고, 도급 구조 하에서 발생하는 산업재해에 대하여 도급인의 책임을 명확히 하여 산업재해 예방을 유도하려는 취지임

② 산업재해 발생건수 등의 공표 의무

① 공표 대상 정보

고용노동부장관은 산업재해 예방을 위하여 다음 각 호의 사항을 공표하여야 함

(1) 사업장의 산업재해 발생건수

(2) 재해율

(3) 산업재해 발생 순위 등

② 공표 대상 사업장

공표 대상은 대통령령으로 정하는 사업장으로 하며, 다음 각 호의 어느 하나에 해당하는 사업장이 이에 해당함

(1) 산업재해로 인한 사망자(이하 "사망재해자")가 연간 2명 이상 발생한 사업장

(2) 사망만인율(死亡萬人率: 연간 상시근로자 1만명당 발생하는 사망재해자 수의 비율을 말함)이 규모별 같은 업종의 평균 사망만인율 이상인 사업장

(3) 법 제44조제1항 전단에 따른 중대산업사고가 발생한 사업장

(4) 법 제57조제1항을 위반하여 산업재해 발생 사실을 은폐한 사업장

(5) 법 제57조제3항에 따른 산업재해의 발생에 관한 보고를 최근 3년 이내 2회 이상 하지 않은 사업장

다만, 제(1)호부터 제(3)호까지에 해당하는 사업장이 관계수급인의 사업장인 경우

로서, 법 제63조에 따른 도급인이 관계수급인 근로자의 산업재해 예방을 위한 조치의무를 위반하여 관계수급인 근로자가 산업재해를 입은 경우에는 도급인의 사업장의 산업재해발생건수등을 함께 공표함

③ 도급인의 산업재해 발생현황 통합 공표

① 통합 공표의 원칙

도급인의 사업장[11] 중 다음 각 호의 어느 하나에 해당하는 사업이 이루어지는 사업장으로서 도급인이 사용하는 상시근로자 수가 500명 이상이고 도급인 사업장의 사고사망만인율(질병으로 인한 사망재해자를 제외하고 산출한 사망만인율을 말함)보다 관계수급인의 근로자를 포함하여 산출한 사고사망만인율이 높은 사업장에서 관계수급인 근로자가 작업을 하는 경우에는 도급인의 산업재해발생건수등에 관계수급인의 산업재해발생건수등을 포함하여 공표하여야 함

(1) 제조업

(2) 철도운송업

(3) 도시철도운송업

(4) 전기업

> 〈예시〉
> 　① 업종 요건 충족
> + ② 상시근로자 500명 이상
> + ③ 사고사망만인율 비교 (도급인 단독 〈 도급인+관계수급인)
> = 통합 공표 대상

④ 산업재해 발생현황 자료 제출

① 자료 제출 요청

고용노동부장관은 산업재해 발생건수 등의 통합 공표를 위하여 도급인에게 관계수급인에 관한 산업재해 발생 자료의 제출을 요청할 수 있으며, 요청을 받은 자는 정당한 사유가 없는 한 이에 따라야 함

---

11) 도급인의 사업장은 도급인이 제공하거나 지정한 경우로서 도급인이 지배·관리하는 21개 장소를 포함하며, 세부내용은 제5장
→ 1. 산업안전보건법에서의 도급 → ⑥ 안전조치 및 보건조치 의무를 부담하는 도급인의 책임범위 참조

② 통합 산업재해 현황 조사표 제출

지방고용노동관서의 장은 공표 대상이 되는 다음 연도 3월 15일까지 도급인에게 자료 제출을 요청할 수 있으며, 도급인은 4월 30일까지 통합 산업재해 현황 조사표[12]를 작성하여 지방고용노동관서의 장에게 제출하여야 함

③ 관계수급인에 대한 자료 요청

도급인은 통합 산업재해 현황 조사표의 작성을 위하여 관계수급인에게 필요한 자료의 제출을 요청할 수 있음

5 공표 절차, 방법 및 내용

① 공표 절차

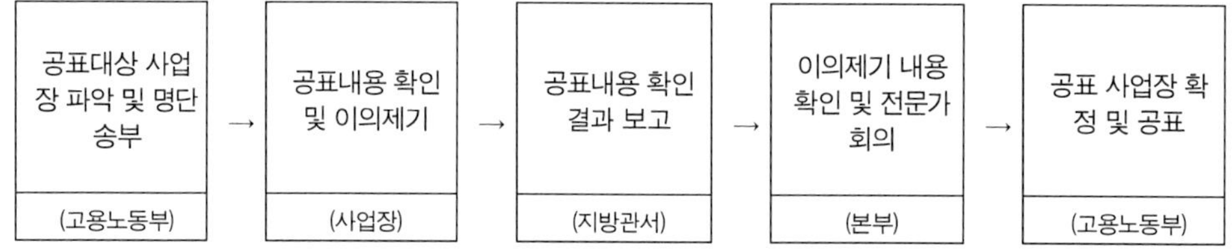

② 공표 방법

산업재해발생건수등의 공표는 관보, 전국 단위 일반일간신문 또는 인터넷 등에 게재하는 방법으로 실시함

③ 공표 내용

사업장명, 소재지, 업종, 규모 등 공표 사업장 일반사항 및 사고사망만인율, 사고사망자수 등 해당 사업장 산업재해 발생 관련 사항

6 벌칙

위반행위	세부내용	과태료 금액(만원)		
		1차 위반	2차 위반	3차 이상 위반
법 제10조제3항 후단을 위반하여 관계수급인에 관한 자료를 제출하지 않거나 거짓으로 제출한 경우		1,000	1,000	1,000

---

12) 산업안전보건법 시행규칙 [별지 제1호서식]

i Tip

■ 산업재해관련 용어정의

〈재해유형 용어〉

○ 떨어짐: 높이가 있는 곳에서 사람이 떨어짐(구 명칭: 추락)

○ 넘어짐: 사람이 미끄러지거나 넘어짐(구 명칭: 전도)

○ 깔림·뒤집힘: 물체의 쓰러짐이나 뒤집힘(구 명칭: 전도)

○ 부딪힘: 물체에 부딪힘(구 명칭: 충돌)

○ 물체에 맞음: 날아오거나 떨어진 물체에 맞음(구 명칭: 낙하·비래)

○ 무너짐: 건축물이나 쌓여진 물체가 무너짐(구 명칭: 붕괴·도괴)

○ 끼임: 기계설비에 끼이거나 감김 (구 명칭: 협착)

  ※ 산업안전보건 분야에서는 과거 일본식 한자어 표현이 관행적으로 사용되어 왔으나, 2009년부터는 사고 유형을 보다 명확하게 구분하고 현장 이해도를 높이기 위해 우리말 중심의 용어 체계로 정비해 왔음. 따라서 산업재해 유형을 기술할 때에는 일본식 표현을 그대로 사용하기보다, 순화된 우리말 중심 용어를 우선 적용하는 것이 바람직함

○ 절단·베임·찔림: 칼 등 날카로운 물체 또는 톱 등의 회전날 부위에 절단되거나 베어짐

○ 감전: 전기가 흐르는 전선 또는 누전되거나 특별고압에 접근하여 접촉 등이 발생한 경우

○ 폭발·파열: 폭발압이 폭음 및 열과 같이 발생한 경우를 폭발, 배관 또는 용기 등이 물리적 압력에 의해 찢어지거나 터지는 경우 등을 파열

○ 불균형 및 무리한 동작: 과도한 힘 또는 급격한 동작으로 인해 상해를 입는 것

○ 이상온도 접촉: 고온이나 저온 환경 또는 물체에 접촉한 경우

○ 화학물질 누출·접촉: 유해·위험한 물질에 접촉하거나 흡입한 경우

○ 산소결핍: 산소가 결핍된 공기를 흡입한 경우

〈재해통계 용어〉

○ 재해율(%): 근로자 100명당 발생하는 재해자수의 비율

  * 재해율(%)=(재해자수/근로자수)×100

○ 사망자수(명): 업무상 사고 또는 질병으로 인해 발생한 사망자수

  - 사고사망자수(명): 업무상 사고로 인해 발생한 사망자수

  - 질병사망자수(명): 질병으로 인해 발생한 사망자수

○ 사망만인율(‰): 근로자 10,000명당 발생하는 사망자수의 비율

  * 사망만인율(‰)=(사망자수/근로자수)×10,000

  - 사고사망만인율(‰): 근로자 10,000명당 발생하는 업무상사고 사망자수

  * 사고사망만인율=(사고사망자수/근로자수)×10,000

○ 질병자수(명): 업무상 질병으로 인해 발생한 사망자와 이환자를 합한 수

○ 질병발병률(%): 근로자 100명당 발생하는 질병자수의 비율

  * 질병발병률(%)=(질병자수/근로자수)×100

○ 도수율(빈도율): 1,000,000 근로시간당 요양재해발생 건수

  * 도수율(빈도율)=(요양재해건수/연근로시간수)×1,000,000

○ 강도율: 근로시간 합계 1,000시간당 요양재해로 인한 근로손실일수

  * 강도율=(총요양근로손실일수/연근로시간수)×1,000

7 / 산업재해 예방시설 설치·운영 및 재원(법 제11조, 제12조)

① 개요

고용노동부장관은 산업재해 예방을 위하여 산업 안전 및 보건에 관한 지도·연구·교육시설 등 산업재해 예방시설을 설치·운영할 수 있으며, 이러한 시설의 설치·운영과 산업재해 예방 관련 사업에 필요한 재원은 산업재해보상보험및예방기금에서 지원하도록 함

이는 산업재해 예방을 위한 정책과 제도가 현장에서 실질적으로 작동할 수 있도록, 국가가 물적 기반과 재정적 지원을 통해 산업재해 예방 인프라를 지속적으로 구축·운영하려는 취지임

② 산업재해 예방시설의 설치·운영

① 예방시설 설치·운영 권한

고용노동부장관은 산업재해 예방을 위하여 산업재해 예방시설을 설치·운영할 수 있음

② 설치·운영 가능한 시설의 범위

산업재해 예방을 위하여 설치·운영할 수 있는 시설은 다음 각 호와 같음

(1) 산업 안전 및 보건에 관한 지도시설, 연구시설 및 교육시설

(2) 안전보건진단 및 작업환경측정을 위한 시설

(3) 노무를 제공하는 사람의 건강을 유지·증진하기 위한 시설

(4) 그 밖에 고용노동부령으로 정하는 산업재해 예방을 위한 시설

③ 산업재해 예방을 위한 재원 지원

① 재원 지원의 근거

산업재해 예방을 위한 다음 각 호의 용도에 사용되는 재원은 「산업재해보상보험법」 제95조제1항에 따른 산업재해보상보험및예방기금에서 지원함

② 재원 지원 대상

산업재해보상보험및예방기금의 지원 대상은 다음 각 호와 같음

(1) 산업재해 예방시설의 설치 및 운영에 필요한 비용

(2) 산업재해 예방 관련 사업 및 비영리법인에 위탁하는 업무 수행에 필요한 비용

(3) 그 밖에 산업재해 예방에 필요한 사업으로서 고용노동부장관이 인정하는 사업의 사업비

「산업재해보상보험법」

제95조(산업재해보상보험및예방기금의 설치 및 조성)

① 고용노동부장관은 보험사업, 산업재해 예방 사업에 필요한 재원을 확보하고, 보험급여에 충당하기 위하여 산업재해보상보험및예방기금(이하 "기금"이라 한다)을 설치한다.

② 기금은 보험료, 기금운용 수익금, 적립금, 기금의 결산상 잉여금, 정부 또는 정부 아닌 자의 출연금 및 기부금, 차입금, 그 밖의 수입금을 재원으로 하여 조성한다.

③ 정부는 산업재해 예방 사업을 수행하기 위하여 회계연도마다 기금지출예산 총액의 100분의 3의 범위에서 제2항에 따른 정부의 출연금으로 세출예산에 계상(計上)하여야 한다.

8 / 기술 또는 작업환경에 관한 표준(법 제13조)

① 개요

고용노동부장관은 산업재해 예방을 위하여 사업주 등이 산업재해를 방지하기 위하여 이행하여야 할 조치와, 근로자의 안전 및 보건 확보를 위하여 사업주가 하여야 할 조치에 관하여 기술 또는 작업환경에 관한 표준을 정하여 이를 고시할 수 있도록 함

이는 산업안전보건법 및 하위 법령에서 정한 의무사항을 현장의 기술 수준과 작업 특성에 맞게 구체화하여, 사업주가 실무에서 참고할 수 있는 기술적 기준을 제시함으로써 산업재해 예방의 실효성을 높이려는 취지임

② 기술 또는 작업환경에 관한 표준의 설정

① 표준 설정의 주체 및 목적

고용노동부장관은 산업재해 예방을 위하여 기술 또는 작업환경에 관한 표준을 정하여 사업주에게 지도·권고할 수 있음

② 표준 설정 대상 조치

기술 또는 작업환경에 관한 표준은 다음 각 호의 조치와 관련하여 정할 수 있음

(1) 제5조제2항 각 호의 어느 하나에 해당하는 자[13]가 산업재해를 방지하기 위하여 하여야 할 조치

(2) 제38조(안전조치) 및 제39조(보건조치)에 따라 사업주가 하여야 할 조치

③ 표준제정위원회의 구성·운영

① 표준제정위원회의 구성·운영

고용노동부장관은 기술 또는 작업환경에 관한 표준을 정할 때 필요하다고 인정하는 경우, 해당 분야별로 표준제정위원회를 구성·운영할 수 있음

② 표준제정위원회 운영에 관한 사항

표준제정위원회의 구성·운영 및 그 밖에 필요한 사항은 고용노동부장관이 정함

---

[13]　1. 기계·기구와 그 밖의 설비를 설계·제조 또는 수입하는 자
　　　2. 원재료 등을 제조·수입하는 자
　　　3. 건설물을 발주·설계·건설하는 자

④ 기술 또는 작업환경 표준의 성격과 활용

① 법적 성격

기술 또는 작업환경에 관한 표준은 산업안전보건법에 따른 강행규정이 아닌 지도·권고 기준으로서, 사업주에게 직접적인 처벌 의무를 발생시키는 규정은 아님

② 실무상 활용

해당 표준은 공종별·작업별로 반복되는 고위험 작업(가설·굴착·발파·해체·터널·철골 등)에 대해 안전조치의 수준과 방법을 구체화한 참고 기준으로 활용되며, 현장 작업방법 검토, 작업 전 안전교육자료, 점검 항목 구성, 감독·지도 시 기술적 판단의 근거로 활용됨

또한 VDT 작업관리지침은 영상표시단말기 작업자의 건강장해 예방을 위한 작업관리 기준으로 활용됨

⑤ 기술 또는 작업환경 표준의 유형 및 고시 현황

① 고시 형태의 표준 운영

기술 또는 작업환경에 관한 표준은 고용노동부 고시 형태로 제정·운영되며, 공종별·작업별·유해·위험요인별로 다양한 표준작업지침 및 기술지침이 마련되어 있음

② 표준작업지침·기술지침 목록

(1) 가설공사 표준안전 작업지침

→ 가설공사 재해방지를 위한 비계작업, 가설통로, 가설도로의 설치·관리에 있어 재료 및 작업상의 안전에 관하여 사업주에게 지도·권고할 기술상의 지침을 목적으로 함

(2) 굴착공사 표준안전 작업지침

→ 굴착공사 재해방지를 위한 작업상의 안전에 관하여 사업주에게 지도·권고할 기술상의 지침을 규정함을 목적으로 함

(3) 발파 표준안전 작업지침

→ 발파작업에서의 재해예방을 위한 화약류의 취급, 운반, 사용 및 관리와 작업상의 안전에 관하여 사업주에게 지도·권고할 기술상의 지침을 규정함을 목적으로 함

(4) 벌목 표준안전 작업지침

→ 벌목작업에 있어서의 산업재해 예방을 위한 작업상의 안전에 관하여 사업주에게 지도·권고할 기술상의 지침을 규정함을 목적으로 함

(5) 영상표시단말기(VDT) 취급근로자 작업관리지침

→ 영상표시단말기(Visual Display Terminal, VDT)작업에 종사하는 근로자의 건강장해를 예방하기 위하여 사업주 또는 근로자가 지켜야 하는 지침을 정하는 것을 목적으로 함

(6) 운반하역 표준안전 작업지침

→ 인력 및 기계 운반하역 작업상의 안전에 관하여 사업주에게 지도·권고할 기술상의 지침을 규정함을 목적으로 함

(7) 제1차 금속산업 안전작업지침

→ 제1차 금속 산업에 있어서 산업재해 예방을 위하여 사업주에게 지도·권고할 기술상의 지침을 규정함을 목적으로 함

(8) 철골공사 표준안전 작업지침

→ 철골공사 재해방지를 위한 작업상의 안전에 관하여 사업주에게 지도·권고할 기술상의 지침을 규정함을 목적으로 함

(9) 추락재해방지 표준안전 작업지침

→ 추락 재해방지를 위하여 사용되는 방망, 안전대, 지지로우프, 표준안전난간의 설치 및 관리에 관하여 사업주에게 지도·권고할 기술상의 지침을 규정함을 목적으로 함

(10) 콘크리트공사 표준안전 작업지침

→ 콘크리트 공사의 재해예방을 위한 작업상 안전에 관하여 사업주에게 지도·권고할 기술상의 지침을 규정함을 목적으로 함

(11) 터널공사 표준안전 작업지침-NATM공법

→ 터널공사중 무지보공 터널굴착공사(NATM) 재해방지를 위한 작업상의 안전에 관하여 사업주에게 지도·권고할 기술상의 지침을 규정함을 목적으로 함

(12) 해체공사 표준안전 작업지침

→ 구조물의 해체 공사시 발생되는 산업재해 예방을 위한 기계기구 및 공법에 따른 작업상의 안전에 관하여 사업주에게 지도·권고할 기술상의 지침을 규정함을 목적으로 함

제2장

안전보건관리체제

1 / 안전관리체제의 기본구조

① 안전관리체제 구축의 중요성

① 안전관리에서 근로자의 산업재해를 예방하기 위해 안전시설 설치, 보호구 착용 지도·감독, 순회점검 등 개별적인 안전조치도 중요하지만, 무엇보다 우선되어야 할 사항은 안전관리 업무를 수행할 수 있는 조직을 갖추는 일임

② 안전조직이 구성되어 있지 않은 경우에는 안전관리 활동이 담당자 개인의 경험이나 판단에 따라 임의적으로 운영될 가능성이 크며, 업무 수행의 일관성이 확보되지 않아 계획적이고 체계적인 안전관리를 담보하기 어려움. 특히 사고 발생 시 원인분석, 개선조치 수립, 재발방지 활동이 지속적으로 이어지지 못하고 단발성 조치로 끝날 우려가 있음

③ 또한 안전관리체제는 단순히 사람을 배치하는 것에 그치는 것이 아니라, 안전관리업무의 책임과 권한을 명확히 하여 누구에게 어떤 역할이 부여되는지를 조직적으로 구분하는 것을 의미함. 이를 통해 사업주는 안전보건 활동을 지속적으로 점검하고 관리할 수 있으며, 현장에서는 안전조치가 동일한 기준에 따라 반복적으로 수행될 수 있음

④ 이에 따라 산업안전보건법에서도 법령 전반에 공통적으로 적용되는 총칙 규정 다음에 안전관리체제 구축에 관한 사항을 별도로 규정하여, 사업장의 안전조직을 안전관리의 기본 전제로 삼고 있음. 즉 산업안전보건법은 안전시설이나 보호구 등 개별적 조치 이전에, 그러한 조치가 현장에서 지속적으로 실행될 수 있도록 하는 조직적 기반을 먼저 갖추도록 요구하고 있음

② 산업안전보건법상 안전관리조직의 구성

① 산업안전보건법은 사업장에서 안전관리가 실질적으로 운영될 수 있도록 안전보건관리체제를 구축하도록 규정하고 있으며, 사업장의 규모와 업종에 따라 안전보건관리책임자, 관리감독자, 안전관리자, 보건관리자, 안전보건관리담당자, 산업보건의 등의 선임 또는 배치를 요구하고 있음

② 또한 근로자의 참여를 확보하기 위하여 산업안전보건위원회 또는 안전 및 보건에 관한 협의체 등의 운영을 규정하고 있으며, 이를 통해 안전보건관리체제가 형식적으로 운영되지 않고 현장 중심으로 작동하도록 하고 있음

③ 특히 도급이 이루어지는 사업장에서는 관계수급인 근로자의 산업재해 예방을 위하여

안전보건총괄책임자 제도를 두고 있으며, 도급인과 관계수급인이 함께 안전보건관리
체제에 참여하도록 요구하고 있음

산업안전보건법에 따른 안전보건관리조직은 다음과 같이 구성할 수 있음

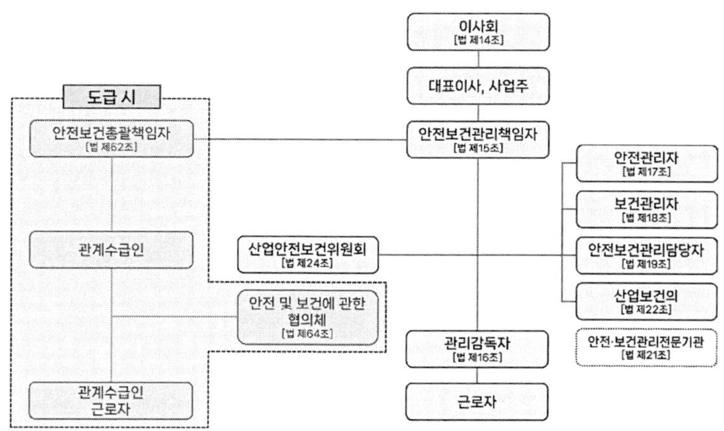

※ 위 조직도는 산업안전보건법에서 규정하는 주요 안전관리 주체를 구조적으로 정리한 예시이며,
실제 사업장에서는 업종, 사업장 규모, 공정 특성, 유해·위험 작업 여부에 따라 일부 구성요소가
추가되거나 제외될 수 있음

③ 안전관리조직의 유형(직계식, 참모식, 직계·참모식)

① 안전관리체계를 구축할 때 가장 기본이 되는 요소는 안전관리조직의 형태임. 조직 규
모와 현장 특성에 따라 어떤 조직 형태를 채택하느냐에 따라 안전보건관리의 효율성
과 실효성이 크게 달라질 수 있음

② 산업안전분야서는 안전관리조직을 직계식(Line) 조직, 참모식(Staff) 조직, 직계·참모식
(Line-Staff) 조직으로 구분함

  (1) 직계식 조직은 생산 조직의 명령체계 안에서 안전관리가 함께 수행되는 방식으로
  서, 현장소장·반장·조장 등 생산 라인의 관리감독자가 안전보건업무를 직접 지휘하
  고 감독하는 구조임. 이 방식은 명령과 실행이 하나의 흐름으로 움직이므로 조치
  이행이 빠르고 실행력이 강한 편이나, 안전보건 전문성이 부족해질 우려가 있으며
  생산성과 안전을 동시에 관리해야 하는 부담으로 인해 안전관리가 형식적으로 운
  영될 위험이 있음

  (2) 참모식 조직은 경영자 직속으로 안전보건 전담 부서를 설치하여 안전보건관리의

계획 수립과 기술적 자문을 수행하는 방식임. 전문성이 조직 내에 축적되고 안전보건 정책이 일관되게 운영될 수 있다는 장점이 있으나, 생산 라인에 대한 직접적인 명령권이 없는 경우에는 현장 실행력이 떨어질 수 있으며, 현장에서 안전보건업무를 전담부서의 업무로 인식하여 책임의식이 약화될 가능성이 있음

⑶ 직계·참모식 조직은 직계식 조직의 실행력과 참모식 조직의 전문성을 결합한 방식임. 안전보건 전담부서는 계획과 기술지도를 수행하고, 현장 라인 조직은 이를 기반으로 실행을 책임지는 구조로 운영됨. 이 방식은 전문성과 실행력을 동시에 확보할 수 있어 안전보건관리체제 중 가장 이상적인 형태로 평가되나, 조직 구조가 복잡해질 수 있으므로 역할 분담과 소통 체계가 명확히 유지될 필요가 있음

【안전관리조직의 종류 및 유형】

구분	직계식(Line)	참모식(Staff)	직계-참모식(Line-Staff)
규모	소규모 (100인 미만)	중규모 (100~500인)	대규모 (500인 이상)
안전 권한	생산 관리자에게 있음	안전 전담 부서(조언)	양쪽 모두 유기적 결합
전문성	낮음	높음	매우 높음
핵심 키워드	속도와 실천	기술과 정보	조화와 협력

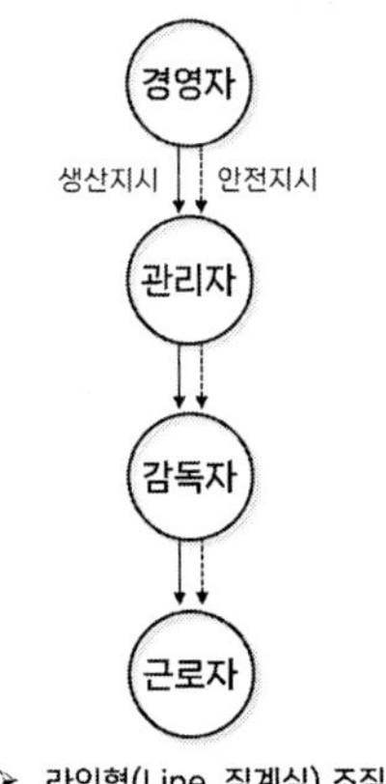

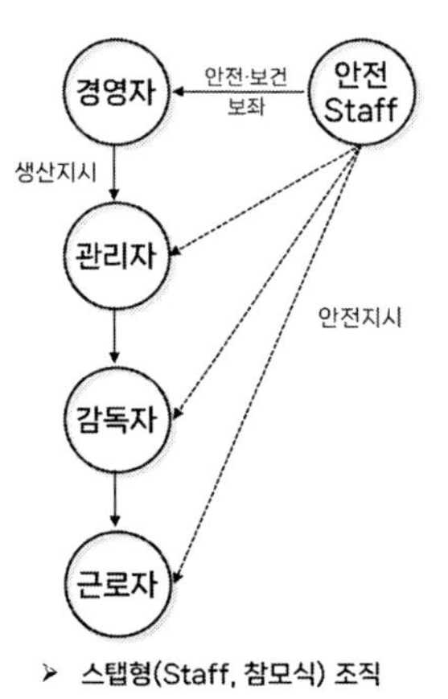

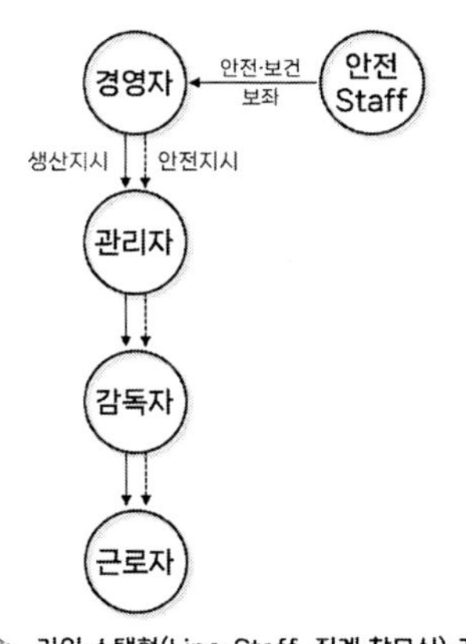

④ 체계와 체제의 개념 및 법령상 작동 구조

① 산업안전 분야에서 '체제'와 '체계'는 용어가 유사하여 혼동되기 쉬우나, 의미는 구분하여 이해할 필요가 있음. 안전보건관리체제는 안전보건 업무를 수행할 사람과 조직의 뼈대, 즉 인적 구성과 책임·권한의 배치를 의미하며, 안전보건관리체계는 그 뼈대가 실제로 작

동하도록 하는 운영 시스템, 즉 계획·실행·점검·개선 등 업무의 흐름과 절차를 의미함

② 법 제2장은 안전보건관리책임자, 관리감독자, 안전관리자, 보건관리자, 안전보건관리담당자, 산업보건의, 산업안전보건위원회 등 안전관리 주체를 정하여 체제를 구축하도록 하는 규정으로 이해할 수 있음. 다만 산업안전보건법은 체제만을 두고 끝나는 구조가 아니라, 법령 곳곳에서 이들 주체가 수행하여야 할 안전관리업무를 규정하고 있어 체제와 체계가 결합되어 작동하는 구조를 형성하고 있음

③ 즉, 법이 정한 인적 구성(체제)이 위험성평가, 안전보건교육, 점검·측정, 검사·진단, 개선조치, 재해조사 및 재발방지 등 각종 의무 이행 과정(체계)과 연결되면서, 사업장에서는 계획(P)-실행(D)-점검(C)-환류(A)의 운영 흐름(PDCA)이 자연스럽게 형성됨. 따라서 산업안전보건법은 제2장을 통해 체제를 명확히 하고, 법 전체를 통해 그 체제가 수행할 업무 절차를 연결함으로써 실질적인 안전관리체계가 함께 작동하도록 설계되어 있음

⑤ 정리(실효성 확보의 핵심)

① 결국 안전보건관리에서 중요한 것은 안전관리체제와 안전관리체계가 함께 구축되어 실제로 작동하도록 하는 데 있음. 안전관리체제는 안전보건관리책임자, 관리감독자, 안전관리자, 보건관리자 등 법령이 정한 주체를 중심으로 책임과 권한을 명확히 배치하는 조직적 기반이며, 안전관리체계는 그 조직이 위험성평가, 안전보건교육, 점검·측정, 검사·진단, 개선조치, 재해조사 및 재발방지 등 안전보건업무를 계획적으로 수행하고 점검·환류하는 운영 절차를 의미함

② 따라서 사업장에서 안전관리가 실효성 있게 운영되기 위해서는 단순히 법정 선임자를 형식적으로 갖추는 수준에 그치지 않고, 각 주체가 수행해야 할 업무가 실제로 이행되도록 업무 흐름을 구축하고 지속적으로 개선해 나갈 필요가 있음. 특히 사업장 규모가 커질수록 위험요인이 다양해지고 관리범위가 확대되므로, 전문부서의 기획기능과 현장조직의 실행기능이 함께 작동하는 직계·참모식 조직이 보다 효과적인 운영 방식이 될 수 있음

③ 다만 안전관리체제 및 안전관리체계의 구성 방식은 업종 및 사업장 특성에 따라 일부 차이가 있을 수 있으며, 법령상 안전관리자·보건관리자·안전보건관리책임자 등의 선임 기준도 사업장의 규모와 유해·위험 작업 여부에 따라 달리 적용될 수 있음. 따라서 사업장은 법령상 요구사항을 충족하는 동시에 실제 작업환경과 위험요인에 적합한 조직 형태와 운영 절차를 설계하여 안전보건관리를 수행할 필요가 있음

2 / 이사회 보고 및 승인 등(법 제14조)

① 개요

일정 규모 이상의 주식회사의 대표이사는 매년 회사의 안전 및 보건에 관한 계획을 수립하여 이사회에 보고하고 승인을 받아야 하며, 승인된 안전 및 보건에 관한 계획을 성실하게 이행하여야 함

이는 기업의 안전보건 관리를 현장 또는 실무 부서 차원의 문제로 한정하지 않고, 이사회가 안전 및 보건에 관한 사항을 직접 보고받고 승인하도록 함으로써 회사 경영 차원에서 안전보건 책임을 명확히 하기 위한 취지임

② 이사회 보고 및 승인 대상 회사

- 적용 대상 회사의 범위

  이사회 보고 및 승인 의무는 「상법」 제170조에 따른 주식회사 중 다음 각 호의 어느 하나에 해당하는 회사에 적용됨

  (1) 상시근로자 500명 이상을 사용하는 회사

  (2) 「건설산업기본법」 제23조에 따라 평가하여 공시된 시공능력(같은 법 시행령 별표 1의 종합공사를 시공하는 업종의 건설업종란 제3호에 따른 토목건축공사업에 대한 평가 및 공시로 한정함)의 순위 상위 1천위 이내의 건설회사

> **ⓘ Tip**
>
> - 시공능력 조회
> · 대한건설협회 공지·뉴스 → 협회공시 → 공시자료
> · 대한전문건설협회 → 전문건설현황 → 전문건설업체조회
> · 대한기계설비건설협회 → 알림공지 → 시공능력공시

③ 안전 및 보건에 관한 계획의 수립

① 계획 수립의 주체

  (1) 이사회 보고 및 승인 대상 회사의 대표이사는 회사의 안전 및 보건에 관한 계획을 수립하여야 함

  (2) 다만, 「상법」 제408조의2제1항 후단에 따라 대표이사를 두지 못하는 회사의 경우

에는 대표집행임원[14]이 해당 계획을 수립함

② 계획 수립 시기 및 절차

대표이사는 매년 안전 및 보건에 관한 계획을 수립하여 이사회에 보고[15]하고 승인을 받아야 함

④ 안전 및 보건에 관한 계획의 내용

대표이사는 회사의 정관에서 정하는 바에 따라 다음 각 호의 내용을 포함한 안전 및 보건에 관한 계획을 수립하여야 함

(1) 안전 및 보건에 관한 경영방침

(2) 안전·보건관리 조직의 구성·인원 및 역할

(3) 안전·보건 관련 예산 및 시설 현황

(4) 안전 및 보건에 관한 전년도 활동실적 및 다음 연도 활동계획

⑤ 승인된 계획의 이행 의무

■ 성실 이행 의무

대표이사는 매년 수립·보고·승인을 받은 안전 및 보건에 관한 계획을 바탕으로, 그 내용이 현장에서 충실히 실행될 수 있도록 성실하게 이행하여야 함

⑥ 벌칙

위반행위	세부내용	과태료 금액(만원)		
		1차 위반	2차 위반	3차 이상 위반
법 제14조제1항을 위반하여 회사의 안전 및 보건에 관한 계획을 이사회에 보고하지 않거나 승인을 받지 않은 경우		1,000	1,000	1,000

---

14) 대표집행임원은 회사의 업무집행을 대표하는 집행임원으로서, 이사회가 선임하며 집행임원 제도를 둔 회사에서 회사의 대외적 대표권을 행사하는 자임. 대표집행임원은 주식회사의 대표이사와 유사한 기능을 수행하나, 대표이사가 이사회 소속 기관인 반면, 대표집행임원은 이사회로부터 업무집행을 위임받아 집행임원 조직을 대표한다는 점에서 차이가 있음

15) 주식회사는 통상 사업연도를 1월 1일부터 12월 31일까지로 정하는 경우가 많으며, 결산 절차가 종료된 후 정기주주총회가 개최되는 구조상 정기주총은 대체로 3월 중순부터 3월 말 사이에 집중되는 경향이 있음. 이에 따라 산업안전보건법상 '안전 및 보건에 관한 계획'의 이사회 보고 역시 해당 시기에 이루어지는 경우가 일반적임

3 / 안전보건관리책임자(법 제15조)

① 개요

사업주는 사업장의 안전과 보건을 체계적으로 관리하고 산업재해를 예방하기 위하여 사업장을 실질적으로 총괄하여 관리하는 사람을 안전보건관리책임자로 지정하고, 해당 책임자가 사업장의 안전 및 보건에 관한 사항을 총괄하여 관리하도록 하여야 함

이는 사업장 내 안전보건 업무를 개별 부서 또는 담당자에게 분산시키지 않고, 사업장 전체를 통할하는 책임 주체를 명확히 함으로써 산업재해 예방의 실행력을 확보하기 위한 취지임

② 안전보건관리책임자의 지정

■ 선임 의무

사업주는 사업장을 실질적으로 총괄하여 관리하는 사람에게 해당 사업장의 안전 및 보건에 관한 업무를 총괄하여 관리하도록 하여야 함

③ 안전보건관리책임자의 총괄 관리 업무

■ 산업재해 예방 및 관리 전반

안전보건관리책임자는 다음 각 호의 업무를 총괄하여 관리함

(1) 사업장의 산업재해 예방계획의 수립에 관한 사항

(2) 안전보건관리규정의 작성 및 변경에 관한 사항

(3) 안전보건교육에 관한 사항

(4) 작업환경측정 등 작업환경의 점검 및 개선에 관한 사항

(5) 근로자의 건강진단 등 건강관리에 관한 사항

(6) 산업재해의 원인 조사 및 재발방지대책 수립에 관한 사항

(7) 산업재해에 관한 통계의 기록 및 유지에 관한 사항

(8) 안전장치 및 보호구 구입 시 적격품 여부 확인에 관한 사항

(9) 위험성평가의 실시에 관한 사항과 산업안전보건기준에 관한 규칙에서 정하는 근로자의 위험 또는 건강장해의 방지에 관한 사항

④ 안전관리자 및 보건관리자에 대한 지휘·감독

- 지휘·감독 관계

  안전보건관리책임자는 안전관리자와 보건관리자를 지휘·감독함

⑤ 안전보건관리책임자 선임 대상 사업장

안전보건관리책임자를 두어야 하는 사업의 종류 및 사업장의 상시근로자 수(건설공사의 경우에는 건설공사 금액)는 대통령령으로 정하며, 구체적인 기준은 시행령 [별표 2]에서 정하고 있음. 그 내용은 다음과 같음

규모	사업의 종류(한국표준산업분류 상 코드)
상시근로자 50명 이상	1. 토사석 광업(071) 2. 식료품 제조업(10), 음료 제조업(11) 3. 목재 및 나무제품 제조업; 가구 제외(16) 4. 펄프, 종이 및 종이제품 제조업(17) 5. 코크스, 연탄 및 석유정제품 제조업(19) 6. 화학물질 및 화학제품 제조업; 의약품 제외(20) 7. 의료용 물질 및 의약품 제조업(21) 8. 고무 및 플라스틱제품 제조업(22) 9. 비금속 광물제품 제조업(23) 10. 1차 금속 제조업(24) 11. 금속가공제품 제조업; 기계 및 가구 제외(25) 12. 전자부품, 컴퓨터, 영상, 음향 및 통신장비 제조업(26) 13. 의료, 정밀, 광학기기 및 시계 제조업(27) 14. 전기장비 제조업(28) 15. 기타 기계 및 장비 제조업(29) 16. 자동차 및 트레일러 제조업(30) 17. 기타 운송장비 제조업(31) 18. 가구 제조업(32) 19. 기타 제품 제조업(33) 20. 서적, 잡지 및 기타 인쇄물 출판업(581) 21. 해체, 선별 및 원료 재생업(383) 22. 자동차 종합 수리업(95211), 자동차 전문 수리업(95212)
상시근로자 300명 이상	23. 농업(01) 24. 어업(03) 25. 소프트웨어 개발 및 공급업(582) 26. 컴퓨터 프로그래밍, 시스템 통합 및 관리업(62) 26의2. 영상·오디오물 제공 서비스업(603) 27. 정보서비스업(63) 28. 금융 및 보험업(64~66) 29. 임대업; 부동산 제외(76) 30. 전문, 과학 및 기술 서비스업(M)(연구개발업(70)은 제외) 31. 사업지원 서비스업(75) 32. 사회복지 서비스업(87)

공사금액 20억원 이상	33. 건설업(41~42)
상시근로자 100명 이상	34. 제1호부터 제26호까지, 제26호의2 및 제27호부터 제33호까지의 사업을 제외한 사업

⑥ 사업주의 지원 의무 및 서류 보존

① 업무 수행을 위한 지원 의무

사업주는 안전보건관리책임자가 법령에서 정한 총괄·관리업무를 원활하게 수행할 수 있도록 권한, 시설, 장비, 예산 등 필요한 지원을 하여야 함

② 선임 및 업무 수행 관련 서류 보존

사업주는 안전보건관리책임자를 선임한 경우, 다음 각 호를 증명할 수 있는 서류를 갖추어 두어야 함

⑴ 안전보건관리책임자 선임 사실

⑵ 총괄·관리 업무 수행 내용

⑦ 벌칙

위반행위	세부내용	과태료 금액(만원)		
		1차 위반	**2차 위반**	**3차 이상 위반**
법 제15조제1항을 위반하여 사업장을 실질적으로 총괄하여 관리하는 사람으로 하여금 업무를 총괄하여 관리하도록 하지 않은 경우	1) 안전보건관리책임자를 선임하지 않은 경우	500	500	500
	2) 안전보건관리책임자로 하여금 업무를 총괄관리하도록 하지 않은 경우	300	400	500
법 제164조제1항부터 제6항[16]까지의 규정을 위반하여 보존해야 할 서류를 보존기간 동안 보존하지 않은 경우(각 서류당)		30	150	300

---

16) 안전보건관리책임자 선임에 관한 서류가 포함됨

4 / 관리감독자(법 제16조)

① 개요

사업주는 사업장에서 생산과 관련되는 업무와 그 소속 직원을 직접 지휘·감독하는 직위에 있는 사람(이하 "관리감독자")에게 산업안전 및 보건에 관한 업무를 수행하도록 하여, 생산현장 최일선에서 산업재해 예방을 담당하도록 하여야 함

관리감독자는 작업을 직접 지휘·감독하는 위치에서 작업 방법, 작업환경, 근로자의 행동을 가장 가까이에서 통제할 수 있는 지위에 있으므로, 산업재해 예방의 실질적인 실행 주체로서 중요한 역할을 수행함

② 관리감독자의 기본 업무

사업주는 관리감독자에게 다음 각 사항의 산업 안전 및 보건에 관한 기본 업무를 수행하도록 하여야 함

① 사업장 내 관리감독자가 지휘·감독하는 작업과 관련된 기계·기구 또는 설비의 안전·보건 점검 및 이상 유무의 확인

② 관리감독자에게 소속된 근로자의 작업복·보호구 및 방호장치의 점검과 그 착용·사용에 관한 교육·지도

③ 해당작업에서 발생한 산업재해에 관한 보고 및 이에 대한 응급조치

④ 해당작업의 작업장 정리·정돈 및 통로 확보에 대한 확인·감독

⑤ 사업장의 다음 각 호의 어느 하나에 해당하는 사람의 지도·조언에 대한 협조

    ⑴ 안전관리자 또는 안전관리자의 업무를 안전관리전문기관에 위탁한 사업장의 경우에는 그 안전관리전문기관의 해당 사업장 담당자

    ⑵ 보건관리자 또는 보건관리자의 업무를 보건관리전문기관에 위탁한 사업장의 경우에는 그 보건관리전문기관의 해당 사업장 담당자

    ⑶ 안전보건관리담당자 또는 안전보건관리담당자의 업무를 안전관리전문기관 또는 보건관리전문기관에 위탁한 사업장의 경우에는 그 안전관리전문기관 또는 보건관리전문기관의 해당 사업장 담당자

    ⑷ 산업보건의

⑥ 위험성평가에 관한 다음 각 호의 업무

⑴ 유해·위험요인의 파악에 대한 참여

⑵ 개선조치의 시행에 대한 참여

③ 관리감독자의 유해·위험 방지 업무

① 사업주는 관리감독자로 하여금 작업의 종류에 따라 유해·위험을 방지하기 위한 업무를 수행하도록 하여야 함

② 유해·위험 방지 업무는 프레스 작업, 목재가공기계 취급 작업, 크레인 사용 작업, 위험물 취급 작업, 건조설비 사용 작업 등 특정 작업 유형별로 관리감독자가 수행하여야 할 구체적인 방지 조치를 규정한 것임

작업의 종류	직무수행 내용
1. 프레스등을 사용하는 작업 [안전보건규칙] ("이 표에서 이하 동일") (제2편제1장제3절) 제2편 안전기준 제1장 기계·기구 및 그 밖의 설비에 의한 위험예방 제3절 프레스 및 전단기	가. 프레스등 및 그 방호장치를 점검하는 일 나. 프레스등 및 그 방호장치에 이상이 발견 되면 즉시 필요한 조치를 하는 일 다. 프레스등 및 그 방호장치에 전환스위치를 설치했을 때 그 전환스위치의 열쇠를 관리하는 일 라. 금형의 부착·해체 또는 조정작업을 직접 지휘하는 일
2. 목재가공용 기계를 취급하는 작업 (제2편제1장제4절) 제2편 안전기준 제1장 기계·기구 및 그 밖의 설비에 의한 위험예방 제4절 목재가공용 기계	가. 목재가공용 기계를 취급하는 작업을 지휘하는 일 나. 목재가공용 기계 및 그 방호장치를 점검하는 일 다. 목재가공용 기계 및 그 방호장치에 이상이 발견된 즉시 보고 및 필요한 조치를 하는 일 라. 작업 중 지그(jig) 및 공구 등의 사용 상황을 감독하는 일
3. 크레인을 사용하는 작업 (제2편제1장제9절제2관·제3관) 제2편 안전기준 제1장 기계·기구 및 그 밖의 설비에 의한 위험예방 제9절 양중기 제2관 크레인 제3관 이동식 크레인	가. 작업방법과 근로자 배치를 결정하고 그 작업을 지휘하는 일 나. 재료의 결함 유무 또는 기구 및 공구의 기능을 점검하고 불량품을 제거하는 일 다. 작업 중 안전대 또는 안전모의 착용 상황을 감시하는 일

작업의 종류	직무수행 내용
4. 위험물[17]을 제조하거나 취급하는 작업 (제2편제2장제1절) 제2편 안전기준 제2장 폭발·화재 및 위험물누출 에 의한 위험방지 제1절 위험물 등의 취급 등	가. 작업을 지휘하는 일 나. 위험물을 제조하거나 취급하는 설비 및 그 설비의 부속설비가 있는 장소의 온도·습도·차광 및 환기 상태 등을 수시로 점검하고 이상을 발견하면 즉시 필요한 조치를 하는 일 다. 나목에 따라 한 조치를 기록하고 보관하는 일
5. 건조설비를 사용하는 작업 (제2편제2장제5절) 제2편 안전기준 제2장 폭발·화재 및 위험물누출 에 의한 위험방지 제5절 건조설비	가. 건조설비를 처음으로 사용하거나 건조방법 또는 건조물의 종류를 변경했을 때에는 근로자에게 미리 그 작업방법을 교육하고 작업을 직접 지휘하는 일 나. 건조설비가 있는 장소를 항상 정리정돈하고 그 장소에 가연성 물질을 두지 않도록 하는 일
6. 아세틸렌 용접장치를 사용하는 금속의 용접·용단 또는 가열작업 (제2편제2장제6절제1관) 제2편 안전기준 제2장 폭발·화재 및 위험물누출 에 의한 위험방지 제6절 아세틸렌 용접장치 및 가스집합 용접장치 제1관 아세틸렌 용접장치	가. 작업방법을 결정하고 작업을 지휘하는 일 나. 아세틸렌 용접장치의 취급에 종사하는 근로자로 하여금 다음의 작업요령을 준수하도록 하는 일 (1) 사용 중인 발생기에 불꽃을 발생시킬 우려가 있는 공구를 사용하거나 그 발생기에 충격을 가하지 않도록 할 것 (2) 아세틸렌 용접장치의 가스누출을 점검할 때에는 비눗물을 사용하는 등 안전한 방법으로 할 것 (3) 발생기실의 출입구 문을 열어 두지 않도록 할 것 (4) 이동식 아세틸렌 용접장치의 발생기에 카바이드를 교환할 때에는 옥외의 안전한 장소에서 할 것 다. 아세틸렌 용접작업을 시작할 때에는 아세틸렌 용접장치를 점검하고 발생기 내부로부터 공기와 아세틸렌의 혼합가스를 배제하는 일 라. 안전기는 작업 중 그 수위를 쉽게 확인할 수 있는 장소에 놓고 1일 1회 이상 점검하는 일 마. 아세틸렌 용접장치 내의 물이 동결되는 것을 방지하기 위하여 아세틸렌 용접장치를 보온하거나 가열할 때에는 온수나 증기를 사용하는 등 안전한 방법으로 하도록 하는 일 바. 발생기 사용을 중지하였을 때에는 물과 잔류 카바이드가 접촉하지 않은 상태로 유지하는 일 사. 발생기를 수리·가공·운반 또는 보관할 때에는 아세틸렌 및 카바이드에 접촉하지 않은 상태로 유지하는 일 아. 작업에 종사하는 근로자의 보안경 및 안전장갑의 착용 상황을 감시하는 일

---

17) "위험물"은 산업안전보건법령에서 정하는 위험물을 의미하며, 그 종류는 본서 [부록 1] 참조

작업의 종류	직무수행 내용
7. 가스집합용접장치의 취급작업 (제2편제2장제6절제2관) 제2편 안전기준 　제2장 폭발·화재 및 위험물누출 　　에 의한 위험방지 　제6절 아세틸렌 용접장치 및 　　가스집합 용접장치 　제2관 가스집합 용접장치	가. 작업방법을 결정하고 작업을 직접 지휘하는 일 나. 가스집합장치의 취급에 종사하는 근로자로 하여금 다음의 작업요령을 준수하도록 하는 일 　⑴ 부착할 가스용기의 마개 및 배관 연결부에 붙어 있는 유류·찌꺼기 등을 제거할 것 　⑵ 가스용기를 교환할 때에는 그 용기의 마개 및 배관 연결부 부분의 가스누출을 점검하고 배관 내의 가스가 공기와 혼합되지 않도록 할 것 　⑶ 가스누출 점검은 비눗물을 사용하는 등 안전한 방법으로 할 것 　⑷ 밸브 또는 콕은 서서히 열고 닫을 것 다. 가스용기의 교환작업을 감시하는 일 라. 작업을 시작할 때에는 호스·취관·호스밴드 등의 기구를 점검하고 손상·마모 등으로 인하여 가스나 산소가 누출될 우려가 있다고 인정할 때에는 보수하거나 교환하는 일 마. 안전기는 작업 중 그 기능을 쉽게 확인할 수 있는 장소에 두고 1일 1회 이상 점검하는 일 바. 작업에 종사하는 근로자의 보안경 및 안전장갑의 착용 상황을 감시하는 일
8. 거푸집 및 동바리의 고정·조립 또는 해체 작업/노천굴착작업/흙막이 지보공의 고정·조립 또는 해체 작업/터널의 굴착작업/구축물등의 해체작업 (제2편제4장제1절제2관·제4장제2절제1관·제4장제2절제3관제1속·제4장제4절) 제2편 안전기준 　제4장 건설작업 등에 의한 위험예방 　제1절 거푸집 및 동바리 　제2관 조립 등 　제2절 굴착작업 등의 위험방지 　제1관 노천굴착작업 　제3관 터널작업 　제1속 조사 등 　제4절 해체작업 시 위험방지	가. 안전한 작업방법을 결정하고 작업을 지휘하는 일 나. 재료·기구의 결함 유무를 점검하고 불량품을 제거하는 일 다. 작업 중 안전대 및 안전모 등 보호구 착용 상황을 감시하는 일
9. 높이 5미터 이상의 비계(飛階)를 조립·해체하거나 변경하는 작업 (해체작업의 경우 가목은 적용 제외) (제1편제7장제2절) 제1편 총칙 　제7장 비계 　제2절 조립·해체 및 점검 등	가. 재료의 결함 유무를 점검하고 불량품을 제거하는 일 나. 기구·공구·안전대 및 안전모 등의 기능을 점검하고 불량품을 제거하는 일 다. 작업방법 및 근로자 배치를 결정하고 작업 진행 상태를 감시하는 일 라. 안전대와 안전모 등의 착용 상황을 감시하는 일

작업의 종류	직무수행 내용
10. 달비계 작업 (제1편제7장제4절) 제1편 총칙 　제7장 비계 　　제4절 달비계, 달대비계 및 걸침비계	가. 작업용 섬유로프, 작업용 섬유로프의 고정점, 구명줄의 조정점, 작업대, 고리걸이용 철구 및 안전대 등의 결손 여부를 확인하는 일 나. 작업용 섬유로프 및 안전대 부착설비용 로프가 고정점에 풀리지 않는 매듭방법으로 결속되었는지 확인하는 일 다. 근로자가 작업대에 탑승하기 전 안전모 및 안전대를 착용하고 안전대를 구명줄에 체결했는지 확인하는 일 라. 작업방법 및 근로자 배치를 결정하고 작업 진행 상태를 감시하는 일
11. 발파작업 (제2편제4장제2절제2관) 제2편 안전기준 　제4장 건설작업 등에 의한 위험예방 　　제2절 굴착작업 등의 위험방지 　　　제2관 발파작업의 위험방지	가. 점화 전에 점화작업에 종사하는 근로자가 아닌 사람에게 대피를 지시하는 일 나. 점화작업에 종사하는 근로자에게 대피장소 및 경로를 지시하는 일 다. 점화 전에 위험구역 내에서 근로자가 대피한 것을 확인하는 일 라. 점화순서 및 방법에 대하여 지시하는 일 마. 점화신호를 하는 일 바. 점화작업에 종사하는 근로자에게 대피신호를 하는 일 사. 발파 후 터지지 않은 장약이나 남은 장약의 유무, 용수(湧水)의 유무 및 토사등의 낙하 여부 등을 점검하는 일 아. 점화하는 사람을 정하는 일 자. 공기압축기의 안전밸브 작동 유무를 점검하는 일 차. 안전모 등 보호구 착용 상황을 감시하는 일
12. 채석을 위한 굴착작업 (제2편제4장제2절제5관) 제2편 안전기준 　제4장 건설작업 등에 의한 위험예방 　　제2절 굴착작업 등의 위험방지 　　　제5관 채석작업	가. 대피방법을 미리 교육하는 일 나. 작업을 시작하기 전 또는 폭우가 내린 후에는 토사등의 낙하·균열의 유무 또는 함수(含水)·용수(湧水) 및 동결의 상태를 점검하는 일 다. 발파한 후에는 발파장소 및 그 주변의 토사등의 낙하·균열의 유무를 점검하는 일.
13. 화물취급작업 (제2편제6장제1절) 제2편 안전기준 　제6장 하역작업 등에 의한 위험방지 　　제1절 화물취급 작업 등	가. 작업방법 및 순서를 결정하고 작업을 지휘하는 일 나. 기구 및 공구를 점검하고 불량품을 제거하는 일 다. 그 작업장소에는 관계 근로자가 아닌 사람의 출입을 금지하는 일 라. 로프 등의 해체작업을 할 때에는 하대(荷臺) 위의 화물의 낙하위험 유무를 확인하고 작업의 착수를 지시하는 일
14. 부두와 선박에서의 하역작업 (제2편제6장제2절) 제2편 안전기준 　제6장 하역작업 등에 의한 머방지 　　제2절 항만하역작업	가. 작업방법을 결정하고 작업을 지휘하는 일 나. 통행설비·하역기계·보호구 및 기구·공구를 점검·정비하고 이들의 사용상황을 감시하는 일 다. 주변 작업자간의 연락을 조정하는 일

작업의 종류	직무수행 내용
15. 전로 등 전기작업 또는 그 지지물의 설치, 점검, 수리 및 도장 등의 작업 (제2편제3장) 제2편 안전기준 제3장 전기로 인한 위험 방지	가. 작업구간 내의 충전전로 등 모든 충전 시설을 점검하는 일 나. 작업방법 및 그 순서를 결정(근로자 교육 포함)하고 작업을 지휘하는 일 다. 작업근로자의 보호구 또는 절연용 보호구 착용 상황을 감시하고 감전 재해 요소를 제거하는 일 라. 작업 공구, 절연용 방호구 등의 결함 여부와 기능을 점검하고 불량품 을 제거하는 일 마. 작업장소에 관계 근로자 외에는 출입을 금지하고 주변 작업자와의 연 락을 조정하며 도로작업 시 차량 및 통행인 등에 대한 교통통제 등 작 업전반에 대해 지휘·감시하는 일 바. 활선작업용 기구를 사용하여 작업할 때 안전거리가 유지되는지 감시 하는 일 사. 감전재해를 비롯한 각종 산업재해에 따른 신속한 응급처치를 할 수 있 도록 근로자들을 교육하는 일
16. 관리대상 유해물질을 취급하는 작업 (제3편제1장) 제3편 보건기준 제1장 관리대상 유해물질에 의한 건강장해의 예방	가. 관리대상 유해물질을 취급하는 근로자가 물질에 오염되지 않도록 작업 방법을 결정하고 작업을 지휘하는 업무 나. 관리대상 유해물질을 취급하는 장소나 설비를 매월 1회 이상 순회점검 하고 국소배기장치 등 환기설비에 대해서는 다음 각 호의 사항을 점검 하여 필요한 조치를 하는 업무. 단, 환기설비를 점검하는 경우에는 다 음의 사항을 점검 (1) 후드(hood)나 덕트(duct)의 마모·부식, 그 밖의 손상 여부 및 정도 (2) 송풍기와 배풍기의 주유 및 청결 상태 (3) 덕트 접속부가 헐거워졌는지 여부 (4) 전동기와 배풍기를 연결하는 벨트의 작동 상태 (5) 흡기 및 배기 능력 상태 다. 보호구의 착용 상황을 감시하는 업무 라. 근로자가 탱크 내부에서 관리대상 유해물질을 취급하는 경우에 다음의 조치를 했는지 확인하는 업무 (1) 관리대상 유해물질에 관하여 필요한 지식을 가진 사람이 해당 작업 을 지휘 (2) 관리대상 유해물질이 들어올 우려가 없는 경우에는 작업을 하는 설비 의 개구부를 모두 개방 (3) 근로자의 신체가 관리대상 유해물질에 의하여 오염되었거나 작업이 끝난 경우에는 즉시 몸을 씻는 조치 (4) 비상시에 작업설비 내부의 근로자를 즉시 대피시키거나 구조하기 위 한 기구와 그 밖의 설비를 갖추는 조치 (5) 작업을 하는 설비의 내부에 대하여 작업 전에 관리대상 유해물질의 농 도를 측정하거나 그 밖의 방법으로 근로자가 건강에 장해를 입을 우려 가 있는지를 확인하는 조치 (6) 제(5)에 따른 설비 내부에 관리대상 유해물질이 있는 경우에는 설비 내 부를 충분히 환기하는 조치 (7) 유기화합물을 넣었던 탱크에 대하여 제(1)부터 제(6)까지의 조치 외 에 다음의 조치 　(가) 유기화합물이 탱크로부터 배출된 후 탱크 내부에 재유입되지 않 도록 조치 　(나) 물이나 수증기 등으로 탱크 내부를 씻은 후 그 씻은 물이나 수증 기 등을 탱크로부터 배출 　(다) 탱크 용적의 3배 이상의 공기를 채웠다가 내보내거나 탱크에 물을 가득 채웠다가 내출(또는 내보냄) 마. 나목에 따른 점검 및 조치 결과를 기록·관리하는 업무

작업의 종류	직무수행 내용
17. 허가대상 유해물질 취급작업 (제3편제2장) 제3편 보건기준 제2장 허가대상 유해물질 및 석면에 의한 건강장해의 예방	가. 근로자가 허가대상 유해물질을 들이마시거나 허가대상 유해물질에 오염되지 않도록 작업수칙을 정하고 지휘하는 업무 나. 작업장에 설치되어 있는 국소배기장치나 그 밖에 근로자의 건강장해 예방을 위한 장치 등을 매월 1회 이상 점검하는 업무 다. 근로자의 보호구 착용 상황을 점검하는 업무
18. 석면 해체·제거작업 (제3편제2장제6절) 제3편 보건기준 제2장 허가대상 유해물질 및 석면에 의한 건강장해의 예방 제6절 석면의 해체·제거 작업 및 유지·관리 등의 조치기준	가. 근로자가 석면분진을 들이마시거나 석면분진에 오염되지 않도록 작업방법을 정하고 지휘하는 업무 나. 작업장에 설치되어 있는 석면분진 포집장치, 음압기 등의 장비의 이상 유무를 점검하고 필요한 조치를 하는 업무 다. 근로자의 보호구 착용 상황을 점검하는 업무
19. 고압작업 (제3편제5장) 제3편 보건기준 제5장 이상기압에 의한 건강장해 예방	가. 작업방법을 결정하여 고압작업자를 직접 지휘하는 업무 나. 유해가스의 농도를 측정하는 기구를 점검하는 업무 다. 고압작업자가 작업실에 입실하거나 퇴실하는 경우에 고압작업자의 수를 점검하는 업무 라. 작업실에서 공기조절을 하기 위한 밸브나 콕을 조작하는 사람과 연락하여 작업실 내부의 압력을 적정한 상태로 유지하도록 하는 업무 마. 공기를 기압조절실로 보내거나 기압조절실에서 내보내기 위한 밸브나 콕을 조작하는 사람과 연락하여 고압작업자에 대하여 가압이나 감압을 다음과 같이 따르도록 조치하는 업무 ⑴ 가압을 하는 경우 1분에 제곱센티미터당 0.8킬로그램 이하의 속도로 함 ⑵ 감압을 하는 경우에는 고용노동부장관이 정하여 고시하는 기준에 맞도록 함 바. 작업실 및 기압조절실 내 고압작업자의 건강에 이상이 발생한 경우 필요한 조치를 하는 업무
20. 밀폐공간 작업 (제3편제10장) 제3편 보건기준 제10장 밀폐공간 작업으로 인한 건강장해의 예방	가. 산소가 결핍된 공기나 유해가스에 노출되지 않도록 작업 시작 전에 해당 근로자의 작업을 지휘하는 업무 나. 작업을 하는 장소의 공기가 적절한지를 작업 시작 전에 측정하는 업무 다. 측정장비·환기장치 또는 공기호흡기 또는 송기마스크를 작업 시작 전에 점검하는 업무 라. 근로자에게 공기호흡기 또는 송기마스크의 착용을 지도하고 착용 상황을 점검하는 업무

④ 관리감독자의 작업 시작 전 점검 업무

① 사업주는 관리감독자로 하여금 작업을 시작하기 전에 해당 작업에 필요한 사항을 점검하도록 하여야 함

② 작업 시작 전 점검 업무는 프레스, 로봇, 공기압축기, 크레인 등 기계·설비별로 작업 개

시 전에 반드시 확인하여야 할 점검 사항을 구체적으로 정한 것으로, 사고 예방을 위한 사전 통제 장치에 해당함

작업의 종류	점검내용
1. 프레스등을 사용하여 작업을 할 때 (제2편제1장제3절) 제2편 안전기준 제1장 기계·기구 및 그 밖의 설비에 의한 위험예방 제3절 프레스 및 전단기	가. 클러치 및 브레이크의 기능 나. 크랭크축·플라이휠·슬라이드·연결봉 및 연결 나사의 풀림 여부 다. 1행정 1정지기구·급정지장치 및 비상정지장치의 기능 라. 슬라이드 또는 칼날에 의한 위험방지 기구의 기능 마. 프레스의 금형 및 고정볼트 상태 바. 방호장치의 기능 사. 전단기(剪斷機)의 칼날 및 테이블의 상태
2. 로봇의 작동 범위에서 그 로봇에 관하여 교시 등(로봇의 동력원을 차단하고 하는 것은 제외)의 작업을 할 때 (제2편제1장제13절) 제2편 안전기준 제1장 기계·기구 및 그 밖의 설비에 의한 위험예방 제13절 산업용 로봇	가. 외부 전선의 피복 또는 외장의 손상 유무 나. 매니퓰레이터(manipulator) 작동의 이상 유무 다. 제동장치 및 비상정지장치의 기능
3. 공기압축기를 가동할 때 (제2편제1장제7절) 제2편 안전기준 제1장 기계·기구 및 그 밖의 설비에 의한 위험예방 제7절 보일러 등	가. 공기저장 압력용기의 외관 상태 나. 드레인밸브(drain valve)의 조작 및 배수 다. 압력방출장치의 기능 라. 언로드밸브(unloading valve)의 기능 마. 윤활유의 상태 바. 회전부의 덮개 또는 울 사. 그 밖의 연결 부위의 이상 유무
4. 크레인을 사용하여 작업을 하는 때 (제2편제1장제9절제2관) 제2편 안전기준 제1장 기계·기구 및 그 밖의 설비에 의한 위험예방 제9절 양중기 제2관 크레인	가. 권과방지장치·브레이크·클러치 및 운전장치의 기능 나. 주행로의 상측 및 트롤리(trolley)가 횡행하는 레일의 상태 다. 와이어로프가 통하고 있는 곳의 상태
5. 이동식 크레인을 사용하여 작업을 할 때 (제2편제1장제9절제3관) 제2편 안전기준 제1장 기계기구 및 그 밖의 설비에 의한 위험예방 제9절 양중기 제3관 이동식 크레인	가. 권과방지장치나 그 밖의 경보장치의 기능 나. 브레이크·클러치 및 조정장치의 기능 다. 와이어로프가 통하고 있는 곳 및 작업장소의 지반상태

작업의 종류	점검내용
6. 리프트(자동차정비용 리프트를 포함)를 사용하여 작업을 할 때 (제2편제1장제9절제4관) 제2편 안전기준 　제1장 기계·기구 및 그 밖의 설비에 의한 위험예방 　제9절 양중기 　　제4관 리프트	가. 방호장치·브레이크 및 클러치의 기능 나. 와이어로프가 통하고 있는 곳의 상태
7. 곤돌라를 사용하여 작업을 할 때 (제2편제1장제9절제5관) 제2편 안전기준 　제1장 기계·기구 및 그 밖의 설비에 의한 위험예방 　제9절 양중기 　　제5관 곤돌라	가. 방호장치·브레이크의 기능 나. 와이어로프·슬링와이어(sling wire) 등의 상태
8. 양중기의 와이어로프·달기체인·섬유로프·섬유벨트 또는 훅·샤클·링 등의 철구를 사용하여 고리걸이작업을 할 때 (제2편제1장제9절제7관) 제2편 안전기준 　제1장 기계·기구 및 그 밖의 설비에 의한 위험예방 　제9절 양중기 　　제7관 양중기의 와이어로프 등	와이어로프등의 이상 유무
9. 지게차를 사용하여 작업을 하는 때 (제2편제1장제10절제2관) 제2편 안전기준 　제1장 기계·기구 및 그 밖의 설비에 의한 위험예방 　제10절 차량계 하역운반기계등 　　제2관 지게차	가. 제동장치 및 조종장치 기능의 이상 유무 나. 하역장치 및 유압장치 기능의 이상 유무 다. 바퀴의 이상 유무 라. 전조등·후미등·방향지시기 및 경보장치 기능의 이상 유무

작업의 종류	점검내용
10. 구내운반차를 사용하여 작업을 할 때 (제2편제1장제10절제3관) 제2편 안전기준 　제1장 기계·기구 및 그 밖의 설비에 의한 위험예방 　제10절 차량계　하역운반기계등 　제3관 구내운반차	가. 제동장치 및 조종장치 기능의 이상 유무 나. 하역장치 및 유압장치 기능의 이상 유무 다. 바퀴의 이상 유무 라. 전조등·후미등·방향지시기 및 경음기 기능의 이상 유무 마. 충전장치를 포함한 홀더 등의 결합상태의 이상 유무
11. 고소작업대를 사용하여 작업을 할 때 (제2편제1장제10절제4관) 제2편 안전기준 　제1장 기계·기구 및 그 밖의 설비에 의한 위험예방 　제10절 차량계　하역운반기계등 　제4관 고소작업대	가. 비상정지장치 및 비상하강 방지장치 기능의 이상 유무 나. 과부하 방지장치의 작동 유무 　(와이어로프 또는 체인구동방식의 경우) 다. 아웃트리거 또는 바퀴의 이상 유무 라. 작업면의 기울기 또는 요철 유무 마. 활선작업용 장치의 경우 홈·균열·파손 등 그 밖의 손상 유무
12. 화물자동차를 사용하는 작업을 하게 할 때 (제2편제1장제10절제5관) 제2편 안전기준 　제1장 기계·기구 및 그 밖의 설비에 의한 위험예방 　제10절 차량계　하역운반기계등 　제5관 화물자동차	가. 제동장치 및 조종장치의 기능 나. 하역장치 및 유압장치의 기능 다. 바퀴의 이상 유무
13. 컨베이어등을 사용하여 작업을 할 때 (제2편제1장제11절) 제2편 안전기준 　제1장 기계·기구 및 그 밖의 설비에 의한 위험예방 　제11절 컨베이어	가. 원동기 및 풀리(pulley) 기능의 이상 유무 나. 이탈 등의 방지장치 기능의 이상 유무 다. 비상정지장치 기능의 이상 유무 라. 원동기·회전축·기어 및 풀리 등의 덮개 또는 울 등의 이상 유무
14. 차량계 건설기계를 사용하여 작업을 할 때 (제2편제1장제12절제1관) 제2편 안전기준 　제1장 기계·기구 및 그 밖의 설비에 의한 위험예방 　제12절 건설기계 등 　제1관 차량계 건설기계 등	브레이크 및 클러치 등의 기능

작업의 종류	점검내용
14의2. 용접·용단 작업 등의 화재위험 작업을 할 때 (제2편제2장제2절) 제2편 안전기준 제2장 폭발·화재 및 위험물누출에 의한 위험방지 제2절 화기 등의 관리	가. 작업 준비 및 작업 절차 수립 여부 나. 화기작업에 따른 인근 가연성물질에 대한 방호조치 및 소화기구 비치 여부 다. 용접불티 비산방지덮개 또는 용접방화포 등 불꽃·불티 등의 비산을 방지하기 위한 조치 여부 라. 인화성 액체의 증기 또는 인화성 가스가 남아 있지 않도록 하는 환기 조치 여부 마. 작업근로자에 대한 화재예방 및 피난교육 등 비상조치 여부
15. 이동식 방폭구조(防爆構造) 전기기계·기구를 사용할 때 (제2편제3장제1절) 제2편 안전기준 제3장 전기로 인한 위험 방지 제1절 전기 기계·기구 등으로 인한 위험방지	전선 및 접속부 상태
16. 근로자가 반복하여 계속적으로 중량물을 취급하는 작업을 할 때 (제2편제5장) 제2편 안전기준 제5장 중량물 취급 시의 위험 방지	가. 중량물 취급의 올바른 자세 및 복장 나. 위험물이 날아 흩어짐에 따른 보호구의 착용 다. 카바이드·생석회(산화칼슘) 등과 같이 온도상승이나 습기에 의하여 위험성이 존재하는 중량물의 취급방법 라. 그 밖에 하역운반기계등의 적절한 사용방법
17. 양화장치를 사용하여 화물을 싣고 내리는 작업을 할 때 (제2편제6장제2절) 제2편 안전기준 제6장 하역작업 등에 의한 위험 방지 제2절 항만하역작업	가. 양화장치(揚貨裝置)의 작동상태 나. 양화장치에 제한하중을 초과하는 하중을 실었는지 여부
18. 슬링 등을 사용하여 작업을 할 때 (제2편제6장제2절) 제2편 안전기준 제6장 하역작업 등에 의한 위험 방지 제2절 항만하역작업	가. 훅이 붙어 있는 슬링·와이어슬링 등이 매달린 상태 나. 슬링·와이어슬링 등의 상태(작업시작 전 및 작업 중 수시로 점검)

⑤ 관리감독자에 대한 지원 및 지정

① 관리감독자에 대한 지원 의무

　(1) 사업주는 지정된 관리감독자가 법령에서 정한 기본 업무, 유해·위험 방지 업무 및 작업 시작 전 점검 업무를 원활하게 수행할 수 있도록 권한·시설·장비·예산 등 필요한 지원을 하여야 함

　(2) 이는 관리감독자의 역할이 형식에 그치지 않도록 실질적인 수행 여건을 확보하려는 취지임

② 관리감독자의 지정 기준

　(1) 관리감독자는 법령에서 규정한 기본 업무, 유해·위험 방지 업무 및 작업 시작 전 점검 업무의 내용을 고려하여, 생산현장에서 소속 직원을 직접 지휘·감독하는 자 중에서 지정하는 것이 바람직함

　(2) 예를 들어 제조업의 경우에는 사무실에서 주로 근무하는 관리자보다는, 생산현장에서 기계·기구의 점검이나 방호장치의 상태 확인 등을 수시로 수행할 수 있는 자가 관리감독자로 적합함

③ 관리감독자의 지정 절차 및 형식

　(1) 관리감독자는 법령상 당연직에 해당하므로 별도의 행정기관 신고나 승인 절차는 요구되지 않음

　(2) 다만, 해당자가 자신이 관리감독자임을 명확히 인식하고 법령에서 규정한 업무를 책임 있게 수행할 수 있도록, 사업장 내부적으로 지정서 또는 임명장을 부여하는 방식으로 관리하는 것이 필요함

④ 건설공사 관련 특례

　(1) 관리감독자가 있는 경우에는 「건설기술 진흥법」 제64조제1항제2호에 따른 안전관리책임자 및 같은 항 제3호에 따른 안전관리담당자[18]를 각각 둔 것으로 봄

---

18) 「건설기술 진흥법」제64조(건설공사의 안전관리조직)
　① 안전관리계획을 수립하는 건설사업자 및 주택건설등록업자는 다음 각 호의 사람으로 구성된 안전관리조직을 두어야 한다.
　　1. 해당 건설공사의 시공 및 안전에 관한 업무를 총괄하여 관리하는 안전총괄책임자
　　2. 토목, 건축, 전기, 기계, 설비 등 건설공사의 각 분야별 시공 및 안전관리를 지휘하는 분야별 안전관리책임자
　　3. 건설공사 현장에서 직접 시공 및 안전관리를 담당하는 안전관리담당자
　　4. 수급인(受給人)과 하수급인(下受給人)으로 구성된 협의체의 구성원
　② 제1항에 따른 안전관리조직의 구성, 직무, 그 밖에 필요한 사항은 대통령령으로 정한다.

⑵ 이는 건설공사 현장에서 관리감독자가 지정된 경우, 별도의 안전관리책임자 및 안전관리담당자를 중복하여 둘 필요가 없도록 한 특례임

⑥ 벌칙

위반행위	세부내용	과태료 금액(만원)		
		1차 위반	2차 위반	3차 이상 위반
법 제16조제1항을 위반하여 관리감독자에게 직무와 관련된 산업 안전 및 보건에 관한 업무를 수행하도록 하지 않은 경우		300	400	500

5 / 안전관리자(법 제17조)

① 개요

사업주는 사업장 내 안전에 관한 기술적인 사항에 대하여 사업주 또는 안전보건관리책임자를 보좌하고, 관리감독자에게 지도·조언하는 역할을 수행하는 안전관리자를 두어야 함

안전관리자는 사업장의 안전보건관리체계에서 기술적 전문성을 바탕으로 위험요인을 사전에 파악·개선하는 핵심 인력으로서, 관리감독자의 현장 관리 기능을 지원하고 산업재해 예방 조치의 실효성을 높이기 위한 제도적 장치임

② 안전관리자의 법적 지위 및 역할

① 보좌 및 지도·조언의 지위

안전관리자는 사업주 또는 안전보건관리책임자를 보좌하여 안전에 관한 기술적인 사항을 관리하고, 관리감독자에게 안전에 관한 지도·조언을 수행하는 지위에 있음

② 현장 중심의 기술적 지원 역할

안전관리자는 직접 근로자를 지휘·감독하는 관리감독자와 달리, 사업장 전반의 안전관리 수준을 기술적으로 점검하고 개선방향을 제시하는 역할을 수행함

③ 안전관리자의 선임 대상 및 기준

① 선임 대상 사업장

안전관리자를 두어야 하는 사업의 종류, 사업장의 상시근로자 수, 안전관리자의 수 및 선임방법은 시행령 [별표 3]에서 정한 기준에 따르며, 그 내용은 다음과 같음

사업의 종류 (한국표준산업분류 상 코드)	규모	안전 관리자의 수	안전관리자의 선임방법
1. 토사석 광업(071) 2. 식료품 제조업(10), 음료 제조업(11) 3. 섬유제품 제조업; 의복 제외(13) 4. 목재 및 나무제품 제조업; 가구 제외(16) 5. 펄프, 종이 및 종이제품 제조업(17) 6. 코크스, 연탄 및 석유정제품 제조업(19) 7. 화학물질 및 화학제품 제조업; 의약품 제외(20) 8. 의료용 물질 및 의약품 제조업(21) 9. 고무 및 플라스틱제품 제조업(22)	상시근로자 50명 이상 500명 미만	1명 이상	별표 4[19] 제1호, 제2호, 제4호, 제5호, 제6호(상시근로자 300명 미만인 사업장만 해당), 제7호(이 표 제27호에 따른 사업만 해당), 제7호의2(상시근로자 300명 미만인 사업장만 해당) 및 제8호 중 어느 하나에 해당하는 사람을 선임

---

19) "별표 4"는 ④ 안전관리자의 자격 참고(이하 이 표에서 동일)

사업의 종류	사업장의 상시근로자 수	안전관리자의 수	안전관리자의 선임방법
10. 비금속 광물제품 제조업(23) 11. 1차 금속 제조업(24) 12. 금속가공제품 제조업; 기계 및 가구 제외(25) 13. 전자부품, 컴퓨터, 영상, 음향 및 통신장비 제조업(26) 14. 의료, 정밀, 광학기기 및 시계 제조업(27) 15. 전기장비 제조업(28) 16. 기타 기계 및 장비 제조업(29) 17. 자동차 및 트레일러 제조업(30) 18. 기타 운송장비 제조업(31) 19. 가구 제조업(32) 20. 기타 제품 제조업(33) 21. 산업용 기계 및 장비 수리업(34) 22. 서적, 잡지 및 기타 인쇄물 출판업(581) 23. 폐기물 수집, 운반, 처리 및 원료 재생업(38) 24. 환경 정화 및 복원업(39) 25. 자동차 종합 수리업(95211), 자동차 전문 수리업(95212) 26. 발전업(3511) 27. 운수 및 창고업(49~52)	상시근로자 500명 이상	2명 이상	별표 4 제1호부터 제5호까지, 제7호(이 표 제27호에 따른 사업으로서 상시근로자 1,000명 미만의 사업장만 해당) 및 제8호 중 어느 하나에 해당하는 사람을 선임다만, 별표 4 제1호, 제2호(「국가기술자격법」에 따른 산업안전산업기사의 자격을 취득한 사람은 제외) 및 제4호 중 어느 하나에 해당하는 사람이 1명 이상 포함
28. 농업, 임업 및 어업(01~03) 29. 제2호부터 제21호까지의 사업을제외한 제조업(10, 12, 14, 15, 18) 30. 전기, 가스, 증기 및 공기조절 공급업(35), (발전업(3511)은 제외) 31. 수도, 하수 및 폐기물 처리, 원료 재생업(36~39) (제23호 및 제24호에 해당하는 사업은 제외) 32. 도매 및 소매업(45~47) 33. 숙박 및 음식점업(55~56) 34. 영상·오디오 기록물 제작 및 배급업(59) 35. 라디오 방송업 및 텔레비전 방송업(601, 602)	상시근로자 50명 이상 1천명 미만. 다만, 제37호의 사업(부동산 관리업은 제외)과 제40호의 사업의 경우에는 상시근로자 100명 이상 1천명 미만으로 함	1명 이상	별표 4 제1호, 제2호, 제3호(이 표 제28호, 제30호부터 제46호까지의 사업만 해당), 제4호, 제5호, 제6호(상시근로자 300명 미만인 사업장만 해당), 제7호(이 표 제36호에 따른 사업만 해당), 제7호의2(상시근로자 300명 미만인 사업장만 해당) 및 제8호 중 어느 하나에 해당하는 사람을 선임
36. 우편 및 통신업(61) 37. 부동산업(68) 38. 임대업; 부동산 제외(76) 39. 연구개발업(70) 40. 사진처리업(73303) 41. 사업시설 관리 및 조경 서비스업(74) 42. 청소년 수련시설 운영업(85614) 43. 보건업(86) 44. 예술, 스포츠 및 여가 관련 서비스업(90~91) 45. 개인 및 소비용품수리업(95)(제25호에 해당하는 사업은 제외) 46. 기타 개인 서비스업(96)	상시근로자 1천명 이상	2명 이상	별표 4 제1호부터 제5호까지 또는 제8호부터 제10호까지에 해당하는 사람을 선임다만, 별표 4 제1호, 제2호, 제4호 및 제5호 중 어느 하나에 해당하는 사람이 1명 이상 포함

47. 공공행정(84)(청소, 시설관리, 조리 등 현업업무에 종사하는 사람으로서 고용노동부장관이 정하여 고시[20] 하는 사람으로 한정) 48. 교육서비스업 중 초등·중등·고등 교육기관, 특수학교·외국인학교 및 대안학교(85) (청소, 시설관리, 조리 등 현업업무에 종사하는 사람으로서 고용노동부장관이 정하여 고시하는 사람으로 한정)	상시근로자 1천명 이상	2명 이상	별표 4 제1호부터 제5호까지 또는 제8호부터 제10호까지에 해당하는 사람을 선임다만, 별표 4 제1호, 제2호, 제4호 및 제5호 중 어느 하나에 해당하는 사람이 1명 이상 포함
49. 건설업(41~42)	공사금액 50억원 이상(관계수급인은 100억원 이상) 120억원 미만(「건설산업기본법 시행령」별표 1 제1호가목의 토목공사업의 경우에는 150억원 미만)	1명 이상	별표 4 제1호부터 제7호까지 및 제10호의 어느 하나에 해당하는 사람을 선임
	공사금액 120억원 이상(「건설산업기본법 시행령」 별표 1 제1호가목의 토목공사업의 경우에는 150억원 이상) 800억원 미만	1명 이상	별표 4 제1호부터 제7호까지 및 제10호의 어느 하나에 해당하는 사람을 선임

---

20) 고용노동부고시 공공행정 등에서 현업업무에 종사하는 사람의 기준
  (1) 공공행정에서 현업업무에 해당하는 업무내용
    1. 청사 등 시설물의 경비, 유지관리 업무 및 설비·장비 등의 유지관리 업무
    2. 도로의 유지·보수 등의 업무
    3. 도로·가로 등의 청소, 쓰레기·폐기물의 수거·처리 등 환경미화 업무
    4. 공원·녹지 등의 유지관리 업무
    5. 산림조사 및 산림보호 업무
    6. 조리 실무 및 급식실 운영 등 조리시설 관련 업무
  (2) 초등·중등·고등 교육기관, 특수학교·외국인학교 및 대안학교에서 현업업무에 해당하는 업무내용
    1. 학교 시설물 및 설비·장비 등의 유지관리 업무
    2. 학교 경비 및 학생 통학 보조 업무
    3. 조리 실무 및 급식실 운영 등 조리시설 관련 업무

49. 건설업(41~42)	공사금액 800억원 이상 1,500억원 미만	2명 이상. 다만, 전체 공사기간을 100으로 할 때 공사 시작에서 15에 해당하는 기간과 공사 종료 전의 15에 해당하는 기간(이하 "전체 공사기간 중 전·후 15에 해당하는 기간") 동안은 1명 이상 함	별표 4 제1호부터 제7호까지 및 제10호의 어느 하나에 해당하는 사람을 선임하되, 같은 표 제1호부터 제3호까지의 어느 하나에 해당하는 사람이 1명 이상 포함
	공사금액 1,500억원 이상 2200억원 미만	3명 이상. 다만, 전체 공사기간 중 전·후 15에 해당하는 기간은 2명 이상으로 함	별표 4 제1호부터 제7호까지 및 제12호의 어느 하나에 해당하는 사람을 선임하되, 같은 표 제12호에 해당하는 사람은 1명만 포함될 수 있고, 같은 표 제1호 또는 「국가기술자격법」에 따른 건설안전기술사(건설안전기사 또는 산업안전기사의 자격을 취득한 후 7년 이상 건설안전 업무를 수행한 사람이거나 건설안전산업기사 또는 산업안전산업기사의 자격을 취득한 후 10년 이상 건설안전 업무를 수행한 사람을 포함) 자격을 취득한 사람(이하 "산업안전지도사등")이 1명 이상 포함
	공사금액 2200억원 이상 3천억원 미만	4명 이상. 다만, 전체 공사기간 중 전·후 15에 해당하는 기간은 2명 이상으로 함	
	공사금액 3천억원 이상 3900억원 미만	5명 이상. 다만, 전체 공사기간 중 전·후 15에 해당하는 기간은 3명 이상 함	별표 4 제1호부터 제7호까지 및 제12호의 어느 하나에 해당하는 사람을 선임하되, 같은 표 제12호에 해당하는 사람이 1명만 포함될 수 있고, 산업안전지도사등이 2명 이상 포함.다만, 전체 공사기간 중 전·후 15에 해당하는 기간에는 산업안전지도사등이 1명 이상 포함
	공사금액 3900억원 이상 4900억원 미만	6명 이상. 다만, 전체 공사기간 중 전·후 15에 해당하는 기간은 3명 이상으로 함	

49. 건설업(41~42)	공사금액 4900억원 이상 6천억원 미만	7명 이상. 다만, 전체 공사기간 중 전·후 15에 해당하는 기간은 4명 이상으로 함	별표 4 제1호부터 제7호까지 및 제12호의 어느 하나에 해당하는 사람을 선임하되, 같은 표 제12호에 해당하는 사람은 2명까지만 포함될 수 있고, 산업안전지도사등이 2명 이상 포함되어야 함. 다만, 전체 공사기간 중 전·후 15에 해당하는 기간에는 산업안전지도사등이 2명 이상 포함
	공사금액 6천억원 이상 7200억원 미만	8명 이상. 다만, 전체 공사기간 중 전·후 15에 해당하는 기간은 4명 이상으로 함	
	공사금액 7200억원 이상 8500억원 미만	9명 이상. 다만, 전체 공사기간 중 전·후 15에 해당하는 기간은 5명 이상으로 함	
	공사금액 8500억원 이상 1조원 미만	10명 이상. 다만, 전체 공사기간 중 전·후 15에 해당하는 기간은 5명 이상으로함	
	1조원 이상	11명 이상[매 2천억원(2조원 이상부터는 매 3천억원)마다 1명씩 추가]. 다만, 전체 공사기간 중 전·후 15에 해당하는 기간은 선임 대상 안전관리자 수의 2분의 1(소수점 이하는 올림) 이상으로 함	

비고
1. 철거공사가 포함된 건설공사의 경우 철거공사만 이루어지는 기간은 전체 공사기간에는 산입되나 전체 공사기간 중 전·후 15에 해당하는 기간에는 산입되지 않음. 이 경우 전체 공사기간 중 전·후 15에 해당하는 기간은 철거공사만 이루어지는 기간을 제외한 공사기간을 기준으로 산정
2. 철거공사만 이루어지는 기간에는 공사금액별로 선임해야 하는 최소 안전관리자 수 이상으로 안전관리자를 선임

② 전담 안전관리자 의무

상시근로자 300명 이상을 사용하는 사업장[건설업의 경우에는 공사금액이 120억원(「건설산업기본법 시행령」 별표 1의 종합공사를 시공하는 업종의 건설업종란 제1호에 따라 토목공사업의 경우에는 150억원) 이상인 사업장]의 사업주는 안전관리자에게 법령에서 정한 안전관리자의 업무만을 전담하도록 하여야 함

③ 도급사업의 안전관리자 선임

(1) 도급인의 사업장에서 이루어지는 도급사업에서 관계수급인이 사용하는 상시근로자의 수가 50명 미만 또는 공사금액 50억원 미만인 경우에는 도급인이 사용하는 상시근로자 또는 공사금액으로 보아 도급인의 공사금액 또는 상시근로자에 합산하여 안전관리자 선임

〈예시〉
① 도급인 상시근로자: 120명
② 관계수급인 상시근로자 30명
 → 관계수급인 상시근로자를 도급인의 상시근로자에 합산(총 150명)하여, 도급인이 상시근로자수 기준에 따라 안전관리자 선임

(2) 관계수급인이 사용하는 상시근로자의 수가 50명 이상 또는 공사금액 50억 원 이상인 경우에는 관계수급인이 안전관리자 선임

〈예시〉
① 도급인 상시근로자: 120명
② 관계수급인 상시근로자 55명
 → 관계수급인 상시근로자가 50명 이상이므로, 관계수급인이 안전관리자 선임

(3) 도급인이 선임하여야 할 안전관리자를 두고, 관계수급인의 사업 종류별 상시근로자 수(건설공사의 경우에는 건설공사 금액)를 합산하여 그 수에 해당하는 전담 안전관리자를 도급인이 추가로 선임한 경우, 관계수급인은 별도로 안전관리자를 선임하지 않을 수 있음

④ 공동 안전관리자

■ 같은 사업주가 경영하는 둘 이상의 사업장이 다음 각 호의 어느 하나에 해당하는

경우에는 그 둘 이상의 사업장에 1명의 안전관리자를 공동으로 둘 수 있음. 이 경우 해당 사업장의 상시근로자 수의 합계는 300명 이내[건설업의 경우에는 공사금액이 120억원(「건설산업기본법 시행령」 별표 1의 종합공사를 시공하는 업종의 건설업종란 제1호에 따라 토목공사업의 경우에는 150억원) 이내]이어야 함

(1) 같은 시·군·구(자치구를 말함) 지역에 소재하는 경우

(2) 사업장 간의 경계를 기준으로 15킬로미터 이내에 소재하는 경우

④ 안전관리자의 자격

■ 안전관리자의 자격은 시행령 [별표 4]에서 정한 기준에 따르며, 그 내용은 다음 각 호와 같음

(1) 제143조제1항에 따른 산업안전지도사 자격을 가진 사람

(2) 「국가기술자격법」에 따른 산업안전산업기사 이상의 자격을 취득한 사람

(3) 「국가기술자격법」에 따른 건설안전산업기사 이상의 자격을 취득한 사람

(4) 「고등교육법」에 따른 4년제 대학 이상의 학교에서 산업안전 관련 학위를 취득한 사람 또는 이와 같은 수준 이상의 학력을 가진 사람

(5) 「고등교육법」에 따른 전문대학 또는 이와 같은 수준 이상의 학교에서 산업안전 관련 학위를 취득한 사람

(6) 「고등교육법」에 따른 이공계 전문대학 또는 이와 같은 수준 이상의 학교에서 학위를 취득하고, 해당 사업의 관리감독자로서의 업무(건설업의 경우는 시공실무경력)를 3년(4년제 이공계 대학 학위 취득자는 1년) 이상 담당한 후 고용노동부장관이 지정하는 기관이 실시하는 교육(1998년 12월 31일까지의 교육만 해당)을 받고 정해진 시험에 합격한 사람
다만, 관리감독자로 종사한 사업과 같은 업종(한국표준산업분류에 따른 대분류 기준)의 사업장이면서, 건설업의 경우를 제외하고는 상시근로자 300명 미만인 사업장에서만 안전관리자가 될 수 있음

(7) 「초·중등교육법」에 따른 공업계 고등학교 또는 이와 같은 수준 이상의 학교를 졸업하고, 해당 사업의 관리감독자로서의 업무(건설업의 경우는 시공실무경력)를 5년 이상 담당한 후 고용노동부장관이 지정하는 기관이 실시하는 교육(1998년 12월 31일까지의 교육만 해당)을 받고 정해진 시험에 합격한 사람

다만, 관리감독자로 종사한 사업과 같은 종류인 업종(한국표준산업분류에 따른 대분류 기준)의 사업장이면서, 건설업의 경우를 제외하고는 별표 3 제27호 또는 제36호의 사업[21])을 하는 사업장(상시근로자 50명 이상 1천명 미만인 경우만 해당)에서만 안전관리자가 될 수 있음

(8) 「초·중등교육법」에 따른 공업계 고등학교를 졸업하거나 「고등교육법」에 따른 학교에서 공학 또는 자연과학 분야 학위를 취득하고, 건설업을 제외한 사업에서 실무경력이 5년 이상인 사람으로서 고용노동부장관이 지정하는 기관이 실시하는 교육(2028년 12월 31일까지의 교육만 해당)을 받고 정해진 시험에 합격한 사람

다만, 건설업을 제외한 사업의 사업장이면서 상시근로자 300명 미만인 사업장에서만 안전관리자가 될 수 있음

(9) 다음 각 목의 어느 하나에 해당하는 사람. 다만, 해당 법령을 적용받은 사업에서만 선임될 수 있음

　가. 「고압가스 안전관리법」 제4조 및 같은 법 시행령 제3조제1항에 따른 허가를 받은 사업자 중 고압가스를 제조·저장 또는 판매하는 사업에서 같은 법 제15조 및 같은 법 시행령 제12조에 따라 선임하는 안전관리 책임자

　나. 「액화석유가스의 안전관리 및 사업법」 제5조 및 같은 법 시행령 제3조에 따른 허가를 받은 사업자 중 액화석유가스 충전사업·액화석유가스 집단공급사업 또는 액화석유가스 판매사업에서 같은 법 제34조 및 같은 법 시행령 제15조에 따라 선임하는 안전관리책임자

　다. 「도시가스사업법」 제29조 및 같은 법 시행령 제15조에 따라 선임하는 안전관리 책임자

　라. 「교통안전법」 제53조에 따라 교통안전관리자의 자격을 취득한 후 해당 분야에 채용된 교통안전관리자

　마. 「총포·도검·화약류 등의 안전관리에 관한 법률」 제2조제3항에 따른 화약류를 제조·판매 또는 저장하는 사업에서 같은 법 제27조 및 같은 법 시행령 제54조·제55조에 따라 선임하는 화약류제조보안책임자 또는 화약류관리보안책임자

　바. 「전기안전관리법」 제22조에 따라 전기사업자가 선임하는 전기안전관리자

(10) 제16조제2항에 따라 전담 안전관리자를 두어야 하는 사업장(건설업은 제외)에서 안전 관련 업무를 10년 이상 담당한 사람

(11) 「건설산업기본법」 제8조에 따른 종합공사를 시공하는 업종의 건설현장에서 안전보건관리책임자로 10년 이상 재직한 사람

---

21) "❸ 안전관리자의 선임 대상 및 기준"에서 ① 선임 대상 사업장 중 제27호, 제36호에 해당

(12) 「건설기술 진흥법」에 따른 토목·건축 분야 건설기술인 중 등급이 중급 이상인 사람으로서 고용노동부장관이 지정하는 기관이 실시하는 산업안전교육(2025년 12월 31일까지의 교육만 해당)을 이수하고 정해진 시험에 합격한 사람

(13) 「국가기술자격법」에 따른 토목산업기사 또는 건축산업기사 이상의 자격을 취득한 후 해당 분야에서의 실무경력이 다음 각 목의 구분에 따른 기간 이상인 사람으로서 고용노동부장관이 지정하는 기관이 실시하는 산업안전교육(2025년 12월 31일까지의 교육만 해당)을 이수하고 정해진 시험에 합격한 사람

  가. 토목기사 또는 건축기사: 3년

  나. 토목산업기사 또는 건축산업기사: 5년

⑤ 안전관리자의 업무

■ 안전관리자의 업무는 다음 각 호와 같음

(1) 산업안전보건위원회 또는 안전 및 보건에 관한 노사협의체에서 심의·의결한 업무와 해당 사업장의 안전보건관리규정 및 취업규칙에서 정한 업무

(2) 위험성평가에 관한 보좌 및 지도·조언

(3) 안전인증대상기계등과 자율안전확인대상기계등 구입 시 적격품의 선정에 관한 보좌 및 지도·조언

(4) 해당 사업장 안전교육계획의 수립 및 안전교육 실시에 관한 보좌 및 지도·조언

(5) 사업장 순회점검·지도 및 조치의 건의

(6) 산업재해 발생의 원인 조사·분석 및 재발 방지를 위한 기술적 보좌 및 지도·조언

(7) 산업재해에 관한 통계의 유지·관리·분석을 위한 보좌 및 지도·조언

(8) 법 또는 법에 따른 명령으로 정한 안전에 관한 사항의 이행에 관한 보좌 및 지도·조언

(9) 업무수행 내용의 기록·유지

⑥ 안전관리자의 배치 및 운영상 유의사항

① 근무 형태 고려

사업주는 안전관리자를 배치할 때 해당 사업장의 연장근로·야간근로·휴일근로 등 작업 형태를 고려하여야 함

② 보건관리자와의 협력

안전관리자는 업무 수행 시 보건관리자와 협력하여 안전·보건조치가 통합적으로 이루어지도록 하여야 함

③ 외부 전문가 활용

사업주는 안전관리 업무의 원활한 수행을 위하여 외부 전문가의 평가 또는 지도를 받을 수 있음

④ 지원 의무

사업주는 안전관리자가 법령에서 정한 업무를 원활하게 수행할 수 있도록 권한, 시설, 장비, 예산 등 필요한 지원을 하여야 함

7 안전관리 업무의 위탁

① 업무 위탁 가능 사업장

건설업을 제외한 사업으로서 상시근로자 300명 미만을 사용하는 사업장은 안전관리자의 업무를 안전관리전문기관에 위탁할 수 있음

② 위탁의 효과

안전관리자의 업무를 안전관리전문기관에 위탁한 경우에는 해당 전문기관을 안전관리자로 봄

③ 위탁 계약

안전관리 업무의 위탁은 시행규칙에서 정한 안전·보건관리 업무계약서[22] 서식에 따라 계약을 체결하여야 함

8 선임·해임 및 보고 절차

① 선임 및 위탁 보고

사업주는 안전관리자를 선임하거나 안전관리 업무를 위탁한 경우, 선임 또는 위탁한 날부터 14일 이내에 안전관리자·보건관리자·산업보건의 선임 등 보고서[23]를 관할 지방고용노동관서의 장에게 제출하여야 함

---

22) 산업안전보건법 시행규칙[별지 제5호서식]
23) 산업안전보건법 시행규칙 [별지 제2호서식] 또는 [별지 제3호서식]

② 해임 및 위탁 해지 보고

사업주는 안전관리자를 해임하거나 업무 위탁을 해지한 경우에도 해임 또는 해지한 날부터 14일 이내에 안전관리자·보건관리자·산업보건의 해임 등 보고서[24]를 관할 지방고용노동관서의 장에게 제출하여야 함

⑨ 안전관리자 증원·교체 명령

지방고용노동관서의 장은 법령에서 정한 사유가 발생한 경우에는 사업주에게 안전관리자·보건관리자 또는 안전보건관리담당자를 정수 이상으로 증원하게 하거나 교체하여 임명할 것을 명할 수 있음. 다만, 직업성 질병자 발생 당시 사업장에서 해당 화학적 인자(因子)를 사용하지 않은 경우에는 제외함

① 명령 사유

(1) 해당 사업장의 연간재해율이 같은 업종의 평균재해율의 2배 이상인 경우

(2) 중대재해가 연간 2건 이상 발생한 경우. 다만, 해당 사업장의 전년도 사망만인율이 같은 업종의 평균 사망만인율 이하인 경우는 제외함

(3) 안전관리자가 질병이나 그 밖의 사유로 3개월 이상 직무를 수행할 수 없게 된 경우

(4) 화학적 인자[25]로 인한 직업성 질병자가 연간 3명 이상 발생한 경우. 이 경우 직업성 질병자의 발생일은 「산업재해보상보험법 시행규칙」 제21조제1항에 따른 요양급여의 결정일로 함

② 절차

증원 또는 교체 임명 명령을 하기 전에 사업주 및 해당 안전관리자의 의견을 듣거나 소명자료를 제출받아야 함

---

24) 산업안전보건법 시행규칙 [별지 제3호의2서식]
25) 산업안전보건법 시행규칙 [별표 22] 특수건강진단 대상 유해인자에서 1. 화학적 인자(유기화합물, 금속류, 산 및 알카리류, 가스 상태 물질류, 허가 대상 유해물질 등)를 말함

①① 벌칙

위반행위	세부내용	과태료 금액(만원)		
		1차 위반	2차 위반	3차 이상 위반
법 제17조제1항, 제18조제1항 또는 제19조제1항 본문을 위반하여 안전관리자, 보건관리자 또는 안전보건관리담당자를 두지 않거나 이들로 하여금 업무를 수행하도록 하지 않은 경우	1) 안전관리자를 선임하지 않은 경우	500	500	500
	2) 선임된 안전관리자로 하여금 안전관리자의 업무를 수행하도록 하지 않은 경우	300	400	500
법 제17조제3항 또는 제18조제3항을 위반하여 안전관리자 또는 보건관리자가 그 업무만을 전담하도록 하지 않은 경우		200	300	500
법 제17조제4항, 제18조제4항 또는 제19조제3항에 따른 명령을 위반하여 안전관리자, 보건관리자 또는 안전보건관리담당자를 늘리지 않거나 교체하지 않은 경우		500	500	500
법 제164조제1항부터 제6항[26]까지의 규정을 위반하여 보존해야 할 서류를 보존기간 동안 보존하지 않은 경우(각 서류당)		30	150	300

---

26) 안전관리자 선임에 관한 서류가 포함됨

6 / 보건관리자(법 제18조)

① 개요

사업주는 사업장 내 보건에 관한 기술적인 사항에 대하여 사업주 또는 안전보건관리책임자를 보좌하고, 관리감독자에게 지도·조언하는 역할을 수행하는 보건관리자를 두어야 함

보건관리자는 작업환경, 유해인자, 근로자 건강상태 등을 종합적으로 관리하는 전문 인력으로서, 안전관리자와 협력하여 산업재해 중 직업성 질병과 건강장해를 예방하기 위한 핵심적인 역할을 수행함

② 보건관리자의 법적 지위 및 역할

① 보좌 및 지도·조언의 지위

보건관리자는 사업주 또는 안전보건관리책임자를 보좌하여 보건에 관한 기술적인 사항을 관리하고, 관리감독자에게 보건 관련 지도·조언을 수행하는 지위에 있음

② 건강관리 중심의 전문 역할

보건관리자는 안전관리자가 주로 기계·설비 등 안전기술 분야를 담당하는 것과 달리, 작업환경 및 근로자의 건강과 관련된 유해·위험요인을 중심으로 예방 조치를 기획·지원하는 역할을 수행함

③ 보건관리자의 선임 대상 및 기준

① 선임 대상 사업장

보건관리자를 두어야 하는 사업의 종류, 사업장의 상시근로자 수, 보건관리자의 수 및 선임방법은 시행령 [별표 5]에서 정한 기준에 따르며, 그 내용은 다음과 같음

사업의 종류	규모	보건 관리자의 수	보건관리자의 선임방법
1. 광업(광업 지원 서비스업은 제외) 2. 섬유제품 염색, 정리 및 마무리 가공업 3. 모피제품 제조업 4. 그 외 기타 의복액세서리 제조업(모피 액세서리에 한정)	상시근로자 50명 이상 500명 미만	1명 이상	별표 6[27] 각 호의 어느 하나에 해당하는 사람을 선임

---

27) "별표 6"은 ④ 보건관리자의 자격 참고(이하 이 표에서 동일)

사업의 종류	상시근로자 수	안전관리자 수	안전관리자의 선임방법
5. 모피 및 가죽 제조업 　(원피가공 및 가죽 제조업은 제외) 6. 신발 및 신발부분품 제조업 7. 코크스, 연탄 및 석유정제품 제조업 8. 화학 물질 및 화학제품 제조업; 의약품 제외 9. 의료용 물질 및 의약품 제조업 10. 고무 및 플라스틱제품 제조업	상시근로자 500명 이상 2천명 미만	2명 이상	별표 6 각 호의 어느 하나에 해당하는 사람을 선임
11. 비금속 광물제품 제조업 12. 1차 금속 제조업 13. 금속 가공제품 제조업; 기계 및 가구 제외 14. 기타 기계 및 장비 제조업 15. 전자부품, 컴퓨터, 영상, 음향 및 통신장비 제조업 16. 전기장비 제조업 17. 자동차 및 트레일러 제조업 18. 기타 운송장비 제조업 19. 가구 제조업 20. 해체, 선별 및 원료 재생업 21. 자동차 종합 수리업, 자동차 전문 수리업 22. 영 제88조(허가 대상 유해물질) 각 호의 어느 하나에 해당하는 유해물질을 제조하는 사업과 그 유해물질을 사용하는 사업 중 고용노동부장관이 특히 보건관리를 할 필요가 있다고 인정하여 고시하는 사업	상시근로자 2천명 이상	2명 이상	별표 6 각 호의 어느 하나에 해당하는 사람을 선임하되, 같은 표 제2호 또는 제3호에 해당하는 사람이 1명 이상 포함
23. 제2호부터 제22호까지의 사업을 제외한 제조업	상시근로자 50명 이상 1천명 미만	1명 이상	별표 6 각 호의 어느 하나에 해당하는 사람을 선임
	상시근로자 1천명 이상 3천명 미만	2명 이상	별표 6 각 호의 어느 하나에 해당하는 사람을 선임
	상시근로자 3천명 미만	2명 이상	별표 6 각 호의 어느 하나에 해당하는 사람을 선임하되, 같은 표 제2호 또는 제3호에 해당하는 사람 1명 이상이 포함
24. 농업, 임업 및 어업 25. 전기, 가스, 증기 및 공기조절공급업 26. 수도, 하수 및 폐기물 처리, 원료 재생업 　(제20호에 해당하는 사업은 제외) 27. 운수업 및 창고업 28. 도매 및 소매업 29. 숙박 및 음식점업 30. 서적, 잡지 및 기타 인쇄물 출판업 31. 라디오 방송업 및 텔레비전 방송업	상시근로자 50명 이상 5천명 미만. 다만, 제35호의 경우에는 상시근로자 100명 이상 5천명 미만 으로 함	1명 이상	별표 6 각 호의 어느 하나에 해당하는 사람을 선임

| 32. 우편 및 통신업
33. 부동산업
34. 연구개발업
35. 사진 처리업
36. 사업시설 관리 및 조경 서비스업
37. 공공행정(청소, 시설관리, 조리 등 현업업무에 종사하는 사람으로서 고용노동부장관이 정하여 고시[28]하는 사람으로 한정함)
38. 교육서비스업 중 초등·중등·고등 교육기관, 특수학교·외국인학교 및 대안학교(청소, 시설관리, 조리 등 현업업무에 종사하는 사람으로서 고용노동부장관이 정하여 고시하는 사람으로 한정함)
39. 청소년 수련시설 운영업
40. 보건업
41. 골프장 운영업
42. 개인 및 소비용품수리업
(제21호에 해당하는 사업은 제외)
43. 세탁업 | 상시 근로자 5천명 이상 | 2명 이상 | 별표 6 각 호의 어느 하나에 해당하는 사람을 선임하되, 같은 표 제2호 또는 제3호에 해당하는 사람 1명 이상이 포함 |
| 44. 건설업 | 공사금액 800억원 이상(「건설산업기본법 시행령」 별표 1의 종합공사를 시공하는 업종의 건설업종란 제1호에 따른 토목공사업에 속하는 공사의 경우에는 1천억 이상) 또는 상시 근로자 600명 이상 | 1명 이상
[공사금액 800억원(「건설산업기본법 시행령」 별표 1의 종합공사를 시공하는 업종의 건설업종란 제1호에 따른 토목공사업은 1천억원)을 기준으로 1400억원이 증가할 때마다 또는 상시 근로자 600명을 기준으로 600명이 추가될 때마다 1명씩 추가] | 별표 6 각 호의 어느 하나에 해당하는 사람을 선임. |

② 전담 보건관리자 의무

상시근로자 300명 이상을 사용하는 사업장의 사업주는 보건관리자에게 법령에서 정한 보건관리자의 업무만을 전담하도록 하여야 함

---

28) 고용노동부고시 공공행정 등에서 현업업무에 종사하는 사람의 기준
(1) 공공행정에서 현업업무에 해당하는 업무내용
1. 청사 등 시설물의 경비, 유지관리 업무 및 설비·장비 등의 유지관리 업무
2. 도로의 유지·보수 등의 업무
3. 도로·가로 등의 청소, 쓰레기·폐기물의 수거·처리 등 환경미화 업무
4. 공원·녹지 등의 유지관리 업무
5. 산림조사 및 산림보호 업무
6. 조리 실무 및 급식실 운영 등 조리시설 관련 업무
(2) 초등·중등·고등 교육기관, 특수학교·외국인학교 및 대안학교에서 현업업무에 해당하는 업무내용
1. 학교 시설물 및 설비·장비 등의 유지관리 업무
2. 학교 경비 및 학생 통학 보조 업무
3. 조리 실무 및 급식실 운영 등 조리시설 관련 업무

③ 도급사업의 보건관리자 선임

(1) 도급인의 사업장에서 이루어지는 도급사업에서 관계수급인이 사용하는 상시근로자의 수가 50명 미만 또는 공사금액 50억원 미만인 경우에는 도급인이 사용하는 상시근로자 또는 공사금액으로 보아 도급인의 공사금액 또는 상시근로자에 합산하여 보건관리자 선임

(2) 관계수급인이 사용하는 상시근로자의 수가 50명 이상 또는 공사금액 50억원 이상인 경우에는 관계수급인이 보건관리자 선임

(3) 도급인이 선임하여야 할 보건관리자를 두고, 관계수급인의 사업 종류별 상시근로자 수(건설공사의 경우에는 건설공사 금액)를 합산하여 그 수에 해당하는 전담 보건관리자를 도급인이 추가로 선임한 경우, 관계수급인은 별도로 보건관리자를 선임하지 않을 수 있음

④ 공동 보건관리자

■ 같은 사업주가 경영하는 둘 이상의 사업장이 다음 각 호의 어느 하나에 해당하는 경우에는 그 둘 이상의 사업장에 1명의 보건관리자를 공동으로 둘 수 있음. 이 경우 해당 사업장의 상시근로자 수의 합계는 300명 이내[건설업의 경우에는 공사금액이 120억원(「건설산업기본법 시행령」 별표 1의 종합공사를 시공하는 업종의 건설업종란 제1호에 따라 토목공사업의 경우에는 150억원) 이내]이어야 함

(1) 같은 시·군·구(자치구를 말함) 지역에 소재하는 경우

(2) 사업장 간의 경계를 기준으로 15킬로미터 이내에 소재하는 경우

④ 보건관리자의 자격

■ 보건관리자의 자격은 시행령 [별표 6]에서 정한 기준에 따르며, 그 내용은 다음 각 호와 같음

(1) 제143조제1항에 따른 산업보건지도사 자격을 가진 사람

(2) 「의료법」에 따른 의사

(3) 「간호법」에 따른 간호사

(4) 「국가기술자격법」에 따른 산업위생관리산업기사 또는 대기환경산업기사 이상의 자격을 취득한 사람

(5) 「국가기술자격법」에 따른 인간공학기사 이상의 자격을 취득한 사람

(6) 「고등교육법」에 따른 전문대학 이상의 학교에서 산업보건 또는 산업위생 분야의 학위를 취득한 사람(법령에 따라 이와 같은 수준 이상의 학력이 있다고 인정되는 사람을 포함)

⑤ 보건관리자의 업무

■ 보건관리자의 업무는 다음 각 호와 같음

(1) 산업안전보건위원회 또는 노사협의체에서 심의·의결한 업무와 안전보건관리규정 및 취업규칙에서 정한 업무

(2) 안전인증대상기계등과 자율안전확인대상기계등 중 보건과 관련된 보호구(保護具) 구입 시 적격품 선정에 관한 보좌 및 지도·조언

(3) 위험성평가에 관한 보좌 및 지도·조언

(4) 물질안전보건자료의 게시 또는 비치에 관한 보좌 및 지도·조언

(5) 산업보건의의 직무(보건관리자가 「의료법」에 따른 의사인 경우로 한정)

(6) 해당 사업장 보건교육계획의 수립 및 보건교육 실시에 관한 보좌 및 지도·조언

(7) 해당 사업장의 근로자를 보호하기 위한 다음 각 목의 조치에 해당하는 의료행위
(보건관리자가 「의료법」에 따른 의사, 「간호법」에 따른 간호사에 해당하는 경우로 한정)

　가. 자주 발생하는 가벼운 부상에 대한 치료

　나. 응급처치가 필요한 사람에 대한 처치

　다. 부상·질병의 악화를 방지하기 위한 처치

　라. 건강진단 결과 발견된 질병자의 요양 지도 및 관리

　마. 가목부터 라목까지의 의료행위에 따르는 의약품의 투여

(8) 작업장 내에서 사용되는 전체 환기장치 및 국소배기장치 등에 관한 설비의 점검과 작업방법의 공학적 개선에 관한 보좌 및 지도·조언

(9) 사업장 순회점검·지도 및 조치의 건의

(10) 산업재해 발생의 원인 조사·분석 및 재발 방지를 위한 기술적 보좌 및 지도·조언

(11) 산업재해에 관한 통계의 유지·관리·분석을 위한 보좌 및 지도·조언

(12) 법 또는 법에 따른 명령으로 정한 보건에 관한 사항의 이행에 관한 보좌 및 지도·조언

(13) 업무수행 내용의 기록·유지

(14) 그 밖에 작업관리 및 작업환경관리에 관한 사항으로서 고용노동부장관이 정하는

사항

⑥ 보건관리자의 배치 및 운영상 유의사항

① 안전관리자와의 협력

보건관리자는 업무 수행 시 안전관리자와 협력하여 안전·보건 조치가 유기적으로 이루어지도록 하여야 함

② 지원 의무

사업주는 보건관리자가 업무를 원활히 수행할 수 있도록 권한·시설·장비·예산 등 필요한 지원을 하여야 하며, 보건관리자가 「의료법」에 따른 의사이거나, 「간호법」에 따른 간호사에 해당하는 경우에는 다음 각 호와 같은 시설 및 장비를 지원하여야 함

⑴ 건강관리실

근로자가 쉽게 찾을 수 있고 통풍과 채광이 잘되는 곳에 위치해야 하며, 건강관리 업무의 수행에 적합한 면적을 확보하고, 상담실·처치실 및 양호실을 갖추어야 함

⑵ 상하수도 설비, 침대, 냉난방시설, 외부 연락용 직통전화, 구급용구 등

③ 근무 형태 고려

사업주는 보건관리자를 배치할 때 해당 사업장의 연장근로·야간근로·휴일근로 등 작업 형태를 고려하여야 함

④ 외부 전문가 활용

사업주는 보건관리 업무의 원활한 수행을 위하여 외부 전문가의 평가 또는 지도를 받을 수 있음

⑦ 보건관리 업무의 위탁

① 보건관리전문기관의 유형

보건관리전문기관은 지역별 보건관리전문기관과 업종별·유해인자별 보건관리전문기관으로 구분됨[29]

② 업무 위탁 가능 사업장

---

29) 보건관리전문기관은 일반 사업장의 기본적·순회형 보건관리를 효율적으로 수행하기 위한 지역별 기본형 기관과, 특정 업종 또는 유해인자에 대한 전문적·심층적 관리를 위해 전문성을 기준으로 한 특수형 기관으로 구분됨

(1) 건설업을 제외한 사업(업종별·유해인자별 보건관리전문기관의 경우에는 고용노동부령으로 정하는 사업[30]을 말함)으로서 상시근로자 300명 미만을 사용하는 사업장

(2) 벽지로서 석탄광산 소재지역, 제주특별자치도를 제외한 육지와 연결되지 않은 도서지역을 말함

③ 위탁의 효과

보건관리자의 업무를 보건관리전문기관에 위탁한 경우에는 해당 전문기관을 보건관리자로 봄

⑧ 선임·해임 및 보고 절차

① 선임 및 위탁 보고

사업주는 보건관리자를 선임하거나 안전관리 업무를 위탁한 경우, 선임 또는 위탁한 날부터 14일 이내에 안전관리자·보건관리자·산업보건의 선임 등 보고서를 관할 지방고용노동관서의 장에게 제출하여야 함

② 해임 및 위탁 해지 보고

사업주는 보건관리자를 해임하거나 업무 위탁을 해지한 경우에도 해임 또는 해지한 날부터 14일 이내에 안전관리자·보건관리자·산업보건의 해임 등 보고서를 관할 지방고용노동관서의 장에게 제출하여야 함

⑨ 보건관리자 증원·교체 명령

지방고용노동관서의 장은 법령에서 정한 사유가 발생한 경우에는 사업주에게 안전관리자·보건관리자 또는 안전보건관리담당자를 정수 이상으로 증원하게 하거나 교체하여 임명할 것을 명할 수 있음. 다만, 직업성 질병자 발생 당시 사업장에서 해당 화학적 인자(因子)를 사용하지 않은 경우에는 제외함

① 명령 사유

---

30) ■ 업종별 보건관리전문기관에 보건관리 업무를 위탁할 수 있는 사업은 광업
　　■ 유해인자별 보건관리전문기관에 보건관리 업무를 위탁할 수 있는 사업은 다음 각 호와 같음
　　　1. 납 취급 사업
　　　2. 수은 취급 사업
　　　3. 크롬 취급 사업
　　　4. 석면 취급 사업
　　　5. 법 제118조에 따라 제조·사용허가를 받아야 할 물질을 취급하는 사업
　　　6. 근골격계 질환의 원인이 되는 단순반복작업, 영상표시단말기 취급작업, 중량물 취급작업 등을 하는 사업

⑴ 해당 사업장의 연간재해율이 같은 업종의 평균재해율의 2배 이상인 경우

⑵ 중대재해가 연간 2건 이상 발생한 경우. 다만, 해당 사업장의 전년도 사망만인율이 같은 업종의 평균 사망만인율 이하인 경우는 제외함

⑶ 보건관리자가 질병이나 그 밖의 사유로 3개월 이상 직무를 수행할 수 없게 된 경우

⑷ 화학적 인자[31]로 인한 직업성 질병자가 연간 3명 이상 발생한 경우. 이 경우 직업성 질병자의 발생일은 「산업재해보상보험법 시행규칙」 제21조제1항에 따른 요양급여의 결정일로 함

② 절차

증원 또는 교체 임명 명령을 하기 전에 사업주 및 해당 보건관리자의 의견을 듣거나 소명자료를 제출받아야 함

🔟 벌칙

위반행위	세부내용	과태료 금액(만원)		
		1차 위반	2차 위반	3차 이상 위반
법 제17조제1항, 제18조제1항 또는 제19조제1항 본문을 위반하여 안전관리자, 보건관리자 또는 안전보건관리담당자를 두지 않거나 이들로 하여금 업무를 수행하도록 하지 않은 경우	3) 보건관리자를 선임하지 않은 경우	500	500	500
	4) 선임된 보건관리자로 하여금 보건관리자의 업무를 수행하도록 하지 않은 경우	300	400	500
법 제17조제3항 또는 제18조제3항을 위반하여 안전관리자 또는 보건관리자가 그 업무만을 전담하도록 하지 않은 경우		200	300	500
법 제17조제4항, 제18조제4항 또는 제19조제3항에 따른 명령을 위반하여 안전관리자, 보건관리자 또는 안전보건관리담당자를 늘리지 않거나 교체하지 않은 경우		500	500	500
법 제164조제1항부터 제6항[32]까지의 규정을 위반하여 보존해야 할 서류를 보존기간 동안 보존하지 않은 경우(각 서류당)		30	150	300

---

31) 시행규칙 [별표 22]의 특수건강진단 대상 유해인자 중 '화학적 인자'를 의미하며, 유기화합물, 금속류, 산 및 알카리류, 가스상 물질류, 허가대상 유해물질 등이 이에 해당함

32) 보건관리자 선임에 관한 서류가 포함됨

7 / 안전보건관리담당자(법 제19조)

① 개요

사업주는 사업장 내 안전 및 보건에 관한 사항에 대하여 사업주를 보좌하고 관리감독자에게 지도·조언하는 역할을 수행하는 안전보건관리담당자를 두어, 소규모 사업장의 안전보건관리체계의 실행력을 강화하고, 유해·위험요인을 사전에 관리·개선함으로써 산업재해를 예방하여야 함

이는 안전관리자·보건관리자를 두기 어려운 소규모 사업장에서 최소한의 안전보건 전문 역량을 확보하여, 안전교육·위험성평가·작업환경측정·건강진단 등 필수 요소가 누락되지 않도록 현장 실행력을 보완하려는 취지임

② 안전보건관리담당자의 법적 지위 및 역할

① 보좌 및 지도·조언의 지위

안전보건관리담당자는 사업주를 보좌하여 사업장의 안전 및 보건에 관한 관리업무를 지원하고, 관리감독자에게 안전 및 보건에 관한 지도·조언을 수행하는 지위에 있음

② 안전·보건 전반에 대한 지원 역할

안전보건관리담당자는 안전관리자 또는 보건관리자를 두지 않는 중소규모 사업장에서 안전 및 보건 전반에 관한 사항을 종합적으로 관리·지원하며, 사업장의 위험요인 관리 수준을 점검하고 개선을 지원하는 역할을 수행함

③ 안전보건관리담당자 선임 대상

■ 선임 대상 사업장

다음 중 어느 하나에 해당하는 사업의 사업주는 상시근로자 20명 이상 50명 미만인 사업장에 안전보건관리담당자 1명 이상을 선임해야 함

(1) 제조업

(2) 임업

(3) 하수, 폐수 및 분뇨 처리업

(4) 폐기물 수집, 운반, 처리 및 원료 재생업

(5) 환경 정화 및 복원업

다만, 안전관리자 또는 보건관리자가 있거나 이를 두어야 하는 사업장은 안전보건관리담당자 선임 대상에서 제외됨

④ 안전보건관리담당자의 자격

■ 자격 요건

안전보건관리담당자는 해당 사업장 소속 근로자로서 다음 각 호의 어느 하나에 해당하는 요건을 갖추어야 함

(1) 법 제17조에 따른 안전관리자의 자격을 갖추었을 것

(2) 법 제21조에 따른 보건관리자의 자격을 갖추었을 것

(3) 안전보건관리담당자 양성교육을 이수했을 것

⑤ 안전보건관리담당자의 업무

① 안전보건관리담당자의 업무는 다음 각 호와 같음

(1) 법 제29조에 따른 안전보건교육 실시에 관한 보좌 및 지도·조언

(2) 법 제36조에 따른 위험성평가에 관한 보좌 및 지도·조언

(3) 법 제125조에 따른 작업환경측정 및 개선에 관한 보좌 및 지도·조언

(4) 법 제129조부터 제131조까지의 규정에 따른 각종 건강진단에 관한 보좌 및 지도·조언

(5) 산업재해 발생의 원인 조사, 산업재해 통계의 기록 및 유지를 위한 보좌 및 지도·조언

(6) 산업 안전·보건과 관련된 안전장치 및 보호구 구입 시 적격품 선정에 관한 보좌 및 지도·조언

② 겸직 가능 범위

안전보건관리담당자는 제1항에 따른 업무 수행에 지장이 없는 범위에서 다른 업무를 겸할 수 있음

⑥ 안전보건관리담당자 업무의 위탁

■ 위탁 가능 범위

안전보건관리담당자를 선임해야 하는 사업장의 사업주는 안전관리전문기관 또는 보

건관리전문기관에 안전보건관리담당자의 업무를 위탁할 수 있음

⑦ 사업주의 서류 보존

■ 선임 및 업무 수행 관련 서류 보존

사업주는 안전보건관리담당자를 선임한 경우, 다음 각 호의 사항을 증명할 수 있는 서류를 갖추어 두어야 함

(1) 안전보건관리담당자 선임 사실

(2) 안전보건관리담당자 업무 수행 내용

⑧ 안전보건관리담당자 증원·교체 명령

지방고용노동관서의 장은 법령에서 정한 사유가 발생한 경우에는 사업주에게 안전관리자·보건관리자 또는 안전보건관리담당자를 정수 이상으로 증원하게 하거나 교체하여 임명할 것을 명할 수 있음. 다만, 직업성 질병자 발생 당시 사업장에서 해당 화학적 인자(因子)를 사용하지 않은 경우에는 제외함

① 명령 사유

(1) 해당 사업장의 연간재해율이 같은 업종의 평균재해율의 2배 이상인 경우

(2) 중대재해가 연간 2건 이상 발생한 경우. 다만, 해당 사업장의 전년도 사망만인율이 같은 업종의 평균 사망만인율 이하인 경우는 제외함

(3) 안전보건관리담당자가 질병이나 그 밖의 사유로 3개월 이상 직무를 수행할 수 없게 된 경우

(4) 화학적 인자[33]로 인한 직업성 질병자가 연간 3명 이상 발생한 경우. 이 경우 직업성 질병자의 발생일은 「산업재해보상보험법 시행규칙」 제21조제1항에 따른 요양급여의 결정일로 함

② 절차

증원 또는 교체 임명 명령을 하기 전에 사업주 및 해당 안전보건관리담당자의 의견을 듣거나 소명자료를 제출받아야 함

---

33) 산업안전보건법 시행규칙 [별표 22] 특수건강진단 대상 유해인자에서 1. 화학적 인자(유기화합물, 금속류, 산 및 알카리류, 가스 상태 물질류, 허가 대상 유해물질 등)를 말함

⑨ 벌칙

위반행위	세부내용	과태료 금액(만원)		
		1차 위반	2차 위반	3차 이상 위반
법 제17조제1항, 제18조제1항 또는 제19조제1항 본문을 위반하여 안전관리자, 보건관리자 또는 안전보건관리담당자를 두지 않거나 이들로 하여금 업무를 수행하도록 하지 않은 경우	5) 안전보건관리담당자를 선임하지 않은 경우	500	500	500
	6) 선임된 안전보건관리담당자로 하여금 안전보건관리담당자의 업무를 수행하도록 하지 않은 경우	300	400	500
법 제17조제4항, 제18조제4항 또는 제19조제3항에 따른 명령을 위반하여 안전관리자, 보건관리자 또는 안전보건관리담당자를 늘리지 않거나 교체하지 않은 경우		500	500	500
법 제164조제1항부터 제6항[34] 까지의 규정을 위반하여 보존해야 할 서류를 보존기간 동안 보존하지 않은 경우(각 서류당)		30	150	300

---

34) 안전보건관리담당자 선임에 관한 서류가 포함됨

8 / 산업보건의(법 제22조)

① 개요

사업주는 근로자의 건강관리와 직업성 질병 예방을 체계적으로 수행하기 위하여, 보건관리자의 업무를 의학적 관점에서 지도하는 전문 인력으로서 산업보건의를 두도록 함

산업보건의 제도는 건강진단 결과 해석, 작업 배치 및 작업 전환에 대한 의학적 판단 등 보건관리 전반에 전문성을 확보하기 위한 장치로서, 보건관리 기능을 의학적으로 보완하려는 취지임

② 산업보건의의 법적 지위 및 역할

① 근로자 건강관리 및 보건관리 지도 지위

산업보건의는 근로자의 건강관리 및 보건관리자의 업무 수행에 대하여 의학적 전문성을 바탕으로 지도하는 지위에 있음

② 의학적 전문 자문 역할

산업보건의는 직접 근로자를 지휘·감독하는 관리감독자와 달리, 사업장 내 유해요인에 따른 건강영향을 의학적으로 평가하고, 건강관리 및 보건관리 업무 전반에 대하여 전문적인 자문과 개선방향을 제시하는 역할을 수행함

③ 산업보건의 선임 대상 및 기준

① 산업보건의를 두어야 하는 사업장은 보건관리자를 두어야 하는 사업 중 상시근로자 수가 50명 이상인 사업장으로 함

다만, 다음 각 호의 어느 하나에 해당하는 경우에는 산업보건의를 두지 않을 수 있음

(1) 의사를 보건관리자로 선임한 경우

(2) 보건관리전문기관에 보건관리자의 업무를 위탁한 경우

(3) 「기업활동 규제완화에 관한 특별조치법」 적용 시

기업규제완화법 제28조(기업의 자율 고용)에 따라 산업보건의 선임을 기업 자율로 정하

고 있음[35]

② 산업보건의가 담당할 사업장 수 및 근로자 수, 그 밖에 필요한 사항은 고용노동부고시 「산업보건의 관리규정」에 따름

④ 산업보건의의 선임 방식 및 자격

① 산업보건의는 해당 사업장에 소속하여 선임할 수 있으며, 외부 전문의를 위촉하는 방식으로 둘 수도 있음

② 산업보건의의 자격은 「의료법」에 따른 의사로서 다음 각 호의 어느 하나에 해당하는 사람으로 함

　(1) 직업환경의학과 전문의

　(2) 예방의학 전문의

　(3) 산업보건에 관한 학식과 경험이 있는 의사

⑤ 산업보건의의 직무

■ 산업보건의의 업무는 다음 각 호와 같음

　(1) 건강진단 결과의 검토 및 그 결과에 따른 작업 배치, 작업 전환, 근로시간 단축 등 근로자 건강보호 조치

　(2) 근로자의 건강장해 원인 조사 및 재발 방지를 위한 의학적 조치

　(3) 그 밖에 근로자의 건강 유지 및 증진을 위하여 필요한 의학적 조치에 관하여 고용노동부장관이 정하는 사항[36]

⑥ 선임·해임 및 보고 절차

① 선임 및 위탁 보고

사업주는 산업보건의를 선임하거나 위촉한 경우, 선임 또는 위촉한 날부터 14일 이내에 안전관리자·보건관리자·산업보건의 선임 등 보고서를 관할 지방고용노동관서의 장

---

35) 「기업활동 규제완화에 관한 특별조치법」 제28조【기업의 자율 고용】
　① 다음 각 호의 어느 하나에 해당하는 사람은 다음 각 호의 해당 법률에도 불구하고 채용·고용·임명·지정 또는 선임하지 아니할 수 있다.
　　1. 「산업안전보건법」 제22조제1항에 따라 사업주가 두어야 하는 산업보건의
36) 현재 훈령·예규·고시 등의 행정규칙이 제정되지 않음

에게 제출하여야 함

② 해임 및 위탁 해지 보고

사업주는 산업보건의를 해임하거나 업무 위탁을 해지한 경우에도 해임 또는 해지한 날부터 14일 이내에 안전관리자·보건관리자·산업보건의 해임 등 보고서를 관할 지방 고용노동관서의 장에게 제출하여야 함

⑦ 사업주의 지원 의무

■ 업무 수행을 위한 지원 의무

사업주는 산업보건의가 법령에서 정한 업무를 원활하게 수행할 수 있도록 권한, 시설, 장비, 예산 등 필요한 지원을 하여야 함

⑧ 벌칙

위반행위	세부내용	과태료 금액(만원)		
		1차 위반	2차 위반	3차 이상 위반
법 제22조제1항 본문을 위반하여 산업 보건의를 두지 않은 경우		300	400	500
법 제164조제1항부터 제6항[37]까지의 규정을 위반하여 보존해야 할 서류를 보존 기간 동안 보존하지 않은 경우(각 서류당)		30	150	300

---

37) 산업보건의 선임에 관한 서류가 포함됨

9 / 명예산업안전감독관(법 제23조)

① 개요

고용노동부장관은 산업재해 예방활동에 대한 참여와 지원을 촉진하기 위하여, 근로자·근로자단체·사업주단체 및 산업재해 예방 관련 전문단체에 소속된 사람 중에서 명예산업안전감독관을 위촉할 수 있음

명예산업안전감독관 제도는 행정기관 중심의 감독 기능을 보완하면서, 사업장과 산업현장에서 근로자가 직접 참여하는 자율적인 산업재해 예방 활동을 촉진하기 위한 제도로서, 현장의 위험요인을 조기에 발굴하고 개선을 유도함으로써 참여형 안전보건 관리체계가 정착될 수 있도록 하는 데 목적이 있음

② 명예산업안전감독관의 구분 및 위촉 대상

① 사내 명예산업안전감독관

산업안전보건위원회 구성 대상 사업의 근로자 또는 노사협의체 구성·운영 대상 건설공사의 근로자 중에서 근로자대표(해당 사업장에 단위 노동조합의 산하 노동단체가 그 사업장 근로자의 과반수로 조직되어 있는 경우에는 지부·분회 등 명칭이 무엇이든 관계없이 해당 노동단체의 대표자를 말함)가 사업주의 의견을 들어 추천하는 사람

② 사외 명예산업안전감독관

(1) 「노동조합 및 노동관계조정법」 제10조에 따른 연합단체인 노동조합 또는 그 지역 대표기구에 소속된 임직원 중에서 해당 연합단체인 노동조합 또는 그 지역 대표기구가 추천하는 사람

(2) 전국 규모의 사업주단체 또는 그 산하조직에 소속된 임직원 중에서 해당 단체 또는 는 그 산하조직이 추천하는 사람

(3) 산업재해 예방 관련 업무를 하는 단체 또는 그 산하조직에 소속된 임직원 중에서 해당 단체 또는 그 산하조직이 추천하는 사람

③ 추천 및 위촉 절차

① 추천절차

(1) 명예산업안전감독관을 추천하는 자는 다음 각 목의 서류를 관할 지방고용노동관

서의 장에게 제출

가. 명예감독관 추천·위촉동의서 1부[38]

나. 증명사진 2장

(2) 사내 명예산업안전감독관으로 추천되는 해당 사업장의 근로자의 수는 1명을 원칙으로 하며, 사외 명예산업안전감독관은 2명 이상으로 추천할 수 있음

② 위촉 제한 및 결정

(1) 지방고용노동관서의 장은 사업장 소속 명예감독관으로 추천된 사람이 산업안전보건위원회의 사용자위원이거나 또는 이에 준하는 사용자에 해당하는 경우에는 명예감독관으로 위촉할 수 없음

(2) 지방고용노동관서의 장은 명예감독관으로 추천된 사람이 명예산업안전감독관의 업무를 수행하는데 적합하지 아니하다고 인정하는 경우에는 그 사유를 추천인에게 서면으로 통보하고 위촉하지 아니할 수 있음

(3) 지방고용노동관서의 장은 추천서를 접수한 경우 접수일이 속한 달의 다음 달 10일 이내에 위촉여부를 결정하여야 함

④ 위촉장 및 명예산업안전감독관증 발급

① 위촉장 및 감독관증 발급

지방고용노동관서의 장은 명예감독관을 위촉하였을 경우에는 위촉장[39]을 수여하고 명예감독관증[40]을 발급하여야 함. 다만, 연임된 사람에 대하여는 위촉장 및 명예감독관증을 발급하지 아니할 수 있음

② 발급대장 관리

명예산업안전감독관증을 발급하는 때에는 명예감독관증 발급대장[41]에 기재하여야 함

③ 감독관증 회수 및 재발급

지방고용노동관서의 장은 명예산업안전감독관이 임기만료 또는 해촉된 경우 명예감독관증을 즉시 회수하여야 하며, 분실·훼손 또는 기재사항 변경 등의 사유로 재발급

---

38) 고용노동부예규 「명예산업안전감독관 운영규정」 [별지 1] 명예산업안전감독관 추천·위촉 동의서
39) 고용노동부예규 「명예산업안전감독관 운영규정」 [별지 2] 위촉장
40) 고용노동부예규 「명예산업안전감독관 운영규정」 [별지 3] 명예산업안전감독관증 발급서식
41) 고용노동부예규 「명예산업안전감독관 운영규정」 [별지 4] 명예감독관증 발급대장

을 요청하는 경우에는 재발급하여야 함

⑤ 임기 및 연임

① 명예산업안전감독관의 임기는 2년으로 하며, 연임할 수 있음

② 임기만료일까지 명예산업안전감독관이 사임의사를 통보하지 않고 추천권자가 후임 명예감독관을 추천하지 않은 경우에는 해당 명예감독관이 연임된 것으로 봄

⑥ 명예산업안전감독관의 업무

① 사내 명예산업안전감독관(해당 사업장에서의 업무로 한정)

(1) 사업장에서 하는 자체점검 참여 및 근로감독관이 하는 사업장 감독 참여

(2) 사업장 산업재해 예방계획 수립 참여 및 사업장에서 하는 기계·기구 자체검사 참석

(3) 법령을 위반한 사실이 있는 경우 사업주에 대한 개선 요청 및 감독기관에의 신고

(4) 산업재해 발생의 급박한 위험이 있는 경우 사업주에 대한 작업중지 요청

(5) 작업환경측정, 근로자 건강진단 시의 입회 및 그 결과에 대한 설명회 참여

(6) 직업성 질환의 증상이 있거나 질병에 걸린 근로자가 여러 명 발생한 경우 사업주에 대한 임시건강진단 실시 요청

(7) 근로자에 대한 안전수칙 준수 지도

(8) 안전·보건 의식을 북돋우기 위한 활동 등에 대한 참여와 지원

(9) 그 밖에 산업재해 예방에 대한 홍보 등 산업재해 예방업무와 관련하여 고용노동부장관이 정하는 업무

② 사외 명예산업안전감독관

(1) 법령 및 산업재해 예방정책 개선 건의

(2) 안전·보건 의식을 북돋우기 위한 활동 등에 대한 참여와 지원

(3) 그 밖에 산업재해 예방에 대한 홍보 등 산업재해 예방업무와 관련하여 고용노동부장관이 정하는 업무

⑦ 불리한 처우 금지(신분 보호)

사업주는 명예산업안전감독관이 직무를 수행하였다는 사유로 해고, 전보, 임금 삭감 등

불리한 처우를 하여서는 안됨

⑧ 활동 지원 및 포상

① 교육 지원

⑴ 고용노동부장관은 명예산업안전감독관의 재해예방활동에 필요한 산업안전보건법령 등 재해예방활동관련 교육을 연 1회 이상 실시하여야 함

⑵ 사업주 및 단체의 장은 명예산업안전감독관이 교육을 이수하는 데 따른 임금 등의 불이익이 없도록 교육이수에 적극 협조하여야 함

② 행정적 지원

⑴ 지방고용노동관서의 장은 산업재해예방활동에 참여하는 명예산업안전감독관에게 예산의 범위에서 수당, 여비 그 밖의 필요한 경비를 지급할 수 있음

⑵ 지방고용노동관서의 장은 명예산업안전감독관에게 명예산업안전감독관의 상징물·안전장구 등을 지급할 수 있음

⑶ 지방고용노동관서의 장은 예산의 범위에서 법령 제·개정사항, 안전보건정보지 등 각종 안전보건자료를 명예산업안전감독관에게 제공하여 업무수행에 참고하도록 하여야 함

③ 포상 및 우대

⑴ 고용노동부장관은 지방고용노동관서의 장의 의견을 들어 산업재해예방활동에 현저한 공을 세운 명예산업안전감독관에 대하여 해외연수, 국내산업시찰 및 산업재해예방 유공자 정부포상 등을 우선적으로 하여야 함

⑵ 지역별 협의회는 활동실적이 우수하다고 판단되는 명예산업안전감독관의 해외연수, 국내 산업시찰 및 정부포상 등을 지방고용노동관서의 장에게 건의할 수 있으며, 이 경우 지방고용노동관서의 장은 지역별 협의회의 건의를 최대한 고려하여야 함

④ 업무 수행 지원

지방고용노동관서의 장은 명예산업안전감독관의 원활한 업무수행을 위하여 사업장의 안전보건관리규정 등에 명예산업안전감독관의 업무범위, 활동시간 등을 정하도록 지도하여야 함

⑤ 신고 처리

명예산업안전감독관이 소속 사업장의 법령위반 사실에 대하여 지방고용노동관서에

신고한 때에는 지방고용노동관서의 장은 이를 신속히 처리하여야 함

⑨ 해촉

① 해촉 사유

  ⑴ 근로자대표가 사업주의 의견을 들어 명예산업안전감독관의 해촉을 요청한 경우 (사내 명예산업안전감독관)

  ⑵ 명예산업안전감독관이 해당 단체 또는 그 산하조직으로부터 퇴직하거나 해임된 경우(사외 명예산업안전감독관)

  ⑶ 명예산업안전감독관의 업무와 관련하여 부정한 행위를 한 경우

  ⑷ 질병이나 부상 등의 사유로 명예산업안전감독관 업무 수행이 곤란하게 된 경우

② 해촉 절차

  ⑴ 명예산업감독관으로 위촉된 사람이 ① 해촉 사유 중 어느 하나에 해당하는 때에는 해당 추천자는 관할 지방고용노동관서의 장에게 그 사실을 지체없이 통보하여야 함

  ⑵ 지방고용노동관서의 장은 명예산업안전감독관을 해촉할 때에는 해당 명예산업안전감독관 및 그 추천자에게 해촉 사실을 통보하여야 함. 다만, 추천자의 요청에 따라 후임자를 위촉한 경우에는 해촉사실을 통보하지 아니할 수 있음

  ⑶ 지방고용노동관서의 장은 해촉된 명예산업안전감독관의 후임자를 빠른 시일 내에 위촉하도록 하여야 하며, 그 임기는 해촉된 명예산업안전감독관의 남은 기간으로 함

10 / 산업안전보건위원회(법 제24조)

① 산업안전보건위원회 개요

사업주는 사업장의 산업재해 예방과 근로자의 건강장해 방지를 위하여 안전 및 보건에 관한 중요한 사항을 노사가 공동으로 심의·의결할 수 있도록, 근로자위원과 사용자위원을 같은 수로 구성하는 산업안전보건위원회를 설치·운영하여야 하며, 사업주와 근로자는 산업안전보건위원회에서 심의·의결된 사항을 성실히 이행하여야 함

산업안전보건위원회는 안전보건의 핵심 의사결정을 노사가 공동으로 수행하게 하여, 일방적 운영에 따른 누락을 줄이고 실행력을 높이기 위한 취지임

② 구성 의무가 발생하는 사업장

산업안전보건위원회를 구성하여야 할 사업의 종류 및 사업장의 상시근로자 수는 대통령령으로 정하며, 구체적인 내용은 다음과 같음

사업의 종류(한국표준산업분류 상 코드)	사업장의 상시근로자 수
1. 토사석 광업(071) 2. 목재 및 나무제품 제조업;가구제외(16) 3. 화학물질 및 화학제품 제조업;의약품 제외(20) 　　(세제, 화장품 및 광택제 제조업(2042)과 화학섬유 제조업(205)은 제외) 4. 비금속 광물제품 제조업(23) 5. 1차 금속 제조업(24) 6. 금속가공제품 제조업;기계 및 가구 제외(25) 7. 자동차 및 트레일러 제조업(30) 8. 기타 기계 및 장비 제조업(29)(사무용 기계 및 장비 제조업(29180)은 제외) 9. 기타 운송장비 제조업(31)(전투용 차량 제조업(31910)은 제외)	상시 근로자 50명 이상
10. 농업(01) 11. 어업(03) 12. 소프트웨어 개발 및 공급업(582) 13. 컴퓨터 프로그래밍, 시스템 통합 및 관리업(620) 13의2. 영상·오디오물 제공 서비스업(603) 14. 정보서비스업(63) 15. 금융 및 보험업(64~66) 16. 임대업;부동산 제외(76) 17. 전문, 과학 및 기술 서비스업(70~73)(연구개발업(70)은 제외) 18. 사업지원 서비스업(75) 19. 사회복지 서비스업(87)	상시 근로자 300명 이상

사업의 종류(한국표준산업분류 상 코드)	사업장의 상시근로자 수
20. 건설업(41~42)	공사금액 120억원 이상(『건설산업기본법 시행령』 별표 1의 종합공사를 시공하는 업종의 건설업종란 제1호에 따른 토목공사업의 경우에는 150억원 이상)
21. 제1호부터 제13호까지, 제13호의2 및 제14호부터 제20호까지의 사업을 제외한 사업	상시 근로자 100명 이상

③ 심의·의결 사항

- 산업안전보건위원회는 다음 각 사항에 대하여 심의·의결하여야 함

    (1) 사업장의 산업재해 예방계획의 수립에 관한 사항

    (2) 안전보건관리규정의 작성 및 변경에 관한 사항

    (3) 안전보건교육에 관한 사항

    (4) 작업환경의 점검 및 개선에 관한 사항

    (5) 근로자의 건강진단 등 건강관리에 관한 사항

    (6) 산업재해 중 중대재해의 원인 조사 및 재발방지대책 수립에 관한 사항

    (7) 유해하거나 위험한 기계·기구·설비를 도입한 경우 안전 및 보건 관련 조치에 관한 사항

    (8) 그 밖에 해당 사업장 근로자의 안전 및 보건을 유지·증진시키기 위하여 필요한 사항

④ 위원 구성

① 사용자위원과 근로자위원을 같은 수로 구성

사용자위원	근로자위원
1. 해당 사업의 대표자 (같은 사업으로서 다른 지역에 사업장이 있는 경우에는 그 사업장의 안전보건관리책임자를 말함)	1. 근로자대표 2. 명예산업안전감독관이 위촉되어 있는 사업장의 경우 근로자대표가 지명하는 1명 이상의 명예산업안전감독관

<table>
<tr>
<td>

2. 안전관리자 1명
   (안전관리자를 두어야 하는 사업장으로 한정하되, 안
   전관리자의 업무를 안전관리전문기관에 위탁한 사업장
   의 경우에는 그 안전관리전문기관의 해당 사업장 담당
   자를 말함)
3. 보건관리자 1명
   (보건관리자를 두어야 하는 사업장으로 한정하되, 보
   건관리자의 업무를 보건관리전문기관에 위탁한 사업장
   의 경우에는 그 보건관리전문기관의 해당 사업장 담당
   자를 말함)
4. 산업보건의
   (해당 사업장에 선임되어 있는 경우로 한정)
5. 해당 사업의 대표자가 지명하는 9명 이내의 해당
   사업장 부서의 장[42]

</td>
<td>

3. 근로자대표가 지명하는 9명 이내의 해당 사업장
   의 근로자
   (근로자인 제2호의 위원이 있는 경우에는 9명에서 그 위
   원의 수를 제외한 수를 말함)

※ 근로자대표가 근로자위원을 지명하는 경우에 근
   로자대표는 조합원인 근로자와 조합원이 아닌 근
   로자의 비율을 반영하여 근로자위원을 지명하도
   록 노력하여야 함

</td>
</tr>
</table>

② 건설공사 관련 특례

- 건설공사도급인이 법 제64조제1항제1호에 따른 안전 및 보건에 관한 협의체를 구성한 경우에는 산업안전보건위원회의 위원을 다음 각 호의 사람을 포함하여 구성할 수 있음

(1) 사용자위원: 도급인 대표자, 관계수급인의 각 대표자 및 안전관리자

(2) 근로자위원: 도급 또는 하도급 사업을 포함한 전체 사업의 근로자대표, 명예산업안전감독관 및 근로자대표가 지명하는 해당 사업장의 근로자

⑤ 위원장

위원장은 위원 중에서 호선하며, 근로자위원과 사용자위원 중 각 1명을 공동위원장으로 선출할 수 있음

⑥ 회의 운영 및 의결

① 회의 구분 및 소집

정기회의: 분기마다 위원장이 소집

임시회의: 위원장이 필요하다고 인정할 때 소집

② 개의 및 의결 정족수

---

42) 상시근로자 50명 이상 100명 미만을 사용하는 사업장에서는 제5호에 해당하는 사람을 제외하고 구성할 수 있음

근로자위원 과반수 및 사용자위원 과반수 출석으로 개의하고, 출석위원 과반수 찬성
으로 의결

③ 직무 대리

근로자대표, 명예산업안전감독관, 해당 사업의 대표자(같은 사업으로서 다른 지역에 사업
장이 있는 경우에는 그 사업장의 안전보건관리책임자), 안전관리자 또는 보건관리자가 회의
에 출석할 수 없는 경우에는, 해당 사업에 종사하는 사람 중 1명을 지정하여 위원으
로서의 직무를 대리하게 할 수 있음

⑦ 회의록 작성 및 보존

■ 회의 결과는 회의록으로 작성하여 보존하여야 하며, 회의록에는 다음 사항을 기록함

⑴ 개최 일시 및 장소

⑵ 출석위원

⑶ 심의 내용 및 의결·결정 사항

⑷ 그 밖의 토의사항

⑧ 의결되지 않은 사항 등의 처리

① 다음의 어느 하나에 해당하는 경우에는 근로자위원과 사용자위원의 합의에 따라 중
재기구를 두어 해결하거나 제3자 중재를 받아야 함

⑴ 산업안전보건위원회의 심의·의결사항에 대하여 산업안전보건위원회에서 의결하지
못한 경우

⑵ 산업안전보건위원회에서 의결된 사항의 해석 또는 이행방법 등에 관하여 의견이
일치하지 않는 경우

② 중재 결정이 있는 경우에는 산업안전보건위원회의 의결을 거친 것으로 보며, 사업주와
근로자는 그 결정에 따라야 함

⑨ 회의 결과 등의 공지

위원장은 심의·의결 내용 및 중재 결정 내용 등을 사내방송, 사내보, 게시, 정례조회 등 적
절한 방법으로 근로자에게 신속히 알려야 함

⑩ 의결 효력과 한계

① 사업주와 근로자는 위원회 심의·의결한 사항을 성실히 이행하여야 함

② 위원회는 이 법, 이 법에 따른 명령, 단체협약, 취업규칙 및 안전보건관리규정에 반하는 내용으로 심의·의결할 수 없음

⑪ 불리한 처우 금지[신분 보호]

사업주는 산업안전보건위원회의 위원에게 직무 수행과 관련한 사유로 불리한 처우를 해서는 아니 됨

⑫ 벌칙

위반행위	세부내용	과태료 금액(만원)		
		1차 위반	2차 위반	3차 이상 위반
법 제24조제1항을 위반하여 산업안전보건위원회를 구성·운영하지 않은 경우(법 제75조에 따라 노사협의체를 구성·운영하지 않은 경우를 포함함)	1) 산업안전보건위원회를 구성하지 않은 경우(법 제75조에 따라 노사협의체를 구성한 경우는 제외함)	500	500	500
	2) 제37조를 위반하여 산업안전보건위원회(법 제75조에 따라 구성된 노사협의체를 포함함)의 정기회의를 개최하지 않은 경우(1회당)	50	250	500
법 제24조제4항을 위반하여 산업안전보건위원회가 심의·의결한 사항을 성실하게 이행하지 않은 경우	1) 사업주가 성실하게 이행하지 않은 경우	50	250	500
	2) 근로자가 성실하게 이행하지 않은 경우	10	20	30

11 / 안전보건관리규정(법 제25조~제28조)

① 개요

사업주는 사업장의 안전 및 보건을 체계적으로 유지·관리하기 위하여, 사업장의 조직·작업 특성 및 위험요인을 반영한 안전보건관리규정을 작성하여야 함

안전보건관리규정은 사업장 내 안전보건관리체계의 기본 틀을 문서로 명확히 하는 규정으로서, 안전보건관리책임자·관리감독자·근로자의 역할과 절차를 정리하고, 자율적인 산업재해 예방활동이 지속적으로 이루어지도록 하기 위한 기본적인 내부 관리 기준으로 활용됨

② 안전보건관리규정 작성 의무 사업장

안전보건관리규정을 작성하여야 할 사업의 종류 및 사업장의 상시근로자 수는 고용노동부령으로 정하며, 그 적용 기준은 다음과 같음

사업의 종류(한국표준산업분류 상 코드)	상시근로자 수
1. 농업(01) 2. 어업(03) 3. 소프트웨어 개발 및 공급업(582) 4. 컴퓨터 프로그래밍, 시스템 통합 및 관리업(620) 4의2. 영상·오디오물 제공 서비스업(603) 5. 정보서비스업(63) 6. 금융 및 보험업(64~66) 7. 임대업;부동산 제외(76) 8. 전문, 과학 및 기술 서비스업(70~73)(연구개발업(70)은 제외) 9. 사업지원 서비스업(75) 10. 사회복지 서비스업(87)	300명 이상
11. 제1호부터 제4호까지, 제4호의2 및 제5호부터 제10호까지의 사업을 제외한 사업	100명 이상

③ 안전보건관리규정에 포함되어야 할 사항

① 안전보건관리규정에는 다음 각 호의 사항이 포함되어야 함

(1) 총칙	가. 안전보건관리규정 작성의 목적 및 적용 범위에 관한 사항 나. 사업주 및 근로자의 재해 예방 책임 및 의무 등에 관한 사항 다. 하도급 사업장에 대한 안전·보건관리에 관한 사항

(2) 안전·보건 관리조직과 그 직무	가. 안전·보건 관리조직의 구성방법, 소속, 업무 분장 등에 관한 사항 나. 안전보건관리책임자(안전보건총괄책임자), 안전관리자, 보건관리자, 관리감독자의 직무 및 선임에 관한 사항 다. 산업안전보건위원회의 설치·운영에 관한 사항 라. 명예산업안전감독관의 직무 및 활동에 관한 사항 마. 작업지휘자 배치 등에 관한 사항
(3) 안전·보건교육	가. 근로자 및 관리감독자의 안전·보건교육에 관한 사항 나. 교육계획의 수립 및 기록 등에 관한 사항
(4) 작업장 안전관리	가. 안전·보건관리에 관한 계획의 수립 및 시행에 관한 사항 나. 기계·기구 및 설비의 방호조치에 관한 사항 다. 유해·위험기계등에 대한 자율검사프로그램에 의한 검사 또는 안전검사에 관한 사항 라. 근로자의 안전수칙 준수에 관한 사항 마. 위험물질의 보관 및 출입 제한에 관한 사항 바. 중대재해 및 중대산업사고 발생, 급박한 산업재해 발생의 위험이 있는 경우 작업 중지에 관한 사항 사. 안전표지·안전수칙의 종류 및 게시에 관한 사항과 그 밖에 안전관리에 관한 사항
(5) 작업장 보건관리	가. 근로자 건강진단, 작업환경측정의 실시 및 조치절차 등에 관한 사항 나. 유해물질의 취급에 관한 사항 다. 보호구의 지급 등에 관한 사항 라. 질병자의 근로 금지 및 취업 제한 등에 관한 사항 마. 보건표지·보건수칙의 종류 및 게시에 관한 사항과 그 밖에 보건관리에 관한 사항
(6) 사고 조사 및 대책 수립	가. 산업재해 및 중대산업사고의 발생 시 처리 절차 및 긴급조치에 관한 사항 나. 산업재해 및 중대산업사고의 발생원인에 대한 조사 및 분석, 대책 수립에 관한 사항 다. 산업재해 및 중대산업사고 발생의 기록·관리 등에 관한 사항
(7) 위험성평가에 관한 사항	가. 위험성평가의 실시 시기 및 방법, 절차에 관한 사항 나. 위험성 감소대책 수립 및 시행에 관한 사항
(8) 보칙	가. 무재해운동 참여, 안전·보건 관련 제안 및 포상·징계 등 산업재해 예방을 위하여 필요하다고 판단하는 사항 나. 안전·보건 관련 문서의 보존에 관한 사항 다. 그 밖의 사항 사업장의 규모·업종 등에 적합하게 작성하며, 필요한 사항을 추가하거나 그 사업장에 관련되지 않는 사항은 제외할 수 있음

② 위 기준은 사업장 안전보건관리 전반을 포괄하는 최소 기준에 해당하며, 개별 사업장의 위험 특성에 따라 세부 내용은 추가·보완하여 구성할 수 있음

④ 작성 및 변경 시기

① 안전보건관리규정을 작성하여야 할 사유가 발생한 경우, 사업주는 그 사유가 발생한 날부터 30일 이내에 안전보건관리규정을 작성하여야 함

② 안전보건관리규정을 변경할 사유가 발생한 경우에도 동일하게 30일 이내에 변경하여야 함

⑤ 작성 및 변경 절차(법 제26조)

① 산업안전보건위원회가 설치된 사업장

안전보건관리규정의 작성 또는 변경 시 산업안전보건위원회의 심의·의결을 거쳐야 함

② 산업안전보건위원회가 설치되지 아니한 사업장

산업안전보건위원회가 설치되지 아니한 사업장의 경우에는 근로자대표의 동의를 받아야 함. 이를 통해 안전보건관리규정은 사업주 일방의 내부 규칙이 아니라, 노사 공동의 합의와 참여를 전제로 운영됨

⑥ 단체협약 및 취업규칙과의 관계

① 안전보건관리규정은 단체협약 또는 취업규칙에 반할 수 없음

② 안전보건관리규정 중 단체협약 또는 취업규칙에 반하는 부분이 있는 경우에는, 해당 부분에 대해서는 단체협약 또는 취업규칙에서 정한 기준이 우선 적용됨

⑦ 준수 의무(법 제27조)

사업주와 근로자는 안전보건관리규정을 준수하여야 함. 이에 따라 안전보건관리규정은 사업장 운영 과정에서 실제로 적용되는 내부 기준으로 작동함

⑧ 다른 법률의 준용(법 제28조)

안전보건관리규정에 관하여 이 법에서 규정한 사항 외의 부분에 대해서는, 그 성질에 반하지 아니하는 범위에서 「근로기준법」 중 취업규칙에 관한 규정을 준용함. 이에 따라 안전보건관리규정의 작성·변경·해석은 취업규칙에 관한 기준에 따라 이루어짐

⑨ 다른 안전관리 규정과의 통합 작성

사업주는 안전보건관리규정을 작성할 때, 소방·가스·전기·교통 분야 등 다른 법령에서 정하는 안전관리 규정과 통합하여 작성할 수 있음

이에 따라 사업장 내 안전 관련 규정을 하나의 체계로 정리하여 관리할 수 있으며, 현장에서의 활용성도 함께 높일 수 있음

⑩ 벌칙

위반행위	세부내용	과태료 금액(만원)		
		1차 위반	2차 위반	3차 이상 위반
법 제25조제1항을 위반하여 안전보건관리규정을 작성하지 않은 경우		150	300	500
법 제26조를 위반하여 안전보건관리규정을 작성하거나 변경할 때 산업안전보건위원회의 심의·의결을 거치지 않거나 근로자대표의 동의를 받지 않은 경우		50	250	500

제3장

안전보건교육

1 / 근로자 안전보건교육(법 제29조)

① 개요

사업주는 근로자가 안전보건에 관한 지식과 기술을 습득하고 안전한 작업방법을 이해·이행할 수 있도록 소속 근로자에게 계획적이고 체계적인 안전보건교육을 실시하여 산업재해를 예방하고 근로자의 건강을 유지·증진시켜야 함

안전보건교육은 단순한 지식 전달에 그치는 것이 아니라, 근로자가 작업 과정에서 존재하는 유해·위험요인을 스스로 인식하고 안전한 작업방법을 숙지·이행하도록 함으로써 산업재해를 예방하고 근로자의 건강을 유지·증진하기 위한 핵심적인 예방 수단임

② [산업안전보건법 제29조에 따른] 안전보건교육의 종류

① 정기교육

사업장의 사무직 종사 근로자, 사무직 종사 근로자 외의 근로자, 관리감독자의 지위에 있는 사람을 대상으로 정기적으로 실시하여야 하는 교육

② 채용 시 교육

해당 사업장에 채용된 근로자를 대상으로 직무 배치 전 실시하여야 하는 교육

③ 작업내용 변경 시 교육

근로자가 기존에 수행하던 작업내용과 다른 작업을 수행하게 될 경우 변경된 작업을 수행하기 전 실시하여야 하는 교육

④ 특별교육

유해하거나 위험한 작업을 수행하게 될 경우 실시하여야 하는 교육

③ 안전보건교육의 형태 및 운영기준

① 집체교육

교육 전용시설 또는 교육에 적합한 시설에서 강의, 발표, 토의·토론, 세미나 또는 체험·실습 방식으로 실시하는 교육(생산시설 또는 근무 장소는 제외)

② 현장교육

사업장의 생산시설 또는 근무 장소에서 실시하는 교육으로, 작업 전 안전점검회의

(TBM), 위험예지훈련 등 작업 전·후 단시간 교육을 포함함

현장교육은 교육종류별 강사 자격을 갖춘 사람이 주관하여 실시하여야 하며, 교육 실시 사실을 확인할 수 있도록 교육일지 또는 교육보고서를 작성하여야 함

③ 인터넷 원격교육

정보통신매체를 활용하여 교육이 실시되고 훈련생관리 등이 웹상으로 이루어지는 교육으로, 인터넷 원격교육의 형태로 안전보건교육을 실시하는 경우에는 다음 기준을 준수함

(1) 교육과정이 여러 과목으로 구성되는 경우, 과목당 교육시간은 1시간(60분) 이상으로 하며 이 중 강의 동영상 비중은 50%(30분) 이상을 확보할 것

(2) 교육과정 운영은 인터넷 원격교육 등의 기준[43]을 따를 것

(3) 모바일 기기를 활용한 인터넷 원격교육을 실시하는 경우에는 다음 사항을 준수할 것

    가. 교육 시작 전 또는 교육과정 접속 시마다 작업 또는 운전 중 수강을 금지한다는 내용을 공지하고 교육생의 확인을 받은 후 교육을 실시함

    나. 작업 또는 운전 중 교육 수강을 제한할 수 있는 관리 또는 제한 기능을 갖춤

    다. 작업 또는 운전 중 교육 수강 사실이 확인된 경우에는 해당 교육을 중단하고 집체교육, 현장교육 또는 비대면 실시간교육의 형태로 다시 교육함

④ 비대면 실시간교육

정보통신매체를 활용하여 강사와 교육생이 쌍방향으로 실시간 소통하면서 이루어지는 교육으로, 비대면 실시간교육의 형태로 안전보건교육을 실시하는 경우에는 비대면 실시간교육의 기준[44]을 준수함

⑤ 우편통신교육

인쇄매체 또는 전자문서로 된 교육교재를 이용하여 교육이 실시되고 교육생관리 등이 웹상으로 이루어지는 교육으로, 관리감독자 정기교육을 우편통신교육의 형태로 실시하는 경우에는 다음 기준을 준수함

(1) 교육기간은 연간 1개월 이상으로 운영할 것

(2) 교육생의 자율학습이 가능하도록 교육기간 중 정기적으로 교재를 송부할 것

(3) 교육과정 운영은 우편통신의 기준[45]을 따를 것

---

43) 고용노동부고시 안전보건교육규정 【별표 2】 제1호 인터넷 원격교육과 우편통신교육의 기준
44) 고용노동부고시 안전보건교육규정 【별표 2】 제2호 비대면 실시간교육의 기준
45) 고용노동부고시 안전보건교육규정 【별표 2】 제1호 인터넷 원격교육과 우편통신교육의 기준

④ 안전보건교육 교육과정별 교육시간

① 근로자 안전보건교육

교육과정	교육대상		교육시간
가. 정기교육	1) 사무직 종사 근로자		매반기 6시간 이상
	2) 그 밖의 근로자	가) 판매업무에 직접 종사하는 근로자	매반기 6시간 이상
		나) 판매업무에 직접 종사하는 근로자 외의 근로자	매반기 12시간 이상
나. 채용 시 교육	1) 일용근로자 및 근로계약기간이 1주일 이하인 기간제근로자		1시간 이상
	2) 근로계약기간이 1주일 초과 1개월 이하인 기간제근로자		4시간 이상
	3) 그 밖의 근로자		8시간 이상
다. 작업내용 변경 시 교육	1) 일용근로자 및 근로계약기간이 1주일 이하인 기간제근로자		1시간 이상
	2) 그 밖의 근로자		2시간 이상
라. 특별교육	1) 일용근로자 및 근로계약기간이 1주일 이하인 기간제근로자: 특별교육(제39호는 제외함)에 해당하는 작업에 종사하는 근로자에 한정함		2시간 이상
	2) 일용근로자 및 근로계약기간이 1주일 이하인 기간제근로자: 특별교육 중 39호(타워크레인을 사용하는 작업시 신호업무를 하는 작업) 작업에 종사하는 근로자에 한정함		8시간 이상
	3) 일용근로자 및 근로계약기간이 1주일 이하인 기간제근로자를 제외한 근로자: 특별교육에 해당하는 작업에 종사하는 근로자에 한정함		가) 16시간 이상 (최초 작업에 종사하기 전 4시간 이상 실시하고 12시간은 3개월 이내에서 분할하여 실시 가능) 나) 단기간 작업[46] 또는 간헐적 작업[47]인 경우에는 2시간 이상

비고
1. 위 표의 적용을 받는 "일용근로자"란 근로계약을 1일 단위로 체결하고 그 날의 근로가 끝나면 근로관계가 종료되어 계속 고용이 보장되지 않는 근로자를 말함
2. 일용근로자가 위 표의 나목 또는 라목에 따른 교육을 받은 날 이후 1주일 동안 같은 사업장에서 같은 업무의 일용근로자로 다시 종사하는 경우에는 이미 받은 위 표의 나목 또는 라목에 따른 교육을 면제함
3. 다음 각 목의 어느 하나에 해당하는 경우는 위 표의 가목부터 라목까지의 규정에도 불구하고 해당 교육과정별 교육시간의 2분의 1 이상을 그 교육시간으로 함
　가. 영 별표 1 제1호에 따른 사업48)
　나. 상시근로자 50명 미만의 도매업, 숙박 및 음식점업

---

46) 2개월 이내 종료되는 1회성 작업

47) 연간 총 작업일수 60일 이하인 작업

48) 산업안전보건법 시행령 [별표 1] 법의 일부를 적용하지 않는 사업 또는 사업장 및 적용 제외 법 규정 제1호에 따른 사업으로서 「광산안전법」 적용 사업, 「원자력안전법」 적용 사업, 「항공안전법」 적용 사업, 「선박안전법」 적용 사업을 말함

② 관리감독자 안전보건교육

교육과정	교육시간
가. 정기교육	연간 16시간 이상
나. 채용 시 교육	8시간 이상
다. 작업내용 변경 시 교육	2시간 이상
라. 특별교육	16시간 이상 (최초 작업에 종사하기 전 4시간 이상 실시하고, 12시간은 3개월 이내에서 분할하여 실시 가능)

비고: 다음 각 목의 어느 하나에 해당하는 경우는 위 표의 가목부터 라목까지의 규정에도 불구하고 해당 교육과정별
　　　교육시간의 2분의 1 이상을 그 교육시간으로 한다.
　　　가. 영 별표 1 제1호에 따른 사업
　　　나. 상시근로자 50명 미만의 도매업, 숙박 및 음식점업

⑤ 안전보건교육 교육대상별 교육내용

① 근로자 안전보건교육

(1) 정기교육

교육내용
○ 산업안전 및 산업재해 예방에 관한 사항(화재·폭발 사고 발생 시 대피에 관한 사항 포함) ○ 산업보건 및 건강장해 예방에 관한 사항(폭염·한파작업으로 인한 건강장해 발생 시 응급조치에 관한 사항 포함) ○ 위험성 평가에 관한 사항 ○ 건강증진 및 질병 예방에 관한 사항 ○ 유해·위험 작업환경 관리에 관한 사항 ○ 산업안전보건법령 및 산업재해보상보험 제도에 관한 사항 ○ 직무스트레스 예방 및 관리에 관한 사항 ○ 직장 내 괴롭힘, 고객의 폭언 등으로 인한 건강장해 예방 및 관리에 관한 사항

(2) 채용 시 교육 및 작업내용 변경 시 교육

교육내용
○ 산업안전 및 산업재해 예방에 관한 사항(화재·폭발 사고 발생 시 대피에 관한 사항 포함) ○ 산업보건 및 건강장해 예방에 관한 사항 ○ 위험성 평가에 관한 사항 ○ 산업안전보건법령 및 산업재해보상보험 제도에 관한 사항 ○ 직무스트레스 예방 및 관리에 관한 사항 ○ 직장 내 괴롭힘, 고객의 폭언 등으로 인한 건강장해 예방 및 관리에 관한 사항 ○ 기계·기구의 위험성과 작업의 순서 및 동선에 관한 사항 ○ 작업 개시 전 점검에 관한 사항 ○ 정리정돈 및 청소에 관한 사항 ○ 사고 발생 시 긴급조치에 관한 사항 ○ 물질안전보건자료에 관한 사항

(3) 특별교육 대상 작업별 교육

작업명	교육내용
〈공통내용〉 제1호부터 제39호까지의 작업	⑵ 채용 시 교육 및 작업내용 변경 시 교육과 같은 내용
〈개별내용〉 1. 고압실 내 작업(잠함공법이나 그 밖의 압기공법으로 대기압을 넘는 기압인 작업실 또는 수갱 내부에서 하는 작업만 해당함)	○ 고기압 장해의 인체에 미치는 영향에 관한 사항 ○ 작업의 시간·작업 방법 및 절차에 관한 사항 ○ 압기공법에 관한 기초지식 및 보호구 착용에 관한 사항 ○ 이상 발생 시 응급조치에 관한 사항 ○ 그 밖에 안전·보건관리에 필요한 사항
2. 아세틸렌 용접장치 또는 가스집합 용접장치를 사용하는 금속의 용접·용단 또는 가열작업(발생기·도관 등에 의하여 구성되는 용접장치만 해당함)	○ 용접 흄, 분진 및 유해광선 등의 유해성에 관한 사항 ○ 가스용접기, 압력조정기, 호스 및 취관두(불꽃이 나오는 용접기의 앞부분) 등의 기기점검에 관한 사항 ○ 작업방법·순서 및 응급처치에 관한 사항 ○ 안전기 및 보호구 취급에 관한 사항 ○ 화재예방 및 초기대응에 관한사항 ○ 그 밖에 안전·보건관리에 필요한 사항
3. 밀폐된 장소(탱크 내 또는 환기가 극히 불량한 좁은 장소를 말함)에서 하는 용접작업 또는 습한 장소에서 하는 전기용접 작업	○ 작업순서, 안전작업방법 및 수칙에 관한 사항 ○ 환기설비에 관한 사항 ○ 전격 방지 및 보호구 착용에 관한 사항 ○ 질식 시 응급조치에 관한 사항 ○ 작업환경 점검에 관한 사항 ○ 그 밖에 안전·보건관리에 필요한 사항
4. 폭발성·물반응성·자기반응성·자기발열성 물질, 자연발화성 액체·고체 및 인화성 액체의 제조 또는 취급작업(시험연구를 위한 취급작업은 제외함)	○ 폭발성·물반응성·자기반응성·자기발열성 물질, 자연발화성 액체·고체 및 인화성 액체의 성질이나 상태에 관한 사항 ○ 폭발 한계점, 발화점 및 인화점 등에 관한 사항 ○ 취급방법 및 안전수칙에 관한 사항 ○ 이상 발견 시의 응급처치 및 대피 요령에 관한 사항 ○ 화기·정전기·충격 및 자연발화 등의 위험방지에 관한 사항 ○ 작업순서, 취급주의사항 및 방호거리 등에 관한 사항 ○ 그 밖에 안전·보건관리에 필요한 사항
5. 액화석유가스·수소가스 등 인화성 가스 또는 폭발성 물질 중 가스의 발생장치 취급 작업	○ 취급가스의 상태 및 성질에 관한 사항 ○ 발생장치 등의 위험 방지에 관한 사항 ○ 고압가스 저장설비 및 안전취급방법에 관한 사항 ○ 설비 및 기구의 점검 요령 ○ 그 밖에 안전·보건관리에 필요한 사항
6. 화학설비 중 반응기, 교반기·추출기의 사용 및 세척작업	○ 각 계측장치의 취급 및 주의에 관한 사항 ○ 투시창·수위 및 유량계 등의 점검 및 밸브의 조작주의에 관한 사항 ○ 세척액의 유해성 및 인체에 미치는 영향에 관한 사항 ○ 작업 절차에 관한 사항 ○ 그 밖에 안전·보건관리에 필요한 사항

7. 화학설비의 탱크 내 작업	○ 차단장치·정지장치 및 밸브 개폐장치의 점검에 관한 사항 ○ 탱크 내의 산소농도 측정 및 작업환경에 관한 사항 ○ 안전보호구 및 이상 발생 시 응급조치에 관한 사항 ○ 작업절차·방법 및 유해·위험에 관한 사항 ○ 그 밖에 안전·보건관리에 필요한 사항
8. 분말·원재료 등을 담은 호퍼(하부가 깔대기 모양으로 된 저장통)·저장창고 등 저장탱크의 내부작업	○ 분말·원재료의 인체에 미치는 영향에 관한 사항 ○ 저장탱크 내부작업 및 복장보호구 착용에 관한 사항 ○ 작업의 지정·방법·순서 및 작업환경 점검에 관한 사항 ○ 팬·풍기(風旗) 조작 및 취급에 관한 사항 ○ 분진 폭발에 관한 사항 ○ 그 밖에 안전·보건관리에 필요한 사항
9. 다음 각 목에 정하는 설비에 의한 물건의 가열·건조작업 　가. 건조설비 중 위험물 등에 관계되는 설비로 속부피가 1세제곱미터 이상인 것 　나. 건조설비 중 가목의 위험물 등 외의 물질에 관계되는 설비로서, 연료를 열원으로 사용하는 것(그 최대연소소비량이 매 시간당 10킬로그램 이상인 것만 해당함) 또는 전력을 열원으로 사용하는 것(정격소비전력이 10킬로와트 이상인 경우만 해당함)	○ 건조설비 내외면 및 기기기능의 점검에 관한 사항 ○ 복장보호구 착용에 관한 사항 ○ 건조 시 유해가스 및 고열 등이 인체에 미치는 영향에 관한 사항 ○ 건조설비에 의한 화재·폭발 예방에 관한 사항
10. 다음 각 목에 해당하는 집재장치(집재기·가선·운반기구·지주 및 이들에 부속하는 물건으로 구성되고, 동력을 사용하여 원목 또는 장작과 숯을 담아 올리거나 공중에서 운반하는 설비를 말함)의 조립, 해체, 변경 또는 수리작업 및 이들 설비에 의한 집재 또는 운반 작업 　가. 원동기의 정격출력이 7.5킬로와트를 넘는 것 　나. 지간의 경사거리 합계가 350미터 이상인 것 　다. 최대사용하중이 200킬로그램 이상인 것	○ 기계의 브레이크 비상정지장치 및 운반경로, 각종 기능 점검에 관한 사항 ○ 작업 시작 전 준비사항 및 작업방법에 관한 사항 ○ 취급물의 유해·위험에 관한 사항 ○ 구조상의 이상 시 응급처치에 관한 사항 ○ 그 밖에 안전·보건관리에 필요한 사항

11. 동력에 의하여 작동되는 프레스기계를 5대 이상 보유한 사업장에서 해당 기계로 하는 작업	○ 프레스의 특성과 위험성에 관한 사항 ○ 방호장치 종류와 취급에 관한 사항 ○ 안전작업방법에 관한 사항 ○ 프레스 안전기준에 관한 사항 ○ 그 밖에 안전·보건관리에 필요한 사항
12. 목재가공용 기계[둥근톱기계, 띠톱기계, 대패기계, 모떼기기계 및 라우터기(목재를 자르거나 홈을 파는 기계)만 해당하며, 휴대용은 제외함]를 5대 이상 보유한 사업장에서 해당 기계로 하는 작업	○ 목재가공용 기계의 특성과 위험성에 관한 사항 ○ 방호장치의 종류와 구조 및 취급에 관한 사항 ○ 안전기준에 관한 사항 ○ 안전작업방법 및 목재 취급에 관한 사항 ○ 그 밖에 안전·보건관리에 필요한 사항
13. 운반용 등 하역기계를 5대 이상 보유한 사업장에서의 해당 기계로 하는 작업	○ 운반하역기계 및 부속설비의 점검에 관한 사항 ○ 작업순서와 방법에 관한 사항 ○ 안전운전방법에 관한 사항 ○ 화물의 취급 및 작업신호에 관한 사항 ○ 그 밖에 안전·보건관리에 필요한 사항
14. 1톤 이상의 크레인을 사용하는 작업 또는 1톤 미만의 크레인 또는 호이스트를 5대 이상 보유한 사업장에서 해당 기계로 하는 작업(제39호의 작업은 제외함)	○ 방호장치의 종류, 기능 및 취급에 관한 사항 ○ 걸고리·와이어로프 및 비상정지장치 등의 기계·기구 점검에 관한 사항 ○ 화물의 취급 및 안전작업방법에 관한 사항 ○ 신호방법 및 공동작업에 관한 사항 ○ 인양 물건의 위험성 및 낙하·비래(飛來)·충돌재해 예방에 관한 사항 ○ 인양물이 적재될 지반의 조건, 인양하중, 풍압 등이 인양물과 타워크레인에 미치는 영향 ○ 그 밖에 안전·보건관리에 필요한 사항
15. 건설용 리프트·곤돌라를 이용한 작업	○ 방호장치의 기능 및 사용에 관한 사항 ○ 기계, 기구, 달기체인 및 와이어 등의 점검에 관한 사항 ○ 화물의 권상·권하 작업방법 및 안전작업 지도에 관한 사항 ○ 기계·기구의 특성 및 동작원리에 관한 사항 ○ 신호방법 및 공동작업에 관한 사항 ○ 그 밖에 안전·보건관리에 필요한 사항
16. 주물 및 단조(금속을 두들기거나 눌러서 형체를 만드는 일) 작업	○ 고열물의 재료 및 작업환경에 관한 사항 ○ 출탕·주조 및 고열물의 취급과 안전작업방법에 관한 사항 ○ 고열작업의 유해·위험 및 보호구 착용에 관한 사항 ○ 안전기준 및 중량물 취급에 관한 사항 ○ 그 밖에 안전·보건관리에 필요한 사항
17. 전압이 75볼트 이상인 정전 및 활선작업	○ 전기의 위험성 및 전격 방지에 관한 사항 ○ 해당 설비의 보수 및 점검에 관한 사항 ○ 정전작업·활선작업 시의 안전작업방법 및 순서에 관한 사항 ○ 절연용 보호구, 절연용 방호구 및 활선작업용 기구 등의 사용에 관한 사항 ○ 그 밖에 안전·보건관리에 필요한 사항

18. 콘크리트 파쇄기를 사용하여 하는 파쇄작업(2미터 이상인 구축물의 파쇄작업만 해당함)	○ 콘크리트 해체 요령과 방호거리에 관한 사항 ○ 작업안전조치 및 안전기준에 관한 사항 ○ 파쇄기의 조작 및 공통작업 신호에 관한 사항 ○ 보호구 및 방호장비 등에 관한 사항 ○ 그 밖에 안전·보건관리에 필요한 사항
19. 굴착면의 높이가 2미터 이상이 되는 지반 굴착(터널 및 수직갱 외의 갱 굴착은 제외함)작업	○ 지반의 형태·구조 및 굴착 요령에 관한 사항 ○ 지반의 붕괴재해 예방에 관한 사항 ○ 붕괴 방지용 구조물 설치 및 작업방법에 관한 사항 ○ 보호구의 종류 및 사용에 관한 사항 ○ 그 밖에 안전·보건관리에 필요한 사항
20. 흙막이 지보공의 보강 또는 동바리를 설치하거나 해체하는 작업	○ 작업안전 점검 요령과 방법에 관한 사항 ○ 동바리의 운반·취급 및 설치 시 안전작업에 관한 사항 ○ 해체작업 순서와 안전기준에 관한 사항 ○ 보호구 취급 및 사용에 관한 사항 ○ 그 밖에 안전·보건관리에 필요한 사항
21. 터널 안에서의 굴착작업(굴착용 기계를 사용하여 하는 굴착작업 중 근로자가 칼날 밑에 접근하지 않고 하는 작업은 제외함) 또는 같은 작업에서의 터널 거푸집 지보공의 조립 또는 콘크리트 작업	○ 작업환경의 점검 요령과 방법에 관한 사항 ○ 붕괴 방지용 구조물 설치 및 안전작업 방법에 관한 사항 ○ 재료의 운반 및 취급·설치의 안전기준에 관한 사항 ○ 보호구의 종류 및 사용에 관한 사항 ○ 소화설비의 설치장소 및 사용방법에 관한 사항 ○ 그 밖에 안전·보건관리에 필요한 사항
22. 굴착면의 높이가 2미터 이상이 되는 암석의 굴착작업	○ 폭발물 취급 요령과 대피 요령에 관한 사항 ○ 안전거리 및 안전기준에 관한 사항 ○ 방호물의 설치 및 기준에 관한 사항 ○ 보호구 및 신호방법 등에 관한 사항 ○ 그 밖에 안전·보건관리에 필요한 사항
23. 높이가 2미터 이상인 물건을 쌓거나 무너뜨리는 작업(하역기계로만 하는 작업은 제외함)	○ 원부재료의 취급 방법 및 요령에 관한 사항 ○ 물건의 위험성·낙하 및 붕괴재해 예방에 관한 사항 ○ 적재방법 및 전도 방지에 관한 사항 ○ 보호구 착용에 관한 사항 ○ 그 밖에 안전·보건관리에 필요한 사항
24. 선박에 짐을 쌓거나 부리거나 이동시키는 작업	○ 하역 기계·기구의 운전방법에 관한 사항 ○ 운반·이송경로의 안전작업방법 및 기준에 관한 사항 ○ 중량물 취급 요령과 신호 요령에 관한 사항 ○ 작업안전 점검과 보호구 취급에 관한 사항 ○ 그 밖에 안전·보건관리에 필요한 사항
25. 거푸집 동바리의 조립 또는 해체작업	○ 동바리의 조립방법 및 작업 절차에 관한 사항 ○ 조립재료의 취급방법 및 설치기준에 관한 사항 ○ 조립·해체 시의 사고 예방에 관한 사항 ○ 보호구 착용 및 점검에 관한 사항 ○ 그 밖에 안전·보건관리에 필요한 사항

26. 비계의 조립·해체 또는 변경작업	○ 비계의 조립순서 및 방법에 관한 사항 ○ 비계작업의 재료 취급 및 설치에 관한 사항 ○ 추락재해 방지에 관한 사항 ○ 보호구 착용에 관한 사항 ○ 비계상부 작업 시 최대 적재하중에 관한 사항 ○ 그 밖에 안전·보건관리에 필요한 사항
27. 건축물의 골조, 다리의 상부구조 또는 탑의 금속제의 부재로 구성되는 것(5미터 이상인 것만 해당함)의 조립·해체 또는 변경작업	○ 건립 및 버팀대의 설치순서에 관한 사항 ○ 조립·해체 시의 추락재해 및 위험요인에 관한 사항 ○ 건립용 기계의 조작 및 작업신호 방법에 관한 사항 ○ 안전장비 착용 및 해체순서에 관한 사항 ○ 그 밖에 안전·보건관리에 필요한 사항
28. 처마 높이가 5미터 이상인 목조건축물의 구조부재의 조립이나 건축물의 지붕 또는 외벽 밑에서의 설치작업	○ 붕괴·추락 및 재해 방지에 관한 사항 ○ 부재의 강도·재질 및 특성에 관한 사항 ○ 조립·설치 순서 및 안전작업방법에 관한 사항 ○ 보호구 착용 및 작업 점검에 관한 사항 ○ 그 밖에 안전·보건관리에 필요한 사항
29. 콘크리트 인공구조물(그 높이가 2미터 이상인 것만 해당함)의 해체 또는 파괴작업	○ 콘크리트 해체기계의 점검에 관한 사항 ○ 파괴 시의 안전거리 및 대피 요령에 관한 사항 ○ 작업방법·순서 및 신호 방법 등에 관한 사항 ○ 해체·파괴 시의 작업안전기준 및 보호구에 관한 사항 ○ 그 밖에 안전·보건관리에 필요한 사항
30. 타워크레인을 설치(상승작업을 포함함)·해체하는 작업	○ 붕괴·추락 및 재해 방지에 관한 사항 ○ 설치·해체 순서 및 안전작업방법에 관한 사항 ○ 부재의 구조·재질 및 특성에 관한 사항 ○ 신호방법 및 요령에 관한 사항 ○ 이상 발생 시 응급조치에 관한 사항 ○ 그 밖에 안전·보건관리에 필요한 사항
31. 보일러(소형 보일러 및 다음 각 목에서 정하는 보일러는 제외함)의 설치 및 취급 작업 가. 몸통 반지름이 750밀리미터 이하이고 그 길이가 1,300밀리미터 이하인 증기보일러 나. 전열면적이 3제곱미터 이하인 증기보일러 다. 전열면적이 14제곱미터 이하인 온수보일러 라. 전열면적이 30제곱미터 이하인 관류보일러(물관을 사용하여 가열시키는 방식의 보일러)	○ 기계 및 기기 점화장치 계측기의 점검에 관한 사항 ○ 열관리 및 방호장치에 관한 사항 ○ 작업순서 및 방법에 관한 사항 ○ 그 밖에 안전·보건관리에 필요한 사항

32. 게이지 압력을 제곱센티미터당 1킬로그램 이상으로 사용하는 압력용기의 설치 및 취급작업	○ 안전시설 및 안전기준에 관한 사항 ○ 압력용기의 위험성에 관한 사항 ○ 용기 취급 및 설치기준에 관한 사항 ○ 작업안전 점검 방법 및 요령에 관한 사항 ○ 그 밖에 안전·보건관리에 필요한 사항
33. 방사선 업무에 관계되는 작업(의료 및 실험용은 제외함)	○ 방사선의 유해·위험 및 인체에 미치는 영향 ○ 방사선의 측정기기 기능의 점검에 관한 사항 ○ 방호거리·방호벽 및 방사선물질의 취급 요령에 관한 사항 ○ 응급처치 및 보호구 착용에 관한 사항 ○ 그 밖에 안전·보건관리에 필요한 사항
34. 밀폐공간에서의 작업	○ 산소농도 측정 및 작업환경에 관한 사항 ○ 사고 시의 응급처치 및 비상 시 구출에 관한 사항 ○ 보호구 착용 및 보호 장비 사용에 관한 사항 ○ 작업내용·안전작업방법 및 절차에 관한 사항 ○ 장비·설비 및 시설 등의 안전점검에 관한 사항 ○ 그 밖에 안전·보건관리에 필요한 사항
35. 허가 또는 관리 대상 유해물질의 제조 또는 취급작업	○ 취급물질의 성질 및 상태에 관한 사항 ○ 유해물질이 인체에 미치는 영향 ○ 국소배기장치 및 안전설비에 관한 사항 ○ 안전작업방법 및 보호구 사용에 관한 사항 ○ 그 밖에 안전·보건관리에 필요한 사항
36. 로봇작업	○ 로봇의 기본원리·구조 및 작업방법에 관한 사항 ○ 이상 발생 시 응급조치에 관한 사항 ○ 안전시설 및 안전기준에 관한 사항 ○ 조작방법 및 작업순서에 관한 사항
37. 석면해체·제거작업	○ 석면의 특성과 위험성 ○ 석면해체·제거의 작업방법에 관한 사항 ○ 장비 및 보호구 사용에 관한 사항 ○ 그 밖에 안전·보건관리에 필요한 사항
38. 가연물이 있는 장소에서 하는 화재위험작업	○ 작업준비 및 작업절차에 관한 사항 ○ 작업장 내 위험물, 가연물의 사용·보관·설치 현황에 관한 사항 ○ 화재위험작업에 따른 인근 인화성 액체에 대한 방호조치에 관한 사항 ○ 화재위험작업으로 인한 불꽃, 불티 등의 흩날림 방지 조치에 관한 사항 ○ 인화성 액체의 증기가 남아 있지 않도록 환기 등의 조치에 관한 사항 ○ 화재감시자의 직무 및 피난교육 등 비상조치에 관한 사항 ○ 그 밖에 안전·보건관리에 필요한 사항
39. 타워크레인을 사용하는 작업시 신호업무를 하는 작업	○ 타워크레인의 기계적 특성 및 방호장치 등에 관한 사항 ○ 화물의 취급 및 안전작업방법에 관한 사항 ○ 신호방법 및 요령에 관한 사항 ○ 인양 물건의 위험성 및 낙하·비래·충돌재해 예방에 관한 사항 ○ 인양물이 적재될 지반의 조건, 인양하중, 풍압 등이 인양물과 타워크레인에 미치는 영향 ○ 그 밖에 안전·보건관리에 필요한 사항

② 관리감독자 안전보건교육

(1) 정기교육

교육내용
○ 산업안전 및 산업재해 예방에 관한 사항(화재·폭발 사고 발생 시 대피에 관한 사항 포함)
○ 산업보건 및 건강장해 예방에 관한 사항(폭염·한파작업으로 인한 건강장해 발생 시 응급조치에 관한 사항 포함)
○ 위험성평가에 관한 사항
○ 유해·위험 작업환경 관리에 관한 사항
○ 산업안전보건법령 및 산업재해보상보험 제도에 관한 사항
○ 직무스트레스 예방 및 관리에 관한 사항
○ 직장 내 괴롭힘, 고객의 폭언 등으로 인한 건강장해 예방 및 관리에 관한 사항
○ 작업공정의 유해·위험과 재해 예방대책에 관한 사항
○ 사업장 내 안전보건관리체제 및 안전·보건조치 현황에 관한 사항
○ 표준안전 작업방법 결정 및 지도·감독 요령에 관한 사항
○ 현장근로자와의 의사소통능력 및 강의능력 등 안전보건교육 능력 배양에 관한 사항
○ 비상시 또는 재해 발생 시 긴급조치에 관한 사항
○ 그 밖의 관리감독자의 직무에 관한 사항

(2) 채용 시 교육 및 작업내용 변경 시 교육

교육내용
○ 산업안전 및 산업재해 예방에 관한 사항(화재·폭발 사고 발생 시 대피에 관한 사항 포함)
○ 산업보건 및 건강장해 예방에 관한 사항
○ 위험성평가에 관한 사항
○ 산업안전보건법령 및 산업재해보상보험 제도에 관한 사항
○ 직무스트레스 예방 및 관리에 관한 사항
○ 직장 내 괴롭힘, 고객의 폭언 등으로 인한 건강장해 예방 및 관리에 관한 사항
○ 기계·기구의 위험성과 작업의 순서 및 동선에 관한 사항
○ 작업 개시 전 점검에 관한 사항
○ 물질안전보건자료에 관한 사항
○ 사업장 내 안전보건관리체제 및 안전·보건조치 현황에 관한 사항
○ 표준안전 작업방법 결정 및 지도·감독 요령에 관한 사항
○ 비상시 또는 재해 발생 시 긴급조치에 관한 사항
○ 그 밖의 관리감독자의 직무에 관한 사항

(3) 특별교육 대상 작업별 교육

작업명	교육내용
〈공통내용〉	① 근로자 안전보건교육의 (2) 채용 시 교육 및 작업내용 변경 시 교육과 같음
〈개별내용〉	① 근로자 안전보건교육의 (3) 특별교육 대상 작업별 교육내용(공통내용은 제외)과 같음

⑥ 안전보건교육의 운영체계

① 실시주체

안전보건교육은 사업주가 자체적으로 실시하거나, 법령에 따른 근로자 안전보건교육 기관에 위탁하여 실시할 수 있음

② 교육내용

(1) 교육내용은 교육대상별 교육내용의 범위에서 사업주등이 정함

(2) 근로자가 작업환경, 작업내용, 성별, 연령 등에 따른 위험성을 인지하고 예방 및 대응할 수 있도록 구성함

(3) 사업장 내 위험성이 변경되거나 새로운 위험요인이 확인된 경우, 이에 맞추어 교육내용을 조정함

(4) 특별교육은 개별 교육내용을 모두 포함함을 원칙으로 하되, 다음 어느 하나에 해당하는 경우에는 작업별 위험성과 예방·대응 중심으로 교육내용을 구성할 수 있음

　가. 단기간 작업(2개월 이내 종료되는 1회성 작업)

　나. 간헐적 작업(연간 총 작업일수 60일 이하)

　다. 일용근로자(단, 타워크레인 신호작업자는 제외)

③ 교육시간

교육시간은 법령에서 정한 교육과정별 교육시간[49] 이상으로 함

④ 교육형태

■ 교육은 다음 각 목에 따른 교육형태 중 어느 하나 또는 혼합한 방식으로 하며, 관리감독자 정기교육은 해당연도 총 교육시간의 2분의1 이상, 특별교육은 총 교육시간의 3분의 2 이상을 가목이나 나목 또는 라목의 형태로 함

　가. 집체교육

　나. 현장교육

　다. 인터넷 원격교육

　라. 비대면 실시간교육

⑤ 교재

교육종류에 따라 교육내용이 충실히 반영된 적합한 교육 교재 사용

---

49) ④ 안전보건교육 교육과정별 교육시간에서 나타내는 교육시간을 말함

⑥ 강사

교육은 법령 및 고시에서 정한 기준을 충족하는 강사[50]가 실시함

다만, 인터넷 원격교육 등 강사가 직접 출연하지 않는 방식의 경우에는 해당 강사가 교육내용을 감수하는 등 교육과정 제작에 참여하도록 함

⑦ 위탁교육의 운영

(1) 근로자 안전보건교육기관이 교육을 위탁받아 실시하는 경우, 교육내용·교육시간·교재·교육형태·강사 기준은 자체교육에 준하여 운영함

(2) 다만, 교육형태는 집체교육, 현장교육, 인터넷 원격교육, 비대면 실시간교육 및 우편통신교육(관리감독자 정기교육에 한정함) 중 어느 하나 또는 혼합하여 실시할 수 있으며, 이 경우에도 관리감독자 정기교육은 해당연도 총 교육시간의 2분의 1 이상, 특별교육은 총 교육시간의 3분의 2 이상을 집체교육, 현장교육 또는 비대면 실시간 교육 형태로 함

(3) 또한, 관리감독자 정기교육과정은 한국표준산업분류에 따른 대분류별로 구분하여 개설하여야 함

⑧ 교육시간의 분할 운영

정기교육은 사업장의 실정에 따라 교육시간을 적절히 분할하여 실시할 수 있음

⑦ 안전보건교육 강사 자격기준

① 안전보건관리책임자

② 관리감독자[51]

③ 안전관리자(안전관리전문기관에서 안전관리자의 위탁업무를 수행하는 사람 포함)

④ 보건관리자(보건관리전문기관에서 보건관리자의 위탁업무를 수행하는 사람 포함)

⑤ 안전보건관리담당자(안전관리전문기관 및 보건관리전문기관에서 안전보건관리담당자의 위탁업무를 수행하는 사람 포함)

---

50) ⑦ 안전보건교육 강사 자격기준 참고
51) 관리감독자의 강사 자격
　■ 관리감독자로 발령받아 최초근무하는 시점에 강사 자격 자동 부여
　- 사업주의 관리감독자 발령 행위자체가 소속근로자에 대한 지휘·감독 및 산업재해예방 의무와 권한을 부여하는 것이므로 관리감독자는 요구되는 자격(증)이 없으며 별도의 교육을 받을 필요없이 소속근로자에 대한 안전보건교육 강사 자격이 당연 부여됨

⑥ 산업보건의

⑦ 공단에서 실시하는 해당 분야의 강사요원 교육과정을 이수한 사람

⑧ 산업안전지도사 또는 산업보건지도사

⑨ 안전보건교육기관 및 직무교육기관의 강사와 같은 등급 이상의 자격을 가진 사람

⑩ 사업주, 법인의 대표자, 대표이사 및 안전보건 관련 이사

⑪ 「중대재해 처벌 등에 관한 법률 시행령」제4조제2호에 따른 안전·보건에 관한 업무를 총괄·관리하는 전담 조직에 소속된 사람으로서 안전·보건에 관한 업무 경력이 있는 사람. 이 경우 이 사람은 소속되어 있는 조직이 안전·보건에 관한 업무를 총괄·관리하는 모든 사업장을 대상으로 교육할 수 있음

⑫ 사업장 내에서 이루어지는 작업에 3년 이상 근무한 경력이 있는 사람으로서 사업주가 강사로서 적정하다고 인정하는 사람

⑬ 다음 각 목의 어느 하나에 해당하는 사람으로서 실무경험을 보유한 사람

⑭ 안전관리전문기관과 보건관리전문기관, 건설재해예방전문지도기관 및 석면조사기관의 종사자로서 실무경력이 3년 이상인 사람

⑮ 소방공무원 및 응급구조사 국가자격 취득자로서 실무경력이 3년 이상인 사람

⑯ 근골격계 질환 예방 전문가(물리치료사 또는 작업치료사 국가면허 취득자, 1급 생활스포츠지도사 국가자격 취득자) 또는 직무스트레스예방 전문가(임상심리사, 정신보건임상심리사 등 정신보건 관련 국가면허 또는 국가자격·학위 취득자)

⑰ 「의료법」제5조 또는 제7조에 따라 의사 또는 간호사 자격을 가진 사람

⑱ 「공인노무사법」제3조에 따라 공인노무사 자격을 가진 사람

⑲ 「변호사법」제4조에 따라 변호사 자격이 있는 사람

⑳ 한국교통안전공단에서 교통안전관리 실무경력이 3년 이상인 사람

㉑ 보건복지부에서 실시하는 자살예방 생명지킴이(게이트키퍼) 강사양성교육 과정 이수자 및 보고듣고말하기 강사양성교육 과정 이수자

⑧ 안전보건교육의 면제

구분	대상 교육	면제 사유	면제 기준
사업장 전체	근로자 정기교육	전년도에 산업재해가 발생하지 않은 사업장	다음 연도에 한정하여 실시 기준시간의 100분의 50 범위에서 면제
개별 근로자	근로자 정기교육	안전/보건관리자 선임 의무가 없는 사업장에서 근로자건강센터(노무를 제공하는 자의 건강을 유지·증진하기 위한 시설)의 안전보건교육, 건강상담, 건강관리 프로그램 등 건강관리 활동에 참여한 경우	참여한 해당 시간을 해당 반기(관리감독자의 지위에 있는 사람의 경우 해당 연도)의 근로자 정기교육 시간에서 면제
	근로자 정기교육	다른 법령*에 따른 안전보건 관련 교육을 이수한 경우 *「원자력안전법 시행령」 제148조제1항에 따른 방사선작업종사자 정기교육, 「항만안전특별법 시행령」 제5조제1항제2호에 따른 정기안전교육 또는 「화학물질관리법 시행규칙」 제37조제4항에 따른 유해화학물질 안전교육)	이수한 해당 교육 시간을 근로자 정기교육 시간 (관리감독자의 지위에 있는 사람의 경우 관리감독자 정기교육시간을 말함)에서 면제
	채용 시 교육/작업 내용 변경 시 교육	특별교육을 실시한 경우	해당 근로자에 대한 채용 시 교육 및 작업내용 변경 시 교육을 실시한 것으로 간주
관리 감독자	관리감독자 정기교육	직무교육기관에서 실시한 전문화 교육 또는 인터넷 원격교육을 이수했거나, 공단에서 실시한 안전보건관리담당자 양성교육 또는 검사원 성능검사 교육을 이수한 경우	관리감독자 정기교육 면제
경험 근로자	채용 시 교육	한국표준산업분류의 세분류 중 같은 종류의 업종에 6개월 이상 근무한 경험이 있는 근로자를 이직 후 1년 이내에 채용하는 경우	채용 시 교육시간의 100분의 50 이상으로 실시 가능 (면제아닌 감면)
	채용 시 교육	「항만안전특별법 시행령」 제5조제1항제1호에 따른 신규안전교육을 받은 경우	이수한 해당 교육 시간을 근로자 채용 시 교육시간(관리감독자의 지위에 있는 사람의 경우 관리감독자 채용 시 교육시간을 말함)에서 면제
	특별교육	특별교육 대상작업에 6개월 이상 근무한 경험이 있는 근로자가 다음의 어느 하나에 해당하는 경우 ⑴ 근로자가 이직 후 1년 이내에 채용되어 이직 전과 동일한 특별교육 대상작업에 종사하는 경우 ⑵ 근로자가 같은 사업장 내 다른 작업에 배치된 후 1년 이내에 배치 전과 동일한 특별교육 대상작업에 종사하는 경우	특별교육 시간의 100분의 50 이상 실시 가능 (면제아닌 감면)

경험 근로자	특별교육	방사선 업무에 관계되는 작업(의료 및 실험용은 제외)에 종사하는 근로자가 「원자력안전법 시행규칙」 제138조제1항제2호에 따른 방사선작업종사자 신규교육 중 직장교육을 받은 경우	이수한 해당 교육 시간을 근로자 특별교육시간 (관리감독자의 지위에 있는 사람의 경우 관리감독자 특별교육시간을 말함)에서 면제
	채용/특별 교육	같은 도급인의 사업장 내에서 이전에 하던 업무와 동일한 업무에 종사하는 경우	소속 사업장 변경에도 불구하고 채용시 교육 또는 특별교육 면제

비고: 근로자건강센터 활동 참여 시간을 면제받는 경우, 사업주는 참여 사실을 입증할 수 있는 서류를 갖춰 두어야 함

⑨ 안전보건교육의 특례[52]

① 위탁교육 이수시간의 정기교육 인정

사업주가 사업장 사정으로 정기교육 실시가 곤란하거나 일시집합교육이 효과적인 경우로서 근로자 안전보건교육기관에 위탁하여 교육을 실시한 때에는 해당 교육이수시간을 해당 연도에 실시하여야 할 정기교육시간으로 봄

② 재해예방사업 교육 이수시간의 정기교육 인정

(1) 고용노동부장관이 실시하는 재해예방사업 관련 교육을 근로자등에게 이수하도록 한 경우 그 시간만큼 해당 반기 정기교육을 받은 것으로 봄

(2) 관리감독자의 경우 해당 연도 정기교육을 받은 것으로 봄

③ 안전체험교육장 체험교육의 2배 인정

(1) 공공 안전체험교육장 또는 공단 이사장이 인정하는 민간 안전체험교육장에서 실시하는 체험교육을 이수한 근로자등에 대하여는 해당 교육시간을 2배로 인정하여 해당 반기 정기교육시간으로 산정할 수 있으며, 관리감독자의 경우 해당 연도 정기교육시간으로 산정할 수 있음

(2) 이 경우 사업주는 교육참석자 명단, 교육일지 등 해당 근로자등이 체험교육에 참여한 사실을 입증할 수 있는 서류를 갖추어 두어야 함

④ 강사로 교육 실시한 시간의 정기교육 인정

---

52) 안전보건교육의 '면제'는 교육 실시 의무 자체가 발생하지 않는 경우를 말하고, '특례'는 다른 교육의 이수, 교육시간의 대체 인정 또는 간주에 따라 정기교육을 받은 것으로 인정하는 경우를 말함

안전보건관리책임자, 안전관리자, 보건관리자, 안전보건관리담당자 및 산업보건의가 근로자등 안전보건교육의 강사로 교육을 실시하는 경우 그 시간만큼 해당 반기의 정기교육을 받은 것으로 봄

⑤ 일용근로자 채용 시 교육의 간주(2년)

고용노동부장관이 실시하는 4시간 이상의 안전보건교육을 이수한 일용 근로자를 신규 채용하는 경우에는 소속 사업장의 변경에도 불구하고 교육이수일부터 2년간 채용 시 교육을 실시한 것으로 봄

⑥ 현장 강평·교육의 정기교육시간 산정 특례

산업재해 예방 지원 및 지도 관련 활동 중 공단 이사장이 정하는 지원 및 지도 관련 활동 중에 실시하는 현장 강평 또는 교육을 근로자등에게 이수하도록 한 경우 해당 반기의 정기교육시간을 1시간으로 산정할 수 있음

⑩ 사무직 근로자와 그 밖의 근로자(기타직)의 구분

① 근무장소에 따른 구분

  (1) 생산업무가 이루어지는 건물과 충분한 이격거리를 두고 떨어져 있는 순수한 사무실 건물에서 서무·인사·경리·판매·설계 등 사무업무만 전담하는 근로자를 사무직 근로자로 구분

  (2) 위의 경우라도 생산업무에 종사하는 근로자와 같은 구역에서 근무하는 경우에는 그 밖의 근로자(기타직)로 구분

  (3) "같은 구역"이라 함은 담 또는 울타리를 경계로 하여 '동 경계 안'을 의미하며, 다음의 경우에는 같은 구역으로 보지 않음

    가. 생산동과 사무동이 동일 건물에 있지 아니하고 소재지가 다른 경우

    나. 사무동에서 생산동으로 출입할 수 없는 충분한 이격거리를 두고 있는 경우

② 업무(직종)에 따른 구분

"사무직 근로자"는 일반적으로 사무실 등에서 주된 업무가 주로 정신적인 근로를 하는 자이며, 그 외 현장에 종사하는 근로자 및 사무실에서 단순 반복 업무를 하면서 업무 중에 자유롭게 움직이기 곤란한 업무(교대하지 않는 한 자리를 비울 수 없는 업무) 등을 하는 근로자는 "비사무직 근로자"로 분류

사무직	그 밖의 근로자(기타직)
○ 사무실에서 서무·인사·경리·판매·설계 등 사무 업무 종사자 ○ 임원, 관리자(관리팀장, 인사팀장 등)	○ 공장 또는 공사현장과 같은 구역에 있는 사무실 종사자 ○ 제조·건설작업 종사자, 단순노무 종사자 ○ 장치, 기계조작 및 조립 종사자 ○ 현장을 수시 출입하는 생산팀장, 공무팀장 등의 현장 관리자 ○ 안전관리자, 방화관리자 등
○ 총무, 서무, 인사, 기획, 노무, 홍보, 경리, 회계, 판매, 설계, 영업 등 사무업무 종사자 　- 방문·전화·인터넷 민원 일반 상담업무 종사자 　- 호텔·음식점 접수원 등 고객 서비스 사무 종사자 　- 병원 행정, 원무, 보험 사무원 　- 일반 사무 보조원, 비서 등	○ 영업 등 직접 종사자 　- 직접 판매에 종사하는 자 　- 방문 주문 및 수금업무 등을 주업무로 하는 영업직 근로자 　- 114 안내업무, 전화고장 접수 등 TM 전담상담원 　- 항공기승무원, 선원, 자동차 운전원 　- 이·미용사, 조리사 　- 의사, 간호사, 약사, 의료기사 등
○ 내근기자	○ 외근기자
○ 교육기관 종사자 중 　- 학원강사, 유치원교사, 보조교사, 일반교사 등	○ 교육기관 종사자 중 　- 기능강사, 실습강사, 이공계 학교 실습교사, 어린이집 보육교사 등
○ 문화예술, 방송, 공연관련 종사자 중 　- 방송작가, 아나운서, 디자이너	○ 문화예술, 방송, 공연관련 종사자 중 　- 프로듀서, 연기자, 안무가 　- 촬영, 녹음 등 방송관련 기사
○ 금융, 증권, 보험업 종사자 　- 은행원, 증권중개인, 손해사정인 등	○ 보험업 종사자 중 　- 보험모집인 등 현장 종사자
○ 건축설계사, 제도사	
○ 건물관리업 중 　- 소장, 경리 등 일반 행정업무 종사자	○ 건물관리업 중 　- 경비, 청소, 시설관리 등 현장업무 종사자

③ 근무장소 및 업무(직종)에 따른 구분이 어려운 경우에는 한국표준직업분류를 참고하여 사무직과 비사무직(기타직)을 구분할 수 있음

(해당 근로자의 주된 업무를 보고 판단)

한국표준직업분류(대분류)	구분	비고
1. 관리자 　- 의회·정부 및 기업 고위직 　- 행정·경영 지원 및 마케팅 관리직 　- 전문서비스 관리직 　- 건설·전기 및 생산 관련 관리직 　- 판매 및 고객서비스 관리직	사무직 ＊ 장소적 구분, 실제업무 등을 사무직으로 볼 수 없는 경우 기타직으로 구분함이 타당	○ 주된 업무가 사무실 내에서 행정·경영·관리업무를 수행하는 경우 사무직으로 분류 (해당 사업장 상황에 따라 분류할 필요)

한국표준직업분류(대분류)	구분	비고
2. 전문가 및 관련 종사자 - 과학 전문가 및 관련직 - 정보 통신 전문가 및 기술직 - 공학 전문가 및 기술직 - 보건 전문가 및 관련직 - 사회복지·종교 전문가 및 관련직 - 교육 전문가 및 관련직 - 법률 및 행정 전문직 - 경영·금융 전문가 및 관련직 - 문화·예술·스포츠·기타 전문가 및 관련직 3. 사무종사자 - 기획·영업 및 인사 사무직 - 자재·생산 및 운송 사무직 - 회계·경리 및 통계 사무직 - 금융 사무직 - 법률·감사 및 정부 행정 사무직 - 상담·안내 및 접수 사무직 - 일반 지원 사무직	사무직 * 장소적 구분, 실제업무 등을 사무직으로 볼 수 없는 경우 기타직으로 구분함이 타당	○ 주된 업무가 사무실 내에서 행정·경영·관리업무를 수행하는 경우 사무직으로 분류 (해당 사업장 상황에 따라 분류할 필요)
4. 서비스 종사자 - 경찰·소방 및 보안 관련 서비스직 - 돌봄 및 보건 서비스직 - 개인 생활 서비스직 - 운송 및 여가 서비스직 - 조리 및 음식 서비스직 5. 판매 종사자 - 영업직 - 매장 판매 및 상품 대여직 - 통신 및 방문·노점 판매 관련직 6. 농림어업 숙련 종사자 - 농·축산 숙련직 - 임업 숙련직 - 어업 숙련직 7. 기능원 및 관련 기능 종사자 - 식품가공 관련 기능직 - 섬유·의복 및 가죽 관련 기능직 - 목재·가구·악기 및 간판 관련 기능직 - 금속 성형 관련 기능직 - 운송 및 기계 관련 기능직 - 전기 및 전자 관련 기능직 - 정보 통신 및 방송장비 관련 기능직 - 건설 및 채굴 관련 기능직 - 기타 기능 관련직	비사무직 (기타직)	

한국표준직업분류(대분류)	구분	비고
8. 장치·기계조작 및 조립 종사자 - 식품가공 관련 기계 조작직 - 섬유 및 신발 관련 기계 조작직 - 화학 관련 기계 조작직 - 금속 및 비금속 관련 기계 조작직 - 기계 제조·관련 기계 조작 및 조립직 - 전기·전자 관련 기계 조작직 및 조립직 - 운전 및 운송 관련 기계 조작직 - 상하수도 및 재활용 처리 관련 기계 조작직 - 목재·인쇄 및 기타 기계 조작직	비사무직 (기타직)	
9. 단순노무 종사자 - 건설 및 광업 관련 단순노무직 - 운송 관련 단순노무직 - 제조 관련 단순노무직 - 청소 및 건물 관리 단순 노무직 - 가사·음식 및 판매 관련 단순 노무직 - 농림·어업 및 기타 서비스 단순노무직		
10. 군인 - 군인 - 준사관 - 부사관		

11 벌칙

위반행위	세부내용	과태료 금액(만원)		
		1차 위반	2차 위반	3차 이상 위반
법 제29조제1항(법 제166조의2에서 준용하는 경우를 포함함)을 위반하여 정기적으로 안전보건교육을 하지 않은 경우	1) 교육대상 근로자 1명당	10	20	50
	2) 교육대상 관리감독자 1명당	50	250	500
법 제29조제2항(법 제166조의2에서 준용하는 경우를 포함함)을 위반하여 근로자를 채용할 때와 작업내용을 변경할 때(현장실습생의 경우는 현장실습을 최초로 실시할 때와 실습내용을 변경할 때를 말함) 안전보건교육을 하지 않은 경우	교육대상 근로자 1명당	10	20	50
법 제29조제3항(법 제166조의2에서 준용하는 경우를 포함함)을 위반하여 유해하거나 위험한 작업에 근로자를 사용할 때(현장실습생의 경우는 현장실습을 실시할 때를 말함) 안전보건교육을 추가로 하지 않은 경우	교육대상 근로자 1명당	50	100	150

2 / 건설업 기초안전보건교육(법 제31조)

① 건설업 기초안전보건교육 개요

건설업은 현장 이동이 잦고 일용근로자의 출입이 빈번하여, 개별 사업장에서 근로자를 채용할 때마다 안전보건교육을 반복 실시하는 방식만으로는 산업재해 예방에 한계가 있음

이에 산업안전보건법은 건설 일용근로자를 채용하는 사업주에게 해당 근로자가 사전에 전문 교육기관에서 건설업에 특화된 기초 안전보건교육을 이수하도록 의무를 부과하여 건설현장 전반의 기본적인 안전의식과 위험 대응능력을 일정 수준 이상으로 확보하도록 함

② 건설업 기초안전보건교육의 실시 의무

① 건설업의 사업주는 건설 일용근로자를 채용할 때, 해당 근로자로 하여금 고용노동부장관에게 등록된 안전보건교육기관이 실시하는 건설업 기초안전보건교육을 이수하도록 하여야 함

② 건설 일용근로자가 채용 전에 이미 건설업 기초안전보건교육을 이수한 경우에는, 해당 사업주가 채용 시 교육을 실시한 것으로 보아 추가로 교육을 실시하지 아니할 수 있음

③ 건설업 기초안전보건교육의 성격과 특징

① 건설업 기초안전보건교육은 일반적인 채용 시 안전보건교육과 달리, 건설업의 산업 특성과 근로형태를 반영하여 다음과 같은 성격으로 운영됨

   (1) 개별 사업장이 아닌 전문 교육기관에서 실시하는 교육임

   (2) 건설업 전반에 공통적으로 적용되는 기본 안전보건 지식을 중심으로 구성됨

   (3) 현장을 이동하며 근무하는 건설 일용근로자의 특성을 고려하여, 채용 시 반복되는 교육을 대체할 수 있도록 마련된 제도임

② 이에 따라 사업주는 채용 시 교육을 반복 실시해야 하는 부담을 줄이면서도, 일정 수준 이상의 안전보건교육을 이수한 근로자를 현장에 투입할 수 있음

④ 건설업 기초안전보건교육 교육시간 및 교육내용

① 교육시간

교육과정	교육대상	교육시간
건설업 기초 안전·보건교육	건설 일용근로자	4시간 이상

② 교육내용

교육내용	교육시간
가. 건설공사의 종류(건축·토목 등) 및 시공 절차	1시간
나. 산업재해 유형별 위험요인 및 안전보건조치	2시간
다. 안전보건관리체제 현황 및 산업안전보건 관련 근로자 권리·의무	1시간

⑤ 건설업 기초안전보건교육 이수증의 발급 및 관리

① 건설업 기초안전보건교육을 이수한 사람에게는 교육 이수 사실을 증명하기 위하여 이수증이 발급되며, 해당 이수증은 건설업 기초안전보건교육의 이수 여부를 확인하는 공식적인 수단으로 활용됨

② 이수증을 분실하거나 훼손한 경우에는 해당 교육을 이수한 교육기관에 재발급을 신청할 수 있으며, 교육기관의 폐업 또는 이전 등으로 재발급이 곤란한 경우에는 공단을 통해 교육 이수 여부를 확인받아 이수증을 재발급 받을 수 있음

⑥ 건설업 기초안전보건교육의 면제

건설 일용근로자 중 「건설근로자의 고용개선 등에 관한 법률」 제7조제1항제1호에 따른 훈련과정에서 건설업 기초교육을 이수한 사람은 산업안전보건법에 따른 건설업 기초안전보건교육을 이수한 것으로 봄

⑦ 벌칙

위반행위	세부내용	과태료 금액(만원)		
		1차 위반	2차 위반	3차 이상 위반
법 제31조제1항을 위반하여 건설 일용근로자를 채용할 때 기초안전보건교육을 이수하도록 하지 않은 경우	교육대상 근로자 1명당	10	20	50

3 / 직무교육(법 제32조)

① 직무교육 개요

안전보건관리책임자, 안전관리자, 보건관리자 및 안전보건관리담당자 등 안전보건 관계자는 사업장의 안전 및 보건에 관한 업무를 수행함에 있어 제도에 대한 이해에 그치지 않고, 현장의 유해·위험요인을 정확히 인식하여 적절한 예방조치를 기획·지도할 수 있는 전문성이 요구됨

이에 산업안전보건법은 이들에게 직무와 직접 관련된 안전보건교육(이하 "직무교육")을 이수하도록 하여, 안전보건관리체계의 실효성을 확보하고 산업재해 예방 기능을 강화하도록 함

② 직무교육 대상자

사업주는 다음 각 호에 해당하는 사람에게 고용노동부 장관에게 등록한 안전보건교육기관에서 직무와 관련된 안전보건교육을 이수하도록 하여야 함

① 안전보건관리책임자

② 안전관리자

③ 보건관리자

④ 안전보건관리담당자

⑤ 안전관리전문기관에서 안전관리자의 위탁 업무를 수행하는 사람

⑥ 보건관리전문기관에서 보건관리자의 위탁 업무를 수행하는 사람

⑦ 건설재해예방전문지도기관에서 지도 업무를 수행하는 사람

⑧ 안전검사기관에서 검사업무를 수행하는 사람

⑨ 자율안전검사기관에서 검사업무를 수행하는 사람

⑩ 석면조사기관에서 석면조사 업무를 수행하는 사람

③ 직무교육의 종류 및 이수 시기

① 신규교육

해당 직위에 선임되거나 채용된 날부터 3개월 이내 이수함

다만, 보건관리자가 의사인 경우에는 1년 이내 이수할 수 있음

② 보수교육

신규교육 이수 후 매 2년이 되는 날을 기준으로 전후 6개월 이내에 이수함

④ 직무교육의 교육시간 및 교육내용

① 교육시간

교육대상	교육시간	
	신규교육	보수교육
가. 안전보건관리책임자	6시간 이상	6시간 이상
나. 안전관리자, 안전관리전문기관의 종사자	34시간 이상	24시간 이상
다. 보건관리자, 보건관리전문기관의 종사자	34시간 이상	24시간 이상
라. 건설재해예방전문지도기관의 종사자	34시간 이상	24시간 이상
마. 석면조사기관의 종사자	34시간 이상	24시간 이상
바. 안전보건관리담당자	-	8시간 이상
사. 안전검사기관, 자율안전검사기관의 종사자	34시간 이상	24시간 이상

② 교육내용

교육대상	교육내용	
	신규과정	보수과정
가. 안전보건 관리책임자	1) 관리책임자의 책임과 직무에 관한 사항 2) 산업안전보건법령 및 안전·보건조치에 관한 사항	1) 산업안전·보건정책에 관한 사항 2) 자율안전·보건관리에 관한 사항
나. 안전관리자 및 안전관리전문기관 종사자	1) 산업안전보건법령에 관한 사항 2) 산업안전보건개론에 관한 사항 3) 인간공학 및 산업심리에 관한 사항 4) 안전보건교육방법에 관한 사항 5) 재해 발생 시 응급처치에 관한 사항 6) 안전점검·평가 및 재해 분석기법에 관한 사항 7) 안전기준 및 개인보호구 등 분야별 재해예방 실무에 관한 사항 8) 산업안전보건관리비 계상 및 사용기준에 관한 사항 9) 작업환경 개선 등 산업위생 분야에 관한 사항 10) 무재해운동 추진기법 및 실무에 관한 사항 11) 위험성평가에 관한 사항 12) 그 밖에 안전관리자의 직무 향상을 위하여 필요한 사항	1) 산업안전보건법령 및 정책에 관한 사항 2) 안전관리계획 및 안전보건개선계획의 수립·평가·실무에 관한 사항 3) 안전보건교육 및 무재해운동 추진실무에 관한 사항 4) 산업안전보건관리비 사용기준 및 사용방법에 관한 사항 5) 분야별 재해 사례 및 개선 사례에 관한 연구와 실무에 관한 사항 6) 사업장 안전 개선기법에 관한 사항 7) 위험성평가에 관한 사항 8) 그 밖에 안전관리자 직무 향상을 위하여 필요한 사항

다. 보건관리자 및 보건 관리전문기관 종사자	1) 산업안전보건법령 및 작업환경측정에 관한 사항 2) 산업안전보건개론에 관한 사항 3) 안전보건교육방법에 관한 사항 4) 산업보건관리계획 수립·평가 및 산업역학에 관한 사항 5) 작업환경 및 직업병 예방에 관한 사항 6) 작업환경 개선에 관한 사항(소음·분진·관리대상 유해물질 및 유해광선 등) 7) 산업역학 및 통계에 관한 사항 8) 산업환기에 관한 사항 9) 안전보건관리의 체제·규정 및 보건관리자 역할에 관한 사항 10) 보건관리계획 및 운용에 관한 사항 11) 근로자 건강관리 및 응급처치에 관한 사항 12) 위험성평가에 관한 사항 13) 감염병 예방에 관한 사항 14) 자살 예방에 관한 사항 15) 그 밖에 보건관리자의 직무 향상을 위하여 필요한 사항	1) 산업안전보건법령, 정책 및 작업환경 관리에 관한 사항 2) 산업보건관리계획 수립·평가 및 안전보건교육 추진 요령에 관한 사항 3) 근로자 건강 증진 및 구급환자 관리에 관한 사항 4) 산업위생 및 산업환기에 관한 사항 5) 직업병 사례 연구에 관한 사항 6) 유해물질별 작업환경 관리에 관한 사항 7) 위험성평가에 관한 사항 8) 감염병 예방에 관한 사항 9) 자살 예방에 관한 사항 10) 그 밖에 보건관리자 직무 향상을 위하여 필요한 사항
라. 건설재해예방전문 지도기관 종사자	1) 산업안전보건법령 및 정책에 관한 사항 2) 분야별 재해사례 연구에 관한 사항 3) 새로운 공법 소개에 관한 사항 4) 사업장 안전관리기법에 관한 사항 5) 위험성평가의 실시에 관한 사항 6) 그 밖에 직무 향상을 위하여 필요한 사항	1) 산업안전보건법령 및 정책에 관한 사항 2) 분야별 재해사례 연구에 관한 사항 3) 새로운 공법 소개에 관한 사항 4) 사업장 안전관리기법에 관한 사항 5) 위험성평가의 실시에 관한 사항 6) 그 밖에 직무 향상을 위하여 필요한 사항
마. 석면조사기관 종사자	1) 석면 제품의 종류 및 구별 방법에 관한 사항 2) 석면에 의한 건강유해성에 관한 사항 3) 석면 관련 법령 및 제도(법, 「석면안전관리법」 및 「건축법」 등)에 관한 사항 4) 법 및 산업안전보건 정책방향에 관한 사항 5) 석면 시료채취 및 분석 방법에 관한 사항 6) 보호구 착용 방법에 관한 사항 7) 석면조사결과서 및 석면지도 작성 방법에 관한 사항 8) 석면 조사 실습에 관한 사항	1) 석면 관련 법령 및 제도(법, 「석면안전관리법」 및 「건축법」 등)에 관한 사항 2) 실내공기오염 관리(또는 작업환경측정 및 관리)에 관한 사항 3) 산업안전보건 정책방향에 관한 사항 4) 건축물·설비 구조의 이해에 관한 사항 5) 건축물·설비 내 석면함유 자재 사용 및 시공·제거 방법에 관한 사항 6) 보호구 선택 및 관리방법에 관한 사항 7) 석면해체·제거작업 및 석면 흩날림 방지 계획 수립 및 평가에 관한 사항 8) 건축물 석면조사 시 위해도평가 및 석면지도 작성·관리 실무에 관한 사항 9) 건축 자재의 종류별 석면조사실무에 관한 사항
바. 안전보건관리 담당자		1) 위험성평가에 관한 사항 2) 안전·보건교육방법에 관한 사항 3) 사업장 순회점검 및 지도에 관한 사항 4) 기계·기구의 적격품 선정에 관한 사항

바. 안전보건관리 담당자		5) 산업재해 통계의 유지·관리 및 조사에 관한 사항 6) 그 밖에 안전보건관리담당자 직무 향상을 위하여 필요한 사항
사. 안전검사기관 및 자율안전검사기관	1) 산업안전보건법령에 관한 사항 2) 기계, 장비의 주요장치에 관한 사항 3) 측정기기 작동 방법에 관한 사항 4) 공통점검 사항 및 주요 위험요인별 점검내용에 관한 사항 5) 기계, 장비의 주요안전장치에 관한 사항 6) 검사시 안전보건 유의사항 7) 기계·전기·화공 등 공학적 기초 지식에 관한 사항 8) 검사원의 직무윤리에 관한 사항 9) 그 밖에 종사자의 직무 향상을 위하여 필요한 사항	1) 산업안전보건법령 및 정책에 관한 사항 2) 주요 위험요인별 점검내용에 관한 사항 3) 기계, 장비의 주요장치와 안전장치에 관한 심화과정 4) 검사시 안전보건 유의 사항 5) 구조해석, 용접, 피로, 파괴, 피해예측, 작업환기, 위험성평가 등에 관한 사항 6) 검사대상 기계별 재해 사례 및 개선 사례에 관한 연구와 실무에 관한 사항 7) 검사원의 직무윤리에 관한 사항 8) 그 밖에 종사자의 직무 향상을 위하여 필요한 사항

⑤ 직무교육 방법 및 형태

① 직무교육 이수 방법

직무교육대상자는 직무교육기관이 개설·운영하는 직무교육과정 또는 전문화교육과정을 통해 직무교육을 이수함

② 직무교육 형태

직무교육은 집체교육, 현장교육, 인터넷 원격교육, 비대면 실시간교육 중 어느 하나 또는 혼합 방식으로 실시하며, 전체 교육 시간의 3분의 2 이상은 집체교육·현장교육 또는 비대면 실시간교육 형태로 운영함

⑥ 직무교육의 면제

대상교육	면제사유	면제기준
신규교육	다음의 어느 하나에 해당하는 사람 (1) 안전보건관리담당자 (2) 영 별표 4 제6호에 해당하는 사람[53] (3) 영 별표 4 제7호에 해당하는 사람[54]	신규교육 면제

---

53) 제2장 안전보건관리체제 중 '5. 안전관리자 - ④ 안전관리자의 자격' (6)호 참조
54) 제2장 안전보건관리체제 중 '5. 안전관리자 - ④ 안전관리자의 자격' (7)호 참조

보수교육	(1) 영 별표 4 제8호 각 목의 어느 하나에 해당하는 사람[55]이 해당 법령에 따른 교육기관에서 2시간 이상의 산업안전보건법령이 포함된 교육을 이수하고 해당 교육기관에서 발행하는 확인서를 제출하는 경우 (2) 「기업활동 규제완화에 관한 특별조치법」 제30조제3항제4호 또는 제5호에 따라 안전관리자로 채용된 것으로 보는 사람이 해당 법령에 따른 교육기관에서 2시간 이상의 산업안전보건법령이 포함된 교육을 이수하고 해당 교육기관에서 발행하는 확인서를 제출하는 경우 (3) 보건관리자로서 「의료법」에 따른 의사 또는 「간호법」에 따른 간호사의 경우 해당 법령에 따른 교육기관에서 2시간 이상의 산업안전보건법령 및 산업위생이 포함된 교육을 이수하고 해당 교육기관에서 발행하는 확인서를 제출하는 경우	보수교육 면제
	직무교육 대상자에 해당하는 사람이 전문화교육[56]을 보수교육시간 이상으로 이수한 경우	
	직무교육대상자로서 보수교육을 받아야 할 기간 내에 다음 각 호의 어느 하나의 요건을 갖추면 보수교육을 이수한 것으로 간주 (1) 「고등교육법」에 따른 해당 분야 석사학위 이상을 취득한 경우 (2) 「국가기술자격법」에 따른 해당 분야 기술사를 취득한 경우	보수교육을 이수한 것으로 간주

⑦ 벌칙

위반행위	세부내용	과태료 금액(만원)		
		1차 위반	2차 위반	3차 이상 위반
법 제32조제1항을 위반하여 안전보건관리책임자 등으로 하여금 직무와 관련한 안전보건교육을 이수하도록 하지 않은 경우	1) 법 제32조제1항제1호부터 제3호까지의 규정에 해당하는 사람[57]으로 하여금 안전보건교육을 이수하도록 하지 않은 경우	500	500	500
	2) 법 제32조제1항제4호에 해당하는 사람[58]으로 하여금 안전보건교육을 이수하도록 하지 않은 경우	100	200	500
	3) 법 제32조제1항제5호에 해당하는 사람[59]으로 하여금 안전보건교육을 이수하도록 하지 않은 경우	300	300	300

---

55) 제2장 안전보건관리체제 중 '5. 안전관리자 - ④ 안전관리자의 자격' (8)호 참조

56) 직무교육 면제 대상은 전문화 교육에 한하며, 보수교육시간 이상 이수하여야 함. 다만, 보수교육시간에 미달하는 전문화 교육과정의 경우 2개 이상 이수하여 합산한 총 교육시간으로 인정함

57) 안전보건관리책임자, 안전관리자, 보건관리자를 말함

58) 안전보건관리담당자를 말함

59) 안전관리전문기관, 보건관리전문기관, 건설재해예방전문지도기관, 안전검사기관, 자율안전검사기관, 석면조사기관에서 안전과 보건에 관련된 업무에 종사하는 사람을 말함

제4장

유해·위험 방지 조치

1 / 법령 요지 등의 게시(법 제34조)

① 법령 요지 등의 게시

사업주는 산업안전보건법 및 이 법에 따른 명령의 요지와 안전보건관리규정을 각 사업장의 근로자가 쉽게 볼 수 있는 장소에 게시하거나 갖추어 두어, 근로자에게 널리 알리도록 하여야 함

이는 근로자가 자신에게 적용되는 안전보건 기준과 사업장의 관리 기준을 수시로 확인할 수 있도록 하여, 안전보건 관련 의무를 사전에 인지하고 자율적인 안전보건 활동이 이루어지도록 하기 위한 취지임

② 게시사항

① 법령 요지의 게시 대상

산업안전보건법과 동 법에 따른 명령에는 법률을 실제로 운영하기 위해 필요한 세부 기준이 포함되며, 여기에는 동법 시행령·시행규칙, 산업안전보건기준에 관한 규칙, 유해·위험작업의 취업제한에 관한 규칙 등이 해당하므로, 사업주는 해당 사업장에 적용되는 내용만을 발췌하여 근로자가 볼 수 있는 장소에 게시

② 안전보건관리규정의 게시

안전보건관리규정은 해당 사업장의 안전보건 관리체계, 역할과 책임, 절차 등을 정한 내부 규정으로서, 근로자가 그 내용을 쉽게 확인할 수 있도록 함께 게시하거나 비치하여야 함

③ 게시 장소 및 방법

① 게시판 게시

법령 요지 및 안전보건관리규정은 사업장 내 게시판 등 근로자가 쉽게 볼 수 있는 장소에 게시하는 것이 기본적인 방법임. 이는 근로자가 작업 중이나 이동 중에도 자연스럽게 확인할 수 있어 정보 접근성이 높음

② 전산시스템을 통한 비치·열람

사업장에서 PC, 사내 전산시스템, 내부 포털 등을 통해 법령의 주요 내용을 상시 열람할 수 있는 환경을 마련한 경우에도 게시한 것으로 인정될 수 있음. 이는 전산 환경을

활용하여 근로자가 시간과 장소에 구애받지 않고 필요한 안전보건 정보를 확인할 수 있도록 하기 위한 취지임

④ 게시 운영 시 참고사항(권고)

① 외국인 근로자에 대한 다국어 게시

사업장에 외국인 근로자가 근무하는 경우에는 법령 요지 및 안전보건 관련 주요 내용을 해당 근로자가 이해할 수 있도록 해당 국가 언어로 병기하여 게시하는 방안이 권장됨. 이는 근로자의 안전보건 기준 이해도를 높이고, 현장 의사소통의 혼선을 줄이는 데 도움이 될 수 있음

② 게시 내용의 정기적 점검 및 최신화

산업안전보건 관계 법령은 개정되는 경우가 많으므로, 게시된 법령 요지 및 안전보건관리규정이 최신 내용을 반영하고 있는지 정기적으로 확인하는 것이 권고됨. 실무적으로는 최소 연 1회 이상 점검하여 개정사항이 있는 경우 수정·교체하는 방식으로 운영할 수 있음

③ 가독성 및 이해도 확보

게시물은 근로자가 쉽게 확인할 수 있도록 핵심 내용을 간결하게 정리하여 가독성을 확보하는 방식으로 작성하는 것이 권장됨. 또한 안전보건관리규정은 분량이 많을 수 있으므로, 주요 내용은 요약본 형태로 게시하고 원문은 별도로 비치하여 근로자가 필요 시 전체 내용을 열람할 수 있도록 운영하는 방식이 효과적일 수 있음

⑤ 벌칙

위반행위	세부내용	과태료 금액(만원)		
		1차 위반	2차 위반	3차 이상 위반
법 제34조를 위반하여 법과 법에 따른 명령의 요지, 안전보건관리규정을 게시하지 않거나 갖추어 두지 않은 경우		50	250	500

2 / 근로자대표의 통지 요청(법 제35조)

① 근로자대표의 통지 요청 개요

근로자대표는 사업주에게 산업안전보건과 관련된 주요 사항에 대하여 통지하여 줄 것을 요청할 수 있으며, 사업주는 이러한 요청이 있는 경우 성실히 이에 따라야 함

이는 산업안전보건에 관한 정보가 사업주에게만 일방적으로 집중되지 않도록 하고, 근로자대표를 매개로 한 정보 공유를 통해 근로자의 참여와 감시 기능을 강화하려는 취지임

② 통지 요청 사항

근로자대표가 사업주에게 통지를 요청할 수 있는 사항은 다음과 같음

① 산업안전보건위원회(법 제75조에 따라 노사협의체를 구성·운영하는 경우에는 노사협의체를 말함)가 의결한 사항

② 제47조에 따른 안전보건진단 결과에 관한 사항

③ 제49조에 따른 안전보건개선계획의 수립·시행에 관한 사항

④ 제64조제1항 각 호에 따른 도급인의 이행 사항

⑤ 제110조제1항에 따른 물질안전보건자료에 관한 사항

⑥ 제125조제1항에 따른 작업환경측정에 관한 사항

⑦ 그 밖에 고용노동부령으로 정하는 안전 및 보건에 관한 사항

③ 사업주의 의무

근로자대표가 통지를 요청한 경우, 사업주는 이를 단순 참고사항으로 처리할 수 없으며 성실히 통지하여야 할 법적 의무를 부담함

이는 근로자대표의 통지 요청권을 통해 산업안전보건에 관한 정보 접근권을 실질적으로 보장하기 위한 것임

④ 법 제34조(법령 요지 등의 게시)와의 관계

제34조가 근로자 전체를 대상으로 한 일반적·상시적 정보 제공 의무라면, 제35조는 근로자대표의 요청에 따라 특정 안전보건 사항을 개별적으로 통지해야 하는 응답 의무에 해당함

두 규정은 서로 대체되는 관계가 아니라, 정보 제공의 방식과 대상이 달라 각각의 역할을 수행하는 제도임

⑤ 통지 요청 제도 운영 시 참고사항(권고)

① 통지 의무 발생의 전제

법령상 통지 의무는 근로자대표가 사업주에게 통지를 요청한 경우에 발생함

② 통지 방법의 유연성

통지는 반드시 특정 형식으로 제한되는 것은 아니며, 근로자대표가 내용을 명확히 인지할 수 있는 방식으로 통지하면 됨. 예컨대 서면 교부, 사내 게시판 게시, 사내 전산 시스템(인트라넷) 공지, 이메일 발송 등의 방법으로 통지할 수 있음

③ 통지 사실에 대한 입증자료 확보

감독기관 점검 과정에서 통지 여부가 확인될 수 있으므로, 통지 사실을 입증할 수 있는 자료를 남겨 두는 방식이 권장됨. 예컨대 수령 확인 서명, 발송 기록, 이메일 송·수신 내역, 공지 게시 기록 등을 보관하는 것이 효과적일 수 있음

④ 근로자대표의 범위 확인

근로자대표는 과반수 노동조합이 있는 경우에는 해당 노동조합의 대표자를 의미하며, 과반수 노동조합이 없는 경우에는 근로자 과반수를 대표하는 자를 의미함. 따라서 통지 대상자를 정확히 확인하여 통지하는 것이 필요함

⑤ 통지 시기

법령은 통지 시기에 대하여 명확한 기간을 정하고 있지는 않으나, 통지 요청이 있는 경우 지체 없이 통지하는 것이 원칙임. 실무적으로는 요청 후 즉시 또는 1주일 이내에 통지하는 방식이 권고되며, 긴급한 사항은 가능한 한 당일 통지하는 것이 바람직할 수 있음

⑥ 벌칙

위반행위	세부내용	과태료 금액(만원)		
		1차 위반	2차 위반	3차 이상 위반
법 제35조를 위반하여 근로자대표의 요청 사항을 근로자대표에게 통지하지 않은 경우		30	150	300

3 / 위험성평가의 실시(법 제36조)

① 위험성평가 개요

사업주는 건설물, 기계·기구·설비, 원재료, 가스·증기·분진 등 작업환경 전반과 근로자의 작업행동 또는 업무수행 과정에서 발생할 수 있는 유해·위험요인을 찾아내어, 사망, 부상 또는 질병으로 이어질 수 있는 위험성의 크기가 허용 가능한 수준인지를 결정하여야 함

평가 결과에 따라 법령상 조치를 이행하고, 근로자에 대한 위험 또는 건강장해를 방지하기 위하여 필요한 경우에는 추가적인 조치를 포함하여 유해·위험요인을 체계적으로 관리·개선하여야 함

② 위험성평가 관련 용어

① 유해·위험요인

유해·위험을 일으킬 잠재적 가능성이 있는 것의 고유한 특징이나 속성을 말함

② 위험성

유해·위험요인이 사망, 부상 또는 질병으로 이어질 수 있는 가능성과 중대성 등을 고려한 위험의 정도를 말함

③ 위험성평가

사업주가 스스로 유해·위험요인을 파악하고, 해당 유해·위험요인의 위험성 수준을 결정한 후, 위험성을 낮추기 위한 조치를 마련하여 실행하는 전 과정을 말함

③ 위험성평가 구분 및 실시 시기

위험성평가는 최초평가, 수시평가, 정기평가, 상시평가로 구분함

① 최초평가

(1) 착수 시기

사업이 성립된 날(사업 개시일, 건설업은 실착공일)부터 1개월이 되는 날까지, 위험성평가 대상 유해·위험요인에 대한 최초 위험성평가의 실시에 착수함

(2) 예외

1개월 미만의 기간 동안 이루어지는 작업 또는 공사의 경우에는 특별한 사정이

없는 한 작업 또는 공사 개시 후 지체 없이 최초 위험성평가를 실시함

② 수시평가

다음 어느 하나에 해당하여 추가적인 유해·위험요인이 발생한 경우, 해당 유해·위험요인에 대해 수시 위험성평가를 실시함

다만 (5)호에 해당하는 경우에는 재해발생 작업을 대상으로 작업 재개 전에 실시함

(1) 사업장 건설물의 설치·이전·변경 또는 해체

(2) 기계·기구, 설비, 원재료 등의 신규 도입 또는 변경

(3) 건설물, 기계·기구, 설비 등의 정비 또는 보수(주기적·반복적 작업으로서 이미 위험성평가를 실시한 경우는 제외함)

(4) 작업방법 또는 작업절차의 신규 도입 또는 변경

(5) 중대산업사고 또는 산업재해(휴업 이상의 요양을 요하는 경우에 한정함) 발생

(6) 그 밖에 사업주가 필요하다고 판단한 경우

③ 정기평가

(1) 적정성 재검토

최초 위험성평가 결과의 적정성을 매 1년마다 정기적으로 재검토함(해당 기간 내 수시 위험성평가 결과가 있는 경우에는 이를 포함하여 함께 재검토함)

가. 기계·기구, 설비 등의 기간 경과에 따른 성능 저하

나. 근로자 교체 등에 따른 안전·보건 관련 지식 또는 경험의 변화

다. 안전·보건과 관련되는 새로운 지식의 습득

라. 현재 수립된 위험성 감소대책의 유효성 등

(2) 재검토 결과에 따른 조치

재검토 결과 허용 가능한 위험성 수준이 아니라고 검토된 유해·위험요인에 대해서는 위험성 감소대책을 수립하여 실행함

④ 상시평가

상시적인 위험성평가를 위해 다음 사항을 이행하는 경우, 수시평가와 정기평가를 실시한 것으로 봄

(1) 매월 1회 이상 유해·위험요인 발굴 및 조치

근로자 제안제도 활용, 아차사고 확인, 작업 관련 근로자를 포함한 사업장 순회점

검 등을 통해 유해·위험요인을 발굴하고 위험성 결정 및 위험성 감소대책 수립·실행을 실시함

(2) 매주 논의·공유 및 이행 점검

안전보건관리책임자, 안전관리자, 보건관리자, 관리감독자 등을 중심으로 (1)호의 결과를 논의·공유하고 이행상황을 점검함

도급사업주의 경우 수급사업장 안전·보건 관련 관리자를 포함할 수 있음

(3) 매 작업일 근로자 주지

(1)호와 (2)호의 결과에 따라 근로자가 준수하거나 주의하여야 할 사항을 작업 전 안전점검회의(TBM 등)를 통해 공유·주지함

④ 위험성평가 절차

위험성평가는 다음 절차에 따라 실시하며, 상시근로자 5인 미만 사업장(건설공사는 1억원 미만)의 경우 사전준비 절차를 생략할 수 있음

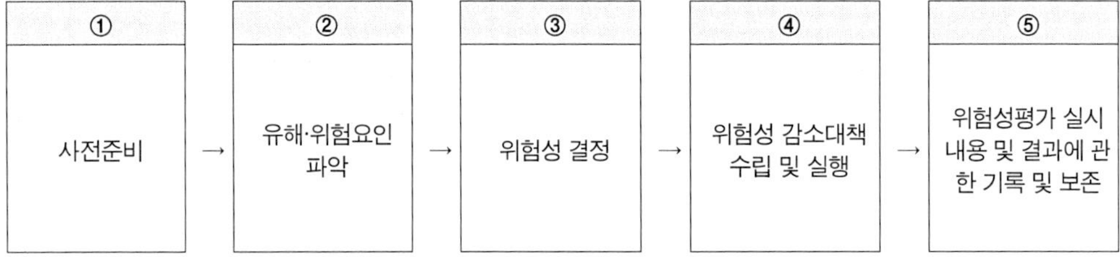

① 사전준비

(1) 실시규정 작성

최초 위험성평가 시 다음 사항을 포함한 위험성평가 실시규정을 작성하고 지속적으로 관리함

가. 평가의 목적 및 방법

나. 평가담당자 및 책임자의 역할

다. 평가시기 및 절차

라. 근로자 참여·공유방법 및 유의사항

마. 결과의 기록·보존

(2) 위험성 수준 및 판단기준 확정

위험성평가 실시 전에 다음 사항을 확정함

　가. 위험성 수준과 그 수준을 판단하는 기준

　나. 허용 가능한 위험성 수준(법령에서 정한 기준 이상으로 위험성 수준을 정하여야 함)

(3) 안전보건정보 사전 조사

　다음 정보를 사전에 조사하여 위험성평가에 활용할 수 있음

　가. 작업표준, 작업절차 등에 관한 정보

　나. 기계·기구·설비 사양서, 물질안전보건자료(MSDS) 등 유해·위험요인 관련 정보

　다. 공정 흐름, 작업 주변 환경에 관한 정보

　라. 도급 작업이 있는 경우 혼재작업의 위험성 및 작업 상황 등에 관한 정보

　마. 재해사례, 재해통계 등에 관한 정보

　바. 작업환경측정결과, 근로자 건강진단결과에 관한 정보

　사. 그 밖에 참고 자료

② 유해·위험요인 파악

작업 과정에서 재해(사고 또는 건강장해)를 초래할 가능성이 있는 원인 또는 조건을 파악하여야 하며, 이 경우 업종, 규모 등 사업장 실정에 따라 다음 각 호의 방법 중 하나 이상을 활용하되, 특별한 사정이 없으면 '사업장 순회점검' 방법을 포함함

(1) 사업장 순회점검

　작업 장소를 직접 순회하며 설비, 작업환경, 작업행동 등을 관찰하여 유해·위험요인을 확인하는 방법

(2) 근로자의 상시적 제안

　근로자가 작업 중 발견한 위험요소나 개선사항을 상시 제안하도록 하여 유해·위험요인을 파악하는 방법

(3) 설문조사·인터뷰 등 청취조사

　설문 또는 인터뷰를 통해 근로자의 의견, 경험, 인식을 청취하여 잠재 위험요인을 도출하는 방법

(4) 안전보건 자료 검토

　MSDS, 작업환경측정결과, 특수건강진단결과 등 자료를 검토하여 유해인자 또는 위험요인을 식별하는 방법

(5) 체크리스트 활용

　표준화된 체크리스트로 시설, 장비, 작업조건을 점검하여 위험요인을 체계적으로

확인하는 방법임

⑹ 그 밖의 방법

사업장 특성에 적합한 기타 방법을 활용할 수 있음

③ 위험성 결정

⑴ 위험성 수준 평가

파악된 유해·위험요인이 근로자에게 노출될 경우를 전제로, 자체 마련한 '위험성 수준 판단 기준'에 따라 위험성 수준을 평가함

⑵ 허용 가능 여부 결정

평가된 위험성 수준이 자체 설정한 '허용 가능한 위험성 수준'에 해당하는지 여부를 결정함

④ 위험성 감소대책 수립 및 실행

⑴ 대책 수립 및 실행

위험성 결정 결과 허용 가능한 수준이 아니라고 판단된 경우, 위험성 수준과 영향을 받는 근로자 수 등을 고려하여 다음 순서에 따라 대책을 수립·실행하며, 이 경우 관계 법령에서 정하는 사항과, 근로자의 위험 또는 건강장해를 방지하기 위하여 필요한 안전보건조치를 함께 반영함

가. 위험제거·대체 등 근원적 조치
위험한 작업의 폐지·변경, 유해·위험물질 대체, 설계·계획 단계에서 제거 또는 저감 조치 등

▼

나. 공학적 대책
연동장치, 환기장치 설치 등 설비·장치 개선을 통한 기술적 통제

▼

다. 관리적 대책
작업절차서 정비, 안전보건관리규정 제·개정, 작업방법 개선 등 관리체계 정비

▼

라. 개인용 보호구 사용
잔여 위험으로부터 근로자를 보호하기 위한 보호구 착용

---

(2) 실행 후 확인

대책 실행 후 해당 공정 또는 작업의 위험성이 허용 가능한 수준에 도달하였는지 여부를 확인함

(3) 추가 대책

확인 결과 허용 가능한 수준에 미치지 못하는 경우, 허용 가능한 수준에 도달할 때까지 추가 대책을 수립·실행함

(4) 잠정 조치

중대재해, 중대산업사고 또는 심각한 질병 발생 우려가 있는 위험성으로서 대책 실행에 많은 시간이 필요한 경우, 즉시 잠정적 조치를 강구함

⑤ 기록 및 보존

(1) 기록 항목

위험성평가의 신뢰성 확보, 연속성 유지, 법정 증빙 및 사후관리를 위해 다음 사항을 기록·보존함

가. 위험성평가 대상의 유해·위험요인

나. 위험성 결정 내용

다. 위험성 결정에 따른 조치 내용

라. 위험성평가를 위해 사전조사한 안전보건정보

마. 그 밖에 사업장에서 필요하다고 정한 사항

(2) 보존 기간

위험성평가 관련 자료는 3년간 보존하며, 보존기간의 기산점은 해당 평가를 완료한 날을 기준으로 함

⑤ 위험성평가의 대상과 주체

① 위험성평가 실시 주체

(1) 사업주

사업주는 스스로 유해·위험요인을 파악·평가하고 관리·개선하는 위험성평가를 실시하여야 함

(2) 도급이 있는 경우

도급인과 수급인은 각각 위험성평가를 실시하여야 함

⑶ 도급인의 검토 및 개선

도급인은 수급인이 실시한 위험성평가 결과를 검토하고, 도급인이 개선할 사항이 있는 경우 이를 개선하여야 함

② 위험성평가 대상

⑴ 대상 범위

업무 중 근로자에게 노출이 확인되었거나, 노출될 것이 합리적으로 예견 가능한 모든 유해·위험요인을 대상으로 함

다만 매우 경미한 부상 또는 질병만을 초래할 것으로 명백히 예상되는 유해·위험요인은 제외할 수 있음

⑵ 아차사고 반영

아차사고를 확인한 경우 해당 사고를 일으킨 유해·위험요인을 평가 대상에 포함하여야 함

⑶ 중대재해 발생 시 조치

중대재해 발생 시 지체 없이 원인이 되는 유해·위험요인에 대해 수시 위험성평가를 실시하고, 그 밖의 유해·위험요인에 대해서는 정기적으로 위험성평가 재검토를 실시하여야 함

③ 근로자 참여

사업주는 위험성평가 시 법령으로 정하는 바에 따라 해당 사업장의 근로자를 참여시켜야 함

④ 근로자대표 참여

사업주는 근로자대표가 요구하는 경우 위험성평가 시 근로자대표를 참여시켜야 함

⑥ 위험성평가 실시 체계 및 방법

① 조직·역할 체계 구축

⑴ 총괄 관리

안전보건관리책임자 등 사업의 실시를 총괄 관리하는 사람이 위험성평가 실시를 총괄 관리하도록 함

(2) 보좌 및 지도·조언

안전관리자, 보건관리자 등이 안전보건관리책임자를 보좌하고 위험성평가 실시를
지도·조언하도록 함

(3) 파악 및 개선조치 실행

유해·위험요인을 파악하고 그 결과에 따른 개선조치를 시행함

(4) 전문인력 참여

기계·기구, 설비 등과 관련된 위험성평가에는 해당 분야 전문지식을 갖춘 사람을
참여하도록 함

(5) 선임의무가 없는 경우

안전·보건관리자 선임의무가 없는 경우에는 (2)의 업무를 수행할 사람을 지정하는
등 위험성평가 체제를 구축함

② 위험성평가 교육 실시 기준

제①항의 (1)호부터 (5)호까지의 업무를 수행하는 자에게 위험성평가 수행에 필요한
교육을 실시하여야 함

다만 외부 교육 이수 또는 관련 학문 전공 등으로 위험성평가 관련 지식이 충분한 경
우에는 필요한 부분만 교육을 실시하거나 교육을 생략할 수 있음

③ 컨설팅 및 대체제도 활용

(1) 컨설팅

사업주가 위험성평가와 관련하여 산업안전·보건 전문가 또는 전문기관의 컨설팅을
받을 수 있음

(2) 대체 인정

사업주가 다음의 제도 중 하나 이상을 이행한 경우에는 그 부분에 대하여 위험성
평가 관련 고시상 위험성평가를 실시한 것으로 볼 수 있음

가. 위험성평가 방법을 적용한 안전·보건진단(법 제47조)

나. 공정안전보고서(법 제44조), 다만 공정위험성 평가서가 최대 4년 범위 이내에서 정기적으로 작
성된 경우에 한정함

다. 근골격계부담작업 유해요인조사(안전보건규칙 제657조~제662조)

라. 그 밖에 법령에서 정하는 위험성평가 관련 제도

④ 위험성평가 방법

사업장 규모와 특성을 고려하여 다음 방법 중 한 가지 이상을 선정하여 실시할 수 있음

(1) 빈도·강도법

발생 가능성(빈도)과 피해 규모(강도)를 조합하여 위험성 크기를 산정하고, 내부 기준에 따라 허용 여부를 판단한 후 감소대책을 수립·이행하는 방법

> 장점: 위험 발생 가능성과 피해 규모를 함께 고려하므로 위험성 수준을 비교적 객관적으로 판단할 수 있음
> 단점: 기준 설정이 없거나 평가자 경험이 부족한 경우 점수 산정의 일관성이 떨어질 수 있음

(2) 체크리스트법

점검표로 유해·위험요인을 항목별로 확인하고 결과를 기반으로 위험성을 간편하게 평가·관리하는 방법

> 장점: 점검표를 활용하므로 절차가 단순하고 현장에서 빠르게 적용 가능함
> 단점: 점검표에 없는 위험요인은 평가에서 누락될 수 있음

(3) 3단계(저·중·고) 판단법

위험성을 저·중·고로 구분하여 판단하고 수준별 조치 우선순위를 설정하는 정성적 평가 방법

> 장점: 평가 결과가 직관적으로 구분되어 현장 이해도가 높음
> 단점: 정성적 판단에 의존하므로 평가자에 따라 결과 차이가 발생할 수 있음

(4) One Point Sheet(핵심요인 기술)법

핵심 위험요인과 주요 안전대책을 한 장의 시트로 정리하여 작업자가 즉시 이해·활용하도록 하는 방법

> 장점: 핵심 위험요인과 대책을 한 장으로 정리하여 작업자가 즉시 이해하고 활용하기 쉬움
> 단점: 단순 작업에는 적합하나 공정이 복잡한 경우에는 한계가 있음

(5) 법령에서 인정하는 기타 방법

사업장 특성에 적합한 방법으로 유해·위험요인을 분석·평가하는 방법

가. 체크리스트(Check List)	바. 이상위험도 분석(FMECA)
나. 상대위험순위 결정(Dow and Mond Indices)	사. 결함 수 분석(FTA)
다. 작업자 실수 분석(HEA)	아. 사건 수 분석(ETA)
라. 사고 예상 질문 분석(What-if)	자. 원인결과 분석(CCA) 등
마. 위험과 운전 분석(HAZOP)	

7 위험성평가 결과 공유

① 공유 항목

위험성평가 결과 중 다음 사항을 근로자에게 안전보건교육, 설명회, 사업장 게시, 서면 또는 전자적 방법 등으로 근로자에게 알려야 함

(1) 근로자가 종사하는 작업과 관련된 유해·위험요인

(2) (1)호에 따른 위험성 결정 결과

(3) (1)호에 따른 위험성 감소대책과 실행 계획 및 실행 여부

(4) 위험성 감소대책에 따라 근로자가 준수하거나 주의하여야 할 사항

② 중대재해 연계 위험요인 주지

중대재해로 이어질 수 있는 유해·위험요인에 대해서는 작업 전 안전점검회의(TBM 등)를 통해 상시적으로 주지시키도록 노력하여야 함

8 위험성평가 인정

고용노동부장관은 소규모 사업장의 위험성평가를 활성화하기 위하여 위험성평가 활동이 일정 수준 이상인 사업장에 대해 인정하는 사업을 운영할 수 있으며, 위험성평가 인정사업장에 대해서는 다양한 혜택을 부여

① 위험성평가 인정을 신청할 수 있는 사업장

(1) 상시 근로자 수 100명 미만 사업장(건설공사 제외)

이 경우 법 제63조에 따른 작업의 일부 또는 전부를 도급에 의하여 행하는 사업의 경우는 도급사업주의 사업장과 수급사업주의 사업장 각각의 근로자수를 상시 근로자 수로 봄

(2) 총 공사금액 120억원(토목공사는 150억원) 미만의 건설공사

② 위험성평가 인정신청 불가 사업장

  ⑴ 인정이 취소된 날부터 1년이 경과하지 아니한 사업장

  ⑵ 최근 1년 이내에 다음의 어느 하나에 해당하는 사유가 있는 사업장

    가. 직·간접적인 법령 위반에 기인하여 중대재해[60]가 발생한 사업장

    나. 근로자의 부상(3일 이상의 휴업)을 동반한 중대산업사고 발생사업장

    다. 산업재해 발생건수, 재해율 또는 그 순위 등이 공표된 사업장[61]

③ 위험성평가 인정 심사항목 및 기준

  ⑴ 심사항목 및 기준

    가. 사업주의 관심도

심사항목	심사기준	배점
1. 활동체계 구축	위험성평가 등 안전보건경영에 대한 방침 및 목표 수립	10
	위험성평가 담당자 지정 및 역할 분담 등 조직 구성	10
2. 교육	위험성평가 관련 사업주 / 담당자 교육 이수	30
	위험성평가를 포함한 안전보건 교육 실시	20
3. 예산	연간 안전보건 관련 예산 편성 및 집행	10
4. 재해예방 노력	작업 전 안전점검 등 재해예방을 위한 사업주의 노력	20

    나. 위험성평가 실행 수준

심사항목	심사기준	배점
1. 계획 수립	위험성평가 실시규정 작성 및 관리	5
	위험성평가에 필요한 사업장 안전보건정보 수집 및 활용	5
2. 위험요인 파악 및 위험성 결정	사업장 유해·위험요인 파악	20
	유해·위험요인별 위험성 수준 결정	5

---

60) 중대재해는 다음의 재해를 말함
  1. 사망재해
  2. 3개월 이상 요양을 요하는 부상자가 동시에 2명 이상 발생
  3. 부상자 또는 직업성질병자가 동시에 10명 이상 발생
61) 공표의 사유는 다음으로 한정함
  1. 중대재해가 발생한 사업장으로서 해당 중대재해 발생연도의 연간 산업재해율이 규모별 같은 업종의 편균 재해율 이상인 사업장
  2. 산업재해 발생 사실을 은폐한 사업장

3. 위험성 감소대책 수립 및 이행	위험성 감소대책 수립	20
	수립한 위험성 감소대책의 이행	20
4. 지속적 개선	위험성평가의 정기·수시평가(또는 상시평가) 실시	10
5. 결과 공유	위험성평가 결과의 현장 근로자 공유	15

다. 구성원의 참여 및 이해 수준

심사항목	심사기준	배점
1. 사업주/임원 (현장소장 포함)	위험성평가 활동에 대한 사업주의 참여와 지원	40
2. 관리자 (관리감독자)	위험성평가 실행에 대한 관리자의 책임과 역할	30
3. 근로자	위험성평가 실행에 대한 근로자의 참여 및 이해 수준	30

라. 재해발생 수준

심사항목	심사기준	배점
재해발생	동일 업종·규모별 재해율 대비 사업장 재해율	100

(2) 종합점수 산정 기준

항목	배점	사업장 평가점수	가중치	환산평가점수
1. 사업주의 관심도	100	(a)	10%	a × 10% = A
2. 위험성평가 실행 수준	100	(b)	60%	b × 60% = B
3. 구성원의 참여 및 이해 수준	100	(c)	25%	c × 25% = C
4. 재해발생	100	(d)	5%	d × 5% = D
종합점수	A + B + C + D			

(3) 감점 기준

인정신청 사업장에 감점항목에 해당하는 사항이 있는 경우 종합점수에서 감점 항목에 해당하는 점수를 감함

153

감점항목	감점
1. 중대산업사고 또는 산업재해가 발생하였음에도 고시 제15조제2항제5호에 따른 수시 위험성평가를 실시하지 않거나 적정한 감소대책을 이행하지 않은 경우	△5점

④ 인정 절차

(1) 인정신청서 제출

　가. 위험성평가를 실시한 사업장 중 위험성평가 인정을 받고자 하는 사업주는 위험성평가 인정신청서를 해당 사업장을 관할하는 공단 광역본부장, 지역본부장 또는 지사장에게 제출함

　나. 작업의 일부 또는 전부를 도급에 의하여 행하는 사업장의 경우에는 도급사업장의 사업주가 수급사업장을 일괄하여 인정을 신청하여야 하며, 이 경우 인정신청에 포함하는 해당 수급사업장 명단을 신청서에 기재함

　다. 다만 수급사업장이 인정을 별도로 받았거나 안전관리자 또는 보건관리자 선임대상인 경우에는 인정신청에서 해당 수급사업장을 제외할 수 있음

(2) 인정심사

　가. 공단 광역본부장·지역본부장·지사장은 소속 직원으로 하여금 사업장을 방문하여 인정심사(현장심사)를 실시하도록 하며, 현장심사는 현장심사 전일을 기준으로 최초인정의 경우 최근 1년, 최초인정 후 다시 인정을 받는 경우에는 최근 3년 이내에 실시한 위험성평가를 대상으로 함

　나. 현장심사 결과는 인정심사위원회에 보고하여야 하며, 인정심사위원회는 현장심사 결과 등을 바탕으로 인정심사를 실시함

　다. 도급사업장의 인정심사는 도급사업장과 인정을 신청한 수급사업장(건설공사의 수급사업장은 제외)에 대하여 각각 실시하며, 도급사업장의 인정심사는 사업장 내의 모든 수급사업장을 포함한 사업장 전체를 종합적으로 실시함

　라. 인정심사의 운영에 필요한 세부사항은 고용노동부장관의 승인을 거쳐 공단 이사장이 정하며, 「위험성평가 인정업무 처리규칙」에 따름

(3) 인정 결정 및 통지

　가. 공단은 인정신청 사업장에 대한 현장심사를 완료한 날부터 1개월 이내에 인정심사위원회의 심의·의결을 거쳐 인정 여부를 결정하며, 다음의 기준을 모두 충족하는 경우에만 인정을 결정함

　　1) 「고용노동부고시」 사업장 위험성평가에 관한 지침에서 정한 방법 및 절차에 따라 위험성평가를 수행한 사업장

　　2) 현장심사 결과 심사항목 각 목의 평가점수가 100점 만점에 70점을 미달하는 항목이 없고, 종합점수가 100점 만점에 90점 이상인 사업장

154

나. 인정심사위원회는 인정 기준을 충족하는 경우에도 인정심사위원회를 개최하는 날을 기준으로 최근 1년 이내에 위험성평가 인정 취소 사유 중 하나 이상에 해당하는 사유가 있는 사업장에 대하여는 인정을 하지 아니함

다. 공단은 인정을 결정한 사업장에 대하여 인정서를 발급하며, 도급사업장의 경우에는 인정심사 기준을 충족하는 도급사업장과 수급사업장에 대하여 각각 인정서를 발급함

라. 위험성평가 인정 사업장의 유효기간은 인정이 결정된 날부터 3년으로 하며, 인정이 취소된 경우에는 인정취소 사유 발생일 전날까지로 함

마. 위험성평가 인정을 받은 사업장 중 법인격을 갖추어 사업장관리번호가 변경된 경우라도 다음 각 호의 사항을 증명하는 서류를 공단에 제출하여 동일 사업장임을 인정받은 경우에는 변경 후 사업장을 위험성평가 인정 사업장으로 보며, 이 경우 인정기간의 만료일은 변경 전 사업장의 인정기간 만료일로 함

    1) 변경 전·후 사업장의 소재지가 동일할 것

    2) 변경 전 사업의 사업주가 변경 후 사업의 대표이사가 되었을 것

    3) 변경 전 사업과 변경 후 사업 간 시설·인력·자금 등에 대한 권리·의무의 전부를 포괄적으로 양도·양수하였을 것

(4) 재인정

위험성평가 인정 유효기간이 만료되어 재인정을 받고자 하는 경우에는 유효기간 만료일 3개월 전부터 재인정 신청을 할 수 있음

(5) 사후점검

가. 공단은 인정을 받은 사업장이 위험성평가를 효과적으로 유지하고 있는지를 확인하기 위하여 인정기간 중 1회 이상 사후점검을 실시할 수 있음

나. 사후점검일을 기준으로 잔여 공사기간이 3개월 미만인 건설공사의 경우에는 사후점검 대상에서 제외할 수 있음

다. 사후점검은 직전 현장심사 이후 사업장에서 실시한 위험성평가를 대상으로 현장점검을 실시하는 것으로 하며, 해당 사업장이 인정 기준을 유지하고 있는지 여부와 수립한 위험성 감소대책을 충실히 이행하고 있는지 여부를 확인함

⑤ 위험성평가 인정 시 혜택

(1) 고용노동부장관은 위험성평가 인정 사업장에 대하여 인정 유효기간 동안 「근로감독관 집무규정(산업안전보건)」에 따른 사업장 안전보건감독 중 일부를 유예할 수 있음

(2) (1)호에 따른 안전보건감독 유예는 「근로감독관 집무규정(산업안전보건)」 제10조제1

항에 따른 사업장 안전보건감독 종합계획에서 정한 감독·점검 중 고용노동부장관이 별도로 지정한 감독·점검으로 한정함

(3) 고용노동부장관은 위험성평가를 실시하였거나 위험성평가를 실시하고 인정을 받은 사업장에 대하여 정부 포상 또는 표창의 우선 추천 등 필요한 혜택을 부여할 수 있음

(4) 제조업, 임업, 위생 및 유사서비스업, 하수도업 중 상시근로자가 50명 미만인 사업장에 대하여는 3년간 산재보험료율을 20퍼센트 인하할 수 있음

⑨ 위험성평가의 인정 취소

① 거짓 또는 부정한 방법으로 인정을 받은 사업장

② 인정기간 중 다음의 어느 하나에 해당하는 중대재해가 발생한 사업장. 다만, 법 제5조에 따른 사업주의 의무와 직접적으로 관련이 없는 재해로서 「고용보험 및 산업재해보상보험의 보험료징수 등에 관한 법률 시행령」 제18조의5제1항에서 정하는 사유는 제외

(1) 사망자가 1명 이상 발생한 재해

(2) 3개월 이상의 요양이 필요한 부상자가 동시에 2명 이상 발생한 재해

(3) 부상자 또는 직업성 질병자가 동시에 10명 이상 발생한 재해

③ 근로자의 부상(3일 이상의 휴업)을 동반한 중대산업사고 발생사업장

④ 산업재해 발생건수, 재해율 또는 그 순위 등이 공표된 사업장[62]

⑤ 사후점검을 거부하거나 점검 결과 다음의 어느 하나의 사유가 확인된 사업장

(1) 인정기준을 충족하지 못한 경우

(2) 현장심사 또는 사후점검에서 개선하도록 지적된 사항을 이행하지 않아 조치 기간을 부여하였음에도 이행하지 않은 것이 확인된 경우

⑥ 사업주가 자진하여 인정 취소를 요청한 사업장

⑦ 그 밖에 인정취소가 필요하다고 공단 광역본부장·지역본부장 또는 지사장이 인정한 사업장

---

62) 공표대상 사업장 중 다음의 사업장으로 한정
　　1. 산업재해로 인한 사망자가 연간 2명 이상 발생한 사업장
　　2. 산업재해의 발생에 관한 보고를 최근 3년 이내 2회 이상 하지 않은 사업장

⑩ 벌칙

’26.2.19. 산업안전보건법[법률 제21374회] 개정으로 위험성평가를 실시하지 아니한 사업주에게 다음과 같이 과태료를 부과하도록 개정

- 위험성평가를 실시하지 아니한 자 - 1천만원 이하의 과태료

- 근로자 및 근로자대표를 참여시키지 않은 경우 - 500만원 이하의 과태료

- 위험성평가 관련 사항을 알라지 않은 경우 - 500만원 이하의 과태료

- 위험성평가의 결과를 기록·보존하지 아니한 자 - 300만원 이하의 과태료

과태료의 세부적인 부과기준은 시행령의 개정으로 확정될 예정임

4 / 안전보건표지의 설치·부착(법 제37조)

① 개요

안전보건표지는 유해하거나 위험한 장소·시설·물질에 대하여 경고, 금지, 지시, 안내 등의 내용을 그림·기호·글자 등으로 표시한 표지를 말함

사업주는 근로자가 작업 중 발생할 수 있는 위험을 사전에 인지하고 적절한 안전조치를 취할 수 있도록, 안전보건표지를 근로자가 쉽게 식별할 수 있는 위치에 설치하거나 부착하여야 함

이는 근로자의 판단 착오나 부주의로 인한 사고를 예방하고, 비상 시 대처 방법을 직관적으로 전달하여 산업재해를 예방하기 위한 조치임

② 안전보건표지의 목적 및 역할

① 위험요인의 시각적 인지 제공

작업자가 주변의 유해·위험요인을 빠르고 직관적으로 파악할 수 있도록 하여, 위험 상황을 조기에 인지하도록 함

② 안전수칙 및 행동기준 제시

보호구 착용, 출입 제한, 금지행위 등 작업자가 반드시 따라야 할 안전수칙과 행동 기준을 명확한 기호, 문구로 안내함

③ 근로자의 안전의식 향상

일상적인 작업 환경에서 반복적으로 안전정보를 접하도록 하여 근로자의 안전·보건에 대한 경각심을 높이고 자율적 안전행동을 유도함

④ 비상 상황 대응 지원

비상구, 소화기, 대피로, 응급구호 위치 등 긴급 상황에서 필요한 정보를 쉽게 확인할 수 있도록 제공하여 신속한 대응을 가능하게 함

⑤ 산업재해 예방을 위한 기본적 안전조치 실행

위험 경고·행동 안내·비상대응 정보를 시각적으로 제공함으로써 산업재해 발생 가능성을 줄이고, 작업장의 전반적인 안전관리 수준을 향상시키는 핵심 도구로 기능함

③ 안전보건표지의 종류와 형태

① 법정 안전보건표지

1. 금 지 표 지	101 출입금지	102 보행금지	103 차량통행금지	104 사용금지	105 탑승금지	106 금연
107 화기금지	108 물체이동금지	2. 경 고 표 지	201 인화성물질 경고	202 산화성물질 경고	203 폭발성물질 경고	204 급성독성물 질 경고
205 부식성물질 경고	206 방사성물질 경고	207 고압전기 경고	208 매달린 물체 경고	209 낙하물 경고	210 고온 경고	211 저온 경고
212 몸균형 상실 경고	213 레이저광선 경고	214 발암성·변이 원성·생식 독성 ·전신독성· 호흡기 과민성 물질 경고	215 위험장소 경고	3. 지 시 표 지	301 보안경 착용	302 방독마스크 착용
303 방진마스크 착용	304 보안면 착용	305 안전모 착용	306 귀마개 착용	307 안전화 착용	308 안전장갑 착용	309 안전복 착용
4. 안 내 표 지	401 녹십자표지	402 응급구호표지	403 들것	404 세안장치	405 비상용기구	406 비상구
407 좌측비상구	408 우측비상구					

	501 허가대상물질 작업장	502 석면취급/해체 작업장	503 금지대상물질의 취급 실험실 등
5. 관계자외 출입금지	**관계자외 출입금지** (허가물질 명칭) **제조/사용/보관 중** 보호구/보호복 착용 흡연 및 음식물 섭취 금지	**관계자외 출입금지** **석면 취급/해체 중** 보호구/보호복 착용 흡연 및 음식물 섭취 금지	**관계자외 출입금지** **발암물질 취급 중** 보호구/보호복 착용 흡연 및 음식물 섭취 금지
6. 문자추가시 예시문		▶ 내 자신의 건강과 복지를 위하여 안전을 늘 생각한다. ▶ 내 가정의 행복과 화목을 위하여 안전을 늘 생각한다. ▶ 내 자신의 실수로써 동료를 해치지 않도록 안전을 늘 생각한다. ▶ 내 자신이 일으킨 사고로 인한 회사의 재산과 손실을 방지하기 위하여 안전을 늘 생각한다. ▶ 내 자신의 방심과 불안전한 행동이 조국의 번영에 장애가 되지 않도록 하기 위하여 안전을 늘 생각한다.		

※ 비고: 아래 표의 각각의 안전·보건표지(28종)는 다음과 같이「산업표준화법」에 따른 한국산업표준(KS S ISO 7010)의 안전표지로 대체할 수 있다.

안전·보건 표지	한국산업표준	안전·보건표지	한국산업표준
102	P004	302	M017
103	P006	303	M016
106	P002	304	M019
107	P003	305	M014
206	W003, W005, W027	306	M003
207	W012	307	M008
208	W015	308	M009
209	W035	309	M010
210	W017	402	E003
211	W010	403	E013
212	W011	404	E011
213	W004	406	E001, E002
215	W001	407	E001
301	M004	408	E002

안전보건표지의 표시를 명확히 하기 위하여 필요한 경우에는 그 안전보건표지의 주위에 표시사항을 글자로 덧붙여 적을 수 있으며, 이 경우 글자는 흰색 바탕에 검은색 한글고딕체로 표기해야 함

② 자율 안전보건표지

(1) 개요

가. 자율 안전보건표지는 법령에서 정한 안전보건표지 외에, 사업주가 사업장의 공정 특성 및 위험요인을 고려하여 자체적으로 제작·설치하는 안전보건 관련 표지를 말함. 이는 법정표지만으로는 충분히 전달하기 어려운 위험요인, 작업상 주의사항 및 행동 요령 등을 보완하여 근로자의 안전의식을 높이고 산업재해를 예방하기 위한 실무적 조치임

나. 자율 안전보건표지는 법령상 설치가 강제되는 사항은 아니나, 사업장 내 안전보건관리 활동의 일환으로 활용될 수 있으며, 작업장 내 위험요인을 시각적으로 표시하여 근로자의 주의를 환기하도록 한 법 제37조의 취지를 확장한 개념으로 이해할 수 있음

(2) 자율 안전보건표지의 활용 예시

자율 안전보건표지는 사업장 특성에 따라 다음과 같은 형태로 활용될 수 있음

가. 주요 위험행동 경고 안내

추락주의, 안전난간에 기대지 마시오, 보호구 미착용 시 출입 금지, 작업 중 휴대전화 사용 금지 등

나. 작업 특성 강조

지게차 운행구역 - 보행자 주의, 중량물 이동구역 - 접근 금지, 회전체 인접 구역 - 끼임 위험,

다. 통행 안전 관련

계단 미끄럼 주의, 바닥 물기 주의, 문 개폐 시 손 끼임 주의, 출입구 단차 주의, 통로 장애물 주의 등

(3) 자율 안전보건표지 설치 시 참고사항

가. 자율 안전보건표지는 법정 안전보건표지를 대체하는 것이 아니라 이를 보완하는 목적이므로, 법정 표지 설치 의무가 있는 경우에는 해당 표지를 우선 설치하여야 함

나. 자율 표지는 근로자가 즉시 인지할 수 있도록 가시성이 확보된 장소에 설치하고, 적절한 크기와 색상을 사용하여 정보 전달력이 유지되도록 하는 것이 권장됨. 특히 법정 표지의 색채 체계(금지, 경고, 지시, 안내 등)를 참고하여 표지의 의미가 직관적으로 전달되도록 제작하는 방식이 효과적일 수 있음

다. 아울러 자율 표지는 위험성평가 결과에 따라 사업장 내 주요 위험요인을 반영하여 제작할 경우 현장 적용성이 높아질 수 있으며, 현장 근로자의 의견을 반영하여 실제 필요한 내용을 중심으로 제작하는 것이 권장됨

④ 안전보건표지의 용도 및 설치·부착 장소

| 분류 | 종류 | 용도 및 설치·부착 장소 | 설치·부착 장소 예시 | 형태 | | 색채 |
				기본모형번호	안전보건표지 일람표 번호	
금지표지	1. 출입금지	출입을 통제해야할 장소	조립·해체 작업장 입구	1	101	바탕은 흰색, 기본모형은 빨간색, 관련 부호 및 그림은 검은색
	2. 보행금지	사람이 걸어 다녀서는 안 될 장소	중장비 운전작업장	1	102	
	3. 차량통행금지	제반 운반기기 및 차량의 통행을 금지시켜야 할 장소	집단보행 장소	1	103	
	4. 사용금지	수리 또는 고장 등으로 만지거나 작동시키는 것을 금지해야 할 기계·기구 및 설비	고장난 기계	1	104	
	5. 탑승금지	엘리베이터 등에 타는 것이나 어떤 장소에 올라가는 것을 금지	고장난 엘리베이터	1	105	
	6. 금연	담배를 피워서는 안 될 장소		1	106	
	7. 화기금지	화재가 발생할 염려가 있는 장소로서 화기 취급을 금지하는 장소	화학물질 취급 장소	1	107	
	8. 물체이동금지	정리 정돈 상태의 물체나 움직여서는 안 될 물체를 보존하기 위하여 필요한 장소	절전스위치 옆	1	108	
경고표지	1. 인화성물질 경고	휘발유 등 화기의 취급을 극히 주의해야 하는 물질이 있는 장소	휘발유 저장탱크	2	201	바탕은 노란색, 기본모형, 관련 부호 및 그림은 검은색 다만, 인화성물질 경고, 산화성물질 경고, 폭발성물질 경고, 급성독성물질 경고, 부식성물질 경고 및 발암성·변이원성·생식독성·전신독성·호흡기과민성 물질 경고의 경우 바탕은 무색, 기본모형은 빨간색 (검은색도 가능)

경고표지	2. 산화성물질 경고	가열·압축하거나 강산·알칼리 등을 첨가하면 강한 산화성을 띠는 물질이 있는 장소	질산 저장탱크	2	202
	3. 폭발성물질 경고	폭발성 물질이 있는 장소	폭발물 저장실	2	203
	4. 급성독성물질 경고	급성독성 물질이 있는 장소	농약 제조·보관소	2	204
	5. 부식성물질 경고	신체나 물체를 부식시키는 물질이 있는 장소	황산 저장소	2	205
	6. 방사성물질 경고	방사능물질이 있는 장소	방사성 동위원소 사용실	2	206
	7. 고압전기 경고	발전소나 고전압이 흐르는 장소	감전우려지역 입구	2	207
	8. 매달린물체 경고	머리 위에 크레인 등과 같이 매달린 물체가 있는 장소	크레인이 있는 작업장 입구	2	208
	9. 낙하물체 경고	돌 및 블록 등 떨어질 우려가 있는 물체가 있는 장소	비계 설치 장소 입구	2	209
	10. 고온 경고	고도의 열을 발하는 물체 또는 온도가 아주 높은 장소	주물작업장 입구	2	210
	11. 저온 경고	아주 차가운 물체 또는 온도가 아주 낮은 장소	냉동작업장 입구	2	211
	12. 몸균형 상실 경고	미끄러운 장소 등 넘어지기 쉬운 장소	경사진 통로 입구	2	212
	13. 레이저광선 경고	레이저광선에 노출될 우려가 있는 장소	레이저실험실 입구	2	213
	14. 발암성·변이원성·생식독성·전신독성·호흡기과민성물질 경고	발암성·변이원성·생식독성·전신독성·호흡기과민성 물질이 있는 장소	납 분진 발생장소	2	214
	15. 위험장소 경고	그 밖에 위험한 물체 또는 그 물체가 있는 장소	맨홀 앞 고열금속 찌꺼기 폐기장소	2	215
지시표지	1. 보안경 착용	보안경을 착용해야만 작업 또는 출입을 할 수 있는 장소	그라인더작업장 입구	3	301
	2. 방독마스크 착용	방독마스크를 착용해야만 작업 또는 출입을 할 수 있는 장소	유해물질작업장 입구	3	302
	3. 방진마스크 착용	방진마스크를 착용해야만 작업 또는 출입을 할 수 있는 장소	분진이 많은 곳	3	303

경고표지 비고: 바탕은 노란색, 기본모형, 관련 부호 및 그림은 검은색 다만, 인화성물질 경고, 산화성물질 경고, 폭발성물질 경고, 급성독성물질 경고, 부식성물질 경고 및 발암성·변이원성·생식독성·전신독성·호흡기과민성 물질 경고의 경우 바탕은 무색, 기본모형은 빨간색(검은색도 가능)

지시표지 비고: 바탕은 파란색, 관련 그림은 흰색

	표지명	용도	설치장소		번호	비고
지시표지	4. 보안면 착용	보안면을 착용해야만 작업 또는 출입을 할 수 있는 장소	용접실 입구	3	304	바탕은 파란색, 관련 그림은 흰색
	5. 안전모 착용	헬멧 등 안전모를 착용해야만 작업 또는 출입을 할 수 있는 장소	갱도의 입구	3	305	
	6. 귀마개 착용	소음장소 등 귀마개를 착용해야만 작업 또는 출입을 할 수 있는 장소	판금작업장 입구	3	306	
	7. 안전화 착용	안전화를 착용해야만 작업 또는 출입을 할 수 있는 장소	채탄작업장 입구	3	307	
	8. 안전장갑 착용	안전장갑을 착용해야 작업 또는 출입을 할 수 있는 장소	고온 및 저온물 취급작업장 입구	3	308	
	9. 안전복착용	방열복 및 방한복 등의 안전복을 착용해야만 작업 또는 출입을 할 수 있는 장소	단조작업장 입구	3	309	
안내표지	1. 녹십자표지	안전의식을 북돋우기 위하여 필요한 장소	공사장 및 사람들이 많이 볼 수 있는 장소	1 (사선제외)	401	바탕은 흰색, 기본모형 및 관련 부호는 녹색, 바탕은 녹색, 관련 부호 및 그림은 흰색
	2. 응급구호표지	응급구호설비가 있는 장소	위생구호실 앞	4	402	
	3. 들것	구호를 위한 들것이 있는 장소	위생구호실 앞	4	403	
	4. 세안장치	세안장치가 있는 장소	위생구호실 앞	4	404	
	5. 비상용기구	비상용기구가 있는 장소	비상용기구 설치 장소 앞	4	405	
	6. 비상구	비상출입구	위생구호실 앞	4	406	
	7. 좌측비상구	비상구가 좌측에 있음을 알려야 하는 장소	위생구호실 앞	4	407	
	8. 우측비상구	비상구가 우측에 있음을 알려야 하는 장소	위생구호실 앞	4	408	
출입금지표지	1. 허가대상유해물질 취급	허가대상유해물질 제조, 사용 작업장	출입구 (단, 실외 또는 출입구가 없을 시 근로자가 보기 쉬운 장소)	5	501	글자는 흰색바탕에 흑색 다음 글자는 적색 -○○○제조/사용/보관 중 -석 면 취 급 / 해 체 중 -발암물질 취급 중
	2. 석면취급 및 해체·제거	석면 제조, 사용, 해체·제거 작업장		5	502	
	3. 금지유해물질 취급	금지유해물질 제조·사용설비가 설치된 장소		5	503	

⑤ 안전보건표지의 색도 기준

색채	색도기준	용도	사용례
빨간색	7.5R 4/14	금지	정지신호, 소화설비 및 그 장소, 유해행위의 금지
		경고	화학물질 취급장소에서의 유해·위험 경고
노란색	5Y 8.5/12	경고	화학물질 취급장소에서의 유해·위험경고 이외의 위험경고, 주의표지 또는 기계방호물
파란색	2.5PB 4/10	지시	특정 행위의 지시 및 사실의 고지
녹색	2.5G 4/10	안내	비상구 및 피난소, 사람 또는 차량의 통행표지
흰색	N9.5		파란색 또는 녹색에 대한 보조색
검은색	N0.5		문자 및 빨간색 또는 노란색에 대한 보조색

(참고)
1. 허용 오차 범위 H=± 2, V=± 0.3, C=± 1(H는 색상, V는 명도, C는 채도를 말한다)
2. 위의 색도기준은 한국산업규격(KS)에 따른 색의 3속성에 의한 표시방법(KSA 0062 기술표준원 고시 제2008-0759)에 따른다.

사업주는 사업장에 설치하거나 부착한 안전보건표지의 색도기준이 유지되도록 관리해야 함

⑥ 안전보건표지의 제작

① 기본모형 및 제작 기준

안전보건표지는 그 종류별로 기본모형[63]에 의하여 '⑤ 안전보건표지의 용도 및 설치·부착 장소, 형태 및 색채 구분'에 따라 제작함

② 가독성 확보(크기)

안전보건표지는 그 표시내용을 근로자가 빠르고 쉽게 알아볼 수 있는 크기로 제작함

③ 그림·부호의 규격(비율)

안전보건표지 속의 그림 또는 부호의 크기는 안전보건표지의 크기와 비례하여야 하며, 안전보건표지 전체 규격의 30퍼센트 이상이 되어야 함

④ 내구성 확보(재료)

안전보건표지는 쉽게 파손되거나 변형되지 아니하는 재료로 제작함

⑤ 야간 식별성 확보

야간에 필요한 안전보건표지는 야광물질을 사용하는 등 쉽게 알아볼 수 있도록 제작함

---

63) 산업안전보건법 시행규칙 [별표 9] 안전보건표지의 기본모형을 말함

⑦ 외국인근로자에 대한 안전보건표지

「외국인근로자의 고용 등에 관한 법률」 제2조에 따른 외국인근로자[64]를 사용하는 사업주는 안전보건표지를 해당 외국인근로자의 모국어로 작성하여야 하며, "외국어"란 사업장에서 근로하는 외국인 중 다수가 사용하는 언어로서 한국어를 제외한 언어를 의미함

⑧ 안전보건표지의 설치·부착 기준

① 설치·부착 장소(식별 용이성)

안전보건표지를 설치하거나 부착할 때에는 근로자가 쉽게 알아볼 수 있는 장소·시설 또는 물체에 설치하거나 부착하여야 함

② 설치·부착 방법(견고성 확보)

안전보건표지를 설치하거나 부착할 때에는 흔들리거나 쉽게 파손되지 아니하도록 견고하게 설치하거나 부착하여야 함

③ 설치·부착 곤란 시 조치(직접 도장)

안전보건표지의 성질상 설치하거나 부착하는 것이 곤란한 경우에는 해당 물체에 직접 도장할 수 있음

⑨ 벌칙

위반행위	세부내용	과태료 금액(만원)		
		1차 위반	2차 위반	3차 이상 위반
법 제37조제1항을 위반하여 안전보건표지를 설치·부착하지 않거나 설치·부착된 안전보건표지가 같은 항에 위배되는 경우	1개소당	10	30	50

---

64) "외국인근로자"란 대한민국의 국적을 가지지 아니한 사람으로서 국내에 소재하고 있는 사업 또는 사업장에서 임금을 목적으로 근로를 제공하고 있거나 제공하려는 사람을 말함

5 / 안전조치 및 보건조치(법 제38조~제40조)

① 개요

사업주는 작업 과정에서 발생할 수 있는 유해·위험요인으로 인한 산업재해 및 건강장해를 예방하기 위하여 법령에서 정한 안전조치 및 보건조치를 이행하여야 하며, 근로자는 이러한 안전조치 및 보건조치에 따라 안전한 작업이 이루어질 수 있도록 협력하여야 함

이는 작업장 내 유해·위험요인을 사전에 제거하거나 통제하기 위한 안전보건기준을 정하여, 사업주가 필요한 조치를 이행하고 근로자가 이를 준수하도록 함으로써 산업재해를 예방하려는 취지임. 또한 안전조치 및 보건조치의 구체적인 내용은 산업안전보건기준에 관한 규칙 등 하위 법령에 위임되어 있어, 사업장에서는 해당 작업과 공정에 적용되는 세부 기준을 확인하여 이를 체계적으로 이행할 필요가 있음

② 안전조치와 보건조치가 필요한 유해·위험요인과 작업조건

① 안전조치

(1) 기계·기구, 그 밖의 설비에 의한 위험

(2) 폭발성, 발화성 및 인화성 물질 등에 의한 위험

(3) 전기, 열, 그 밖의 에너지에 의한 위험

(4) 굴착, 채석, 하역, 벌목, 운송, 조작, 운반, 해체, 중량물 취급, 그 밖의 작업을 할 때 불량한 작업방법 등에 의한 위험

(5) 근로자가 추락할 위험이 있는 장소

(6) 토사·구축물 등이 붕괴할 우려가 있는 장소

(7) 물체가 떨어지거나 날아올 위험이 있는 장소

(8) 천재지변으로 인한 위험이 발생할 우려가 있는 장소

② 보건조치

(1) 원재료·가스·증기·분진·흄(fume, 열이나 화학반응에 의하여 형성된 고체증기가 응축되어 생긴 미세입자를 말함)·미스트(mist, 공기 중에 떠다니는 작은 액체방울을 말함)·산소결핍·병원체 등에 의한 건강장해

(2) 방사선·유해광선·고열·한랭·초음파·소음·진동·이상기압 등에 의한 건강장해

(3) 사업장에서 배출되는 기체·액체 또는 찌꺼기 등에 의한 건강장해

(4) 계측감시(計測監視), 컴퓨터 단말기 조작, 정밀공작(精密工作) 등의 작업에 의한 건강장해

(5) 단순반복작업 또는 인체에 과도한 부담을 주는 작업에 의한 건강장해

(6) 환기·채광·조명·보온·방습·청결 등의 적정기준을 유지하지 아니하여 발생하는 건강장해

(7) 폭염·한파에 장시간 작업함에 따라 발생하는 건강장해

③ 안전조치 및 보건조치의 세부기준

안전조치와 보건조치에 관한 구체적인 기준은 법률이 고용노동부령에 위임한 사항으로, 산업현장의 다양한 위험요인과 작업특성을 반영하기 위하여 「산업안전보건기준에 관한 규칙」(약칭: 안전보건규칙)에서 정하고 있음. 전체적인 구성은 다음과 같음

■ 「산업안전보건기준에 관한 규칙」의 구성

제1편 총칙
산업안전보건기준 전반에 적용되는 공통 원칙, 용어 정의, 적용 범위, 기본 의무 등을 규정하여 규칙 전체의 기본 틀을 제시함

제1장 통칙	제2장 작업장	제3장 통로
제4장 보호구	제5장 관리감독자의 직무, 사용의 제한 등	제6장 추락 또는 붕괴에 의한 위험 방지
제7장 비계	제8장 환기장치	제9장 휴게시설 등
제10장 잔재물 등의 조치기준		

제2편 안전기준
사업장에서 발생할 수 있는 사고·부상 등 안전사고를 예방하기 위한 구체적 기준을 규정한 부분으로, 기계·설비·공정·작업방법 등과 관련된 필수 안전조치를 제시함

제1장 기계·기구 및 그 밖의 설비에 의한 위험예방	제2장 폭발·화재 및 위험물 누출에 의한 위험방지	제3장 전기로 인한 위험 방지
제4장 건설작업 등에 의한 위험 예방	제5장 중량물 취급 시의 위험방지	제6장 하역작업 등에 의한 위험방지
제7장 벌목작업에 의한 위험 방지	제8장 궤도 관련 작업 등에 의한 위험 방지	

제3편 보건기준
작업환경으로 인해 발생할 수 있는 건강장해 예방을 위한 보건관리 기준을 규정한 부분으로, 유해물질·작업환경·환기·보호구 등과 관련된 근로자의 건강 보호조치를 제시함

제1장 관리대상 유해물질에 의한 건강장해의 예방	제2장 허가대상 유해물질 및 석면에 의한 건강장해의 예방	제3장 금지유해물질에 의한 건강장해의 예방
제4장 소음 및 진동에 의한 건강장해의 예방	제5장 이상기압에 의한 건강장해의 예방	제6장 온도·습도에 의한 건강장해의 예방
제7장 방사선에 의한 건강장해의 예방	제8장 병원체에 의한 건강장해의 예방	제9장 분진에 의한 건강장해의 예방
제10장 밀폐공간 작업으로 인한 건강장해의 예방	제11장 사무실에서의 건강장해 예방	제12장 근골격계부담작업으로 인한 건강장해의 예방
제13장 그 밖의 유해인자에 의한 건강장해의 예방		

제4편 특수형태근로종사자 등에 대한 안전조치 및 보건조치
특수형태근로종사자의 업무 특성에서 발생할 수 있는 안전사고와 건강장해를 예방하기 위한 보호조치를 규정한 부분으로, 이륜차 운행·고객 응대·근로환경 등 특수형태근로에 내재한 위험요인을 고려한 안전·보건 조치를 제시함
　제672조 특수형태근로종사자에 대한 안전조치 및 보건조치
　제673조 배달종사자에 대한 안전조치 등

④ 근로자의 안전조치 및 보건조치 준수(법 제40조)

근로자는 사업주가 산업재해와 건강장해를 예방하기 위하여 마련한 안전조치와 보건조치에 따라 작업을 수행해야 하며, 법령과 규칙에서 정한 절차·기준을 준수함으로써 사업장의 안전보건체계를 유지하는 데 협력해야 함

⑤ 벌칙

◆ 산업안전보건법 제167조【벌칙】① 제38조제1항부터 제3항까지(제166조의2에서 준용하는 경우를 포함함), 제39조제1항(제166조의2에서 준용하는 경우를 포함함)을 위반하여 근로자를 사망에 이르게 한 자는 7년 이하의 징역 또는 1억원 이하의 벌금에 처한다.
　② 제1항의 죄로 형을 선고받고 그 형이 확정된 후 5년 이내에 다시 제1항의 죄를 범한 자는 그 형의 2분의 1까지 가중한다.
◆ 산업안전보건법 제168조【벌칙】 다음 각 호의 어느 하나에 해당하는 자는 5년 이하의 징역 또는 5천만원 이하의 벌금에 처한다.
　1. 제38조제1항부터 제3항까지(제166조의2에서 준용하는 경우를 포함함), 제39조제1항(제166조의2에서 준용하는 경우를 포함함)을 위반한자
◆ 산업안전보건법 제173조【양벌규정】 법인의 대표자나 법인 또는 개인의 대리인, 사용인, 그 밖의 종업원이 그 법인 또는 개인의 업무에 관하여 제167조제1항 또는 제168조부터 제172조까지의 어느 하나에 해당하는 위반행위를 하면 그 행위자를 벌하는 외에 그 법인에게 다음 각 호의 구분에 따른 벌금형을, 그 개인에게는 해당 조문의 벌금형을 과(科)한다. 다만, 법인 또는 개인이 그 위반행위를 방지하기 위하여 해당 업무에 관하여 상당한 주의와 감독을 게을리하지 아니한 경우에는 그러하지 아니하다.
　1. 제167조제1항의 경우: 10억원 이하의 벌금
　2. 제168조부터 제172조까지의 경우: 해당 조문의 벌금형
◆ 산업안전보건법 제174조【형벌과 수강명령 등의 병과】① 법원은 제38조제1항부터 제3항까지(제166조의2

에서 준용하는 경우를 포함함), 제39조제1항(제166조의2에서 준용하는 경우를 포함함)을 위반하여 근로자를 사망에 이르게 한 사람에게 유죄의 판결(선고유예는 제외함)을 선고하거나 약식명령을 고지하는 경우에는 200시간의 범위에서 산업재해 예방에 필요한 수강명령 또는 산업안전보건프로그램의 이수명령(이하 "이수명령")을 병과(倂科)할 수 있다.

② 제1항에 따른 수강명령은 형의 집행을 유예할 경우에 그 집행유예기간 내에서 병과하고, 이수명령은 벌금 이상의 형을 선고하거나 약식명령을 고지할 경우에 병과한다.

③ 제1항에 따른 수강명령 또는 이수명령은 형의 집행을 유예할 경우에는 그 집행유예기간 내에, 벌금형을 선고하거나 약식명령을 고지할 경우에는 형 확정일부터 6개월 이내에, 징역형 이상의 실형(實刑)을 선고할 경우에는 형기 내에 각각 집행한다.

④ 제1항에 따른 수강명령 또는 이수명령이 벌금형 또는 형의 집행유예와 병과된 경우에는 보호관찰소의 장이 집행하고, 징역형 이상의 실형과 병과된 경우에는 교정시설의 장이 집행한다. 다만, 징역형 이상의 실형과 병과된 이수명령을 모두 이행하기 전에 석방 또는 가석방되거나 미결구금일수 산입 등의 사유로 형을 집행할 수 없게 된 경우에는 보호관찰소의 장이 남은 이수명령을 집행한다.

⑤ 제1항에 따른 수강명령 또는 이수명령은 다음 각 호의 내용으로 한다.
　1. 안전 및 보건에 관한 교육
　2. 그 밖에 산업재해 예방을 위하여 필요한 사항

⑥ 수강명령 및 이수명령에 관하여 이 법에서 규정한 사항 외의 사항에 대해서는 「보호관찰 등에 관한 법률」을 준용한다.

위반행위	세부내용	과태료 금액(만원)		
		1차 위반	2차 위반	3차 이상 위반
법 제40조[65](법 제166조의2에서 준용하는 경우를 포함함)를 위반하여 조치 사항을 지키지 않은 경우		5	10	15

---

65) 법 제40조(근로자의 안전조치 및 보건조치 준수)

6 / 고객의 폭언 등으로 인한 건강장해 예방조치[법 제41조]

① 개요

고객을 직접 대면하거나 정보통신망을 통해 상품·서비스를 제공하는 업무에 종사하는 근로자는 고객 또는 제3자의 폭언, 폭행, 그 밖에 적정 범위를 벗어난 신체적·정신적 고통을 유발하는 행위(이하 "폭언등")로 인해 건강장해를 입을 우려가 있음. 이에 따라 사업주는 고객응대근로자의 건강을 보호하기 위하여 이러한 폭언등으로 인한 위험을 예방할 수 있도록 사전 예방 중심의 관리체계를 구축하고, 업무와 관련된 건강장해 발생 또는 그 우려가 있는 경우 근로자를 보호하기 위한 조치를 취하도록 책임이 부여됨

② 고객의 폭언등으로 인한 건강장해 예방조치

① 적용 대상

고객을 직접 대면하거나 「정보통신망 이용촉진 및 정보보호 등에 관한 법률」에 따른 정보통신망을 통하여 고객과 상대하면서 상품을 판매하거나 서비스를 제공하는 업무에 종사하는 근로자

② 예방조치의 내용

사업주는 고객의 폭언, 폭행, 그 밖에 적정 범위를 벗어난 신체적·정신적 고통을 유발하는 행위로 인한 건강장해를 예방하기 위하여 다음 각 호의 조치를 하여야 함

　가. 고객의 폭언등을 하지 않도록 요청하는 문구의 게시 또는 음성 안내

　나. 고객과의 문제 상황 발생 시 대처방법 등을 포함한 고객응대업무 매뉴얼 마련

　다. 고객응대업무 매뉴얼의 내용 및 건강장해 예방에 관한 교육 실시

　라. 그 밖에 고객응대근로자의 건강장해 예방을 위하여 필요한 조치

③ 폭언등으로 인한 건강장해 발생 시 조치

① 조치의 필요성

업무와 관련하여 고객 등 제3자의 폭언등으로 근로자에게 건강장해가 발생하거나 발생할 현저한 우려가 있는 경우, 사업주는 필요한 보호조치를 하여야 함

② 구체적인 보호조치

⑴ 업무의 일시적 중단 또는 전환

⑵ 「근로기준법」 제54조제1항에 따른 휴게시간[66]의 연장

⑶ 폭언등으로 인한 건강장해 관련 치료 및 상담 지원

⑷ 폭언등과 관련된 고소·고발 또는 손해배상 청구 등을 위한 증거 제출 및 법적 대응 지원

④ 근로자의 조치 요구권 및 불리한 처우 금지

① 조치 요구권

근로자는 고객 등 제3자의 폭언등으로 인한 건강장해가 발생하였거나 발생할 현저한 우려가 있는 경우, 사업주에게 업무 중단, 전환, 휴게시간 연장 등 필요한 보호조치를 요구할 수 있음

② 불리한 처우 금지

사업주는 근로자가 보호조치를 요구하였다는 이유로 해고 또는 그 밖의 불리한 처우를 하여서는 아니 됨

⑤ 벌칙

◆ 산업안전보건법 제170조【벌칙】다음 각 호의 어느 하나에 해당하는 자는 1년 이하의 징역 또는 1천만원 이하의 벌금에 처한다.

　1. 제41조제3항(제166조의2에서 준용하는 경우를 포함함)을 위반하여 해고나 그 밖의 불리한 처우를 한 자

◆ 산업안전보건법 제173조【양벌규정】법인의 대표자나 법인 또는 개인의 대리인, 사용인, 그 밖의 종업원이 그 법인 또는 개인의 업무에 관하여 제167조제1항 또는 제168조부터 제172조까지의 어느 하나에 해당하는 위반행위를 하면 그 행위자를 벌하는 외에 그 법인에게 다음 각 호의 구분에 따른 벌금형을, 그 개인에게는 해당 조문의 벌금형을 과(科)한다. 다만, 법인 또는 개인이 그 위반행위를 방지하기 위하여 해당 업무에 관하여 상당한 주의와 감독을 게을리하지 아니한 경우에는 그러하지 아니하다.

　1. 제167조제1항의 경우: 10억원 이하의 벌금

　2. 제168조부터 제172조까지의 경우: 해당 조문의 벌금형

위반행위	세부내용	과태료 금액(만원)		
		1차 위반	2차 위반	3차 이상 위반
법 제41조제2항을 위반하여 필요한 조치를 하지 않은 경우		300	600	1,000

---

66) 「근로기준법」 제54조(휴게)

　① 사용자는 근로시간이 4시간인 경우에는 30분 이상, 8시간인 경우에는 1시간 이상의 휴게시간을 근로시간 도중에 주어야 한다.

　② 휴게시간은 근로자가 자유롭게 이용할 수 있다.

7 / **유해위험방지계획서의 작성·제출(법 제42조)**

① 개요

재해 발생 위험이 높은 업종이나 기계·기구 및 설비, 일정 규모 이상의 건설공사와 관련하여, 사업주는 해당 공정이나 공사를 설치·이전·변경하거나 착공하기 전에 유해하거나 위험한 요인을 미리 파악하고 이를 방지하기 위한 내용을 담은 유해위험방지계획서를 작성하여 제출하고 심사를 받아야 함. 이 제도는 위험한 작업을 시작하기 전에 안전대책이 적절하게 마련되어 있는지를 사전에 검토하고, 심사 이후에는 계획서에 따른 조치가 실제로 이행되는지를 확인하도록 한 사전 예방 중심의 관리 절차임

② 제출 대상

유해위험방지계획서는 다음 각 호의 어느 하나에 해당하는 경우 작성·제출 대상이 됨

① 전기 계약용량 기준에 해당하는 제조업

    (1) 전기 계약용량[67]이 300킬로와트 이상인 다음 각 목의 사업으로서 해당 제품의 생산 공정과 직접적으로 관련된 건설물·기계·기구 및 설비 등 전부를 설치·이전하거나 그 주요 구조부분을 변경[68]하려는 경우

        가. 금속가공제품 제조업; 기계 및 가구 제외

        나. 비금속 광물제품 제조업

        다. 기타 기계 및 장비 제조업

        라. 자동차 및 트레일러 제조업

        마. 식료품 제조업

        바. 고무제품 및 플라스틱제품 제조업

---

67) "전기 계약용량"이란 다음의 어느 하나에 따름
  1. 자기 소유의 공장을 이용하여 사업을 하려는 경우로서, 해당 공장에 대하여 한국전력공사와 직접 전력 수급계약을 체결한 경우에는 그 전기 계약용량
  2. 타인 소유의 공장을 임차하여 사업을 하려는 경우에는 다음중 어느 하나에 따름
    (1) 한국전력공사와 해당 사업을 하려는 임차인이 체결한 전력 수급계약용량
    (2) 임대인과 해당 사업을 하려는 임차인이 체결한 전력 수급계약용량
    (3) 한국전력공사 또는 임대인과 해당 사업을 하려는 임차인이 전력 수급계약을 체결하지 않은 경우에는 해당 사업의 제품생산 공정과 관련된 건설물·기계·기구 및 설비의 전기정격용량의 합
68) "주요 구조부분을 변경"이란 13개 업종의 사업장에서 다음의 어느 하나에 해당하는 경우를 말함
  1. "제품생산 공정과 관련되는 건설물·기계·기구 및 설비 등"의 증설, 교체 또는 개조 등에 의해 전기정격용량의 합이 100킬로와트 이상 증가되는 경우
  2. 전기정격용량의 합이 100킬로와트 이상되는 규모의 "제품생산 공정과 관련되는 건설물·기계·기구 및 설비 등"의 일부를 옮겨서 설치하는 경우

사. 목재 및 나무제품 제조업

아. 기타 제품 제조업

자. 1차 금속 제조업

차. 가구 제조업

카. 화학물질 및 화학제품 제조업

타. 반도체 제조업

파. 전자부품 제조업

② 업종과 관계없이 유해·위험 작업에 사용하는 기계·기구 및 설비

유해위험방지계획서 제출대상 기계·기구 및 설비의 구체적인 대상은 다음 중 어느 하나에 해당하는 설비를 포함하는 단위공정[69]을 말함

⑴ 유해하거나 위험한 작업 또는 장소에서 사용하거나 건강장해를 방지하기 위하여 사용하는 기계·기구 및 설비로서 다음의 기계·기구 및 설비를 설치·이전하거나 그 주요 구조부분을 변경[70]하려는 경우

가. 금속이나 그 밖의 광물의 용해로

금속 또는 비금속광물을 해당물질의 녹는점 이상으로 가열하여 용해하는 노(爐)로서 용량이 3톤 이상인 것

나. 화학설비

안전보건규칙 제273조에 따른 "특수화학설비[71]"로 단위공정 중에 저장되는 양을 포함하여 하루동안 제조 또는 취급할 수 있는 양이 안전보건규칙 별표 9에 따른 위험물질의 기준량 이상인 것

---

69) "단위공정"이란 단위공장 내에서 원료처리공정, 반응공정, 증류추출, 분리공정, 회수공정, 제품저장·출하공정 등과 같이 단위공장을 구성하는 각각의 공정을 말함

70) "주요 구조부분을 변경"이란 유해 또는 위험한 작업 및 장소에서 사용하는 기계·기구 및 설비 중 다음과 같은 사항을 변경하는 경우를 말함
    1. 금속이나 그 밖의 광물의 용해로: 열원의 종류를 변경하는 경우
    2. 화학설비: 생산량의 증가, 원료 또는 제품의 변경을 위하여 대상 화학설비를 교체·변경 또는 추가하는 경우
    3. 건조설비: 열원의 종류를 변경하거나, 건조대상물이 변경되어 다음의 어느 하나에 해당하는 변경이 발생하는 경우
        (1) 건조물에 포함된 유기화합물을 건조하는 경우
        (2) 도료, 피막제의 도포코팅 등 표면을 건조하여 인화성 물질의 증기가 발생하는 경우
        (3) 건조를 통한 가연성 분말로 인해 분진이 발생하는 설비
    4. 가스집합용접장치: 주관의 구조를 변경하는 경우
    5. 근로자의 건강에 상당한 건강장해를 일으킬 우려가 있는 물질로서 고용노동부령으로 정하는 물질의 밀폐·환기·배기를 위한 설비: 관리대상 유해물질, 허가대상 유해물질 및 분진작업과 관련한 밀폐·환기·배기 설비를 추가, 변경으로 인하여 후드 제어풍속이 감소하거나 배풍기의 배풍량이 증가하는 경우

71) 특수화학설비는 다음과 같음
    1. 발열반응이 일어나는 반응장치
    2. 증류·정류·증발·추출 등 분리를 하는 장치
    3. 가열시켜 주는 물질의 온도가 가열되는 위험물질의 분해온도 또는 발화점보다 높은 상태에서 운전되는 설비
    4. 반응폭주 등 이상 화학반응에 의하여 위험물질이 발생할 우려가 있는 설비
    5. 온도가 섭씨 350도 이상이거나 게이지 압력이 980킬로파스칼 이상인 상태에서 운전되는 설비
    6. 가열로 또는 가열기

다만, 다음의 설비는 제외

1) 원자력 설비

2) 군사시설

3) 사업주가 해당 사업장 내에서 직접 사용하기 위한 난방용 연료의 저장설비 및 사용설비

4) 도매·소매시설

5) 차량 등의 운송설비

6) 「액화석유가스의 안전관리 및 사업법」에 따른 액화석유가스의 충전·저장시설

7) 「도시가스사업법」에 따른 가스공급시설

8) 비상발전기용 경유의 저장탱크 및 사용설비

다. 건조설비

건조기본체, 가열장치, 환기장치를 포함하며, 열원기준으로 연료의 최대소비량이 시간당 50
킬로그램 이상이거나 정격소비전력이 50킬로와트 이상인 설비로서 다음의 어느 하나에 해당
하는 것

1) 건조물에 포함된 유기화합물을 건조하는 경우

2) 도료, 피막제의 도포코팅 등 표면을 건조하여 인화성 물질의 증기가 발생하는 경우

3) 건조를 통한 가연성 분말로 인해 분진이 발생하는 설비

라. 가스집합 용접장치

용접·용단용으로 사용하기 위하여 1개 이상의 인화성가스의 저장 용기 또는 저장탱크를 상호
간에 도관으로 연결한 고정식의 가스집합장치로부터 용접 토치까지의 일관 설비로서 인화성
가스 집합량이 1,000킬로그램 이상인 것

마. 근로자의 건강에 상당한 장해를 일으킬 우려가 있는 물질로서 고용노동부령으로 정하는 물질
의 밀폐·환기·배기를 위한 설비로서 다음의 설비를 말함

1) 안전보건규칙 제422조부터 제425조, 제428조, 제430조, 제453조, 제471조, 제474조, 제607,
제608조에 따른 국소배기장치(이동식은 제외함)

2) 밀폐설비 및 전체환기설비(강제 배기방식의 것과 급기·배기 환기장치에 한정함)로서 다음에 해당하는 설비

가) 「안전검사 절차에 관한 고시」 별표 1의 제7호[72]에 명시된 유해물질로부터 나오는 가스·증기
또는 분진의 발산원을 밀폐·제거하기 위해 설치하는 국소배기장치, 밀폐설비 및 전체환기장치
다만, 국소배기장치 및 전체환기장치는 배풍량이 분당 60세제곱미터 이상인 것에 한정함

나) 가목에서 정한 유해물질 이외의 허가대상 또는 관리대상 물질로부터 나오는 가스·증기 또는
분진의 발산원을 밀폐·제거하기 위하여 설치하거나 안전보건규칙 별표 16의 분진작업[73]을
하는 장소에 설치하는 국소배기장치, 밀폐설비 및 전체환기장치

---

72) 본서 제6장 '유해·위험 기계 등에 대한 조치'의 3. 안전검사 중 ② '안전검사대상기계등' 제①항 제7호 참조
73) [부록 2] 참조

다만, 국소배기장치 및 전체환기장치는 배풍량이 분당 150세제곱미터 이상인 것에 한정함

③ 업종과 관계없이 크기·높이 등 기준에 해당하는 건설공사[74]

(1) 다음 각 목의 어느 하나에 해당하는 건축물 또는 시설 등의 건설·개조 또는 해체
(이하 "건설등")공사

가. 지상높이가 31미터 이상인 건축물 또는 인공구조물

나. 연면적 3만제곱미터 이상인 건축물

다. 연면적 5천제곱미터 이상인 시설로서 다음의 어느 하나에 해당하는 시설

1) 문화 및 집회시설(전시장 및 동물원·식물원은 제외함)

2) 판매시설, 운수시설(고속철도의 역사 및 집배송시설은 제외함)

3) 종교시설

4) 의료시설 중 종합병원

5) 숙박시설 중 관광숙박시설

6) 지하도상가

7) 냉동·냉장 창고시설

라. 연면적 5천제곱미터 이상인 냉동·냉장 창고시설의 설비공사 및 단열공사

마. 최대 지간길이(다리의 기둥과 기둥의 중심사이의 거리)가 50미터 이상인 다리의 건설등 공사

바. 터널의 건설등 공사

사. 다목적댐, 발전용댐, 저수용량 2천만톤 이상의 용수 전용 댐 및 지방상수도 전용 댐의 건설등 공사

아. 깊이 10미터 이상인 굴착공사

③ 작성 단계에서의 핵심 요구사항

① 전문가 의견 청취

건설공사를 착공하려는 사업주(자체심사 대상 사업주는 제외)는 유해위험방지계획서를
작성할 때 건설안전 분야 자격 등 다음 중 어느 하나에 해당하는 자격을 갖춘 자의
의견을 들어야 함

(1) 건설안전분야 산업안전지도사

(2) 건설안전기술사 또는 토목·건축 분야 기술사

(3) 건설안전산업기사 이상의 자격을 취득한 후 건설안전 관련 실무경력이 건설안전기
사 이상의 자격은 5년, 건설안전산업기사 자격은 7년 이상인 사람

---

74) 건축물 또는 시설 등의 건설·개조 또는 해체공사를 의미

② 공정안전보고서 제출 시 일부 제출 의제

사업주가 법 제44조제1항에 따라 공정안전보고서를 제출한 경우, 해당 유해·위험설비에 대해서는 유해위험방지계획서를 제출한 것으로 봄

④ 작성자 및 관련교육

① 계획서 작성 인력의 자격 요건

사업주는 유해위험방지계획서를 작성할 때 다음 중 어느 하나에 해당하는 자격을 갖춘 사람 또는 공단이 실시하는 관련 교육을 20시간 이상 이수한 사람 중 1명 이상을 포함시켜야 함

⑴ 기계, 재료, 화학, 전기·전자, 안전관리 또는 환경분야 기술사 자격을 취득한 사람

⑵ 기계안전·전기안전·화공안전분야의 산업안전지도사 또는 산업보건지도사 자격을 취득한 사람

⑶ 제⑴호 관련분야 기사 자격을 취득한 사람으로서 해당 분야에서 3년 이상 근무한 경력이 있는 사람

⑷ 제⑴호 관련분야 산업기사 자격을 취득한 사람으로서 해당 분야에서 5년 이상 근무한 경력이 있는 사람

⑸ 「고등교육법」에 따른 대학 및 산업대학(이공계 학과에 한정함)을 졸업한 후 해당 분야에서 5년 이상 근무한 경력이 있는 사람 또는 「고등교육법」에 따른 전문대학(이공계 학과에 한정함)을 졸업한 후 해당 분야에서 7년 이상 근무한 경력이 있는 사람

⑹ 「초·중등교육법」에 따른 전문계 고등학교 또는 이와 같은 수준 이상의 학교를 졸업하고 해당 분야에서 9년 이상 근무한 경력이 있는 사람

② 공단 실시 관련 교육의 범위

제①항에 따른 공단 실시 관련 교육은 다음 각 호의 교육과정으로 함

⑴ 법 제42조에 따른 유해위험방지계획서 작성 관련 교육과정

⑵ 법 제44조에 따른 공정안전보고서 작성 관련 교육과정

⑤ 제출 시기·제출처·첨부서류

① 제⑴호 대상(전기 계약용량 기준에 해당하는 제조업)

법 제42조제1항제1호에 해당하는 사업주가 유해위험방지계획서를 제출할 때에는 사

업장별로 제조업 등 유해위험방지계획서[75]에 다음 각 호의 서류를 첨부하여 해당 작업 시작 15일 전까지 공단에 2부를 제출함

⑴ 건축물 각 층 평면도

⑵ 기계·설비의 개요를 나타내는 서류

⑶ 기계·설비의 배치도면

⑷ 원재료 및 제품의 취급, 제조 등의 작업방법의 개요

⑸ 그 밖에 고용노동부장관이 정하는 도면 및 서류[76]

② 제(2)호 대상(업종과 관계없이 유해·위험 작업에 사용하는 기계·기구 및 설비)

법 제42조제1항제2호에 해당하는 사업주가 유해위험방지계획서를 제출할 때에는 사업장별로 제조업 등 유해위험방지계획서에 다음 각 호의 서류를 첨부하여 해당 작업 시작 15일 전까지 공단에 2부를 제출함

⑴ 설치장소의 개요를 나타내는 서류

⑵ 설비의 도면

⑶ 그 밖에 고용노동부장관이 정하는 도면 및 서류

③ 제3호 대상(업종과 관계없이 크기·높이 등 기준에 해당하는 건설공사)

⑴ 법 제42조제1항제3호에 해당하는 사업주가 유해위험방지계획서를 제출할 때에는 건설공사 유해위험방지계획서[77]에 시행규칙 별표 10의 서류를 첨부하여 해당 공사의 착공[78] 전날까지 공단에 2부를 제출함

⑵ 이 경우 해당 공사가 「건설기술 진흥법」 제62조에 따른 안전관리계획을 수립해야 하는 건설공사에 해당하는 경우에는 유해위험방지계획서와 안전관리계획서를 통합하여 작성한 서류를 제출할 수 있음

⑥ 제출 방식의 특례 및 자체심사 제도

① 공사 착공시기가 다른 경우의 분리 제출

---

75) 산업안전보건법 시행규칙 [별지 제16호서식]
76) 고용노동부고시 「제조업 등 유해·위험방지계획서 제출·심사·확인에 관한 고시」 별표 1
77) 산업안전보건법 시행규칙 [별지 제17호서식]
78) 유해위험방지계획서 작성 대상 시설물 또는 구조물의 공사를 시작하는 것을 말하며, 대지 정리 및 가설사무소 설치 등의 공사 준비기간은 착공으로 보지 않음

같은 사업장 내에서 제3호 대상 공사의 착공시기가 서로 다른 경우, 해당 사업의 사업주는 공사별 또는 해당 공사의 단위작업공사 종류별로 유해위험방지계획서를 분리하여 각각 제출할 수 있음

이 경우 이미 제출한 유해위험방지계획서의 첨부서류와 중복되는 서류는 제출하지 않을 수 있음

② 자체심사 및 확인업체의 범위

일정한 산업재해 발생 수준 등을 고려하여 시행규칙 별표 11의 자체심사 및 확인업체의 기준을 충족하는 건설업체의 경우에는, 유해위험방지계획서를 공단의 심사 대신 스스로 심사할 수 있도록 하고 있으며, 이러한 업체를 자체심사 및 확인업체라 함

③ 자체심사 절차 및 자체심사서 제출

자체심사 및 확인업체는 정해진 방법[79]에 따라 유해위험방지계획서를 자체적으로 심사한 후, 해당 공사의 착공 전날까지 유해위험방지계획서 자체심사서[80]를 공단에 제출함. 이 경우 공단은 필요에 따라 자체심사 과정에 대해 지도하거나 조언할 수 있음

⑦ 심사 방식

유해위험방지계획서는 원칙적으로 공단의 심사를 거치며, 일부 건설공사의 경우에는 자체심사 또는 지도사 평가를 통해 심사를 갈음할 수 있음

① 공단 심사(원칙)

공단은 유해위험방지계획서와 그 첨부서류를 접수한 날부터 15일 이내에 심사하여 그 결과를 사업주에게 통보함

다만, 자체심사 및 확인업체가 자체심사서를 제출한 경우에는 공단 심사를 하지 않을 수 있음

② 심사위원의 참여

공단은 유해위험방지계획서 심사 시, 해당 분야에 학식과 경험이 풍부한 사람을 심사위원으로 위촉하여 심사에 참여하게 할 수 있음

이 경우 심사에 참여한 위원에게는 수당과 여비를 지급할 수 있으나, 소관 업무와 직

---

79) 산업안전보건법 시행규칙 [별표 11] 2. 자체심사 및 확인방법
80) 산업안전보건법 시행규칙 [별지 제18호서식]

접 관련되어 참여한 경우에는 그러하지 않음

③ 지도사 평가에 따른 심사 갈음

고용노동부장관이 정하는 다음 각 사항의 건설물·기계·기구 및 설비 또는 건설공사에 대해서는, 등록된 지도사[81]로부터 유해위험방지계획서에 대한 평가를 받은 후 그 결과[82]를 제출할 수 있음

(1) 건설물·기계·기구 및 설비

가. 법 제42조제1항제1호에 따른 주요구조부분을 변경하는 경우

나. 법 제42조제1항제2호에 따른 기계·기구 및 설비 등을 설치·이전하거나 그 주요구조부분을 변경하려는 경우

(2) 건설공사

가. 지상높이가 31미터 이상인 건축물 중 지상높이가 50미터 이하인 아파트 건설공사(아파트의 범위는 「건축법 시행령」 [별표1] 제2호가목에 따름)

나. 깊이 10미터 이상인 굴착공사 중 깊이가 15미터 이하인 굴착공사

공단은 해당 평가 결과가 고용노동부장관이 정한 대상과 요건을 충족하는 지도사에 의해 이루어진 것으로 인정되는 경우, 평가결과서로 심사를 갈음할 수 있음

④ 건설공사에 대한 지도사 평가의 제한

건설공사의 경우, 유해위험방지계획서에 대한 지도사 평가는 같은 공사에 대하여 이미 의견을 제시한 자가 수행할 수 없음

⑧ 심사 결과의 구분 및 후속 조치

① 심사 결과의 구분

공단은 유해·위험방지계획서가 제출되면, 그 내용이 실제 작업이나 공사를 진행하기에 적정한지 여부에 대해 심사가 이루어지며, 심사 결과는 다음과 같이 구분함

(1) 적정

근로자의 안전과 보건을 위하여 필요한 조치가 구체적으로 확보되었다고 인정되는 경우

---

81) 이 경우 다음 사항의 어느 하나에 해당하여야 함
　1. 공단이 실시하는 유해위험방지계획서 관련 교육과정을 20시간 이상 이수한 사람
　2. 공단의 유해위험방지계획서 심사에 참여한 경험이 있는 사람
82) 산업안전보건법 시행규칙 [별지 제19호서식] 유해위험방지계획서 산업안전지도사·산업보건지도사 평가결과서

(2) 조건부 적정

근로자의 안전과 보건을 확보하기 위하여 일부 개선이 필요하다고 인정되는 경우

(3) 부적정

건설물·기계·기구 및 설비 또는 건설공사가 심사기준에 위반되어 공사착공 시 중대한 위험이 발생할 우려가 있거나 해당 계획에 근본적 결함이 있다고 인정되는 경우

② 적정 및 조건부 적정 판정 시 조치

공단은 심사 결과 적정 또는 조건부 적정판정을 한 경우에는 유해위험방지계획서 심사 결과 통지서[83]에 보완사항을 포함(조건부 적정판정을 한 경우만 해당함)하여 해당 사업주에게 발급하고 지방고용노동관서의 장에게 보고함

③ 부적정 판정 시 통보

공단은 심사 결과 부적정판정을 한 경우에는 지체 없이 유해위험방지계획서 심사 결과(부적정) 통지서[84]에 그 이유를 기재하여 지방고용노동관서의 장에게 통보하고 사업장 소재지 관할 지방자치단체장에게 그 사실을 통보함

④ 공사 착공중지 및 계획변경 명령

부적정 통보를 받은 지방고용노동관서의 장은 사실 여부를 확인한 후 공사착공중지명령, 계획변경명령 등 필요한 조치를 함

⑤ 계획 보완 및 재제출

사업주는 지방고용노동관서의 장으로부터 공사착공중지명령 또는 계획변경명령을 받은 경우에는 유해위험방지계획서를 보완하거나 변경하여 공단에 제출해야 함

⑨ 유해위험방지계획서의 비치 및 변경 관리

① 심사된 유해·위험방지계획서의 비치

유해·위험방지계획서를 제출한 사업주는 스스로 심사하거나 고용노동부장관이 심사한 유해위험방지계획서와 그 심사결과서를 사업장에 갖추어 두어야 함

② 공사 내용 변경 시 유해·위험방지계획서의 변경 및 재비치

유해위험방지계획서 작성 대상 건설공사를 착공하려는 사업주로서 유해위험방지계획서

---

83) 산업안전보건법 시행규칙 [별지 제20호서식]
84) 산업안전보건법 시행규칙 [별지 제21호서식]

및 그 심사결과서를 사업장에 갖추어 둔 경우, 해당 건설공사의 공법 변경 등으로 유해위험방지계획서를 변경할 필요가 있을 때에는 이를 변경하여 다시 갖추어 두어야 함

⑩ 유해위험방지계획서 이행의 확인

① 이행 확인의 원칙 및 구분

(1) 유해위험방지계획서에 대하여 심사를 받은 사업주는, 해당 계획서의 이행에 관하여 고용노동부장관의 확인을 받아야 함

(2) 유해위험방지계획서를 스스로 심사한 사업주는 계획서의 이행 여부를 자체적으로 확인하여야 함. 다만 건설공사 중 근로자가 사망한 때에는, 자체 확인 대상 사업주라 하더라도 유해위험방지계획서의 이행에 관하여 고용노동부장관의 확인을 받아야 함

② 확인 시기 및 확인 주기

유해위험방지계획서의 이행 확인은 사업장의 유형에 따라 다음 시기에 실시

(1) 건설물·기계·기구 및 설비

해당 건설물·기계·기구 및 설비의 시운전 단계에서 이행 여부에 대한 공단의 확인을 받음

(2) 건설공사

건설공사 중에는 6개월 이내마다 정기적으로 이행 여부에 대한 공단의 확인을 받음

③ 확인 사항

이행 확인 시에는 다음 각 사항에 관하여 확인이 이루어짐

(1) 유해위험방지계획서의 내용과 실제 공사 또는 작업 내용의 부합 여부

(2) 법령에 따라 변경된 유해·위험방지계획서 변경내용의 적정성

(3) 계획서에 반영되지 아니한 추가적인 유해·위험요인의 존재 여부

④ 확인 방법 및 현장 확인의 대체

(1) 등록한 지도사로부터 유해위험방지계획서에 대한 평가를 받은 건설물·기계·기구 및 설비 또는 건설공사의 경우, 사업주가 요건을 갖춘 지도사에게 유해위험방지계획서의 이행에 관한 확인을 받고, 그 결과[85]를 공단에 제출하면 공단은 확인에 필

---

85) 산업안전보건법 시행규칙 [별지 제22호서식] 유해위험방지계획서 산업안전지도사·산업보건지도사 확인 결과서

요한 현장 방문을 지도사의 확인 결과로 대체할 수 있음

(2) 다만, 건설업의 경우 최근 2년 이내에 사망재해[86]가 발생한 경우에는 현장 확인의 대체를 적용하지 않음. 또한, 유해위험방지계획서를 평가한 자는 해당 계획서의 이행에 대한 확인을 수행할 수 없음

⑤ 자체 심사 및 확인 업체의 이행 확인

(1) 자체심사 및 확인업체에 해당하는 사업주는 공사 준공 시까지 6개월 이내마다 유해위험방지계획서의 이행 여부에 대하여 자체 확인을 실시하여야 함

(2) 공단은 필요하다고 인정하는 경우 해당 자체 확인에 대하여 지도 또는 조언을 할 수 있음. 다만, 공사 중 사망재해가 발생한 경우에는 자체 확인에 갈음하여 공단의 확인을 받아야 함

⑥ 확인 결과에 따른 조치

공단은 유해위험방지계획서 이행 확인 결과에 따라 다음과 같이 조치함

(1) 유해·위험방지 상태가 적정하다고 판단되는 경우

확인 결과 통지서[87]를 5일 이내에 사업주에게 발급함

(2) 경미한 유해·위험요인이 발견된 경우

일정한 기간을 정하여 개선을 권고하고, 해당 기간 내에 개선되지 아니한 때에는 기간 만료일부터 10일 이내에 확인결과 조치 요청서[88]에 그 이유를 적은 서면을 첨부하여 지방고용노동관서의 장에게 보고함

(3) 중대한 유해·위험요인이 확인된 경우

시설 개선, 사용중지 또는 작업중지 등의 조치가 필요하다고 인정되면, 지체 없이 확인결과 조치 요청서에 그 이유를 적은 서면을 첨부하여 지방고용노동관서의 장에게 보고함

⑦ 조치 및 보고

---

86) 사고사망자 중 다음의 어느 하나에 해당하는 경우로서 사업주의 법 위반으로 인한 것이 아니라고 인정되는 경우는 제외함
   1) 방화, 근로자간 또는 타인간의 폭행에 의한 경우
   2) 「도로교통법」에 따라 도로에서 발생한 교통사고에 의한 경우(해당 공사의 공사용 차량·장비에 의한 사고는 제외함)
   3) 태풍·홍수·지진·눈사태 등 천재지변에 의한 불가항력적인 재해의 경우
   4) 작업과 관련이 없는 제3자의 과실에 의한 경우(해당 목적물 완성을 위한 작업자간의 과실은 제외함)
   5) 그 밖에 야유회, 체육행사, 취침·휴식 중의 사고 등 건설작업과 직접 관련이 없는 경우
87) 산업안전보건법 시행규칙 [별지 제23호서식]
88) 산업안전보건법 시행규칙 [별지 제24호서식]

(1) 지방고용노동관서장의 조치

확인 결과에 대한 보고를 받은 지방고용노동관서의 장은 사실 여부를 확인한 후 시설 개선, 사용중지 또는 작업중지 명령 등 필요한 조치를 할 수 있음

(2) 공단의 보고

공단은 유해위험방지계획서의 작성·제출·확인 업무와 관련하여 다음 각 호의 어느 하나에 해당하는 사업장을 발견한 경우, 지체 없이 해당 사업장의 명칭·소재지 및 사업주명을 포함하여 지방고용노동관서의 장에게 보고함

가. 유해위험방지계획서를 제출하지 않은 사업장

나. 유해위험방지계획서 제출기간이 지난 사업장

다. 작성 단계에서 전문가 의견 청취 의무를 이행하지 아니하고 유해위험방지계획서를 작성한 사업장

⑪⑪ 벌칙

위반행위	세부내용	과태료 금액(만원)		
		1차 위반	2차 위반	3차 이상 위반
법 제42조제1항·제5항·제6항을 위반하여 유해위험방지계획서 또는 심사결과서를 작성하여 제출하지 않거나 심사결과서를 갖추어 두지 않은 경우	1) 법 제42조제1항을 위반하여 유해위험방지계획서 또는 자체 심사결과서를 작성하여 제출하지 않은 경우			
	가) 법 제42조제1항제1호 또는 제2호에 해당하는 사업주	300	600	1,000
	나) 법 제42조제1항제3호에 해당하는 사업주	1,000	1,000	1,000
	2) 법 제42조제5항을 위반하여 유해위험방지계획서와 그 심사결과서를 사업장에 갖추어 두지 않은 경우	300	600	1,000
	3) 법 제42조제6항을 위반하여 변경할 필요가 있는 유해위험방지계획서를 변경하여 갖추어 두지 않은 경우			
	가) 유해위험방지계획서를 변경하지 않은 경우	1,000	1,000	1,000
	나) 유해위험방지계획서를 변경했으나 갖추어 두지 않은 경우	300	600	1,000
법 제42조제2항을 위반하여 자격이 있는 자의 의견을 듣지 않고 유해위험방지계획서를 작성·제출한 경우		30	150	300

		30	150	300
법 제43조제1항을 위반하여 고용노동부장관의 확인을 받지 않은 경우		30	150	300

> **ⓘ Tip**
>
> ■ **관련고시**
>   ▶「제조업 등 유해·위험방지계획서 제출·심사·확인에 관한 고시」
>   ▶「건설업 유해·위험방지계획서 중 지도사가 평가·확인 할 수 있는 대상 건설공사의 범위 및 지도사의 요건」
>   ▶「유해·위험방지계획서 자체심사 및 확인업체 지정대상 건설업체 고시」

8 / 공정안전보고서의 작성·제출(법 제44조)

① 개요

사업주는 유해하거나 위험한 설비를 보유한 경우, 해당 설비로부터의 위험물질 누출, 화재 및 폭발 등으로 근로자 또는 사업장 인근 지역에 중대한 피해를 초래할 수 있는 중대산업사고[89]를 예방하기 위하여 공정안전보고서를 작성·제출하여 심사를 받아야 함

공정안전보고서는 중대산업사고를 야기할 가능성이 있는 공정 및 설비를 대상으로, 공정의 설계·운전·정비·변경 과정 전반에 내재된 위험요인을 사전에 발굴하고 이를 제거 또는 통제하기 위한 안전조치를 체계적으로 정리한 문서임. 이는 사고 발생 이후의 대응을 목적으로 하는 것이 아니라, 사고 발생 이전에 잠재된 위험을 관리함으로써 중대산업사고를 지속적으로 예방하기 위한 공정안전관리(PSM) 제도의 핵심 수단임

이에 따라 사업주는 심사를 받은 공정안전보고서의 내용을 성실히 이행·관리하여야 하며, 그 이행 상태에 대하여 확인 및 평가를 받아야 함

② 공정안전보고서 제출 대상

① 특정 업종 사업장의 보유설비

다음 사업을 하는 사업장의 경우에는 그 보유설비가 제출 대상이 됨

(1) 원유 정제처리업

(2) 기타 석유정제물 재처리업

(3) 석유화학계 기초화학물질 제조업 또는 합성수지 및 기타 플라스틱물질 제조업 (합성수지 및 기타 플라스틱물질 제조업은 인화성 가스 및 인화성 액체를 취급하는 경우로 한정함)

(4) 질소 화합물, 질소·인산 및 칼리질 화학비료 제조업 중 질소질 화학비료 제조업

(5) 복합비료 및 기타 화학비료 제조업 중 복합비료 제조(단순혼합 또는 배합에 의한 경우는 제외함)

(6) 화학 살균·살충제 및 농업용 약제 제조업(농약 원제 제조만 해당함)

(7) 화약 및 불꽃제품 제조업

---

89) 중대산업사고는 다음 사항 중 어느하나에 해당하는 사고를 말함
1. 근로자가 사망하거나 부상을 입을 수 있는 공정안전보고서 제출 대상 설비에서의 누출·화재·폭발 사고
2. 인근 지역의 주민이 인적 피해를 입을 수 있는 공정안전보고서 제출 대상 설비에서의 누출·화재·폭발 사고

② 그 밖의 사업장의 유해·위험물질 규정량 설비

제①항의 특정 업종을 제외한 그 외의 사업을 하는 사업장에서 다음의 유해·위험물질 중 1개 이상을 규정량 이상 제조·취급·저장하는 설비 및 그 설비 운영과 관련된 모든 공정설비가 제출 대상이 됨

【유해·위험물질 규정량】

번호	유해·위험물질	CAS번호	규정량(kg)
1	인화성 가스	-	제조·취급: 5,000(저장: 200,000)
2	인화성 액체	-	제조·취급: 5,000(저장: 200,000)
3	메틸 이소시아네이트	624-83-9	제조·취급·저장: 1,000
4	포스겐	75-44-5	제조·취급·저장: 500
5	아크릴로니트릴	107-13-1	제조·취급·저장: 10,000
6	암모니아	7664-41-7	제조·취급·저장: 10,000
7	염소	7782-50-5	제조·취급·저장: 1,500
8	이산화황	7446-09-5	제조·취급·저장: 10,000
9	삼산화황	7446-11-9	제조·취급·저장: 10,000
10	이황화탄소	75-15-0	제조·취급·저장: 10,000
11	시안화수소	74-90-8	제조·취급·저장: 500
12	불화수소(무수불산)	7664-39-3	제조·취급·저장: 1,000
13	염화수소(무수염산)	7647-01-0	제조·취급·저장: 10,000
14	황화수소	7783-06-4	제조·취급·저장: 1,000
15	질산암모늄	6484-52-2	제조·취급·저장: 500,000
16	니트로글리세린	55-63-0	제조·취급·저장: 10,000
17	트리니트로톨루엔	118-96-7	제조·취급·저장: 50,000
18	수소	1333-74-0	제조·취급·저장: 5,000
19	산화에틸렌	75-21-8	제조·취급·저장: 1,000
20	포스핀	7803-51-2	제조·취급·저장: 500
21	실란(Silane)	7803-62-5	제조·취급·저장: 1,000
22	질산(중량 94.5% 이상)	7697-37-2	제조·취급·저장: 50,000
23	발연황산(삼산화황 중량 65% 이상 80% 미만)	8014-95-7	제조·취급·저장: 20,000
24	과산화수소(중량 52% 이상)	7722-84-1	제조·취급·저장: 10,000
25	톨루엔 디이소시아네이트	91-08-7, 584-84-9, 26471-62-5	제조·취급·저장: 2,000
26	클로로술폰산	7790-94-5	제조·취급·저장: 10,000
27	브롬화수소	10035-10-6	제조·취급·저장: 10,000
28	삼염화인	7719-12-2	제조·취급·저장: 10,000
29	염화 벤질	100-44-7	제조·취급·저장: 2,000
30	이산화염소	10049-04-4	제조·취급·저장: 500
31	염화 티오닐	7719-09-7	제조·취급·저장: 10,000

32	브롬	7726-95-6	제조·취급·저장: 1,000
33	일산화질소	10102-43-9	제조·취급·저장: 10,000
34	붕소 트리염화물	10294-34-5	제조·취급·저장: 10,000
35	메틸에틸케톤과산화물	1338-23-4	제조·취급·저장: 10,000
36	삼불화 붕소	7637-07-2	제조·취급·저장: 1,000
37	니트로아닐린	88-74-4, 99-09-2, 100-01-6, 29757-24-2	제조·취급·저장: 2,500
38	염소 트리플루오르화	7790-91-2	제조·취급·저장: 1,000
39	불소	7782-41-4	제조·취급·저장: 500
40	시아누르 플루오르화물	675-14-9	제조·취급·저장: 2,000
41	질소 트리플루오르화물	7783-54-2	제조·취급·저장: 20,000
42	니트로 셀룰로오스(질소 함유량 12.6% 이상)	9004-70-0	제조·취급·저장: 100,000
43	과산화벤조일	94-36-0	제조·취급·저장: 3,500
44	과염소산 암모늄	7790-98-9	제조·취급·저장: 3,500
45	디클로로실란	4109-96-0	제조·취급·저장: 1,000
46	디에틸 알루미늄 염화물	96-10-6	제조·취급·저장: 10,000
47	디이소프로필 퍼옥시디카보네이트	105-64-6	제조·취급·저장: 3,500
48	불산(중량 10% 이상)	7664-39-3	제조·취급·저장: 10,000
49	염산(중량 20% 이상)	7647-01-0	제조·취급·저장: 20,000
50	황산(중량 20% 이상)	7664-93-9	제조·취급·저장: 20,000
51	암모니아수(중량 20% 이상)	1336-21-6	제조·취급·저장: 50,000

비고

1. "인화성 가스"란 인화한계 농도의 최저한도가 13% 이하 또는 최고한도와 최저한도의 차가 12% 이상인 것으로서 표준압력(101.3 ㎪)에서 20℃에서 가스 상태인 물질을 말함
2. 인화성 가스 중 사업장 외부로부터 배관을 통해 공급받아 최초 압력조정기 후단 이후의 압력이 0.1 MPa(계기압력) 미만으로 취급되는 사업장의 연료용 도시가스(메탄 중량성분 85% 이상으로 이 표에 따른 유해·위험물질이 없는 설비에 공급되는 경우에 한정함)는 취급 규정량을 50,000kg으로 함
3. 인화성 액체란 표준압력(101.3 ㎪)에서 인화점이 60℃ 이하이거나 고온·고압의 공정운전조건으로 인하여 화재·폭발위험이 있는 상태에서 취급되는 가연성 물질을 말함
4. 인화점의 수치는 태그밀폐식 또는 펜스키마르테르식 등의 밀폐식 인화점 측정기로 표준압력(101.3 ㎪)에서 측정한 수치 중 작은 수치를 말함
5. 유해·위험물질의 규정량이란 제조·취급·저장 설비에서 공정과정 중에 저장되는 양을 포함하여 하루 동안 최대로 제조·취급 또는 저장할 수 있는 양을 말함
6. 규정량은 화학물질의 순도 100%를 기준으로 산출하되, 농도가 규정되어 있는 화학물질은 그 규정된 농도를 기준으로 함
7. 사업장에서 다음 각 목의 구분에 따라 해당 유해·위험물질을 그 규정량 이상 제조·취급·저장하는 경우에는 유해·위험설비로 봄
   가. 한 종류의 유해·위험물질을 제조·취급·저장하는 경우: 해당 유해·위험물질의 규정량 대비 하루 동안 제조·취급 또는 저장할 수 있는 최대치 중 가장 큰 값(1)이 1 이상인 경우
   나. 두 종류 이상의 유해·위험물질을 제조·취급·저장하는 경우: 유해·위험물질별로 가목에 따른 가장 큰 값(1)을 각각 구하여 합산한 값(R)이 1 이상인 경우, 그 계산식은 다음과 같다.

$$R = \frac{C_1}{T_1} + \frac{C_2}{T_2} + \cdots\cdots + \frac{C_n}{T_n}$$

주) Cn: 유해·위험물질별(n) 규정량과 비교하여 하루 동안 제조·취급 또는 저장할 수 있는 최대치 중 가장 큰 값
　　Tn: 유해·위험물질별(n) 규정량
8. 가스를 전문으로 저장·판매하는 시설 내의 가스는 이 표의 규정량 산정에서 제외한다.

③ 제외 설비

공정안전보고서 작성·제출 대상에서 제외되는 설비는 다음 각 호와 같음

(1) 원자력 설비

(2) 군사시설

(3) 사업장 내에서 난방용으로 직접 사용하는 연료의 저장설비 및 사용설비

(4) 도매·소매시설

(5) 차량 등의 운송설비

(6) 「액화석유가스의 안전관리 및 사업법」에 따른 액화석유가스의 충전·저장시설

(7) 「도시가스사업법」에 따른 가스공급시설

(8) 비상발전기용 경유 저장탱크 및 그 사용설비

③ 작성 단계의 필수 절차

공정안전보고서를 작성할 때에는 산업안전보건위원회의 심의를 거쳐야 하며, 산업안전보건위원회가 설치되어 있지 않은 사업장의 경우에는 근로자대표의 의견을 들어야 함

④ 공정안전보고서 작성기준 및 작성자

① 공정안전보고서의 작성은 고용노동부고시 「공정안전보고서의 제출·심사·확인 및 이행상태평가 등에 관한 규정」 제3장 보고서 작성 기준에 따르며, 주요 내용은 다음과 같음

구분	주요 항목	핵심 작성 내용 및 준수사항
제1절 일반사항 (공통기준)	일반사항	• 사업개요: 별지 제12호 서식 (일부/변경 설비 시 전체 개요 및 배치도 첨부) • 통합서식: 화관법(장외영향평가 등), 고압가스법과 통합 작성 가능
제2절 공정안전자료 (설계 및 기술데이터)	유해·위험물질	• 물질 목록:원료, 부원료, 부산물 등 모든 유해물질 • 수량 기준:설비 최대 저장량 및 일일 최대 취급량 기재 • 상세 정보: 노출기준(TWA), 독성치, 이상반응 유무, MSDS 첨부

제2절 **공정안전자료** (설계 및 기술데이터)	**유해·위험설비**	• 동력기계: 펌프·압축기 처리량, 압력, 회전수, 재질, 방호장치 • 장치·설비: 용량, 사용재질, 개스킷 재질, 계산두께(부식여유 제외) • 배관·개스킷: P&ID상 배관코드별 재질, 유체명칭, 형태 기재 • 안전밸브/파열판: 설정압력, 정격용량, 배출구 연결부위
	공정도면	• 공정개요: 운전·반응조건, 이상반응 대책, 인터록 작동조건 • PFD: 주요 기기 표시, 물질 및 열 수지(Balance), 운전 온·압력 • P&ID: 모든 기기번호, 배관 직경/재질/부속품, 제어밸브, 인터록 여부 • 유틸리티: 계통도(사용처별 소요량) 및 배관·계장도(UFD) 작성
	배치도 및 시설	• 배치도: 건물·설비 간 거리 및 기기 설치 높이(축척 표시) • 내화구조: 철구조물 내화처리 부위 및 방법 상세면 • 안전설비: 소화설비·화재탐지 설치계획, 가스누출감지기 배치도 • 기타: 세척·세안시설, 보호구 확보계획, 국소배기장치 개요
	전기/접지/기타	• 방폭:폭발위험장소 구분도 및 방폭기기 선정기준 • 전기: 전기단선도(차단용량, 비상전원 포함), 접지계획 및 배치도 • 기타: 압력방출설비(플레어스택) 용량/높이 근거, 환경오염물질 처리설비
제3절 **공정위험성 평가서** (위험요인 분석)	**평가서 기본**	• 목적, 공정 위험특성, 잠재위험 종류, 사고빈도/피해 최소화 대책 • 기법을 이용한 보고서 및 수행자 명단 포함
	피해예측 시나리오	• 최악의 시나리오: 단위공장별 화재·폭발·독성 각 1건 선정 • 대안의 시나리오: 실제 발생 가능성 높은 시나리오 1건 이상 선정 • 결과 반영: 정량적 피해예측 실시 후 배치도에 표시
	평가 기법	• 반응/이송 등 복잡 공정:HAZOP, 이상위험도분석(FMEA), 결함수분석(FTA) 등 • 저장/유틸리티 등 단순 공정: Checklist, What-if, 작업자실수분석 등
	수행자	• 위험성평가 전문가, 설계 전문가, 공정운전 전문가 참여 필수
제4절 **안전운전 계획** (관리 시스템)	**운전지침/정비**	• 안전운전지침: 시운전, 비상정지, 정비 후 가동 등 12개 필수 항목 • 설비관리: 기기 우선순위 등급, 결함관리, 외주업체 관리, 품질관리 등
	작업허가/도급	• 안전작업허가: 화기, 일반, 밀폐공간, 정전, 굴착, 방사선 작업 절차 • 도급관리: 업체 선정 기준, 안전관리 수준평가, 비상조치계획 제공
	교육/점검/변경	• 교육: 교육 종류(정기/특별 등), 실시 방법, 평가 및 사후관리 • 가동 전 점검: 점검팀 구성, 시기, 점검표(Checklist) 작성 및 결과 처리 • 변경요소관리(MOC): 정상/비상 변경 절차, 기술적 근거 검토 항목
	감사/사고조사	• 자체감사: 감사팀 구성, 시행 주기, 평가 및 시정 조치 절차 • 사고조사: 조사팀 구성, 보고서 작성 및 결과 처리 절차
제5절 **비상조치계획** (비상대응)	**비상대응 체계**	• 비상사태 구분 및 발령/종결 절차, 비상통제 조직의 기능과 책무 • 시나리오 피해예측 결과를 반영한 구체적 대응 계획 수립
	전파 및 대피	• 비상경보 전파(사내외 및 주민), 비상대피 계획, 주민 홍보계획 • 비상통제소 설치 및 장비 보유 현황
	사후관리 및 훈련	• 비상훈련 실시 및 조정, 사고조사, 비상조치 위원회 운영

② 작성 인력의 자격 및 교육 이수 요건

사업주는 공정안전보고서를 작성할 때 다음 각 호의 어느 하나에 해당하는 사람으로서 공단이 실시하는 관련 교육 또는 직무교육기관이 실시하는 전문화교육을 28시간 이상 이수한 사람 1명 이상을 포함시켜야 함

⑴ 기계, 금속, 화공, 요업, 전기, 전자, 안전관리 또는 환경분야 기술사 자격을 취득한 사람

⑵ 기계, 전기 또는 화공안전 분야의 산업안전지도사 자격을 취득한 사람

⑶ ⑴호에 따른 관련분야의 기사 자격을 취득한 사람으로서 해당 분야에서 5년 이상 근무한 경력이 있는 사람

⑷ ⑴호에 따른 관련분야의 산업기사 자격을 취득한 사람으로서 해당 분야에서 7년 이상 근무한 경력이 있는 사람

⑸ 4년제 이공계 대학을 졸업한 후 해당 분야에서 7년 이상 근무한 경력이 있는 사람 또는 2년제 이공계 대학을 졸업한 후 해당 분야에서 9년 이상 근무한 경력이 있는 사람

⑹ 영 제43조제1항에 따른 공정안전보고서 제출 대상 유해·위험설비 운영분야(해당 공정안전보고서를 작성하고자 하는 유해·위험설비 관련분야에 한함)에서 11년 이상 근무한 경력이 있는 사람

③ 전문화교육의 범위

공단에서 실시하는 관련 교육 또는 직무교육기관에서 실시하는 전문화교육은 다음의 교육을 말함

⑴ 위험과 운전분석(HAZOP)과정

⑵ 사고빈도분석(FTA, ETA)과정

⑶ 보고서 작성·평가 과정

⑷ 사고결과분석(CA)과정

⑸ 설비유지 및 변경관리(MI, MOC)과정

⑹ 그 밖에 고용노동부장관으로부터 승인받은 공정안전관리 교육과정

⑤ 제출 사유와 제출 시기

공정안전보고서는 유해하거나 위험한 설비를 설치·이전 또는 주요 구조부분 변경할 때

공정안전보고서를 제출함

① 제출 사유

유해하거나 위험한 설비를 설치(기존 설비의 제조·취급·저장 물질이 변경되거나 제조량·취급량·저장량이 증가하여 유해·위험물질 규정량에 해당하게 된 경우를 포함함)·이전하거나 고용노동부장관이 정하는 주요 구조부분을 변경[90]할 때

② 제출 시기·제출처·부수

유해하거나 위험한 설비의 설치·이전 또는 주요 구조부분의 변경공사의 착공일(또는 유해·위험물질 규정량 해당일) 30일 전까지 공정안전보고서 2부를 작성하여 공단에 제출함

③ 다른 제도 자료로 일부 갈음

「화학물질관리법」상 화학사고예방관리계획서의 내용이 공정안전보고서에 포함될 사항에 해당하면, 그 부분은 화학사고예방관리계획서 사본 제출로 갈음 가능

④ 고압가스 단위공정 설비의 제출 의제

고압가스를 사용하는 단위공정 설비에 관하여 안전관리규정 및 안전성향상계획을 작성하고, 공단과 한국가스안전공사가 공동 검토·작성한 의견서를 첨부하여 허가관청에 제출한 경우에는 해당 단위공정 설비에 관한 공정안전보고서를 제출한 것으로 봄

⑥ 공정안전보고서의 "4개 구성요소"

① 공정안전보고서에는 다음 사항이 포함되어야 함

(1) 공정안전자료

(2) 공정위험성 평가서

(3) 안전운전계획

(4) 비상조치계획

② 세부 내용은 고용노동부령으로 정하며, 그 내용은 다음과 같음

---

90) 다음의 어느 하나에 해당하는 경우를 말함
　가. 반응기를 교체(같은 용량과 형태로 교체되는 경우는 제외한다)하거나 추가로 설치하는 경우 또는 이미 설치된 반응기를 변형하여 용량을 늘리는 경우
　나. 생산설비 및 부대설비(유해·위험물질의 누출·화재·폭발과 무관한 자동화창고·조명설비 등은 제외함)가 교체 또는 추가되어 늘어나게 되는 전기정격용량의 총합이 300킬로와트 이상인 경우(다만, 단위공장 내 심사 완료된 설비와 같은 제조사의 같은 모델로서 같은 종류 이내의 물질을 취급하는 설비는 제외함)
　다. 플레어스택(flare stack)을 설치 또는 변경하는 경우

(1) 공정안전자료	가. 취급·저장하고 있거나 취급·저장하려는 유해·위험물질의 종류 및 수량 나. 유해·위험물질에 대한 물질안전보건자료 다. 유해하거나 위험한 설비의 목록 및 사양 라. 유해하거나 위험한 설비의 운전방법을 알 수 있는 공정도면 마. 각종 건물·설비의 배치도 바. 폭발위험장소 구분도 및 전기단선도 사. 위험설비의 안전설계·제작 및 설치 관련 지침서
(2) 공정위험성 평가서	공정위험성평가서 및 잠재위험에 대한 사고예방·피해 최소화 대책 ■ 공정위험성평가서는 공정의 특성 등을 고려하여 다음의 위험성평가 기법 중 한 가지 이상을 선정하여 위험성평가를 한 후 그 결과에 따라 작성 가. 체크리스트(Check List) 나. 상대위험순위 결정(Dow and Mond Indices) 다. 작업자 실수 분석(HEA) 라. 사고 예상 질문 분석(What-if) 마. 위험과 운전 분석(HAZOP) 바. 이상위험도 분석(FMECA) 사. 결함 수 분석(FTA) 아. 사건 수 분석(ETA) 자. 원인결과 분석(CCA) 차. 가목부터 자목까지의 규정과 같은 수준 이상의 기술적 평가기법 ■ 사고예방·피해최소화 대책 위험성평가 결과 잠재위험이 있다고 인정되는 경우만 작성
(3) 안전운전계획	가. 안전운전지침서 나. 설비점검·검사 및 보수계획, 유지계획 및 지침서 다. 안전작업허가 라. 도급업체 안전관리계획 마. 근로자 등 교육계획 바. 가동 전 점검지침 사. 변경요소 관리계획 아. 자체감사 및 사고조사계획 자. 그 밖에 안전운전에 필요한 사항
(4) 비상조치계획	가. 비상조치를 위한 장비·인력 보유현황 나. 사고발생 시 각 부서·관련 기관과의 비상연락체계 다. 사고발생 시 비상조치를 위한 조직의 임무 및 수행 절차 라. 비상조치계획에 따른 교육계획 마. 주민홍보계획 바. 그 밖에 비상조치 관련 사항

⑦ 심사

① 심사 주체 및 권한

고용노동부장관은 제출된 공정안전보고서를 심사하여 그 결과를 서면으로 통보하여야 하며, 근로자의 안전 및 보건의 유지·증진을 위하여 필요하다고 인정하는 경우에는 공정안전보고서의 변경을 명할 수 있음

② 심사의 수행 및 처리 기한

공정안전보고서의 심사는 실무적으로 공단이 수행하며, 공단은 공정안전보고서를 제출받은 날부터 30일 이내에 심사를 완료하여 1부를 사업주에게 송부하고, 그 심사 내용을 지방고용노동관서의 장에게 보고함

③ 관계기관 통보

심사 결과 「위험물안전관리법」에 따른 화재 예방 또는 소방 관련 사항이 있다고 인정되는 경우에는, 공단은 해당 내용을 관할 소방관서의 장에게 통보함

④ 심사결과의 구분

공단은 공정안전보고서의 심사결과를 다음 각 호의 어느 하나로 결정함

(1) 적정: 보고서의 심사기준을 충족한 경우

(2) 조건부 적정: 보고서의 심사기준을 대부분 충족하고 있으나 부분적인 보완이 필요한 경우

(3) 부적정: 다음 각 목의 어느 하나에 해당하는 경우

　　가. 심사 결과 조건부 적정 항목이 10개 이상인 경우

　　나. 서류보완을 기간 내에 하지 아니하여 심사가 곤란한 경우

　　다. 안전보건규칙 제225조부터 제300조까지, 제311조 또는 제422조 중 어느 하나를 준수하지 않은 경우

⑤ 심사결과에 따른 조치

(1) 적정 또는 조건부 적정 판정 시

적정 또는 조건부 적정 판정을 하는 경우에는 보고서 심사결과 통지서와 심사필인 또는 서명이 날인된 보고서 1부를 첨부하여 해당 사업주에게 통보하고, 지방관서의 장에게 보고함

(2) 부적정 판정 시

부적정 판정을 하는 경우에는 심사결과 통지서에 그 사유를 구체적이고 명확하게 작성하여 사업주에게 통보하고 보고서 일체를 사업주에게 반려하고, 반려 사실 및 사유를 구체적이고 명확하게 작성하여 지방관서의 장에게 보고함

⑥ 보고서 보완 및 재제출

지방관서의 장은 부적정 판정 보고를 받은 때로부터 7일 이내에 사업주에게 보고서 보완에 필요한 기간을 정하여 보고서를 보완한 후 다시 제출하도록 조치함

⑦ 재심사 신청

(1) 사업주는 부적정 판정으로 보고서를 반려 받은 경우 지방관서의 장으로부터 재제

출 명령을 받은 날부터 정해진 기간 이내에 보고서를 새로 작성하여 공단에 재심사를 신청함

(2) 공단은 재심사 신청을 받은 공정안전보고서에 대해 특별한 사유가 없으면 신청일로부터 15일 이내에 심사를 완료하고 사업주에게 그 결과를 통지함

⑧ 심사기준

공정안전보고서의 심사는 고시에서 정한 심사기준에 따라 수행되며, 그 주요내용은 다음과 같음

(1) 공정안전자료 심사기준

공정의 잠재적 위험을 파악하기 위한 기초 데이터의 정확성과 관리 상태를 심사

구분	주요 심사 항목	세부 기준 및 포함 내용
화학물질 (SDS)	안전보건자료의 체계적 정리	- 제조·취급·저장되는 순수/복합 화학물질 전체(원료, 중간제품, 완제품) - 유해성(독성), 물리·화학적 안정성, 반응위험성, 부식성, 소화방법 등
제조공정	공정흐름도(PFD) 및 기술자료	- 유체흐름, 물질 및 열수지, 주요 제어계통 및 밸브 명칭 - 화학반응식, 정상운전 범위, 이상운전 시 경보치 및 비상정지 조건
공정설비	배관계장도(P&ID) 및 도면	- 동력기계·설비 명세, 계측제어 시스템 상관관계 - 안전밸브(PSV)크기 및 설정압력, 연동시스템(Interlock) 설명
시설배치 및 기타	설계기준 및 배치도	- 건물·설비 배치도, 내화처리 기준, 유해물질 누출감지기 설치계획 - 폭발위험장소 구분도, 전기단선도, 접지계획 등
현행화	자료의 최신성 유지	- 공정·설비·배관 변경 시 즉시 보완 및 서류 비치 여부

(2) 공정위험성 평가서 심사기준

잠재적 위험요인을 도출하고 사고 발생 가능성 및 피해 규모를 최소화하는 대책을 심사

구분	주요 심사 항목	세부 기준 및 포함 내용
평가 수행체계	팀 구성의 적정성	- 설계/운전 전문가 각 1명 이상 포함된 전문가 팀 구성 - 팀장은 평가기법 숙달자여야 하며, 관련 자료를 사전에 공유할 것
위험성 분석	잠재위험 도출 및 예측	- 사고 발생 가능성 검토 및 사고 시 피해 예측(Consequence Analysis) - 동종 사업장 유사 사고 사례 반영 여부
사고 시나리오	최악 및 대안 시나리오	- 복사열, 과압, 확산농도 등 피해예측 결과의 타당성 심사
조치 및 주기	개선대책 및 사후관리	- 위험 제거 방안의 실행 일정과 우선순위 수립 - 최대 4년 이내 주기적 수행및 변경 시 설계단계부터 재실시

(3) 안전운전 계획 심사기준

실제 현장에서 안전하게 운전하고 설비를 유지보수하기 위한 운영 시스템을 심사

구분	주요 심사 항목	세부 기준 및 포함 내용
운전 지침	안전운전 지침서	- 시운전, 정상운전, 비상정지 등 단계별 절차 구체화 - 운전범위 이탈 시 조치사항 및 개인보호구 착용 지침 포함
설비 관리	위험설비 유지관리	- 압력용기, 배관, 안전밸브 등 주요 설비의 자체점검 절차 수립 - 제작사 권장 주기 이상의 점검 및 결함 발견 시 즉시 사용중지
작업 통제	안전작업허가(PTW)	- 화기작업 등 위험작업 시 허가서 발급 및 안전조치 확인 - 허가서 1년간 보관 및 인근 작업자 공지 여부
인적 관리	교육·훈련 및 도급관리	- 3년마다 1회 이상재교육 실시 및 운전 자격 부여 - 도급업체 선정 시 안전실적 평가 및 위험정보 사전 교육
변경 관리	변경요소관리(MOC)	- 운전조건, 원료, 설비 변경 시 기술적 근거 및 안전 영향 검토 - 변경 완료 전 교육 및 관련 도면(P&ID 등) 즉시 보완
검증 및 조사	자체감사 및 사고조사	- 연 1회 자체감사실시 및 3년간 기록 보존 - 사고 발생 후 24시간 이내조사 착수, 재발방지 대책 수립

(4) 비상조치계획 심사기준

사고 발생 시 피해를 최소화하기 위한 비상 대응 체계를 심사

구분	주요 심사 항목	세부 기준 및 포함 내용
대응 체계	비상조치 시나리오 반영	- 최악/대안 사고 시나리오 피해예측 결과를 반영한 대응계획 - 비상대피로 지정, 통신체계, 내/외부 비상조치계획 연계
조직 및 임무	비상 대응 조직	- 전 직원의 개인별 임무 부여 및 비상대피 안내자 지정 - 사고 발생 시 보호구 착용 지침 및 응급구조 절차
외부 협력	유관기관 및 주민	- 인근 주민 홍보 계획 및 유관기관(소방서 등) 협력 체계 - 긴급경보 장치 운영 및 주민 대피 안내 절차
관리 및 점검	계획의 최신성	- 임무 변경이나 계획 수정 시 즉시 검토 및 교육 - 서류를 접근이 용이한 곳에 상시 비치

⑧ 사업장 비치 및 설비 가동 제한

① 사업장 비치 의무

심사를 받은 공정안전보고서는 사업장에 갖추어 두어야 함

② 적합 통보 전 설비 가동 제한

공정안전보고서의 내용이 중대산업사고를 예방하기 위하여 적합하다는 통보를 받기 전에는, 해당 공정안전보고서와 관련된 유해하거나 위험한 설비를 가동할 수 없음

⑨ 이행 및 이행상태 관리

① 준수 의무

사업주와 근로자는 심사를 받은 공정안전보고서의 내용을 준수하여야 함

② 이행 확인

사업주는 심사를 받은 공정안전보고서의 내용이 실제로 이행되고 있는지 여부에 대하여 고용노동부장관의 확인(공단 확인)을 받아야 함

(1) 확인 시기

　가. 신규 설비: 설치 과정 중 1회 및 설치 완료 후 시운전 단계에서 1회

　나. 기존 설비: 심사 완료 후 3개월 이내

　다. 공정의 중대한 변경: 변경 완료 후 1개월 이내

　라. 중대한 사고 또는 결함이 발생한 경우: 발생 후 1개월 이내

(2) 확인 절차

공단은 사업주로부터 확인 요청을 받은 날부터 1개월 이내에 공정안전보고서의 세부 내용이 현장과 일치하는지 여부를 확인하고, 확인한 날부터 15일 이내에 그 결과를 사업주에게 통보하며 지방고용노동관서의 장에게 보고함

③ 확인 결과의 구분 및 조치

(1) 공단은 규칙 공정안전보고서의 세부내용 등이 현장과 일치하는지 여부를 확인하고 다음 각 호의 어느 하나로 그 결과를 결정함

　가. 적합: 현장과 일치하는 경우

　나. 조건부 적합: 현장과 일치하지 않은 사항이 일부 있으나 부적합에까지는 이르지 않은 경우

　다. 부적합: 다음 각 목의 어느 하나에 해당하는 경우

　　1) 확인 결과 현장과 일치하지 않은 사항이 10개 이상인 경우

　　2) 안전보건규칙 제225조부터 제300조까지, 제311조 또는 제422조 중 어느 하나를 준수하지 않은 경우

(2) 확인결과 통지 및 보고

공단은 확인결과를 확인결과통지서로 사업주에게 통지하고, 지방관서의 장에게 보고함

(3) 부적합 또는 조건부 적합 판정 시

부적합 또는 조건부 적합 판정을 하는 경우에는 확인결과조치요청서에 그 사유와
변경요구내용 등을 구체적이고 명확하게 작성하여 지방관서의 장에게 보고함

④ 변경계획 수립 및 행정조치

(1) 지방관서의 장은 공단으로부터 확인 결과를 보고받은 경우 부적합 사항에 대해 7
일 이내에 사업주에게 변경계획의 작성을 명하는 등 필요한 행정조치 실시함

(2) 사업주는 행정조치를 받은 날로부터 15일 이내에 변경계획을 작성하여 지방관서
의 장에게 제출함

(3) 지방관서의 장은 변경계획의 적절성을 검토하여 그 결과를 사업주에게 통보함. 이
경우 지방관서의 장은 변경계획의 적정성 검토를 공단에 요청할 수 있음

(4) 사업주는 변경계획에 따른 이행을 완료한 경우 확인요청서로 공단에 재확인을 요
청함

⑤ 이행상태평가

이행상태평가는 공정안전보고서의 이행 수준을 종합적으로 평가하기 위한 절차임

(1) 평가 구분 및 실시 시기

가. 신규평가

보고서의 심사 및 확인 후 1년이 경과한 날부터 2년 이내. 다만, 사업주 변경 등 고시에서 정한
경우에는 변경된 날부터 1년 이내에 실시함

나. 정기평가

신규평가 후 4년마다 실시하며, 재평가를 실시한 경우에는 재평가일을 기준으로 4년마다 실시함

다. 재평가

신규 또는 정기평가 후 1년이 경과한 사업장 중

1) 사업주가 재평가를 요청한 경우: 요청한 날부터 6개월 이내

2) 평가결과가 P등급 또는 S등급인 사업장을 지도·점검한 결과 다음의 어느 하나에 해당하는 경우:
해당 사유 확인일부터 6개월 이내

가) 유해·위험시설에서 위험물질의 제거·격리 없이 용접·용단 등 화기작업을 수행하는 경우

나) 화학설비·물질변경에 따른 변경관리절차를 준수하지 않은 경우

(2) 평가 단위

이행상태평가는 사업장 단위로 평가함을 원칙으로 하며, 사업장의 규모가 크고
단위공장별로 공정안전관리체제를 구축·운영하고 있는 사업장에서 요청하는 경우

단위공장별로 이행상태를 평가할 수 있음

(3) 평가 면제

보고서를 이미 제출하여 평가를 받은 사업장이 유해·위험설비를 추가로 설치·이전하거나, 주요 구조부분의 변경에 따라 보고서를 추가로 제출하는 경우에는 평가를 면제할 수 있음

⑥ 평가 방법

이행상태평가는 평가반이 사업장을 방문하여 사업주 등 관계자 면담, 보고서 및 이행관련 문서확인 및 현장확인의 방법으로 실시

⑦ 평가 기준

이행상태평가는 고시에서 정한 평가기준에 따라 실시하며, 그 주요내용은 다음과 같음

(1) 이행상태평가표의 총배점 및 최고환산점수는 각각 1,620점 및 100점이며, 평가항목, 항목별 배점, 환산계수 및 최고 환산점수 등은 다음과 같음

【평가항목별 배점기준】

항 목	최고 실배점	환산계수	최고 환산점수
안전경영과 근로자참여	370	0.057	21.0
공정안전자료	70	0.071	5.0
공정위험성평가	130	0.041	5.5
안전운전 지침과 절차	80	0.050	4.0
설비의 점검·검사·보수계획, 유지계획 및 지침	120	0.046	5.5
안전작업허가 및 절차	80	0.106	8.5
도급업체 안전관리	100	0.080	8.0
공정운전에 대한 교육·훈련	70	0.071	5.0
가동전 점검지침	60	0.050	3.0
변경요소 관리계획	70	0.100	7.0
자체감사	90	0.044	4.0
공정사고조사 지침	90	0.033	3.0
비상조치계획	80	0.044	3.5
현장확인	210	0.081	17.0
계	1,620	-	100

(2) 세부평가항목별 평가점수는 우수(A, 10점), 양호(B, 8점), 보통(C, 6점), 미흡(D, 4점), 불량(E, 2점) 등 5단계로 구분하며, 항목별 평가결과에 따라 해당되는 점수와 평가근거를 면담 또는 확인 결과란에 기재함

(3) 해당사항이 없는 평가항목의 경우에는 "해당 없음"으로 표기하고 그 항목은 점수가 없는 것으로 봄

(4) 환산점수는 항목별로 평가점수에 환산계수를 곱한 점수를 말하며, 환산점수의 총합은 항목별 환산점수를 모두 합한 점수를 말함

⑧ 평가결과 및 통보

(1) 지방관서의 장은 평가점수에 따라 사업장 또는 단위공장(단위공장별로 이행상태를 실시한 경우에 한정함)별로 다음 각 호의 어느 하나에 해당하는 등급을 부여함

    가. P등급(우수): 환산점수의 총합이 90점 이상

    나. S등급(양호): 환산점수의 총합이 80점 이상 90점 미만

    다. M+등급(보통): 환산점수의 총합이 70점 이상 80점 미만

    라. M-등급(불량): 환산점수의 총합이 70점 미만

(2) 지방관서의 장은 제1항의 평가등급, 평가점수 등 평가결과에 대한 소견서를 첨부하여 평가를 마친 날부터 1개월 이내에 사업주에게 알려야 하며 이를 다음 반기부터 적용함

⑨ 평가 결과 불량 시 조치

평가 결과 보완 상태가 불량하면 보고서 변경을 명할 수 있고, 불이행 시 다시 제출하도록 명할 수 있음

⑩ 등급별 관리

(1) 지방관서의 장과 중대산업사고예방센터[91](이하 "중방센터")의 장은 공정안전보고서 이행상태 평가 결과에 따라 등급이 부여된 사업장에 대해서는 등급별 관리기준에 따라 공정안전보고서 이행실태를 관리함

---

91) 중대산업사고를 예방하기 위해 지방고용노동관서 근로감독관과 한국산업안전보건공단직원으로 구성된 조직을 말함

【등급별 관리기준】

구분	일반기준	단순위험설비 보유 사업장
P등급	등급부여 후 1회/4년 점검	
S등급	등급부여 후 1회/2년 점검	
M+등급	등급부여 후 1회/2년 점검 및 1회/2년 기술지도 (기술지원팀)	등급부여 후 1회/2년 점검
M-등급	등급부여 후 1회/1년 점검 및 1회/2년 기술지도 (기술지원팀)	등급부여 후 1회/2년 점검 및 1회/4년 기술지도 (기술지원팀)

〈비고〉
1. 감독대상으로 선정되어 감독(중방센터 감독팀 또는 기술지원팀이 포함되어 공정안전보고서 이행실태를 확인한 경우에 한함)을 실시한 경우에는 해당 연도 공정안전보고서 이행상태 점검을 감독으로 대체
2. P, S등급 사업장은 민간전문가로부터 자체감사를 받거나 자율적으로 안전진단(PSM 설비를 포함)을 실시하면 당기 또는 차기 점검 1회 면제(단, 2회 연속 면제는 불가)
3. 이행상태평가결과 등급이 우수한 사업장이 영세사업장에 대한 매칭컨설팅 지원 등 고용노동부의 지침에 따라 지원업무를 수행한 경우 차기 점검 1회 면제(단, 제2호의 자체감사에 따른 중복면제 불가)
4. 기술지도는 사업장(사업주)에서 원하는 경우(서면 신청)에만 실시(가급적 점검 시기의 ±6월 이내에는 금지)하되, 일반기준 M±등급은 4년(평가주기) 이내에 1회는 의무적으로 실시
5. "단순위험설비 보유 사업장"은 위험물질을 원재료 또는 부재료로 사용하지 않고 단순히 저장·취급을 목적으로 설치된 설비(인화성 액체·가스 및 급성독성물질을 가열, 건조하지 않는 LNG·LPG 가열로·보일러 및 내연력발전소 등)만을 보유한 사업장 및 낮은 농도의 수용액 제조·취급·저장(중량 40% 미만의 불산, 중량 30% 미만의 염산, 중량 20% 미만의 암모니아수)하는 사업장으로서 중방센터장이 구분한 사업장

(2) 신규평가 대상 사업장에 대해서는 공정안전보고서 이행상태 평가 전까지는 M+등급에 준하여 관리함

⑩ 중대산업사고에 대한 판단

① 지방관서의 장은 관할 사업장에서 발생한 화학사고에 대해서는 중대산업사고 등 판단기준에 따라 사고의 종류를 중방센터의 장과 협의를 거쳐 판단함. 다만, 공정안전보고서 대상 사업장의 중대산업사고 및 중대한 결함에 대한 최종판단은 중방센터의 장이 함

【중대산업사고 등 판단기준】

사고의 종류		판단기준	
중대산업 사고	· 대상설비, 대상물질, 사고유형, 피해정도 등이 모두 판단기준에 해당된 사고로 공정안전관리 사업장에서 발생한 사고	대상설비	· 영 제43조에 따른 원유정제처리업 등 7개 업종 사업장: 해당 업종과 관련된 주제품을 생산하는 설비 및 그 설비의 운영과 관련된 설비에서의 사고 · 규정량 적용 사업장: 영 별표 13에 따른 유해·위험물질을 제조·취급·저장하는 설비 및 그 설비의 운영과 관련된 모든 공정설비에서의 사고
중대한 결함	· 근로자 또는 인근주민의 피해가 없을 뿐 그 밖의 사고 발생 대상설비, 사고물질, 사고유형이 중대산업사고에 해당하는 사고	대상물질	· 영 제43조에 따른 원유정제처리업 등 7개 업종 사업장: 안전보건규칙 별표 1에 따른 위험물질(170여종) · 규정량 적용 사업장: 영 별표 13에 따른 유해·위험물질
그 밖의 화학사고	· 중대산업사고 또는 중대한 결함이 아닌 모든 화학사고	사고유형	· 화학물질에 의한 화재, 폭발, 누출사고
		피해정도	· 근로자: 1명 이상이 사망하거나 3일 이상의 휴업이 필요한 부상을 당한 경우 · 인근지역 주민: 피해가 사업장을 넘어서 인근 지역까지 확산될 가능성이 높은 경우

② 지방관서의 장과 중방센터의 장은 제①항에 따른 사고의 종류별로 화학사고 종류별 조치기준에 따라 해당되는 조치를 하여야 함

【화학사고 종류별 조치기준】

구분	지방관서	중방센터
중대산업사고	· 지역사고수습지원본부 설치(해당시) · 지역산업재해수습지원본부 설치(해당시) · 동향파악	· 중대산업사고 보고(본부) · 사고의 조사 및 조치(「근로감독관 집무규정(산업안전보건)」 제3장에 의한 재해조사 및 조치기준 준용) · 중대산업사고 등에 대한 판정결과 통보(지방관서) · 정기감독 대상으로 선정 · PSM 등급을 기존 등급대비 1등급 강등하되, 규칙 제3조에 따른 중대재해(근로자가 아닌 자를 포함)가 발생한 경우에는 최하 등급(M-)으로 강등 · 사업주에게 사고발생 1개월 이내에 '확인'을 요청토록 통보하고, 기술지원팀은 사업주의 요청에 따른 '확인' 실시(규칙 제53조제1항 단서에 따른 자체감사를 하고 그 결과를 공단에 제출한 경우에는 확인 생략 가능) · 안전보건진단·안전보건개선계획 수립의 명령 등 재발방지에 필요한 추가적인 조치('확인'을 받은 경우에는 안전보건진단 생략 가능)
중대한 결함	· 지역사고수습지원본부 설치(해당시) · 지역산업재해수습지원본부 설치(해당시) · 동향파악	· 중대한 결함 보고(본부) · 사고의 조사 및 조치(「근로감독관 집무규정(산업안전보건)」 제3장에 의한 재해조사 및 조치기준 준용) · 사업주에게 사고발생 1개월 이내에 '확인'을 요청토록 통보하고, 기술지원팀은 사업주의 요청에 따른 '확인' 실시 · 그 밖에 사고의 정도가 크다고 판단되는 사업장은 위 '중대산업사고' 조치기준에 준해서 필요한 조치

그 밖의 화학사고	· 제8조에 해당하는 사고의 조사 및 조치(「근로감독관 집무규정(산업안전보건)」제3장에 의한 재해조사 및 조치기준 준용) · 그 밖에 사고의 정도에 따라 필요한 조치	· 사고의 정도에 따라 필요한 조치

1️⃣1️⃣ 벌칙

위반행위	세부내용	과태료 금액(만원)		
		1차 위반	2차 위반	3차 이상 위반
법 제44조제1항 전단을 위반하여 공정안전보고서를 작성하여 제출하지 않은 경우		300	600	1,000
법 제44조제2항을 위반하여 공정안전보고서 작성 시 산업안전보건위원회의 심의를 거치지 않거나 근로자대표의 의견을 듣지 않은 경우		50	250	500
법 제45조제2항을 위반하여 공정안전보고서를 사업장에 갖추어 두지 않은 경우		300	600	1,000
법 제46조제1항을 위반하여 공정안전보고서의 내용을 지키지 않은 경우	1) 사업주가 지키지 않은 경우 (내용 위반 1건당)	10	20	30
	2) 근로자가 지키지 않은 경우 (내용 위반 1건당)	5	10	15
법 제46조제2항을 위반하여 공정안전보고서의 내용을 실제로 이행하고 있는지에 대하여 고용노동부장관의 확인을 받지 않은 경우		30	150	300

> **ⓘ Tip**
>
> ■ 관련고시
> 「공정안전보고서의 제출·심사·확인 및 이행상태평가 등에 관한 규정」
> ■ 관련예규
> 「중대산업사고 예방센터 운영규정」
> ■ 관련규정
> 공정안전보고서 심사·확인업무 처리에 관한 규칙

9 / 안전보건진단(법 제47조)

① 개요

고용노동부장관은 추락·붕괴, 화재·폭발, 유해하거나 위험한 물질의 누출 등으로 산업재해 발생의 위험이 현저히 높은 사업장에 대하여, 산업재해를 예방하기 위하여 안전보건진단기관[92]이 실시하는 안전보건진단을 받도록 명할 수 있음. 이에 따라 사업주는 고용노동부가 지정한 진단기관에 안전보건진단을 의뢰하고, 진단의 실시 과정 및 결과에 협조하여야 함

안전보건진단은 산업재해 예방을 위하여 사업장에 잠재된 인적·물적·환경적 위험요인을 전문가의 시각에서 조사·평가하고, 그 결과를 바탕으로 실질적인 개선대책을 수립·제시하기 위한 제도임. 이는 사고 발생 이후의 원인 규명에 그치는 것이 아니라, 사고 발생 이전에 위험성을 발견하고 재해를 감소시키는 것을 목적으로 하는 사전 예방적 조치임

② 안전보건진단의 대상과 방식

① 명령 주체와 명령 대상

　(1) 명령 주체: 고용노동부장관

　(2) 명령 대상: 산업재해 발생 위험이 현저히 높은 사업장의 사업주

② 진단 수행 기관

　안전보건진단은 고용노동부장관으로부터 지정받은 안전보건진단기관이 실시함

③ 분야 제한 명령 가능

　고용노동부장관은 진단 명령 시 기계·화공·전기·건설 등 분야별로 한정하여 진단을 받을 것을 명할 수 있음

③ 사업주의 의뢰 의무

안전보건진단 명령을 받은 사업주는 15일 이내 안전보건진단기관에 안전보건진단을 의뢰해야 함

---

92)　실무적으로는 종합진단기관, 안전진단기관, 보건진단기관으로 구분함

④ 진단 실시 과정에서의 협조 의무 및 근로자대표 참여

① 사업주의 협조 의무

사업주는 안전보건진단기관이 실시하는 진단에 적극 협조해야 하며, 정당한 사유 없이 거부·방해·기피할 수 없음

② 근로자대표 참여

근로자대표가 요구하면 해당 안전보건진단에 근로자대표를 참여시켜야 함

⑤ 결과보고서 제출

① 보고서 제출 의무 주체

안전보건진단을 실시한 안전보건진단기관은 진단 결과에 대한 보고서를 제출하여야 함

② 보고서의 내용

결과보고서에는 진단종류에 따른 진단내용에 해당하는 사항에 대하여 사업장의 안전보건 실태에 대한 조사·평가 및 측정 결과와 그에 따른 개선방법이 포함되어야 함

③ 제출 기한과 제출처

진단기관은 안전보건진단을 의뢰받은 날로부터 30일 이내 해당 사업장의 사업주 및 관할 지방고용노동관서의 장에게 결과보고서를 제출해야 함(전자문서 제출 포함)

⑥ 안전보건진단의 종류·내용

■ 진단의 종류 및 내용

안전보건진단은 진단의 범위에 따라 종합진단, 안전진단, 보건진단으로 구분되며, 각 진단별로 다음과 같은 내용이 포함됨

종류	진단내용
종합진단	1. 경영·관리적 사항에 대한 평가 　가. 산업재해 예방계획의 적정성 　나. 안전·보건 관리조직과 그 직무의 적정성 　다. 산업안전보건위원회 설치·운영, 명예산업안전감독관의 역할 등 근로자의 참여 정도 　라. 안전보건관리규정 내용의 적정성 2. 산업재해 또는 사고의 발생 원인(산업재해 또는 사고가 발생한 경우만 해당함) 3. 작업조건 및 작업방법에 대한 평가

종합진단	4. 유해·위험요인에 대한 측정 및 분석 　가. 기계·기구 또는 그 밖의 설비에 의한 위험성 　나. 폭발성·물반응성·자기반응성·자기발열성 물질, 자연발화성 액체·고체 및 인화성 액체 등에 의한 위험성 　다. 전기·열 또는 그 밖의 에너지에 의한 위험성 　라. 추락, 붕괴, 낙하, 비래(飛來) 등으로 인한 위험성 　마. 그 밖에 기계·기구·설비·장치·구축물·시설물·원재료 및 공정 등에 의한 위험성 　바. 법 제118조제1항에 따른 허가대상물질, 고용노동부령으로 정하는 관리대상 유해물질 및 온도·습도·환기·소음·진동·분진, 유해광선 등의 유해성 또는 위험성 5. 보호구, 안전·보건장비 및 작업환경 개선시설의 적정성 6. 유해물질의 사용·보관·저장, 물질안전보건자료의 작성, 근로자 교육 및 경고표시 부착의 적정성 7. 그 밖에 작업환경 및 근로자 건강 유지·증진 등 보건관리의 개선을 위하여 필요한 사항
안전진단	종합진단 내용 중 제2호·제3호, 제4호가목부터 마목까지 및 제5호 중 안전 관련 사항
보건진단	종합진단 내용 중 제2호·제3호, 제4호바목, 제5호 중 보건 관련 사항, 제6호 및 제7호

⑦ 벌칙

위반행위	세부내용	과태료 금액(만원)		
		1차 위반	2차 위반	3차 이상 위반
법 제47조제1항에 따른 명령을 위반하여 안전보건진단기관이 실시하는 안전보건진단을 받지 않은 경우		1,000	1,000	1,000
법 제47조제3항 전단을 위반하여 정당한 사유 없이 안전보건진단을 거부·방해 또는 기피하거나 같은 항 후단을 위반하여 근로자대표가 요구하였음에도 불구하고 안전보건진단에 근로자대표를 참여시키지 않은 경우	1) 거부·방해 또는 기피한 경우	1,500	1,500	1,500
	2) 근로자대표를 참여시키지 않은 경우	150	300	500

10 / 안전보건개선계획 수립·시행(법 제49조)

① 개요

고용노동부장관은 산업재해 예방을 위하여 개별적인 안전·보건조치만으로는 충분하지 않고 사업장 전반에 대한 종합적인 개선이 필요하다고 인정되는 경우, 해당 사업장에 대하여 안전보건개선계획을 수립·시행하도록 명할 수 있음. 이에 따라 사업주는 안전보건개선계획서를 작성·제출하여 심사를 받아야 하며, 심사를 받은 안전보건개선계획서의 내용을 사업주와 근로자가 함께 준수하고 이를 성실히 이행하여야 함

안전보건개선계획 제도는 반복적인 산업재해 발생, 구조적인 안전조치의 미이행, 직업성 질병의 집단 발생 등과 같이 사업장 전반의 안전보건 수준을 근본적으로 개선할 필요가 있는 경우에 적용되는 사후적·종합적 개선 제도로서, 단편적인 조치가 아닌 체계적이고 지속적인 개선을 통해 산업재해를 예방하는 것을 목적으로 함

② 안전보건개선계획 수립·시행 명령 대상 사업장

고용노동부장관은 다음 어느 하나에 해당하는 사업장에 대하여 안전보건개선계획 수립·시행을 명할 수 있음

① 산업재해율이 같은 업종의 규모별 평균 산업재해율보다 높은 사업장

② 사업주가 필요한 안전조치 또는 보건조치를 이행하지 아니하여 중대재해가 발생한 사업장

③ 직업성 질병자가 연간 2명 이상 발생한 사업장

④ 법 제106조에 따른 유해인자의 노출기준을 초과한 사업장

③ 안전보건진단을 거쳐 개선계획을 수립해야 하는 사업장

① 위 ②의 사업장 중에서도 재해 수준이 특히 중대한 경우에는, 고용노동부장관이 안전보건진단을 먼저 실시한 후 그 결과를 토대로 안전보건개선계획을 수립·시행하도록 명할 수 있음

② 안전보건진단을 거쳐야 하는 사업장

  (1) 산업재해율이 같은 업종 평균 산업재해율의 2배 이상인 사업장

  (2) 법 제49조제1항제2호에 해당하는 사업장

⑶ 직업성 질병자가 연간 2명 이상(상시근로자 1천명 이상 사업장의 경우 3명 이상) 발생한 사업장

⑷ 그 밖에 작업환경 불량, 화재·폭발 또는 누출 사고 등으로 사업장 주변까지 피해가 확산된 사업장으로서 고용노동부령으로 정하는 사업장

④ 안전보건개선계획 수립 시 절차상 유의사항

① 산업안전보건위원회 심의

사업주는 안전보건개선계획을 수립할 때 산업안전보건위원회의 심의를 거쳐야 함

② 근로자대표 의견 청취

산업안전보건위원회가 설치되어 있지 아니한 사업장의 경우 근로자대표의 의견을 들어야 함

⑤ 안전보건개선계획 수립·제출 및 심사 절차

① 안전보건개선계획서 제출 기한

사업주는 안전보건개선계획서 수립·시행 명령을 받은 날부터 60일 이내에 관할 지방 고용노동관서의 장에게 해당 계획서를 제출함

② 안전보건개선계획서에 포함되어야 할 사항

안전보건개선계획서에는 시설, 안전보건관리체제, 안전보건교육, 산업재해 예방 및 작업환경의 개선을 위하여 필요한 사항이 포함되어야 함

③ 행정청의 심사 및 보완

⑴ 지방고용노동관서의 장은 안전보건개선계획서를 접수한 경우에는 접수일부터 15일 이내에 심사하여 그 결과를 사업주에게 통보

⑵ 지방고용노동관서의 장은 안전보건개선계획서에 제②항에서 정한 사항이 적정하게 포함되어 있는지 검토해야 하며, 이 경우 지방고용노동관서의 장은 안전보건개선계획서의 적정 여부 확인을 공단 또는 산업안전지도사에게 요청할 수 있음

⑶ 지방고용노동관서의 장은 근로자의 안전 및 보건의 유지·증진을 위하여 필요하다고 인정하는 경우 안전보건개선계획서의 보완을 명할 수 있음

④ 안전보건개선계획의 준수 및 이행

사업주와 근로자는 심사를 받은 안전보건개선계획서(보완된 안전보건개선계획서를 포함

함)의 내용을 준수하여야 하며, 해당 계획에 따라 개선조치를 이행하여야 함

⑥ 벌칙

위반행위	세부내용	과태료 금액(만원)		
		1차 위반	2차 위반	3차 이상 위반
법 제49조제1항에 따른 명령을 위반하여 안전보건개선계획을 수립하여 시행하지 않은 경우	1) 법 제49조제1항 전단에 따라 안전보건개선계획을 수립·시행하지 않은 경우	500	750	1,000
	2) 법 제49조제1항 후단에 따라 안전보건개선계획을 수립·시행하지 않은 경우	1,000	1,000	1,000
법 제49조제2항을 위반하여 산업안전보건위원회의 심의를 거치지 않거나 근로자대표의 의견을 듣지 않은 경우		50	250	500
법 제50조제3항을 위반하여 안전보건개선계획을 준수하지 않은 경우	1) 사업주가 준수하지 않은 경우	200	300	500
	2) 근로자가 준수하지 않은 경우	5	10	15

11 / **작업중지**(법 제51조, 제52조)

① 개요

산업재해가 발생할 급박한 위험이 있는 경우, 사업주에게는 즉시 작업을 중지시키고 근로자를 대피시키는 등 필요한 안전 및 보건조치를 할 의무를 부여하고, 근로자에게는 스스로 작업을 중지하고 대피할 수 있는 권한을 부여하며, 이를 이유로 해고, 전보, 임금 삭감 등 어떠한 불리한 처우도 할 수 없음

작업중지 제도는 사업주의 안전 확보 의무와 근로자의 자기보호 권리가 동시에 작동하는 제도로서, 산업재해 예방을 위한 최후이자 가장 즉각적인 안전장치에 해당함

② 사업주의 작업중지 및 대피 조치 의무

사업주는 산업재해가 발생할 급박한 위험이 있을 때에는 다음의 조치를 즉시 이행하여야 함

① 작업의 즉시 중지

② 근로자를 해당 작업장소에서 대피

③ 그 밖에 안전 및 보건에 관하여 필요한 조치

③ 근로자의 작업중지 및 대피 권리

근로자는 산업재해가 발생할 급박한 위험이 있는 경우, 사업주의 지시가 없더라도 스스로 작업을 중지하고 대피할 수 있음

④ 근로자의 보고 의무와 관리감독자의 조치

① 작업을 중지하고 대피한 근로자는 지체 없이 그 사실을 관리감독자 또는 부서의 장(이하 "관리감독자등")에게 보고해야 함

② 보고를 받은 관리감독자등은 안전 및 보건에 관하여 필요한 조치를 하여야 함

⑤ 불리한 처우 금지(근로자 보호)

사업주는 산업재해가 발생할 급박한 위험이 있다고 근로자가 믿을 만한 합리적인 이유가 있는 경우, 작업을 중지하고 대피한 근로자에게 해고나 그 밖의 불리한 처우를 해서는 안 됨. 이 경우 위험이 사후적으로 확인되지 않았더라도, 당시 상황에서 합리성이 인정되면

보호 대상이 됨

⑥ 벌칙

◆ 산업안전보건법 제168조【벌칙】 다음 각 호의 어느 하나에 해당하는 자는 5년 이하의 징역 또는 5천만원 이하의 벌금에 처한다.
  1. 제51조(제166조의2에서 준용하는 경우를 포함함)를 위반한 자

◆ 산업안전보건법 제173조【양벌규정】 법인의 대표자나 법인 또는 개인의 대리인, 사용인, 그 밖의 종업원이 그 법인 또는 개인의 업무에 관하여 제167조제1항 또는 제168조부터 제172조까지의 어느 하나에 해당하는 위반행위를 하면 그 행위자를 벌하는 외에 그 법인에게 다음 각 호의 구분에 따른 벌금형을, 그 개인에게는 해당 조문의 벌금형을 과(科)한다. 다만, 법인 또는 개인이 그 위반행위를 방지하기 위하여 해당 업무에 관하여 상당한 주의와 감독을 게을리하지 아니한 경우에는 그러하지 아니하다.
  1. 제167조제1항의 경우: 10억원 이하의 벌금
  2. 제168조부터 제172조까지의 경우: 해당 조문의 벌금형

12 / 고용노동부장관의 시정조치(법 제53조)

① 개요

사업장에 기계·설비 등과 관련하여 필요한 안전 및 보건조치가 이행되지 아니하여 근로자에게 현저한 유해·위험이 초래될 우려가 있는 경우, 고용노동부장관이 해당 기계·설비에 대하여 안전·보건상 필요한 조치를 명하여 유해·위험 상태를 신속하게 제거하고 산업재해 발생을 예방하기 위한 제도임

시정조치는 산업안전감독관의 점검·감독 결과 확인된 개별적인 위반 사항이나 위험 요소에 대하여 우선적으로 개선을 명하는 1차적 행정조치로서, 시정조치 이행 여부에 따라 사용중지 또는 작업중지로 단계적으로 이행되는 구조를 가짐

② 시정조치의 명령(법 제53조제1항)

고용노동부장관은 사업주가 사업장의 건설물 또는 그 부속건설물 및 기계·기구·설비·원재료 등(이하 "기계·설비등")에 대하여 안전 및 보건에 관하여 고용노동부령으로 정하는 필요한 조치를 하지 아니하여 근로자에게 현저한 유해·위험이 초래될 우려가 있다고 판단되는 경우, 해당 기계·설비등에 대하여 시정조치를 명할 수 있음

③ 시정조치의 대상과 내용

시정조치의 대상은 사업장의 기계·설비등, 고용노동부령으로 정하는 안전 및 보건조치에는 다음 사항이 포함됨

① 안전보건규칙에서 기계·설비등에 대하여 정하는 안전조치 또는 보건조치

② 법 제87조에 따른 안전인증대상기계등의 사용금지

③ 법 제92조에 따른 자율안전확인대상기계등의 사용금지

④ 법 제95조에 따른 안전검사대상기계등의 사용금지

⑤ 법 제99조제2항에 따른 안전검사대상기계등의 사용금지

⑥ 법 제117조제1항에 따른 제조등금지물질의 사용금지

⑦ 법 제118조제1항에 따른 허가대상물질에 대한 허가의 취득

④ 시정조치 명령의 게시

사업주는 고용노동부장관으로부터 시정조치 명령을 받은 경우, 시정조치가 완료될 때까지 위반 장소 또는 사내 게시판 등 근로자가 쉽게 볼 수 있는 장소에 시정조치 명령 사항을 게시하여야 함

⑤ 시정조치 불이행에 따른 사용중지 및 작업중지(법 제53조제3항)

① 고용노동부장관은 시정조치의 이행이 이루어지지 아니하여 유해·위험 상태가 해소 또는 는 개선되지 아니하거나 근로자에 대한 유해·위험이 현저히 높아질 우려가 있는 경우, 해당 기계·기구·설비·원재료 등에 대한 사용중지 또는 관련 작업의 전부 또는 일부에 대한 작업중지를 명할 수 있음

② 사용중지 또는 작업중지 명령은 각각 사용중지명령서등[93] 또는 작업중지명령서등[94]을 발부하거나 해당 장소에 부착하는 방법으로 함

③ 사업주는 사용중지 또는 작업중지 명령을 받은 경우, 개선이 완료되어 고용노동부장관이 해당 명령을 해제할 때까지 해당 기계·설비등을 사용하거나 작업을 재개해서는 안 되며, 그 내용을 관계 근로자에게 알려야 함

④ 발부되거나 부착된 사용중지명령서등 또는 작업중지명령서등을 임의로 제거하거나 훼손해서는 안 됨

⑥ 시정조치 완료 및 중지 해제

① 사용중지 또는 작업중지 명령을 받은 사업주는 시정조치를 완료한 경우 고용노동부장관에게 해당 명령의 해제를 요청할 수 있음

② 고용노동부장관은 시정조치가 완료되었다고 판단되는 경우 사용중지 또는 작업중지를 해제하여야 하며, 그 내용을 사업주에게 통보하여야 함

---

[93] 산업안전보건법 시행규칙 [별지 제27호서식]의 사용중지명령서 또는 고용노동부장관이 정하는 표지를 말함
[94] 산업안전보건법 시행규칙 [별지 제27호서식]의 작업중지명령서 또는 고용노동부장관이 정하는 표지를 말함

⑦ 벌칙

◈ 산업안전보건법 제168조【벌칙】다음 각 호의 어느 하나에 해당하는 자는 5년 이하의 징역 또는 5천만원 이하의 벌금에 처한다.

2. 제53조제3항(제166조의2에서 준용하는 경우를 포함함)에 따른 명령을 위반한 자

◈ 산업안전보건법 제169조【벌칙】다음 각 호의 어느 하나에 해당하는 자는 3년 이하의 징역 또는 3천만원 이하의 벌금에 처한다.

2. 제53조제1항(제166조의2에서 준용하는 경우를 포함함)에 따른 명령을 위반한 자

◈ 산업안전보건법 제173조【양벌규정】법인의 대표자나 법인 또는 개인의 대리인, 사용인, 그 밖의 종업원이 그 법인 또는 개인의 업무에 관하여 제167조제1항 또는 제168조부터 제172조까지의 어느 하나에 해당하는 위반행위를 하면 그 행위자를 벌하는 외에 그 법인에게 다음 각 호의 구분에 따른 벌금형을, 그 개인에게는 해당 조문의 벌금형을 과(科)한다. 다만, 법인 또는 개인이 그 위반행위를 방지하기 위하여 해당 업무에 관하여 상당한 주의와 감독을 게을리하지 아니한 경우에는 그러하지 아니하다.

1. 제167조제1항의 경우: 10억원 이하의 벌금

2. 제168조부터 제172조까지의 경우: 해당 조문의 벌금형

위반행위	세부내용	과태료 금액(만원)		
		1차 위반	2차 위반	3차 이상 위반
법 제53조제2항(법 제166조의2에서 준용하는 경우를 포함함)을 위반하여 고용노동부장관으로부터 명령받은 사항을 게시하지 않은 경우		50	250	500

13 / 중대재해 발생 시 조치(법 제54조~제56조)

① 개요

중대재해가 발생한 경우, 사업주에게는 즉시 해당 작업을 중지하고 근로자를 대피시키는 등 필요한 안전 및 보건에 관한 초동 조치와 관계 기관에 대한 보고 의무를 이행하도록 하며, 고용노동부장관은 동일하거나 관련된 작업에 대하여 재발 또는 확산의 위험이 있는 경우 작업중지를 명할 수 있음

또한 중대재해의 원인 규명과 재발 방지를 위하여 국가 차원의 원인조사를 실시하고, 그 결과에 따라 사업주에게 안전보건개선계획 수립 및 필요한 개선조치를 명함으로써, 사고의 근본 원인을 제거하고 체계적인 재발 방지 관리가 이루어지도록 함

② 중대재해 발생 시 사업주의 즉시 조치 및 보고(법 제54조)

① 즉시 작업중지 및 대피 조치

중대재해가 발생한 경우 즉시 해당 작업을 중지시키고 근로자를 작업장소에서 대피시키는 등 안전 및 보건에 관하여 필요한 조치를 하여야 함

② 행정명령과 무관한 직접 의무

제①항의 조치는 고용노동부장관의 작업중지 명령 여부와 관계없이 중대재해 발생 즉시 사업주에게 직접 부과되는 의무에 해당함

③ 중대재해 발생 사실의 보고

사업주는 중대재해가 발생한 사실을 알게 된 경우 지체 없이 고용노동부장관에게 보고하여야 함

④ 부득이한 사유가 있는 경우의 보고 시기

천재지변 등 부득이한 사유로 즉시 보고할 수 없는 경우에는 그 사유가 소멸된 후 지체 없이 보고하여야 함

⑤ 보고 사항의 범위

중대재해 발생 보고에는 다음 각 사항이 포함되어야 함

⑴ 발생 개요 및 피해 상황

⑵ 조치 내용 및 향후 전망

(3) 그 밖에 중요한 사항

③ 중대재해 발생 시 고용노동부장관의 작업중지 조치(법 제55조)

① 재발 위험이 있는 작업에 대한 작업중지 명령

고용노동부장관은 중대재해가 발생한 경우, 해당 작업으로 인하여 해당 사업장에 산업재해가 다시 발생할 급박한 위험이 있다고 판단되는 때에는 그 작업의 중지를 명할 수 있음

(1) 중대재해가 발생한 해당 작업

(2) 중대재해가 발생한 작업과 동일한 작업

② 재해 확산 우려가 있는 경우의 사업장 작업중지

고용노동부장관은 토사·구축물의 붕괴, 화재·폭발, 유해하거나 위험한 물질의 누출 등으로 중대재해가 발생하여 그 재해가 발생한 장소 주변으로 산업재해가 확산될 우려가 있는 등 불가피한 경우에는 해당 사업장의 작업을 중지할 수 있음

④ 작업중지명령 및 해제 절차

① 작업중지명령서의 발부

고용노동부장관은 작업중지를 명하는 경우 작업중지명령서[95]를 발부함

② 작업중지명령 해제 신청 및 근로자 의견 청취

사업주는 작업중지 해제를 요청하려는 경우 작업중지명령 해제신청서[96]를 제출하여야 하며, 이 경우 유해·위험요인 개선내용에 대하여 중대재해가 발생한 해당 작업의 근로자 의견을 사전에 청취하여야 함

③ 작업중지 해제 절차 및 요건

고용노동부장관은 사업주로부터 작업중지 해제 요청을 받은 경우, 근로감독관을 통해 안전·보건을 위하여 필요한 조치의 이행 여부를 확인하게 하고, 천재지변 등 불가피한 경우를 제외하고는 해제 요청일 다음 날부터[97] 4일 이내에 작업중지 해제에 관한 전문가 등으로 구성된 작업중지해제 심의위원회를 개최하여 심의한 후, 심의위원회

---

95) 산업안전보건법 시행규칙 [별지 제28호서식]
96) 산업안전보건법 시행규칙 [별지 제29호서식]
97) 토요일과 공휴일을 포함하되, 토요일과 공휴일이 연속하는 경우에는 3일까지만 포함함

가 해당 유해·위험업무에 대한 안전·보건조치가 충분히 개선되었다고 심의·의결한 경우에는, 지방고용노동관서의 장이 이를 근거로 즉시 작업중지명령의 해제를 결정하여야 함

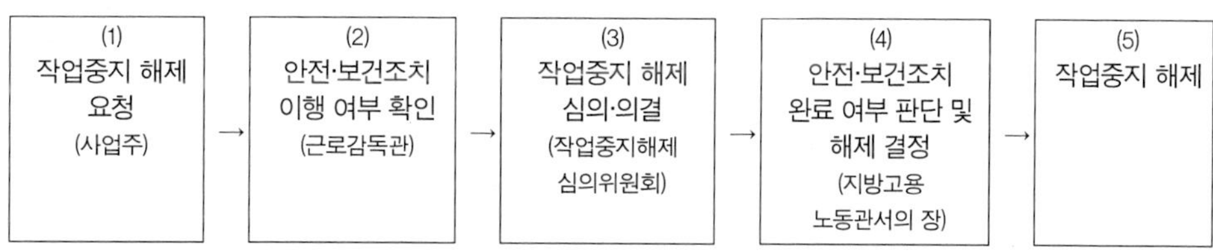

④ 작업중지해제 심의위원회의 구성

심의위원회는 지방고용노동관서의 장, 공단 소속 전문가 및 해당 사업장과 이해관계가 없는 외부 전문가 등을 포함하여 4명 이상으로 구성됨

⑤ 중대재해 원인조사 및 후속 조치(법 제56조)

① 중대재해 발생 원인의 조사

고용노동부장관은 중대재해가 발생한 경우 그 원인 규명 또는 산업재해 예방대책의 수립을 위하여 중대재해 발생 원인을 조사할 수 있음

② 현장조사 및 조사 범위

중대재해 원인조사는 현장을 방문하여 실시하며, 재해조사에 필요한 안전보건 관련 서류, 목격자의 진술 등을 확보하도록 노력하여야 하고, 이 경우 중대재해 발생 원인이 사업주의 법 위반에 기인한 것인지 여부 등을 포함하여 조사함

③ 안전보건개선계획 수립·시행 명령

고용노동부장관은 중대재해 원인조사 결과에 따라 중대재해가 발생한 사업장의 사업주에게 안전보건개선계획의 수립 및 시행 등 필요한 조치를 명할 수 있음

④ 중대재해 원인조사 방해 금지

누구든지 중대재해 발생 현장을 훼손하거나 고용노동부장관의 중대재해 원인조사를 방해하여서는 안 됨

⑥ 벌칙

◆ 산업안전보건법 제168조【벌칙】다음 각 호의 어느 하나에 해당하는 자는 5년 이하의 징역 또는 5천만원 이하의 벌금에 처한다.

  1. 제54조제1항(제166조의2에서 준용하는 경우를 포함함)을 위반한 자

  2. 제55조제1항(제166조의2에서 준용하는 경우를 포함함)·제2항(제166조의2에서 준용하는 경우를 포함함)에 따른 명령을 위반한 자

◆ 산업안전보건법 제170조【벌칙】다음 각 호의 어느 하나에 해당하는 자는 1년 이하의 징역 또는 1천만원 이하의 벌금에 처한다.

  2. 제56조제3항(제166조의2에서 준용하는 경우를 포함함)을 위반하여 중대재해 발생 현장을 훼손하거나 고용노동부장관의 원인조사를 방해한 자

◆ 산업안전보건법 제173조【양벌규정】법인의 대표자나 법인 또는 개인의 대리인, 사용인, 그 밖의 종업원이 그 법인 또는 개인의 업무에 관하여 제167조제1항 또는 제168조부터 제172조까지의 어느 하나에 해당하는 위반행위를 하면 그 행위자를 벌하는 외에 그 법인에게 다음 각 호의 구분에 따른 벌금형을, 그 개인에게는 해당 조문의 벌금형을 과(科)한다. 다만, 법인 또는 개인이 그 위반행위를 방지하기 위하여 해당 업무에 관하여 상당한 주의와 감독을 게을리하지 아니한 경우에는 그러하지 아니하다.

  1. 제167조제1항의 경우: 10억원 이하의 벌금

  2. 제168조부터 제172조까지의 경우: 해당 조문의 벌금형

위반행위	세부내용	과태료 금액(만원)		
		1차 위반	2차 위반	3차 이상 위반
법 제54조제2항(법 제166조의2에서 준용하는 경우를 포함함)을 위반하여 중대재해 발생 사실을 보고하지 않거나 거짓으로 보고한 경우	중대재해 발생 보고를 하지 않거나 거짓으로 보고한 경우(사업장 외 교통사고 등 사업주의 법 위반을 직접적인 원인으로 발생한 중대재해가 아닌 것이 명백한 경우는 제외)	3,000	3,000	3,000

14. 산업재해 발생 은폐 금지 및 보고(법 제57조)

① 개요

산업재해가 발생한 경우, 사업주는 그 발생 사실을 은폐하여서는 아니 되며, 산업재해의 발생 경위와 원인 등에 관한 사항을 기록하여 보존하여야 함

또한 법령에서 정한 산업재해에 대하여는 관련 내용을 고용노동부장관에게 보고하여야 하며, 이를 통하여 산업재해 발생 현황이 체계적으로 관리될 수 있도록 함

이 제도는 산업재해 발생 실태를 투명하게 파악하고, 축적된 자료를 바탕으로 예방대책을 수립함으로써 근로자의 생명과 안전을 보호하기 위한 기반을 마련하는 데 목적이 있음

② 산업재해 발생 사실의 은폐 금지 및 기록·보존

① 산업재해 발생 사실의 은폐 금지

사업주는 산업재해가 발생한 경우 그 발생 사실을 은폐하여서는 아니 됨

② 산업재해 발생 기록 및 보존

사업주는 산업재해가 발생한 경우 다음 각 사항을 기록하여 보존하여야 함

(1) 사업장의 개요 및 근로자의 인적사항

(2) 재해 발생의 일시 및 장소

(3) 재해 발생의 원인 및 과정

(4) 재해 재발방지 계획

③ 기록·보존의 갈음 인정

다음 각 경우에는 제②항에 따른 기록·보존을 한 것으로 봄

(1) 산업재해조사표 사본을 보존한 경우

(2) 요양신청서 사본에 재해 재발방지 계획을 첨부하여 보존한 경우

③ 산업재해 발생 보고 대상 및 보고 방법

① 보고 대상 산업재해

다음 각 호의 어느 하나에 해당하는 경우에는 보고 대상 산업재해에 해당함

(1) 산업재해로 사망자가 발생한 경우

(2) 3일 이상의 휴업이 필요한 부상 또는 질병자가 발생한 경우

② 보고 방법 및 기한

보고 대상 산업재해에 대하여는 산업재해 발생일로부터 1개월 이내에 산업재해조사표[98]를 작성하여 관할 지방고용노동관서의 장에게 제출(전자문서에 의한 제출을 포함함)하여야 함

④ 산업재해조사표 제출의 특례

① 보고로 보는 경우(자진 또는 명령에 따른 제출)

2014년 7월 1일 이후 해당 사업장에서 처음 발생한 산업재해에 대하여, 사업주가 지방고용노동관서의 장으로부터 산업재해조사표를 작성·제출하도록 명령을 받은 경우 그 명령을 받은 날부터 15일 이내에 이를 이행한 때에는 산업재해 발생 보고를 한 것으로 봄

보고기한이 지난 후에 자진하여 산업재해조사표를 작성·제출한 경우에도 같음

② 특례 적용 제외 대상 사업주

다음 각 호의 어느 하나에 해당하는 사업주는 제①항의 특례를 적용하지 아니함

(1) 안전관리자 또는 보건관리자를 두어야 하는 사업주

(2) 법 제62조제1항에 따라 안전보건총괄책임자를 지정하여야 하는 도급인

(3) 법 제73조제2항에 따라 건설재해예방전문지도기관의 지도를 받아야 하는 건설공사도급인(법 제69조제1항에 따른 건설공사도급인을 말함)

(4) 산업재해 발생 사실을 은폐하려고 한 사업주

⑤ 근로자대표 확인 절차

① 근로자대표의 확인

사업주는 산업재해조사표에 대하여 근로자대표의 확인을 받아야 함

② 근로자대표의 이견 처리

산업재해조사표의 기재 내용에 대하여 근로자대표의 이견이 있는 경우에는 그 내용

---

98) 산업안전보건법 시행규칙 [별지 제30호서식]

을 첨부하여 제출하여야 함

③ 근로자대표가 없는 경우의 확인

근로자대표가 없는 경우에는 재해자 본인의 확인을 받아 산업재해조사표를 제출할 수 있음

⑥ 관계기관 간 자료 공유

■ 자료 요청에 대한 협조 의무

「산업재해보상보험법」 제41조에 따라 요양급여의 신청을 받은 근로복지공단은, 지방고용노동관서의 장 또는 공단으로부터 요양신청서 사본, 요양업무 관련 전산입력자료, 그 밖에 산업재해 예방업무 수행에 필요한 자료의 송부를 요청받은 경우에는 이에 협조하여야 함

⑦ 벌칙

◆ 산업안전보건법 제170조【벌칙】다음 각 호의 어느 하나에 해당하는 자는 1년 이하의 징역 또는 1천만원 이하의 벌금에 처한다.

3. 제57조제1항(제166조의2에서 준용하는 경우를 포함함)을 위반하여 산업재해 발생 사실을 은폐한 자 또는 그 발생 사실을 은폐하도록 교사(敎唆)하거나 공모(共謀)한 자

◆ 산업안전보건법 제173조【양벌규정】법인의 대표자나 법인 또는 개인의 대리인, 사용인, 그 밖의 종업원이 그 법인 또는 개인의 업무에 관하여 제167조제1항 또는 제168조부터 제172조까지의 어느 하나에 해당하는 위반행위를 하면 그 행위자를 벌하는 외에 그 법인에게 다음 각 호의 구분에 따른 벌금형을, 그 개인에게는 해당 조문의 벌금형을 과(科)한다. 다만, 법인 또는 개인이 그 위반행위를 방지하기 위하여 해당 업무에 관하여 상당한 주의와 감독을 게을리하지 아니한 경우에는 그러하지 아니하다.

1. 제167조제1항의 경우: 10억원 이하의 벌금

2. 제168조부터 제172조까지의 경우: 해당 조문의 벌금형

위반행위	세부내용	과태료 금액(만원)		
		1차 위반	2차 위반	3차 이상 위반
법 제57조제3항(법 제166조의2에서 준용하는 경우를 포함함)을 위반하여 산업재해를 보고하지 않거나 거짓으로 보고한 경우	1) 산업재해를 보고하지 않은 경우(사업장 외 교통사고 등 사업주의 법 위반을 직접적인 원인으로 발생한 산업재해가 아닌 것이 명백한 경우는 제외)	700	1,000	1,500
	2) 산업재해를 거짓으로 보고한 경우	1,500	1,500	1,500

제5장

도급 시 산업재해 예방

1 / 산업안전보건법에서의 도급[99]

① 개요

① 도급은 일반적으로 일의 완성 또는 결과에 대하여 보수를 지급하는 계약을 의미함. 그러나 산업안전보건법에서의 도급은 민법상 계약 명칭이나 형식에 한정되지 아니하고, 자신의 업무의 전부 또는 일부를 타인에게 맡겨 수행하게 하는 모든 계약 관계를 포함하는 개념으로 이해함

즉 계약의 명칭이 도급, 용역, 위탁 등 무엇이든 관계없이, 실질적으로 다른 사업주 또는 근로자가 자신의 사업장 또는 작업에 관여하여 업무를 수행하는 구조라면 산업안전보건법상 도급에 해당할 수 있음

이와 같은 확장된 도급 개념을 전제로 하여, 산업안전보건법은 도급 관계에서 발생할 수 있는 산업재해를 예방하기 위하여 도급인과 수급인 각각에게 법적 책임과 의무를 부과함

다만 도급에 해당한다는 사정만으로 곧바로 도급인에게 모든 안전·보건조치 의무가 발생하는 것은 아니며, 그 책임 범위는 법령에서 정한 요건과 범위에 따라 한정됨

② 예시로 보는 산업안전보건법상 도급의 범위

다음과 같은 경우에는 계약의 명칭이나 형식과 관계없이 산업안전보건법상 도급에 해당할 수 있음

■ 예시 1 │ 설비 유지·보수 업무를 외부 업체에 맡긴 경우

제조업 사업장에서 설비 유지보수 업무를 외부 업체에 맡기고, 해당 업체 근로자가 사업장 내에서 작업을 수행하는 경우

- 계약 명칭이 '용역' 또는 '외주'라 하더라도, 자신의 업무를 타인에게 맡긴 구조에 해당함

■ 예시 2 │ 건설현장에서 특정 공정을 다른 사업자에게 맡긴 경우

건설현장에서 특정 공정을 다른 사업자에게 맡기고, 그 사업자의 근로자가 동일한 작업장소에서 작업하는 경우

- 공사도급 형태로서 산업안전보건법상 도급 관계가 성립함

---

99) 산업안전보건법에 따른 도급관련 용어의 정의는 본서 제1장 산업안전보건법 총칙→1. 산업안전보건법의 목적 및 정의→④ 용어 정의 참조

■ 예시 3 | 물류센터 하역·분류 작업을 협력업체에 위탁한 경우

물류센터에서 하역·분류 작업을 협력업체에 위탁하고, 협력업체 소속 근로자가 원청 사업장의 작업환경에서 업무를 수행하는 경우

- 위탁 계약이라 하더라도 실질적으로는 도급 관계에 해당함

■ 예시 4 | 청소·경비·시설관리 업무를 외부 업체에 맡긴 경우

사업장 내 청소, 경비, 시설관리 업무를 외부 업체에 맡기고 해당 인력이 상시적으로 출입하며 작업하는 경우

- 사업 수행에 직·간접적으로 수반되는 업무라 하더라도, 도급인의 사업장에서 작업하는 구조라면 산업안전보건법상 도급에 해당함

■ 예시 5 | 설비 점검·정비 외주 계약

사업장에서 정기적인 설비 점검이나 정비 업무를 외부 업체에 맡기고, 해당 업체 근로자가 사업장 내 설비를 직접 점검·정비하는 경우

- 단발성 계약이라 하더라도, 사업장의 설비와 작업환경에 직접 관여하는 구조라면 도급 관계로 판단될 수 있음

■ 예시 6 | IT·자동화 설비 유지관리 계약

생산설비의 자동화 시스템, 제어 프로그램, 서버 또는 네트워크 관리를 외부 전문 업체에 맡기고 해당 인력이 현장에 상주하거나 정기적으로 출입하는 경우

- 업무 성격이 기술 용역이더라도, 작업 수행 장소와 위험요인이 사업장에 귀속되는 경우 도급에 해당할 수 있음

■ 예시 7 | 물류·운송 업무의 현장 수행

원재료 반입, 제품 출하, 사내 운반 업무를 외부 운송업체에 맡기고, 해당 근로자가 사업장 내에서 지게차 운행, 적재·하역 작업을 수행하는 경우

- 운송 계약이라 하더라도 사업장 내 작업이 수반되면 도급 관계로 볼 수 있음

■ 예시 8 | 공정 일부의 상시 외주화

생산 공정 중 특정 공정을 외부 업체에 지속적으로 맡기고, 그 업체 근로자가 동일한 작업장소에서 상시적으로 작업하는 경우

- 조직상 분리되어 있더라도 실질적으로는 도급 구조에 해당함

■ 예시 9 ｜ 위탁 운영·관리 계약

발전설비, 환경설비, 폐수처리시설, 집진설비 등의 운영·관리를 외부 업체에 위탁하고 해당 인력이 설비를 직접 운전·관리하는 경우

- '운영 위탁'이라는 명칭과 관계없이 산업안전보건법상 도급으로 판단될 수 있음

■ 예시 10 ｜ 전문업체의 일시적 현장 투입

대형 장비 반입, 중량물 설치, 특수 작업을 위해 전문업체 인력이 일시적으로 현장에 투입되는 경우

- 작업 기간이 짧더라도 사업장의 위험요인에 노출되는 구조라면 도급 관계가 성립할 수 있음

※ 위 예시는 산업안전보건법상 도급에 해당할 수 있는 대표적인 사례를 정리한 것으로, 실제 판단에 있어서는 계약의 명칭이 아니라 작업 수행 구조와 사업장 관여 정도를 종합적으로 고려함

② 산업안전보건법상 도급으로 볼 수 있는 계약 유형

① 도급(민법 제664조)

당사자 일방이 어느 일을 완성할 것을 약정하고, 그 상대방이 그 일의 결과에 대하여 보수를 지급할 것을 약정하는 계약

② 하도급

도급받은 업무의 전부 또는 일부를 다시 제3자에게 맡기기 위하여 수급인이 체결하는 계약

③ 위임(민법 제680조)

당사자 일방이 상대방에게 사무의 처리를 맡기고, 상대방이 이를 승낙하는 계약

④ 용역

물질적 재화의 형태가 아닌 노무를 제공하는 계약으로, 생산 또는 소비에 필요한 인적 서비스를 제공하는 형태

⑤ 위탁(委託)

특정 업무의 수행 또는 운영·관리를 외부 사업자에게 맡기는 계약

⑥ 외주(外注)

사업주가 자신의 업무 전부 또는 일부를 외부 사업자에게 맡겨 수행하게 하는 계약

형태

※ 위와 같은 계약 유형뿐만 아니라, 계약의 명칭이나 형식과 관계없이 자신의 업무를 타인에게 맡겨 수행하게 하는 모든 계약은 그 실질에 따라 산업안전보건법상 도급에 해당할 수 있음

③ 산업안전보건법상 도급으로 볼 수 없는 계약 유형

다음과 같은 계약은 그 성질상 자신의 업무를 타인에게 맡겨 수행하게 하는 구조에 해당하지 아니하므로, 일반적으로 산업안전보건법상 도급에 해당하지 않음

① 근로계약

사업주가 근로자와 직접 근로계약을 체결하여 근로자가 해당 사업주에게 종속되어 업무를 수행하는 경우

- 외부 사업자에게 업무를 맡긴 구조가 아니므로 도급에 해당하지 않음

② 근로자파견 계약

「파견근로자 보호 등에 관한 법률」에 따라 파견사업주가 고용한 근로자를 사용사업주에게 파견하여 근로를 제공하게 하는 계약

- 도급과 구별되는 별도의 법적 제도로서, 산업안전보건법상 도급과는 구분됨

③ 임대차 계약

기계·설비·차량·시설 등 물건 또는 공간을 임대하는 계약으로, 임차인이 이를 사용·수익하는 경우

- 업무의 수행이 아니라 목적물의 사용이 계약의 본질이므로 도급에 해당하지 않음

④ 매매 계약

재화의 이전을 목적으로 하는 계약으로, 물건의 제작·설치·운영 등의 업무 수행이 포함되지 않는 경우

- 업무를 맡기는 구조가 아니므로 도급에 해당하지 않음

⑤ 단순 자재 공급 계약

원자재·부품·소모품 등을 공급받는 계약으로, 공급자가 사업장 내에서 직접 작업을 수행하지 않는 경우

- 노무 제공이나 업무 수행이 수반되지 아니하므로 도급에 해당하지 않음

※ 다만, 위와 같은 계약이라 하더라도 계약의 내용이나 수행 방식에 따라 외부 사업자 또는 그 근로

자가 사업장 내에서 직접 업무를 수행하는 구조가 되는 경우에는, 그 실질에 따라 산업안전보건법상 도급으로 판단될 수 있음

ⓘ Tip

파견과 도급의 구별

- 「파견근로자 보호 등에 관한 법률」(약칭: 파견법) 제2조(정의)에 따르면, 근로자파견이란 파견사업주가 근로자를 고용한 상태에서 그 고용관계를 유지하면서, 근로자파견계약에 따라 사용사업주의 지휘·명령을 받아 사용사업주를 위한 근로에 종사하게 하는 것을 말함
- 동법 제35조(「산업안전보건법」의 적용에 관한 특례)에 따라, 파견 중인 근로자의 파견근로에 관하여는 사용사업주를 산업안전보건법 제2조제4호의 사업주로 보아 산업안전보건법을 적용함
- 따라서 사용사업주의 지휘·명령을 받아 근무하는 파견근로자는 산업안전보건법상 '수급인의 근로자'에 해당하지 아니하고, 사용사업주의 상시근로자와 동일하게 취급됨
- 이에 따라 파견근로자에 대해서는 도급에 따른 안전·보건조치가 아니라, 산업안전보건법 제2조제4호에 따른 근로자를 사용하는 사업주로서의 안전·보건조치를 이행하여야 함
  예) A회사가 소속 근로자 40명과 파견근로자 12명을 사용하는 경우, A회사는 총 52명의 근로자를 사용하는 사업주에 해당하며, 여기에 기간제·일용근로자 8명이 추가되면 총 60명의 근로자를 사용하는 사업주로 봄
- 근로자파견의 기본 구조

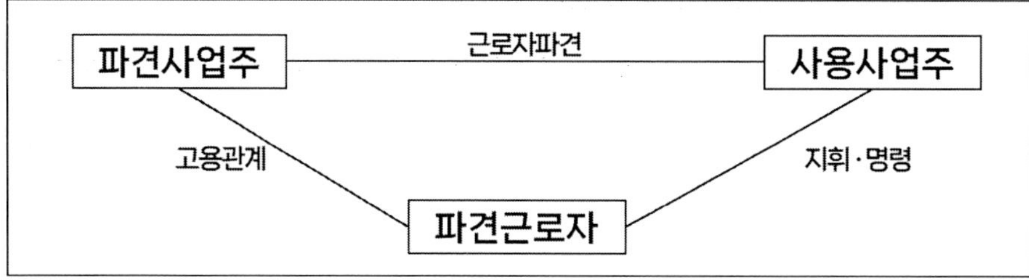

  - 근로자파견의 경우, 고용관계는 파견사업주와 파견근로자 사이에 존재하고, 업무에 대한 지휘·명령은 사용사업주가 행사하는 구조임
  - 이에 따라 파견근로자는 사용사업주의 지휘·명령을 받아 근무하더라도, 산업안전보건법상 사용사업주의 근로자로 보아 안전·보건조치가 적용됨
- 도급의 기본 구조

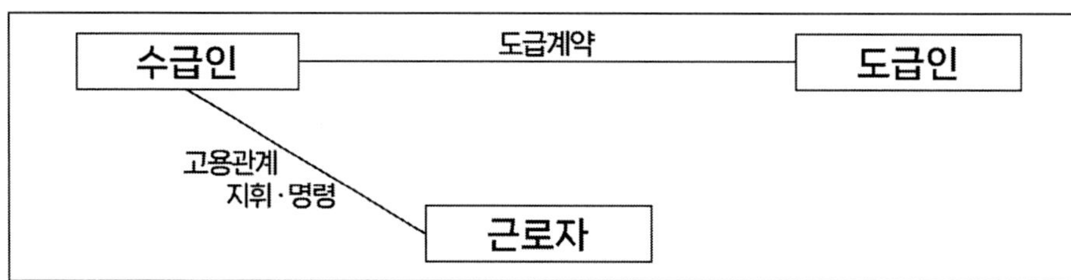

> - 도급의 경우에는 도급인과 수급인 사이에 도급계약이 체결되고, 근로자는 수급인과 고용관계 및 지휘·명령 관계를 동시에 유지함
> - 따라서 도급 관계에서는 수급인이 원칙적으로 근로자에 대한 안전·보건조치의 주체가 되며, 도급인은 산업안전보건법에서 정한 범위 내에서 도급인으로서의 안전·보건조치를 부담함
> - ■ 파견과 도급은 지휘·명령의 주체와 고용관계의 귀속이 근본적으로 다르며, 이 구조적 차이에 따라 산업안전보건법상 적용되는 책임 주체와 안전·보건조치의 내용이 달라짐

④ 전부개정에 따른 도급 범위의 확대

산업안전보건법 전부개정[100] 이전에는 사업의 목적과 직접적인 관련이 없는 청소, 경비, 구내식당 운영 등과 같은 업무에 대하여는 도급인의 안전·보건조치 의무가 문제되지 않는 경우가 많았음

그러나 전부개정 이후 산업안전보건법에서는 도급의 범위를 자신의 업무를 타인에게 맡겨 수행하게 하는 구조 전반으로 확대하여, 생산설비의 유지·개수 작업뿐만 아니라 사옥 경비, 조경, 청소, 구내식당 운영, 통근버스 운영 등 사업 수행에 직·간접적으로 수반되는 업무 역시 도급에 포함될 수 있도록 규정함

이는 업무의 성격이나 사업 목적과의 직접적인 관련 여부와 관계없이, 수급인 근로자의 작업 장소와 시설에 대한 위험을 실질적으로 지배·관리하는 자에게 안전·보건조치 책임을 부과하려는 취지임

⑤ 건설공사발주자와 도급인의 구분

① 도급인과 건설공사발주자의 개념

산업안전보건법 제2조(정의)에서 건설공사발주자와 도급인은 다음과 같이 규정하고 있음

- "도급인"이란 물건의 제조·건설·수리 또는 서비스의 제공, 그 밖의 업무를 도급하는 사업주를 말함

- "건설공사발주자"란 건설공사를 도급하는 자로서 건설공사의 시공을 주도하여 총괄·관리하지 아니하는 자를 말함. 다만, 도급받은 건설공사를 다시 도급하는 자는 제외함

---

100) 2019. 1. 15. 전부개정되어 2020. 1. 16. 시행된 법률 제16272호 산업안전보건법을 말함

② 건설공사 도급 시 책임 귀속의 기본 원칙

건설공사를 도급하는 경우, 도급을 준 공사의 시공을 주도하여 총괄·관리하는지 여부에 따라 도급인으로서의 책임 또는 건설공사발주자로서의 책임이 구분됨

공사의 시공을 주도하여 총괄·관리하는 경우에는 도급인으로서의 책임이 부여되고, 그렇지 아니한 경우에는 건설공사발주자로서의 책임이 부여됨

③ 시공 주도·총괄 관리 여부의 판단 기준

공사의 시공을 주도하여 총괄·관리하는지 여부는 단일 요소로 판단하지 아니하고, 다음 각 사항을 포함한 여러 사정을 종합적으로 고려하여 판단함

⑴ 해당 건설공사가 사업의 유지 또는 운영에 필수적인 업무에 해당하는지 여부 [필수성]

> **예시**
> - 제조업 사업장에서 노후 생산동 증설 공사를 실시하여 생산 능력 확대 또는 기존 설비 교체를 목적으로 하는 경우
>   - 공사가 완료되지 않으면 정상적인 사업 운영이 곤란하므로, 사업의 유지·운영에 필수적인 업무에 해당할 수 있음
> - 물류센터 운영 사업자가 화물 자동화 설비를 설치·교체하는 공사를 실시하는 경우
>   - 물류 처리 기능 자체와 직결되는 공사로서 사업 수행에 필수적인 업무로 볼 수 있음
> - 발전·환경·플랜트 사업자가 핵심 설비(보일러, 집진설비, 폐수처리시설 등)를 신설·개선하는 공사를 실시하는 경우
>   - 해당 설비가 사업의 핵심 기능을 수행하므로 필수 업무에 해당할 수 있음

⑵ 해당 업무가 상시적으로 발생하며 이를 관리하기 위한 전담 부서 또는 조직을 갖추고 있는지 여부 [상시 관리 조직]

> **예시**
> - 사업장 내 시설팀, 공무팀, 설비관리팀 등이 상시적으로 존재하고, 건설·보수·개선 공사를 반복적으로 관리하는 경우
>   - 공사 관리가 일회성이 아니라 조직적으로 이루어지고 있어 시공 총괄·관리 가능성이 높음
> - 건설·개보수 관련 업무를 담당하는 내부 담당자 또는 조직이 정기적으로 공사 계획 수립, 업체 선정, 공정 관리를 수행하는 경우
>   - 공사에 대한 실질적 관리 체계를 갖추고 있다고 볼 수 있음
> - 대규모 사업장에서 연간 공사 예산을 편성하고, 복수의 공사를 지속적으로 발주·관리하는 구조인 경우
>   - 상시적 관리 조직이 존재하는 것으로 판단될 수 있음

(3) 공사의 내용과 범위가 예측 가능한 업무에 해당하는지 여부 등 [예측 가능성]

예시

- 정기적인 설비 교체 주기, 유지·보수 계획에 따라 예정된 범위 내에서 실시되는 공사인 경우
  - 공사의 내용과 범위가 사전에 충분히 예측 가능한 업무에 해당함
- 과거에도 유사한 공사를 반복적으로 수행해 온 이력이 있고, 공사 절차와 위험요인이 축적·관리되고 있는 경우
  - 예측 가능성이 높은 공사로 볼 수 있음
- 공사 전 단계에서 설계, 공정 계획, 위험성 검토 등이 사전에 이루어지고, 그에 따라 공사가 진행되는 경우
  - 우발적·임시적 공사가 아니라 계획된 공사로 판단될 수 있음

④ 건설공사 도급에 따른 책임의 적용

도급하는 업무가 건설공사에 해당하는 경우에는, 제③항의 기준에 따라 공사의 시공을 주도하여 총괄·관리하는지 여부를 판단하여 도급인 책임 또는 건설공사발주자 책임을 적용함

⑤ 근로자를 사용하지 않는 개인사업자에 대한 적용

산업안전보건법상 도급은 수급인이 근로자를 사용하여 사업을 영위하는 사업주임을 전제로 하는 제도이므로, 근로자를 사용하지 않는 개인사업자에게 업무를 맡기는 경우에는 산업안전보건법상 도급에 해당하지 아니하는 것으로 보는 것이 일반적임

다만, 「중대재해 처벌 등에 관한 법률」에서는 도급, 용역, 위탁 등 계약의 형식과 관계없이 사업의 수행을 위하여 대가를 목적으로 노무를 제공하는 자를 종사자로 포함하고 있으며, 사업이 여러 차례의 도급에 따라 행하여지는 경우에는 각 단계의 수급인 및 그와 도급·용역·위탁 관계에 있는 자 역시 종사자에 해당함

이에 따라 근로자를 사용하지 않는 개인사업자에게 도급을 준 경우라 하더라도, 해당 개인사업자가 사업 수행 과정에서 중대재해를 입은 경우에는 중대재해 처벌 등에 관한 법률이 적용될 수 있음

ⓘ Tip

시공 주도·총괄 관리 여부 판단 사례

■ 예시 1 │ 생산시설 증설·개선 공사를 상시적으로 관리하는 제조업 사업장

제조업 사업자가 생산 능력 확대를 위하여 기존 공장을 증설하거나 노후 설비를 교체하는 공사를 반복적으로 시행하면서, 내부에 공무팀 또는 시설관리팀을 두고 공사 계획 수립, 업체 선정, 공정 관리 등을 직접 수행하는 경우

- 해당 공사는 사업의 핵심 기능 유지·확장에 필수적인 업무에 해당하고, 공사 관리 조직이 상시적으로 존재하며, 공사의 내용과 범위도 사전에 예측 가능한 구조이므로 공사의 시공을 주도하여 총괄·관리하는 경우로 판단될 수 있음

■ 예시 2 │ 물류·유통 시설 운영 사업자의 자동화 설비 설치 공사

물류센터 운영 사업자가 물류 처리 효율 향상을 위하여 자동화 설비를 도입·설치하는 공사를 계획적으로 추진하고, 내부 담당 부서가 설계 검토, 일정 조정, 공정 관리 및 시운전 과정까지 관여하는 경우

- 해당 공사는 사업 운영에 직접적인 영향을 미치는 필수 업무에 해당하며, 유사 공사가 반복되어 관리 경험이 축적되어 있고, 공사의 범위와 위험요인 역시 사전에 예측 가능한 경우로서 시공을 주도하여 총괄·관리하는 경우에 해당할 수 있음

■ 예시 3 │ 대규모 사업장의 정기적 개·보수 공사를 체계적으로 관리하는 경우

대규모 사업장에서 건축물, 설비, 부대시설에 대한 정기적인 개·보수 공사를 연간 계획에 따라 시행하고, 이를 전담하는 내부 조직이 공사 발주부터 완료까지 관리·감독하는 경우

- 공사가 사업의 유지·운영을 위해 반복적으로 수행되는 필수 업무에 해당하고, 상시적인 관리 체계를 갖추고 있으며, 공사의 내용과 범위 또한 계획 단계에서 예측 가능한 업무이므로 시공 주도·총괄 관리에 해당할 가능성이 높음

■ 예시 4 │ 단발성·비정기적 건설공사를 발주하는 경우

제조업 또는 서비스업 사업자가 사업 운영과 직접적인 관련이 없는 건축물 외벽 보수, 주차장 포장 보수, 사옥 옥상 방수 공사 등을 일회성으로 발주하고, 공사의 설계·시공 방법·공정 관리 전반을 수급인이 주도적으로 수행하는 경우

- 해당 공사는 사업의 핵심 기능 유지에 필수적인 업무로 보기 어렵고, 공사 관리가 상시적으로 이루어지는 구조도 아니며, 유사 공사가 반복되지 않아 공사의 내용과 범위 역시 예측 가능한 업무로 보기 어려우므로, 시공을 주도하여 총괄·관리하는 경우에 해당하지 않을 수 있음

■ 예시 5 │ 전문성이 높은 특수 공사를 전적으로 외부 전문업체에 맡긴 경우

사업주가 고압가스 설비 설치, 특수 플랜트 공사, 대규모 구조물 해체 공사 등 고도의 전문성이 요구되는 건설공사를 외부 전문업체에 일괄 도급하고, 사업주는 공사 결과 확인 수준에 그치며 시공 방법, 인력 배치, 공정 운영 등에 관여하지 않는 경우

- 해당 공사는 사업주 내부에 이를 관리할 전담 조직이나 경험이 없고, 공사의 기획·실행·위험 관리를 수급인이 전적으로 담당하며, 공사의 세부 내용과 위험요인도 사전에 사업주가 예측·통제하기 어려운 구조이므로, 시공을 주도하여 총괄·관리하는 경우로 보기는 어려움

⑥ 안전조치 및 보건조치 의무를 부담하는 도급인의 책임 범위

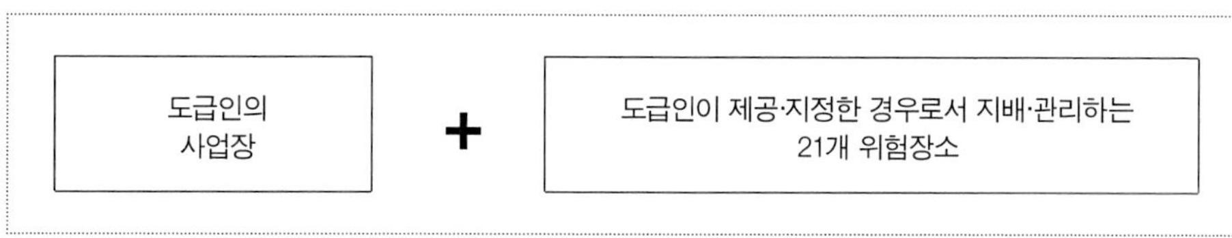

【도급인의 책임범위】

산업안전보건법은 도급 관계에서 발생할 수 있는 산업재해를 예방하기 위하여, 관계수급인 또는 관계수급인 근로자에 대한 안전조치 및 보건조치 의무를 도급인에게 부과하고 있으나, 그 책임 범위는 모든 도급 관계에 대하여 무제한적으로 확장되는 구조는 아님

즉, 도급인이 부담하는 안전조치 및 보건조치 의무는 도급인의 사업장 전체를 기본 범위로 하되, 사업장 외의 장소에 대해서는 도급인이 해당 장소를 제공하거나 지정하고, 그 장소에 대하여 실질적인 지배·관리 권한을 가지는 경우에 한하여 예외적으로 인정됨

특히 사업장 밖의 장소에 대하여 도급인의 책임이 문제되는 경우에는, 단순히 관계수급인 근로자가 작업을 수행한다는 사정만으로는 부족하고, 해당 장소가 법령에서 정한 산업재해 발생 위험이 있는 21개 위험장소에 해당하는지 여부까지 함께 충족되어야 함

이와 같이 산업안전보건법은 도급인의 책임 범위를

- 도급인의 사업장과
- 도급인이 제공·지정하고 지배·관리하는 21개 위험 장소로 명확히 구분하여 규정하고 있으며,

이 범위를 벗어나는 경우에는 도급인의 안전조치 및 보건조치 의무가 당연히 발생한다고 단정할 수 없음

이에 따라 관계수급인 또는 관계수급인 근로자에 대한 도급인의 책임 범위는 다음과 같이 정리됨

① 도급인의 사업장 내 모든 장소

② 도급인의 사업장 밖인 경우로, 관계수급인 근로자가 도급인이 제공하거나 지정한 장소로서 도급인이 지배·관리하는 다음의 21개의 위험장소에서 작업하는 경우

　⑴ 토사(土砂)·구축물·인공구조물 등이 붕괴될 우려가 있는 장소

(2) 기계·기구 등이 넘어지거나 무너질 우려가 있는 장소

(3) 안전난간의 설치가 필요한 장소

(4) 비계(飛階) 또는 거푸집을 설치하거나 해체하는 장소

(5) 건설용 리프트를 운행하는 장소

(6) 지반(地盤)을 굴착하거나 발파작업을 하는 장소

(7) 엘리베이터홀 등 근로자가 추락할 위험이 있는 장소

(8) 석면이 붙어 있는 물질을 파쇄 또는 해체하는 작업을 하는 장소

(9) 공중 전선에 가까운 장소로서 시설물의 설치·해체·점검 및 수리 등의 작업을 할 때
감전의 위험이 있는 장소

(10) 물체가 떨어지거나 날아올 위험이 있는 장소

(11) 프레스 또는 전단기(剪斷機)를 사용하여 작업을 하는 장소

(12) 차량계(車輛系) 하역운반기계 또는 차량계 건설기계를 사용하여 작업하는 장소

(13) 전기 기계·기구를 사용하여 감전의 위험이 있는 작업을 하는 장소

(14) 「철도산업발전기본법」 제3조제4호에 따른 철도차량(「도시철도법」에 따른 도시철도차
량을 포함)에 의한 충돌 또는 협착의 위험이 있는 작업을 하는 장소

(15) 화재·폭발 우려가 있는 다음 각 목의 어느 하나에 해당하는 작업을 하는 장소
가. 선박 내부에서의 용접·용단작업
나. 산업안전보건기준에 관한 규칙 제225조제4호에 따른 인화성 액체를 취급·저장하는 설비 및
용기에서의 용접·용단작업
다. 산업안전보건기준에 관한 규칙 제273조에 따른 특수화학설비에서의 용접·용단작업
라. 가연물(可燃物)이 있는 곳에서의 용접·용단 및 금속의 가열 등 화기를 사용하는 작업이나 연삭
숫돌에 의한 건식연마작업 등 불꽃이 될 우려가 있는 작업

(16) 산업안전보건기준에 관한 규칙 제132조에 따른 양중기(揚重機)에 의한 충돌 또는
협착(狹窄)의 위험이 있는 작업을 하는 장소

(17) 산업안전보건기준에 관한 규칙 제420조제7호에 따른 유기화합물취급 특별 장소

(18) 산업안전보건기준에 관한 규칙 제574조 각 호에 따른 방사선 업무를 하는 장소

(19) 산업안전보건기준에 관한 규칙 제618조제1호에 따른 밀폐공간

(20) 산업안전보건기준에 관한 규칙 별표 1에 따른 위험물질을 제조하거나 취급하는

장소

(21) 산업안전보건기준에 관한 규칙 별표 7에 따른 화학설비 및 그 부속설비에 대한 정비·보수 작업이 이루어지는 장소

⑦ 지배·관리하는 장소의 판단 기준

① 지배·관리하는 장소의 의미

도급인이 제공하거나 지정한 장소 중에서, 도급인이 해당 장소의 유해·위험요인을 인지·파악하고 이를 제거하거나 통제할 수 있는 정도로 지배·관리하는 장소를 말함

② 도급인의 안전·보건조치 의무가 발생하는 요건

도급인이 관계수급인 또는 관계수급인 근로자에 대하여 안전·보건조치 의무를 부담하는 장소는, 다음 각 요건을 모두 충족하는 경우에 한함

(1) 도급인이 수급인에게 작업장소(시설·설비를 포함함)를 제공하거나 지정한 경우

(2) 도급인이 해당 장소에 대하여 실질적인 지배·관리 권한을 가지고 있는 경우 (해당 장소의 유해·위험요인을 인지하고, 제거 또는 통제할 수 있는 정도를 의미함)

(3) 해당 장소가 법령에서 정한 산업재해 발생 위험이 있는 21개 장소에 해당하는 경우

③ 지배·관리 요건 미충족 시의 처리

제②항 각 요건 중 어느 하나라도 충족되지 아니하는 경우에는, 해당 장소가 21개 위험장소에 해당하더라도 도급인의 안전·보건조치 의무가 발생한다고 단정할 수 없음

⑧ 결론

① 정리하면, 산업안전보건법상 도급은 계약의 명칭이나 형식과 관계없이 자신의 업무를 타인에게 맡겨 수행하게 하는 구조를 폭넓게 포괄하며, 사업 목적과 직접적으로 관련되지 아니한 업무라 하더라도 사업 수행에 직·간접적으로 수반되는 경우에는 도급에 해당할 수 있음

② 다만 도급에 해당한다는 사정만으로 곧바로 도급인에게 모든 안전·보건조치 의무가 발생하는 것은 아니며, 도급인이 부담하는 안전조치 및 보건조치 의무는 법령이 정한 범위 내에서 한정적으로 적용됨

③ 특히 도급인의 사업장 또는 도급인이 제공·지정한 장소 중에서도, 도급인이 해당 장소에 대하여 유해·위험요인을 인지·파악하고 이를 제거하거나 통제할 수 있는 정도로 지

배·관리하는 장소이면서, 법령에서 정한 21개 산업재해 발생 위험장소에 해당하는 경우에 한하여 도급인의 안전·보건조치 의무가 문제됨

④ 따라서 해당 장소에 대한 지배·관리 권한이 제3자에게 있거나 수급인에게 귀속되어 있는 경우 등, 도급인이 실질적으로 지배·관리하지 아니하는 경우에는 21개 위험장소에 해당하더라도 도급인의 의무가 동일하게 발생한다고 단정할 수 없음

⑤ 아울러 건설공사를 도급하는 경우에는 공사의 시공을 주도하여 총괄·관리하는지 여부에 따라 도급인 책임과 건설공사발주자 책임이 구분될 수 있으므로, 개별 사안의 구조와 관리 실태에 따라 적용 관계를 구체적으로 검토할 필요가 있음

2 / 유해한 작업의 도급금지(법 제58조)

① 개요

근로자의 안전 및 보건에 유해하거나 위험한 작업에 대하여는, 해당 작업을 수급인에게 도급하여 자신의 사업장에서 수행하도록 하는 것을 원칙적으로 금지함

이는 사고 위험이 크거나 직업병 발생 우려가 높은 작업이 도급을 통하여 외부로 이전되는 것을 제한하고, 해당 작업에 대한 안전관리 책임이 사업주에게 명확히 귀속되도록 하기 위한 것임

다만 일시·간헐적으로 수행되는 작업이거나, 수급인이 보유한 전문기술이 사업 운영에 필수불가결한 경우 등 법령에서 정한 요건을 충족하는 경우에는 고용노동부장관의 승인을 받아 예외적으로 도급할 수 있도록 함

이 경우에도 사업주는 안전 및 보건에 관한 평가를 받아야 하며, 승인에는 유효기간을 두고, 연장 또는 변경 시에도 관련 절차를 거치도록 하여, 유해·위험 작업의 도급이 제한적이고 체계적으로 관리될 수 있도록 함

② 도급이 금지되는 유해·위험작업의 범위

사업주는 다음의 유해·위험 작업을 도급하여 자신의 사업장에서 수급인의 근로자가 그 작업을 하도록 해서는 안 됨

   (1) 도금작업

   (2) 수은, 납 또는 카드뮴을 제련, 주입, 가공 및 가열하는 작업

   (3) 허가대상물질을 제조하거나 사용하는 작업

> **ⓘ Tip**
>
> - 도금작업(Plating): 금속 표면에 타 금속을 피복하는 본 작업은 물론, 전처리 및 마무리 등 부수 공정 전체를 포함함. 특히 작업 과정 중 근로자가 화학물질에 노출되거나 이를 취급하는 모든 활동을 포함하는 개념임
> - 제련(Smelting): 채굴된 광석으로부터 목적 금속을 추출하여 괴(Ingot) 또는 분말 형태로 정제하는 공정을 말함
> - 주입(Casting): 제련된 금속 소재를 용해로에서 녹여 일정한 주형(틀)에 부어 넣어 형상을 만드는 공정을 말함
> - 가공(Fabrication): 금속재료의 절단·천공(구멍 뚫기) 후 용접·리벳팅 등으로 접합하여 제품을 완성해가는 일련의 과정을 의미함
> - 가열(Heat Treatment): 금속 또는 합금에 열을 가하여 강도·경도·내마모성 등 사용 목적에 맞는 기계적 성질(물성)을 확보하는 열처리 공정을 말함

③ 예외적으로 도급이 가능한 경우 및 승인 요건

① 예외 허용 사유

사업주는 다음 어느 하나에 해당하는 경우에는 도급이 금지되는 유해·위험작업이라도 도급할 수 있음

(1) 일시·간헐적으로 하는 작업을 도급하는 경우

(2) 수급인이 보유한 기술이 전문적이고 도급인이 해당 사업을 운영하는 데 필수 불가결한 경우로서 고용노동부장관의 승인을 받은 경우

② 승인 전제 조건

도급금지 작업에 승인을 받으려는 경우에는 고용노동부장관이 실시하는 안전 및 보건에 관한 평가를 받아야 함

④ 도급승인 절차

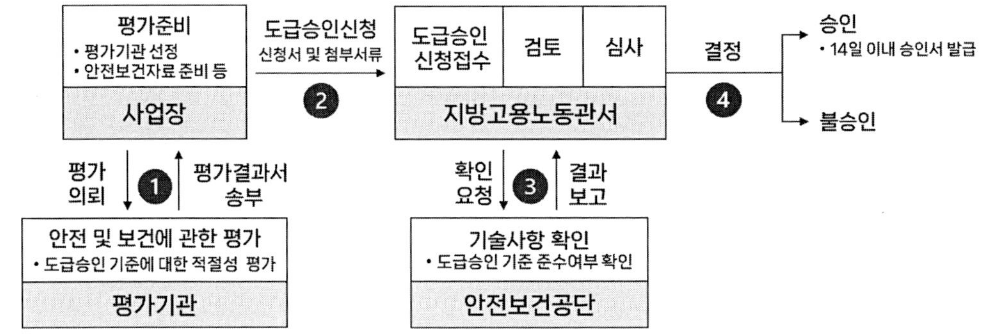

⑤ 도급 승인기간, 연장 및 변경승인

① 승인 유효기간

승인의 유효기간은 3년의 범위에서 정함

② 유효기간 연장

유효기간 만료 시 사업주가 연장을 신청하면, 만료일 다음 날부터 3년의 범위에서 기간 연장을 승인할 수 있음

이 경우에도 안전 및 보건에 관한 평가를 다시 받아야 함

③ 변경승인 대상

승인 또는 연장승인을 받은 사항 중 다음의 사항을 변경하려는 경우에는 변경승인을 받아야 함

⑴ 도급공정

⑵ 도급공정 사용 최대 유해화학 물질량

⑶ 도급기간(3년 미만으로 승인 받은 자가 승인일부터 3년 내에서 연장하는 경우만 해당)

⑥ 안전 및 보건에 관한 평가

① 평가 실시 방식

사업주는 도급승인 또는 연장승인을 받기 위해 고용노동부장관이 고시하는 기관[101] 을 통하여 안전 및 보건에 관한 평가를 받아야 함

② 평가 내용

안전 및 보건에 관한 평가는 시행규칙 [별표 12]에서 정한 항목에 따라 실시하며, 그 내용은 다음과 같음

종류	평가항목
종합평가	1. 작업조건 및 작업방법에 대한 평가 2. 유해·위험요인에 대한 측정 및 분석 　가. 기계·기구 또는 그 밖의 설비에 의한 위험성 　나. 폭발성·물반응성·자기반응성·자기발열성 물질, 자연발화성 액체·고체 및 인화성 액체 등에 의한 위험성 　다. 전기·열 또는 그 밖의 에너지에 의한 위험성 　라. 추락, 붕괴, 낙하, 비래 등으로 인한 위험성 　마. 그 밖에 기계·기구·설비·장치·구축물·시설물·원재료 및 공정 등에 의한 위험성 　바. 영 제88조에 따른 허가 대상 유해물질, 고용노동부령으로 정하는 관리 대상 유해물질 및 온도·습도·환기·소음·진동·분진, 유해광선 등의 유해성 또는 위험성 3. 보호구, 안전·보건장비 및 작업환경 개선시설의 적정성 4. 유해물질의 사용·보관·저장, 물질안전보건자료의 작성, 근로자 교육 및 경고표시 부착의 적정성 　가. 화학물질 안전보건 정보의 제공 　나. 수급인 안전보건교육 지원에 관한 사항 　다. 화학물질 경고표시 부착에 관한 사항 등

---

101) 고용노동부고시 「업무위탁기관의 지정 등에 관한 고시」에 따라 지정된 기관을 말하며, 고용노동부 홈페이지 → 공지사항 → 산업안전보건업무 위탁기관 지정 현황 공고 참조

종합평가	5. 수급인의 안전보건관리 능력의 적정성 　가. 안전보건관리체제(안전·보건관리자, 안전보건관리담당자, 관리감독자 선임관계 등) 　나. 건강검진 현황(신규자는 배치전건강진단 실시여부 확인 등) 　다. 특별안전보건교육 실시 여부 등 6. 그 밖에 작업환경 및 근로자 건강 유지·증진 등 보건관리의 개선을 위하여 필요한 사항
안전평가	종합평가 항목 중 제1호의 사항, 제2호가목부터 마목까지의 사항, 제3호 중 안전 관련 사항, 제5호의 사항
보건평가	종합평가 항목 중 제1호의 사항, 제2호바목의 사항, 제3호 중 보건 관련 사항, 제4호·제5호 및 제6호의 사항

※ 비고: 세부 평가항목별로 평가 내용을 작성하고, 최종 의견('적정', '조건부 적정', '부적정' 등)을 첨부해야 함

③ 작업별 세부내용

(1) 도금작업 / 수은, 납 또는 카드뮴을 제련, 주입, 가공 및 가열하는 작업

평가항목	세부평가내용	
1. 작업조건 및 작업방법에 대한 평가	작업표준(작업안전수칙, 작업절차서)의 적절성 현장의 작업환경(상태)과 작업방법(행동·절차)의 적절성 등	
2. 유해·위험요인에 대한 측정 및 분석 (시행령 제89조에 따른 허가 대상 유해물질, 고용노동부령으로 정하는 관리 대상 유해물질 및 온도·습도·환기·소음·진동·분진, 유해광선 등의 유해성 또는 위험성)	〈도급승인 기준(안전보건규칙) 관련 사항〉	
	제5조 오염된 바닥의 세척 등,	제7조 채광 및 조명
	제8조 조도	제10조 작업장의 창문
	제11조 작업장의 출입구	제17조 비상구의 설치
	제19조 경보용 설비 등	제21조 통로의 조명
	제22조 통로의 설치	제72조 후드
	제73조 덕트	제74조 배풍기
	제75조 배기구	제76조 배기의 처리
	제77조 전체환기장치	제78조 환기장치의 가동
	제83조 가스 등의 발산억제조치	제84조 공기의 부피와 환기
	제85조 잔재물 등의 처리	제225조 위험물질 등의 제조 등 작업시의 조치
	제232조 폭발 또는 화재 등 예방	제299조 독성이 있는 물질 누출 방지
	제301조 전기 기계·기구 등의 충전부 방호	제302조 전기 기계·기구 접지

2. 유해·위험요인에 대한 측정 및 분석 (시행령 제89조에 따른 허가 대상 유해물질, 고용노동부령으로 정하는 관리 대상 유해물질 및 온도·습도·환기·소음·진동·분진, 유해광선 등의 유해성 또는 위험성)	제303조 전기 기계·기구의 적정 설치 등	제304조 누전차단기에 의한 감전 방지
	제305조 과전류 차단장치	제422조 관리대상 유해물질과 관계되는 설비
	제429조 국소배기장치의 성능	제430조 전체환기장치의 성능 등
	제431조 작업장의 바닥	제432조 부식의 방지조치
	제433조 누출의 방지조치	제434조 경보설비 등
	제435조 긴급 차단장치의 설치 등	제513조 소음 감소 조치
3. 보호구, 안전·보건장비 및 작업환경 개선시설의 적정성	〈도급승인 기준(안전보건규칙) 관련 사항〉 제33조 보호구의 관리, 제450조 호흡용 보호구의 지급 등, 제451조 보호복 등의 비치 등	
4. 유해물질의 사용·보관·저장, 물질안전보건자료의 작성, 근로자 교육 및 경고표시 부착의 적정성	〈도급승인 기준(안전보건규칙) 관련 사항〉 제442조 명칭등의 게시, 제443조 관리대상 유해물질의 저장, 제444조 빈 용기 등의 관리	
	〈산안법 및 동법 시행규칙 관련 사항〉 산안법 제111조, 제114조, 제115조 물질안전보건자료 제공·게시·교육·경고표시, 시행규칙 제84조제3항 안전보건교육 장소 및 자료 제공, 시행규칙 제85조제1항 안전보건 정보제공 등	
5. 수급인의 안전보건관리 능력의 적정성	〈산안법 및 동법 시행규칙 관련 사항〉 법 제16조 관리감독자, 제17조 안전관리자, 제18조 보건관리자, 제19조 안전보건관리담당자, 제29조 근로자에 대한 안전보건교육 (특별교육), 제129조 일반건강진단, 제130조 특수건강진단 등	
6. 그 밖에 작업환경 및 근로자건강 유지·증진 등 보건관리의 개선을 위하여 필요한 사항	〈도급승인 기준(안전보건규칙) 관련 사항〉 제79조 휴게시설, 제81조 수면장소 등의 설치, 제448조 세척시설 등	

(2) 허가대상물질을 제조하거나 사용하는 작업

평가항목	세부평가내용	
1. 작업조건 및 작업방법에 대한 평가	작업표준(작업안전수칙, 작업절차서)의 적절성 현장의 작업환경(상태)과 작업방법(행동·절차)의 적절성 등	
2. 유해·위험요인에 대한 측정 및 분석 (시행령 제89조에 따른 허가 대상 유해물질, 고용노동부령으로 정하는 관리 대상 유해물질 및 온도·습도·환기·소음·진동·분진, 유해광선 등의 유해성 또는 위험성)	〈도급승인 기준(안전보건규칙) 관련 사항〉 제5조 오염된 바닥의 세척 등, 제8조 조도 제11조 작업장의 출입구	제7조 채광 및 조명 제10조 작업장의 창문 제17조 비상구의 설치

2. 유해·위험요인에 대한 측정 및 분석 (시행령 제89조에 따른 허가 대상 유해물질, 고용노동부령으로 정하는 관리 대상 유해물질 및 온도·습도·환기·소음·진동·분진, 유해광선 등의 유해성 또는 위험성)	제19조 경보용 설비 등 　　제21조 통로의 조명 제22조 통로의 설치 　　제72조 후드 제73조 덕트 　　제74조 배풍기 제75조 배기구 　　제76조 배기의 처리 제77조 전체환기장치 　　제78조 환기장치의 가동 제83조 가스 등의 발산억제조치 　　제84조 공기의 부피와 환기 제85조 잔재물 등의 처리 　　제225조 위험물질 등의 제조 등 작업시의 조치 제232조 폭발 또는 화재 등 예방 　　제299조 독성이 있는 물질 누출 방지 제301조 전기 기계·기구 등의 충전부 방호 　　제302조 전기 기계·기구 접지 제303조 전기 기계·기구의 적정 설치 등 　　제304조 누전차단기에 의한 감전 방지 제305조 과전류 차단장치 　　제453조 설비기준 등 제454조 국소배기장치의 설치·성능 　　제455조 배출액의 처리 (베릴륨작업에서만 적용) 제471조 설비기준 　　제472조 아크로에 대한 조치 제473조 가열응착 제품 등의 추출 　　제474조 가열응착 제품 등의 파쇄 제513조 소음 감소 조치
3. 보호구, 안전·보건장비 및 작업환경 개선시설의 적정성	〈도급승인 기준(안전보건규칙) 관련 사항〉 제33조 보호구의 관리, 제469조 방독마스크의 지급 등 제470조 보호복 등의 비치
4. 유해물질의 사용·보관·저장, 물질안전보건자료의 작성, 근로자 교육 및 경고표시 부착의 적정성	〈도급승인 기준(안전보건규칙) 관련 사항〉 제459조 명칭 등의 게시, 제461조 용기 등, 제463조 잠금장치 등, 제466조 누출 시 조치 〈산안법 및 동법 시행규칙 관련 사항〉 산안법 제111조, 제114조, 제115조 물질안전보건자료 제공·게시·교육·경고표시,시행규칙 제84조제3항 안전보건교육 장소 및 자료 제공, 시행규칙 제85조제1항 안전보건 정보제공 등
5. 수급인의 안전보건관리 능력의 적정성	〈산안법 및 동법 시행규칙 관련 사항〉 법 제16조 관리감독자, 제17조 안전관리자, 제18조 보건관리자, 제19조 안전보건관리담당자, 제29조 근로자에 대한 안전보건교육(특별교육), 제129조 일반건강진단, 제130조 특수건강진단 등
6. 그 밖에 작업환경 및 근로자건강 유지·증진 등 보건관리의 개선을 위하여 필요한 사항	〈도급승인 기준(안전보건규칙) 관련 사항〉 제79조 휴게시설, 제81조 수면장소 등의 설치, 제464조 목욕설비 등, 제465조 긴급 세척시설 등

7 도급승인 신청 및 처리 절차

① 제출서류

도급 승인, 연장승인, 변경승인을 받으려는 자는 도급승인 신청서[102], 연장신청서[103] 및 변경신청서[104]와 다음 각 호의 서류를 첨부하여 관할 지방고용노동관서의 장에게 제출

(1) 도급대상 작업의 공정 관련 서류 일체

(기계·설비의 종류 및 운전조건, 유해·위험물질의 종류·사용량, 유해·위험요인의 발생 실태 및 종사 근로자 수 등에 관한 사항 포함)

(2) 도급작업 안전보건관리계획서

(안전작업절차, 도급 시 안전·보건관리 및 도급작업에 대한 안전·보건시설 등에 관한 사항 포함)

(3) 안전 및 보건에 관한 평가 결과(변경승인의 경우는 제외)

② 처리기간 및 승인서 발급

도급승인 신청을 받은 지방고용노동관서의 장은 도급승인 기준을 충족하는 경우 신청서 접수일로부터 14일 이내에 승인서[105]를 발급해야 함

③ 현장 확인

지방고용노동관서의 장은 필요 시 신청 사업장이 도급승인 기준을 준수하는지 공단으로 하여금 확인하게 할 수 있음

8 도급승인의 취소

고용노동부장관은 다음의 어느 하나에 해당하는 경우 도급승인(연장·변경승인 포함)을 취소해야 함

① 도급승인 기준에 미달하게 된 경우

② 거짓이나 그 밖의 부정한 방법으로 승인, 연장승인 또는 변경승인을 받은 경우

③ 유효기간 만료 후 연장승인을 받지 않거나, 승인사항 변경 후 변경승인을 받지 않고 사업을 계속한 경우

---

102) 산업안전보건법 시행규칙 [별지 제31호서식]
103) 산업안전보건법 시행규칙 [별지 제32호서식]
104) 산업안전보건법 시행규칙 [별지 제33호서식]
105) 산업안전보건법 시행규칙 [별지 제34호서식]

⑨ 도급금지 작업 승인 시 하도급 금지(법 제60조)

고용노동부장관으로부터 도급금지 작업을 승인(연장·변경승인 포함)을 받은 경우에는 승인받은 작업을 하도급할 수 없음

⑩ 벌칙

◆ 산업안전보건법 제161조【도급금지 등 의무위반에 따른 과징금 부과】고용노동부장관은 사업주가 다음 각 호의 어느 하나에 해당하는 경우에는 10억원 이하의 과징금을 부과·징수할 수 있다.

1. 제58조제1항을 위반하여 도급한 경우
2. 제58조제2항제2호를 위반하여 승인을 받지 아니하고 도급한 경우
3. 제60조를 위반하여 승인을 받아 도급받은 작업을 재하도급한 경우

◆ 산업안전보건법 제169조【벌칙】다음 각 호의 어느 하나에 해당하는 자는 3년 이하의 징역 또는 3천만원 이하의 벌금에 처한다.

3. 제58조제3항 또는 같은 조 제5항 후단(제59조제2항에 따라 준용되는 경우를 포함)에 따른 안전 및 보건에 관한 평가 업무를 제165조제2항에 따라 위탁받은 자로서 그 업무를 거짓이나 그 밖의 부정한 방법으로 수행한 자

◆ 산업안전보건법 제173조【양벌규정】법인의 대표자나 법인 또는 개인의 대리인, 사용인, 그 밖의 종업원이 그 법인 또는 개인의 업무에 관하여 제167조제1항 또는 제168조부터 제172조까지의 어느 하나에 해당하는 위반행위를 하면 그 행위자를 벌하는 외에 그 법인에게 다음 각 호의 구분에 따른 벌금형을, 그 개인에게는 해당 조문의 벌금형을 과(科)한다. 다만, 법인 또는 개인이 그 위반행위를 방지하기 위하여 해당 업무에 관하여 상당한 주의와 감독을 게을리하지 아니한 경우에는 그러하지 아니하다.

1. 제167조제1항의 경우: 10억원 이하의 벌금
2. 제168조부터 제172조까지의 경우: 해당 조문의 벌금형

3 / **유해하거나 위험한 작업의 도급승인(법 제59조)**

① 개요

사업주는 자신의 사업장에서 안전 및 보건에 유해하거나 위험한 작업 중, 급성 독성이나 피부 부식성 등이 있는 물질의 취급 등 일정한 위험성이 있는 작업을 도급하려는 경우에는 고용노동부장관의 승인을 받아야 하며, 그 승인 여부는 안전 및 보건에 관한 평가를 거쳐 결정되도록 함

이는 사고 위험이나 중대한 건강장해 발생 우려가 있는 작업이 도급을 통하여 수행되는 경우, 도급 이전 단계에서 해당 작업의 위험성과 안전관리 수준을 사전에 평가하여 도급의 적정성을 판단하려는 취지임

아울러 승인에는 유효기간을 두고, 연장 또는 변경 시에도 동일하게 안전 및 보건 평가를 전제로 한 절차를 거치도록 하여, 유해·위험 작업의 도급이 지속적으로 관리될 수 있도록 함

② 도급승인 대상 작업

① 특정 유해화학물질 취급 설비의 철거 등 작업

중량비율 1퍼센트 이상의 황산, 불화수소, 질산 또는 염화수소를 취급하는 설비를 개조·분해·해체·철거하는 작업 또는 해당 설비의 내부에서 이루어지는 작업

다만, 도급인이 해당 화학물질을 모두 제거한 후 증명자료를 첨부하여 고용노동부장관에게 신고한 경우는 제외됨

② 고용노동부장관이 정하는 작업[106]

그 밖에 산업재해보상보험및예방심의위원회의 심의를 거쳐 고용노동부장관이 정하는 작업이 이에 해당함

---

106) 법령상 고용노동부장관 고시로 정하도록 되어 있으나, 현재 별도 고시가 제정·공표되지 않은 상태로 확인됨. 향후 고시가 제정될 수 있음

□ **화학물질 제거 및 측정방법**

○ (제거 방법) 배관·설비 등 화학물질 제거(Draining) → 초순수·용수 및 질소 등을 사용 잔여물, 치환가스가 남아 있지 않도록 배관·설비 세척 및 치환

○ (측정 방법) 화학물질을 제거할 때에는 최소한 다음의 측정기준에 따라 유해가스 농도 측정 필요

　1) 직접 물질에 접촉시켜 가스 농도를 측정하는 경우〈불화수소, 질산, 염화수소〉

　　① 해당 화학물질 가스농도측정기(교정성적서 필수) 준비

　　　→ 질소 등 불활성 기체로 치환하는 경우 산소농도측정기(교정성적서 필수) 추가 준비

　　② 탱크 등 깊은 장소의 농도를 측정하는 경우 고무호스나 PVC로 된 채기관*을 사용하여 깊이 측정

　　　* 채기관 1m 마다 작은 눈금으로, 5m마다 큰 눈금으로 표시 여부 확인

　　③ 유해가스(불활성기체 치환시 산소농도 포함)를 측정하는 경우에는 면적 및 깊이를 고려하고, 노출이 우려되며 취약한 설비를 골고루 측정*

　　　* 굴곡부 또는 플랜지 등 해체작업 시 화학물질의 유출 우려가 있는 곳은 배관 등을 이격시켜 측정

> □ **측정을 위한 조건 및 유의사항**
>
> 1 측정기는 유지보수관리를 통하여 정확도, 정밀도를 유지
>
> 2 측정기의 사용 및 취급방법, 유지 및 보수방법 충분히 습득
>
> 3 가스농도 측정기를 사용할 때 측정 전 기준농도, 경보설정농도 교정
>
> 4 공기호흡기와 송기마스크 등 호흡용 보호구를 필요시 착용
>
> 5 긴급사태에 대비 측정자의 보조자를 배치, 보조자 또한 보호구 착용, 구명밧줄 준비
>
> 6 측정에 필요한 장비 등은 방폭형 구조로 된 것을 사용

　2) pH meter로 측정하는 경우〈불산, 질산, 염산, 황산(액상)〉

　　① 해당물질의 세척이 끝난 후 pH meter를 이용하여 pH 기준의 중성 확인*

　　　* 적정한 시간 간격으로 반복하여 3회 이상 측정 결과가 중성(「물환경보전법」 시행규칙 별표 13 수질오염물질의 배출허용기준 청정지역 수소이온농도(pH 5.8~8.6) 기준 참조)

　　　∟ 물 또는 초순수 등으로 세정할 경우 해당 설비에 부식 및 설비 손상 등으로 누출, 화학물질 간 혼합위험성으로 화재·폭발 등의 우려가 있는 경우는 적정한 세정방법 사용

　　② 해당 배관 직경, 길이 등을 고려, 노출이 우려되며 취약한 설비를 골고루 측정*

　　　* 굴곡부 또는 플랜지 등 해체작업 시 화학물질의 유출 우려가 있는 곳은 배관 등을 이격시켜 측정

□ **화학물질 제거 증빙서류 등**

○ (증명자료) ① 안전작업 절차서 및 작업구간, 세정방법 등을 포함한 내용, ② 화학물질 제거 전·후 현장사진, ③ pH meter 검증 자료(황산, 불산, 염산, 질산(액상)) 또는 가스검지기 측정결과(불화수소, 질산, 염화수소)(가스검지기 교정성적서 포함)

　　* 가스농도 측정결과 값이 불검출(Not Detected)이어야 함

　※ 질소 등 불활성기체로 치환작업 시 산소농도 적정수준(18%이상 23.5% 미만) 증빙

○ (신고 및 수리절차) 도급인은 해당 화학물질을 모두 제거하였음을 문서로 지방노동관서에 제출(증빙서류 포함)

　　* 신고 형식 자유(우편, e-mail, Fax 등)

　- 지방관서는 신고서가 이 지침에서 정한 화학물질 제거 및 측정 방법을 준수하고, 증빙서류를 제대로 갖춘 경우 수리 통지, 그렇지 않은 경우 반려*

　　* 증빙서류 미비인 경우 보완 요구, 해당 화학물질이 모두 제거된 것으로 보기 어려운 경우 반려

○ (작업개시) 지방노동관서에 신고서가 접수되면 도급작업을 개시함

③ 도급승인 절차

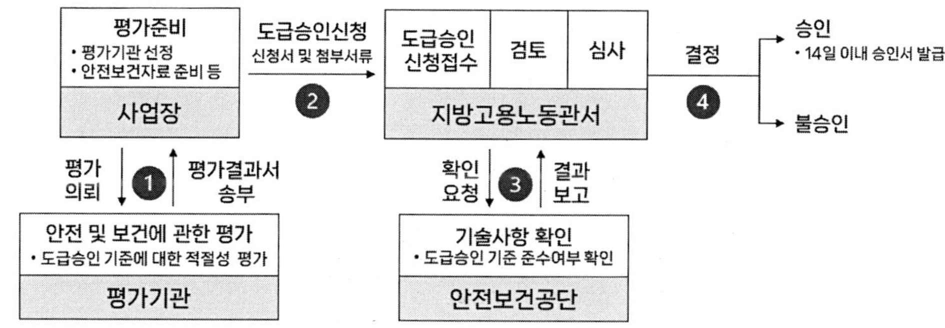

④ 도급 승인기간, 연장 및 변경승인

① 승인 유효기간

승인의 유효기간은 3년의 범위에서 정함

② 유효기간 연장

유효기간 만료 시 사업주가 연장을 신청하면, 만료일 다음 날부터 3년의 범위에서 기간 연장을 승인할 수 있음

이 경우에도 안전 및 보건에 관한 평가를 다시 받아야 함

③ 변경승인 대상

승인 또는 연장승인을 받은 사항 중 다음의 사항을 변경하려는 경우에는 변경승인을 받아야 함

(1) 도급공정

(2) 도급공정 사용 최대 유해화학 물질량

(3) 도급기간(3년 미만으로 승인 받은 자가 승인일부터 3년 내에서 연장하는 경우만 해당)

⑤ 안전 및 보건에 관한 평가

① 평가 실시 방식

사업주는 도급승인 또는 연장승인을 받기 위해 고용노동부장관이 고시하는 기관[107]

---

107) 고용노동부고시 「업무위탁기관의 지정 등에 관한 고시」에 따라 지정된 기관을 말하며, 고용노동부 홈페이지 → 공지사항 → 산업안전보건업무 위탁기관 지정 현황 공고 참조

을 통하여 안전 및 보건에 관한 평가를 받아야 함

② 평가 내용

안전 및 보건에 관한 평가는 시행규칙 [별표 12]에서 정한 항목에 따라 실시하며, 그 내용은 다음과 같음

종류	평가항목
종합평가	1. 작업조건 및 작업방법에 대한 평가 2. 유해·위험요인에 대한 측정 및 분석 　가. 기계·기구 또는 그 밖의 설비에 의한 위험성 　나. 폭발성·물반응성·자기반응성·자기발열성 물질, 자연발화성 액체·고체 및 인화성 액체 등에 의한 위험성 　다. 전기·열 또는 그 밖의 에너지에 의한 위험성 　라. 추락, 붕괴, 낙하, 비래 등으로 인한 위험성 　마. 그 밖에 기계·기구·설비·장치·구축물·시설물·원재료 및 공정 등에 의한 위험성 　바. 영 제88조에 따른 허가 대상 유해물질, 고용노동부령으로 정하는 관리 대상 유해물질 및 온도·습도·환기·소음·진동·분진, 유해광선 등의 유해성 또는 위험성 3. 보호구, 안전·보건장비 및 작업환경 개선시설의 적정성 4. 유해물질의 사용·보관·저장, 물질안전보건자료의 작성, 근로자 교육 및 경고표시 부착의 적정성 　가. 화학물질 안전보건 정보의 제공 　나. 수급인 안전보건교육 지원에 관한 사항 　다. 화학물질 경고표시 부착에 관한 사항 등 5. 수급인의 안전보건관리 능력의 적정성 　가. 안전보건관리체제(안전·보건관리자, 안전보건관리담당자, 관리감독자 선임관계 등) 　나. 건강검진 현황(신규자는 배치전건강진단 실시여부 확인 등) 　다. 특별안전보건교육 실시 여부 등 6. 그 밖에 작업환경 및 근로자 건강 유지·증진 등 보건관리의 개선을 위하여 필요한 사항
안전평가	종합평가 항목 중 제1호의 사항, 제2호가목부터 마목까지의 사항, 제3호 중 안전 관련 사항, 제5호의 사항
보건평가	종합평가 항목 중 제1호의 사항, 제2호바목의 사항, 제3호 중 보건 관련 사항, 제4호·제5호 및 제6호의 사항

※ 비고: 세부 평가항목별로 평가 내용을 작성하고, 최종 의견('적정', '조건부 적정', '부적정' 등)을 첨부해야 함

③ 작업별 세부내용

중량비율 1% 이상의 황산, 불화수소, 질산 또는 염화수소를 취급하는 설비를 개조·분해·해체·철거하는 작업 또는 해당 설비의 내부에서 이루어지는 작업

평가항목	세부평가내용
1. 작업조건 및 작업방법에 대한 평가	작업표준(작업안전수칙, 작업절차서)의 적절성 현장의 작업환경(상태)과 작업방법(행동·절차)의 적절성 등

2. 유해·위험요인에 대한 측정 및 분석 (시행령 제89조에 따른 허가 대상 유해물질, 고용노동부령으로 정하는 관리 대상 유해물질 및 온도·습도·환기·소음·진동·분진, 유해광선 등의 유해성 또는 위험성)	〈도급승인 기준(안전보건규칙) 관련 사항〉 제5조 오염된 바닥의 세척 등, 　제7조 채광 및 조명 제8조 조도　제10조 작업장의 창문 제11조 작업장의 출입구　제17조 비상구의 설치 제19조 경보용 설비 등　제21조 통로의 조명 제22조 통로의 설치　제42조 추락의 방지 제43조 개구부 등 방호조치　제44조 안전대의 부착설비 등 제72조 후드　제73조 덕트 제74조 배풍기　제75조 배기구 제76조 배기의 처리　제77조 전체환기장치 제78조 환기장치의 가동　제83조 가스 등의 발산억제조치 제84조 공기의 부피와 환기　제85조 잔재물 등의 처리 제225조 위험물질 등의 제조 등 작업시의 조치　제232조 폭발 또는 화재 등 예방 제297조 부식성 액체 압송설비　제298조 공기 외의 가스사용 제한 제299조 독성이 있는 물질 누출 방지　제301조 전기 기계·기구 등의 충전부 방호 제302조 전기 기계·기구 접지　제303조 전기 기계·기구의 적정 설치 등 제304조 누전차단기에 의한 감전 방지　제305조 과전류 차단장치 제422조 관리대상 유해물질과 관계되는 설비　제429조 국소배기장치의 성능 제430조 전체환기장치의 성능 등　제431조 작업장의 바닥 제432조 부식의 방지조치　제433조 누출의 방지조치 제434조 경보설비 등　제435조 긴급 차단장치의 설치 등 제513조 소음 감소 조치　제619조 밀폐공간 작업 프로그램의 수립·시행 등 제620조 환기 등　제630조 불활성기체의 누출 제631조 불활성기체의 유입 방지
3. 보호구, 안전·보건장비 및 작업환경 개선시설의 적정성	〈도급승인 기준(안전보건규칙) 관련 사항〉 제33조 보호구의 관리, 제450조 호흡용 보호구의 지급 등, 제451조 보호복 등의 비치 등, 제624조 안전대 등, 제625조 대피용 기구 비치
4. 유해물질의 사용·보관·저장, 물질안전보건자료의 작성, 근로자 교육 및 경고표시 부착의 적정성	〈도급승인 기준(안전보건규칙) 관련 사항〉 제442조 명칭등의 게시, 제443조 관리대상 유해물질의 저장, 제444조 빈 용기 등의 관리

4. 유해물질의 사용·보관·저장, 물질안전보건자료의 작성, 근로자 교육 및 경고표시 부착의 적정성	〈산안법 및 동법 시행규칙 관련 사항〉 산안법 제111조, 제114조, 제115조 물질안전보건자료 제공·게시·교육·경고표시, 시행규칙 제84조제3항 안전보건교육 장소 및 자료 제공, 시행규칙 제85조제1항 안전보건 정보제공 등
5. 수급인의 안전보건관리 능력의 적정성	〈산안법 및 동법 시행규칙 관련 사항〉 법 제16조 관리감독자, 제17조 안전관리자, 제18조 보건관리자, 제19조 안전보건관리담당자, 제29조 근로자에 대한 안전보건교육 (특별교육), 제129조 일반건강진단, 제130조 특수건강진단 등
6. 그 밖에 작업환경 및 근로자건강 유지·증진 등 보건관리의 개선을 위하여 필요한 사항	〈도급승인 기준 (안전보건규칙) 관련 사항〉 제79조 휴게시설, 제81조 수면장소 등의 설치, 제448조 세척시설 등

⑥ 도급승인 신청 및 처리 절차

① 제출서류

유해하거나 위험한 작업의 도급승인, 도급연장승인, 도급변경승인을 받고자 하는 경우에는 도급승인 신청서[108], 연장신청서[109] 및 변경신청서[110]와 다음의 서류를 첨부하여 관할 지방고용노동관서의 장에게 제출

(1) 도급대상 작업의 공정 관련 서류 일체

(기계·설비의 종류 및 운전조건, 유해·위험물질의 종류·사용량, 유해·위험요인의 발생 실태 및 종사 근로자 수 등에 관한 사항 포함)

(2) 도급작업 안전보건관리계획서

(안전작업절차, 도급 시 안전·보건관리 및 도급작업에 대한 안전·보건시설 등에 관한 사항 포함)

(3) 안전 및 보건에 관한 평가 결과 (변경승인의 경우는 제외)

※ 산업재해가 발생할 급박한 위험이 있어 긴급하게 도급을 해야 할 경우에는 도급대상 작업의 공정 관련 서류 일체, 안전 및 보건에 관한 평가 결과의 서류를 제출하지 아니할 수 있음

② 처리기간 및 승인서 발급

도급승인 신청을 받은 지방고용노동관서의 장은 도급승인 기준을 충족하는 경우 신청서 접수일로부터 14일 이내에 승인서[111]를 발급해야 함

---

108) 산업안전보건법 시행규칙 [별지 제31호서식]
109) 산업안전보건법 시행규칙 [별지 제32호서식]
110) 산업안전보건법 시행규칙 [별지 제33호서식]
111) 산업안전보건법 시행규칙 [별지 제34호서식]

③ 현장 확인

지방고용노동관서의 장은 필요 시 신청 사업장이 도급승인 기준을 준수하는지 공단으로 하여금 확인하게 할 수 있음

⑦ 도급승인의 취소

고용노동부장관은 다음의 어느 하나에 해당하는 경우 도급승인(연장·변경승인 포함)을 취소해야 함

① 도급승인 기준에 미달하게 된 경우

② 거짓이나 그 밖의 부정한 방법으로 승인, 연장승인 또는 변경승인을 받은 경우

③ 유효기간 만료 후 연장승인을 받지 않거나, 승인사항 변경 후 변경승인을 받지 않고 사업을 계속한 경우

⑧ 도급금지 작업 승인 시 하도급 금지(법 제60조)

고용노동부장관으로부터 도급금지 작업을 승인(연장·변경승인 포함)을 받은 경우에는 승인받은 작업을 하도급할 수 없음

⑨ 벌칙

◆ 산업안전보건법 제161조【도급금지 등 의무위반에 따른 과징금 부과】 고용노동부장관은 사업주가 다음 각 호의 어느 하나에 해당하는 경우에는 10억원 이하의 과징금을 부과·징수할 수 있다.
  2. 제59조제1항을 위반하여 승인을 받지 아니하고 도급한 경우
  3. 제60조를 위반하여 승인을 받아 도급받은 작업을 재하도급한 경우
◆ 산업안전보건법 제169조【벌칙】 다음 각 호의 어느 하나에 해당하는 자는 3년 이하의 징역 또는 3천만원 이하의 벌금에 처한다.
  3. 제58조제3항 또는 같은 조 제5항 후단(제59조제2항에 따라 준용되는 경우를 포함)에 따른 안전 및 보건에 관한 평가 업무를 제165조제2항에 따라 위탁받은 자로서 그 업무를 거짓이나 그 밖의 부정한 방법으로 수행한 자
◆ 산업안전보건법 제173조【양벌규정】 법인의 대표자나 법인 또는 개인의 대리인, 사용인, 그 밖의 종업원이 그 법인 또는 개인의 업무에 관하여 제167조제1항 또는 제168조부터 제172조까지의 어느 하나에 해당하는 위반행위를 하면 그 행위자를 벌하는 외에 그 법인에게 다음 각 호의 구분에 따른 벌금형을, 그 개인에게는 해당 조문의 벌금형을 과(科)한다. 다만, 법인 또는 개인이 그 위반행위를 방지하기 위하여 해당 업무에 관하여 상당한 주의와 감독을 게을리하지 아니한 경우에는 그러하지 아니하다.
  1. 제167조제1항의 경우: 10억원 이하의 벌금
  2. 제168조부터 제172조까지의 경우: 해당 조문의 벌금형

4 / 적격 수급인의 선정(법 제61조)

① 개요

도급 형태의 사업이 확대되면서 비용 절감 등을 이유로 안전 및 보건에 관한 관리 역량이 충분하지 않은 사업자가 수급인으로 선정될 가능성이 있으며, 이로 인해 수급인 소속 근로자가 유해·위험에 노출되어 산업재해가 발생하는 문제가 나타날 수 있음

이에 따라 도급을 주는 사업주는 단순한 가격이나 공사 수행 능력뿐만 아니라, 산업재해 예방을 위한 안전 및 보건조치를 이행할 수 있는 능력을 갖춘 사업자를 수급인으로 선정하도록 함

특히 도급 과정에서 이러한 적격성 검토 없이 수급인이 선정되어 중대재해가 발생하는 경우에는, 도급을 준 사업자가 안전보건관리체계 구축 및 이행에 관한 책임을 다하지 않은 것으로 평가될 수 있으므로, 수급인 선정 단계에서부터 안전관리 능력을 확인·관리하는 것이 중요함

② 주요 검토사항

사업주(도급인)가 도급계약을 체결하려는 경우에는, 수급인이 해당 작업을 안전하게 수행할 수 있는 능력을 갖추었는지 여부를 다음 사항을 중심으로 확인할 수 있음

① 작업 수행을 위한 기술적·관리적 역량

해당 작업을 수행하기 위한 전문 기술과 인력, 그리고 이를 관리·운영할 수 있는 내부 관리체계를 갖추고 있는지 여부

② 유해·위험요인 인식 및 관리·통제 능력

작업 과정에서 발생 가능한 유해·위험요인을 사전에 파악하고, 이를 적절히 통제·관리할 수 있는 체계를 보유하고 있는지 여부

③ 안전보건관리 책임체계 및 규정 정비 여부

안전보건관리 책임자의 지정, 관련 규정·절차의 마련 등 조직 차원의 안전보건관리체계가 구축되어 있는지 여부

④ 산업재해 발생 이력 및 안전관리 실적

과거 산업재해 발생 현황과 그에 대한 개선 조치 이행 여부 등 전반적인 안전관리 실적이 양호한지 여부

③ 중대재해처벌법과의 연계

① 법 제61조는 도급계약 체결 단계에서 적격 수급인을 선정해야 한다는 원칙을 규정하고 있으나, 구체적인 평가 기준이나 절차까지를 직접적으로 정하고 있지는 않음

② 한편, 「중대재해 처벌 등에 관한 법률」 제4조제1항 및 동법 시행령 제4조제1항제9호는 제3자에게 업무를 도급·용역·위탁하는 경우 도급받는 자의 산업재해 예방을 위한 조치 능력과 기술에 관한 평가 기준과 절차를 마련하도록 규정하고 있음

③ 이는 적격 수급인 선정이 단순한 계약 단계의 형식적 검토에 그치는 것이 아니라, 안전보건관리체계 구축 및 이행 조치의 일환으로 실질적으로 운영되어야 함을 전제로 한 것임

④ 따라서 사업주는 산업안전보건법 제61조에 따른 적격 수급인 선정 의무를 이행함에 있어 중대재해처벌법에서 요구하는 안전보건관리체계의 구성 요소로서 수급인의 안전보건 관리능력에 대한 평가 기준과 절차를 마련·운영할 필요가 있음

> 「중대재해 처벌 등에 관한 법률 시행령」 제4조【안전보건관리체계의 구축 및 이행 조치】
> 법 제4조제1항제1호에 따른 조치의 구체적인 사항은 다음 각 호와 같다.
> 　9. 제3자에게 업무의 도급, 용역, 위탁 등을 하는 경우에는 종사자의 안전·보건을 확보하기 위해 다음 각 목의 기준과 절차를 마련하고, 그 기준과 절차에 따라 도급, 용역, 위탁 등이 이루어지는지를 반기 1회 이상 점검할 것
> 　　가. 도급, 용역, 위탁 등을 받는 자의 산업재해 예방을 위한 조치 능력과 기술에 관한 평가기준·절차

5 / 안전보건총괄책임자(법 제62조)

① 개요

도급인의 사업장에서 도급인의 근로자와 관계수급인 근로자가 함께 작업하는 경우에는, 해당 사업장의 안전보건관리책임자 또는 사업을 총괄하여 관리하는 사람을 안전보건총괄책임자로 지정하여 산업재해 예방에 관한 업무를 총괄하도록 함

이는 여러 사업자의 근로자가 동일한 장소에서 작업하는 과정에서 작업 간 충돌, 관리 공백, 책임 불명확 등으로 인한 산업재해 발생을 예방하기 위하여, 사업장 내 안전 및 보건 관리의 책임 주체를 일원화하려는 취지임

이에 따라 안전보건총괄책임자는 도급인의 근로자뿐만 아니라 관계수급인 근로자를 포함하여, 사업장 전체의 안전 및 보건에 관한 사항을 종합적으로 관리하도록 함

② 안전보건총괄책임자 지정 대상 사업

- 지정 대상 사업

  다음 각 호의 어느 하나에 해당하는 사업 또는 사업장에서는 안전보건총괄책임자를 지정하여야 함

  (1) 관계수급인 근로자를 포함한 상시근로자 수가 100명 이상인 사업

  (선박 및 보트 건조업, 1차 금속 제조업 및 토사석 광업은 50명 이상)

  (2) 관계수급인의 공사금액을 포함한 총공사금액이 20억 원 이상인 건설업

③ 안전보건총괄책임자 지정 대상자

① 원칙

해당 사업장의 안전보건관리책임자를 안전보건총괄책임자로 지정함

② 예외

안전보건관리책임자를 두지 아니하여도 되는 사업장의 경우에는, 그 사업장에서 사업을 총괄하여 관리하는 사람을 안전보건총괄책임자로 지정함

③ 안전보건총괄책임자 지정 특례

안전보건총괄책임자를 지정한 경우에는 「건설기술 진흥법」 제64조제1항제1호에 따른

안전총괄책임자를 둔 것으로 봄

> **「건설기술 진흥법」**
> 제64조(건설공사의 안전관리조직) ① 안전관리계획을 수립하는 건설사업자 및 주택건설등록업자는 다음 각 호의 사람으로 구성된 안전관리조직을 두어야 한다.
> 1. 해당 건설공사의 시공 및 안전에 관한 업무를 총괄하여 관리하는 안전총괄책임자
> 2. 토목, 건축, 전기, 기계, 설비 등 건설공사의 각 분야별 시공 및 안전관리를 지휘하는 분야별 안전관리책임자
> 3. 건설공사 현장에서 직접 시공 및 안전관리를 담당하는 안전관리담당자
> 4. 수급인(受給人)과 하수급인(下受給人)으로 구성된 협의체의 구성원

④ 안전보건총괄책임자의 직무

안전보건총괄책임자의 직무는 다음 각 호와 같음

⑴ 법 제36조에 따른 위험성평가의 실시 및 관리에 관한 사항

⑵ 법 제51조 및 제54조에 따른 작업의 중지

⑶ 법 제64조에 따른 도급 시 산업재해 예방조치

⑷ 법 제72조제1항에 따른 산업안전보건관리비의 관계수급인 간의 사용에 관한 협의·조정 및 그 집행 감독

⑸ 안전인증대상기계등과 자율안전확인대상기계등의 사용 여부 확인

⑤ 사업주의 지원 의무 및 서류 보존

① 업무 수행을 위한 지원 의무

도급인은 안전보건총괄책임자가 법령에서 정한 총괄·관리업무를 원활하게 수행할 수 있도록 권한, 시설, 장비, 예산 등 필요한 지원을 하여야 함

② 선임 및 업무 수행 관련 서류 보존

도급인은 안전보건총괄책임자를 선임한 경우, 다음 사항을 증명할 수 있는 서류를 갖추어 두어야 함

⑴ 안전보건총괄책임자 선임 사실

⑵ 총괄·관리 업무 수행 내용

⑥ 벌칙

위반행위	세부내용	과태료 금액(만원)		
		1차 위반	2차 위반	3차 이상 위반
법 제62조제1항을 위반하여 안전보건총 괄책임자를 지정하지 않은 경우		500	500	500

6 / 도급인의 안전조치 및 보건조치(법 제63조)

① 개요

도급인의 사업장에서 도급인의 근로자와 관계수급인 근로자가 함께 작업하는 경우에는, 도급인은 산업재해를 예방하기 위하여 안전 및 보건 시설의 설치 등 사업장 환경에 관한 필요한 안전조치 및 보건조치를 하도록 함

이는 해당 사업장의 기계·설비·시설물 등 작업환경을 실질적으로 지배·관리하는 주체가 도급인이라는 점을 전제로, 사업장이라는 공간에서 발생할 수 있는 위험요인에 대한 관리 책임을 명확히 하려는 취지임

다만 관계수급인 근로자의 작업방법이나 보호구 착용 지시 등 개별 작업행동에 대한 직접적인 관여는 제외함으로써, 도급인의 책임 범위를 사업장 환경 및 시설 중심으로 구분하도록 함

② 안전조치 및 보건조치의 대상 사업

도급인이 관계수급인 근로자의 산업재해를 예방하기 위하여 안전조치 및 보건조치를 하여야 할 대상 사업은, 다음의 사업을 제외한 모든 사업에 해당함

- (1) 「광산안전법」 적용 사업(광업 중 광물의 채광·채굴·선광 또는 제련 등의 공정으로 한정하며, 제조공정은 제외)
- (2) 「원자력안전법」 적용 사업(발전업 중 원자력 발전설비를 이용하여 전기를 생산하는 사업장으로 한정)
- (3) 「항공안전법」 적용 사업(항공기, 우주선 및 부품 제조업과 창고 및 운송관련 서비스업, 여행사 및 기타 여행보조 서비스업 중 항공 관련 사업은 각각 제외)
- (4) 「선박안전법」 적용 사업(선박 및 보트 건조업은 제외)

③ 안전조치 및 보건조치의 내용

① 안전조치 및 보건조치의 기본 성격

도급인이 이행하여야 할 안전조치 및 보건조치는 근로자의 작업방법이나 개별 행동을 통제하기 위한 조치가 아니라, 작업장과 설비, 작업환경 자체를 안전한 상태로 확보·유지하기 위한 조치를 의미함

② 주요 조치 내용

구체적으로는 다음과 같은 조치가 이에 해당함

⑴ 위험 장소에 대한 안전시설 설치

⑵ 작업설비 및 작업공간의 구조적 안전 확보

⑶ 유해·위험요인으로부터 근로자를 보호하기 위한 보건조치

③ 준거 기준

안전조치 및 보건조치의 구체적인 내용은 「산업안전보건기준에 관한 규칙」에서 정한 기준에 따라 이행하여야 함

④ 관계수급인 근로자에 대한 직접적 조치의 제외

① 직접 조치의 제한

도급인은 관계수급인 근로자의 산업재해 예방을 위하여 작업환경과 시설에 대한 안전조치 및 보건조치를 이행하여야 하나, 관계수급인 근로자의 작업행동에 관한 직접적인 조치는 제외됨

② 제외되는 조치의 범위

다음 각 호의 사항은 도급인의 안전조치 및 보건조치 범위에 포함되지 않음

⑴ 보호구 착용에 대한 개별적 지시

> 다음과 같은 사항은 관계수급인 근로자의 작업행동에 대한 직접적인 조치에 해당할 수 있음
> 1) 관계수급인 근로자에게 개별적으로 "안전모를 제대로 착용하라", "안전벨트를 반드시 착용하고 작업하라"고 지시하는 경우
> 2) 특정 관계수급인 근로자를 지목하여 보호구 미착용을 이유로 작업을 중단시키거나 현장에서 퇴출시키는 경우
> 3) 보호구 착용 상태를 직접 점검하며 착용 방법이나 착용 여부를 개별 근로자에게 반복적으로 지시하는 경우

⑵ 작업방법·작업순서에 대한 직접적인 지휘·감독

> 다음과 같은 사항은 관계수급인 근로자의 작업방법에 대한 직접적인 지휘·감독에 해당할 수 있음
> 1) 관계수급인 근로자에게 "이 순서대로 작업해라", "이 공정부터 먼저 진행하라"고 구체적인 작업순서를 지시하는 경우
> 2) 작업 도중 관계수급인 근로자의 작업방법을 지켜보며 작업 방식이나 동작을 직접 수정·지시하는 경우
> 3) 관계수급인 근로자의 작업 속도나 진행 상황을 직접 관리하며 작업 시작·중단·재개 시점을 개별적으로 지시하는 경우

③ 책임 범위의 구분

이러한 직접 조치의 제한은 도급인과 관계수급인 간의 사용자 책임을 구분하고, 불법 파견 등 법적 분쟁 발생 가능성을 방지하기 위한 것임

④ 실무상 지시·요청의 원칙

도급인은 작업현장에서 발생하는 안전 및 보건 관련 사항에 대하여 관계수급인 근로자 개인이 아닌, 관계수급인 측 관리 주체를 통해 조치가 이루어지도록 관리하는 것이 원칙임

⑤ 지시·요청의 적정 대상

도급인이 안전 및 보건과 관련된 사항을 전달하거나 개선을 요구하는 경우에는, 다음과 같은 관계수급인이 지정한 관리 책임자를 대상으로 하는 것이 바람직함

⑴ 관계수급인의 사업주

⑵ 관계수급인이 지정한 안전보건관리책임자

⑶ 현장책임자, 현장대리인, 소장 등

⑷ 관계수급인의 작업을 실질적으로 관리·감독하는 자

⑥ 바람직한 조치 방식

도급인은 관계수급인 근로자의 작업행동에 직접 관여하기보다는, 다음과 같은 방식으로 안전조치 및 보건조치가 이루어지도록 관리할 수 있음

⑴ 작업장 내 위험요인 또는 안전 미흡 사항을 관계수급인 측 관리책임자에게 통보하는 방식

⑵ 보호구 미착용, 작업방법 문제 등이 확인된 경우 관계수급인 측에 시정 요청 또는 개선 요구를 하는 방식

⑶ 동일한 문제가 반복되는 경우 관계수급인과의 협의 또는 회의를 통해 재발 방지 방안을 마련하는 방식

이를 통해 도급인은 작업환경과 시설에 대한 안전보건 책임을 이행하면서도, 관계수급인의 사용자 책임 영역을 침해하지 않도록 할 수 있음

⑤ 벌칙

◆ 산업안전보건법 제167조【벌칙】① 제63조(제166조의2에서 준용하는 경우를 포함함)를 위반하여 근로자를 사망에 이르게 한 자는 7년 이하의 징역 또는 1억원 이하의 벌금에 처한다.

　② 제1항의 죄로 형을 선고받고 그 형이 확정된 후 5년 이내에 다시 제1항의 죄를 범한 자는 그 형의 2분의 1까지 가중한다.

◆ 산업안전보건법 제169조【벌칙】다음 각 호의 어느 하나에 해당하는 자는 3년 이하의 징역 또는 3천만원 이하의 벌금에 처한다.

　　1. 제63조(제166조의2에서 준용하는 경우를 포함함)를 위반한 자

◆ 산업안전보건법 제173조【양벌규정】법인의 대표자나 법인 또는 개인의 대리인, 사용인, 그 밖의 종업원이 그 법인 또는 개인의 업무에 관하여 제167조제1항 또는 제168조부터 제172조까지의 어느 하나에 해당하는 위반행위를 하면 그 행위자를 벌하는 외에 그 법인에게 다음 각 호의 구분에 따른 벌금형을, 그 개인에게는 해당 조문의 벌금형을 과(科)한다. 다만, 법인 또는 개인이 그 위반행위를 방지하기 위하여 해당 업무에 관하여 상당한 주의와 감독을 게을리하지 아니한 경우에는 그러하지 아니하다.

　　1. 제167조제1항의 경우: 10억원 이하의 벌금

　　2. 제168조부터 제172조까지의 경우: 해당 조문의 벌금형

◆ 산업안전보건법 제174조【형벌과 수강명령 등의 병과】① 법원은 제63조(제166조의2에서 준용하는 경우를 포함함)를 위반하여 근로자를 사망에 이르게 한 사람에게 유죄의 판결(선고유예는 제외함)을 선고하거나 약식명령을 고지하는 경우에는 200시간의 범위에서 산업재해 예방에 필요한 수강명령 또는 산업안전보건프로그램의 이수명령(이하 "이수명령")을 병과(倂科)할 수 있다.

　② 제1항에 따른 수강명령은 형의 집행을 유예할 경우에 그 집행유예기간 내에서 병과하고, 이수명령은 벌금 이상의 형을 선고하거나 약식명령을 고지할 경우에 병과한다.

　③ 제1항에 따른 수강명령 또는 이수명령은 형의 집행을 유예할 경우에는 그 집행유예기간 내에, 벌금형을 선고하거나 약식명령을 고지할 경우에는 형 확정일부터 6개월 이내에, 징역형 이상의 실형(實刑)을 선고할 경우에는 형기 내에 각각 집행한다.

　④ 제1항에 따른 수강명령 또는 이수명령이 벌금형 또는 형의 집행유예와 병과된 경우에는 보호관찰소의 장이 집행하고, 징역형 이상의 실형과 병과된 경우에는 교정시설의 장이 집행한다. 다만, 징역형 이상의 실형과 병과된 이수명령을 모두 이행하기 전에 석방 또는 가석방되거나 미결구금일수 산입 등의 사유로 형을 집행할 수 없게 된 경우에는 보호관찰소의 장이 남은 이수명령을 집행한다.

　⑤ 제1항에 따른 수강명령 또는 이수명령은 다음 각 호의 내용으로 한다.

　　1. 안전 및 보건에 관한 교육

　　2. 그 밖에 산업재해 예방을 위하여 필요한 사항

　⑥ 수강명령 및 이수명령에 관하여 이 법에서 규정한 사항 외의 사항에 대해서는 「보호관찰 등에 관한 법률」을 준용한다.

7 / 도급에 따른 산업재해 예방조치(법 제64조)

① 개요

도급인의 사업장에서 관계수급인 근로자가 작업을 하는 경우에는, 관계수급인이 작업을 수행하더라도 작업장 시설과 환경에 대한 지배·관리권은 도급인에게 있어, 관계수급인만으로는 충분한 안전 및 보건조치를 이행하기 어려운 구조가 될 수 있음

이에 따라 도급인은 관계수급인 근로자를 포함한 사업장 전체의 산업재해를 예방하기 위하여, 도급인과 수급인이 참여하는 협의체 운영, 작업장 점검, 안전보건교육 지원 및 확인 등 안전 및 보건에 관한 관리체계를 구축·운영하도록 함

이는 작업장에 대한 지배·관리 권한과 안전 및 보건에 관한 책임이 분리되는 상황을 방지하고, 작업장을 실질적으로 지배·관리하는 주체가 안전관리 의무를 수행하도록 하기 위한 제도임

아울러 동일한 장소에서 여러 작업이 이루어지는 경우에는, 작업 시기와 내용, 안전조치 및 보건조치의 이행 여부를 확인하고 필요한 경우 이를 조정하도록 하여, 안전 및 보건조치의 미비로 인한 산업재해를 예방하도록 함

② 도급인의 8대 핵심 이행 사항

법 제64조에서 정한 도급인의 의무는 개별 활동의 나열이 아니라, 도급·수급 구조에서 발생하는 산업재해를 예방하기 위한 관리체계 전반을 구성하는 것에 목적이 있음

동 조문에서 규정한 8가지 이행 사항은 기능에 따라 다음과 같이 세 가지 영역으로 구분할 수 있음

① 소통 및 작업 조정 영역

도급인과 관계수급인 간의 사전 협의 및 작업 조정을 통해 작업 혼재로 인한 위험을 예방하기 위한 영역으로, 이에 해당하는 이행 사항은 다음과 같음

(1) 안전 및 보건에 관한 협의체의 구성 및 운영

(2) 같은 장소에서 이루어지는 도급인과 관계수급인 등의 작업에 대한 확인

(3) 작업 혼재로 인하여 화재·폭발 등 위험이 발생할 우려가 있는 경우 작업시기·내용 등의 조정

② 교육 및 근로환경 지원 영역

관계수급인 근로자가 도급인의 사업장에서 작업함에 따라 발생할 수 있는 교육 공백

및 근로환경 격차를 보완하기 위한 영역으로, 이에 해당하는 이행 사항은 다음과 같음

⑷ 관계수급인 근로자에 대한 안전보건교육을 위한 장소 및 자료 제공 등 지원

⑸ 관계수급인 근로자에 대한 안전보건교육 실시 여부의 확인

⑹ 위생시설 등의 설치를 위한 장소 제공 또는 도급인이 설치한 위생시설 이용에 대한 협조

③ 현장 점검 및 비상 대응 영역

작업 진행 중 발생할 수 있는 위험요인을 현장에서 직접 확인하고, 비상상황에 대비하기 위한 영역으로, 이에 해당하는 이행 사항은 다음과 같음

⑺ 현장점검

　가. 작업장 순회점검의 실시

　나. 도급인 및 관계수급인 근로자가 함께 참여하는 합동 안전·보건점검의 실시

⑻ 발파작업, 화재·폭발, 붕괴, 지진 등 비상상황에 대비한 경보체계 운영 및 대피방법 등에 관한 훈련

법 제64조는 개별 조치를 각각 이행하도록 요구하는 규정이 아니라, 도급인이 도급사업 전반에 대해 소통 → 지원 → 점검 → 조정 → 대응의 흐름을 체계적으로 관리하도록 하는 규정임

따라서 각 이행 사항은 서로 독립된 의무가 아니라 상호 연계된 관리 요소로 이해할 필요가 있음

③ 법 제63조와 제64조의 관계 및 역할 구분

법 제63조(도급인의 안전조치 및 보건조치)와 제64조(도급에 따른 산업재해 예방조치)는 모두 도급인의 책임을 규정하고 있으나, 의무의 성격과 이행 방식에 있어 명확한 차이가 있음

두 조문을 구분하지 않고 이해할 경우, 도급인의 역할이 과도하게 확대되거나 반대로 중요한 관리 의무가 누락될 우려가 있음

① 제63조: 안전 및 보건시설에 관한 실질적 조치 의무

제63조는 도급인이 관계수급인 근로자가 작업하는 자기 사업장에서 산업재해 예방을 위한 안전 및 보건시설을 설치하는 등 물리적·환경적 조치를 이행할 의무를 규정한 조문임

이에 따라 도급인은 다음과 같은 조치를 이행하여야 함

⑴ 추락 방지를 위한 난간·덮개 등 안전시설 설치

⑵ 기계·기구의 방호장치 설치

⑶ 환기설비, 차단설비 등 작업환경 개선 조치

다만, 관계수급인 근로자의 개별적인 작업행동에 대한 직접적인 지시는 포함되지 않음 (예: 보호구 착용 지시, 작업 자세 지시 등)

이는 수급인의 독립적인 경영 및 지휘·감독 권한을 존중하고, 도급관계를 넘어선 직접 지휘로 오인될 소지를 방지하기 위한 것임

② 제64조: 도급사업 전반에 대한 관리·절차적 이행 의무

제64조는 도급인이 관계수급인과 함께 작업하는 과정에서 발생할 수 있는 위험을 관리하기 위하여, 소통·점검·조정·지원 등 관리체계를 운영할 의무를 구체적으로 규정한 조문임

이 조문에서 정한 의무는 개별 시설 설치가 아니라, 도급·수급 구조 전반을 관리하는 절차적·관리적 조치에 해당함

이에 해당하는 주요 내용은 다음과 같음

⑴ 안전 및 보건에 관한 협의체의 구성 및 운영

⑵ 작업장 순회점검 및 합동 안전·보건점검의 실시

⑶ 관계수급인 근로자에 대한 안전보건교육 지원 및 실시 확인

⑷ 위생시설 설치를 위한 장소 제공 또는 이용 협조

⑸ 작업 혼재로 인한 위험 발생 우려 시 작업시기·내용의 조정

⑹ 화재·폭발·붕괴 등 비상상황에 대비한 경보체계 운영 및 대피훈련

③ 두 조문의 기능적 차이

제63조와 제64조의 차이는 다음과 같이 정리할 수 있음

구분	제63조(안전 및 보건조치)	제64조(산업재해 예방조치)
의무성격	실질적 조치 의무	관리·절차적 의무
중심내용	안전시설 설치 등 물리적 환경 조성	협의·점검·교육·조정 등 관리체계 운영
조치대상	작업장의 유해·위험요인	도급·수급 간 협력 및 작업 혼재
직접지시	관계수급인 근로자에 대한 직접 지시 불가	확인·조정 등 관리 행위 가능

④ 조문 간 관계에 대한 이해

제63조는 도급인이 "안전한 작업환경을 확보할 책임"을 규정한 조문이고, 제64조는 그 환경이 유지·관리되도록 하기 위한 "운영 방식과 절차"를 규정한 조문임

따라서 실무에서는 제64조에 따른 협의체 운영, 순회점검, 작업 조정 등이 제대로 이루어지지 않을 경우 제63조에서 요구하는 실질적인 안전조치 역시 형식에 그칠 우려가 있음

두 조문은 서로 대체되는 규정이 아니라, 상호 보완적으로 작동하는 규정으로 이해할 필요가 있음

④ 안전 및 보건에 관한 협의체의 구성 및 운영

① 협의체 구성

(1) 구성원칙

가. 협의체는 도급인과 해당 사업장에 참여하는 모든 수급인으로 구성함

나. 이 경우 협의체에 참여하는 수급인은 도급인과 직접 도급계약을 체결한 수급인에 한함

다. 따라서 수급인으로부터 재하도급을 받은 관계수급인(예: 2차·3차 협력업체 등)은 협의체 구성 대상에 포함되지 않음

(2) 구성 예외

협의체 제도의 취지는 도급사업 전반에 대해 상시적·정기적으로 안전보건 사항을 협의하는 데 있으므로, 30일 이내에 종료되는 일시적인 작업에 대해서는 협의체를 구성·운영하지 않아도 됨

(3) 예외 적용의 제한

작업 기간이 짧더라도, 해당 수급인의 작업이 정기적·반복적으로 이루어지는 경우 (예: 작업 기간은 7일이나 매월 반복적으로 수행되는 경우 등)에는 일시적 작업으로 보기 어려우므로 협의체에 참석하여야 함

② 협의 사항

협의체에서는 다음 사항을 협의함

(1) 작업의 시작 시간

(2) 작업 또는 작업장 간의 연락 방법

(3) 재해 발생 위험이 있는 경우 대피 방법

⑷ 작업장에서의 위험성평가 실시에 관한 사항

⑸ 도급인과 수급인 또는 수급인 상호 간 연락 방법 및 작업공정의 조정

③ 운영 주기

협의체는 매월 1회 이상 정기적으로 회의를 개최하고, 그 결과를 기록·보존하여야 함

⑤ 안전보건교육 지원 및 실시 확인

① 교육 지원

도급인은 관계수급인이 근로자에게 실시하는 안전보건교육을 위하여 교육 장소 및 자료 제공 등 필요한 지원을 하여야 함

② 교육 실시 확인

도급인은 관계수급인이 법 제29조제3항에 따른 안전보건교육[112]을 실시하였는지 여부를 확인하여야 함

⑥ 위생시설 설치 및 이용 협조

① 위생시설의 범위

도급인은 다음 시설의 설치 등을 위하여 필요한 장소를 제공하거나, 도급인이 설치한 시설의 이용에 협조하여야 함

⑴ 휴게시설

⑵ 세면·목욕시설

⑶ 세탁시설

⑷ 탈의시설

⑸ 수면시설

② 설치 기준

도급인이 위생시설을 설치하는 경우에는 안전보건규칙에서 정한 기준을 준수하여야 함

---

112) 안전보건교육 중 특별교육을 의미하며, 자세한 내용은 본서 제3장 안전보건교육 중 특별교육 참조

7 작업장 순회점검

① 순회점검 실시 의무

순회점검을 실시하여야 하는 주체는 도급인이며, 도급인은 관계수급인이 작업하는 장소에 대해 작업장 순회점검을 실시하여야 함

② 점검 주기

(1) 다음 사업: 2일에 1회 이상

    가. 건설업

    나. 제조업

    다. 토사석 광업

    라. 서적·잡지 및 기타 인쇄물 출판업

    마. 음악 및 기타 오디오물 출판업

    바. 금속 및 비금속 원료 재생업

(2) 그 밖의 사업: 1주일에 1회 이상

③ 수급인의 협조 의무

관계수급인은 순회점검을 거부·방해 또는 기피하여서는 아니 되며, 점검 결과에 따른 시정요구에 따라야 함

> **ⓘ Tip**
>
> ■ 작업장 순회점검 실시에 관한 세부 기준
> · 순회점검의 실시 주체
>   - 작업장 순회점검의 실시 주체는 도급인이며, 관계수급인이 업무를 재하도급한 경우에도 순회점검의 실시 주체는 재하도급을 한 수급인이 아니라 도급인에게 있음. 즉, 수급인(B)이 도급받은 업무를 다시 수급인(E, F)에게 재하도급한 경우에도 순회점검은 수급인(B)이 아닌 도급인이 실시하여야 함

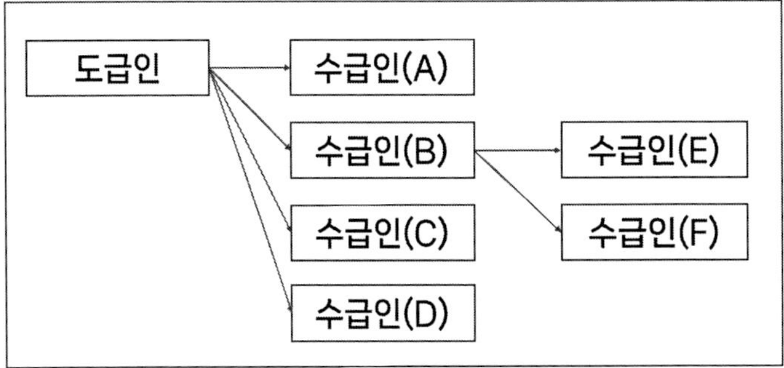

· 순회점검의 대리 실시
  - 순회점검은 반드시 도급인(사업주) 본인이 직접 실시하여야 하는 것은 아니며, 도급인은 관리감독자 등에게 순회점검의 실시를 대리하게 할 수 있음. 다만, 이 경우에도 순회점검 결과 및 이에 따른 조치 이행 여부에 대한 관리·확인 책임은 도급인에게 있음
· 순회점검 미이행의 판단 기준
  - 도급인의 지시에 따라 관리감독자 등이 순회점검을 실시한 경우에는 도급인이 순회점검 의무를 이행한 것으로 보며, 반대로 도급인의 지시가 있었음에도 불구하고 관리감독자 등이 순회점검을 실시하지 않은 경우에는 도급인이 순회점검을 실시하지 않은 것으로 봄.

⑧ 도급사업의 합동 안전·보건점검

① 점검반 구성

점검반은 노·사 양측과 도급·수급인이 모두 참여하도록 다음과 같이 구성함

(1) 도급인(같은 사업 내에 지역을 달리하는 사업장이 있는 경우에는 그 사업장의 안전보건관리책임자)

(2) 관계수급인(같은 사업 내에 지역을 달리하는 사업장이 있는 경우에는 그 사업장의 안전보건관리책임자)

(3) 도급인 및 관계수급인의 근로자 각 1명

(관계수급인의 근로자의 경우에는 해당 공정에만 해당함[113])

② 점검 주기

(1) 건설업, 선박 및 보트 건조업: 2개월에 1회 이상

(2) 그 밖의 사업: 분기에 1회 이상

Tip

■ 합동 안전·보건점검의 실시 방법
  ·합동 안전·보건점검은 도급인의 주관으로 실시하며, 관계수급인(하청업체 및 재하청업체)도 함께 참여함. 이 경우 관계수급인은 반드시 사업주가 직접 참여하여야 하는 것은 아니며, 관계수급인을 대리하는 작업책

---

113) "관계수급인 근로자의 경우에는 해당 공정에만 해당함"이라 함은 합동 안전·보건점검반에 관계수급인별로 근로자 1명이 참여한다는 의미로 해석되며, 관계수급인이 수행하는 개별 단위공정마다 근로자를 참여시키라는 의미는 아님. 예를 들어 제조업 사업장에서 2개의 관계수급인이 작업을 수행하고 있고 각 관계수급인이 10개 이상의 단위공정을 담당하는 경우에도, 단위공정 10개마다 근로자 1명씩 참여하는 것이 아니라 관계수급인 각 업체별로 근로자 1명씩 참여하는 것이 원칙임. 이 경우 합동 안전·보건점검에 참여하는 근로자는 해당 관계수급인을 대표할 수 있는 근로자대표가 참석하는 것이 바람직함

> 임자가 참여하여도 무방함
> ·관계수급인의 작업장소에 대한 점검은 점검 당일 실제로 작업이 이루어지는 공정에 한하여 실시하면 되
> 며, 점검일에 작업이 이루어지지 않는 공정까지 포함하여 점검할 필요는 없음. 예를 들어 1월 5일에 합동
> 안전·보건점검을 실시하기로 계획하였으나, 점검 당일 관계수급인이 담당하는 입고·포장·출고 공정 중 포
> 장 및 출고 공정에서만 작업이 이루어지는 경우에는, 포장 및 출고 공정이 수행되는 장소만 점검하여도
> 무방함
> ·다만, 합동 안전·보건점검은 도급인 또는 안전보건총괄책임자가 직접 실시하여야 하며, 이를 대리하여 관
> 리감독자 등을 지정해 수행하는 방식은 적절하지 않음

⑨ 작업 혼재 시 위험 확인 및 작업 조정

① 작업 확인

도급인은 같은 장소에서 이루어지는 도급인과 관계수급인 등의 작업에 대하여 작업
시기·내용, 안전조치 및 보건조치 사항을 확인하여야 함

② 작업 조정

확인 결과 관계수급인 등의 작업 혼재로 인하여 화재·폭발 등 대통령령으로 정하는
다음의 위험이 발생할 우려가 있는 경우, 도급인은 작업시기·내용 등을 조정하여야 함

(1) 화재·폭발이 발생할 우려가 있는 경우

(2) 동력으로 작동하는 기계·설비 등에 끼일 우려가 있는 경우

(3) 차량계 하역운반기계·건설기계·양중기 등과 충돌할 우려가 있는 경우

(4) 근로자가 추락할 우려가 있는 경우

(5) 물체가 떨어지거나 날아올 우려가 있는 경우

(6) 기계·기구 등이 넘어지거나 무너질 우려가 있는 경우

(7) 토사·구축물·인공구조물 등이 붕괴될 우려가 있는 경우

(8) 산소 결핍 또는 유해가스로 질식·중독될 우려가 있는 경우

⑩ 경보체계 운영 및 대피훈련

도급인은 다음 각 목의 어느 하나에 해당하는 경우에 대비하여 경보체계 운영 및 대피방
법 등에 관한 훈련을 실시하여야 함

(1) 작업 장소에서 발파작업을 하는 경우

(2) 작업 장소에서 화재·폭발, 토사·구축물 등의 붕괴 또는 지진 등이 발생한 경우

> **ⓘ Tip**
>
> ■ 경보체계 운영 및 대피훈련 예시
>
> ·발파작업이 포함된 공사 현장
>
>   - 발파 작업 전·중·후에 경보 신호를 사전에 정하고, 해당 신호에 따라 작업자 전원이 안전한 장소로 대피하는 절차를 훈련하는 경우
>
> ·화재·폭발 위험이 있는 작업장
>
>   - 인화성 물질을 취급하는 작업장에서 화재 발생을 가정하여 경보 장치 작동 → 작업 중단 → 대피 경로 이동 순서로 대피훈련을 실시하는 경우
>
> ·붕괴 위험이 있는 작업 현장
>
>   - 토사·구축물 붕괴 우려가 있는 작업장에서 이상 징후 발생 시 경보 신호에 따라 작업을 즉시 중지하고, 미리 정한 집결지로 이동하는 절차를 훈련하는 경우

11 벌칙

◆ 산업안전보건법 제172조【벌칙】제64조제1항제1호부터 제5호까지, 제7호, 제8호 또는 같은 조 제2항을 위반한 자는 500만원 이하의 벌금에 처한다.

◆ 산업안전보건법 제173조【양벌규정】법인의 대표자나 법인 또는 개인의 대리인, 사용인, 그 밖의 종업원이 그 법인 또는 개인의 업무에 관하여 제167조제1항 또는 제168조부터 제172조까지의 어느 하나에 해당하는 위반행위를 하면 그 행위자를 벌하는 외에 그 법인에게 다음 각 호의 구분에 따른 벌금형을, 그 개인에게는 해당 조문의 벌금형을 과(科)한다. 다만, 법인 또는 개인이 그 위반행위를 방지하기 위하여 해당 업무에 관하여 상당한 주의와 감독을 게을리하지 아니한 경우에는 그러하지 아니하다.

   1. 제167조제1항의 경우: 10억원 이하의 벌금
   2. 제168조부터 제172조까지의 경우: 해당 조문의 벌금형

위반행위	세부내용	과태료 금액(만원)		
		1차 위반	2차 위반	3차 이상 위반
법 제64조제1항제6호를 위반하여 위생시설 등 고용노동부령으로 정하는 시설의 설치 등을 위하여 필요한 장소의 제공을 하지 않거나 도급인이 설치한 위생시설 이용에 협조하지 않은 경우		500	1,000	1,500

8 / 도급인의 안전 및 보건에 관한 정보 제공(법 제65조)

① 개요

도급인의 사업장에서 화학설비 작업, 질식 또는 붕괴의 위험이 있는 작업 등 유해·위험작업이 이루어지는 경우에는, 작업장과 설비에 관한 정보가 도급인에게 집중되어 있어 수급인이 작업에 내재된 위험을 충분히 인지하기 어려운 구조가 될 수 있음

이에 따라 도급인은 해당 작업을 수행하는 수급인 근로자의 산업재해를 예방하기 위하여 작업 시작 전에 작업과 관련된 안전 및 보건에 관한 정보를 문서로 제공하고, 제공된 정보에 따라 필요한 안전조치 및 보건조치가 실제로 이루어졌는지를 확인하도록 함. 아울러 작업 시작 전까지 안전 및 보건에 관한 정보가 제공되지 아니한 경우에는 수급인이 해당 작업을 하지 아니할 수 있도록 하여, 위험 정보가 제공되지 않은 상태에서의 무리한 작업 수행을 방지하도록 함

② 안전 및 보건에 관한 정보 제공 의무가 발생하는 도급 작업

정보 제공 의무는 다음 각 호의 어느 하나에 해당하는 작업을 도급하는 경우에 발생함

① 폭발성·발화성·인화성·독성 등의 유해성·위험성이 있는 화학물질 중 안전보건규칙 [별표1] 및 [별표 12]에 따른 위험물질 및 관리대상 유해물질 또는 그 유해·위험물질을 함유한 혼합물을 제조·사용·운반 또는 저장하는 반응기·증류탑·배관 또는 저장탱크로서 안전보건규칙 [별표 7]에 따른 화학설비 및 그 부속설비를 개조·분해·해체 또는 철거하는 작업

② 제①항에 따른 설비의 내부에서 이루어지는 작업

③ 질식 또는 붕괴의 위험이 있는 다음의 작업

  (1) 산소결핍, 유해가스 등으로 인한 질식의 위험이 있는 장소로서 안전보건규칙 별표 18에 따른 밀폐공간에서 이루어지는 작업

  (2) 토사·구축물·인공구조물 등의 붕괴 우려가 있는 장소에서 이루어지는 작업

③ 제공하여야 할 안전·보건 정보의 내용

도급인은 해당 도급작업이 시작되기 전까지 다음 각 사항을 적은 문서(전자문서 포함)를 수급인에게 제공하여야 함

① 안전보건규칙 별표 7에 따른 화학설비 및 그 부속설비에서 제조·사용·운반 또는 저장

하는 위험물질 및 관리대상 유해물질의 명칭과 그 유해성·위험성

② 안전·보건상 유해하거나 위험한 작업에 대한 안전·보건상 주의사항

③ 안전·보건상 유해하거나 위험한 물질의 유출 등 사고가 발생한 경우에 필요한 조치의 내용

④ 하도급 시 정보 제공의 연계

수급인이 도급받은 작업을 다시 하도급하는 경우에는, 도급인으로부터 제공받은 안전·보건 정보 문서의 사본을 해당 하도급작업이 시작되기 전까지 하수급인에게 제공하여야 함

⑤ 정보 제공 이후의 확인 의무

도급인은 수급인이 제공받은 안전·보건 정보에 따라 필요한 안전조치 및 보건조치를 이행하였는지를 확인하여야 함

이 경우 확인을 위하여 필요하면 해당 조치와 관련된 기록 등 자료의 제출을 요청할 수 있음

⑥ 정보 미제공 시 수급인의 권리

도급인이 제65조제1항에 따른 안전·보건 정보를 해당 작업 시작 전까지 제공하지 아니한 경우, 수급인은 정보 제공을 요청할 수 있음

그럼에도 불구하고 도급인이 정보를 제공하지 아니하는 경우에는, 수급인은 해당 도급작업을 하지 아니할 수 있으며, 이로 인한 계약 이행 지체에 따른 책임을 지지 아니함

⑦ 벌칙

◆ 산업안전보건법 제170조【벌칙】다음 각 호의 어느 하나에 해당하는 자는 1년 이하의 징역 또는 1천만원 이하의 벌금에 처한다.
  4. 제65조제1항을 위반한 자
◆ 산업안전보건법 제173조【양벌규정】법인의 대표자나 법인 또는 개인의 대리인, 사용인, 그 밖의 종업원이 그 법인 또는 개인의 업무에 관하여 제167조제1항 또는 제168조부터 제172조까지의 어느 하나에 해당하는 위반행위를 하면 그 행위자를 벌하는 외에 그 법인에게 다음 각 호의 구분에 따른 벌금형을, 그 개인에게는 해당 조문의 벌금형을 과(科)한다. 다만, 법인 또는 개인이 그 위반행위를 방지하기 위하여 해당 업무에 관하여 상당한 주의와 감독을 게을리하지 아니한 경우에는 그러하지 아니하다.
  1. 제167조제1항의 경우: 10억원 이하의 벌금
  2. 제168조부터 제172조까지의 경우: 해당 조문의 벌금형

9 / 도급인의 관계수급인에 대한 시정조치(법 제66조)

① 개요

도급인의 사업장에서 관계수급인 근로자가 작업을 하는 경우에는, 관계수급인 또는 관계수급인 근로자가 해당 작업과 관련하여 안전 및 보건에 관한 법령을 위반한 때에 도급인이 그 위반행위를 시정하도록 필요한 조치를 할 수 있도록 함

이는 작업장과 설비를 지배·관리하는 도급인이, 그 사업장 내에서 발생하는 안전 및 보건 관련 법 위반 행위를 방치하지 않고 현장의 안전질서를 유지할 수 있도록 하기 위한 취지임

아울러 유해·위험작업을 도급한 경우에도, 수급인 또는 수급인 근로자의 법 위반에 대하여 같은 시정조치를 할 수 있도록 하여, 작업의 위험성과 관계없이 사업장 내 안전관리 기준이 일관되게 적용되도록 함

이 경우 관계수급인 또는 수급인은 정당한 사유가 없는 한 도급인의 시정조치에 따라야 하여, 시정 권한이 실효성 있게 작동하도록 함

② 시정조치의 대상 및 범위

① 관계수급인에 대한 시정조치(법 제66조①항)

도급인은 관계수급인 근로자가 도급인의 사업장에서 작업을 하는 경우, 관계수급인 또는 관계수급인 근로자가 도급받은 작업과 관련하여 이 법 또는 이 법에 따른 명령을 위반한 사실이 있으면, 관계수급인에게 그 위반 행위를 시정하도록 필요한 조치를 할 수 있음

이 경우 관계수급인은 정당한 사유가 없는 한, 도급인의 시정조치에 따라야 함

② 법 제65조 대상 작업[114]에 대한 수급인 시정조치(법 제66조②항)

도급인이 법 제65조제1항 각 호의 작업을 도급하는 경우에는, 수급인 또는 수급인 근로자가 도급받은 작업과 관련하여 이 법 또는 이 법에 따른 명령을 위반한 사실이 있으면, 도급인은 수급인에게 그 위반 행위를 시정하도록 필요한 조치를 할 수 있음

이 경우 수급인 역시 정당한 사유가 없는 한, 도급인의 시정조치에 따라야 함

---

114) 안전 및 보건에 관한 정보를 제공하여야 하는 도급작업을 말하며, 자세한 내용은 본서 「7. 도급인의 안전 및 보건에 관한 정보 제공」 중 ② 「안전 및 보건에 관한 정보 제공 의무가 발생하는 도급 작업」의 ①~③ 참조

③ 법 제66조 제①항과 제②항의 적용 관계

법 제66조는 다음과 같이 적용 대상을 구분하고 있음

제①항: 도급인의 사업장에서 작업하는 관계수급인 전반에 대한 시정조치

제②항: 제65조에 따른 고위험 도급작업을 수행하는 수급인에 대한 시정조치

즉, 제2항은 제65조의 적용 대상 작업에 대해 시정조치 권한을 명확히 한 규정으로 이해할 수 있음

④ 시정조치의 성격에 대한 이해

제66조에 따른 시정조치는 관계수급인 또는 수급인 근로자의 작업행동을 직접 지휘·감독하기 위한 것이 아니라, 법령 위반 상태를 해소하기 위한 관리적·절차적 조치에 해당함

따라서 이는 도급관계를 넘어선 직접적인 지휘·감독으로 보기는 어려우며, 도급인의 사업장 안전·보건 확보를 위한 정당한 관리 행위로 이해할 필요가 있음

⑤ 제66조에 따른 시정조치의 실무적 이해

① '명령 위반 시 시정하도록 필요한 조치'의 의미

법 제66조에서 말하는 "시정하도록 필요한 조치"란 도급인이 관계수급인의 작업 방법을 직접 지시하는 것이 아니라, 법령 위반 상태를 해소하도록 요구하는 행위를 의미함. 이는 제63조(도급인의 안전조치 및 보건조치)에서 금지된 직접적인 작업 지시와 구별됨

② 법 또는 명령 위반의 대표적 사례(예시)

다음과 같은 경우는 법 또는 법에 따른 명령을 위반한 대표적인 사례에 해당함

⑴ 안전난간 설치 의무가 있음에도 이를 설치하지 아니한 경우

⑵ 밀폐공간 작업 전 산소농도 측정을 실시하지 아니한 경우

⑶ 위험기계·기구의 방호장치를 제거한 상태로 작업을 수행하는 경우

⑷ 안전보건교육을 실시하지 아니하거나 형식적으로만 실시한 경우

⑸ 화학물질 취급 작업에서 물질안전보건자료(MSDS)를 비치하지 아니한 경우

③ '필요한 조치'의 구체적 범위(예시)

위와 같은 위반 사항이 확인된 경우, 도급인은 관계수급인에게 다음과 같은 시정조치를 요구할 수 있음

⑴ 즉시 작업을 중지하고, 필요한 안전조치 이행 후 작업을 재개하도록 요구

⑵ 방호장치 설치 또는 안전시설 개선이 완료된 후 작업을 진행하도록 요구

⑶ 안전보건교육을 이수하지 않은 근로자에 대해 해당 작업에서 배제하도록 요구

⑷ 보호구 미착용 상태가 개선될 때까지 작업을 중단하도록 요구

⑸ 위반 상태가 해소될 때까지 작업 일정 또는 작업 순서를 조정하도록 요구

※ 이 경우에도 도급인이 작업 방법이나 세부 공정을 직접 지시하는 것은 아님에 유의할 필요가 있음

④ '정당한 사유'의 실무적 판단 기준

제66조에서 말하는 "정당한 사유"는 추상적인 개념이나, 실무에서는 다음과 같은 기준을 통해 판단할 수 있음

⑴ 정당한 사유로 인정될 수 있는 경우(예시)

　가. 기술적·물리적 사정으로 즉시 시정이 곤란한 경우

　　(예: 자재 수급 문제로 방호장치의 즉시 설치가 불가능한 경우)

　나. 도급인의 시정 요구가 법적 근거 없이 과도한 경우

　다. 도급인이 요구한 조치가 계약 범위를 명백히 초과하는 경우

　라. 동일한 사항에 대해 이미 시정 조치를 진행 중임을 객관적으로 입증한 경우

⑵ 정당한 사유로 보기 어려운 경우(예시)

　가. "현재 작업이 바쁘다"는 사정만을 이유로 하는 경우

　나. "관행적으로 그렇게 작업해 왔다"는 이유를 드는 경우

　다. 공정 지연 또는 비용 증가만을 이유로 하는 경우

⑥ 벌칙

위반행위	세부내용	과태료 금액(만원)		
		1차 위반	2차 위반	3차 이상 위반
법 제66조제1항 후단을 위반하여 도급인의 조치에 따르지 않은 경우		150	300	500
법 제66조제2항 후단을 위반하여 도급인의 조치에 따르지 않은 경우		150	300	500

10 / 건설공사발주자의 산업재해 예방 조치(법 제67조)

① 개요

건설공사는 계획 및 설계 단계에서의 결정에 따라 시공 단계의 작업 방법과 위험 수준이 사실상 결정되는 특성이 있어, 시공 단계에서의 개별적인 안전조치만으로는 산업재해를 충분히 예방하기 어려운 구조를 가짐

이에 건설공사의 발주자를 산업재해 예방의 출발점으로 설정하고, 건설공사의 계획·설계·시공 각 단계에서 유해·위험요인을 사전에 파악하고 이를 단계적으로 전달·관리하도록 함으로써, 위험이 설계와 공정에 내재된 상태로 현장에 전가되는 것을 방지하고 건설공사 전반에서 실질적인 산업재해 예방이 이루어지도록 하기 위한 규정임

② 적용 대상 건설공사

① 적용 기준

산업재해 예방 조치 대상 건설공사는 총 공사금액이 50억원 이상인 공사를 말함

② 분리 발주 공사의 적용

시간적·장소적으로 분리된 건설공사를 일정 기간 총액으로 계약한 경우에는, 개별 공사금액이 50억원 이상인 경우에 한하여 적용됨

> **【예시 1】**
> 발주자가 하나의 대규모 부지를 대상으로 토목공사, 건축공사, 설비공사를 각각 분리하여 발주하였고, 전체 사업비는 120억원이나 토목공사 30억원, 건축공사 45억원, 설비공사 45억원으로 각각 계약한 경우에는, 개별 공사금액이 모두 50억원 미만이므로 이 규정의 적용 대상에 해당하지 않음
>
> **【예시 2】**
> 발주자가 동일한 사업부지 내에서 3개 동의 건축공사를 각각 분리 발주하였고, 각 공사의 계약금액이 55억원, 40억원, 35억원인 경우에는, 이 중 계약금액이 55억원인 공사에 대해서만 이 규정이 적용됨

③ 산업재해 예방 조치의 핵심

건설공사발주자의 산업재해 예방 조치는, 건설공사의 단계별 유해·위험요인을 사전에 정리하고 다음 단계로 전달하기 위한 안전보건대장을 작성·관리하는 방식으로 이행됨

즉, 발주자는 계획단계에서 기본안전보건대장을 작성하고, 설계자 및 수급인이 각 단계에서 작성하는 안전보건대장을 확인·관리함으로써, 위험요인과 감소방안이 설계와 시공에

반영되도록 해야 함

④ 건설공사 단계별 안전보건대장 관리체계의 구조

① 단계 구분

건설공사의 전 과정을 계획단계, 설계단계 및 시공단계의 3단계로 구분함

② 관리 수단

각 단계에서는 해당 단계의 특성에 맞는 안전보건대장을 작성하도록 하여, 유해·위험 요인과 그 감소방안이 다음 단계로 연계되도록 함

③ 단계별 대장 구조

No	단계	작성 주체	안전보건대장	기능
1	계획단계	발주자	기본안전보건대장	공사 전반의 유해·위험요인 도출 및 관리 방향 설정
2	설계단계	설계자	설계안전보건대장	설계 단계에서 위험요인 감소방안 반영
3	시공단계	최초 수급인	공사안전보건대장	시공 단계 안전조치 이행

⑤ 단계별 안전보건대장의 작성 및 연계

① 계획단계: 기본안전보건대장

(1) 작성 주체

기본안전보건대장은 건설공사 발주자가 작성함

(2) 주요 기재 사항

기본안전보건대장에는 다음 각 호의 사항이 포함되어야 함

가. 건설공사 계획단계에서 예상되는 공사내용, 공사규모 등 공사 개요

나. 공사현장 제반 정보

다. 건설공사에 설치·사용 예정인 구조물, 기계·기구 등 고용노동부장관이 정하여 고시하는 유해· 위험요인과 그에 대한 안전조치 및 위험성 감소방안

라. 산업재해 예방을 위한 건설공사발주자의 법령상 주요 의무사항 및 이에 대한 확인

(3) 관리 목적

계획 단계에서 중점적으로 관리하여야 할 위험요인을 사전에 정리함으로써, 이후

설계 및 시공 단계에서의 안전보건관리 방향을 설정하기 위한 기초 자료로 활용됨

② 설계단계: 설계안전보건대장

  (1) 작성 주체

    설계안전보건대장은 설계자가 발주자로부터 제공받은 기본안전보건대장을 반영하여 작성함

  (2) 주요 기재 사항

    설계안전보건대장에는 다음 각 사항이 포함되어야 함

    가. 안전한 작업을 위한 적정 공사기간 및 공사금액 산출서[115]

    나. 건설공사 중 발생할 수 있는 유해·위험요인 및 시공단계에서 고려해야 할 유해·위험요인 감소방안

    다. 산업안전보건관리비의 산출내역서

  (3) 발주자의 확인

    발주자는 설계안전보건대장을 제출받은 경우, 안전보건 분야의 전문가에게 그 적정성 등을 확인받아야 하며, 필요 시 설계자에게 보완 또는 변경을 요청하거나 공사기간 및 공사비를 조정하는 등 필요한 조치를 하여야 함

③ 시공단계: 공사안전보건대장

  (1) 작성 주체

    공사안전보건대장은 건설공사를 최초로 도급받은 수급인이 작성함

  (2) 제출 시기

    수급인은 착공 전날까지 공사안전보건대장을 작성하여 발주자에게 제출하여야 함

  (3) 주요 기재 사항(이행 여부 확인 사항)

    공사안전보건대장에 포함하여 이행 여부를 확인해야 할 사항은 다음 사항과 같음

    가. 설계안전보건대장의 유해·위험요인 감소방안을 반영한 건설공사 중 안전보건 조치 이행계획

    나. 법 제42조제1항에 따른 유해위험방지계획서의 심사 및 확인결과에 대한 조치내용

    다. 고용노동부장관이 정하여 고시하는 건설공사용 기계·기구의 안전성 확보를 위한 배치 및 이동계획

    라. 법 제73조제1항에 따른 건설공사의 산업재해 예방 지도를 위한 계약 여부, 지도결과 및 조치내용

④ 안전보건대장의 작성·제공·변경

---

115) 건설공사발주자가「건설기술 진흥법」제39조제3항 및 제4항에 따라 설계용역에 대하여 건설엔지니어링사업자로 하여금 건설사업관리를 하게 하고 해당 설계용역에 대하여 같은 법 시행령 제59조제4항제8호에 따른 공사기간 및 공사비의 적정성 검토가 포함된 건설사업관리 결과보고서를 작성·제출받은 경우에는 포함하지 않을 수 있음

(1) 분리 발주 시 작성 원칙

하나의 건설공사를 두 개 이상으로 분리하여 발주하는 경우에는 발주자, 설계자 및 수급인이 안전보건대장을 각각 작성하여야 함

다만 발주자는 기본안전보건대장을 통합하여 작성할 수 있으며, 설계자 또는 수급인이 같은 경우에는 설계안전보건대장 또는 공사안전보건대장을 통합하여 작성할 수 있음

(2) 단계별 제공 및 연계

발주자는 설계계약 체결 시 기본안전보건대장을 설계자에게 제공하여야 하며, 설계안전보건대장은 수급인 선정 입찰 시 미리 고지하고 계약 체결 시 수급인에게 제공하여야 함

(3) 착공 이후 변경

수급인은 착공 이후 설계변경 또는 공법 변경으로 공사안전보건대장을 변경할 필요가 있는 경우 이를 변경하여 발주자에게 제출하여야 함

⑥ 발주자의 확인 의무 및 비용·기간 반영

① 확인 의무

발주자는 설계자 및 수급인이 작성한 각 단계별 안전보건대장의 내용이 적정하게 반영·이행되고 있는지를 확인하여야 함

② 비용·기간의 반영

발주자는 설계 및 시공 과정에서 건설현장의 안전이 우선적으로 고려될 수 있도록, 공사비와 공사기간을 적정하게 계상·설정하여야 함

⑦ 공사안전보건대장의 이행 확인 및 작업중단 요청

① 이행 확인

발주자는 수급인이 공사안전보건대장에 따른 안전보건 조치계획을 이행하였는지 여부를 건설공사 착공 후 매 3개월마다 1회 이상 확인하여야 하며, 3개월 이내에 공사가 종료되는 경우에는 종료 전에 이를 확인하여야 함

② 작업중단 요청

수급인이 공사안전보건대장에 따른 안전보건 조치를 이행하지 아니하여 산업재해가 발생할 급박한 위험이 있는 경우에는, 발주자는 수급인에게 작업중단을 요청할 수 있음

8 벌칙

위반행위	세부내용	과태료 금액(만원)		
		1차 위반	2차 위반	3차 이상 위반
법 제67조제1항을 위반하여 건설공사의 계획, 설계 및 시공 단계에서 필요한 조치를 하지 않은 경우		1,000	1,000	1,000
법 제67조제2항을 위반하여 안전보건 분야의 전문가에게 같은 조 제1항 각 호에 따른 안전보건대장에 기재된 내용의 적정성 등을 확인받지 않은 경우		1,000	1,000	1,000

> **ⓘ Tip**
>
> ■ **관련고시**
>   「건설공사 안전보건대장의 작성 등에 관한 고시」

11 / 안전보건조정자(법 제68조)

① 개요

하나의 건설현장에서 둘 이상의 건설공사가 동시에 진행되는 경우에는, 각 공사가 개별적으로는 안전조치를 이행하고 있더라도 공정 간 작업이 혼재되면서 예기치 않은 산업재해가 발생할 가능성이 높아짐. 특히 공사 간 일정·동선·장비 사용이 겹치는 상황에서는 개별 도급인의 관리만으로는 혼재 위험을 충분히 통제하기 어려운 구조가 됨

이에 건설공사를 발주하는 자에게 여러 건설공사가 같은 장소에서 이루어지는 경우를 전제로, 작업 혼재로 인한 산업재해를 예방하기 위한 전담 관리 주체로서 안전보건조정자를 두도록 하고, 이를 통해 공사 간 위험요인을 사전에 파악하고 작업 시기·내용 및 안전보건 조치를 종합적으로 조정하도록 함

② 안전보건조정자 선임 의무가 발생하는 건설공사

① 기본 요건

안전보건조정자 선임 의무는 다음 요건을 모두 충족하는 경우에 발생함

(1) 건설공사발주자가 2개 이상의 건설공사를 도급한 경우

(2) 해당 건설공사들이 같은 장소에서 이루어지는 경우

(3) 각 건설공사의 금액을 합산한 총 공사금액이 50억 원 이상인 경우

요건은 단일 공사가 아니라 동일 장소에서 진행되는 복수 공사를 전제로 하며, 공사 일정이 겹치거나 작업이 혼재되는 경우를 중심으로 판단함

② 금액 기준의 판단 방식

안전보건조정자 선임 여부는 개별 공사금액이 아니라, 같은 장소에서 이루어지는 건설공사의 금액을 합산하여 판단함. 따라서 각 공사가 개별적으로는 50억 원 미만이라 하더라도, 합산 금액이 50억 원 이상이면 선임 의무가 발생함

③ 안전보건조정자의 선임 또는 지정

① 선임과 지정의 구분

건설공사발주자는 안전보건조정자를 다음과 같이 선임하거나 지정하여야 함

(1) 선임

일정한 자격과 경력을 갖춘 외부 전문인력을 안전보건조정자로 선임하는 방식

(2) 지정

발주청 공사감독자 또는 책임감리자 등 이미 해당 공사에 관여하고 있는 자 중에서 안전보건조정자로 지정하는 방식

② 안전보건조정자가 될 수 있는 사람의 범위

안전보건조정자는 다음 어느 하나에 해당하는 사람 중에서 선임하거나 지정하여야 함

(1) 선임

　　가. 법 제143조제1항에 따른 산업안전지도사 자격을 가진 사람

　　나. 「건설산업기본법」 제8조에 따른 종합공사에 해당하는 건설현장에서 안전보건관리책임자로서 3년 이상 재직한 사람

　　다. 「국가기술자격법」에 따른 건설안전기술사

　　라. 「국가기술자격법」에 따른 건설안전기사 또는 산업안전기사 자격을 취득한 후 건설안전 분야에서 5년 이상의 실무경력이 있는 사람

　　마. 「국가기술자격법」에 따른 건설안전산업기사 또는 산업안전산업기사 자격을 취득한 후 건설안전 분야에서 7년 이상의 실무경력이 있는 사람

(2) 지정

　　가. 「건설기술 진흥법」 제2조제6호에 따른 발주청이 발주하는 건설공사인 경우 발주청이 같은 법 제49조제1항에 따라 선임한 공사감독자

　　나. 다음 각 목의 어느 하나에 해당하는 사람으로서 해당 건설공사 중 주된 공사의 책임감리자

　　　　1) 「건축법」 제25조에 따라 지정된 공사감리자

　　　　2) 「건설기술 진흥법」 제2조제5호에 따른 감리업무를 수행하는 사람

　　　　3) 「주택법」 제44조제1항에 따라 배치된 감리원

　　　　4) 「전력기술관리법」 제12조의2에 따라 배치된 감리원

　　　　5) 「정보통신공사업법」 제8조제2항에 따라 해당 건설공사에 대하여 감리업무를 수행하는 사람

③ 선임·지정 시기

안전보건조정자는 분리하여 발주되는 공사의 착공일 전날까지 선임 또는 지정하여야 하며, 그 사실을 각각의 공사 도급인에게 알려야 함

④ 안전보건조정자의 업무

① 혼재 작업의 파악

같은 장소에서 이루어지는 각 공사 간에 작업이 혼재되는 부분을 파악함

이는 공정, 작업 동선, 장비 사용, 자재 반입·반출 등 전반적인 작업 상황을 포함함

② 혼재된 작업으로 인한 산업재해 발생의 위험성 파악

혼재된 작업으로 인해 발생할 수 있는 추락, 충돌, 끼임, 전도, 붕괴 등 산업재해의 위험성을 사전에 분석하여야 함

③ 작업 조정 및 안전보건 조치의 조정

혼재 작업으로 인한 산업재해를 예방하기 위하여 다음 사항을 조정함

(1) 공정별 작업 시기 조정

(2) 동시에 수행되는 작업 내용의 조정

(3) 공사 간 안전보건 조치의 충돌 또는 누락 방지

④ 도급인 간 정보 공유 여부 확인

각각의 공사 도급인 안전보건관리책임자 간에 작업 내용과 위험요인에 관한 정보가 적절히 공유되고 있는지를 확인하여야 함

⑤ 자료 제출 요구 권한

안전보건조정자는 업무 수행에 필요한 경우, 해당 공사의 도급인 또는 관계수급인에게 작업 내용, 공정 계획, 안전보건 조치와 관련된 자료의 제출을 요구할 수 있음

이는 조정 업무 수행을 위한 보조적 권한으로, 직접적인 작업 지휘 권한을 의미하지는 않음

⑥ 벌칙

위반행위	세부내용	과태료 금액(만원)		
		1차 위반	2차 위반	3차 이상 위반
법 제68조제1항을 위반하여 안전보건조정자를 두지 않은 경우		500	500	500

12 / 공사기간 단축 금지 기간 연장(법 제69조, 제70조)

① 개요

건설공사에서 무리한 공사기간 단축이나 비용 절감을 위한 공법 변경은 작업 밀도 증가, 동시 작업 확대, 안전조치 생략 등으로 이어져 산업재해의 직접적인 원인이 되는 경우가 많음. 특히 설계 단계에서 전제된 공사기간과 시공 조건이 현장에서 훼손될 경우, 현장 안전관리 체계 전반이 무력화될 우려가 있음.

이에 따라 건설공사에서는 설계도서 등에 따라 산정된 공사기간을 임의로 단축하거나, 공사비 절감을 목적으로 위험성이 있는 공법을 사용하거나 정당한 사유 없이 공법을 변경하지 못하도록 하고, 불가항력적 사유 등으로 공사가 지연되는 경우에는 산업재해 예방을 위해 공사기간을 연장하도록 함

② 공사기간 단축의 금지(법 제69조)

① 금지의 원칙

건설공사발주자 또는 건설공사도급인은 설계도서 등에 따라 산정된 공사기간을 단축하여서는 아니 됨. 이는 공사기간이 단순한 계약 조건이 아니라, 안전한 시공을 전제로 산정된 핵심 관리 요소임을 전제로 한 것임

② 적용 대상자

공사기간 단축 금지 의무는 다음 자에게 적용됨

(1) 건설공사발주자

(2) 건설공사도급인(발주자로부터 해당 건설공사를 최초로 도급받은 수급인 또는 건설공사의 시공을 주도하여 총괄·관리하는 자를 말함)

③ 위험 공법 사용 및 공법 변경의 제한(법 제69조)

① 공사비 절감을 위한 위험 공법 사용 금지

건설공사발주자 또는 건설공사도급인은 공사비를 줄이기 위하여 위험성이 있는 공법을 사용하여서는 아니 됨. 이는 비용 절감이 안전보다 우선되는 상황을 방지하기 위한 규정임

② 정당한 사유 없는 공법 변경 금지

정해진 공법이 있음에도 불구하고, 정당한 사유 없이 이를 변경하는 행위 역시 금지됨. 공법 변경은 작업 방식·장비·위험요인이 달라지는 중대한 사항이므로, 안전성 검토 없이 이루어질 경우 산업재해 위험이 급격히 증가할 수 있음

④ 공사기간 연장의 원칙(법 제70조)

① 발주자의 공사기간 연장 의무

다음 어느 하나에 해당하는 사유로 건설공사가 지연되어, 건설공사도급인이 산업재해 예방을 위하여 공사기간의 연장을 요청한 경우에는, 발주자는 특별한 사유가 없으면 공사기간을 연장하여야 함

(1) 불가항력적 사유

태풍·홍수 등 악천후, 전쟁·사변, 지진, 화재, 전염병, 폭동, 그 밖에 계약 당사자가 통제할 수 없는 사태

(2) 발주자 책임 사유

가. 발주자 책임으로 착공이 지연된 경우
나. 발주자 책임으로 시공이 중단된 경우

⑤ 관계수급인의 공사기간 연장 요청

① 관계수급인의 요청권

건설공사의 관계수급인은 다음 사유로 공사가 지연된 경우, 산업재해 예방을 위하여 건설공사도급인에게 공사기간의 연장을 요청할 수 있음

(1) 불가항력적 사유

(2) 건설공사도급인에게 책임이 있는 사유로 착공이 지연되거나 시공이 중단된 경우

② 도급인의 조치 의무

건설공사도급인은 관계수급인의 요청이 있는 경우, 특별한 사유가 없으면 공사기간을 연장하거나, 발주자에게 공사기간 연장을 요청하여야 함

⑥ 공사기간 연장 요청 절차

① 도급인의 요청 절차

건설공사도급인은 공사기간 연장을 요청하려는 경우, 연장 사유가 종료된 날부터 10일

이내에 다음 서류를 첨부하여 발주자에게 공사기간 연장 요청서[116]를 제출하여야 함.

(1) 공사기간 연장 요청 사유 및 그에 따른 공사 지연사실을 증명할 수 있는 서류

(2) 공사기간 연장 요청 기간 산정 근거 및 공사 지연에 따른 공정 관리 변경에 관한 서류

다만, 해당 공사기간 연장 사유가 그 건설공사의 계약기간 만료 후에도 지속될 것으로 예상되는 경우에는, 계약기간 만료 전에 건설공사발주자에게 공사기간 연장을 요청할 예정임을 통지하고, 그 사유가 종료된 날부터 10일이 되는 날까지 공사기간 연장을 요청할 수 있음

② 관계수급인의 요청 절차

관계수급인은 공사기간 연장을 요청하려는 경우, 사유 종료일부터 10일 이내에 제1항과 동일한 서류를 첨부하여 건설공사도급인에게 요청하여야 함

다만, 해당 공사기간 연장 사유가 그 건설공사의 계약기간 만료 후에도 지속될 것으로 예상되는 경우에는, 계약기간 만료 전에 건설공사도급인에게 공사기간 연장을 요청할 예정임을 통지하고, 그 사유가 종료된 날부터 10일이 되는 날까지 공사기간 연장을 요청할 수 있음

7 요청에 대한 처리 기한

① 도급인의 처리 기한

건설공사도급인은 관계수급인의 요청을 받은 날부터 30일 이내에 공사기간 연장 조치를 하거나, 10일 이내에 발주자에게 공사기간 연장을 요청하여야 함

② 발주자의 처리 기한

건설공사발주자는 도급인의 요청을 받은 날부터 30일 이내에 공사기간 연장 조치를 하여야 함

다만, 남은 공사기간 내에 공사를 마칠 수 있다고 인정되는 경우에는, 그 사유와 이를 증명하는 서류를 첨부하여 도급인에게 통보하여야 함

③ 결과 통보

도급인은 발주자로부터 연장 여부에 대한 통보를 받은 날부터 5일 이내에 그 결과를 관계수급인에게 통보하여야 함

---

116) 산업안전보건법 시행규칙 [별지 제35호서식]

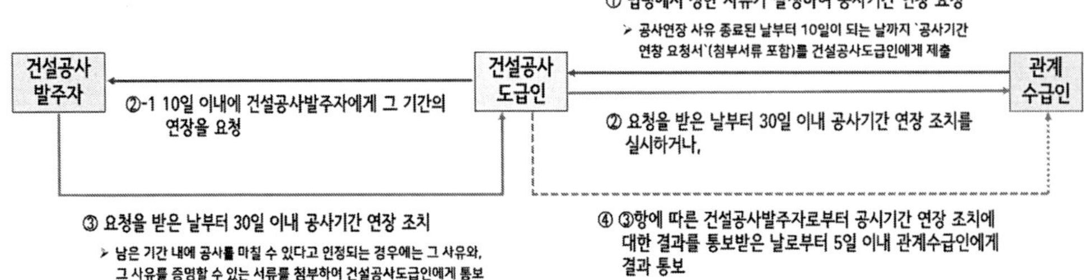

【공사기간 연장 요청·조치 및 결과 통보 절차(발주자↔도급인↔수급인)】

⑧ 벌칙

위반행위	세부내용	과태료 금액(만원)		
		1차 위반	2차 위반	3차 이상 위반
법 제70조제1항을 위반하여 특별한 사유 없이 공사기간 연장 조치를 하지 않은 경우		1,000	1,000	1,000
법 제70조제2항 후단을 위반하여 특별한 사유 없이 공사기간을 연장하지 않거나 건설공사발주자에게 그 기간의 연장을 요청하지 않은 경우		1,000	1,000	1,000

13 / 설계변경의 요청(법 제71조)

① 개요

건설공사 중 가설구조물의 붕괴 등으로 산업재해가 발생할 우려가 있는 경우에는, 단순한 작업 방법의 보완이나 현장 조치만으로는 위험을 제거하기 어려운 상황이 발생할 수 있음. 특히 비계, 거푸집 동바리, 흙막이 지보공 등 가설구조물은 설계 자체의 안전성이 확보되지 않으면 현장 관리만으로는 한계가 있음

이에 건설공사 과정에서 산업재해 발생 위험이 객관적으로 예상되는 경우, 시공 주체 또는 관계수급인이 전문가의 검토를 거쳐 설계 자체의 변경을 요청할 수 있도록 하고, 정당한 사유가 없는 한 이를 반영하도록 하여 위험요인을 구조적으로 제거하도록 함

② 설계변경 요청이 가능한 경우

① 가설구조물 붕괴 우려 등 산업재해 발생 위험이 있는 경우

건설공사 중 다음과 같은 사유로 산업재해 발생 위험이 있다고 판단되는 경우에는 설계변경을 요청할 수 있음.

⑴ 가설구조물의 구조적 불안정이 확인된 경우

⑵ 설계도서에 따른 시공이 안전 확보에 명백히 곤란한 경우

⑶ 공사 진행 중 새로운 위험요인이 확인된 경우

다만, 건설공사발주자가 설계를 포함하여 발주한 경우는 제외함

② 공사중지 또는 계획변경 명령을 받은 경우

유해위험방지계획서와 관련하여 고용노동부장관으로부터 공사중지 또는 계획변경 명령을 받은 경우에는, 해당 명령을 이행하기 위하여 설계변경이 필요한 때에 설계변경을 요청할 수 있음

③ 설계변경 요청 대상이 되는 가설구조물

설계변경 요청 대상이 되는 가설구조물은 다음과 같음

⑴ 높이 31미터 이상인 비계

(2) 작업발판 일체형 거푸집 또는 높이 5미터 이상인 거푸집 동바리[117]

(3) 터널의 지보공[118] 또는 높이 2미터 이상인 흙막이 지보공

(4) 동력을 이용하여 움직이는 가설구조물

이는 붕괴 시 중대재해로 이어질 가능성이 높은 구조물을 중심으로 규정됨

④ 설계변경 요청 시 전문가 검토의무 및 전문가 범위

① 전문가 의견 첨부 의무

설계변경 요청 대상이 되는 가설구조물에 대한 설계변경 요청은 단순한 현장 판단만으로는 허용되지 않으며, 건축·토목 분야의 전문가 등의 검토 의견을 반드시 거쳐야 함. 이는 설계변경의 객관성과 기술적 타당성을 확보하기 위한 요건임

② 전문가의 범위

설계변경 요청에 참여할 수 있는 전문가는 공단 또는 다음 중 어느 하나에 해당하는 사람으로서, 해당 건설공사도급인 또는 관계수급인에게 고용되지 않은 사람이어야 함

(1) 「국가기술자격법」에 따른 건축구조기술사(토목공사 및 터널의 지보공·높이 2미터 이상인 흙막이 지보공에 해당하는 구조물의 경우는 제외함)

(2) 「국가기술자격법」에 따른 토목구조기술사(토목공사로 한정함)

(3) 「국가기술자격법」에 따른 토질및기초기술사(터널의 지보공·높이 2미터 이상인 흙막이 지보공에 해당하는 구조물의 경우로 한정함)

(4) 「국가기술자격법」에 따른 건설기계기술사(동력을 이용하여 움직이는 가설구조물의 경우로 한정함)

⑤ 설계변경 요청 주체별 절차

① 건설공사도급인의 설계변경 요청(산업재해 발생 위험 사유)

[건설공사도급인 → 건설공사발주자에게 요청]

건설공사도급인이 설계변경을 요청할 때에는 건설공사 설계변경 요청서[119]에 다음 각

---

117)　타설(打設)된 콘크리트가 일정 강도에 이르기까지 하중 등을 지지하기 위하여 설치하는 부재(部材)
118)　지보공(支保工) 무너지지 않도록 지지하는 구조물
119)　산업안전보건법 시행규칙 [별지 제36호서식]

호의 서류를 첨부하여 건설공사발주자에게 제출함

⑴ 설계변경 요청 대상 공사의 도면

⑵ 당초 설계의 문제점 및 변경요청 이유서

⑶ 가설구조물의 구조계산서 등 당초 설계의 안전성에 관한 전문가의 검토 의견서 및 그 전문가(전문가가 공단인 경우는 제외함)의 자격증 사본

⑷ 그 밖에 재해발생의 위험이 높아 설계변경이 필요함을 증명할 수 있는 서류

② 건설공사도급인의 설계변경 요청(공사중지·계획변경 명령 사유)

[건설공사도급인 → 건설공사발주자에게 요청]

건설공사도급인이 설계변경을 요청할 때에는 건설공사 설계변경 요청서에 다음 각 호의 서류를 첨부하여 건설공사발주자에게 제출함

⑴ 법 제42조제4항에 따른 유해위험방지계획서 심사결과 통지서

⑵ 법 제42조제4항에 따라 지방고용노동관서의 장이 명령한 공사착공중지명령 또는 계획변경명령 등의 내용

⑶ 설계변경 요청 대상 공사의 도면

⑷ 당초 설계의 문제점 및 변경요청 이유서

⑸ 그 밖에 재해발생의 위험이 높아 설계변경이 필요함을 증명할 수 있는 서류

③ 관계수급인의 설계변경 요청

[건설공사 관계수급인 → 건설공사도급인 → 건설공사발주자에게 요청]

관계수급인이 설계변경을 요청할 때에는 건설공사 설계변경 요청서에 각 호의 서류를 첨부하여 건설공사도급인에게 제출함

⑴ 설계변경 요청 대상 공사의 도면

⑵ 당초 설계의 문제점 및 변경요청 이유서

⑶ 가설구조물의 구조계산서 등 당초 설계의 안전성에 관한 전문가의 검토 의견서 및 그 전문가(전문가가 공단인 경우는 제외함)의 자격증 사본

⑷ 그 밖에 재해발생의 위험이 높아 설계변경이 필요함을 증명할 수 있는 서류

⑥ 설계변경 요청에 대한 처리 절차 및 기한

① 도급인의 처리 기한

⑴ 관계수급인으로부터 설계변경 요청을 받은 건설공사도급인은 설계변경 요청서를 받은 날부터 30일 이내에 설계를 변경한 후 건설공사 설계변경 승인 통지서120)를 건설공사의 관계수급인에게 통보

⑵ 관계수급인으로부터 설계변경 요청서를 받은 날부터 10일 이내에 건설공사 설계변경 요청서에 ⑤의 제①항 각 호의 서류를 첨부하여 건설공사발주자에게 제출하여야 함

② 발주자의 처리 기한

설계변경을 요청받은 건설공사발주자는 설계변경 요청서를 받은 날부터 30일 이내에 설계를 변경한 후 건설공사 설계변경 승인 통지서를 건설공사도급인에게 통보함

다만, 설계변경 요청의 내용이 기술적으로 적용이 불가능함이 명백한 경우에는 건설공사 설계변경 불승인 통지서121)에 설계를 변경할 수 없는 사유를 증명하는 서류를 첨부하여 건설공사도급인에게 통보함

③ 결과 통보

발주자로부터 설계변경 승인 또는 불승인 통지를 받은 건설공사도급인은, 통보받은 날부터 5일 이내에 그 결과를 관계수급인에게 통보하여야 함

⑦ 벌칙

위반행위	세부내용	과태료 금액(만원)		
		1차 위반	2차 위반	3차 이상 위반
법 제71조제3항 후단을 위반하여 설계를 변경하지 않거나 건설공사발주자에게 설계변경을 요청하지 않은 경우		1,000	1,000	1,000
법 제71조제4항을 위반하여 설계를 변경하지 않은 경우		1,000	1,000	1,000

---

120) 산업안전보건법 시행규칙 [별지 제37호서식]
121) 산업안전보건법 시행규칙 [별지 제38호서식]

14 / 건설공사 등의 산업안전보건관리비 계상(법 제72조)

① 개요

건설공사는 공정이 복잡하고 위험요인이 상시 변동하며, 여러 공종이 동시에 진행되는 경우가 많아 산업재해 예방을 위한 비용이 현장에서 지속적으로 투입될 필요가 있음. 그러나 안전비용이 공사비에 명확히 반영되지 않거나 다른 용도로 전용되는 경우, 안전조치가 형식에 그치고 현장 위험이 누적될 우려가 있음

이에 산업재해 예방에 사용되는 비용을 공사비(또는 사업비)에 사전에 반영하도록 하고, 사용기준·사용비율·증빙·사용명세서 작성·보존 등을 통해 해당 비용이 실제 안전조치로 연결되도록 관리하는 체계를 둠

② 용어 및 적용 구조

① "건설업 산업안전보건관리비"란 산업재해 예방을 위하여 건설공사 현장 등에서 소요되는 비용을 말함

② "산업안전보건관리비 대상액"(이하 "대상액")이란 「예정가격 작성기준」(기획재정부 계약예규) 별표2 및 「지방자치단체 입찰 및 계약집행기준」(행정안전부 예규) 별지2의 공사원가 계산서 구성항목 중 직접재료비, 간접재료비와 직접노무비를 합한 금액(발주자가 재료를 제공할 경우에는 해당 재료비를 포함)을 말함

※ 대상액이 구분되어 있지 않은 공사(재료비와 직접노무비를 구분하기 어려운 경우 등)는 도급계약 또는 자체사업 계획상 총공사금액의 70%를 대상액으로 봄

③ "건설공사발주자"란 법 제2조제10호에 따른 건설공사발주자를 말함

④ "건설공사도급인"이란 발주자에게 건설공사를 도급받은 사업주로서 건설공사의 시공을 주도하여 총괄·관리하는 자를 말함

⑤ "자기공사자"란 건설공사발주자로부터 건설공사를 최초로 도급받은 수급인을 제외한 건설공사도급인을 말함

⑥ "감리자"란 다음 각 목의 어느 하나에 해당하는 자를 말함

　⑴ 「건설기술진흥법」 제2조제5호에 따른 감리 업무를 수행하는 자

　⑵ 「건축법」 제2조제1항제15호의 공사감리자

　⑶ 「국가유산수리 등에 관한 법률」 제2조제12호의 국가유산감리원

(4) 「소방시설공사업법」 제2조제3호의 감리원

(5) 「전력기술관리법」 제2조제5호의 감리원

(6) 「정보통신공사업법」 제2조제10호의 감리원

(7) 그 밖에 관계 법률에 따라 감리 또는 공사감리 업무와 유사한 업무를 수행하는 자

③ 산업안전보건관리비 계상 대상 공사

① 다음의 건설공사 중 총공사금액 2천만원 이상인 공사

(1) 「건설산업기본법」 제2조제4호에 따른 건설공사

(2) 「전기공사업법」 제2조제1호에 따른 전기공사

(3) 「정보통신공사업법」 제2조제2호에 따른 정보통신공사

(4) 「소방시설공사업법」에 따른 소방시설공사

(5) 「국가유산수리 등에 관한 법률」에 따른 국가유산수리공사

② 단가계약에 의한 공사

단가계약에 의하여 행하는 공사에 대하여는 총계약금액을 기준으로 적용하며, 연초에 체결한 총계약금액이 2천만원 이상인 공사에 적용

③ 분리 발주 공사의 경우

건설공사발주자가 다수의 건설공사도급인에게 분리하여 발주한 공사는 전체 공사를 합산하지 않고 각 개별공사 금액이 2천만원 이상인지 여부로 판단함

> 【예시 1】
> 건축공사(2억 원), 토목공사(1억원), 전기공사(1천만원), 정보통신공사(1천만원)를 각각 분리 발주한 경우, 전체공사의 총공사금액이 2천만원 이상이라 하더라도 개별공사의 공사금액이 2천만원 미만인 전기공사 및 정보통신공사에는 적용되지 않음
>
> 【예시 2】
> 건축공사(1억 5천만원), 소방시설공사(3천만원), 전기공사(2천5백만원), 정보통신공사(1천8백만원)를 각각 분리 발주한 경우, 개별공사 금액이 2천만원 이상인 건축공사·소방시설공사·전기공사에는 산업안전보건관리비 계상 의무가 적용되나, 개별공사 금액이 2천만원 미만인 정보통신공사에는 적용되지 않음

④ 적용 범위 유의사항(업종과 무관한 적용)

① 제조업, 서비스업 등의 사업장 내 건설공사에도 산업안전보건관리비 적용

(1) 제조업, 서비스업 등의 사업장에서 이루어지는 건설공사라 하더라도, 건설공사발

주자가 해당 공사를 도급하는 경우에는 산업재해 예방을 위하여 사용하는 비용을 도급금액 또는 사업비에 산업안전보건관리비로 계상하여야 함

(2) 이는 산업안전보건관리비가 건설현장에만 한정되는 제도가 아니라, 업종과 관계없이 '건설공사'를 발주하는 경우 동일하게 적용되는 제도이기 때문임

(3) 따라서 제조업, 서비스업 등의 사업장에서 신축, 증축, 개보수, 설비 기초공사 등 건설공사를 발주하는 경우에도 산업안전보건관리비 계상 의무가 발생함에 유의할 필요가 있음

② 제조업, 서비스업 등의 사업장에서 적용될 수 있는 건설공사 사례(예시)

(1) [제조업] 생산설비 정기정비에 수반되는 구조물 보강·기초 보수 공사

반응기, 저장탱크, 배관라인 등 생산설비의 정기 정비 과정에서 구조물 보강, 해체·재설치, 기초 보수 공사를 외주업체에 도급하는 경우

(2) [제조업] 대형 설비 교체에 따른 기초·철골 프레임 설치 공사

프레스, 사출기, 압연기 등 대형 생산설비 교체 시 설비 하중을 고려한 기초 콘크리트 타설, 철골 프레임 설치 공사를 도급하는 경우

(3) [서비스업] 건물관리·시설관리 사업장의 설비 교체·보수 공사

대형 빌딩, 물류센터, 복합상가 등에서 냉동기·보일러·냉각탑·공조설비 교체에 따른 기초 공사, 배관·덕트 설치, 구조물 보강 공사를 외주업체에 도급하는 경우

(4) [서비스업] 학교·교육시설의 리모델링 및 증축 공사

교실·강당·체육관 등의 리모델링 또는 증축 과정에서 철거, 내장, 전기·통신 배선, 설비 변경, 승강기 설치 등 공정을 외주업체에 도급하는 경우

(5) [서비스업] 병원·요양시설의 기능개선 공사(환기·감염관리 설비 포함)

병실, 수술실, 검사실 등의 기능개선 과정에서 음압·환기설비, 배기덕트, 의료가스 배관 등 설비 공사와 이에 수반되는 천장·벽체 구조 변경 공사를 외주업체에 도급하는 경우

⑤ 계상의무가 발생하는 주체와 시점

① 발주자의 계상의무(도급계약 단계)

발주자가 도급계약 체결을 위한 원가계산에 의한 예정가격을 작성하는 단계에서, 산업재해 예방에 사용하는 비용을 도급금액에 반영하여 계상하여야 함

② 자기공사자의 계상의무(사업계획 단계)

자기공사자가 건설공사 사업 계획을 수립하는 경우, 산업재해 예방을 위한 비용을 사업비에 계상하여야 함

③ 선박 건조·수리(별도 적용)

선박의 건조 또는 수리를 최초로 도급받은 수급인은 사업계획 단계에서 관리비를 사업비에 계상하여야 함

④ 발주자 및 건설공사도급인의 고지·표시 의무

  (1) 발주자는 계상한 산업안전보건관리비를 입찰공고 등을 통해 입찰에 참가하려는 자에게 알려야 함

  (2) 발주자와 건설공사도급인 중 자기공사자를 제외하고 발주자로부터 해당 건설공사를 최초로 도급받은 수급인(이하 "도급인")은 공사계약을 체결할 경우 계상된 산업안전보건관리비를 공사도급계약서에 별도로 표시하여야 함

⑥ 산업안전보건관리비 대상액 산정

대상액은 산업안전보건관리비 산정의 기초가 되는 금액으로 공사내역의 구분 여부에 따라 다음과 같은 방법으로 산정함

① 공사내역이 구분되어 있는 경우

대상액은 「예정가격작성기준」(기획재정부 계약예규) 및 「지방자치단체 입찰 및 계약집행기준」(행정안전부 예규) 등 관련 규정에서 정하는 공사원가계산서 구성항목 중 직접재료비, 간접재료비(발주자가 재료를 제공할 경우에는 해당 재료비 또는 완제품의 가액을 포함한 금액)와 직접노무비를 합한 금액임

※ 관급자재는 공사에 필요한 자재 및 기구 등을 발주자가 직접 제공한 것이라면 대상액에 포함됨

※ 완제품 : 물품구매 및 설치공사의 물품(터빈발전기 및 고압급수가열기), 산업용보일러 등과 같이 완성된 일체의 형태로 현장에 납품, 구매 또는 지급되는 자재 등을 말함

산업안전보건관리비 대상액	=	직접재료비	+	간접재료비	+	직접노무비
				└ 발주자가 재료를 제공할 경우에는 해당 재료비 또는 완제품의 가액을 포함한 금액		

② 공사내역이 구분되지 않은 경우

도급계약 또는 자체사업계획상 책정된 총공사금액의 70%에 해당하는 금액을 대상액으로 산정

> **Tip**
>
> ■ **총공사금액**
> ① 재료비(발주자가 따로 재료를 제공하거나 물품이 완제품의 형태로 제작 또는 납품되어 설치되는 경우에 해당 재료비 또는 완제품의 가액을 포함한 금액), 노무비, 경비, 일반관리비, 이윤, 부가가치세의 합계액으로 구성
> ② 도급계약서상의 부가된 공사의 시공과 관련된 제반비용을 말하는 것으로 부가가치세를 포함
> ③ 제조공장에서 제작·구매한 물품, 재료비에 포함된 장비구입비 등은 발주자가 제공하는 재료비로 보아 당해 금액은 총공사금액에 포함
> ④ 평당 단가계약공사의 경우 당해 공사와 직접관련이 없는 이주비, 설계비, 감리비, 대지비, 분양계획 수립 및 운영비, 광고비, 민원비용, 입주비용, 별도 발주 모델하우스 건립 비용 등은 총공사금액에서 제외
> ■ **총공사금액의 70%를 대상액으로 보는 이유**
> 산업안전보건관리비 계상 시 대상액이 구분되지 않은 공사에 있어 총공사금액의 70%를 대상액으로 보는 것은 재료비와 직접노무비를 합한 금액이 통상적으로 총공사금액의 70% 정도에 해당하는 데 따른 것임

⑦ 공사종류 적용기준

① 고용노동부장관이 정하여 고시하는 「건설공사의 종류 예시표」를 참조하여 적용하며, 그 내용은 다음과 같음

다만, 하나의 사업장 내에 건설공사 종류가 둘 이상인 경우(분리발주한 경우를 제외함)에는 공사금액이 가장 큰 공사종류를 적용함

【건설공사의 종류 예시표】

공사종류	내용예시
1. 건축공사	가. 「건설산업기본법 시행령」(별표 1) 제1호 '나'목 종합적인 계획, 관리 및 조정에 따라 토지에 정착 하는 공작물 중 지붕과 기둥(또는 벽)이 있는 것과 이에 부수되는 시설물을 건설하는 공사 및 이와 함께 부대하여 현장 내에서 행하는 공사 나. 「건설산업기본법 시행령」(별표 1) 제2호의 전문공사로서 건축물과 관련하여 분리하여 발주되었고 시간적·장소적으로도 독립하여 행하는 공사
2. 토목공사	가. 「건설산업기본법 시행령」(별표 1) 제1호 '가'목 종합적인 계획·관리 및 조정에 따라 토목공작물을 설치하거나 토지를 조성·개량하는 공사, '라'목 종합적인 계획, 관리 및 조정에 따라 산업의 생산시설, 환경 오염을 예방·제거 재활용하기 위한 시설, 에너지 등의 생산·저장·공급시설 등의 건설공사 및 이와 함께 부대하여 현장 내에서 행하는 공사 나. 「건설산업기본법 시행령」(별표 1) 제2호의 전문공사로서 같은 표 제1호 건축공사 외의 시설물과 관련하여 분리하여 발주되었고 시간적·장소적으로도 독립하여 행하는 공사

3. 중건설공사	□ 「건설산업기본법 시행령」(별표 1) 제1호 '가'목 및 '라'목에 해당 되는 공사 중 다음과 같은 공사 및 이와 함께 부대하여 현장 내에서 행하는 공사 가. 고제방 댐 공사 등 　　댐 신설공사, 제방신설공사와 관련한 제반시설공사 나. 화력, 수력, 원자력, 열병합 발전시설 등 설치공사 　　화력, 수력, 원자력, 열병합 발전시설과 관련된 신설공사 및 제반시설공사 다. 터널신설공사 등 　　도로, 철도, 지하철 공사로서 터널, 교량, 토공사 등이 포함된 복합시설물로 구성된 공사에 있어 터널 공사비 비중이 가장 큰 비중을 차지하는 건설공사
4. 특수건설공사	□ 「건설산업기본법 시행령」(별표 1) 제1호 '마'목 종합적인 계획·관리 및 조정에 따라 수목원, 공원, 녹지, 숲의 조성 등 경관 및 환경을 조성·개량 등의 건설공사로서 같은 법 시행규칙(별표 3)에서 구분한 조경공사에 해당하는 공사와 아래 각 목에 따른 건설공사 중 다른 공사와 분리하여 발주되었고 시간적·장소적으로도 독립하여 행하는 공사 가. 「전기공사업법」에 의한 공사 나. 「정보통신공사업법」에 의한 공사 다. 「소방공사업법」에 의한 공사 라. 「문화재수리공사업법」에 의한 공사

비고
1. 건축물과 관련하여 공사가 수행된다 하더라도 독립하여 행하는 공사가 토목공사, 중건설공사가 명백한 경우 해당 공사 종류로 분류함
2. 건축공사, 토목공사 및 중건설공사와 함께 부대하여 현장 내에서 이루어지는 공사는 개별 법령에 따라 수행되는 공사를 포함함

⑧ 공사종류·규모별 계상비율

비율은 대상액 중에서 근로자의 안전과 건강을 지키는 데에만 투입해야 하는 금액의 비중으로, 고용노동부장관이 정하여 고시하는 바에 따르며, 그 내용은 다음과 같음

【공사종류 및 규모별 산업안전보건관리비 계상기준표 】

(단위: 원)

공사종류 \ 구분	대상액 5억원 미만인 경우 적용 비율(%)	대상액 5억원 이상 50억원 미만인 경우		대상액 50억원 이상인 경우 적용 비율(%)	영 별표5에 따른 보건관리자 선임 대상 건설공사의 적용비율(%)
		적용 비율(%)	기초액		
건 축 공 사	3.11%	2.28%	4,325,000원	2.37%	2.64%
토 목 공 사	3.15%	2.53%	3,300,000원	2.60%	2.73%
중 건 설 공 사	3.64%	3.05%	2,975,000원	3.11%	3.39%
특 수 건 설 공 사	2.07%	1.59%	2,450,000원	1.64%	1.78%

⑨ 산업안전보건관리비 계상금액 산정

① 대상액이 5억원 미만 또는 50억원 이상 공사

(1) 공사내역이 구분되어 있는 경우: 가목과 나목을 비교하여 작은 값 이상의 금액으로 계상

　가. (직접재료비+간접재료비+직접노무비+발주자제공재료비+완제품가액)×비율

　나. (직접재료비+간접재료비+직접노무비)×비율×1.2

(2) 공사내역이 구분되어 있지 않은 경우 : 가목과 나목을 비교하여 작은 값 이상의 금액으로 계상

　가. {총공사금액(부가가치세 포함)×70%}×비율

　나. [{총공사금액(부가가치세 포함)×70%} - (발주자제공재료비+완제품가액)]×비율×1.2

② 대상액이 5억원 이상 50억원 미만 공사

(1) 공사내역이 구분되어 있는 경우 : 가목과 나목을 비교하여 작은 값 이상의 금액으로 계상

　가. (직접재료비+간접재료비+직접노무비+발주자제공재료비+완제품가액)×비율+기초액

　나. {(직접재료비+간접재료비+직접노무비)×비율+기초액} ×1.2

(2) 공사내역이 구분되어 있지 않은 경우 : 가목과 나목을 비교하여 작은 값 이상의 금액으로 계상

　가. {총공사금액(부가가치세 포함)×70%} ×비율+기초액

　나. [{총공사금액(부가가치세 포함)×70% - (발주자제공재료비+완제품가액)} ×비율 +기초액]×1.2

③ 부가가치세가 면세인 공사의 경우

총공사금액에는 부가가치세가 포함된 금액이므로 도급계약서상에 명기된 총공사금액에 따라 계상하여야 함

※ 전용면적 85㎡ 이하 국민주택 건설공사의 경우 도급계약서상에 총공사금액이 도급금액(부가세 별도)으로 명기되어 있다면 "도급금액+도급 급액의 10%"의 70%를 대상액으로 보고 계상하여야 함

④ 평당 단가계약공사의 경우

산업안전보건관리비는 총 공사금액(당해 공사와 직접관련이 없는 이주비, 설계비, 감리비, 대지비, 민원비용, 광고비, 입주비용 등은 제외)의 70%를 기준으로 계상함

⑤ 연차공사의 경우

연차공사의 산업안전보건관리비는 차수별 공사가 아닌 전체공사의 총공사금액을 기준으로 계상함

⑩ 산업안전보건관리비의 조정계상

① 발주자 또는 자기공사자는 설계변경, 물가변동, 관급자재의 증감 등으로 대상액의 변동이 있는 경우에는 지체없이 다음의 방법으로 산업안전보건관리비를 조정 계상하여야 함

또한, 설계변경 등으로 공사금액이 800억원(토목 1,000억원) 이상으로 증액된 경우에는 증액된 대상액에 다음의 방법으로 새로 계상하여야 함

② 설계변경 시 산업안전보건관리비 조정·계상 방법

　(1) 설계변경에 따른 산업안전보건관리비는 다음 계산식에 따라 산정함

　　설계변경에 따른 산업안전보건관리비 = 설계변경 전의 산업안전보건관리비 + 설계변경으로 인한 산업안전보건관리비 증감액

　(2) 제(1)호의 계산식에서 설계변경으로 인한 산업안전보건관리비 증감액은 다음 계산식에 따라 산정함

　　설계변경으로 인한 산업안전보건관리비 증감액 = 설계변경 전의 산업안전보건관리비 × 대상액의 증감 비율

　(3) 제(2)호의 계산식에서 대상액의 증감 비율은 다음 계산식에 따라 산정함

　　이 경우, 대상액은 예정가격 작성시의 대상액이 아닌 설계변경 전·후의 도급계약서상의 대상액을 말함

　　대상액의 증감 비율 = [(설계변경후 대상액 - 설계변경 전 대상액) / 설계변경 전 대상액] × 100%

⑪ 산업안전보건관리비의 사용

① 사용 원칙

산업재해예방 목적으로 다음의 기준에 따라 사용하여야 함. 산업안전보건관리비는 산업재해 예방을 주된 목적으로 하여야 하며, 고용노동부장관이 정하여 고시하는 항목별 사용기준에 따라 사용하여야 함

② 사용 가능 항목 및 사용기준

항목	사용기준
(1) 안전관리자·보건관리자의 임금 등	가. 법 제17조제3항 및 법 제18조제3항에 따라 안전관리 또는 보건관리 업무만을 전담하는 안전관리자 또는 보건관리자의 임금과 출장비 전액(지방고용노동관서에 선임 보고한 날부터 발생한 비용에 한정함)

항 목	사용기준
(1) 안전관리자·보건관리자의 임금 등	나. 안전관리 또는 보건관리 업무를 전담하지 않는 안전관리자 또는 보건관리자의 임금과 출장비의 각각 2분의 1에 해당하는 비용(지방고용노동관서에 선임 보고한 날부터 발생한 비용에 한정함) 다. 안전관리자를 선임한 건설공사 현장에서 산업재해 예방 업무만을 수행하는 작업지휘자, 유도자, 신호자 등의 임금 전액 라. 별표 1의2에 해당하는 작업을 직접 지휘·감독하는 직·조·반장 등 관리감독자의 직위에 있는 자가 영 제15조제1항에서 정하는 업무를 수행하는 경우에 지급하는 업무수당(임금의 10분의 1 이내)
(2) 안전시설비 등	가. 산업재해 예방을 위한 안전난간, 추락방호망, 안전대 부착설비, 방호장치(기계·기구와 방호장치가 일체로 제작된 경우, 방호장치 부분의 가액에 한함) 등 안전시설의 구입·임대 및 설치 등을 위해 소요되는 비용 나. 「산업재해예방시설자금 융자금 지원사업 및 보조금 지급사업 운영규정」(고용노동부고시) 제2조제12호에 따른 "스마트안전장비 지원사업" 및 「건설기술진흥법」 제62조의3에 따른 스마트 안전장비 구입·임대 비용. 다만, 제4조에 따라 계상된 산업안전보건관리비 총액의 10분의 2를 초과할 수 없음 다. 용접 작업 등 화재 위험작업 시 사용하는 소화기의 구입·임대비용
(3) 보호구 등	가. 영 제74조제1항제3호 및 제77조제1항제3호에 따른 보호구의 구입·수리·관리 등에 소요되는 비용 나. 근로자가 가목에 따른 보호구를 직접 구매·사용하여 합리적인 범위 내에서 보전하는 비용 다. 제1호가목부터 다목까지의 규정에 따른 안전관리자 등의 업무용 피복, 기기 등을 구입하기 위한 비용 라. 제1호가목에 따른 안전관리자 및 보건관리자가 안전보건 점검 등을 목적으로 건설공사 현장에서 사용하는 차량의 유류비·수리비·보험료
(4) 안전보건진단비 등	가. 법 제42조에 따른 유해위험방지계획서의 작성 등에 소요되는 비용 나. 법 제47조에 따른 안전보건진단에 소요되는 비용 다. 법 제125조에 따른 작업환경 측정에 소요되는 비용 라. 그 밖에 산업재해예방을 위해 법에서 지정한 전문기관 등에서 실시하는 진단, 검사, 지도 등에 소요되는 비용
(5) 안전보건교육비 등	가. 법 제29조부터 제32조까지의 규정에 따라 실시하는 의무교육이나 이에 준하여 실시하는 교육을 위해 건설공사 현장의 교육 장소 설치·운영 등에 소요되는 비용 나. 가목 이외 산업재해 예방이 주된 목적인 교육을 실시하기 위해 소요되는 비용 다. 「응급의료에 관한 법률」 제14조제1항제5호에 따른 안전보건교육 대상자 등에게 구조 및 응급처치에 관한 교육을 실시하기 위해 소요되는 비용 라. 안전보건관리책임자, 안전관리자, 보건관리자가 업무수행을 위해 필요한 정보를 취득하기 위한 목적으로 도서, 정기간행물을 구입하는 데 소요되는 비용 마. 건설공사 현장에서 안전기원제 등 산업재해 예방을 기원하는 행사를 개최하기 위해 소요되는 비용. 다만, 행사의 방법, 소요된 비용 등을 고려하여 사회통념에 적합한 행사에 한한다. 바. 건설공사 현장의 유해·위험요인을 제보하거나 개선방안을 제안한 근로자를 격려하기 위해 지급하는 비용
(6) 근로자 건강장해예방비 등	가. 법·영·규칙에서 규정하거나 그에 준하여 필요로 하는 각종 근로자의 건강장해 예방에 필요한 비용 나. 중대재해 목격으로 발생한 정신질환을 치료하기 위해 소요되는 비용

항 목	사용기준
(6) 근로자 건강장해예방비 등	다. 「감염병의 예방 및 관리에 관한 법률」 제2조제1호에 따른 감염병의 확산 방지를 위한 마스크, 손소독제, 체온계 구입비용 및 감염병병원체 검사를 위해 소요되는 비용 라. 법 제128조의2 등에 따른 휴게시설을 갖춘 경우 온도, 조명 설치·관리기준을 준수하기 위해 소요되는 비용 마. 건설공사 현장에서 근로자 심폐소생을 위해 사용되는 자동심장충격기(AED) 구입에 소요되는 비용 바. 온열·한랭질환으로부터 근로자 건강장해를 예방하기 위한 임시 휴게시설 설치·해체·임대 비용 및 냉·난방기기의 임대 비용
(7) 건설재해예방 전문지도기관의 지도 대가	법 제73조 및 제74조에 따른 건설재해예방전문지도기관의 지도에 대한 대가로 제2조제1항제5호의 자기공사자가 지급하는 비용
(8) 본사 안전보건 전담조직 인건비·출장비	「중대재해 처벌 등에 관한 법률 시행령」 제4조제2호나목에 해당하는 건설사업자가 아닌 자가 운영하는 사업에서 안전보건 업무를 총괄·관리하는 3명 이상으로 구성된 본사 전담조직에 소속된 근로자의 임금 및 업무수행 출장비 전액. 다만, 제4조에 따라 계상된 산업안전보건관리비 총액의 20분의 1을 초과할 수 없다.
(9) 산안위·협의체 결정사항 이행비	법 제36조에 따른 위험성평가 또는 「중대재해 처벌 등에 관한 법률 시행령」 제4조제3호에 따라 유해·위험요인 개선을 위해 필요하다고 판단하여 법 제24조의 산업안전보건위원회 또는 법 제75조의 노사협의체에서 사용하기로 결정한 사항을 이행하기 위한 비용(산업안전보건위원회 또는 노사협의체가 없는 현장의 경우에는 근로자의 의견을 들어 법 제64조에 따른 안전 및 보건에 관한 협의체에서 결정한 사항을 이행하기 위한 비용을 말한다). 다만, 제4조에 따라 계상된 산업안전보건관리비 총액의 100분의 15를 초과할 수 없다.

③ 사용 불가 항목

도급인 및 자기공사자는 다음의 어느 하나에 해당하는 경우에는 산업안전보건관리비를 사용할 수 없음. 다만, 제②항제(2)호나목 및 다목, 제②항제(6)호나목부터 마목, 제②항제(9)호의 경우에는 예외

항 목	사용불가내역
(1) 예정가격작성 기준상 경비	「(계약예규)예정가격작성기준」제19조제3항 중 각 호(단, 제14호는 제외함)에 해당되는 비용
(2) 타 법령 의무이행 비용	다른 법령에서 의무사항으로 규정한 사항을 이행하는 데 필요한 비용
(3) 재해예방 목적 외 시설·장비 사용비	근로자 재해예방 외의 목적이 있는 시설·장비나 물건 등을 사용하기 위해 소요되는 비용
(4) 타 목적 포함비용	환경관리, 민원 또는 수방대비 등 다른 목적이 포함된 경우

④ 공정 진척에 따른 사용비율 준수

  ⑴ 공사의 진척 정도에 따라 사용비율 기준을 준수하여야 하며, 발주자가 공사 특성을 고려하여 달리 정할 수 있음

  ⑵ 공사진척에 따른 산업안전보건관리비 사용기준은 다음과 같음

공정율	50퍼센트 이상 70퍼센트 미만	70퍼센트 이상 90퍼센트 미만	90퍼센트 이상
사용기준	50퍼센트 이상	70퍼센트 이상	90퍼센트 이상

※ 공정률은 기성공정률을 기준으로 함

⑫ 산업안전보건관리비 실행예산의 편성 및 집행

① 실행예산의 별도 편성 및 현장 비치

공사금액 4천만원 이상의 도급인 및 자기공사자는 공사실행예산[122]을 작성하는 경우 해당 공사에 사용하여야 할 산업안전보건관리비 실행예산을 계상된 산업안전보건관리비 총액 이상으로 별도 편성하여야 함

또한 산업안전보건관리비를 사용하고 산업안전보건관리비 사용내역서를 작성하여 해당 공사현장에 갖추어 두어야 함

② 안전관리자의 참여

도급인 및 자기공사자가 산업안전보건관리비 실행예산을 작성하고 집행하는 경우에는 법 제17조 및 영 제16조에 따라 선임된 해당 사업장의 안전관리자가 참여하도록 하여야 함

⑬ 사용내역의 확인 및 문서 관리

① 사용명세서 작성·보존

건설공사도급인은 산업안전보건관리비를 사용하는 해당 건설공사의 금액이 4천만원 이상인 때에는 매월(건설공사가 1개월 이내에 종료되는 사업의 경우에는 해당 건설공사가 끝나는 날이 속하는 다음 달을 말함) 사용명세서를 작성하고, 건설공사종료 후 1년 동안 보존

---

122) "공사실행예산"은 공사 계약금액을 기준으로 현장에서 실제 공사를 수행하기 위하여 편성하는 내부 관리용 예산을 말함

하여야 함

② 사용내역 확인

   ⑴ 도급인은 산업안전보건관리비 사용내역에 대하여 공사 시작 후 6개월 마다 1회 이상 발주자 또는 감리자의 확인을 받아야 하며, 6개월 이내에 공사가 종료되는 경우에는 종료 시 확인을 받아야 함

   ⑵ 발주자 또는 감리자는 산업안전보건관리비 사용내역을 확인할 때 기술지도 계약 체결 여부, 기술지도 실시 여부 및 개선조치 이행 여부 등을 함께 확인할 필요가 있음

   ⑶ 발주자 또는 감리자는 산업안전보건관리비 사용내역 확인 시 기술지도 계약 체결 여부, 기술지도 실시 여부 및 개선 여부 등을 함께 확인하여야 함

③ 수시확인

   발주자, 감리자 및 근로감독관은 산업안전보건관리비 사용내역을 수시로 확인할 수 있으며, 도급인 등은 이에 따라야 함

⒕ 산업안전보건관리비의 증빙 및 정산

① 증빙 방법

   ⑴ 사용증빙은 당해 산업안전보건관리비를 적법하게 사용한 사실을 입증할 수 있는 서류를 구비하면 됨

   다만 산업안전보건관리비 사용내역서는 매월 정기적으로, 항목별 사용일자가 빠른 순서로 작성하는 것이 바람직함(공사금액 4천만원 미만은 작성 제외)

   ⑵ 본사 근로자 임금 등의 경우 공사 현장에서 본사 인건비 사용내역을 작성·입증할 필요는 없고, 임금 등을 사용한 본사에서 사용내역서를 작성·구비하고 지출 근거를 첨부·보존하면 됨

   ※ 본사 시공순위, 본사 안전보건조직 구성 체계 및 누적사용액이 산업안전보건관리비 총액의 20분의 1 이하임 등을 증명

② 정산 방법

   ⑴ 산업안전보건관리비 계상·사용 및 정산은 계약단위 공사별로 이루어져야 함

> **【예시 1】**
> 동일한 발주자·동일 부지에서 공사가 진행되는 경우
> A기업이 물류센터 신축공사(건축공사)와 동시에 부지 내 전기공사, 소방공사, 통신공사를 각각 별도 계약으로 발주하여 동일한 현장사무실과 동일한 관리조직이 운영되더라도, 산업안전보건관리비는 각각 계약공사별로 별도 계상·사용·정산하여야 함
> **【예시 2】**
> 서로 다른 발주자·인접한 장소에서 공사가 진행되는 경우
> 동일한 시공사가 같은 기간에 인접한 두 부지에서 공사를 수행하면서 장비·안전관리 인력·현장 조직을 사실상 함께 운영하더라도, 발주자가 서로 다르고 계약이 각각 별도로 체결된 공사라면 산업안전보건관리비는 공사별로 구분하여 계상·사용·정산하여야 함

(2) 장기계속공사의 경우

　　산업안전보건관리비는 차수별 금액이 아닌 총공사금액을 대상으로 계상하고 정산에 있어서도 해당 차수가 아닌 총공사기간에 대하여 정산함

(3) 소급 정산 가능 여부

　　산업안전보건관리비를 적법하게 지출한 것이라면 사용시점 이후라도 실제 사용한 금액에 대해 총공사기간 완료 전까지는 소급하여 정산이 가능함

(4) 계상금액을 초과 사용한 경우

　　당해 공사에 계상된 산업안전보건관리비를 초과하여 사용한 금액에 대해서는 발주자와 수급인 간에 협의하여 처리함

(5) 부가가치세 포함 여부

　　가. 산업안전보건관리비는 예정가격 작성기준상 경비항목의 세비목으로 부가가치세가 포함되지 않은 금액이므로 부가가치세를 제외한 금액으로 정산하여야 함

　　나. 대상액이 구분되지 않은 공사에 있어 부가가치세가 포함된 총공사금액의 70%를 대상액으로 하여 산업안전보건관리비를 계상토록 하고 있으나, 정산 시에는 부가가치세를 제외한 금액으로 정산하여야 함

　　다. 이는 대상액이 구분되지 않은 공사의 산정 편의(70% 적용)에 따른 것이므로, 정산은 어떤 경우든 동일하게 '부가가치세 제외' 기준으로 처리하는 것이 일관됨

🄻🄵 목적 외 사용금액에 대한 감액 등

■ 감액 조정 등

(1) 발주자는 수급인이 산업안전보건관리비를 다른 목적으로 사용하거나 사용하지 아니한 금액에 대해서는 이를 계약금액에서 감액 조정하거나 반환을 요구할 수 있음

(2) 현장에 계상된 산업안전보건관리비를 공사 수행기간 내에 적법하게 사용하였음에
도 남은 금액에 대하여는 당사자 간 협의하여 처리함

또한 산업안전보건관리비는 법정 최소요율에 따른 계상금액이므로, 초과 계상된 산
업안전보건관리비의 감액 등은 공사계약 관계 법령에서 정하는 바에 따라 처리할 필
요가 있음

🅛🅖 벌칙

위반행위	세부내용	과태료 금액(만원)		
		1차 위반	2차 위반	3차 이상 위반
법 제72조제1항을 위반하여 산업안전보건관리비를 도급금액 또는 사업비에 계상하지 않거나 일부만 계상한 경우	1) 전액을 계상하지 않은 경우	계상하지 않은 금액 (다만, 1,000만원을 초과할 경우 1,000만원)	계상하지 않은 금액 (다만, 1,000만원을 초과할 경우 1,000만원)	계상하지 않은 금액 (다만, 1,000만원을 초과할 경우 1,000만원)
	2) 50% 이상 100% 미만을 계상하지 않은 경우	계상하지 않은 금액 (다만, 100만원을 초과할 경우 100만원)	계상하지 않은 금액 (다만, 300만원을 초과할 경우 300만원)	계상하지 않은 금액 (다만, 600만원을 초과할 경우 600만원)
	3) 50% 미만을 계상하지 않은 경우	계상하지 않은 금액 (다만, 100만원을 초과할 경우 100만원)	계상하지 않은 금액 (다만, 200만원을 초과할 경우 200만원)	계상하지 않은 금액 (다만, 300만원을 초과할 경우 300만원)
법 제72조제3항을 위반하여 산업안전보건관리비 사용명세서를 작성하지 않거나 보존하지 않은 경우	1) 작성하지 않은 경우	100	500	1,000
	2) 공사 종료 후 1년간 보존하지 않은 경우	100	200	300
법 제72조제5항을 위반하여 산업안전보건관리비를 다른 목적으로 사용한 경우(건설공사도급인만 해당함)	1) 사용한 금액이 1천만원 이상인 경우	1,000	1,000	1,000
	2) 사용한 금액이 1천만원 미만인 경우	목적 외 사용금액	목적 외 사용금액	목적 외 사용금액

> **Tip**
>
> ■ 관련고시
>   ▶ 「건설업 산업안전보건관리비 계상 및 사용기준」

> **Tip**

■ **공사원가계산서 구성항목**

<table>
<tr><td rowspan="11">순공사
원가</td><td rowspan="3">재료비</td><td colspan="2">직접재료비</td></tr>
<tr><td colspan="2">간접재료비</td></tr>
<tr><td colspan="2">소 계(A)</td></tr>
<tr><td rowspan="3">노무비</td><td colspan="2">직접노무비</td></tr>
<tr><td colspan="2">간접노무비</td></tr>
<tr><td colspan="2">소 계(B)</td></tr>
<tr><td rowspan="5">경비</td><td>전력비
수도광열비
운반비
기계경비
특허권사용료
기술료
연구개발비
품질관리비
가설비
지급임차료
보험료
복리후생비
보관비</td><td>외주가공비
산업안전보건관리비
소모품비
여비·교통비·통신비
세금과공과
폐기물처리비
도서인쇄비
지급수수료
환경보전비
보상비
안전관리비
건설근로자퇴직공제부금비
기타법정경비</td></tr>
<tr><td colspan="2">소 계(C)</td></tr>
</table>

공사원가(D)=[(A+B+C)]
일반관리비(E) [(재료비+노무비+경비)×( )%]
이윤(F) [(노무비+경비+일반관리비)×( )%]
총원가(H)=(D+E+F)
부가가치세(I)
총공사금액=H+I (총공사비)

15 / 건설공사의 산업재해 예방 지도(법 제73조)

① 개요

건설공사는 공정 진행에 따라 위험요인이 수시로 변동되고, 현장 여건에 따라 법령상 안전조치가 적절히 이행되지 않는 경우가 발생할 수 있음. 특히 중소규모 건설공사의 경우 안전관리 인력이 충분하지 않아, 위험요인에 대한 전문적인 점검과 개선이 이루어지지 못하는 문제가 반복되어 왔음

이에 일정 규모의 건설공사에 대하여는 외부 전문기관을 통한 산업재해 예방 지도를 의무화하여, 공사 초기부터 공정 전반에 걸쳐 위험요인을 점검하고 개선하도록 함으로써 현장의 자율적 안전관리 한계를 보완함

② 기술지도 의무의 기본 구조

① 기술지도의 개념

건설공사 착공 전부터 공사 진행 과정 전반에 걸쳐, 건설재해예방전문지도기관이 건설공사도급인을 대상으로 산업재해 예방에 관한 지도·점검개선 요구를 수행하는 제도임

② 기술지도계약의 법적 성격

기술지도는 단순한 자문이나 컨설팅이 아니라, 법령에 따라 사전에 계약 체결이 의무화된 안전관리 수단으로서, 지도 결과에 따라 도급인은 필요한 조치를 이행하여야 하는 구조임

③ 기술지도계약 체결 대상 건설공사

① 적용 대상 공사

(1) 공사금액 1억원 이상 120억원 미만의 공사

(2) 「건설산업기본법 시행령」 별표 1의 종합공사를 시공하는 업종의 건설업종란 제1호의 토목공사업에 속하는 공사는 150억원 미만인 공사

(3) 「건축법」 제11조에 따른 건축허가의 대상이 되는 공사

② 적용 제외 공사

(1) 공사기간이 1개월 미만인 공사

(2) 육지와 연결되지 않은 섬 지역(제주특별자치도는 제외함)에서 이루어지는 공사

　(3) 사업주가 시행령 별표 4에 따른 안전관리자의 자격을 가진 사람을 선임(같은 광역지
　　방자치단체의 구역 내에서 같은 사업주가 시공하는 셋 이하의 공사에 대하여 공동으로 안전관
　　리자의 자격을 가진 사람 1명을 선임한 경우를 포함함)하여 제18조제1항 각 호에 따른 안
　　전관리자의 업무만을 전담하도록 하는 공사

　(4) 법 제42조제1항에 따라 유해위험방지계획서를 제출해야 하는 공사

④ 기술지도계약의 체결 주체 및 시기

① 계약 체결 의무자

기술지도계약은 다음 중 어느 하나에 해당하는 자가 체결하여야 함

(1) 건설공사발주자

(2) 건설공사도급인(건설공사발주자로부터 건설공사를 최초로 도급받은 수급인은 제외함)

② 계약 체결 시기

기술지도계약은 해당 건설공사의 착공일 전날까지 체결하여야 함

이는 착공 이후 사후적으로 지도하는 것이 아니라, 공사 초기부터 예방 중심 관리가
이루어지도록 하기 위한 구조임

⑤ 건설재해예방전문지도기관의 지위와 역할

① 지도 수행 주체

산업재해 예방 지도를 수행하는 기관은 고용노동부로부터 지정받은 건설재해예방전
문지도기관으로 한정됨

② 지도 대상

기술지도의 직접 대상은 건설공사도급인이며, 도급인은 지도 내용에 따라 적절한 조
치를 이행하여야 함

⑥ 기술지도의 수행 방식

① 지도 분야의 구분

기술지도는 공사의 종류에 따라 다음과 같이 지도 분야를 구분함

(1) 일반 건설공사 지도 분야

(2) 전기공사·정보통신공사·소방시설공사 지도 분야

② 지도 횟수 기준

⑴ 기술지도는 특별한 사유가 없으면 다음의 계산식에 따른 횟수로 하고, 공사시작 후 15일 이내마다 1회 실시함

$$\text{기술지도 횟수(회)} = \frac{\text{공사기간(일)}}{\text{15일}} \qquad \text{※ 소수점은 버림}$$

⑵ 공사금액이 40억원 이상인 공사의 경우에는 산업안전지도사(건설분야), 건설안전기술사, 전기안전기술사 및 건설안전 실무경력 9년 이상의 건설안전·산업안전기사 자격자가 8회마다 한 번 이상 방문하여 기술지도를 실시함

③ 지도 수행의 한계

건설재해예방전문지도기관의 사업장 지도 담당 요원 1명당 기술지도 횟수는 1일당 최대 4회로 하고, 월 최대 80회로 함

⑦ 기술지도 업무의 내용

① 지도 범위

기술지도는 다음 사항을 중심으로 이루어짐

⑴ 공사 종류·규모·공정에 따른 주요 위험요인 점검

⑵ 안전보건관계 법령에 따라 준수하여야 할 안전·보건 사항 확인

⑶ 최근 사망사고 사례, 사망사고의 유형과 그 유형별 예방 대책 등에 대해 연 1회 이상 교육 실시

② 도급인의 조치 의무

건설재해예방전문지도기관은 「산업안전보건법」 등 관계 법령에 따라 건설공사도급인이 산업재해 예방을 위해 준수해야 하는 사항을 기술지도해야 하며, 기술지도를 받은 건설공사도급인은 그에 따른 적절한 조치를 해야 함

③ 조치 미이행 시 통보

건설재해예방전문지도기관은 건설공사도급인이 기술지도에 따라 적절한 조치를 했는지 확인해야 하며, 건설공사도급인 중 건설공사발주자로부터 해당 건설공사를 최초로 도급받은 수급인이 해당 조치를 하지 않은 경우에는 건설공사발주자에게 그 사실을 알려야 함

⑧ 기술지도 결과의 관리

① 결과보고서 작성 및 통보

건설재해예방전문지도기관은 기술지도를 한 때마다 기술지도 결과보고서를 작성하여 지체 없이 다음의 구분에 따른 사람에게 알려야 함

(1) 관계수급인의 공사금액을 포함한 해당 공사의 총공사금액이 20억원 이상인 경우: 해당 사업장의 안전보건총괄책임자

(2) 관계수급인의 공사금액을 포함한 해당 공사의 총공사금액이 20억원 미만인 경우: 해당 사업장을 실질적으로 총괄하여 관리하는 사람

② 분기별 보고

건설재해예방전문지도기관은 관계수급인의 공사금액을 포함한 해당 공사의 총공사금액이 50억원 이상인 경우에는 건설공사도급인이 속하는 회사의 사업주와 「중대재해 처벌 등에 관한 법률」에 따른 경영책임자등에게 매 분기 1회 이상 기술지도 결과보고서를 송부해야 함

③ 기술지도 완료증명

건설재해예방전문지도기관은 공사 종료 시 건설공사의 건설공사발주자 또는 건설공사도급인(건설공사도급인은 건설공사발주자로부터 건설공사를 최초로 도급받은 수급인은 제외함)에게 고용노동부령으로 정하는 서식에 따른 기술지도 완료증명서를 발급해 주어야 함

⑨ 기술지도 관련 서류의 보존

기술지도계약서, 기술지도 결과보고서 등 기술지도 수행과 관련된 서류는 기술지도계약 종료일부터 3년간 보존하여야 함

⑩ 벌칙

위반행위	세부내용	과태료 금액(만원)		
		1차 위반	2차 위반	3차 이상 위반
법 제73조제1항을 위반하여 지도계약을 체결하지 않은 경우		100	200	300
법 제73조제2항을 위반하여 지도를 실시하지 않거나 지도에 따라 적절한 조치를 하지 않은 경우		100	200	300

ⓘ Tip

■ 건설공사 발주자 업무 흐름도

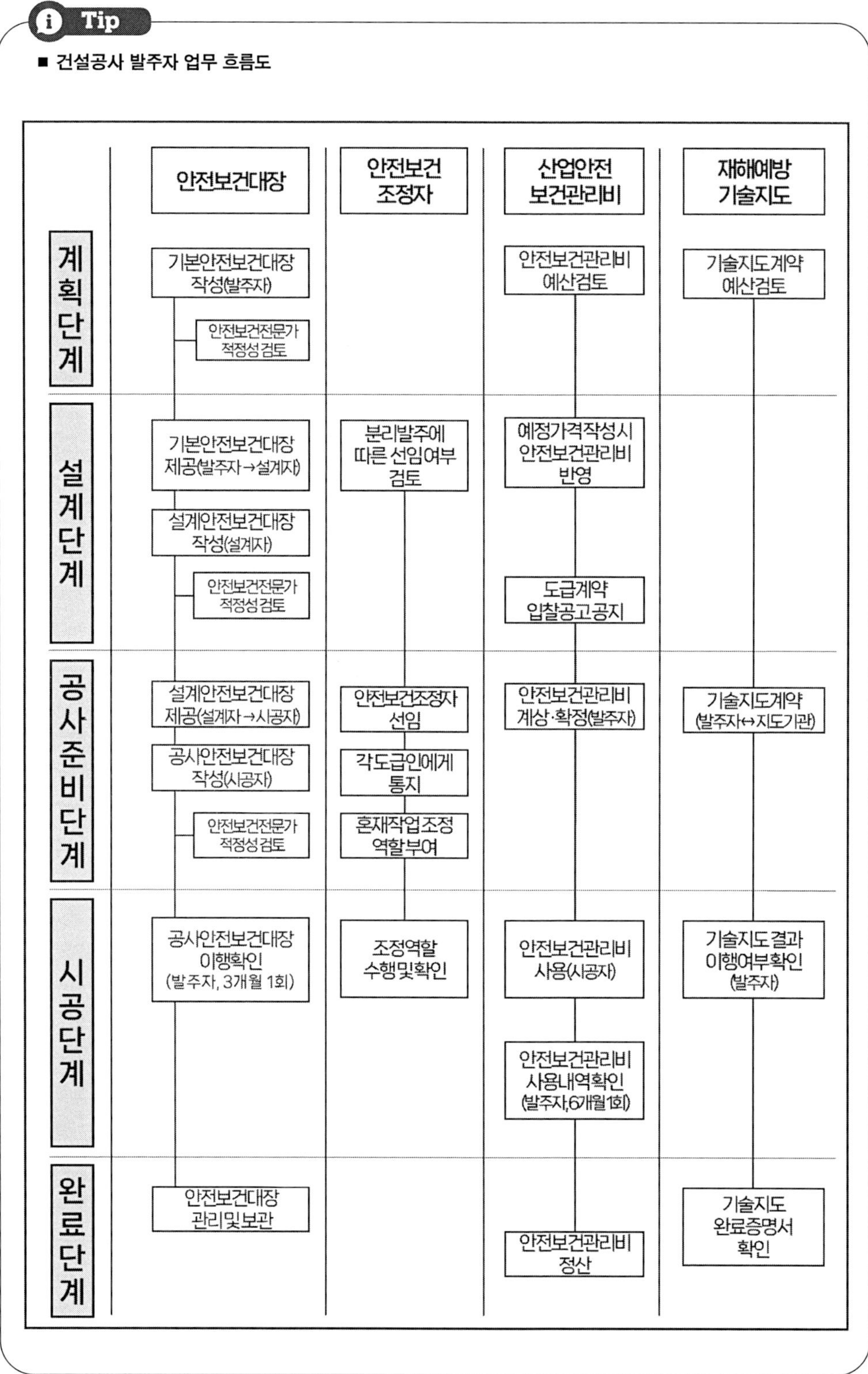

16 / 노사협의체의 구성·운영에 관한 특례(법 제75조)

① 개요

대규모 건설공사 현장에서는 도급인과 다수의 관계수급인, 근로자가 동시에 작업하게 되어 일반적인 산업안전보건위원회나 개별 협의체만으로는 현장의 위험을 효과적으로 관리하기 어려운 경우가 많음

이에 따라 일정 규모 이상의 건설공사에서는, 건설현장 내 안전·보건 관련 의사결정을 통합적으로 수행할 수 있도록 노사 동수로 구성되는 안전 및 보건에 관한 협의체(이하 "노사협의체")를 두는 특례를 두고 있음

이는 협의체의 중복 운영으로 인한 형식화를 줄이고, 건설현장의 특성에 맞는 실질적인 논의와 결정을 가능하게 하려는 취지임

② 적용 대상 건설공사

공사금액이 120억원(「건설산업기본법 시행령」 별표 1의 종합공사를 시공하는 업종의 건설업종란 제1호에 따른 토목공사업은 150억원) 이상인 건설공사

③ 노사협의체의 구성·운영 시 특례 효과

① 기존 산안위·협의체 제도와의 관계

건설공사도급인이 노사협의체를 구성·운영하는 경우에는 산업안전보건위원회 및 도급인의 안전 및 보건에 관한 협의체를 각각 구성·운영한 것으로 봄

② 실무적 의미

노사협의체는 단순한 추가 조직이 아니라, 건설현장 내 안전·보건 관련 심의·협의 기능을 통합하는 중심 기구로 기능함

④ 노사협의체의 구성

① 구성 원칙

노사협의체는 근로자위원과 사용자위원을 같은 수로 구성하여야 함

② 근로자위원 및 사용자위원 구성

사용자위원	근로자위원
1. 도급 또는 하도급 사업을 포함한 전체 사업의 대표자 2. 안전관리자 1명 3. 보건관리자 1명 (보건관리자 선임대상 건설업으로 한정) 4. 공사금액이 20억원 이상인 공사의 관계수급인의 각 대표자	1. 도급 또는 하도급 사업을 포함한 전체 사업의 근로자대표 2. 근로자대표가 지명하는 명예산업안전감독관 1명 (명예산업안전감독관이 위촉되어 있지 않은 경우에는 근로자대표가 지명하는 해당 사업장 근로자 1명) 3. 공사금액이 20억원 이상인 공사의 관계수급인의 각 근로자대표

③ 추가 위촉 및 참여

  ⑴ 근로자위원과 사용자위원의 합의로 노사협의체에 공사금액 20억 원 미만인 공사의 관계수급인 및 근로자대표를 위원으로 위촉할 수 있음

  ⑵ 노사협의체의 근로자위원과 사용자위원은 합의하여 특수형태근로종사자 중 「건설기계관리법」 제3조제1항에 따라 등록된 건설기계를 직접 운전하는 사람을 노사협의체에 참여하도록 할 수 있음

⑤ 노사협의체의 운영

① 회의 구분

  노사협의체 회의는 정기회의와 임시회의로 구분됨

② 회의 주기

  정기회의는 2개월마다 노사협의체의 위원장이 소집하며, 임시회의는 위원장이 필요하다고 인정할 때에 소집함

③ 회의 운영 기준

  회의의 소집, 진행, 의결, 회의 결과 공지 등은 산업안전보건위원회 운영 기준을 준용하여 운영함

④ 회의록 작성 및 보존

  회의 결과는 회의록으로 작성하여 보존하여야 함

⑥ 노사협의체의 심의·의결 및 협의[123] 사항

① 심의·의결 사항

노사협의체는 산업안전보건위원회가 심의·의결하는 사항에 대해 동일하게 심의·의결하며, 그 사항은 다음과 같음

⑴ 사업장의 산업재해 예방계획의 수립에 관한 사항

⑵ 안전보건관리규정의 작성 및 변경에 관한 사항

⑶ 안전보건교육에 관한 사항

⑷ 작업환경의 점검 및 개선에 관한 사항

⑸ 근로자의 건강진단 등 건강관리에 관한 사항

⑹ 산업재해 중 중대재해의 원인 조사 및 재발방지대책 수립에 관한 사항

⑺ 유해하거나 위험한 기계·기구·설비를 도입한 경우 안전 및 보건 관련 조치에 관한 사항

⑻ 그 밖에 해당 사업장 근로자의 안전 및 보건을 유지·증진시키기 위하여 필요한 사항

② 협의 사항

⑴ 산업재해 예방방법 및 산업재해가 발생한 경우의 대피방법

⑵ 작업의 시작시간, 작업 및 작업장 간의 연락방법

⑶ 그 밖의 산업재해 예방과 관련된 사항

⑦ 의결사항의 이행 의무

노사협의체를 구성·운영하는 건설공사도급인 및 관계수급인은 노사협의체에서 심의·의결된 사항을 성실하게 이행하여야 하며, 해당 현장의 근로자도 그 이행에 협력하여야 함

---

123) 심의·의결은 법에서 정한 주요 안건에 대해 노사가 검토(심의) 후 최종 결정을 확정(의결)하는 절차로, 의결된 사항은 원칙적으로 이행하여야 하는 구속력이 강한 결정에 해당함
반면 협의는 재해 예방 및 대피방법 등 현장 안전조치와 관련하여 노사가 정보를 공유하고 의견을 조정하는 과정으로, 의결처럼 결론을 강제하기보다는 충분한 논의와 조치 도출이 중심이 됨

8 벌칙

위반행위	세부내용	과태료 금액(만원)		
		1차 위반	2차 위반	3차 이상 위반
법 제75조제6항을 위반하여 노사협의체가 심의·의결한 사항을 성실하게 이행하지 않은 경우	1) 건설공사도급인 또는 관계수급인이 성실하게 이행하지 않은 경우	50	250	500
	2) 근로자가 성실하게 이행하지 않은 경우	10	20	30

17 / 기계·기구 등에 대한 건설공사도급인의 안전조치(법 제76조)

1 개요

건설공사 현장에서는 타워크레인, 건설용 리프트, 항타기·항발기 등 대형 기계·기구가 설치되거나 작동하는 경우가 많음

이들 장비는 설치·해체·조립 과정에서 중대한 산업재해로 이어질 위험이 존재하며, 다수의 근로자가 동시에 작업하는 환경에서 사용되는 경우 사고 발생 시 피해 규모가 확대될 우려가 있음

이에 따라 건설공사도급인은 해당 기계·기구 또는 설비가 자신의 사업장에 설치되어 있거나 작동 중인 경우뿐 아니라, 설치·해체·조립 작업이 이루어지는 경우에도 필요한 안전·보건조치를 이행하여 장비 자체의 위험과 작업 과정의 위험을 함께 관리하여야 함

2 적용 대상 기계·기구 및 설비

① 적용 대상의 범위

안전·보건조치 의무가 적용되는 기계·기구 또는 설비는 다음과 같음

(1) 타워크레인

(2) 건설용 리프트

(3) 항타기(해머나 동력을 사용하여 말뚝을 박는 기계) 및 항발기(박힌 말뚝을 빼내는 기계)

② 적용되는 작업 형태

건설공사도급인은 자신의 사업장에서 다음 어느 하나에 해당하는 경우 안전조치·보건조치 의무의 대상이 됨

(1) 기계·기구 또는 설비가 설치되어 있는 경우

(2) 기계·기구 또는 설비가 작동 중인 경우

(3) 기계·기구 또는 설비를 설치·해체·조립하는 작업이 이루어지는 경우

3 기계·기구 등에 대한 안전·보건조치의 기본 구조

기계·기구 또는 설비 등에 대한 안전·보건조치는 ① 작업 전 확인 단계, ② 작업 수행 단계, ③ 이상 발생 시 대응 단계로 나누어 이해할 수 있음

④ 작업 시작 전 안전·보건조치

① 합동 안전점검 실시

작업 시작 전 기계·기구 또는 설비의 소유자 또는 대여자와 합동으로 안전점검을 실시하여야 함

② 작업계획서 작성 및 이행 여부 확인

타워크레인 및 항타기·항발기를 사용하는, 작업을 수행하는 사업주가 작업계획서를 작성하였는지 여부와 그 이행 여부를 확인하여야 함

③ 작업자 자격 확인

타워크레인 및 항타기·항발기 작업에 종사하는 작업자가 필요한 자격·면허·경험 또는 기능을 갖추고 있는지 여부를 확인하여야 함

⑤ 작업 중 안전·보건조치

① 법령에 따른 안전보건 조치 이행

해당 기계·기구 또는 설비에 대해 안전보건규칙에서 정하고 있는 안전·보건 조치를 이행하여야 함

② 작업 절차 준수 여부 확인

작업방법과 절차가 작업계획서 및 관련 기준에 따라 이행되고 있는지 지속적으로 확인하여야 함

⑥ 이상 상황 발생 시 조치

① 작업중지 조치

다음과 같은 사유로 작업 수행 시 현저한 위험이 예상되는 경우에는 즉시 작업을 중지하여야 함

(1) 기계·기구 등의 결함이 발견된 경우

(2) 작업방법 또는 작업절차가 준수되지 않은 경우

(3) 강풍 등 기상 악화 등으로 안전작업이 곤란한 경우

② 위험 해소 후 작업 재개

위험 요인이 제거되거나 안전·보건조치가 완료된 이후에만 작업을 재개하도록 하여야 함

⑦ 벌칙

◆ 산업안전보건법 제169조【벌칙】다음 각 호의 어느 하나에 해당하는 자는 3년 이하의 징역 또는 3천만원 이하의 벌금에 처한다.

1. 제76조를 위반한 자

◆ 산업안전보건법 제173조【양벌규정】법인의 대표자나 법인 또는 개인의 대리인, 사용인, 그 밖의 종업원이 그 법인 또는 개인의 업무에 관하여 제167조제1항 또는 제168조부터 제172조까지의 어느 하나에 해당하는 위반행위를 하면 그 행위자를 벌하는 외에 그 법인에게 다음 각 호의 구분에 따른 벌금형을, 그 개인에게는 해당 조문의 벌금형을 과(科)한다. 다만, 법인 또는 개인이 그 위반행위를 방지하기 위하여 해당 업무에 관하여 상당한 주의와 감독을 게을리하지 아니한 경우에는 그러하지 아니다.

1. 제167조제1항의 경우: 10억원 이하의 벌금
2. 제168조부터 제172조까지의 경우: 해당 조문의 벌금형

18 / 특수형태근로종사자에 대한 안전 및 보건조치(법 제77조)

① 개요

최근 산업 현장에서는 고용계약이 아닌 다양한 계약 형식을 통해 노무를 제공하는 인력이 증가하고 있음

이들 중 상당수는 실질적으로 근로자와 유사하게 업무를 수행하면서도 근로기준법 등 전통적인 근로자 보호 규정의 적용을 받지 못하는 구조에 놓여 있어, 업무 수행 과정에서 발생하는 산업재해에 대한 제도적 보호 공백이 발생할 우려가 있음

이에 따라 근로자에 해당하지 않더라도 일정 요건을 충족하는 노무 제공자에 대해서는, 그 노무를 제공받는 자가 산업재해 예방을 위한 안전·보건조치를 이행하도록 하여 계약 형식과 무관하게 실질적인 위험 보호가 이루어지도록 하고 있음

아울러 플랫폼을 통한 배달 업무와 같이 사고 위험이 높은 업무 형태에 대해서도 별도의 안전조치 의무를 부과하여 보호 범위를 확대하고 있음

② 특수형태근로종사자의 개념과 판단 구조

① 특수형태근로종사자의 기본 개념

특수형태근로종사자란 계약의 형식과 관계없이 근로자와 유사하게 노무를 제공하면서도, 기존 근로관계 법령의 적용을 받지 않는 사람 중 일정 요건을 충족하는 자를 말함

② 특수형태근로종사자 해당 요건

다음 요건을 모두 충족하여야 함

(1) 대통령령으로 정한 직종에 종사할 것

(2) 주로 하나의 사업에 노무를 상시적으로 제공하고 보수를 받아 생활할 것(전속성)

(3) 노무 제공 시 타인을 사용하지 아니할 것(비대체성)

③ 특수형태근로종사자의 직종 범위

(1) 보험을 모집하는 사람으로서 다음 각 목의 어느 하나에 해당하는 사람

　　가. 「보험업법」 제83조제1항제1호에 따른 보험설계사

　　나. 「우체국예금·보험에 관한 법률」에 따른 우체국보험의 모집을 전업(專業)으로 하는 사람

(2) 「건설기계관리법」 제3조제1항에 따라 등록된 건설기계를 직접 운전하는 사람

(3) 「통계법」 제22조에 따라 국가데이터처장이 고시하는 직업에 관한 표준분류(이하 "한국표준직업분류표")의 세분류에 따른 학습·교구 관련 방문강사 등 회원의 가정 등을 직접 방문하여 아동이나 학생 등을 가르치는 사람

(4) 「체육시설의 설치·이용에 관한 법률」 제7조에 따라 직장체육시설로 설치된 골프장 또는 같은 법 제19조에 따라 체육시설업의 등록을 한 골프장에서 골프경기를 보조하는 골프장 캐디

(5) 한국표준직업분류표의 세분류에 따른 택배원 또는 세세분류에 따른 그 외 배달원으로서 택배사업(소화물을 집화·수송 과정을 거쳐 배송하는 사업을 말함)에서 집화 또는 배송 업무를 하는 사람

(6) 한국표준직업분류표의 세분류에 따른 늘찬배달원으로서 고용노동부장관이 정하는 기준에 따라 주로 하나의 퀵서비스업자로부터 업무를 의뢰받아 배송 업무를 하는 사람

(7) 「대부업 등의 등록 및 금융이용자 보호에 관한 법률」 제3조제1항 단서에 따른 대출모집인

(8) 「여신전문금융업법」 제14조의2제1항제2호에 따른 신용카드회원 모집인

(9) 고용노동부장관이 정하는 기준에 따라 주로 하나의 대리운전업자로부터 업무를 의뢰받아 대리운전 업무를 하는 사람

(10) 「방문판매 등에 관한 법률」 제2조제2호 또는 제8호의 방문판매원이나 후원방문판매원으로서 고용노동부장관이 정하는 기준에 따라 상시적으로 방문판매업무를 하는 사람

(11) 한국표준직업분류표의 세분류에 따른 대여 제품 방문 점검원

(12) 한국표준직업분류표의 세분류에 따른 가전제품 설치 및 수리원으로서 가전제품을 배송, 설치 및 시운전하여 작동상태를 확인하는 사람

(13) 「화물자동차 운수사업법」에 따른 화물차주로서 다음 각 목의 어느 하나에 해당하는 사람

가. 「자동차관리법」 제3조제1항제4호의 특수자동차로 수출입 컨테이너를 운송하는 사람

나. 「자동차관리법」 제3조제1항제4호의 특수자동차로 시멘트를 운송하는 사람

다. 「자동차관리법」 제2조제1호 본문의 피견인자동차나 「자동차관리법」 제3조제1항제3호의 일반형 화물자동차로 철강재를 운송하는 사람

라. 「자동차관리법」 제3조제1항제3호의 일반형 화물자동차나 특수용도형 화물자동차로 「물류정

책기본법」 제29조제1항 각 호의 위험물질을 운송하는 사람

(14) 「소프트웨어 진흥법」에 따른 소프트웨어사업에서 노무를 제공하는 소프트웨어기술자

④ 특수형태근로종사자에 대한 안전·보건조치 의무

① 안전·보건조치 의무

특수형태근로종사자로부터 노무를 제공받는 자는, 해당 종사자의 산업재해 예방을 위하여 필요한 안전·보건조치를 하여야 함

② 보호의 성격

이 조치는 근로자에 대한 지휘·감독을 전제로 한 것이 아니라, 업무 수행 과정에서 발생할 수 있는 위험을 관리·통제하기 위한 예방적 조치에 해당함

⑤ 특수형태근로종사자에 대한 안전보건교육

① 교육 실시 의무[124]

특수형태근로종사자로부터 노무를 제공받는 자는 특수형태근로종사자의 직종 범위 중 제2호, 제4호, 제5호, 제6호, 제9호, 제10호, 제11호, 제12호 및 제13호에 해당하는 사람에 대하여 안전 및 보건에 관한 교육을 실시

② 교육의 방법

교육은 다음 방식 중 하나 또는 혼합하여 실시할 수 있음

(1) 집체교육

(2) 현장교육

(3) 인터넷 원격교육

(4) 비대면 실시간교육

③ 교육 위탁 및 자체 실시

교육은 자체 실시하거나, 안전보건교육기관에 위탁하여 실시할 수 있으며, 자체 실시 시에는 안전보건교육 강사 자격기준[125]에 해당하는 사람이 실시하여야 함

---

124) 특수형태근로종사자는 법 제29조(근로자에 대한 안전보건교육)에 따른 정기 안전보건교육 미적용
125) 본서 제3장 「근로자 안전보건교육」 중 '1. 근로자 안전보건교육'의 안전보건교육 강사 자격기준 부분 참조

④ 교육 면제

일정 요건을 충족하는 경우에는 안전보건교육을 실시하지 않을 수 있음[126]

⑤ 교육 내용

(1) 최초 노무제공 시 교육

가. 아래의 내용 중 특수형태근로종사자의 직무에 적합한 내용을 교육함

1) 산업안전 및 산업재해 예방에 관한 사항(화재·폭발 사고 발생 시 대피에 관한 사항을 포함함)

2) 산업보건 및 건강장해 예방에 관한 사항

3) 건강증진 및 질병 예방에 관한 사항

4) 유해·위험 작업환경 관리에 관한 사항

5) 산업안전보건법령 및 산업재해보상보험 제도에 관한 사항

6) 직무스트레스 예방 및 관리에 관한 사항

7) 직장 내 괴롭힘, 고객의 폭언 등으로 인한 건강장해 예방 및 관리에 관한 사항

8) 기계·기구의 위험성과 작업의 순서 및 동선에 관한 사항

9) 작업 개시 전 점검에 관한 사항

10) 정리정돈 및 청소에 관한 사항

11) 사고 발생 시 긴급조치에 관한 사항

12) 물질안전보건자료에 관한 사항

13) 교통안전 및 운전안전에 관한 사항

14) 보호구 착용에 관한 사항

나. 특별교육

안전보건교육 중 특별교육 대상 작업에 대하여 작업별 교육내용에 따른 특별교육[127] 실시

---

126) 본서 제3장 「근로자 안전보건교육」 중 '8. 안전보건교육의 면제' 부분 참조. 이 경우 "사업주"는 "특수형태근로종사자로부터 노무를 제공받는 자"로, "근로자"는 "특수형태근로종사자"로, "채용"은 "최초 노무제공"으로 봄

127) 본서 제3장 「근로자 안전보건교육」의 '5. 안전보건교육 교육대상별 교육내용' 중 제①항 (3) 특별교육 대상 작업별 교육부분 참조

Tip

■ 「건설기계관리법」에 따른 건설기계의 범위

건설기계명	범위
1. 불도저	무한궤도 또는 타이어식인 것
2. 굴착기	무한궤도 또는 타이어식으로 굴착장치를 가진 자체중량 1톤 이상인 것
3. 로더	무한궤도 또는 타이어식으로 적재장치를 가진 자체중량 2톤 이상인 것. 다만, 차체굴절식 조향장치가 있는 자체중량 4톤 미만인 것은 제외한다.
4. 지게차	타이어식으로 들어올림장치와 조종석을 가진 것. 다만, 전동식으로 솔리드타이어를 부착한 것 중 도로(「도로교통법」 제2조제1호에 따른 도로를 말함)가 아닌 장소에서만 운행하는 것은 제외
5. 스크레이퍼	흙·모래의 굴착 및 운반장치를 가진 자주식인 것
6. 덤프트럭	적재용량 12톤 이상인 것. 다만, 적재용량 12톤 이상 20톤 미만의 것으로 화물운송에 사용하기 위하여 자동차관리법에 의한 자동차로 등록된 것을 제외
7. 기중기	무한궤도 또는 타이어식으로 강재의 지주 및 선회장치를 가진 것. 다만, 궤도(레일)식인 것을 제외.
8. 모터그레이더	정지장치를 가진 자주식인 것
9. 롤러	1. 조종석과 전압장치를 가진 자주식인 것, 2. 피견인 진동식인 것
10. 노상안정기	노상안정장치를 가진 자주식인 것
11. 콘크리트뱃칭플랜트	골재저장통·계량장치 및 혼합장치를 가진 것으로서 원동기를 가진 이동식인 것
12. 콘크리트피니셔	정리 및 사상장치를 가진 것으로 원동기를 가진 것
13. 콘크리트살포기	정리장치를 가진 것으로 원동기를 가진 것
14. 콘크리트믹서트럭	혼합장치를 가진 자주식인 것 (재료의 투입·배출을 위한 보조장치가 부착된 것을 포함)
15. 콘크리트펌프	콘크리트배송능력이 매시간당 5세제곱미터 이상으로 원동기를 가진 이동식과 트럭적재식인 것
16. 아스팔트믹싱플랜트	골재공급장치·건조가열장치·혼합장치·아스팔트공급장치를 가진 것으로 원동기를 가진 이동식인 것
17. 아스팔트피니셔	정리 및 사상장치를 가진 것으로 원동기를 가진 것
18. 아스팔트살포기	아스팔트살포장치를 가진 자주식인 것
19. 골재살포기	골재살포장치를 가진 자주식인 것
20. 쇄석기	20킬로와트 이상의 원동기를 가진 이동식인 것
21. 공기압축기	공기토출량이 매분당 2.83세제곱미터(매제곱센티미터당 7킬로그램 기준) 이상의 이동식인 것
22. 천공기	천공장치를 가진 자주식인 것
23. 항타 및 항발기	원동기를 가진 것으로 해머 또는 뽑는 장치의 중량이 0.5톤 이상인 것
24. 자갈채취기	자갈채취장치를 가진 것으로 원동기를 가진 것
25. 준설선	펌프식·바켓식·딧퍼식 또는 그래브식으로 비자항식인 것. 다만, 「선박법」에 따른 선박으로 등록된 것은 제외
26. 특수건설기계	제1호부터 제25호까지의 규정 및 제27호에 따른 건설기계와 유사한 구조 및 기능을 가진 기계류로서 국토교통부장관이 따로 정하는 것
27. 타워크레인	수직타워의 상부에 위치한 지브(jib)를 선회시켜 중량물을 상하, 전후 또는 좌우로 이동시킬 수 있는 것으로서 원동기 또는 전동기를 가진 것. 다만, 「산업집적활성화 및 공장설립에 관한 법률」 제16조에 따라 공장등록대장에 등록된 것은 제외

⑥ 벌칙

위반행위	세부내용	과태료 금액(만원)		
		1차 위반	2차 위반	3차 이상 위반
법 제77조제1항을 위반하여 안전조치 및 보건조치를 하지 않은 경우		500	700	1,000
법 제77조제2항을 위반하여 안전보건에 관한 교육을 실시하지 않은 경우	1) 최초로 노무를 제공받았을 때 교육을 실시하지 않은 경우(1인당)	10	20	50
	2) 고용노동부령으로 정하는 안전 및 보건에 관한 교육(특별교육)을 실시하지 않은 경우(1인당)	50	100	150

ⓘ Tip

- **관련고시**
  - ▶ 「안전보건교육규정」
  - ▶ 「주로 하나의 사업자로부터 업무를 의뢰받아 퀵서비스 또는 대리운전업무를 하는 사람의 기준(퀵서비스기사 및 대리운전기사의 전속성 기준)」

19 / 배달종사자에 대한 안전조치(법 제78조)

① 개요

배달 플랫폼을 통한 물건의 수거·배달 업무는 형식상 개인 간 거래나 위탁 형태로 이루어지는 경우가 많으나, 실제로는 플랫폼 중개자가 업무 방식과 작업 조건에 상당한 영향을 미치는 구조를 형성하고 있음

특히 이륜자동차를 이용한 배달 업무는 교통사고, 전도, 충돌 등 중대한 산업재해로 이어질 위험이 높아, 기존의 근로자 개념만으로는 충분한 보호가 이루어지기 어려운 영역에 해당함

이에 따라 이동통신단말장치를 통해 배달 업무를 중개하는 자는 배달종사자의 고용 형태와 관계없이 산업재해 예방을 위한 안전·보건조치를 이행하여, 플랫폼 기반 배달 업무에서 발생하는 위험을 구조적으로 관리하여야 함

② 적용 대상의 범위

① 안전조치 의무의 주체

배달 업무를 직접 수행하는 자가 아니라, 이동통신단말장치를 이용하여 물건의 수거·배달 등을 중개하는 자가 안전조치 의무의 주체가 됨

② 보호 대상

다음 요건을 충족하는 배달종사자가 보호 대상에 해당함

(1) 이륜자동차를 이용하여 물건의 수거 또는 배달 업무를 수행하는 사람

(2) 배달 업무가 플랫폼 중개를 통해 이루어질 것

※ 근로자 여부, 계약 형식, 사업자 등록 여부와는 무관하게 적용됨

③ 배달종사자에 대한 안전·보건조치의 기본 성격

① 관리 책임의 성격

이 규정은 플랫폼 중개자가 배달종사자를 직접 지휘·감독하도록 요구하는 것이 아니라, 플랫폼 운영 과정에서 발생하는 산업재해 위험을 예방하기 위한 관리적 책임을 부과하는 것임

② 기존 제도와의 차이점

특수형태근로종사자 규정이 '노무 제공 관계'를 기준으로 하는 것과 달리, 이 규정은 '중개 구조' 자체를 기준으로 안전·보건조치 의무를 부과하는 점이 특징임

④ 이행하여야 할 안전·보건조치의 범위

배달 업무의 특성과 사고 유형을 고려할 때, 플랫폼 중개자가 이행하여야 할 안전·보건조치는 다음과 같은 범위로 이해할 수 있음

① 교통사고 예방을 위한 조치

(1) 배달종사자의 안전운행을 저해할 수 있는 과도한 배달 시간 압박 완화

(2) 안전운전 수칙, 사고 다발 유형 등에 관한 정보 제공

② 개인 보호를 위한 조치

(1) 헬멧 등 보호구 착용의 중요성에 대한 안내 및 권장

(2) 야간·우천 등 위험 상황에서의 주의사항 제공

③ 위험 상황 인지 및 대응 지원

(1) 사고 발생 시 신고·지원 절차에 관한 정보 제공

(2) 배달종사자가 위험 상황을 인지하고 업무를 중단할 수 있도록 하는 기준 마련

※ 구체적인 조치의 내용은 플랫폼의 운영 방식과 배달 형태에 따라 달라질 수 있으나, 형식적인 안내에 그치지 않고 재해 예방에 실질적으로 기여할 수 있는 수준이어야 함

⑤ 벌칙

위반행위	세부내용	과태료 금액(만원)		
		1차 위반	2차 위반	3차 이상 위반
법 제78조를 위반하여 안전조치 및 보건조치를 하지 않은 경우		500	700	1,000

20 / 가맹본부의 산업재해 예방조치(법 제79조)

① 개요

가맹사업 구조에서는 가맹점이 독립된 사업자로 운영되지만, 실제로는 가맹본부가 설비·기계·원자재·상품의 규격과 사용 방식을 정하고, 운영 매뉴얼과 업무 기준을 통해 가맹점의 작업 환경에 상당한 영향력을 미치는 경우가 많음. 이로 인해 가맹점에서 발생하는 산업재해가 가맹점사업자의 관리 책임에만 귀속되기에는 한계가 있는 구조가 형성될 수 있음

이에 따라 일정 규모 이상의 가맹본부에 대해서는, 가맹점에 공급하거나 설치하는 설비·기계·원자재·상품 등으로 인해 발생할 수 있는 산업재해를 예방하기 위하여, 가맹점사업자 및 그 소속 근로자를 대상으로 한 체계적인 안전보건 관리 의무를 부과하고 있음. 이는 가맹점의 독립성을 전제로 하면서도, 가맹본부가 실질적으로 영향을 미치는 위험요인에 대해서는 예방 책임을 분담하도록 한 제도임

② 산업재해 예방 조치의 적용 대상 가맹본부

① 적용 대상의 기본 요건

「가맹사업거래의 공정화에 관한 법률」 제6조의2에 따라 등록한 정보공개서(직전 사업연도 말 기준으로 등록된 것을 말함)상 업종이 다음 각 호의 어느 하나에 해당하는 경우로서 가맹점의 수가 200개 이상인 가맹본부를 말함

(1) 대분류가 외식업인 경우

(2) 대분류가 도소매업으로서 중분류가 편의점인 경우

② 적용 대상 설정의 취지

가맹점 수가 일정 규모 이상인 경우, 가맹본부의 운영 방식과 공급 체계가 개별 가맹점의 작업 환경과 안전 수준에 미치는 영향이 크다는 점을 고려함

③ 가맹본부의 산업재해 예방 조치 내용

가맹본부는 가맹점사업자에게 설비·기계·원자재 또는 상품 등을 공급하거나 설치하는 경우, 다음의 조치를 이행하여야 함

① 가맹점의 안전 및 보건에 관한 프로그램의 마련·시행

가맹본부는 가맹점의 산업재해 예방을 위하여 체계적인 안전보건 프로그램을 마련하

고 이를 시행하여야 함

② 설비·기계·원자재·상품 등에 대한 안전·보건 정보 제공

가맹본부가 가맹점에 설치하거나 공급하는 설비·기계·원자재 또는 상품 등에 대하여, 가맹점사업자가 안전하게 사용할 수 있도록 필요한 안전 및 보건 정보를 제공하여야 함

④ 안전 및 보건 프로그램의 구성 내용

안전 및 보건에 관한 프로그램에는 다음 사항이 포함되어야 함

① 가맹본부의 안전보건경영방침 및 안전보건활동 계획

② 가맹본부의 프로그램 운영을 위한 조직 구성과 역할, 가맹점사업자에 대한 안전보건 교육 지원 체계

③ 가맹점 내 주요 위험요소와 예방대책 등을 포함한 안전보건매뉴얼

④ 가맹점에서 재해가 발생한 경우를 대비한 가맹본부와 가맹점사업자의 조치 사항

※ 프로그램은 단순한 문서 비치가 아니라, 가맹점 운영 과정에서 실제 활용될 수 있는 수준으로 구성되어야 함

⑤ 안전 및 보건 프로그램의 교육 실시

① 교육 대상 및 주기

가맹본부는 가맹점사업자를 대상으로 안전 및 보건 프로그램에 대한 교육을 연 1회 이상 실시하여야 함

② 교육의 성격

해당 교육은 가맹점사업자의 법적 책임을 대체하는 것이 아니라, 가맹점의 산업재해 예방 역량을 제고하기 위한 지원적·관리적 조치에 해당함

⑥ 안전 및 보건 정보의 제공 방법

가맹본부는 다음 방법 중 하나 이상을 활용하여 안전 및 보건 정보를 제공할 수 있음

① 「가맹사업거래의 공정화에 관한 법률」 제2조제9호에 따른 가맹계약서의 관계 서류에 포함하여 제공

② 가맹본부가 가맹점에 설비·기계 및 원자재 또는 상품 등을 설치하거나 공급하는 때에 제공

③「가맹사업거래의 공정화에 관한 법률」 제5조제4호의 가맹점사업자와 그 직원에 대한 교육·훈련 시에 제공

④ 그 밖에 프로그램 운영을 위하여 가맹본부가 가맹점사업자에 대하여 정기·수시 방문 지도 시에 제공

⑤「정보통신망 이용촉진 및 정보보호 등에 관한 법률」 제2조제1항제1호에 따른 정보통신망 등을 이용하여 수시로 제공

⑦ 벌칙

위반행위	세부내용	과태료 금액(만원)		
		1차 위반	2차 위반	3차 이상 위반
법 제79조제1항을 위반하여 가맹점의 안전·보건에 관한 프로그램을 마련·시행하지 않거나 가맹사업자에게 안전·보건에 관한 정보를 제공하지 않은 경우		1,500	2,000	3,000

제6장

유해·위험 기계 등에 대한 조치

1 / 유해하거나 위험한 기계·기구에 대한 방호조치(법 제80조)

① 개요

동력으로 작동하는 기계·기구는 회전부·절단부·동력전달부 등 인체가 끼이거나 말려 들어가기 쉬운 위험부위를 포함하고 있어, 작업자의 순간적인 부주의나 작업환경의 변화만으로도 중대재해로 이어질 수 있음

이에 따라 유해·위험 기계·기구는 방호장치(덮개, 울, 연동장치 등)를 갖추지 않으면 양도·대여·설치·사용 제공 자체가 제한되며, 현장에서는 방호장치의 유지관리와 해체 시 안전조치까지 포함해 "방호조치가 실제로 기능하는 상태"가 유지되도록 관리하는 구조로 운영됨

② 적용 대상 및 규율 구조

① 거래·제공 단계에서의 제한(양도·대여·설치·사용 제공 제한)

누구든지 방호장치를 갖추지 않으면 유해·위험 기계·기구를 양도·대여·설치 또는 사용에 제공하거나 진열할 수 없음

즉, "현장 사용자의 문제"로만 보지 않고 유통·공급 단계부터 위험 기계·기구의 사용을 원천적으로 차단하는 구조임

② 규율 대상의 두 갈래

(1) 특정 기계·기구 유형: 대통령령으로 정하는 다음의 기계·기구

가. 예초기	나. 원심기	다. 공기압축기
라. 금속절단기	마. 지게차	바. 포장기계(진공포장기, 래핑기로 한정)

(2) 일반 동력기계의 위험부위

돌기부, 동력전달·속도조절부, 회전부 말림점(물림점) 등 "위험 형태"를 기준으로 방호를 요구함

③ 방호조치의 기본 원칙

① 방호는 "접근 차단"이 핵심

작업자가 통상적인 방법으로는 위험장소 또는 위험부위에 접근하지 못하도록 덮개·방호망·방책 또는 각종 방호장치 등을 설치하는 방식

② 기능 유지가 전제

   ⑴ 설치만 해두고 방치하는 것이 아니라, 이탈·변형·풀림 등으로 성능이 저하되지 않도록 견고하게 유지되는 상태가 중요함

   ⑵ 일상 점검(주유·이상 유무 확인 등)에 지장이 없도록 설치하되, 안전 기능이 약화되지 않는 설계·배치가 요구됨

④ 특정 기계·기구별 필수 방호장치

다음의 기계·기구는 법령에서 정한 방호장치를 필수적으로 설치해야 함

기계·기구	방호장치
예초기	날접촉 예방장치
원심기	회전체 접촉 예방장치
공기압축기	압력방출장치
금속절단기	날접촉 예방장치
지게차	헤드가드, 백레스트, 전조등, 후미등, 안전벨트
포장기계	구동부 방호 연동장치

ⓘ Tip

- **■ 용어정의**
- ⑴ "예초기 날접촉 예방장치"란 예초기의 절단날 또는 비산물로부터 작업자를 보호하기 위해 설치하는 보호 덮개 등의 장치를 말함
- ⑵ "회전체 접촉 예방장치"란 원심기의 케이싱 또는 하우징 내부의 회전통 등에 작업자의 신체 일부가 접촉되는 것을 방지하기 위해 설치하는 덮개 등의 장치를 말함
- ⑶ "압력방출장치"란 공기압축기에 부속된 압력용기의 과도한 압력상승을 방지하기 위하여 설치하는 안전밸브, 언로드밸브 등의 장치를 말함
- ⑷ "금속절단기 날접촉 예방장치"란 띠톱, 둥근톱 등 금속절단기의 절단날 또는 비산물로부터 작업자를 보호하기 위하여 설치하는 장치를 말함
- ⑸ "헤드가드"란 지게차를 이용한 작업 중에 위쪽으로부터 떨어지는 물건에 의한 위험을 방지하기 위하여 운전자의 머리 위쪽에 설치하는 덮개를 말함
- ⑹ "백레스트"란 지게차를 이용한 작업 중에 마스트를 뒤로 기울일 때 화물이 마스트 방향으로 떨어지는 것을 방지하기 위해 설치하는 짐받이 틀을 말함
- ⑺ "구동부 방호 연동장치"란 진공포장기, 랩핑기의 구동부에 설치되는 방호장치 등이 개방되었을 때 기계의 작동이 정지되도록 하거나 방호장치가 닫힌 상태에서만 기계가 작동되도록 상호 연결시키는 것을 말함

⑤ 일반 동력기계의 위험부위 방호

특정 기계에 한정되지 않더라도, 다음 위험 형태가 있으면 방호가 필요함

① 작동부에 돌기부가 있는 경우

　돌기부는 묻힘형으로 하거나 덮개를 부착하도록 관리함

② 동력전달부 또는 속도조절부가 있는 경우

　덮개를 부착하거나 방호망을 설치하여 접촉을 차단함

③ 회전기계에 말림·끼임이 우려되는 물림점이 있는 경우

　덮개 또는 울을 설치하여 물림점 접근을 차단함

⑥ 방호장치의 유지관리 의무

① 상시 점검·정비의무

　⑴ 방호장치가 정상 기능을 발휘하도록 관련 장치를 상시 점검하고 정비해야 함

　⑵ "방호장치가 달려 있다"가 아니라 "방호장치가 실제로 작동한다"가 관리의 기준이 됨

② 기능 상실 발견 시 조치 흐름

　⑴ 근로자가 기능 상실을 발견한 경우 지체 없이 사업주에게 신고

　⑵ 사업주는 신고를 받으면 즉시 수리·보수 또는 작업중지 등 적절한 조치를 하여야 함

⑦ 방호장치 해체 시 안전조치

방호장치를 해체하는 경우에는 임의 해체를 막고, 해체 후 즉시 복구되도록 다음의 사항을 준수하여야 함

상황	안전·보건조치 내용
1. 방호조치를 해체하려는 경우	사업주의 허가를 받아 해체하도록 통제함
2. 방호조치를 해체한 후 그 사유가 소멸된 경우	지체없이 원상으로 회복
3. 방호조치의 기능이 상실된 것을 발견한 경우	지체없이 사업주에게 신고

⑧ 벌칙

◈ 산업안전보건법 제170조【벌칙】 다음 각 호의 어느 하나에 해당하는 자는 1년 이하의 징역 또는 1천만원 이하의 벌금에 처한다.
    4. 제80조제1항·제2항·제4항을 위반한 자

◈ 산업안전보건법 제173조【양벌규정】 법인의 대표자나 법인 또는 개인의 대리인, 사용인, 그 밖의 종업원이 그 법인 또는 개인의 업무에 관하여 제167조제1항 또는 제168조부터 제172조까지의 어느 하나에 해당하는 위반행위를 하면 그 행위자를 벌하는 외에 그 법인에게 다음 각 호의 구분에 따른 벌금형을, 그 개인에게는 해당 조문의 벌금형을 과(科)한다. 다만, 법인 또는 개인이 그 위반행위를 방지하기 위하여 해당 업무에 관하여 상당한 주의와 감독을 게을리하지 아니한 경우에는 그러하지 아니하다.
    1. 제167조제1항의 경우: 10억원 이하의 벌금
    2. 제168조부터 제172조까지의 경우: 해당 조문의 벌금형

ⓘ Tip

■ 관련고시
▶ 「위험기계·기구 방호조치 기준」

2 / 기계·기구 등의 대여자 등의 조치(법 제81조)

① 개요

기계·기구·설비 또는 공장건축물은 소유자와 실제 사용자가 일치하지 않는 경우가 빈번하며, 이로 인해 안전·보건관리 책임의 공백이 발생하기 쉬움

이에 따라 대여자·대여받는 자·조작자 각각에게 역할을 분담하여 대여 관계에서도 안전·보건조치가 끊기지 않도록 관리 구조를 설정함

② 적용 대상 기계기구·설비 및 건축물의 범위

① 적용 대상

안전·보건조치를 하여야 할 기계·기구·설비 및 건축물(이하 "기계등")

1. 사무실 및 공장용 건축물	2. 이동식 크레인	3. 타워크레인
4. 불도저	5. 모터 그레이더	6. 로더
7. 스크레이퍼	8. 스크레이퍼 도저	9. 파워 셔블
10. 드래그라인	11. 클램셀	12. 버킷굴착기
13. 트렌치	14. 항타기	15. 항발기
16. 어스드릴	17. 천공기	18. 어스오거
19. 페이퍼드레인머신	20. 리프트	21. 지게차
22. 롤러기	23. 콘크리트 펌프	24. 고소작업대

② 특징

단순 장비뿐 아니라 건축물, 환기설비, 배기장치 등 시설 단위까지 포함되는 점이 특징임

따라서 제조업, 서비스업, 건설업 등 모든 업종에서 실무 적용 범위가 넓음

③ 기계등을 대여하는 자의 안전·보건조치 의무

기계등을 대여하는 자는 대여 단계에서부터 안전을 담보해야 함

⑴ 해당 기계등을 미리 점검하고 이상을 발견한 경우에는 즉시 보수하거나 그 밖에 필요한 정비를 할 것

(2) 해당 기계등을 대여받은 자에게 다음 각 목의 사항을 적은 서면을 발급할 것

　가. 해당 기계등의 성능 및 방호조치의 내용

　나. 해당 기계등의 특성 및 사용 시의 주의사항

　다. 해당 기계등의 수리·보수 및 점검 내역과 주요 부품의 제조일

　라. 해당 기계등의 정밀진단 및 수리 후 안전점검 내역, 주요 안전부품의 교환이력 및 제조일

(3) 사용을 위하여 설치·해체 작업(기계등을 높이는 작업을 포함함)이 필요한 기계등을 대여하는 경우로서 해당 기계등의 설치·해체 작업을 다른 설치·해체업자에게 위탁하는 경우에는 다음 각 목의 사항을 준수할 것

　가. 설치·해체업자가 기계등의 설치·해체에 필요한 법령상 자격을 갖추고 있는지와 설치·해체에 필요한 장비를 갖추고 있는지를 확인할 것

　나. 설치·해체업자에게 제2호 각 목의 사항을 적은 서면을 발급하고, 해당 내용을 주지시킬 것

　다. 설치·해체업자가 설치·해체 작업 시 안전보건규칙에 따른 산업안전보건기준을 준수하고 있는지를 확인 할 것

(4) 해당 기계등을 대여받은 자에게 제3호가목 및 다목에 따른 확인 결과를 알릴 것

④ 기계등을 대여받는 자의 안전조치 의무

대여받는 자는 기계등을 실제로 사용하는 주체로서 독립된 안전조치 의무를 부담함

다만, 해당 기계등을 구입할 목적으로 기종(機種)의 선정 등을 위하여 일시적으로 대여받는 경우에는 예외가 됨

① 조작자 관리 및 작업기준 주지

(1) 해당 기계등을 조작하는 사람이 관계 법령에서 정하는 자격이나 기능을 가진 사람인지 확인할 것

(2) 해당 기계등을 조작하는 사람에게 다음 각 목의 사항을 주지시킬 것

　가. 작업의 내용

　나. 지휘계통

　다. 연락·신호 등의 방법

　라. 운행경로, 제한속도, 그 밖에 해당 기계등의 운행에 관한 사항

　마. 그 밖에 해당 기계등의 조작에 따른 산업재해를 방지하기 위하여 필요한 사항

② 타워크레인을 대여받은 자의 조치

(1) 타워크레인을 사용하는 작업 중에 타워크레인 장비 간 또는 타워크레인과 인접

구조물 간 충돌위험이 있으면 충돌방지장치를 설치하는 등 충돌방지를 위하여 필요한 조치를 할 것

(2) 타워크레인 설치·해체 작업이 이루어지는 동안 작업과정 전반(全般)을 영상으로 기록하여 대여기간 동안 보관할 것

⑤ 기계등 조작자의 준수 의무

기계등을 실제로 조작하는 사람은 작업 내용, 지휘계통, 연락·신호 방법, 운행 및 조작 관련 주의사항 등을 준수하여야 함

이는 단순한 전달에 그치지 않고 실제 작업 기준으로 작동하여야 함

⑥ 대여 기록 및 문서 관리

① 대여 기록·보존 의무

기계등을 대여하는 자는 해당 기계등의 대여에 관한 사항을 기계등 대여사항 기록부[128]에 기록하여 보존해야 함

② 실무적 의미

사고 발생 시 "장비 상태·대여 이력·정보 제공 여부"를 입증하는 핵심 자료로 활용됨

⑦ 공용 공장건축물[129] 대여 시의 조치

① 공용 부분 기능 유지 조치

공용으로 사용하는 공장건축물로서 다음 각 호의 어느 하나의 장치가 설치된 것을 대여하는 자는 해당 건축물을 대여받은 자가 2명 이상인 경우로서 다음 각 호의 어느 하나의 장치의 전부 또는 일부를 공용으로 사용하는 경우에는 그 공용부분의 기능이 유효하게 작동되도록 하기 위하여 점검·보수 등 필요한 조치를 해야 함

(1) 국소배기장치

---

128) 산업안전보건법 시행규칙 [별지 제39호서식]
129) 공용 공장건축물이란 하나의 공장건축물을 2명 이상의 대여받는 자가 함께 사용하는 구조를 말함
특히 국소배기장치, 전체환기장치, 배기처리장치 등 환경설비의 전부 또는 일부를 공동으로 사용하는 경우가 이에 해당함
[예시] 다수 업체가 입주한 공장동(임대형 공장)
한 개의 공장동을 A업체, B업체, C업체가 각각 임대하여 사용하고, 공장 전체 환기장치(공조/배기)가 공용으로 연결되어 운영되는 경우 → 공용 공장건축물에 해당함

(2) 전체환기장치

(3) 배기처리장치

② 대여받는 자의 편의 제공 요구권

건축물을 대여받은 자는 국소 배기장치, 소음방지를 위한 칸막이벽, 그 밖에 산업재해 예방을 위하여 필요한 설비의 설치에 관하여 해당 설비의 설치에 수반된 건축물의 변경승인, 해당 설비의 설치공사에 필요한 시설의 이용 등 편의 제공을 건축물을 대여한 자에게 요구할 수 있음. 이 경우 건축물을 대여한 자는 특별한 사정이 없으면 이에 따라야 함

⑧ 벌칙

◆ 산업안전보건법 제169조【벌칙】 다음 각 호의 어느 하나에 해당하는 자는 3년 이하의 징역 또는 3천만원 이하의 벌금에 처한다
1. 제81조를 위반한 자
◆ 산업안전보건법 제173조【양벌규정】 법인의 대표자나 법인 또는 개인의 대리인, 사용인, 그 밖의 종업원이 그 법인 또는 개인의 업무에 관하여 제167조제1항 또는 제168조부터 제172조까지의 어느 하나에 해당하는 위반행위를 하면 그 행위자를 벌하는 외에 그 법인에게 다음 각 호의 구분에 따른 벌금형을, 그 개인에게는 해당 조문의 벌금형을 과(科)한다. 다만, 법인 또는 개인이 그 위반행위를 방지하기 위하여 해당 업무에 관하여 상당한 주의와 감독을 게을리하지 아니한 경우에는 그러하지 아니하다.
1. 제167조제1항의 경우: 10억원 이하의 벌금
2. 제168조부터 제172조까지의 경우: 해당 조문의 벌금형

3 / 안전인증(법 제83조~제87조)

① 개요

유해하거나 위험한 기계·기구·설비 및 방호장치·보호구는 산업현장에서 근로자의 안전 및 보건에 중대한 영향을 미칠 수 있어 작업장에 반입되기 전 단계부터 안전성이 확보될 필요가 있음

이에 따라 제조·수입 단계뿐만 아니라 설치·이전 또는 주요 구조 변경 단계에서 안전인증을 받도록 하고, 인증표시, 사후확인, 인증취소 및 제조·유통 제한까지 연계하여 위험 제품의 유통을 차단하는 관리체계를 운영함

② 안전인증기준

① 고용노동부장관은 유해하거나 위험한 기계·기구·설비 및 방호장치·보호구(이하 "유해·위험기계등")의 안전성을 평가하기 위하여 안전에 관한 성능과 제조자의 기술능력 및 생산체계 등에 관한 기준(이하 "안전인증기준")을 정하여 고시하여야 함

② 안전인증기준은 유해·위험기계등의 종류별, 규격 및 형식별로 정할 수 있음

③ 안전인증대상기계등이 아닌 유해·위험기계등에 대한 안전인증(이하 "임의안전인증")의 경우에도 안전에 관한 성능 등을 평가받으려면 고용노동부장관에게 안전인증을 신청하여야 하며, 고용노동부장관은 안전인증기준에 적합한지 여부를 심사하여 인증함. 이 경우 임의안전인증의 운영에 필요한 사항(대상, 심사 기준·절차 등)은 관련 고시에서 정함

③ 안전인증 의무

① 유해·위험기계등 중 근로자의 안전 및 보건에 위해를 미칠 수 있다고 인정되어 법령으로 정하는 것(이하 "안전인증대상기계등")을 제조하거나 수입하는 자는 해당 기계등이 안전인증기준에 맞는지에 대하여 고용노동부장관이 실시하는 안전인증을 받아야 함

② 고용노동부령으로 정하는 안전인증대상기계등을 설치·이전하거나 주요 구조 부분을 변경하는 자도 안전인증을 받아야 함

③ 안전인증대상기계등이 아닌 유해·위험기계등을 제조하거나 수입하는 자도 해당 제품의 안전에 관한 성능 등을 평가받기 위하여 안전인증을 신청할 수 있으며, 고용노동부장관은 안전인증기준에 따라 안전인증을 할 수 있음(임의안전인증)

④ 설치·이전 또는 주요 구조 변경 시 안전인증이 필요한 기계·설비

① 설치·이전하는 경우 안전인증을 받아야 하는 기계·설비	(1) 크레인, (2) 리프트, (3) 곤돌라
② 주요 구조 부분을 변경하는 경우 안전인증을 받아야 하는 기계·설비	(1) 프레스, (2) 전단기 및 절곡기, (3) 크레인 (4) 리프트, (5) 압력용기, (6) 롤러기 (7) 사출성형기, (8) 고소작업대, (9) 곤돌라

⑤ 안전인증대상기계등의 범위

안전인증대상기계등은 기계·기구 및 설비, 방호장치, 보호구로 구분함

종류별 적용범위(규격·형식별 적용범위 및 제외대상 포함)는 고용노동부장관이 정하여 고시하는 기준에 따르며, 그 내용은 다음과 같음

① 기계·기구 및 설비

번호	기계·기구	규격 및 형식별 적용범위
1	프레스	동력으로 구동되는 프레스, 전단기 및 절곡기. 다만 다음 각 목의 어느 하나에 해당하는 프레스, 전단기 및 절곡기는 제외 1) 열간 단조프레스, 단조용 해머, 목재 등의 접착을 위한 압착프레스, 톰슨프레스(Tomson Press), 씨링기, 분말압축 성형기, 압출기, 고무 및 모래 등의 가압성형기, 자동터릿펀칭프레스, 다목적 작업을 위한 가공기(Ironworker), 다이스포팅프레스, 교정용 프레스
2	전단기	2) 스트로크가 6밀리미터 이하로서 위험한계 내에 신체의 일부가 들어갈 수 없는 구조의 프레스, 전단기 및 절곡기
3	절곡기	3) 원형 회전날에 의한 회전 전단기, 니블러, 코일 슬리터, 형강 및 봉강 전용의 전단기 및 노칭기
4	크레인	동력으로 구동되는 정격하중 0.5톤 이상 크레인(호이스트 및 차량탑재용 크레인 포함). 다만, 「건설기계관리법」의 적용을 받는 건설기계는 제외
5	리프트	동력으로 구동되는 리프트. 다만, 다음 중 어느 하나에 해당하는 리프트는 제외 1) 적재하중이 0.49톤 이하인 건설용 리프트, 0.09톤 이하인 이삿짐 운반용 리프트 2) 운반구의 바닥면적이 0.5제곱미터 이하이고 높이가 0.6미터 이하인 리프트 3) 자동차정비용 리프트 4) 자동이송설비에 의하여 화물을 자동으로 반출입하는 자동화설비의 일부로 사람이 접근할 우려가 없는 전용설비는 제외
6	압력용기	가. 화학공정 유체취급용기 또는 그 밖의 공정에 사용하는 용기(공기 또는 질소취급용기)로써 설계압력이 게이지 압력으로 0.2메가파스칼(제곱센티미터당 2킬로그램포스)을 초과한 경우. 다만, 다음 중 어느 하나에 해당하는 용기는 제외 1) 용기의 길이 또는 압력에 상관없이 안지름, 폭, 높이, 또는 단면 대각선 길이가 150밀리미터(관(管)을 이용하는 경우 호칭지름 150A) 이하인 용기

번호	기계·기구	규격 및 형식별 적용범위
6	압력용기	2) 원자력 용기 3) 수냉식 관형 응축기(다만, 동체측에 냉각수가 흐르고 관측의 사용압력이 동체측의 사용압력보다 낮은 경우에 한함) 4) 사용온도 섭씨 60도 이하의 물만을 취급하는 용기(다만, 대기압하에서 수용액의 인화점이 섭씨 85도 이상인 경우에는 물에 첨가제가 포함되어 있어도 됨) 5) 판형(plate type) 열교환기 6) 핀형(fin type) 공기냉각기 7) 축압기(accumulator) 8) 유압·수압·공압 실린더 9) 사람을 수용하는 압력용기 10) 차량용 탱크로리 11) 배관 및 유량계측 또는 유량제어 등의 목적으로 사용되는 배관구성품 12) 소음기 및 스트레이너(필터 포함)로서 다음의 어느 하나에 해당되는 것 　　가) 플랜지 부착을 위한 용접부 이외의 용접이음매가 없는 것 　　나) 동체의 바깥지름아 320밀리미터 이하이며 배관접속부 호칭지름이 동체 바깥지름의 2분의 1 이상인 것 13) 기계·기구의 일부가 압력용기의 동체 또는 경판 등 압력을 받는 부분을 이루는 것 14) 사용압력(단위:MPa)과 용기 내용적(단위:㎥)의 곱이 0.1 미만인 것으로서 다음의 어느 하나에 해당되는 것 　　가) 기계·기구의 구성품인 것 　　나) 펌프 또는 압축기 등 가압장치의 부속설비로서 밀봉, 윤활 또는 열교환을 목적으로 하는 것(다만, 취급유체가 해당 공정의 유체 또는 안전보건규칙 별표 1의 위험물질에 해당되지 않는 경우에 한함) 15) 제품을 담아 판매·공급하는 것을 목적으로 하는 운반용 용기 16) 공정용 직화식 튜브형 가열기 나. 용기의 심사범위는 다음과 같음 1) 용접접속으로 외부배관과 연결된 경우 첫 번째 원주방향 용접이음까지 2) 나사접속으로 외부 배관과 연결된 경우 첫 번째 나사이음까지 3) 플랜지 접속으로 외부 배관과 연결된 경우 첫 번째 플랜지면까지 4) 부착물을 직접 내압부에 용접하는 경우 그 용접 이음부까지 5) 맨홀, 핸드홀 등의 압력을 받는 덮개판, 용접이음, 볼트·너트 및 개스킷을 포함 　※ 화학공정 유체취급 용기는 증발·흡수·증류·건조·흡착 등의 화학공정에 필요한 유체를 저장·분리·이송·혼합 등에 사용되는 설비로서 탑류(증류탑, 흡수탑, 추출탑 및 감압탑 등), 반응기 및 혼합조류, 열교환기류(가열기, 냉각기, 증발기 및 응축기 등), 필터류 및 저장용기 등을 말하며 안전보건규칙 별표 1에 따른 위험물질을 취급하는 용기도 포함됨
7	롤러기	롤러의 압력에 따라 고무·고무화합물 또는 합성수지를 소성변형시키거나 연화시키는 롤러기로서 동력에 의하여 구동되는 롤러기. 다만, 작업자가 접근할 수 없는 밀폐형 구조로 된 롤러기는 제외
8	사출성형기	플라스틱 또는 고무 등을 성형하는 사출성형기로서 동력에 의하여 구동되는 사출성형기. 다만, 다음 중 어느 하나에 해당하는 사출성형기는 제외 1) 반응형 사출성형기 2) 압축·이송형 사출성형기 3) 장화제조용 사출성형기 4) 블로우몰딩(Blow Molding)머신 및 인젝션 블로우몰딩(Injection Blow Molding) 머신

번호	기계·기구	규격 및 형식별 적용범위
9	고소작업대	동력에 의해 사람이 탑승한 작업대를 작업 위치로 이동시키기 위한 모든 종류와 크기의 고소작업대(차량 탑재용 포함). 다만, 다음 중 어느 하나에 해당하는 경우는 제외 1) 지정된 높이까지 실어 나르는 영구 설치형 장비 2) 승강 장치에 매달린 가이드 없는 케이지 3) 레일 의존형 저장 및 회수 장치 상의 승강 조작대 4) 테일 리프트(tail lift) 5) 마스트 승강 작업대 6) 승강 높이 2미터 이하의 승강대 7) 승용 및 화물용 건설 권상기 8) 「소방기본법」에 따른 소방장비 9) 전람회장(fairground) 장비 10) 항공기 지상 지원 장비 11) 교량 하부의 검사 및 유지관리 장비 12) 농업용 고소작업차(「농업기계화촉진법」에 따른 검정 제품에 한함)
10	곤돌라	동력에 의해 구동되는 곤돌라. 다만, 크레인에 설치된 곤돌라, 엔진을 이용하여 구동되는 곤돌라, 지면에서 각도가 45도 이하로 설치된 곤돌라 및 같은 사업장 안에서 장소를 옮겨 설치하는 곤돌라는 제외

② 방호장치

번호	방호장치	규격 및 형식별 적용범위
1	프레스 및 전단기 방호장치	프레스 또는 전단기의 위험 발생 시 기계를 급정지 시키거나 위험구역으로부터 신체를 보호할 수 있는 방호장치로서 다음 중 어느 하나에 해당하는 것 1) 광전자식 방호장치 2) 양수조작식 방호장치 3) 가드식 방호장치 4) 손쳐내기식 방호장치 5) 수인식 방호장치
2	양중기용 과부하 방지장치	크레인, 리프트, 곤돌라, 승강기 및 고소작업대의 과부하발생 시 자동적으로 정지시키는 과부하방지장치
3	보일러 압력방출용 안전밸브	보일러 또는 압력용기에 사용하는 압력방출장치로서 스프링에 의해 작동되는 안전밸브. 다만, 다음 중 어느 하나에 해당하는 안전밸브는 제외 1) 액체의 압력을 개방하는 용도로 사용하는 것
4	압력용기 압력방출용 안전밸브	2) 설정압력이 0.1메가파스칼 미만인 것 3) 압력조정에 사용하는 언로더에 속하는 것
5	압력용기 압력방출용 파열판	가스 또는 증기에 따른 과압이나 과진공으로부터 압력용기를 보호하는데 쓰이는 파열판. 다만, 다음 중 어느 하나에 해당하는 파열판은 제외 1) 액체의 압력을 개방하는 용도로 사용하는 것 2) 설정파열압력이 0.1메가파스칼 미만인 것

번호	방호장치	규격 및 형식별 적용범위
6	절연용 방호구 및 활선작업용 기구	절연관, 절연시트, 절연카바, 애자후드, 완금카바 및 고무블랭킷 등 충전부분을 덮을 수 있는 절연용 방호구와 활선작업용 기구 중 절연봉
7	방폭구조 전기기계·기구 및 부품	폭발성 분위기에서 사용하는 방폭구조 전기기계·기구 및 방폭부품으로서 다음 중 어느 하나에 해당하는 것 1) 내압 방폭구조 2) 압력 방폭구조 3) 안전증 방폭구조 4) 유입 방폭구조 5) 본질안전 방폭구조 6) 비점화 방폭구조 7) 몰드 방폭구조 8) 충전(充塡) 방폭구조 9) 특수 방폭구조 10) 분진 방폭구조
8	추락·낙하 및 붕괴 등의 위험방호에 필요한 가설기자재	추락·낙하 및 붕괴 등의 위험방호에 필요한 가설기자재로서 다음 중 어느 하나에 해당하는 것 1) 파이프 서포트 및 동바리용 부재 2) 조립식 비계용 부재 3) 이동식 비계용 부재 4) 작업발판 5) 조임철물 6) 받침철물(고정형 제외) 7) 조립식 안전난간 8) 1호부터 8호까지의 규정 등에 유사하거나 복합으로 구성된 부재료, 다만, 별표 2 제17호는 적용을 제외
9	산업용 로봇 방호장치	충돌·협착 등의 위험 방지에 필요한 산업용 로봇 방호장치로서 다음 중 어느 하나에 해당하는 것 1) 복합동작을 할 수 있는 산업용 로봇의 작업에 사용하는 압력감지형 안전매트 2) 산업용 로봇의 위험 발생 시 기계를 급정지 시키거나 위험구역으로부터 신체를 보호할 수 있는 광전자식 방호장치

③ 보호구

번호	보호구	규격 및 형식별 적용범위
1	추락 및 감전 위험방지용 안전모	물체의 낙하·비래 및 추락에 따른 위험을 방지 또는 경감하거나 감전에 의한 위험을 방지하기 위하여 사용하는 안전모. 다만, 물체의 낙하·비래에 의한 위험만을 방지 또는 경감하기 위해 사용하는 안전모는 제외
2	안전화	1) 물체의 낙하·충격 또는 날카로운 물체에 의한 위험으로부터 발 또는 발등을 보호하거나 물·기름·화학물질 등으로 부터 발을 보호하기 위하여 사용하는 안전화 2) 전기로 인한 감전 또는 정전기의 인체대전을 방지하기 위하여 사용하는 안전화

번호	보호구	규격 및 형식별 적용범위
3	안전장갑	1) 전기에 따른 감전을 방지하기 위한 내전압용 안전장갑 2) 화학물질이 피부를 통하여 인체에 흡수되는 것을 방지하기 위하여 사용하는 화학물질용 안전장갑
4	방진마스크	분진, 미스트 또는 흄이 호흡기를 통하여 체내에 유입되는 것을 방지하기 위하여 사용되는 방진마스크
5	방독마스크	유해물질 등에 노출되는 것을 막기 위하여 착용하는 방독마스크
6	송기마스크	산소결핍장소 또는 가스·증기·분진의 흡입 등에 의한 근로자의 건강장해 예방을 위해 사용하는 송기마스크
7	전동식 호흡보호구	분진 또는 유해물질이 호흡기를 통하여 체내에 유입되는 것을 방지하기 위하여 착용하는 전동식 호흡용보호구
8	보호복	1) 고열작업에 의한 화상과 열중증을 방지하기 위해 사용하는 방열복 2) 화학물질이 피부를 통하여 인체에 흡수되는 것을 방지하기 위하여 사용하는 화학물질용 보호복
9	안전대	추락을 방지하기 위하여 사용하는 안전대
10	차광 및 비산물 위험방지용 보안경	눈에 해로운 자외선, 적외선 및 강렬한 가시광선 또는 비산물로부터 작업근로자의 눈을 보호하기 위하여 사용하는 보안경
11	용접용 보안면	용접 시에 발생하는 유해한 자외선, 강렬한 가시광선 또는 적외선으로부터 눈을 보호하고, 열에 의한 화상 또는 용접 파편에 의한 위험으로부터 용접자의 안면, 머리부 및 목 부분 등을 보호하기 위한 보안면
12	귀마개 또는 귀덮개	근로자의 청력을 보호하기 위하여 사용하는 귀마개 또는 귀덮개

⑥ 안전인증 신청·심사 체계

① 안전인증을 받으려는 자는 안전인증 업무를 위탁받은 기관(이하 "안전인증기관")에 안전인증 신청서[130]를 제출하고, 안전인증을 위한 심사종류별 제출서류[131]를 첨부하여야 함(전자적 방법 제출 포함)

② 외국에서 유해·위험기계등을 제조하는 자는 국내 거주자를 대리인으로 선정하여 안전인증을 신청하게 할 수 있음

③ 안전인증 신청 시 고용노동부장관이 정하여 고시하는 바에 따라 심사에 필요한 시료

---

130) 산업안전보건법 시행규칙 [별지 제42호서식]
131) 산업안전보건법 시행규칙 [별표 13]

를 제출하여야 함

④ 안전인증기관은 신청서를 제출받으면 행정정보 공동이용을 통해 사업자등록증명을 확인하여야 함. 다만 신청인이 동의하지 않은 경우에는 해당 서류를 첨부하도록 하여야 함

7 심사의 종류 및 처리기간

종류	내용	처리기한
예비심사	기계 및 방호장치·보호구가 유해·위험기계등 인지를 확인하는 심사(임의안전인증 신청 시에만 해당함)	7일
서면심사	유해·위험기계등의 종류별 또는 형식별로 설계도면 등 유해·위험기계등의 제품기술과 관련된 문서가 법 제83조에 따른 안전인증기준에 적합한지에 대한 심사	15일 (외국에서 제조한 경우는 30일)
기술능력 및 생산체계 심사	유해·위험기계등의 안전성능을 지속적으로 유지·보증하기 위하여 사업장에서 갖추어야 할 기술능력과 생산체계가 안전인증기준에 적합한지에 대한 심사. 다만, 다음 각 목의 어느 하나에 해당하는 경우에는 기술능력 및 생산체계 심사를 생략 가. 방호장치 및 보호구를 고용노동부장관이 정하여 고시하는 수량 이하로 수입하는 경우 나. 개별 제품심사를 하는 경우 다. 안전인증을 받은 후 같은 공정에서 제조되는 같은 종류의 안전인증대상기계등에 대하여 안전인증을 하는 경우	30일 (외국에서 제조한 경우는 45일)
제품심사	유해·위험기계등이 서면심사 내용과 일치하는지와 유해·위험기계등의 안전에 관한 성능이 안전인증기준에 적합한지에 대한 심사 다음의 심사는 유해·위험기계등 별로 고용노동부장관이 정하여 고시하는 기준에 따라 어느 하나만을 받음 가. 개별 제품심사: 서면심사 결과가 안전인증기준에 적합할 경우에 유해·위험기계등 모두에 대하여 하는 심사 나. 형식별 제품심사: 서면심사와 기술능력 및 생산체계 심사 결과가 안전인증기준에 적합할 경우에 유해·위험기계등의 형식별로 표본을 추출하여 하는 심사	·개별 제품심사: 15일 ·형식별 제품심사: 30일 (방호장치와 보호구는 60일)

8 안전인증 면제

① 전부 면제

  (1) 연구·개발을 목적으로 제조·수입하거나 수출을 목적으로 제조하는 경우

  (2) 「건설기계관리법」 제13조제1항제1호부터 제3호까지에 따른 검사를 받은 경우 또는 같은 법 제18조에 따른 형식승인을 받거나 같은 조에 따른 형식신고를 한 경우

  (3) 「고압가스 안전관리법」 제17조제1항에 따른 검사를 받은 경우

⑷ 「광산안전법」 제9조에 따른 검사 중 광업시설의 설치공사 또는 변경공사가 완료되었을 때에 받는 검사를 받은 경우

⑸ 「방위사업법」 제28조제1항에 따른 품질보증을 받은 경우

⑹ 「선박안전법」 제7조에 따른 검사를 받은 경우

⑺ 「에너지이용 합리화법」 제39조제1항 및 제2항에 따른 검사를 받은 경우

⑻ 「원자력안전법」 제16조제1항에 따른 검사를 받은 경우

⑼ 「위험물안전관리법」 제8조제1항 또는 제20조제3항에 따른 검사를 받은 경우

⑽ 「전기사업법」 제63조 또는 「전기안전관리법」 제9조에 따른 검사를 받은 경우

⑾ 「항만법」 제33조제1항제1호·제2호 및 제4호에 따른 검사를 받은 경우

⑿ 「소방시설 설치 및 관리에 관한 법률」 제37조제1항에 따른 형식승인을 받은 경우

② 일부 면제(항목 단위 면제)

안전인증대상기계등이 다음 중 어느 하나에 해당하는 인증 또는 시험을 받았거나 그 일부 항목이 법 제83조제1항에 따른 안전인증기준과 같은 수준 이상인 것으로 인정되는 경우에는 해당 인증 또는 시험이나 그 일부 항목에 한정하여 법 제84조제1항에 따른 안전인증을 면제함

⑴ 고용노동부장관이 정하여 고시하는 외국의 안전인증기관에서 인증을 받은 경우

⑵ 국제전기기술위원회(IEC)의 국제방폭전기기계·기구 상호인정제도(IECEx Scheme)에 따라 인증을 받은 경우

⑶ 「국가표준기본법」에 따른 시험·검사기관에서 실시하는 시험을 받은 경우

⑷ 「산업표준화법」 제15조에 따른 인증을 받은 경우

⑸ 「전기용품 및 생활용품 안전관리법」 제5조에 따른 안전인증을 받은 경우

⑨ 안전인증표시 및 표시관리

① 안전인증을 받은 자는 안전인증을 받은 유해·위험기계등(안전인증대상기계등 및 임의안전인증을 받은 기계등을 포함함) 또는 이를 담은 용기·포장에 안전인증표시를 하여야 함

표시	표시방법
KCs	1) 표시는 「국가표준기본법 시행령」 제15조의7제1항에 따른 표시기준 및 방법에 따름 2) 표시를 하는 경우 인체에 상해를 입힐 우려가 있는 재질이나 표면이 거친재질을 사용해서는 안 됨

	1) 표시의 크기는 유해·위험기계등의 크기에 따라 조정할 수 있음
	2) 표시의 표상을 명백히 하기 위하여 필요한 경우에는 표시 주위에 한글·영문 등의 글자로 필요한 사항을 덧붙여 적을 수 있음
	3) 표시는 유해·위험기계등이나 이를 담은 용기 또는 포장지의 적당한 곳에 붙이거나 인쇄하거나 새기는 등의 방법으로 해야 함
	4) 표시는 테두리와 문자를 파란색, 그 밖의 부분을 흰색으로 표현하는 것을 원칙으로 하되, 안전인증표시의 바탕색 등을 고려하여 테두리와 문자를 흰색, 그 밖의 부분을 파란색으로 표현할 수 있음. 이 경우 파란색의 색도는 2.5PB 4/10으로, 흰색의 색도는 N9.5로 함[색도기준은 한국산업표준(KS)에 따른 색의 3속성에 의한 표시방법(KS A 0062)에 따름]
	5) 표시를 하는 경우에 인체에 상해를 입힐 우려가 있는 재질이나 표면이 거친 재질을 사용해서는 안 된다.

② 안전인증을 받지 않은 유해·위험기계등에는 안전인증표시 또는 이와 유사한 표시를 하거나 안전인증에 관한 광고를 해서는 아니 됨

③ 안전인증을 받은 유해·위험기계등을 제조·수입·양도·대여하는 자는 안전인증표시를 임의로 변경하거나 제거해서는 아니 됨

④ 고용노동부장관은 다음 각 호의 어느 하나에 해당하는 경우에는 안전인증표시나 이와 유사한 표시를 제거할 것을 명하여야 함

(1) 제②항을 위반하여 안전인증표시나 이와 유사한 표시를 한 경우

(2) 안전인증이 취소되거나 안전인증표시의 사용 금지 명령을 받은 경우

10 사후확인(정기 확인)

① 안전인증기관은 안전인증을 받은 자에 대하여 다음의 사항을 확인해야 함

(1) 안전인증서에 적힌 제조 사업장에서 해당 유해·위험기계등을 생산하고 있는지 여부

(2) 안전인증을 받은 유해·위험기계등이 안전인증기준에 적합한지 여부(심사의 종류 및 방법은 제품심사를 준용함)

(3) 제조자가 안전인증을 받을 당시의 기술능력·생산체계를 지속적으로 유지하고 있는지 여부

(4) 유해·위험기계등이 서면심사 내용과 같은 수준 이상의 재료 및 부품을 사용하고 있는지 여부

② 확인 주기

안전인증기관은 안전인증을 받은 자가 안전인증기준을 준수하고 있는지를 2년에 1회 이상 확인하여야 함

다만, 다음 요건을 모두 충족하는 경우에는 3년에 1회 이상 확인할 수 있음

⑴ 최근 3년 동안 안전인증이 취소되거나 안전인증표시의 사용금지 또는 시정명령을 받은 사실이 없는 경우

⑵ 최근 2회의 확인 결과 기술능력 및 생산체계가 고용노동부장관이 정하는 기준 이상인 경우

③ 확인 결과 통지

안전인증기관은 제①항 및 제②항에 따라 확인한 경우에는 안전인증확인 통지서[132]를 제조자에게 발급해야 한다.

④ 위반 사실 통보

안전인증기관은 확인 결과 "13 안전인증대상기계등의 사용금지 등"에 해당하는 사실을 확인한 경우, 그 사실을 증명할 수 있는 서류를 첨부하여 관할 지방고용노동관서의 장에게 지체 없이 알려야 함(제품의 제조자가 외국에 있는 경우에는 그 대리인의 소재지를 관할하는 지방고용노동관서의 장에게 알리며, 대리인이 없는 경우에는 해당 안전인증기관 소재지를 관할하는 지방고용노동관서의 장에게 알림)

⑤ 일부 면제와 사후확인 생략

안전인증기관은 일부 항목에 한정하여 안전인증을 면제한 경우에는 외국의 해당 안전인증기관에서 실시한 안전인증 확인의 결과를 제출받아 고용노동부장관이 정하는 바에 따라 사후확인(정기확인)의 전부 또는 일부를 생략할 수 있음

안전인증제품의 기록·보존 및 자료 제출

① 기록·보존 의무

안전인증을 받은 자는 안전인증제품에 관한 자료를 안전인증을 받은 제품별로 기록·보존해야 함

② 자료 제출 요구

지방고용노동관서의 장은 근로자의 안전 및 보건에 필요하다고 인정하는 경우 안전인증대상기계등을 제조·수입 또는 판매하는 자에게 해당 안전인증대상기계등의 제조·수입 또는 판매에 관한 자료를 공단에 제출하게 할 수 있으며, 이 경우 안전인증대상기

---

132) 산업안전보건법 시행규칙 [별지 제47호서식]

계등을 제조·수입 또는 판매하는 자에게 자료의 제출을 요구할 때에는 10일 이상의 기간을 정하여 문서로 요구하되, 부득이한 사유가 있을 때에는 신청을 받아 30일의 범위에서 그 기간을 연장할 수 있음

⑫ 인증 취소·사용금지·시정명령 및 공고

① 고용노동부장관은 안전인증을 받은 자가 다음 중 어느 하나에 해당하면 안전인증을 취소하거나 6개월 이내의 기간을 정하여 안전인증표시의 사용을 금지하거나 안전인증 기준에 맞게 시정하도록 명할 수 있음
다만, 제1호의 경우에는 안전인증을 취소하여야 함

(1) 거짓이나 그 밖의 부정한 방법으로 안전인증을 받은 경우

(2) 안전인증을 받은 유해·위험기계등의 안전에 관한 성능 등이 안전인증기준에 맞지 아니하게 된 경우

(3) 정당한 사유 없이 제84조제4항에 따른 확인을 거부, 방해 또는 기피하는 경우

② 안전인증이 취소된 자는 안전인증이 취소된 날부터 1년 이내에는 취소된 유해·위험기계등에 대하여 안전인증을 신청할 수 없음

③ 지방고용노동관서의 장은 안전인증을 취소한 경우에는 고용노동부장관에게 보고해야 함

④ 고용노동부장관은 안전인증을 취소한 경우에는 안전인증을 취소한 날부터 30일 이내에 다음 각 호의 사항을 관보와 「신문 등의 진흥에 관한 법률」 제9조제1항에 따라 그 보급지역을 전국으로 하여 등록한 일반일간신문 또는 인터넷 등에 공고해야 함

(1) 유해·위험기계등의 명칭 및 형식번호

(2) 안전인증번호

(3) 제조자(수입자) 및 대표자

(4) 사업장 소재지

(5) 취소일 및 취소 사유

⑬ 안전인증대상기계등의 사용금지 등

① 누구든지 다음의 어느 하나에 해당하는 안전인증대상기계등을 제조·수입·양도·대여·사용하거나 양도·대여의 목적으로 진열할 수 없음

(1) 안전인증을 받지 아니한 경우

　　⑵ 안전인증기준에 맞지 아니하게 된 경우

　　⑶ 안전인증이 취소되거나 안전인증표시의 사용 금지 명령을 받은 경우

② 고용노동부장관은 제①항을 위반하여 안전인증대상기계등을 제조·수입·양도·대여하는 자에게 그 안전인증대상기계등을 수거하거나 파기할 것을 명할 수 있음

⑭ 부적합 제품에 대한 수거·파기 명령 절차

① 지방고용노동관서의 장은 수거·파기명령을 할 때에는 그 사유와 이행에 필요한 기간을 정하여 제조·수입·양도·대여하는 자에게 알려야 함

② 지방고용노동관서의 장은 제①항에 따른 수거·파기명령을 받은 자가 그 제품을 구성하는 부분품을 교체하여 결함을 개선하는 등 안전인증기준의 부적합 사유를 해소할 수 있는 경우에는 해당 부분품에 대해서만 수거·파기할 것을 명령할 수 있음

③ 제①항 및 제②항에 따라 수거·파기명령을 받은 자가 명령에 따른 필요한 조치를 이행하면 그 결과를 관할 지방고용노동관서의 장에게 보고해야 함

④ 지방고용노동관서의 장은 제③항에 따른 보고를 받은 경우에는 제①항과 제②항에 따른 명령 및 제③항에 따른 이행 결과 보고의 내용을 고용노동부장관에게 보고해야 함

⑮ 벌칙

◆ 산업안전보건법 제169조【벌칙】 다음 각 호의 어느 하나에 해당하는 자는 3년 이하의 징역 또는 3천만원 이하의 벌금에 처한다.
  1. 제84조제1항, 제87조제1항을 위반한 자
◆ 산업안전보건법 제170조【벌칙】 다음 각 호의 어느 하나에 해당하는 자는 1년 이하의 징역 또는 1천만원 이하의 벌금에 처한다.
  1. 제85조제2항·제3항을 위반한 자
◆ 산업안전보건법 제173조【양벌규정】 법인의 대표자나 법인 또는 개인의 대리인, 사용인, 그 밖의 종업원이 그 법인 또는 개인의 업무에 관하여 제167조제1항 또는 제168조부터 제172조까지의 어느 하나에 해당하는 위반행위를 하면 그 행위자를 벌하는 외에 그 법인에게 다음 각 호의 구분에 따른 벌금형을, 그 개인에게는 해당 조문의 벌금형을 과(科)한다. 다만, 법인 또는 개인이 그 위반행위를 방지하기 위하여 해당 업무에 관하여 상당한 주의와 감독을 게을리하지 아니한 경우에는 그러하지 아니하다.
  1. 제167조제1항의 경우: 10억원 이하의 벌금
  2. 제168조부터 제172조까지의 경우: 해당 조문의 벌금형

위반행위	세부내용	과태료 금액(만원)		
		1차 위반	2차 위반	3차 이상 위반
법 제84조제6항을 위반하여 안전인증대상기계등의 제조·수입 또는 판매에 관한 자료 제출 명령을 따르지 않은 경우		300	300	300
법 제85조제1항을 위반하여 안전인증표시를 하지 않은 경우 (안전인증대상별)		100	500	1,000

ℹ Tip

- **관련고시**
  - ▶ 「안전인증·자율안전확인신고의 절차에 관한 고시」
  - ▶ 「위험기계기구 안전인증 고시」
  - ▶ 「보호구 안전인증 고시」
  - ▶ 「방호장치 안전인증 고시」

4 / **자율안전확인의 신고**(법 제89조)

① 개요

자율안전확인 신고 제도는 안전인증 대상은 아니나 일정 수준의 위험성이 내재된 기계·기구 및 설비 등을 제조 또는 수입하는 경우 적용되는 제도로, 제조자 또는 수입자가 해당 제품의 안전에 관한 성능이 자율안전기준에 맞는지를 스스로 확인한 후 신고하도록 하여, 작업장 반입 이전 단계에서부터 제품 안전성이 확보되도록 하는 데 목적이 있음

자율안전확인신고는 안전인증에 비해 심사 절차가 간소화된 구조이나, 신고 후 자율안전확인표시(KCs) 의무가 부과되고, 자율안전기준 부적합 시 표시 사용 금지 및 시정명령이 가능하며, 미신고·부정신고 또는 기준 부적합 제품에 대해서는 제조·수입·양도·대여·사용 제한과 함께 수거·파기명령까지 연계됨

따라서 본 제도는 단순 권고나 자율규제 수준이 아니라, 안전인증과 유사한 방식으로 표시·사후관리·유통 제한까지 연결되는 법적 관리체계로서, 산업안전보건법상 기계적 안전성을 확보하는 주요 제도 중 하나임

② 자율안전확인의 신고 의무

① 안전인증대상기계등이 아닌 유해·위험기계등으로서 법령으로 정하는 것(이하 "자율안전확인대상기계등")을 제조하거나 수입하는 자는 자율안전기준에 맞는지 확인(이하 "자율안전확인")하고 고용노동부장관에게 신고하여야 함(신고한 사항 변경 포함)

② 고용노동부장관은 신고 내용을 검토하여 법에 적합하면 신고를 수리하여야 함

③ 신고를 한 자는 자율안전확인대상기계등이 자율안전기준에 맞는 것임을 증명하는 서류를 보존하여야 함

③ 자율안전확인대상기계등의 범위

자율안전확인대상기계등은 기계·기구 및 설비, 방호장치, 보호구로 구분되며, 종류별 적용범위(규격·형식별 적용범위 및 제외대상 포함)는 고용노동부장관이 정하여 고시하는 기준에 따름. 그 내용은 다음과 같음

① 기계·기구 및 설비

번호	기계·기구	규격 및 형식별 적용범위
1	연삭기 또는 연마기 (휴대형은 제외)	동력에 의해 회전하는 연삭숫돌 또는 연마재 등을 사용하여 금속이나 그 밖의 가공물의 표면을 깍아내거나 절단 또는 광택을 내기 위해 사용되는 것
2	산업용 로봇	직교좌표로봇을 포함하여 3축 이상의 메니퓰레이터(엑츄에이터, 교시 펜던터를 포함한 제어기 및 통신 인터페이스를 포함함)를 구비하고 전용의 제어기를 이용하여 프로그램 및 자동제어가 가능한 고정식 로봇
3	혼합기	회전축에 고정된 날개를 이용하여 내용물을 저어주거나 섞는 것. 다만, 다음 각 목의 어느 하나에 해당하는 것은 제외 1) 외통 전체를 회전시켜서 내부의 물질을 섞어주는 용기회전형 혼합기 2) 분사장치를 이용하여 물질을 섞어주는 기류교반형 혼합기 3) 혼합용기의 용량이 200리터 미만이거나 모터의 구동력이 1킬로와트 미만인 혼합기 4) 식품용
4	파쇄기 또는 분쇄기	암석이나 금속 또는 플라스틱 등의 물질을 필요한 크기의 작은 덩어리 또는 분체로 부수는 것. 다만, 다음 각 목의 어느 하나에 해당하는 경우는 제외 1) 식품용 2) 시간당 파쇄 또는 분쇄용량이 50킬로그램 미만인 것

5	식품가공용 기계(파쇄·절단·혼합·제면기)	가. 식품파쇄기: 채소, 육류, 곡물 또는 어류 등의 식품을 으깨는 것 다만, 다음의 어느 하나에 해당되는 것은 제외
		  1) 구동모터의 용량이 1.2킬로와트 이하인 것
		  2) 가정용으로 사용되는 것
		나. 식품절단기: 채소, 육류, 곡물 또는 어류 등의 식품을 일정 크기로 자르는 것. 다만, 다음의 어느 하나에 해당되는 것은 제외
		  1) 구동모터의 용량이 1.2킬로와트 이하인 것
		  2) 가정용으로 사용되는 것
		다. 식품혼합기: 채소, 육류, 곡물 또는 어류 등을 혼합하는 기계. 다만, 다음의 어느 하나에 해당되는 것은 제외
		  1) 외통 전체를 회전시켜서 내부의 물질을 섞어주는 용기회전형 혼합기
		  2) 구동모터의 용량이 1.2킬로와트 이하인 것
		  3) 가정용으로 사용되는 것
		라. 제면기: 밀가루, 메밀가루 등 분말형태의 곡물을 일정한 길이의 면으로 뽑아내는 기계. 다만, 다음의 어느 하나에 해당되는 것은 제외
		  1) 구동모터의 용량이 1.2킬로와트 이하인 것
		  2) 가정용으로 사용되는 것

6	컨베이어	재료·반제품·화물 등을 동력에 의하여 자동적으로 연속 운반하는 것으로서 다음 각 목의 어느 하나에 해당하는 컨베이어. 다만, 이송거리가 3미터 이하인 컨베이어는 제외 1) 벨트 또는 체인컨베이어 2) 롤러 컨베이어 3) 트롤리 컨베이어 4) 버킷 컨베이어 5) 나사 컨베이어
7	자동차 정비용 리프트	하중 적재장치에 차량을 적재한 후 동력을 사용하여 차량을 들어올려 점검 및 정비 작업에 사용되는 장치

번호	기계·기구	규격 및 형식별 적용범위
8	공작기계 (선반, 드릴기, 평삭·형삭기, 밀링기)	1) 선반: 회전하는 축(주축)에 공작물을 장착하고 고정되어 있는 절삭공구를 사용하여 원통형의 공작물을 가공하는 공작기계 2) 드릴기: 공작물을 테이블 위에 고정시키고 주축에 장착된 드릴공구를 회전시켜서 축방향으로 이송시키면서 공작물에 구멍가공하는 공작기계 3) 평삭기: 공작물을 테이블 위에 고정시키고 절삭공구를 수평왕복시키면서 공작물의 평면을 가공하는 공작기계 4) 형삭기: 공작물을 테이블 위에 고정시키고 램(ram)에 의하여 절삭공구가 상하 운동하면서 공작물의 수직면을 절삭하는 공작기계 5) 밀링기: 여러 개의 절삭날이 부착된 절삭공구의 회전운동을 이용하여 고정된 공작물을 가공하는 공작기계
9	고정형 목재가공용 기계(둥근톱, 대패, 루타기, 띠톱, 모떼기 기계)	1) 둥근톱기계: 고정된 둥근톱 날의 회전력을 이용하여 목재를 절단가공을 하는 기계 2) 기계대패: 공작물을 이송시키면서 회전하는 대팻날로 평면 깎기, 홈 깎기 또는 모떼기 등의 가공을 하는 기계 3) 루타기: 고속 회전하는 공구를 이용하여 공작물에 조각, 모떼기, 잘라내기 등의 가공작업을 하는 기계 4) 띠톱기계: 프레임에 부착된 상하 또는 좌우 2개의 톱바퀴에 엔드레스형 띠톱을 걸고 팽팽하게 한 상태에서 한 쪽 구동 톱바퀴를 회전시켜 목재를 가공 하는 기계 5) 모떼기기계: 공구의 회전운동을 이용하여 곡면절삭, 곡선절삭, 홈붙이 작업 등에 사용되는 기계
10	인쇄기	판면에 잉크를 묻혀 종이, 필름, 섬유 또는 이와 유사한 재질의 표면에 대고 눌러 인쇄작업을 하는 기계. 이 경우, 절단기, 제본기, 종이반전기 등 설비 부속 장치를 포함

② 방호장치

번호	기계·기구	규격 및 형식별 적용범위
1	아세틸렌 용접장치 및 가스집합 용접장치용 안전기	아세틸렌 또는 가스집합 용접장치에 사용하는 역화방지기
2	교류아크 용접기용 자동전격 방지기	교류아크용접기(엔진 구동형 포함)에 사용하는 자동전격방지기
3	롤러기 급정지장치	고무, 고무화합물 또는 합성수지를 소성변형시키거나 연화시키는 롤러기에 사용하는 급정지장치
4	연삭기 덮개	연삭숫돌의 덮개. 다만, 연삭숫돌의 직경이 50밀리미터 미만인 연삭기의 덮개는 제외

번호	기계·기구	규격 및 형식별 적용범위
5	목재가공용 둥근톱 반발예방 장치 및 날접촉 예방장치	목재가공용 둥근톱에 부착하여 사용하는 반발예방장치 또는 날 접촉예방장치
6	동력식 수동대패용 칼날접촉 방지장치	동력식 수동대패기에 사용하는 칼날접촉 방지장치
7	추락·낙하 및 붕괴 등의 위험방호에 필요한 가설기자재	추락·낙하 및 붕괴 등의 위험방호에 필요한 가설기자재 부품으로서 다음 각 목의 어느 하나에 해당 하는 것 1) 선반지주 2) 단관비계용 강관 3) 고정형 받침철물 4) 달비계용 및 부재(달기체인 및 달기틀) 5) 방호선반 6) 엘리베이터 개구부용 난간틀 7) 비계용 브래킷(측벽용 브래킷 및 엘리베이터 승강로용 브래킷)

③ 보호구

번호	기계·기구	규격 및 형식별 적용범위
1	안전모	물체의 낙하·비래에 의한 위험을 방지 또는 경감하기 위하여 사용하는 안전모
2	보안경	날아오는 물체에 의한 위험 또는 위험물질의 비산에 의한 위험으로부터 눈을 보호하기 위하여 사용하는 보안경
3	보안면	날아오는 물체에 의한 위험 또는 위험물질 비산에 의한 위험으로부터 안면부를 보호하기 위하여 사용하는 보안면

④ 신고 면제

■ 다음 중 어느 하나에 해당하는 경우에는 자율안전확인의 신고를 면제할 수 있음

(1) 연구·개발을 목적으로 제조·수입하거나 수출을 목적으로 제조하는 경우

(2) 법 제84조제3항에 따른 안전인증을 받은 경우(다만, 법 제86조제1항에 따라 안전인증이 취소되거나 안전인증표시의 사용 금지 명령을 받은 경우는 제외)

(3) 다른 법령에 따라 안전성에 관한 검사나 인증을 받은 경우로서 고용노동부령으로 정하는 경우. 세부내용은 다음과 같음

　　가. 「농업기계화촉진법」에 따른 검정을 받은 경우

나. 「산업표준화법」에 따른 인증을 받은 경우

다. 「전기용품 및 생활용품 안전관리법」에 따른 안전인증 또는 안전검사를 받은 경우

라. 국제전기기술위원회(IEC)의 국제방폭전기기계·기구 상호인정제도에 따라 인증을 받은 경우

⑤ 신고 방법 및 절차

① 신고 대상자는 자율안전확인대상기계등을 출고하거나 수입하기 전에 자율안전확인 신고서[133]에 다음 서류를 첨부하여 공단에 제출하여야 함(전자문서 제출 포함)

　(1) 제품의 설명서

　(2) 자율안전확인대상기계등이 자율안전기준을 충족함을 증명하는 서류

② 공단은 신고서를 제출받은 경우 행정정보 공동이용을 통해 법인등기사항증명서 또는 사업자등록증명을 확인하여야 함. 다만, 신청인이 확인에 동의하지 않는 경우에는 해당 서류를 첨부하도록 하여야 함

③ 공단은 신고를 받은 날부터 15일 이내에 자율안전확인 신고증명서[134]를 신고인에게 발급하여야 함

⑥ 자율안전확인표시

① 신고를 한 자는 자율안전확인대상기계등이나 이를 담은 용기 또는 포장에 다음의 방법으로 자율안전확인표시를 하여야 함

표시	표시방법
KCs	1) 표시는 「국가표준기본법 시행령」 제15조의7제1항에 따른 표시기준 및 방법에 따름 2) 표시를 하는 경우 인체에 상해를 입힐 우려가 있는 재질이나 표면이 거친재질을 사용해서는 안 됨

② 신고된 자율안전확인대상기계등이 아닌 것은 자율안전확인표시 또는 이와 유사한 표시를 하거나 자율안전확인에 관한 광고를 해서는 아니 됨

③ 자율안전확인대상기계등을 제조·수입·양도·대여하는 자는 자율안전확인표시를 임의로 변경하거나 제거해서는 아니 됨

---

133) 산업안전보건법 시행규칙 [별지 제48호서식]
134) 산업안전보건법 시행규칙 [별지 제49호서식]

④ 고용노동부장관은 다음 중 어느 하나에 해당하는 경우 자율안전확인표시 또는 유사표시의 제거를 명하여야 함

(1) 자율안전확인대상기계등이 아닌 것에 자율안전확인표시 또는 유사표시를 한 경우

(2) 거짓이나 그 밖의 부정한 방법으로 자율안전확인 신고를 한 경우

(3) 자율안전확인표시의 사용 금지 명령을 받은 경우

⑦ 자율안전확인표시의 사용 금지 및 공고

① 고용노동부장관은 신고된 자율안전확인대상기계등의 안전에 관한 성능이 자율안전기준에 맞지 아니하게 된 경우 신고한 자에게 6개월 이내의 기간을 정하여 자율안전확인표시의 사용을 금지하거나 자율안전기준에 맞게 시정하도록 명할 수 있음

② 고용노동부장관은 자율안전확인표시 사용을 금지한 경우 그 사실을 관보 등에 공고하여야 함

③ 지방고용노동관서의 장은 자율안전확인표시 사용 금지 시 고용노동부장관에게 보고하여야 함

④ 고용노동부장관은 자율안전확인표시의 사용을 금지한 날부터 30일 이내에 관보 또는 인터넷 등에 다음 사항을 공고하여야 함

(1) 자율안전확인대상기계등의 명칭 및 형식번호

(2) 자율안전확인번호

(3) 제조자(수입자)

(4) 사업장 소재지

(5) 사용금지 기간 및 사용금지 사유

⑧ 자율안전확인대상기계등의 제조 등 금지 및 수거·파기

① 누구든지 다음 각 호의 어느 하나에 해당하는 자율안전확인대상기계등을 제조·수입·양도·대여·사용하거나 양도·대여의 목적으로 진열할 수 없음

(1) 자율안전확인 신고를 하지 아니한 경우(다만, 신고가 면제되는 경우는 제외)

(2) 거짓이나 그 밖의 부정한 방법으로 신고한 경우

(3) 안전에 관한 성능이 자율안전기준에 맞지 아니하게 된 경우

⑷ 자율안전확인표시의 사용 금지 명령을 받은 경우

② 고용노동부장관은 위반 제품을 제조·수입·양도·대여하는 자에게 해당 제품을 수거하거나 파기할 것을 명할 수 있음

③ 지방고용노동관서의 장은 수거·파기명령을 할 때에는 그 사유와 이행에 필요한 기간을 정하여 대상자에게 알려야 함

④ 결함 개선 등으로 부적합 사유를 해소할 수 있는 경우에는 해당 부분품에 대해서만 수거·파기하도록 명령할 수 있음

⑤ 명령을 받은 자는 필요한 조치를 이행한 후 그 결과를 관할 지방고용노동관서의 장에게 보고하여야 함

⑥ 지방고용노동관서의 장은 이행 결과 보고를 받은 경우 명령 내용과 이행 결과를 고용노동부장관에게 보고하여야 함

⑨ 벌칙

◆ 산업안전보건법 제170조【벌칙】다음 각 호의 어느 하나에 해당하는 자는 1년 이하의 징역 또는 1천만원 이하의 벌금에 처한다.
　4. 제92조제1항을 위반한 자
◆ 산업안전보건법 제173조【양벌규정】법인의 대표자나 법인 또는 개인의 대리인, 사용인, 그 밖의 종업원이 그 법인 또는 개인의 업무에 관하여 제167조제1항 또는 제168조부터 제172조까지의 어느 하나에 해당하는 위반행위를 하면 그 행위자를 벌하는 외에 그 법인에게 다음 각 호의 구분에 따른 벌금형을, 그 개인에게는 해당 조문의 벌금형을 과(科)한다. 다만, 법인 또는 개인이 그 위반행위를 방지하기 위하여 해당 업무에 관하여 상당한 주의와 감독을 게을리하지 아니한 경우에는 그러하지 아니하다.
　1. 제167조제1항의 경우: 10억원 이하의 벌금
　2. 제168조부터 제172조까지의 경우: 해당 조문의 벌금형

위반행위	세부내용	과태료 금액(만원)		
		1차 위반	2차 위반	3차 이상 위반
법 제90조제1항을 위반하여 자율안전확인표시를 하지 않은 경우(자율안전확인대상별)		50	250	500

> **ⓘ Tip**
>
> ■ **관련고시**
> - ▶「안전인증·자율안전확인신고의 절차에 관한 고시」
> - ▶「위험기계기구 자율안전확인 고시」
> - ▶「보호구 자율안전확인 고시」
> - ▶「방호장치 안전인증 고시」

5 / 안전검사(법 제93조)

① 개요

유해하거나 위험한 기계·기구·설비는 사용 과정에서 마모, 변형, 설치 상태 변화 등으로 인해 안전성이 저하될 수 있어, 사용 단계에서 안전에 관한 성능이 기준에 맞는지를 주기적으로 확인할 필요가 있음

이에 따라 법령으로 정하는 안전검사대상기계등을 사용하는 경우 고용노동부장관이 실시하는 안전검사를 받도록 하고, 합격증명서 부착 및 미검사·불합격 장비의 사용 금지까지 연계하여 사고를 예방하는 관리체계를 마련함

또한 일정 요건을 갖춘 사업장은 자율검사프로그램을 인정받아 자율안전검사로 안전검사를 대체할 수 있도록 함

② 안전검사대상기계등

① 안전검사대상기계등은 유해하거나 위험한 기계·기구·설비로서 대통령령으로 정하는 것을 말하며, 그 범위는 다음과 같음

번호	기계·기구	규격 및 형식별 적용범위
1	프레스	o 동력으로 구동되는 프레스 및 전단기로서 압력능력이 3톤 이상은 적용. 다만, 다음 각 목의 어느 하나에 해당하는 기계는 제외 1) 열간 단조프레스, 단조용 해머, 목재 등의 접착을 위한 압착프레스, 톰슨프레스(Tomson Press), 씨링기, 분말압축 성형기, 압출기 및 절곡기, 고무 및 모래 등의 가압성형기, 자동터릿펀칭프레스, 다목적 작업을 위한 가공기(Ironworker), 다이스포팅프레스, 교정용 프레스
2	전단기	2) 스트로크가 6밀리미터 이하로서 위험한계 내에 신체의 일부가 들어갈 수 없는 구조의 프레스 및 전단기 3) 원형 회전날에 의한 회전 전단기, 니블러, 코일 슬리터, 형강 및 봉강 전용의 전단기 및 노칭기
3	크레인	o 동력으로 구동되는 것으로서 정격하중이 2톤 이상은 적용. 다만, 다음 각 목의 어느 하나에 해당하는 경우는 제외 1) 「건설기계관리법」의 적용을 받는 건설기계 2) 달기구를 집게로 사용하여 와이어 로프에 의해 권상·권하되지 않고 집게가 붐에 직접 부착된 차량(재활용 처리 크레인) 3) 차량 견인 및 구난을 목적으로 제작된 차량
4	리프트	o 동력으로 구동되는 리프트. 다만, 다음 중 어느 하나에 해당하는 리프트는 제외 1) 적재하중이 0.49톤 이하인 건설용 리프트, 0.09톤 이하의 이삿짐운반용 리프트 2) 운반구의 바닥면적이 0.5제곱미터 이하이고 높이가 0.6미터 이하인 리프트 3) 자동차정비용 리프트 4) 자동이송설비에 의하여 화물을 자동으로 반출입하는 자동화설비의 일부로 사람이 접근할 우려가 없는 전용설비

번호	기계·기구	규격 및 형식별 적용범위
5	압력용기	가. 화학공정 유체취급용기 또는 그 밖의 공정에 사용하는 용기(공기 또는 질소취급용기)로써 설계압력이 게이지 압력으로 0.2메가파스칼(2kgf/㎠)을 초과한 경우 다만, 다음 중 어느 하나에 해당하는 용기는 제외 1) 용기의 길이 또는 압력에 상관없이 안지름, 폭, 높이, 또는 단면 대각선 길이가 150밀리미터(관(管)을 이용하는 경우 호칭지름 150A) 이하인 용기 2) 원자력 용기 3) 수냉식 관형 응축기(다만, 동체측에 냉각수가 흐르고 관측의 사용압력이 동체측의 사용압력보다 낮은 경우에 한함) 4) 사용온도 섭씨 60도 이하의 물만을 취급하는 용기(다만, 대기압하에서 수용액의 인화점이 섭씨 85도 이상인 경우에는 물에 미량의 첨가제가 포함되어 있어도 됨) 5) 판형(plate type) 열교환기 6) 핀형(fin type) 공기냉각기 7) 축압기(accumulator) 8) 유압·수압·공압 실린더 및 오일 주입·배출기 9) 사람을 수용하는 압력용기 10) 차량용 탱크로리 11) 배관 및 유량계측 또는 유량제어 등의 목적으로 사용되는 배관구성품 12) 소음기 및 스트레이너(필터 포함)로서 다음의 어느 하나에 해당되는 것 　가) 플랜지 부착을 위한 용접부 이외의 용접이음매가 없는 것 　나) 동체의 바깥지름이 320밀리미터 이하이며 배관접속부 호칭지름이 동체 바깥지름의 2분의 1 이상인 것 13) 기계·기구의 일부가 압력용기의 동체 또는 경판 등 압력을 받는 부분을 이루는 것 14) 사용압력(단위:MPa)과 용기 내용적(단위:㎥)의 곱이 0.1 미만인 것으로서 다음의 어느 하나에 해당되는 것 　가) 기계·기구의 구성품인 것 　나) 펌프 또는 압축기 등 가압장치의 부속설비로서 밀봉, 윤활 또는 열교환을 목적으로 하는 것(다만, 취급유체가 해당 공정의 유체 또는 안전보건규칙 별표 1의 위험물질에 해당되지 않는 경우에 한함) 15) 제품을 담아 판매·공급하는 것을 목적으로 하는 운반용 용기 16) 공정용 직화식 튜브형 가열기 17) 산업용 이외에서 사용하는 밀폐형 팽창탱크 18) 안전검사 대상 기계·기구의 구성품인 것 19) 소형 공기압축기(압력용기 상부에 왕복동 압축장치를 고정·부착한 형태의 것)의 구성품인 것 20) 사용압력이 2kgf/㎠ 미만인 압력용기 21) 「고압가스 안전관리법」등 다른 법령에서 안전성을 확인받거나 제외된 용기 나. 용기의 검사범위 1) 용접접속으로 외부배관과 연결된 경우 첫 번째 원주방향 용접이음까지 2) 나사접속으로 외부 배관과 연결된 경우 첫 번째 나사이음까지 3) 플랜지 접속으로 외부 배관과 연결된 경우 첫 번째 플랜지면까지 4) 부착물을 직접 내압부에 용접하는 경우 그 용접 이음부까지 5) 맨홀, 핸드홀 등의 압력을 받는 덮개판, 용접이음, 볼트·너트 및 개스킷을 포함 ※ 화학공정 유체취급 용기는 증발·흡수·증류·건조·흡착 등의 화학공정에 필요한 유체를 저장·분리·이송·혼합 등에 사용되는 설비로서 탑류(증류탑, 흡수탑, 추출탑 및 감압탑 등), 반응기 및 혼합조류, 열교환기류(가열기, 냉각기, 증발기 및 응축기 등) 필터류 및 저장용기 등을 말하며, 산업안전보건기준에 관한 규칙 별표 1에 따른 위험물질을 취급하는 용기도 포함됨
6	곤돌라	o 동력으로 구동되는 곤돌라에 한정하여 적용 다만, 크레인에 설치된 곤돌라, 동력으로 엔진 구동 방식을 사용하는 곤돌라, 지면에서 각도가 45° 이하로 설치된 곤돌라는 제외

번호	기계·기구	규격 및 형식별 적용범위
7	국소 배기장치	o 다음의 어느 하나에 해당하는 유해물질(49종)에 따른 건강장해를 예방하기 위하여 설치한 국소배기장치에 한정하여 적용 (1)디아니시딘과 그 염 (2)디클로로벤지딘과 그 염 (3)베릴륨 (4)벤조트리클로리드 (5)비소 및 그 무기화합물 (6)석면 (7)알파-나프틸아민과 그 염 (8)염화비닐 (9)오로토-톨리딘과 그 염 (10)크롬광 (11)크롬산 아연 (12)황화니켈 (13)휘발성 콜타르피치 (14)2-브로모프로판 (15)6가크롬 화합물 (16)납 및 그 무기화합물 (17)노말헥산 (18)니켈(불용성 무기화합물) (19)디메틸포름아미드 (20)벤젠 (21)이황화탄소 (22)카드뮴 및 그 화합물 (23)톨루엔-2,4-디이소시아네이트 (24)트리클로로에틸렌 (25)포름알데히드 (26)메틸클로로포름(1,1,1-트리클로로에탄) (27)곡물분진 (28)망간 (29)메틸렌디페닐디이소시아네이트(MDI) (30)무수프탈산 (31)브롬화메틸 (32)수은 (33)스티렌 (34)시클로헥사논 (35)아닐린 (36)아세토니트릴 (37)아연(산화아연) (38)아크릴로니트릴 (39)아크릴아미드 (40)알루미늄 (41)디클로로메탄(염화메틸렌) (42)용접흄 (43)유리규산 (44)코발트 (45)크롬 (46)탈크(활석) (47)톨루엔 (48)황산알루미늄 (49)황화수소 다만, 최근 2년 동안 작업환경측정결과가 노출기준 50% 미만인 경우에는 적용 제외
8	원심기	o 액체·고체 사이에서의 분리 또는 이 물질들 중 최소 2개를 분리하기 위한 목적으로 쓰이는 동력에 의해 작동되는 산업용 원심기는 적용 다만, 다음 각 목의 어느 하나에 해당하는 원심기는 제외 1) 회전체의 회전운동에너지가 750J 이하인 것 2) 최고 원주속도가 300m/s를 초과하는 원심기 3) 원자력에너지 제품 공정에만 사용되는 원심기 4) 자동조작설비로 연속공정과정에 사용되는 원심기 5) 화학설비에 해당되는 원심기
9	롤러기	o 롤러의 압력에 의하여 고무, 고무화합물 또는 합성수지를 소성변형 시키거나 연화시키는 롤러기로서 동력에 의하여 구동되는 롤러기는 적용. 다만, 작업자가 접근할 수 없는 밀폐형 구조로 된 롤러기는 제외
10	사출 성형기	o 플라스틱 또는 고무 등을 성형하는 사출성형기로서 동력에 의하여 구동되는 사출성형기는 적용 다만, 다음 각 목의 어느 하나에 해당하는 사출형성형기는 제외 1) 클램핑 장치를 인력으로 작동시키는 사출성형기 2) 반응형 사출성형기 3) 압축·이송형 사출성형기 4) 장화제조용 사출성형기 5) 형 체결력이 294kN 미만인 사출성형기 6) 블로우몰딩(Blow Molding) 머신 및 인젝션 블로우몰딩머신(Injection Blow Molding) 머신
11	고소 작업대	o 동력에 의해 사람이 탑승한 작업대를 작업 위치로 이동시키는 것으로서 차량탑재형 고소작업대(「자동차관리법」제3조에 따른 화물·특수자동차의 작업부에 고소장비를 탑재한 것)에 한정하여 적용. 다만, 다음 각 목의 어느 하나에 해당하는 경우는 제외 1) 테일 리프트(tail lift) 2) 승강 높이 2미터 이하의 승강대 3) 항공기 지상 지원 장비 4) 「소방기본법」에 따른 소방장비 5) 농업용 고소작업차(「농업기계화촉진법」에 따른 검정 제품에 한함)
12	컨베이어	o 재료·반제품·화물 등을 동력에 의하여 단속 또는 연속 운반하는 벨트·체인·롤러·트롤리·버킷·나사 컨베이어가 포함된 컨베이어 시스템. 다만, 다음 각 목의 어느 하나에 해당하는 것 또는 구간은 제외 1) 구동부 전동기 정격출력의 합이 1.2kW 이하인 것 2) 컨베이어 시스템 내에서 벨트·체인·롤러·트롤리·버킷·나사 컨베이어의 총 이송거리 합이 10미터 이하인 것. 이 경우 5)부터 13)까지에 해당되는 구간은 이송거리에 포함하지 않음

번호	기계·기구	규격 및 형식별 적용범위
12	컨베이어	3) 무빙워크 등 사람을 운송하는 것 4) 항공기 지상지원 장비(항공기에 화물을 탑재하는 이동식 컨베이어) 5) 식당의 식판운송용 등 일반대중이 사용하는 것 또는 구간 6) 항만법, 광산안전법 및 공항시설법의 적용을 받는 구역에서 사용하는 것 또는 구간 7) 컨베이어 시스템 내에서 벨트·체인·롤러·트롤리·버킷·나사 컨베이어가 아닌 구간 8) 밀폐 구조의 것으로 운전 중 가동부에 사람의 접근이 불가능한 것 또는 구간. 이 경우 컨베이어 시스템이 투입구와 배출구를 제외한 상·하·측면이 모두 격벽으로 둘러싸인 경우도 포함되며, 격벽에 점검문이 있는 경우 다음 중 어느 하나의 조치로 운전 중 사람의 접근이 불가능한 것을 포함함 　가. 점검문을 열면 컨베이어 시스템이 정지하는 경우 　나. 점검문을 열어도 내부에 철망, 감응형 방호장치 등이 설치되어 있는 경우 9) 산업용 로봇 셀 내에 설치된 것으로 사람의 접근이 불가능한 것 또는 구간. 이 경우 산업용 로봇 셀은 방책, 감응형 방호장치 등으로 보호되는 경우에 한함 10) 최대 이송속도가 150mm/s 이하인 것으로 구동부 등 위험부위가 노출되지 않아 사람에게 위험을 미칠 우려가 없는 것 또는 구간 11) 도장공정 등 생산 품질 등을 위하여 사람의 출입이 금지되는 장소에 사용되는 것으로 감응형 방호장치 등이 설치되어 사람이 접근할 우려가 없는 것 또는 구간 12) 스태커(stacker) 또는 이와 유사한 구조인 것으로 동력에 의하여 스스로 이동이 가능한 이동식 컨베이어(mobile equipment) 시스템 또는 구간 13) 개별 자력추진 오버헤드 컨베이어(self propelled overhead conveyor) 시스템 또는 구간 ※ 검사의 단위구간은 컨베이어 시스템 내에서 제어구간단위(제어반 설치 단위)로 구분함. 다만, 필요한 경우 공정구간단위로 구분할 수 있음
13	산업용 로봇	o 3개 이상의 회전관절을 가지는 다관절 로봇이 포함된 산업용 로봇 셀에 적용. 다만, 다음 각 목의 어느 하나에 해당하는 경우는 제외 1) 공구중심점(TCP)의 최대 속도가 250mm/s 이하인 로봇으로만 구성된 산업용 로봇 셀 2) 각 구동부 모터의 정격출력이 80W 이하인 로봇으로만 구성된 산업용 로봇 셀 3) 최대 동작영역(툴 장착면 또는 설치 플랜지 wrist plates 기준)이 로봇 중심축으로부터 0.5m 이하인 로봇으로만 구성된 산업용 로봇 셀 4) 설비 내부에 설치되어 사람의 접근이 불가능한 셀. 이 경우 설비는 밀폐되어 로봇과의 접촉이 불가능하며, 점검문 등에는 연동장치가 설치되어 있고 이를 개방할 경우 운전이 정지되는 경우에 한함 5) 재료 등의 투입구와 배출구를 제외한 상·하·측면이 모두 격벽으로 둘러싸인 셀. 이 경우 투입구와 배출구에는 감응형 방호장치가 설치되고, 격벽에 점검문이 있더라도 점검문을 열면 정지하는 경우에 한함 6) 도장공정 등 생산 품질 등을 위하여 정상운전 중 사람의 출입이 금지되는 장소에 설치된 셀. 이 경우 출입문에는 연동장치 및 잠금장치가 설치되고, 출입문 이외의 개구부에는 감응형 방호장치 등이 설치되어 사람이 접근할 우려가 없는 경우에 한함 7) 로봇 주위 전 둘레에 높이 1.8m 이상의 방책이 설치된 것으로 방책의 출입문을 열면 로봇이 정지되는 셀. 이 경우 출입문 이외의 개구부가 없고, 출입문 연동장치는 문을 닫아도 바로 재기동이 되지 않고 별도의 기동장치에 의해 재기동 되는 구조에 한함 8) 연속적으로 연결된 셀과 셀 사이에 인접한 셀로서, 셀 사이에는 방책, 감응형 방호장치 등이 설치되고, 셀 사이를 제외한 측면에 높이 1.8m 이상의 방책이 설치된 것으로 출입문을 열면 로봇이 정지되는 셀. 이 경우 방책이 설치된 구간에는 출입문 이외의 개구부가 없는 경우에 한정함

③ 안전검사의 의무 및 책임 주체

① 안전검사대상기계등을 사용하는 사업주는 안전검사대상기계등의 안전에 관한 성능이 고용노동부장관이 정하여 고시하는 검사기준에 맞는지에 대하여 고용노동부장관이 실시하는 안전검사를 받아야 함

② 안전검사대상기계등을 사용하는 사업주와 소유자가 다른 경우에는 소유자가 안전검사를 받아야 함

④ 안전검사 면제

① 안전검사대상기계등이 다른 법령에 따라 안전성에 관한 검사나 인증을 받은 경우로서 다음 중 어느 하나에 해당하는 경우에는 안전검사를 면제할 수 있음

 (1) 「건설기계관리법」 제13조제1항제1호·제2호 및 제4호에 따른 검사를 받은 경우(안전검사 주기에 해당하는 시기의 검사로 한정함)

 (2) 「고압가스 안전관리법」 제17조제2항에 따른 검사를 받은 경우

 (3) 「광산안전법」 제9조에 따른 검사 중 광업시설의 설치·변경공사 완료 후 일정한 기간이 지날 때마다 받는 검사를 받은 경우

 (4) 「선박안전법」 제8조부터 제12조까지의 규정에 따른 검사를 받은 경우

 (5) 「에너지이용 합리화법」 제39조제4항에 따른 검사를 받은 경우

 (6) 「원자력안전법」 제22조제1항에 따른 검사를 받은 경우

 (7) 「위험물안전관리법」 제18조에 따른 정기점검 또는 정기검사를 받은 경우

 (8) 「전기안전관리법」 제11조에 따른 검사를 받은 경우

 (9) 「항만법」 제33조제1항제3호에 따른 검사를 받은 경우

 (10) 「소방시설 설치 및 관리에 관한 법률」 제22조제1항에 따른 자체점검을 받은 경우

 (11) 「화학물질관리법」 제24조제3항 본문에 따른 정기검사를 받은 경우

⑤ 안전검사의 신청 및 검사 시기

① 안전검사를 받아야 하는 자는 검사 주기 만료일 30일 전에 안전검사 신청서135)를 안

---

135) 산업안전보건법 시행규칙 [별지 제50호서식]

전검사기관에 제출하여야 함(전자문서 제출 포함)

② 안전검사기관은 검사 주기 만료일 전후 각각 30일 이내에 해당 안전검사대상기계등별로 안전검사를 실시하여야 함

③ 해당 검사기간 이내에 검사에 합격한 경우에는 검사 주기 만료일에 안전검사를 받은 것으로 봄

⑥ 안전검사의 주기 및 합격표시

① 안전검사 주기는 안전검사대상기계등의 종류, 사용연한 및 위험성을 고려하여 정함

② 안전검사 주기는 다음과 같음

· 크레인(이동식 크레인은 제외) · 리프트(이삿짐운반용 리프트는 제외) · 곤돌라	- 사업장에 설치가 끝난 날부터 3년 이내에 최초 안전검사를 실시하되, 그 이후부터 2년마다 (건설현장에서 사용하는 것은 최초로 설치한 날부터 6개월마다)
· 이동식 크레인 · 이삿짐운반용 리프트 · 고소작업대	- 「자동차관리법」 제8조에 따른 신규등록 이후 3년 이내에 최초 안전검사를 실시하되, 그 이후부터 2년마다
· 프레스, 전단기, 압력용기, 국소 배기장치, 원심기, 롤러기, 사출성형기, 컨베이어, 산업용 로봇, 혼합기, 파쇄기 또는 분쇄기	- 사업장에 설치가 끝난 날부터 3년 이내에 최초 안전검사를 실시하되, 그 이후부터 2년마다 (공정안전보고서를 제출하여 확인을 받은 압력용기는 4년마다)

③ 안전검사의 합격표시

안전검사합격증명서	
① 안전검사대상기계명	
② 신청인	
③ 형식번(기)호(설치장소)	
④ 합격번호	
⑤ 검사유효기간	
⑥ 검사기관(실시기관)	○ ○ ○ ○ ○ ○　　(직인) 검 사 원: ○ ○ ○

고 용 노 동 부 장 관　[직인 생략]

7 안전검사합격증명서 발급 및 부착

① 고용노동부장관은 안전검사에 합격한 사업주에게 안전검사합격증명서를 발급하여야 함

② 안전검사합격증명서는 안전검사대상기계등에 직접 부착 가능한 형태로 발급

③ 안전검사에 부적합한 경우에는 안전검사 불합격 통지서[136]에 사유를 밝혀 통지하여야 함

④ 합격증명서를 발급받은 사업주는 그 증명서를 안전검사대상기계등에 붙여야 함

8 안전검사대상기계등의 사용 금지

사업주는 다음 각 호의 어느 하나에 해당하는 안전검사대상기계등을 사용해서는 아니 됨

    (1) 안전검사를 받지 아니한 안전검사대상기계등(다만, 안전검사가 면제되는 경우는 제외)

    (2) 안전검사에 불합격한 안전검사대상기계등

9 자율검사프로그램에 따른 안전검사(자율안전검사)

① 안전검사를 받아야 하는 사업주는 근로자대표와 협의하여 검사기준 및 검사 주기 등을 충족하는 검사프로그램(이하 "자율검사프로그램")을 정하고 고용노동부장관의 인정을 받을 수 있음(근로자를 사용하지 아니하는 경우는 제외)

② 자율검사프로그램이 인정된 경우, 다음 중 어느 하나에 해당하는 사람으로부터 자율검사프로그램에 따라 안전검사대상기계등에 대한 안전에 관한 성능검사(이하 "자율안전검사")를 받으면 안전검사를 받은 것으로 봄

    (1) 안전에 관한 성능검사 관련 자격 및 경험을 가진 사람

    (2) 안전에 관한 성능검사 교육을 이수하고 해당 분야 실무 경험이 있는 사람

③ 자율검사프로그램의 유효기간은 2년으로 함

④ 사업주는 자율안전검사를 받은 경우 그 결과를 기록하여 보존하여야 함

⑤ 사업주는 자율안전검사를 자율안전검사기관에 위탁할 수 있음

10 검사원(자율안전검사 수행자)의 자격

자율안전검사를 수행할 수 있는 검사원은 다음 중 어느 하나에 해당하는 사람을 말함

---

136) 산업안전보건법 시행규칙 [별지 제51호서식]

(1) 「국가기술자격법」에 따른 기계·전기·전자·화공 또는 산업안전 분야에서 기사 이상의 자격을 취득한 후 해당 분야의 실무경력이 3년 이상인 사람

(2) 「국가기술자격법」에 따른 기계·전기·전자·화공 또는 산업안전 분야에서 산업기사 이상의 자격을 취득한 후 해당 분야의 실무경력이 5년 이상인 사람

(3) 「국가기술자격법」에 따른 기계·전기·전자·화공 또는 산업안전 분야에서 기능사 이상의 자격을 취득한 후 해당 분야의 실무경력이 7년 이상인 사람

(4) 「고등교육법」 제2조에 따른 학교 중 수업연한이 4년인 학교(같은 법 및 다른 법령에 따라 이와 같은 수준 이상의 학력이 인정되는 학교를 포함함)에서 기계·전기·전자·화공 또는 산업안전 분야의 관련 학과를 졸업한 후 해당 분야의 실무경력이 3년 이상인 사람

(5) 「고등교육법」에 따른 학교 중 제4호에 따른 학교 외의 학교(같은 법 및 다른 법령에 따라 이와 같은 수준 이상의 학력이 인정되는 학교를 포함함)에서 기계·전기·전자·화공 또는 산업안전 분야의 관련 학과를 졸업한 후 해당 분야의 실무경력이 5년 이상인 사람

(6) 「초·중등교육법」 제2조제3호에 따른 고등학교·고등기술학교에서 기계·전기 또는 전자·화공 관련 학과를 졸업한 후 해당 분야의 실무경력이 7년 이상인 사람

(7) 자율검사프로그램에 따라 안전에 관한 성능검사 교육을 이수한 후 해당 분야의 실무경력이 1년 이상인 사람

11 자율검사프로그램의 인정 요건 및 절차

① 자율검사프로그램을 인정받기 위해서는 다음 요건을 모두 충족하여야 함

다만 자율안전검사기관에 위탁한 경우에는 (1)호,(2)호를 충족한 것으로 봄

(1) 검사원을 고용하고 있을 것

(2) 검사를 할 수 있는 장비를 갖추고 이를 유지·관리할 수 있을 것

(3) 안전검사 주기의 2분의 1에 해당하는 주기마다 검사를 실시할 것(크레인 중 건설현장 외에서 사용하는 크레인의 경우에는 6개월)

(4) 자율검사프로그램의 검사기준이 안전검사기준을 충족할 것

② 자율검사프로그램에는 다음 내용이 포함되어야 함

(1) 안전검사대상기계등 보유 현황

(2) 검사원 보유 현황 및 검사용 장비·관리방법(위탁 시 위탁 증빙)

　　　　(3) 검사 주기 및 검사기준

　　　　(4) 향후 2년간 검사수행계획

　　　　(5) 과거 2년간 수행 실적(재신청 시)

　③ 인정신청서 제출 및 처리

　　　　(1) 사업주는 인정신청서[137]에 자율검사프로그램 확인서류 2부를 첨부하여 공단에 제출하여야 함

　　　　(2) 공단은 행정정보 공동이용을 통해 법인등기사항증명서 또는 사업자등록증명을 확인하여야 함(동의하지 않는 경우 첨부)

　　　　(3) 공단은 신청서 제출일부터 15일 이내에 인정 여부를 결정함

　　　　(4) 인정 시 자율검사프로그램 인정서를 발급하고, 불인정 시 부적합 사유를 통지함

⑫ 자율검사프로그램 인정의 취소 및 시정명령

　① 고용노동부장관은 자율검사프로그램의 인정을 받은 자가 다음 중 어느 하나에 해당하는 경우 인정을 취소하거나 시정을 명할 수 있음. 다만 거짓이나 그 밖의 부정한 방법으로 인정을 받은 경우에는 취소하여야 함

　　　　(1) 거짓이나 그 밖의 부정한 방법으로 자율검사프로그램을 인정받은 경우

　　　　(2) 자율검사프로그램을 인정받고도 검사를 하지 아니한 경우

　　　　(3) 인정받은 자율검사프로그램의 내용에 따라 검사를 하지 아니한 경우

　　　　(4) 검사원의 자격을 갖춘 사람 또는 자율안전검사기관이 검사를 하지 아니한 경우

　② 사업주는 인정이 취소된 안전검사대상기계등을 사용해서는 아니 됨

⑬ 벌칙

위반행위	세부내용	과태료 금액(만원)		
		1차 위반	2차 위반	3차 이상 위반
법 제93조제1항 전단을 위반하여 안전검사를 받지 않은 경우(1대당)		200	600	1,000
법 제94조제2항을 위반하여 안전검사 합격증명서를 안전검사대상기계등에 부착하지 않은 경우(1대당)		50	250	500

---

137) 산업안전보건법 시행규칙 [별지 제52호서식]

법 제95조를 위반하여 안전검사대상기계등을 사용한 경우(1대당)	1) 안전검사를 받지 않은 안전검사대상기계등을 사용한 경우	300	600	1,000
	2) 안전검사에 불합격한 안전검사대상기계등을 사용한 경우	300	600	1,000
법 제99조제2항을 위반하여 자율검사프로그램의 인정이 취소된 안전검사대상기계등을 사용한 경우(1대당)		300	600	1,000

> **ⓘ Tip**
>
> ■ 관련고시
> ▶ 「안전검사 절차에 관한 고시」
> ▶ 「안전검사 고시」

제7장

유해·위험물질에 대한 조치

1 / 유해인자의 분류기준(법 제104조)

① 개요

고용노동부장관은 근로자에게 건강장해를 일으킬 수 있는 화학물질 및 물리적 인자 등을 체계적으로 관리하기 위하여, 유해인자의 유해성·위험성에 대한 분류기준을 마련하도록 하고 있음

② 유해인자의 범위

유해인자란 근로자에게 건강장해를 일으킬 우려가 있는 화학물질, 물리적 인자 등을 의미함

③ 유해인자의 유해성·위험성 분류기준 설정

고용노동부장관은 근로자에게 건강장해를 일으키는 화학물질 및 물리적 인자 등을 포함한 유해인자의 유해성·위험성 분류기준을 마련하여야 하며, 해당 분류기준은 시행규칙 제141조에 따라 시행규칙 별표 18에서 정함

④ 유해인자의 유해성·위험성 분류기준(시행규칙 별표 18)

1. 화학물질의 분류기준
   가. 물리적 위험성 분류기준
   1) 폭발성 물질: 자체의 화학반응에 따라 주위환경에 손상을 줄 수 있는 정도의 온도·압력 및 속도를 가진 가스를 발생시키는 고체·액체 또는 혼합물
   2) 인화성 가스: 20℃, 표준압력(101.3㎄)에서 공기와 혼합하여 인화되는 범위에 있는 가스와 54℃ 이하 공기 중에서 자연발화하는 가스를 말함(혼합물 포함)
   3) 인화성 액체: 표준압력(101.3㎄)에서 인화점이 93℃ 이하인 액체
   4) 인화성 고체: 쉽게 연소되거나 마찰에 의하여 화재를 일으키거나 촉진할 수 있는 물질
   5) 에어로졸: 재충전이 불가능한 금속·유리 또는 플라스틱 용기에 압축가스·액화가스 또는 용해가스를 충전하고 내용물을 가스에 현탁시킨 고체나 액상입자로, 액상 또는 가스상에서 폼·페이스트·분말상으로 배출되는 분사장치를 갖춘 것
   6) 물반응성 물질: 물과 상호작용을 하여 자연발화되거나 인화성 가스를 발생시키는 고체·액체 또는 혼합물
   7) 산화성 가스: 일반적으로 산소를 공급함으로써 공기보다 다른 물질의 연소를 더 잘 일으키거나 촉진하는 가스
   8) 산화성 액체: 그 자체로는 연소하지 않더라도, 일반적으로 산소를 발생시켜 다른 물질을 연소시키거나 연소를 촉진하는 액체

9) 산화성 고체: 그 자체로는 연소하지 않더라도 일반적으로 산소를 발생시켜 다른 물질을 연소시키거나 연소를 촉진하는 고체

10) 고압가스: 20℃, 200킬로파스칼(kpa) 이상의 압력 하에서 용기에 충전되어 있는 가스 또는 냉동액화가스 형태로 용기에 충전되어 있는 가스(압축가스, 액화가스, 냉동액화가스, 용해가스로 구분함)

11) 자기반응성 물질: 열적(熱的)인 면에서 불안정하여 산소가 공급되지 않아도 강렬하게 발열·분해하기 쉬운 액체·고체 또는 혼합물

12) 자연발화성 액체: 적은 양으로도 공기와 접촉하여 5분 안에 발화할 수 있는 액체

13) 자연발화성 고체: 적은 양으로도 공기와 접촉하여 5분 안에 발화할 수 있는 고체

14) 자기발열성 물질: 주위의 에너지 공급 없이 공기와 반응하여 스스로 발열하는 물질(자기발화성 물질은 제외함)

15) 유기과산화물: 2가의 - ㅇ - ㅇ - 구조를 가지고 1개 또는 2개의 수소 원자가 유기라디칼에 의하여 치환된 과산화수소의 유도체를 포함한 액체 또는 고체 유기물질

16) 금속 부식성 물질: 화학적인 작용으로 금속에 손상 또는 부식을 일으키는 물질

나. 건강 및 환경 유해성 분류기준

1) 급성 독성 물질: 입 또는 피부를 통하여 1회 투여 또는 24시간 이내에 여러 차례로 나누어 투여하거나 호흡기를 통하여 4시간 동안 흡입하는 경우 유해한 영향을 일으키는 물질

2) 피부 부식성 또는 자극성 물질: 접촉 시 피부조직을 파괴하거나 자극을 일으키는 물질(피부 부식성 물질 및 피부 자극성 물질로 구분함)

3) 심한 눈 손상성 또는 자극성 물질: 접촉 시 눈 조직의 손상 또는 시력의 저하 등을 일으키는 물질(눈 손상성 물질 및 눈 자극성 물질로 구분함)

4) 호흡기 과민성 물질: 호흡기를 통하여 흡입되는 경우 기도에 과민반응을 일으키는 물질

5) 피부 과민성 물질: 피부에 접촉되는 경우 피부 알레르기 반응을 일으키는 물질

6) 발암성 물질: 암을 일으키거나 그 발생을 증가시키는 물질

7) 생식세포 변이원성 물질: 자손에게 유전될 수 있는 사람의 생식세포에 돌연변이를 일으킬 수 있는 물질

8) 생식독성 물질: 생식기능, 생식능력 또는 태아의 발생·발육에 유해한 영향을 주는 물질

9) 특정 표적장기 독성 물질(1회 노출): 1회 노출로 특정 표적장기 또는 전신에 독성을 일으키는 물질

10) 특정 표적장기 독성 물질(반복 노출): 반복적인 노출로 특정 표적장기 또는 전신에 독성을 일으키는 물질

11) 흡인 유해성 물질: 액체 또는 고체 화학물질이 입이나 코를 통하여 직접적으로 또는 구토로 인하여 간접적으로, 기관 및 더 깊은 호흡기관으로 유입되어 화학적 폐렴, 다양한 폐 손상이나 사망과 같은 심각한 급성 영향을 일으키는 물질

12) 수생 환경 유해성 물질: 단기간 또는 장기간의 노출로 수생생물에 유해한 영향을 일으키는 물질

13) 오존층 유해성 물질: 「오존층 보호를 위한 특정물질의 제조규제 등에 관한 법률」 제2조제1호에 따른 특정물질

2. 물리적 인자의 분류기준

가. 소음: 소음성난청을 유발할 수 있는 85데시벨(A) 이상의 시끄러운 소리

나. 진동: 착암기, 손망치 등의 공구를 사용함으로써 발생되는 백랍병·레이노 현상·말초순환장애 등의 국소 진동 및 차량 등을 이용함으로써 발생되는 관절통·디스크·소화장애 등의 전신 진동

다. 방사선: 직접·간접으로 공기 또는 세포를 전리하는 능력을 가진 알파선·베타선·감마선·엑스선·중성자선 등의 전자파나 입자선

라. 이상기압: 게이지 압력이 제곱센티미터당 1킬로그램 초과 또는 미만인 기압

마. 이상기온: 고열·한랭·다습으로 인하여 열사병·동상·피부질환 등을 일으킬 수 있는 기온

3. 생물학적 인자의 분류기준

가. 혈액매개 감염인자: 인간면역결핍바이러스, B형·C형간염바이러스, 매독바이러스 등 혈액을 매개로 다른 사람에게 전염되어 질병을 유발하는 인자

나. 공기매개 감염인자: 결핵·수두·홍역 등 공기 또는 비말감염 등을 매개로 호흡기를 통하여 전염되는 인자

다. 곤충 및 동물매개 감염인자: 쯔쯔가무시증, 렙토스피라증, 유행성출혈열 등 동물의 배설물 등에 의하여 전염되는 인자 및 탄저병, 브루셀라병 등 가축 또는 야생동물로부터 사람에게 감염되는 인자

※ 비고

제1호에 따른 화학물질의 분류기준 중 가목에 따른 물리적 위험성 분류기준별 세부 구분기준과 나목에 따른 건강 및 환경 유해성 분류기준의 단일물질 분류기준별 세부 구분기준 및 혼합물질의 분류기준은 고용노동부장관이 정하여 고시함

2 / 유해인자의 유해성·위험성 평가 및 노출기준(법 제105조, 106조)

① 개요

고용노동부장관은 근로자의 건강에 영향을 미칠 수 있는 유해인자의 유해성·위험성을 평가하고, 그 결과를 바탕으로 유해성·위험성 수준별로 유해인자를 구분하여 관리하도록 함

또한 이러한 평가 결과와 관련 연구 및 기술적 타당성을 고려하여, 유해인자의 노출기준을 설정함으로써 근로자의 건강장해를 예방하기 위한 관리기준을 마련하도록 함

② 유해인자의 유해성·위험성 평가

① 평가 주체 및 평가의 성격

  ⑴ 유해인자의 유해성·위험성 평가는 고용노동부장관이 실시하며, 그 평가 결과는 근로자 건강 보호를 위한 정책 수립과 이후 유해인자 관리 체계 설정의 기초 자료로 활용됨

  ⑵ 고용노동부장관은 필요하다고 인정하는 경우 해당 평가 결과를 관보 등에 공표할 수 있음

② 유해성·위험성 평가 대상 유해인자의 선정기준

유해성·위험성 평가 대상 유해인자는 다음 각 호의 기준에 따라 선정됨

  ⑴ 유해성·위험성 평가 결과에 따라 유해인자를 관리체계로 구분하기 위하여 유해성·위험성 평가가 필요한 유해인자

  ⑵ 노출 시 변이원성(變異原性: 유전적인 돌연변이를 일으키는 물리적·화학적 성질), 흡입독성, 생식독성(生殖毒性: 생물체의 생식에 해를 끼치는 약물 등의 독성), 발암성 등 근로자의 건강장해 발생이 의심되는 유해인자

  ⑶ 그 밖에 사회적 물의를 일으키는 등 유해성·위험성 평가가 필요한 유해인자

③ 유해성·위험성 평가 시 고려 사항

고용노동부장관은 유해성·위험성 평가를 실시할 때 다음 각 호의 사항을 종합적으로 고려함

  ⑴ 독성시험자료 등을 통한 유해성·위험성 확인

(2) 화학물질의 노출이 인체에 미치는 영향

(3) 화학물질의 노출수준

④ 유해성·위험성 평가의 세부적인 방법 및 절차, 그 밖에 필요한 사항은 고용노동부예규 「화학물질의 유해성·위험성 평가에 관한 규정」에서 정한 방법에 따름

③ 유해인자의 구분 관리

① 유해인자의 관리체계

고용노동부장관은 유해성·위험성 평가 결과 등을 고려하여 유해성·위험성 수준에 따라 유해인자를 다음 각 호와 같이 구분하여 관리함

(1) 법 제106조에 따른 노출기준 설정 대상 유해인자

(2) 법 제107조제1항에 따른 허용기준 설정 대상 유해인자

(3) 법 제117조에 따른 제조 등 금지물질

(4) 법 제118조에 따른 제조 등 허가물질

(5) 시행규칙 제186조제1항에 따른 작업환경측정 대상 유해인자

(6) 시행규칙 별표 22 제1호부터 제3호까지의 규정에 따른 특수건강진단 대상 유해인자

(7) 안전보건규칙 제420조제1호에 따른 관리대상 유해물질

② 관리에 필요한 자료의 조사

고용노동부장관은 유해인자의 체계적인 관리를 위하여 유해인자의 취급량, 노출량, 취급 근로자 수, 취급 공정 등에 관한 자료를 주기적으로 조사할 수 있음

④ 유해인자의 노출기준 설정

① 노출기준 설정의 근거

고용노동부장관은 유해성·위험성 평가 결과 등 고용노동부령으로 정하는 사항을 종합적으로 고려하여 고용노동부고시 「화학물질 및 물리적 인자의 노출기준」에 따라 유해인자의 노출기준을 정함

② 노출기준 설정 시 고려 사항

노출기준을 설정하는 경우에는 다음 각 호의 사항을 고려하여야 함

(1) 해당 유해인자에 따른 건강장해 관련 연구 및 실태조사 결과

⑵ 해당 유해인자의 유해성·위험성 평가 결과

⑶ 해당 유해인자의 노출기준 적용에 관한 기술적 타당성

3 / 유해인자 허용기준의 준수(법 제107조)

① 개요

발암성 물질 등 근로자에게 중대한 건강장해를 유발할 우려가 있는 유해인자에 대해서는 사업주가 작업장 내 노출 농도를 법령에서 정한 허용기준 이하로 유지하도록 의무를 부과하고 있음

이는 제105조에 따른 유해성·위험성 평가 결과를 바탕으로, 특히 건강장해 위험이 큰 유해인자에 대하여 사업장 차원에서 보다 강화된 노출 관리 기준을 적용하기 위한 제도임

② 허용기준 준수 의무의 대상

① 허용기준 준수 의무는 발암성 물질 등 근로자에게 중대한 건강장해를 유발할 우려가 있는 유해인자 중 다음의 유해인자에 대하여 적용함

유해인자 허용기준 이하 유지 대상 유해인자

1. 6가크롬[18540-29-9] 화합물(Chromium VI compounds)
2. 납[7439-92-1] 및 그 무기화합물(Lead and its inorganic compounds)
3. 니켈[7440-02-0] 화합물(불용성 무기화합물로 한정한다)(Nickel and its insoluble inorganic compounds)
4. 니켈카르보닐(Nickel carbonyl; 13463-39-3)
5. 디메틸포름아미드(Dimethylformamide; 68-12-2)
6. 디클로로메탄(Dichloromethane; 75-09-2)
7. 1,2-디클로로프로판(1,2-Dichloropropane; 78-87-5)
8. 망간[7439-96-5] 및 그 무기화합물(Manganese and its inorganic compounds)
9. 메탄올(Methanol; 67-56-1)
10. 메틸렌 비스(페닐 이소시아네이트)(Methylene bis(phenyl isocyanate); 101-68-8 등)
11. 베릴륨[7440-41-7] 및 그 화합물(Beryllium and its compounds)
12. 벤젠(Benzene; 71-43-2)
13. 1,3-부타디엔(1,3-Butadiene; 106-99-0)
14. 2-브로모프로판(2-Bromopropane; 75-26-3)
15. 브롬화 메틸(Methyl bromide; 74-83-9)
16. 산화에틸렌(Ethylene oxide; 75-21-8)
17. 석면(제조·사용하는 경우만 해당한다)(Asbestos; 1332-21-4 등)
18. 수은[7439-97-6] 및 그 무기화합물(Mercury and its inorganic compounds)
19. 스티렌(Styrene; 100-42-5)
20. 시클로헥사논(Cyclohexanone; 108-94-1)
21. 아닐린(Aniline; 62-53-3)
22. 아크릴로니트릴(Acrylonitrile; 107-13-1)

---

23. 암모니아(Ammonia; 7664-41-7 등)
24. 염소(Chlorine; 7782-50-5)
25. 염화비닐(Vinyl chloride; 75-01-4)
26. 이황화탄소(Carbon disulfide; 75-15-0)
27. 일산화탄소(Carbon monoxide; 630-08-0)
28. 카드뮴[7440-43-9] 및 그 화합물(Cadmium and its compounds)
29. 코발트[7440-48-4] 및 그 무기화합물(Cobalt and its inorganic compounds)
30. 콜타르피치[65996-93-2] 휘발물(Coal tar pitch volatiles)
31. 톨루엔(Toluene; 108-88-3)
32. 톨루엔-2,4-디이소시아네이트(Toluene-2,4-diisocyanate; 584-84-9 등)
33. 톨루엔-2,6-디이소시아네이트(Toluene-2,6-diisocyanate; 91-08-7 등)
34. 트리클로로메탄(Trichloromethane; 67-66-3)
35. 트리클로로에틸렌(Trichloroethylene; 79-01-6)
36. 포름알데히드(Formaldehyde; 50-00-0)
37. n-헥산(n-Hexane; 110-54-3)
38. 황산(Sulfuric acid; 7664-93-9)

② 허용기준의 내용

허용기준이란 고용노동부령으로 정한 기준으로서, 각 유해인자별 허용기준의 구체적인 수치는 다음과 같음

유해인자		허용기준			
		시간가중평균값 (TWA)		단시간 노출값 (STEL)	
		ppm	mg/㎥	ppm	mg/㎥
1. 6가크롬[18540-29-9] 화합물 (Chromium VI compounds)	불용성		0.01		
	수용성		0.05		
2. 납[7439-92-1] 및 그 무기화합물 (Lead and its inorganic compounds)			0.05		
3. 니켈[7440-02-0] 화합물(불용성 무기화합물로 한정) (Nickel and its insoluble inorganic compounds)			0.2		
4. 니켈카르보닐(Nickel carbonyl; 13463-39-3)		0.001			
5. 디메틸포름아미드(Dimethylformamide; 68-12-2)		10			
6. 디클로로메탄(Dichloromethane; 75-09-2)		50			
7. 1,2-디클로로프로판(1,2-Dichloropropane; 78-87-5)		10		110	
8. 망간[7439-96-5] 및 그 무기화합물 (Manganese and its inorganic compounds)			1		

유해인자	허용기준			
	시간가중평균값 (TWA)		단시간 노출값 (STEL)	
	ppm	mg/㎥	ppm	mg/㎥
9. 메탄올(Methanol; 67-56-1)	200		250	
10. 메틸렌 비스(페닐 이소시아네이트) (Methylene bis(phenyl isocyanate); 101-68-8 등)	0.005			
11. 베릴륨[7440-41-7] 및 그 화합물 (Beryllium and its compounds)		0.002		0.01
12. 벤젠(Benzene; 71-43-2)	0.5		2.5	
13. 1,3-부타디엔(1,3-Butadiene; 106-99-0)	2		10	
14. 2-브로모프로판(2-Bromopropane; 75-26-3)	1			
15. 브롬화 메틸(Methyl bromide; 74-83-9)	1			
16. 산화에틸렌(Ethylene oxide; 75-21-8)	1			
17. 석면(제조·사용하는 경우만 해당) (Asbestos; 1332-21-4 등)		0.1개/㎤		
18. 수은[7439-97-6] 및 그 무기화합물 (Mercury and its inorganic compounds)		0.025		
19. 스티렌(Styrene; 100-42-5)	20		40	
20. 시클로헥사논(Cyclohexanone; 108-94-1)	25		50	
21. 아닐린(Aniline; 62-53-3)	2			
22. 아크릴로니트릴(Acrylonitrile; 107-13-1)	2			
23. 암모니아(Ammonia; 7664-41-7 등)	25		35	
24. 염소(Chlorine; 7782-50-5)	0.5		1	
25. 염화비닐(Vinyl chloride; 75-01-4)	1			
26. 이황화탄소(Carbon disulfide; 75-15-0)	1			
27. 일산화탄소(Carbon monoxide; 630-08-0)	30		200	
28. 카드뮴[7440-43-9] 및 그 화합물 (Cadmium and its compounds)		0.01 (호흡성분 진인 경우 0.002)		
29. 코발트[7440-48-4] 및 그 무기화합물 (Cobalt and its inorganic compounds)		0.02		
30. 콜타르피치[65996-93-2] 휘발물 (Coal tar pitch volatiles)		0.2		

유해인자	허용기준			
	시간가중평균값 (TWA)		단시간 노출값 (STEL)	
	ppm	mg/㎥	ppm	mg/㎥
31. 톨루엔(Toluene; 108-88-3)	50		150	
32. 톨루엔-2,4-디이소시아네이트 (Toluene-2,4-diisocyanate; 584-84-9 등)	0.005		0.02	
33. 톨루엔-2,6-디이소시아네이트 (Toluene-2,6-diisocyanate; 91-08-7 등)	0.005		0.02	
34. 트리클로로메탄(Trichloromethane; 67-66-3)	10			
35. 트리클로로에틸렌(Trichloroethylene; 79-01-6)	10		25	
36. 포름알데히드(Formaldehyde; 50-00-0)	0.3			
37. n-헥산(n-Hexane; 110-54-3)	50			
38. 황산(Sulfuric acid; 7664-93-9)		0.2		0.6

※ 비고

1. "시간가중평균값(TWA, Time-Weighted Average)"이란 1일 8시간 작업을 기준으로 한 평균노출농도로서 산출 공식은 다음과 같다.

$$TWA\,환산값 = \frac{C_1 \cdot T_1 + C_1 \cdot T_1 + \cdots + C_n \cdot T_n}{8}$$

주) C: 유해인자의 측정농도(단위: ppm, mg/㎥ 또는 개/㎤)
  T: 유해인자의 발생시간(단위: 시간)

2. "단시간 노출값(STEL, Short-Term Exposure Limit)"이란 15분 간의 시간가중평균값으로서 노출 농도가 시간가중평균값을 초과하고 단시간 노출값 이하인 경우에는 ① 1회 노출 지속시간이 15분 미만이어야 하고, ② 이러한 상태가 1일 4회 이하로 발생해야 하며, ③ 각 회의 간격은 60분 이상이어야 한다.

3. "등"이란 해당 화학물질에 이성질체 등 동일 속성을 가지는 2개 이상의 화합물이 존재할 수 있는 경우를 말한다.

③ 허용기준 준수 의무의 원칙

■ 노출 농도 유지 의무

사업주는 허용기준 적용 대상 유해인자에 대하여 작업장 내 노출 농도를 허용기준 이하로 유지하여야 함

④ 허용기준 준수의 예외

■ 예외가 인정되는 경우

다음 각 호의 어느 하나에 해당하는 경우에는 허용기준 이하 유지 의무가 예외적으로 완화될 수 있음

(1) 유해인자를 취급하거나 정화·배출하는 시설 및 설비의 설치 또는 개선이 현존하는 기술로 가능하지 아니한 경우

(2) 천재지변 등으로 시설 또는 설비에 중대한 결함이 발생한 경우

(3) 고용노동부령으로 정하는 임시 작업[138] 또는 단시간 작업[139]의 경우

(4) 그 밖에 대통령령으로 정하는 경우

⑤ 예외 적용 시의 노력 의무

■ 허용기준 준수 노력

사업주는 허용기준 준수가 예외적으로 완화되는 경우에도 유해인자의 노출 농도를 허용기준 이하로 유지하도록 지속적으로 노력하여야 함

이는 허용기준 적용이 완전히 배제되는 것이 아니라, 불가피한 사유가 있는 경우에도 가능한 범위 내에서 노출 저감 조치를 계속 요구하는 규정임

⑥ 노출 농도의 측정

허용기준 설정 대상 유해인자의 노출 농도 측정에 관하여는 시행규칙 제189조(작업환경측정방법)을 준용함

⑦ 벌칙

위반행위	세부내용	과태료 금액(만원)		
		1차 위반	2차 위반	3차 이상 위반
법 제107조제1항 각 호 외의 부분 본문을 위반하여 작업장 내 유해인자의 노출 농도를 허용기준 이하로 유지하지 않은 경우		1,000	1,000	1,000

---

138) "임시작업"이란 일시적으로 하는 작업 중 월 24시간 미만인 작업을 말함. 다만, 월 10시간 이상 24시간 미만인 작업이 매월 행하여지는 작업은 제외함

139) "단시간작업"이란 관리대상 유해물질을 취급하는 시간이 1일 1시간 미만인 작업을 말함. 다만, 1일 1시간 미만인 작업이 매일 수행되는 경우는 제외함

4 / 신규화학물질의 유해성·위험성 조사[법 제108조]

① 개요

신규화학물질을 제조하거나 수입하려는 자는 해당 화학물질에 의한 근로자의 건강장해를 예방하기 위하여, 사전에 유해성·위험성을 조사하고 그 결과를 고용노동부장관에게 제출하도록 함

이는 유해성·위험성이 충분히 알려지지 않은 신규 화학물질에 대하여 제조·수입 단계에서부터 선제적으로 위험을 확인하고, 필요한 예방조치를 확보하기 위한 사전 관리 제도임

② 신규화학물질의 범위

① 신규화학물질의 개념

신규화학물질이란 법령으로 정하는 화학물질 외의 화학물질로서, 기존에 산업안전보건법령상 관리 이력이 없는 화학물질을 말함

② 조사 제외 대상 화학물질

다음 각 호의 어느 하나에 해당하는 화학물질은 신규화학물질의 유해성·위험성 조사 대상에서 제외됨

⑴ 원소

⑵ 천연으로 산출된 화학물질

⑶ 「건강기능식품에 관한 법률」 제3조제1호에 따른 건강기능식품

⑷ 「군수품관리법」 제2조 및 「방위사업법」 제3조제2호에 따른 군수품[「군수품관리법」 제3조에 따른 통상품(痛常品)은 제외한다]

⑸ 「농약관리법」 제2조제1호 및 제3호에 따른 농약 및 원제

⑹ 「마약류 관리에 관한 법률」 제2조제1호에 따른 마약류

⑺ 「비료관리법」 제2조제1호에 따른 비료

⑻ 「사료관리법」 제2조제1호에 따른 사료

⑼ 「생활화학제품 및 살생물제의 안전관리에 관한 법률」 제3조제7호 및 제8호에 따른 살생물물질 및 살생물제품

⑽ 「식품위생법」 제2조제1호 및 제2호에 따른 식품 및 식품첨가물

(11) 「약사법」 제2조제4호 및 제7호에 따른 의약품 및 의약외품(醫藥外品)

(12) 「원자력안전법」 제2조제5호에 따른 방사성물질

(13) 「위생용품 관리법」 제2조제1호에 따른 위생용품

(14) 「의료기기법」 제2조제1항에 따른 의료기기

(15) 「총포·도검·화약류 등의 안전관리에 관한 법률」 제2조제3항에 따른 화약류

(16) 「화장품법」 제2조제1호에 따른 화장품과 화장품에 사용하는 원료

(17) 법 제108조제3항에 따라 고용노동부장관이 명칭, 유해성·위험성, 근로자의 건강장해 예방을 위한 조치 사항 및 연간 제조량·수입량을 공표한 물질로서 공표된 연간 제조량·수입량 이하로 제조하거나 수입한 물질

(18) 고용노동부장관이 기후에너지환경부장관과 협의하여 고시하는 화학물질 목록에 기록되어 있는 물질[140]

③ 유해성·위험성 조사 의무

① 조사 의무자

신규화학물질을 제조하거나 수입하려는 자(이하 "신규화학물질제조자등")는 법령으로 정하는 바에 따라 해당 신규화학물질의 유해성·위험성을 조사하여야 함

② 조사보고서 제출 시기 및 방법

신규화학물질제조자등은 제조 또는 수입 예정일 30일 전까지 신규화학물질 유해성·위험성 조사보고서[141]에 다음 각 호의 서류를 첨부하여 고용노동부장관에게 제출하여야 함

다만, 연간 제조·수입량이 100kg 이상 1톤 미만인 경우에는 14일 전까지 제출함

(1) 법 제110조에 따른 물질안전보건자료

(2) 다음 각 목 모두의 서류

　가. 급성경구독성 또는 급성흡입독성 시험성적서.

　　다만, 조사보고서나 제조 또는 취급 방법을 검토한 결과 주요 노출경로가 흡입으로 판단되는 경우 급성흡입독성 시험성적서를 제출해야 함

---

140) 고용노동부고시 「신규화학물질의 유해성·위험성 조사 등에 관한 고시」 [별표 2]에서 정한 물질을 말하며, 약 37,100여 종의 물질이 수록되어 있음

141) 산업안전보건법 시행규칙 [별지 제57호서식]

    나. 복귀돌연변이 시험성적서

    다. 시험동물을 이용한 소핵 시험성적서

(3) 제조 또는 사용·취급방법을 기록한 서류

(4) 제조 또는 사용 공정도

(5) 제조를 위탁한 경우 그 위탁 계약서 사본 등 위탁을 증명하는 서류(신규화학물질 제조를 위탁한 경우만 해당함)

(6) 제2호에도 불구하고 다음 각 목의 경우에는 다음 각 목의 구분에 따른 시험성적서를 제출하지 않을 수 있음

    가. 신규화학물질의 연간 제조·수입량이 100킬로그램 이상 1톤 미만인 경우: 복귀돌연변이 시험성적서 및 시험동물을 이용한 소핵 시험성적서

    나. 신규화학물질의 연간 제조·수입량이 1톤 이상 10톤 미만인 경우: 시험동물을 이용한 소핵 시험성적서. 다만, 복귀돌연변이에 관한 시험결과가 양성인 경우에는 시험동물을 이용한 소핵 시험성적서를 제출해야 함

(7) 제6호에도 불구하고 고분자화합물의 경우에는 제2호 각 목에 따른 시험성적서 모두와 다음 각 목에 따른 사항이 포함된 고분자특성에 관한 시험성적서를 제출해야 함

    가. 수평균분자량 및 분자량 분포

    나. 해당 고분자화합물 제조에 사용한 단량체의 화학물질명, 고유번호 및 함량비(%)

    다. 잔류단량체의 함량(%)

    라. 분자량 1,000 이하의 함량(%)

    마. 산 및 알킬리 용액에서의 안정성

(8) 제7호에도 불구하고 다음 각 목의 경우에는 각 목의 구분에 따른 시험성적서를 제출하지 않을 수 있음

    가. 고분자화합물의 연간 제조·수입량이 10톤 미만인 경우: 제2호 각 목에 따른 시험성적서

    나. 고분자화합물의 연간 제조·수입량이 10톤 이상 1,000톤 미만인 경우: 시험동물을 이용한 소핵 시험성적서. 다만, 연간 제조·수입량이 100톤 이상 1,000톤 미만인 경우로서 복귀돌연변이에 관한 시험결과가 양성인 경우에는 시험동물을 이용한 소핵 시험성적서를 제출해야 함

(9) 제1호부터 제8호까지의 규정에도 불구하고 신규화학물질의 물리·화학적 특성상 시험이나 시험 결과의 도출이 어려운 경우로서 고용노동부장관이 정하여 고시하는 경우에는 해당 서류를 제출하지 않을 수 있음

비고: 제1호부터 제9호까지의 규정에 따른 첨부서류 작성방법 및 제출생략 조건 등에 관한 세부사항

은 고용노동부장관이 정하여 고시함

③ 화평법 등록에 따른 제출 의제

해당 신규화학물질을 「화학물질의 등록 및 평가 등에 관한 법률」에 따라 기후에너지환경부장관에게 등록한 경우에는 산업안전보건법에 따른 조사보고서를 제출한 것으로 봄

이 경우 기후에너지환경부장관은 신규화학물질에 관한 등록자료 및 유해성심사 결과를 고용노동부장관에게 제공함

④ 추가 자료 제출 요구 및 검토

고용노동부장관은 신규화학물질제조자등이 시험성적서를 제출한 경우에도, 해당 신규화학물질이 생식세포 변이원성 등으로 중대한 건강장해를 유발할 수 있다고 의심되는 경우에는 신규화학물질의 유해성·위험성에 대한 추가 검토에 필요한 자료의 제출을 요청할 수 있음

⑤ 유해성·위험성 조치사항 통지

고용노동부장관은 유해성·위험성 조사보고서 또는 신규화학물질 등록자료 및 유해성심사 결과를 검토한 결과, 필요한 조치를 명하려는 경우에는 다음 각 호의 기산일부터 30일 이내에 신규화학물질의 유해성·위험성 조치사항을 통지하여야 함

다만, 연간 제조하거나 수입하려는 양이 100킬로그램 이상 1톤 미만인 경우에는 그 기간을 14일로 함

⑴ 유해성·위험성 조사보고서를 제출받은 날

⑵ 신규화학물질 등록자료 및 유해성심사 결과를 제공받은 날

또한, 제4항에 따라 추가 검토에 필요한 자료의 제출을 요청한 경우에는, 그 자료를 제출받은 날부터 30일 이내(연간 제조하거나 수입하려는 양이 100킬로그램 이상 1톤 미만인 경우에는 14일 이내)에 유해성·위험성 조치사항을 통지하여야 함

⑥ 의견 청취 및 관계기관 자료 참고

고용노동부장관은 신규화학물질의 유해성·위험성 조사보고서, 화학물질의 유해성·위해성 조사결과 및 유해성·위험성 평가에 필요한 자료를 검토하는 경우에는 해당 물질에 대한 유해성심사 결과를 참고하거나 공단 또는 그 밖의 관계 전문가의 의견을 들을 수 있음

④ 조사 제외 대상에 대한 확인 제도

제외 대상		확인 절차 등
일반소비자 생활용 신규 화학물질	일반 소비자의 생활용으로 제공하기 위하여 신규화학물질을 수입하는 경우로서 다음 각 호의 어느 하나에 해당하는 경우로서 고용노동부 장관의 확인을 받은 경우 (1) 해당 신규화학물질이 완성된 제품으로서 국내에서 가공하지 않는 경우 (2) 해당 신규화학물질의 포장 또는 용기를 국내에서 변경하지 아니하거나 국내에서 포장하거나 용기에 담지 않는 경우 (3) 해당 신규화학물질이 직접 소비자에게 제공되고 국내의 사업장에서 사용되지 않는 경우	확인을 받으려는 자는 최초로 신규화학물질을 수입하려는 날 7일 전까지 신규화학물질의 유해성·위험성 조사 제외 확인 신청서[142] 및 증명서류를 첨부하여 고용노동부장관에게 제출
소량 신규 화학물질	신규화학물질의 연간 수입량이 100킬로그램 미만인 경우로서 고용노동부장관의 확인을 받은 경우 다만, 이후 수입량이 기준을 초과하는 경우에는 사유 발생일부터 30일 이내에 조사보고서를 제출하여야 함	① 확인을 받으려는 자는 최초로 신규화학물질을 수입하려는 날 7일 전까지 신규화학물질의 유해성·위험성 조사 제외 확인 신청서 및 증명서류를 첨부하여 고용노동부장관에게 제출 ② 확인의 유효기간은 1년으로 하며, 신규화학물질의 연간 수입량이 100킬로그램 미만인 경우로서 화평법에 따라 화학물질의 신고를 통지받았거나 등록면제확인을 받은 것으로 보는 경우에는 그 확인은 계속 유효한 것으로 봄
그 밖에 위해의 정도가 적은 경우	① 제조하거나 수입하려는 신규화학물질이 시험·연구를 위하여 사용되는 경우로서 고용노동부장관의 확인을 받은 경우 ② 신규화학물질을 전량 수출하기 위하여 연간 10톤 이하로 제조하거나 수입하는 경우로서 고용노동부장관의 확인을 받은 경우 ③ 신규화학물질이 아닌 화학물질로만 구성된 고분자화합물로서 고용노동부장관이 정하여 고시[143]하는 경우	확인을 받으려는 자는 최초로 신규화학물질을 수입하려는 날 7일 전까지 신규화학물질의 유해성·위험성 조사 제외 확인 신청서 및 증명서류를 첨부하여 고용노동부장관에게 제출

비고. 확인의 면제
(1) 「화학물질의 등록 및 평가 등에 관한 법률」 제11조에 따라 화학물질의 등록 면제확인을 통지받은 경우에는 산업안전보건법상 확인을 받은 것으로 봄
(2) 「화학물질의 등록 및 평가 등에 관한 법률」 제10조제7항 또는 법률 제11789호 화학물질의 등록 및 평가 등에 관한 법률 부칙 제4조에 따라 등록 면제 또는 신고 통지를 받은 경우에는 산업안전보건법상 확인을 받은 것으로 봄

---

142)　산업안전보건법 시행규칙 별지 제60호
143)　고용노동부고시 「신규화학물질의 유해성·위험성 조사 등에 관한 고시」를 말함

⑤ 조사 결과에 따른 조치 의무

① 조사 결과에 따른 즉시 조치

유해성·위험성 조사 결과 해당 신규화학물질에 의한 근로자의 건강장해 예방을 위하여 조치가 필요하다고 판단되는 경우에는 신규화학물질제조자등은 이를 즉시 시행하여야 함

② 행정명령

고용노동부장관은 제출된 신규화학물질의 유해성·위험성 조사보고서를 검토한 결과 근로자의 건강장해 예방을 위하여 필요하다고 인정하는 경우에는 신규화학물질제조자등에게 시설·설비를 설치·정비하고 보호구를 갖추어 두는 등 필요한 조치를 명할 수 있음

⑥ 조사 결과의 공표 및 통보

① 조사 결과의 공표

고용노동부장관은 조사보고서 또는 등록자료를 검토한 후 신규화학물질의 명칭, 유해성·위험성, 근로자의 건강장해 예방을 위한 조치 사항, 연간 제조량·수입량을 관보 또는 전국 일간신문 등에 공표하고 관계 부처에 통보하여야 함

② 명칭 정보 보호

(1) 사업주가 신규화학물질의 명칭 및 화학물질식별정보(CAS No.)에 대한 정보보호를 요청한 경우에는 타당성을 평가하여 해당 정보보호 기간 동안에 「화학물질의 등록 및 평가 등에 관한 법률」 제2조제13호에 따른 총칭명(總稱名)으로 공표할 수 있으며, 그 정보보호기간이 끝나면 제①항에 따라 그 신규화학물질의 명칭 등을 공표함

(2) 정보보호 요청, 타당성 평가기준 및 정보보호기간 등에 관하여 필요한 사항은 「고용노동부고시 신규화학물질의 유해성·위험성 조사 등에 관한 고시」에 따름

⑦ 양도·제공 시 조치사항 제공

신규화학물질제조자등이 신규화학물질을 양도하거나 제공하는 경우에는 근로자의 건강장해 예방을 위하여 조치하여야 할 사항을 기록한 서류를 함께 제공하여야 함

⑧ 벌칙

위반행위	세부내용	과태료 금액(만원)		
		1차 위반	2차 위반	3차 이상 위반
법 제108조제1항에 따른 신규화학물질의 유해성·위험성 조사보고서를 제출하지 않은 경우		100	200	500
법 제108조제5항을 위반하여 근로자의 건강장해 예방을 위한 조치 사항을 기록한 서류를 제공하지 않은 경우		30	150	300

5 / 중대한 건강장해 우려 화학물질의 유해성·위험성 조사(법 제109조)

① 개요

고용노동부장관은 암 또는 그 밖에 중대한 건강장해를 일으킬 우려가 있는 화학물질에 대하여, 근로자의 건강장해를 예방하기 위하여 필요하다고 인정하는 경우 해당 화학물질을 제조·수입하는 자 또는 사용하는 사업주에게 유해성·위험성 조사 및 관련 자료의 제출을 명할 수 있도록 함

이 제도는 신규화학물질 조사 대상이 아니거나 이미 유통·사용 중인 화학물질이라 하더라도, 중대한 건강장해 우려가 새롭게 확인되거나 사회적 문제로 대두된 경우 국가가 개별적으로 개입하여 추가적인 안전조치를 확보하기 위한 사후 관리 장치임

② 조사 명령의 대상 및 범위

① 조사 명령의 대상

고용노동부장관은 다음 각 호의 어느 하나에 해당하는 자에게 유해성·위험성 조사 또는 관련 자료의 제출을 명할 수 있음

(1) 암 또는 그 밖에 중대한 건강장해를 일으킬 우려가 있는 화학물질을 제조하거나 수입하는 자

(2) 해당 화학물질을 사용하는 사업주

② 명령의 내용

조사 명령에는 다음 사항이 포함될 수 있음

(1) 해당 화학물질의 유해성·위험성 조사 및 그 결과의 제출

(2) 법 제105조제1항에 따른 유해성·위험성 평가에 필요한 자료의 제출

③ 조사 결과 제출 절차

① 유해성·위험성 조사결과서 제출

유해성·위험성 조사 결과 제출 명령을 받은 자는 화학물질 유해성·위험성 조사결과서[144]에 다음 각 호의 서류 및 자료를 첨부하여 명령을 받은 날부터 45일 이내에 고용노동부

---

144) 산업안전보건법 시행규칙 [별지 제61호서식]

장관에게 제출하여야 함

(1) 해당 화학물질의 안전·보건 관련 자료

(2) 해당 화학물질의 독성시험 성적서

(3) 해당 화학물질의 제조 또는 사용·취급 방법을 기록한 서류 및 제조 또는 사용 공정도(工程圖)

(4) 그 밖에 해당 화학물질의 유해성·위험성과 관련된 서류 및 자료

다만, 독성시험 등에 상당한 기간이 소요되는 경우에는 고용노동부장관이 30일의 범위에서 제출 기한을 연장할 수 있음

② 유해성·위험성 평가 자료 제출

법 제105조제1항에 따른 유해성·위험성 평가에 필요한 자료 제출 명령을 받은 자는 명령을 받은 날부터 45일 이내에 해당 자료를 제출하여야 함

④ 조사 결과에 따른 사업주의 조치 의무

■ 조사 결과에 따른 즉시 조치

조사 결과 해당 화학물질로 인하여 근로자의 건강장해가 우려되는 경우에는 조사 명령을 받은 자는 시설·설비의 설치 또는 개선 그 밖에 근로자의 건강장해 예방을 위한 필요한 조치를 하여야 함

⑤ 조사 결과에 따른 행정조치

① 유해인자의 관리 구분

고용노동부장관은 제출된 조사 결과 및 자료를 검토한 후 필요하다고 인정하는 경우에는 해당 화학물질을 법 제105조제2항에 따라 유해성·위험성 수준별로 구분하여 관리할 수 있음

② 추가 행정명령

고용노동부장관은 화학물질을 제조·수입한 자 또는 사용하는 사업주에게 근로자의 건강장해 예방을 위하여 시설·설비의 설치 또는 개선 등 근로자의 건강장해 예방을 위하여 필요한 조치를 하여야 함

⑥ 벌칙

위반행위	세부내용	과태료 금액(만원)		
		1차 위반	2차 위반	3차 이상 위반
법 제109조제1항에 따른 유해성·위험성 조사 결과 및 유해성·위험성 평가에 필요한 자료를 제출하지 않은 경우		500	500	500

6 / 물질안전보건자료의 작성 및 제출(법 제110조)

① 개요

유해인자의 유해성·위험성 분류기준에 해당하는 화학물질 또는 이를 함유한 혼합물을 제조하거나 수입하려는 자는 해당 물질의 유해성·위험성, 취급 시 주의사항 등 안전 및 보건에 관한 정보를 담은 물질안전보건자료를 작성하여 고용노동부장관에게 제출하여야 함

물질안전보건자료 제도는 화학물질의 제조·수입 단계에서부터 유해·위험 정보를 관리하고, 이후 사업장에서의 안전한 취급과 근로자 보호를 확보하기 위한 기본적인 정보 관리 제도임

② 물질안전보건자료대상물질

① 물질안전보건자료대상물질의 범위

물질안전보건자료대상물질이란 화학물질 또는 이를 포함한 혼합물로서 법 제104조에 따른 유해성·위험성 분류기준에 해당하는 물질을 말함

다만, 대통령령으로 정하는 제외 대상에 해당하는 경우에는 물질안전보건자료의 작성 및 제출 대상에서 제외됨

② 물질안전보건자료 작성·제출 제외 대상

다음 각 호의 어느 하나에 해당하는 화학물질 또는 혼합물은 물질안전보건자료의 작성 및 제출 대상에서 제외됨

(1) 「건강기능식품에 관한 법률」 제3조제1호에 따른 건강기능식품

(2) 「농약관리법」 제2조제1호에 따른 농약

(3) 「마약류 관리에 관한 법률」 제2조제2호 및 제3호에 따른 마약 및 향정신성의약품

(4) 「비료관리법」 제2조제1호에 따른 비료

(5) 「사료관리법」 제2조제1호에 따른 사료

(6) 「생활주변방사선 안전관리법」 제2조제2호에 따른 원료물질

(7) 「생활화학제품 및 살생물제의 안전관리에 관한 법률」 제3조제4호 및 제8호에 따른 안전확인대상생활화학제품 및 살생물제품 중 일반소비자의 생활용으로 제공되는 제품

(8) 「식품위생법」 제2조제1호 및 제2호에 따른 식품 및 식품첨가물

(9) 「약사법」 제2조제4호 및 제7호에 따른 의약품 및 의약외품

(10) 「원자력안전법」 제2조제5호에 따른 방사성물질

(11) 「위생용품 관리법」 제2조제1호에 따른 위생용품

(12) 「의료기기법」 제2조제1항에 따른 의료기기

(13) 「첨단재생의료 및 첨단바이오의약품 안전 및 지원에 관한 법률」 제2조제5호에 따른 첨단바이오의약품

(14) 「총포·도검·화약류 등의 안전관리에 관한 법률」 제2조제3항에 따른 화약류

(15) 「폐기물관리법」 제2조제1호에 따른 폐기물

(16) 「화장품법」 제2조제1호에 따른 화장품

(17) 제(1)호부터 제(15)호까지의 규정 외의 화학물질 또는 혼합물로서 일반소비자의 생활용으로 제공되는 것(일반소비자의 생활용으로 제공되는 화학물질 또는 혼합물이 사업장 내에서 취급되는 경우를 포함)

(18) 고용노동부장관이 정하여 고시하는 연구·개발용 화학물질 또는 화학제품. 이 경우 법 제110조제1항부터 제3항까지의 규정에 따른 자료의 제출만 제외됨

(19) 그 밖에 고용노동부장관이 독성·폭발성 등으로 인한 위해의 정도가 적다고 인정하여 고시하는 다음 각 목의 화학물질

　　가. 양도·제공받은 화학물질 또는 혼합물을 다시 혼합하는 방식으로 만들어진 혼합물. 다만, 해당 혼합물을 양도·제공하거나 연구·개발용 화학물질 또는 화학제품 중에서 최종적으로 생산된 화학물질이 화학적 반응을 통해 그 성질이 변화한 경우는 제외

　　나. 완제품으로서 취급근로자가 작업 시 그 제품과 그 제품에 포함된 물질안전보건자료대상물질에 노출될 우려가 없는 화학물질 또는 혼합물(다만, 「산업안전보건기준에 관한 규칙」 제420조제6호에 따른 특별관리물질이 함유된 것은 제외)

③ 물질안전보건자료의 작성

① 작성 주체 및 작성 원칙

물질안전보건자료대상물질을 제조하거나 수입하려는 자는 물질안전보건자료를 작성하여야 하며, 작성 시에는 자료의 신뢰성이 확보될 수 있도록 인용된 자료의 출처를 함께 기재하여야 함

② 물질안전보건자료의 기재 사항

물질안전보건자료에는 다음 각 호의 사항이 포함되어야 함

⑴ 제품명

⑵ 물질안전보건자료대상물질을 구성하는 화학물질 중 분류기준에 해당하는 화학물질의 명칭 및 함유량

⑶ 안전 및 보건상의 취급 주의 사항

⑷ 건강 및 환경에 대한 유해성, 물리적 위험성

⑸ 물리·화학적 특성, 독성 정보, 폭발·화재 시 대처방법, 응급조치 요령 등 고용노동부령으로 정하는 사항

③ 물질안전보건자료 작성기준의 설정 및 관계기관 협의

물질안전보건자료의 기재 사항 및 작성 방법은 고용노동부령으로 정하되, 「화학물질관리법」 및 「화학물질의 등록 및 평가 등에 관한 법률」과 관련된 사항에 대해서는 기후에너지환경부장관과 협의하여 정하도록 하고 있음

④ 세부 작성기준

물질안전보건자료의 세부 작성방법, 용어, 기재 형식 등은 고용노동부고시 「화학물질의 분류·표시 및 물질안전보건자료에 관한 기준」에서 정한 방법을 따름

④ 화학물질 구성성분 자료의 별도 제출

① 별도 제출 대상

물질안전보건자료대상물질을 제조하거나 수입하려는 자는 구성 화학물질 중 법 제104조에 따른 분류기준에 해당하지 아니하는 화학물질의 명칭 및 함유량을 고용노동부장관에게 별도로 제출하여야 함

② 별도 제출의 예외

다음 각 호의 어느 하나에 해당하는 경우에는 구성성분의 명칭 및 함유량을 별도로 제출하지 아니할 수 있음

⑴ 물질안전보건자료에 해당 화학물질의 명칭 및 함유량이 전부 포함된 경우

⑵ 물질안전보건자료대상물질을 수입하려는 자가 물질안전보건자료대상물질을 국외에서 제조하여 우리나라로 수출하려는 자로부터 물질안전보건자료에 적힌 화학물

질 외에는 법 제104조에 따른 분류기준에 해당하는 화학물질이 없음을 확인하는
내용의 서류를 받아 제출한 경우

⑤ 물질안전보건자료의 제출

① 제출 시기 및 제출 대상

물질안전보건자료 및 법 제110조제2항에 따라 별도로 제출하여야 하는 화학물질의
명칭 및 함유량에 관한 자료는 해당 물질안전보건자료대상물질을 제조하거나 수입하
기 전에 공단에 제출하여야 함

② 제출 방법

물질안전보건자료는 공단이 구축·운영하는 물질안전보건자료시스템[145]을 통한 전자
적 방법으로 제출하여야 함

다만, 시스템이 정상적으로 운영되지 않거나 신청인이 물질안전보건자료시스템을 이
용할 수 없는 등의 부득이한 사유가 있는 경우에는 전자적 기록매체에 수록하여 직
접 또는 우편으로 제출할 수 있음

⑥ 물질안전보건자료의 변경 제출

① 변경 제출 대상 항목

다음 각 호의 어느 하나에 해당하는 사항이 변경된 경우에는 변경된 내용을 반영한
물질안전보건자료를 제출하여야 함

(1) 제품명(구성성분의 명칭 및 함유량의 변경이 없는 경우로 한정)

(2) 물질안전보건자료대상물질을 구성하는 화학물질 중 시행규칙 제141조에 따른 유
해인자의 분류기준에 해당하는 화학물질의 명칭 및 함유량(제품명의 변경 없이 구성
성분의 명칭 및 함유량만 변경된 경우로 한정)

(3) 건강 및 환경에 대한 유해성, 물리적 위험성

② 변경 제출 시기

물질안전보건자료대상물질을 제조하거나 수입하는 자는 변경 사항이 발생한 경우 지
체 없이 공단에 제출하여야 함

---

145) https://msds.kosha.or.kr [물질안전보건자료시스템-MSDS제출-최초 MSDS제출]

⑦ 자료의 열람 및 관계기관 연계

고용노동부장관은 「화학물질의 등록 및 평가 등에 관한 법률 시행규칙」 제35조의2에 따른 화학물질안전정보 제공범위 승인과 관련하여 기후에너지환경부장관이 필요하다고 요청하는 경우에는, 물질안전보건자료시스템에 제출된 자료 중 해당 화학물질과 관련된 자료를 열람하게 할 수 있음

⑧ 벌칙

위반행위	세부내용	과태료 금액(만원)		
		1차 위반	2차 위반	3차 이상 위반
법 제110조제1항부터 제3항까지의 규정을 위반하여 물질안전보건자료, 화학물질의 명칭·함유량 또는 변경된 물질안전보건자료를 제출하지 않은 경우 (물질안전보건자료대상물질 1종당)	1) 물질안전보건자료대상물질을 제조하거나 수입하려는 자가 물질안전보건자료를 제출하지 않은 경우	100	200	500
	2) 물질안전보건자료대상물질을 제조하거나 수입하려는 자가 화학물질의 명칭 및 함유량을 제출하지 않은 경우	100	200	500
	3) 물질안전보건자료대상물질을 제조하거나 수입한 자가 변경 사항을 반영한 물질안전보건자료를 제출하지 않은 경우	50	100	500
법 제110조제2항제2호를 위반하여 국외제조자로부터 물질안전보건자료에 적힌 화학물질 외에는 법 제104조에 따른 분류기준에 해당하는 화학물질이 없음을 확인하는 내용의 서류를 거짓으로 제출한 경우 (물질안전보건자료대상물질 1종당)		500	500	500

7 / 물질안전보건자료의 제공 (법 제111조)

① 개요

물질안전보건자료대상물질을 양도하거나 제공하는 경우에는 해당 물질의 유해성·위험성 및 취급 시 주의사항이 적절히 전달될 수 있도록, 이를 양도받거나 제공받는 자에게 물질안전보건자료를 제공하도록 함

이 제도는 물질의 제조·수입 단계에서 작성된 물질안전보건자료가 유통 단계에서도 지속적으로 전달되도록 하여, 화학물질 취급 과정 전반에서 안전 및 보건 정보의 단절을 방지하기 위한 것임

② 물질안전보건자료 제공 의무의 기본 원칙

① 제공 의무의 발생 요건

물질안전보건자료대상물질을 양도하거나 제공하는 자는 그 상대방에게 해당 물질에 대한 물질안전보건자료를 제공하여야 함

② 제공 의무의 적용 주체

물질안전보건자료 제공 의무는 특정 사업주에 한정되지 아니하고, 물질안전보건자료대상물질을 양도하거나 제공하는 모든 자에게 적용됨

③ 변경된 물질안전보건자료의 제공

① 제조자·수입자의 변경자료 제공 의무

물질안전보건자료대상물질을 제조하거나 수입한 자는 해당 물질에 대하여 물질안전보건자료가 변경된 경우, 이를 양도받거나 제공받는 자에게 변경된 물질안전보건자료를 제공하여야 함

② 유통 단계에서의 변경자료 전달 의무

물질안전보건자료대상물질을 양도하거나 제공한 자로서 해당 물질을 제조하거나 수입한 자가 아닌 경우에는, 변경된 물질안전보건자료를 제공받은 때에는 이를 다시 해당 물질을 양도받거나 제공받는 자에게 제공하여야 함

④ 물질안전보건자료의 제공 방법

① 기본 제공 방법

물질안전보건자료를 제공하는 경우에는 물질안전보건자료시스템 제출 시 부여된 번호를 해당 물질안전보건자료에 반영하여, 물질안전보건자료대상물질과 함께 제공하여야 함

또는 고용노동부장관이 정하여 고시한 다음 각 항의 어느 하나에 해당하는 방법으로 물질안전보건자료를 제공할 수 있으며, 이 경우 제공자는 상대방의 수신 여부를 확인하여야 함

⑴ 등기우편에 의한 제공

⑵ 「정보통신망 이용촉진 및 정보보호 등에 관한 법률」 제2조제1항에 따른 정보통신망 및 전자문서를 이용한 제공(물질안전보건자료를 직접 첨부하거나 저장하여 제공하는 경우에 한함)

② 분류기준 비해당 물질의 서면 통보

산업안전보건법 시행규칙 별표 18 제1호에 따른 분류기준에 해당하지 아니하는 화학물질 또는 혼합물을 양도하거나 제공하는 경우에는, 해당 화학물질 또는 혼합물이 같은 분류기준에 해당하지 아니함을 서면으로 통보하여야 함

다만, 해당 내용을 포함한 물질안전보건자료를 제공한 경우에는 서면으로 통보한 것으로 봄

③ 반복 양도·제공 시 제공의 생략

동일한 상대방에게 동일한 물질안전보건자료대상물질을 2회 이상 계속하여 양도하거나 제공하는 경우에는, 해당 물질에 대한 물질안전보건자료의 변경이 없으면 추가로 물질안전보건자료를 제공하지 아니할 수 있음

다만, 상대방이 물질안전보건자료의 제공을 요청한 경우에는 그러하지 아니함

⑤ 벌칙

위반행위	세부내용	과태료 금액(만원)		
		1차 위반	2차 위반	3차 이상 위반
법 제111조제1항을 위반하여 물질안전보건자료를 제공하지 않은 경우 (물질안전보건자료대상물질 1종당)	1) 물질안전보건자료대상물질을 양도·제공하는 자가 물질안전보건자료를 제공하지 않은 경우(제공하지 않은 사업장 1개소당)			

법 제111조제1항을 위반하여 물질안전보건자료를 제공하지 않은 경우 (물질안전보건자료대상물질 1종당)	가) 물질안전보건자료대상물질을 양도·제공하는 자가 물질안전보건자료를 제공하지 않은 경우[나)에 해당하는 경우는 제외한다]	100	200	500
	나) 종전의 물질안전보건자료대상물질 양도·제공자로부터 물질안전보건자료를 제공받지 못하여 상대방에게 물질안전보건자료를 제공하지 않은 경우	10	20	50
	2) 물질안전보건자료의 기재사항을 잘못 작성하여 제공한 경우(제공한 사업장 1개소당)			
	가) 물질안전보건자료의 기재사항을 거짓으로 작성하여 제공한 경우	100	200	500
	나) 과실로 잘못 작성하거나 누락하여 제공한 경우	10	20	50
법 제111조제2항 또는 제3항을 위반하여 물질안전보건자료의 변경 내용을 반영하여 제공하지 않은 경우 (물질안전보건자료대상물질 1종당)	1) 물질안전보건자료대상물질을 제조·수입한 자가 변경사항을 반영한 물질안전보건자료를 제공하지 않은 경우(제공하지 않은 사업장 1개소당)	50	100	300
	2) 종전의 물질안전보건자료대상물질 양도·제공자로부터 변경된 물질안전보건자료를 제공받지 못하여 상대방에게 변경된 물질안전보건자료를 제공하지 않은 경우(제공하지 않은 사업장 1개소당)	10	20	30

8 / 물질안전보건자료의 일부 비공개 승인(법 제112조)

① 개요

물질안전보건자료대상물질은 원칙적으로 구성 화학물질의 명칭 및 함유량을 물질안전보건자료에 기재하여야 하나, 영업비밀과 관련되어 이를 공개하기 곤란한 경우에는 고용노동부장관의 승인을 받아 해당 화학물질의 명칭 및 함유량을 대체할 수 있는 명칭 및 함유량(이하 "대체자료")으로 기재할 수 있도록 하고 있음

이 제도는 영업비밀 보호와 근로자의 알 권리 및 건강 보호 간의 조화를 목적으로 하여, 공개를 원칙으로 하되 법령에서 정한 요건과 절차에 따라 예외적으로 일부 비공개를 허용하는 구조로 설계됨

② 비공개 승인 제도의 기본 구조

① 공개 원칙과 예외적 비공개

물질안전보건자료에는 원칙적으로 법 제110조제1항제2호에 따라 화학물질의 명칭 및 함유량을 기재하여야 하며, 일부 비공개는 영업비밀 보호를 이유로 한 예외적인 제도로 운영됨

② 비공개가 허용되지 않는 화학물질

근로자에게 중대한 건강장해를 초래할 우려가 있는 화학물질로서 「산업재해보상보험법」제8조제1항에 따른 산업재해보상보험및예방심의위원회의 심의를 거쳐 고용노동부장관이 고시하는 화학물질에 대해서는, 영업비밀에 해당하더라도 화학물질의 명칭 및 함유량을 대체자료로 기재할 수 없음

③ 비공개 승인 신청

① 신청 주체 및 신청 시기

물질안전보건자료대상물질을 제조하거나 수입하려는 자는 화학물질의 명칭 및 함유량을 대체자료로 기재하기 위하여, 해당 물질을 제조하거나 수입하기 전에 물질안전보건자료시스템을 통하여 고용노동부장관에게 비공개 승인 신청을 하여야 함

② 비공개 승인 신청 시 제출 서류

비공개 승인을 신청하려는 자는 비공개 승인신청서[146]에 다음 각 호의 정보를 기재하거나 첨부하여 공단에 제출하여야 함

(1) 대체자료로 적으려는 화학물질의 명칭 및 함유량이 「부정경쟁방지 및 영업비밀 보호에 관한 법률」 제2조제2호에 따른 영업비밀에 해당함을 입증하는 자료로서 고용노동부장관이 정하여 고시[147]하는 자료

(2) 대체자료

(3) 대체자료로 적으려는 화학물질의 명칭 및 함유량, 건강 및 환경에 대한 유해성, 물리적 위험성 정보

(4) 물질안전보건자료

(5) 법 제104조에 따른 분류기준에 해당하지 않는 화학물질의 명칭 및 함유량. 다만, 법 제110조제2항 각 호의 어느 하나에 해당하는 경우는 제외

(6) 그 밖에 화학물질의 명칭 및 함유량을 대체자료로 적도록 승인하기 위해 필요한 정보로서 고용노동부장관이 정하여 고시하는 서류

③ 연구·개발용 화학물질에 대한 특례

고용노동부장관이 정하여 고시하는 연구·개발용 화학물질 또는 화학제품에 대해서는, 비공개 승인 신청 시 영업비밀 입증자료 등 제②항 (1)호 및 (6)호의 자료를 생략하여 제출할 수 있음

이 경우 공단은 해당 승인 신청을 받은 날부터 2주 이내에 승인 여부를 결정하여, 그 결과를 물질안전보건자료 비공개 승인 결과 통지서[148]에 따라 신청인에게 통보하여야 함

---

146) 산업안전보건법 시행규칙 [별지 제63호서식]
147) 영업비밀 해당성 및 대체 필요성에 대한 판단은 단순히 "회사 내부 정보인지 여부"만을 기준으로 하지 않고,
　　 ① 해당 정보가 외부에 알려져 있지 않은지(비공지성),
　　 ② 기업이 해당 정보를 실제로 비밀로 관리하고 있는지(비밀관리성),
　　 ③ 정보 공개 시 경쟁상 불이익이 발생하는 등 경제적 가치가 있는지(경제적 유용성) 등을 종합적으로 검토하여 이루어짐
　　 이와 관련한 구체적인 판단 요소와 제출자료의 범위는 고용노동부고시 「화학물질의 분류·표시 및 물질안전보건자료에 관한 기준」 별표 7 「영업비밀에 해당함을 입증하는 자료 및 대체 필요성에 대한 판단기준」에서 상세히 정하고 있음.
148) 산업안전보건법 시행규칙 [별지 제64호서식]

④ 비공개 승인 및 연장승인 심사

① 심사 주체 및 심사 기준

고용노동부장관은 비공개 승인 또는 연장승인 신청에 대하여 화학물질 명칭 및 함유량의 대체 필요성, 대체자료의 적합성 및 물질안전보건자료의 적정성 등을 기준으로 승인 여부를 심사하며, 그 승인기준은 산업재해보상보험및예방심의위원회의 심의를 거쳐 정함

② 심사 절차 및 처리 기간

공단은 비공개 승인 또는 연장승인 신청을 받은 날부터 1개월 이내에 승인 여부를 결정하여 신청인에게 통보하여야 하며, 부득이한 사유가 있는 경우에는 10일의 범위에서 통보 기한을 연장할 수 있음

필요한 경우 신청인에게 자료의 수정 또는 보완을 요청할 수 있으며, 이 기간은 처리기간에 산입하지 아니함

③ 승인 결과의 반영

비공개 승인 또는 연장승인 결과를 통보받은 신청인은 해당 결과를 물질안전보건자료에 반영하여야 함

⑤ 비공개 승인 유효기간 및 연장

① 승인 유효기간

비공개 승인 또는 연장승인의 유효기간은 승인을 받은 날부터 5년으로 함

② 연장승인

유효기간이 만료된 후에도 계속하여 화학물질의 명칭 및 함유량을 대체자료로 기재하려는 경우에는, 유효기간 만료 30일 전까지 물질안전보건자료시스템을 통하여 비공개 연장승인을 신청할 수 있음

이 경우 신청인은 물질안전보건자료 비공개 연장승인 신청서[149]에 ③ 비공개 승인 신청 제②항 (1)호부터 (6)호까지의 서류를 첨부하여 공단에 제출하여야 하며, 연장승인이 이루어진 경우에는 승인 유효기간이 5년 단위로 계속 연장됨

---

149) 산업안전보건법 시행규칙 [별지 제63호서식]

⑥ 비공개 승인 취소 및 사후 조치

① 승인 또는 연장승인의 취소

고용노동부장관은 다음 각 호의 어느 하나에 해당하는 경우에는 비공개 승인 또는 연장승인을 취소할 수 있으며, ⑴호의 경우에는 이를 반드시 취소하여야 함

⑴ 거짓이나 그 밖의 부정한 방법으로 승인 또는 연장승인을 받은 경우

⑵ 비공개 승인 또는 연장승인을 받은 화학물질이, 이후 근로자에게 중대한 건강장해를 초래할 우려가 있는 화학물질로서 산업재해보상보험및예방심의위원회의 심의를 거쳐 고용노동부장관이 고시한 대상에 해당하게 된 경우

② 취소 후 조치

승인 취소 통지를 받은 자는 화학물질의 명칭 및 함유량을 기재하는 등 그 결과를 반영하여 물질안전보건자료를 변경하여야 하며, 변경된 물질안전보건자료에 대하여 법 제110조 및 제111조에 따른 제출 및 제공 등의 조치를 하여야 함

③ 비공개 승인 대체자료의 연계 사용

비공개 승인 또는 연장승인을 받은 물질안전보건자료대상물질을 원료로 하여 다른 물질안전보건자료대상물질을 제조하거나 수입하는 경우에는, 원료 물질의 물질안전보건자료에 기재된 대체자료(비공개 승인번호 및 유효기간 포함)를 연계하여 사용할 수 있음

다만, 제조 과정에서 화학적 조성이 변경되어 새로운 화학물질을 제조하는 경우에는 그러하지 아니함

⑦ 대체자료 정보의 제공 요구

① 정보 제공 요구가 가능한 경우

근로자의 안전 및 보건을 유지하거나 직업성 질환 발생 원인을 규명하기 위하여 필요하다고 인정되는 경우로서, 다음 각 호의 어느 하나에 해당하는 경우에는, 아래 제② 항에 따른 정보 제공 요구 주체에 해당하는 자는 물질안전보건자료대상물질을 제조하거나 수입한 자에게 대체자료로 기재된 화학물질의 명칭 및 함유량 정보의 제공을 요구할 수 있음

⑴ 근로자를 치료하는 「의료법」 제2조에 따른 의사 및 산업보건의가 물질안전보건자료대상물질로 인하여 발생한 직업성 질병에 대한 근로자의 치료를 위하여 필요하

다고 판단하는 경우

(2) 보건관리자 및 보건관리전문기관, 산업보건의, 근로자대표가 물질안전보건자료대상물질로 인하여 근로자에게 직업성 질환 등 중대한 건강상의 장해가 발생할 우려가 있다고 판단하는 경우

(3) 근로자대표, 역학조사 실시 업무를 위탁받은 기관, 「산업재해보상보험법」 제38조에 따른 업무상질병판정위원회가 근로자에게 발생한 직업성 질환의 원인 규명을 위해 필요하다고 판단하는 경우

② 정보 제공 요구 주체

제①항에 따라 정보 제공을 요구할 수 있는 자는 다음 각 호와 같음

(1) 근로자를 진료하는 「의료법」 제2조에 따른 의사

(2) 보건관리자 및 보건관리전문기관

(3) 산업보건의

(4) 근로자대표

(5) 제165조제2항제38호에 따라 제141조제1항에 따른 역학조사(疫學調査) 실시 업무를 위탁받은 기관

(6) 「산업재해보상보험법」 제38조에 따른 업무상질병판정위원회

③ 정보 제공 방법

정보 제공 요구를 받은 자는 고용노동부장관이 정하여 고시하는 방법에 따라 해당 정보를 제공하여야 함

⑧ 이의신청 특례(법 제112조의2)

① 이의신청의 대상 및 신청기한

비공개 승인 또는 연장승인 결과에 이의가 있는 신청인은, 그 결과를 통보받은 날부터 30일 이내에 고용노동부장관에게 이의신청을 할 수 있음

② 이의신청 방법 및 제출서식

이의신청을 하려는 자는 물질안전보건자료시스템을 통하여 물질안전보건자료 비공개

승인 이의신청서[150]를 공단에 제출하여야 함

③ 재심사 및 결정

공단은 이의신청이 있는 경우, 법 제112조의2제2항에 따른 기간 이내에 승인기준[151]에 따라 승인 또는 연장승인 여부를 다시 결정하여야 하며, 그 결과를 비공개 승인 재심사 결과 통지서[152]에 따라 신청인에게 통보하여야 함

④ 외부 전문가 의견 청취

고용노동부장관은 이의신청에 따른 승인 여부를 결정하기 위하여 필요한 경우 외부 전문가의 의견을 들을 수 있으며, 이 경우 외부 전문가 의견 청취에 소요되는 기간은 결과 통지기간에 산입하지 아니함

⑤ 이의신청 결과의 반영

이의신청에 따른 승인 또는 연장승인 결과를 통보받은 신청인은, 고용노동부장관이 정하여 고시하는 바에 따라 해당 결과를 물질안전보건자료에 반영하여야 함

⑨ 벌칙

위반행위	세부내용	과태료 금액(만원)		
		1차 위반	2차 위반	3차 이상 위반
법 제112조제1항 본문을 위반하여 승인을 받지 않고 화학물질의 명칭 및 함유량을 대체자료로 적은 경우 (물질안전보건자료대상물질 1종당)	1) 물질안전보건자료대상물질을 제조·수입하는 자가 승인을 받지 않은 경우	100	200	500
	2) 물질안전보건자료에 승인 결과를 거짓으로 적용한 경우	500	500	500
	3) 물질안전보건자료대상물질을 제조·수입한 자가 승인의 유효기간이 지났음에도 불구하고 대체자료가 아닌 명칭 및 함유량을 물질안전보건자료에 반영하지 않은 경우	100	200	500

---

150) 산업안전보건법 시행규칙 [별지 제65호서식]
151) ③ '비공개 승인 신청' 중 제②항 (1)호의 "고용노동부장관이 정하여 고시" 부분에 대한 주석 참조
152) 산업안전보건법 시행규칙 [별지 제66호서식]

법 제112조제1항 또는 제5항에 따른 비공개 승인 또는 연장승인 신청 시 영업비밀과 관련되어 보호사유를 거짓으로 작성하여 신청한 경우 (물질안전보건자료대상물질 1종당)		500	500	500
법 제112조제10항 각 호 외의 부분 후단을 위반하여 대체자료로 적힌 화학물질의 명칭 및 함유량 정보를 제공하지 않은 경우		100	200	500

9 / 국외제조자가 선임한 자에 의한 정보 제출 등(법 제113조)

① 개요

국외에서 화학물질 또는 이를 함유한 혼합물을 제조하는 자는 국내에서 해당 물질안전보건자료대상물질을 수입하는 자를 대신하여, 물질안전보건자료의 작성·제출 등 관련 업무를 수행할 수 있도록 법령에서 정한 요건을 갖춘 자를 선임할 수 있음

이 제도는 국외제조자가 직접 국내 행정 절차를 이행하기 어려운 현실을 고려하여, 물질안전보건자료 제도의 실효성을 확보하고 수입 단계에서의 정보 공백을 방지하기 위한 제도임

② 선임 제도의 기본 구조

① 선임의 취지

국외제조자는 물질안전보건자료와 관련된 법적 의무를 국내 수입자에게 전적으로 전가하지 않고, 일정 요건을 갖춘 자를 선임하여 해당 업무를 수행하게 할 수 있음

② 선임의 법적 성격

국외제조자가 선임한 자는 물질안전보건자료 제도와 관련하여 수입자를 갈음하여 법령에서 정한 업무를 수행하는 지위에 있음

③ 선임 가능한 업무 범위

국외제조자가 선임한 자는 다음 각 사항의 업무를 수행할 수 있음

① 물질안전보건자료 관련 업무

(1) 법 제110조제1항 또는 제3항에 따른 물질안전보건자료의 작성 및 제출

(2) 물질안전보건자료 변경 사항이 발생한 경우 변경된 자료의 제출

② 화학물질 구성성분 관련 자료 제출

(1) 법 제110조제2항 본문에 따른 분류기준 비해당인 화학물질의 명칭 및 함유량 제출

(2) 같은 항 제2호에 따른 확인서류의 제출

③ 일부 비공개 승인 및 이의신청 관련 업무

(1) 법 제112조제1항에 따른 대체자료 기재 승인 신청

(2) 법 제112조제5항에 따른 비공개 승인 유효기간 연장 신청

⑶ 법 제112조의2에 따른 비공개 승인 또는 연장승인 결과에 대한 이의신청

④ 선임된 자의 요건

① 기본 요건

국외제조자가 선임할 수 있는 자는 다음 각 호의 어느 하나에 해당하여야 함

⑴ 대한민국 국민

⑵ 대한민국 내에 주소를 가진 자(법인인 경우에는 국내 소재지)

② 요건의 취지

국내 행정기관과의 원활한 소통, 자료 제출 및 관리 책임의 명확화를 위하여 국내와 실질적 연결성이 있는 자로 선임 대상을 한정함

⑤ 선임 및 해임 신고 절차

① 신고 의무

국외제조자에 의하여 선임되거나 해임된 자는, 그 사실을 고용노동부장관에게 신고하여야 함

② 신고 방법 및 제출서류

선임 또는 해임 신고를 하려는 자는 선임서 또는 해임서[153]에 다음 각 호의 서류를 첨부하여 관할 지방고용노동관서의 장에게 제출하여야 함

⑴ 선임 요건을 증명하는 서류

⑵ 선임계약서 사본 등 선임 또는 해임 사실을 증명하는 서류

③ 행정정보 확인

지방고용노동관서의 장은 신고를 받은 경우 「전자정부법」에 따른 행정정보 공동이용을 통해 사업자등록증명을 확인함

다만, 공동이용에 동의하지 않는 경우에는 해당 서류를 첨부하여야 함

④ 신고증 발급

---

153) 산업안전보건법 시행규칙 [별지 제68호서식]

지방고용노동관서의 장은 신고를 받은 날부터 7일 이내에 신고증[154]을 발급하여야 함

⑥ 선임 사실의 통지 및 자료 제공

① 신고증 사본 제공

국외제조자 또는 그에 의하여 선임된 자는, 물질안전보건자료대상물질을 수입하는 자에게 신고증 사본을 제공하여야 함

② 업무 수행 결과의 제공

선임된 자가 다음의 업무를 수행한 경우에는, 그 결과를 해당 물질안전보건자료대상물질의 수입자에게 제공하여야 함

(1) 화학물질의 명칭 및 함유량 관련 자료 제출

(2) 대체자료 기재 승인, 연장승인 또는 이의신청 수행 결과

⑦ 물질안전보건자료의 제출 및 제공

■ 제출 시의 제공 의무

국외제조자가 선임한 자는 고용노동부장관에게 물질안전보건자료를 제출하는 경우, 해당 물질안전보건자료를 그 물질안전보건자료대상물질을 수입하는 자에게 함께 제공하여야 함

⑧ 벌칙

위반행위	세부내용	과태료 금액(만원)		
		1차 위반	2차 위반	3차 이상 위반
법 제113조제1항에 따라 선임된 자로서 같은 항 각 호의 업무를 거짓으로 수행한 경우		500	500	500
법 제113조제1항에 따라 선임된 자로서 같은 조 제2항에 따라 고용노동부장관에게 제출한 물질안전보건자료를 해당 물질안전보건자료대상물질을 수입하는 자에게 제공하지 않은 경우 (물질안전보건자료대상물질 1종당)		100	200	500

---

154) 산업안전보건법 시행규칙 [별지 제69호서식]

10 / 물질안전보건자료의 게시 및 교육(법 제114조)

① 개요

물질안전보건자료대상물질을 취급하는 사업주는 근로자의 안전 및 보건을 확보하기 위하여 해당 물질에 대한 물질안전보건자료(MSDS)를 근로자가 언제라도 쉽게 확인할 수 있도록 작업장에 게시하거나 갖추어 두어야 함

또한 작업공정별로 해당 물질의 관리 요령을 게시하고, 취급 근로자에게 유해성·위험성 및 취급·보호조치 등에 관한 교육을 실시하는 등 필요한 조치를 하여야 함

이 규정은 화학물질의 유해성·위험성 정보가 현장에서 즉시 제공·확인될 수 있도록 하여 근로자의 알 권리를 충족하고, 근로자가 정보를 이해한 상태에서 안전한 작업행동으로 이어지도록 하기 위한 정보전달 및 사후관리 제도임

② 게시·비치 의무의 내용

① 게시·비치의 대상

물질안전보건자료대상물질을 취급하려는 사업주는 법령에 따라 작성하였거나 제공받은 물질안전보건자료를 작업장 내에 게시하거나 갖추어 두어야 함

② 게시·비치의 기본원칙

물질안전보건자료대상물질을 취급하는 근로자가 쉽게 볼 수 있는 장소에 게시하거나 상시 열람 가능하도록 갖추어 두어야 함

③ 게시·비치 장소의 구체 기준

다음 장소 또는 전산장비에 항상 물질안전보건자료를 게시하거나 갖추어 두어야 함

⑴ 물질안전보건자료대상물질을 취급하는 작업공정이 있는 장소

⑵ 작업장 내 근로자가 가장 보기 쉬운 장소

⑶ 근로자가 작업 중 쉽게 접근할 수 있는 장소에 설치된 전산장비

④ 전산장비로 게시·비치하는 경우의 추가조치

전산장비에 게시하거나 갖추어 두는 경우에는 다음 조치를 이행하여야 함

⑴ 물질안전보건자료를 확인할 수 있는 전산장비를 취급근로자가 작업 중 쉽게 접근할 수 있는 장소에 설치하여 가동 상태를 유지할 것

⑵ 취급근로자에게 전산장비 프로그램 작동 방법, 제품명 입력 및 물질안전보건자료 확인 방법 등을 교육할 것

⑶ 작업공정별 관리요령에 물질안전보건자료 검색·열람방법을 포함하여 게시할 것

⑤ 전산장비 활용 가능 여부의 확인

사업주는 전산장비를 갖추어 둔 경우 취급근로자가 해당 장비를 이용하여 물질안전보건자료를 실제로 확인할 수 있는지 여부를 확인하여야 함

③ 건설공사 등 예외적 게시 방식

① 적용대상

건설공사, 안전보건규칙 제420조제8호의 임시 작업[155], 같은 조 제9호의 단시간 작업[156]

② 예외내용

위 작업에 대해서는 물질안전보건자료 자체 게시·비치 대신 작업공정별 관리요령 게시로 갈음할 수 있음

③ 근로자 요청 시의 원칙

다만, 근로자가 물질안전보건자료의 게시를 요청하는 경우에는 예외 없이 물질안전보건자료를 게시하여야 함

④ 작업공정별 관리요령의 게시(법 제114조제2항, 시행규칙 제168조)

① 물질안전보건자료(MSDS)와 작업공정별 관리요령의 관계

물질안전보건자료(MSDS)는 화학물질의 유해성·위험성 정보를 포괄적으로 제공하는 근거자료인 반면, 작업공정별 관리요령은 근로자가 작업 중 즉시 확인할 수 있도록 공정별 핵심 정보를 요약하여 취급주의 사항, 보호구, 응급조치 및 사고 시 대처방법 등을 현장 중심으로 제시하는 실행자료임

따라서 관리요령은 MSDS의 내용을 공정 특성에 맞게 적용하여 재해 예방과 사고 대응을 지원하는 자료라는 점에서 MSDS와 상호보완적 성격을 가짐

---

155) "임시작업"이란 일시적으로 하는 작업 중 월 24시간 미만인 작업을 말한다. 다만, 월 10시간 이상 24시간 미만인 작업이 매월 행하여지는 작업은 제외함

156) "단시간작업"이란 관리대상 유해물질을 취급하는 시간이 1일 1시간 미만인 작업을 말한다. 다만, 1일 1시간 미만인 작업이 매일 수행되는 경우는 제외함

② 게시의무

사업주는 물질안전보건자료대상물질을 취급하는 작업공정별로 관리요령을 게시하여
야 함

③ 관리요령에 포함되어야 할 필수사항

관리요령에는 다음 사항이 포함되어야 함

⑴ 제품명

⑵ 건강 및 환경에 대한 유해성, 물리적 위험성

⑶ 안전 및 보건상의 취급주의 사항

⑷ 적절한 보호구

⑸ 응급조치 요령 및 사고 시 대처방법

④ 작성기준

작업공정별 관리요령은 물질안전보건자료에 기재된 내용을 참고하여 작성하여야 함

⑤ 그룹 게시 허용

유해성·위험성이 유사한 물질안전보건자료대상물질은 그룹별로 관리요령을 작성하여
게시할 수 있음

⑤ 물질안전보건자료 교육

① 교육의무

사업주는 물질안전보건자료대상물질을 취급하는 근로자의 안전 및 보건을 위하여 해
당 근로자를 교육하는 등 적절한 조치를 하여야 함

② 교육내용

물질안전보건자료 교육에는 다음 사항이 포함되어야 함

⑴ 대상 화학물질의 명칭(또는 제품명)

⑵ 물리적 위험성 및 건강 유해성

⑶ 취급상의 주의사항

⑷ 적절한 보호구

⑸ 응급조치 요령 및 사고 시 대처방법

(6) 물질안전보건자료 및 경고표지를 이해하는 방법

③ 교육 실시 시기

다음 경우 중 어느 하나에 해당하면 물질안전보건자료를 근로자에게 교육하여야 함

(1) 물질안전보건자료대상물질을 제조·사용·운반 또는 저장하는 작업에 근로자를 배치하게 된 경우

(2) 새로운 물질안전보건자료대상물질이 도입된 경우

(3) 유해성·위험성 정보가 변경된 경우

④ 교육담당자

물질안전보건자료 교육은 안전보건교육 강사 자격기준[157]에 해당하는 사람이 실시하여야 함

⑤ 교육시간 및 안전보건교육 인정

물질안전보건자료에 대한 교육시간은 법령으로 정하고 있지 않음

다만 물질안전보건자료에 대한 교육을 실시한 교육시간만큼 법 제29조에 따른 안전·보건교육[158]을 실시한 것으로 봄

⑥ 그룹 교육 허용

유해성·위험성이 유사한 물질안전보건자료대상물질은 그룹별로 분류하여 교육할 수 있음

⑦ 교육기록 보존

사업주는 교육을 실시한 경우 교육시간 및 내용 등을 기록하여 보존하여야 함

⑥ 벌칙

위반행위	세부내용	과태료 금액(만원)		
		1차 위반	2차 위반	3차 이상 위반
법 제114조제1항을 위반하여 물질안전보건자료를 게시하지 않거나 갖추어 두지 않은 경우(물질안전보건자료대상물질 1종당)	1) 작성한 물질안전보건자료를 게시하지 않거나 갖추어 두지 않은 경우(작업장 1개소당)	100	200	500

---

157) 본서 제3장 「근로자 안전보건교육」 중 '1. 근로자 안전보건교육'의 안전보건교육 강사 자격기준 부분 참조

158) 법 제29조에 따른 안전보건교육은 정기교육, 채용 시 교육, 작업내용 변경 시 교육, 특별교육을 말함

위반행위	세부내용	과태료 금액(만원)		
		1차 위반	2차 위반	3차 이상 위반
법 제114조제1항을 위반하여 물질안전보건자료를 게시하지 않거나 갖추어 두지 않은 경우(물질안전보건자료대상물질 1종당)	2) 제공받은 물질안전보건자료를 게시하지 않거나 갖추어 두지 않은 경우(작업장 1개소당)	100	200	500
	3) 물질안전보건자료대상물질을 양도 또는 제공한 자로부터 물질안전보건자료를 제공받지 못하여 게시하지 않거나 갖추어 두지 않은 경우(작업장 1개소당)	10	20	50
법 제114조제3항(법 제166조의2에서 준용하는 경우를 포함함)을 위반하여 해당 근로자 또는 현장실습생을 교육하는 등 적절한 조치를 하지 않은 경우	교육대상 근로자 1명당	50	100	300

11 / 물질안전보건자료대상물질용기의 경고표시[법 제115조]

① 개요

물질안전보건자료대상물질을 양도하거나 제공하는 자는 해당 물질을 담은 용기 및 포장에 경고표시를 하여 취급자가 물질의 유해성·위험성을 즉시 식별할 수 있도록 하여야 함

또한 사업장에서 물질안전보건자료대상물질을 사용하는 사업주는 소분하여 사용하거나 경고표시가 훼손·변형된 경우 등에는 해당 물질을 담은 용기에 경고표시를 다시 하여 취급 근로자가 위험성을 명확히 인지할 수 있도록 하여야 함

이 규정은 물질안전보건자료(MSDS)가 화학물질의 유해성·위험성 정보를 포괄적으로 제공하는 근거자료라면, 경고표시는 그 핵심 정보를 용기·포장에 '현장 표지' 형태로 표시하여 별도의 서류를 확인하지 않더라도 즉시 위험을 인지하고 취급·보관·운반 과정에서의 노출 및 사고를 예방하도록 하는 최종 단계의 안전조치 제도임

② 경고표시 의무 주체 및 적용 범위

① 양도·제공자 의무

물질안전보건자료대상물질을 양도하거나 제공하는 자는 법령으로 정하는 방법에 따라 해당 물질을 담은 용기 및 포장에 경고표시를 하여야 함

다만, 용기·포장에 담는 방법 외의 방법으로 양도·제공하는 경우에는 경고표시 기재항목을 적은 자료를 제공하여야 함

② 사용사업주 의무

사업주는 사업장에서 사용하는 물질안전보건자료대상물질을 담은 용기에 법령으로 정하는 방법에 따라 경고표시를 하여야 함

다만, 용기에 이미 경고표시가 되어 있는 등 일정한 사유를 충족하는 경우에는 경고표시 의무가 면제됨

③ 경고표시의 기본 방식과 대체 표시 인정

① 경고표시의 방식

물질안전보건자료대상물질 단위로 경고표지를 작성하여 용기 및 포장에 부착하거나 인쇄하는 등 유해·위험정보가 명확히 나타나도록 하여야 함

② 다른 법령에 따른 표시의 갈음 인정

다음 중 어느 하나에 해당하는 표시를 한 경우에는 경고표시를 한 것으로 봄

(1) 「고압가스 안전관리법」 제11조의2에 따른 용기 등의 표시

(2) 「위험물 선박운송 및 저장규칙」에 따른 표시(수입물품 표시는 최초 사용사업장 반입 전까지만 해당)

(3) 「위험물안전관리법」에 따른 위험물 운반용기 표시

(4) 「항공안전법 시행규칙」에 따른 포장물 표기(수입물품 표시는 최초 사용사업장 반입 전까지만 해당)

(5) 「화학물질관리법」에 따른 유해화학물질 표시

④ 경고표지의 기재항목

경고표지에는 다음 사항이 모두 포함되어야 함

① 명칭: 제품명

② 그림문자: 화학물질의 분류에 따라 유해·위험의 내용을 나타내는 그림

③ 신호어: 유해·위험의 심각성 정도에 따라 표시하는 "위험" 또는 "경고" 문구

④ 유해·위험 문구: 화학물질의 분류에 따라 유해·위험을 알리는 문구

⑤ 예방조치 문구: 화학물질에 노출되거나 부적절한 저장·취급 등으로 발생하는 유해·위험을 방지하기 위하여 알리는 주요 유의사항

⑥ 공급자 정보: 물질안전보건자료대상물질의 제조자 또는 공급자의 이름 및 전화번호 등

⑤ 경고표지의 언어·부착 원칙 및 예외

① 한글 경고표지 원칙

양도·제공자는 용기 및 포장에 한글로 작성한 경고표지를 부착 또는 인쇄하여 유해·위험정보가 명확히 나타나도록 하여야 함

다만, 실험실 시험·연구목적 시약으로 외국어 경고표지가 부착된 경우 또는 수출을 위하여 저장·운반 중인 완제품은 한글 경고표지 부착을 하지 아니할 수 있음

② UN 위험물 운송표시 허용[159]

UN 「위험물 운송에 관한 권고(RTDG)」에 따른 유해성·위험성 물질의 포장 표시는 RTDG에 따라 표시할 수 있음

③ RTDG 표시 시 그림문자 생략 가능

포장하지 않는 드럼 등의 용기에 RTDG에 따라 표시한 경우에는 경고표지에 그림문자를 표시하지 아니할 수 있음

④ 부착·인쇄 곤란 시 꼬리표 허용

경고표지를 부착하거나 인쇄로 표시하기 곤란한 경우 경고표지를 인쇄한 꼬리표를 달 수 있음

⑤ 사용사업주의 확인·보완 의무

사용사업주는 사용·운반·저장 전에 경고표지 유무를 확인하여야 하며, 경고표지가 없는 경우에는 경고표지를 부착하여야 함

⑥ 양도·제공자에게 부착 요청 가능

사용사업주는 양도·제공자에게 경고표지 부착을 요청할 수 있음

⑥ 경고표지 작성의 실무 기준

① 소량용기 간소화

내용량이 100g 이하 또는 100mL 이하인 경우에는 명칭, 그림문자, 신호어, 공급자 정보만 표시할 수 있음

② 반제품·용기(사업장 내 자체 사용) 간소화

자체 사용을 위해 담은 반제품용기에 경고표시를 하는 경우 유해·위험 정도에 따른 "위험" 또는 "경고" 문구만 표시할 수 있음

다만, 보관·저장장소의 작업자가 쉽게 볼 수 있는 위치에 경고표지를 부착하거나 물질안전보건자료를 게시하여야 함

---

159) RTDG란 UN Recommendations on the Transport of Dangerous Goods으로, UN 「위험물 운송에 관한 권고」에 해당하며 위험물의 운송 단계에서 분류·포장·표지 등에 관한 국제 기준을 제시하는 운송 표준임
산업안전보건법상 경고표지(GHS)가 작업장 내 취급 안전을 위한 표시라면, RTDG 표지는 운송 중 화재·폭발 등 사고 예방을 위한 표시로 목적과 적용 범위가 구분됨
따라서 운송용 포장에 RTDG 기준에 따른 표지가 적정하게 표시된 경우에는 경고표지를 중복 부착하지 않도록 이를 인정하는 취지임

③ 그림문자·신호어 등 작성 세부원칙

  ⑴ 명칭은 물질안전보건자료상의 제품명을 기재

  ⑵ 그림문자는 해당되는 것을 모두 표시하되, 특정 중복 상황에서는 대표 그림문자만 표시할 수 있음

  ⑶ 신호어는 "위험"과 "경고"가 함께 해당되면 "위험"만 표시

  ⑷ 유해·위험 문구는 해당되는 것을 모두 표시하되 중복은 생략 또는 조합 가능

  ⑸ 예방조치 문구는 원칙적으로 해당되는 것을 표시하되 중복 생략·조합 가능, 7개 이상이면 예방·대응·저장·폐기 각 1개 이상 포함하여 6개로 축약 가능하며, 생략 문구는 물질안전보건자료를 참고하도록 기재하여야 함

⑦ 경고표지의 양식·색상·부착 위치

① 양식 및 규격

  ⑴ 양식

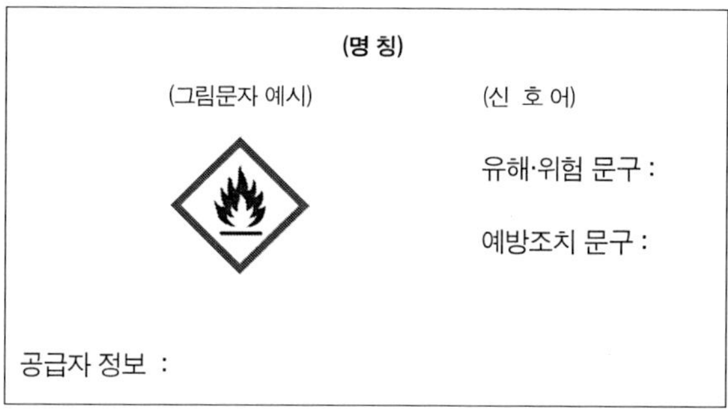

  ⑵ 규격

    가. 용기 또는 포장의 용량별 인쇄 또는 표찰의 크기

용기 또는 포장의 용량	인쇄 또는 표찰의 규격
용량≥500ℓ	450㎠ 이상
200ℓ≤용량<500ℓ	300㎠ 이상
50ℓ≤용량<200ℓ	180㎠ 이상
5ℓ≤용량<50ℓ	90㎠ 이상
용량<5ℓ	용기 또는 포장의 상하면적을 제외한 전체 표면적의 5%이상

　　나. 그림문자의 크기

　　　1) 개별 그림문자의 크기는 인쇄 또는 표찰 규격의 40분의 1 이상이어야 함

　　　2) 그림문자의 크기는 최소한 0.5㎠ 이상이어야 한다.

② 색상 원칙

바탕 흰색, 글씨·테두리 검정색을 원칙으로 함

③ 포장 특성에 따른 예외

비닐포대 등 흰색 바탕이 어려운 경우 포장 또는 용기 표면을 바탕색으로 사용할 수 있음

다만, 바탕이 검정색에 가까우면 글씨와 테두리는 대비색으로 표시하여야 함

④ 그림문자 색상 원칙

그림은 검정색, 테두리는 빨간색, 바탕은 흰색을 원칙으로 하되, 바탕색과 구분이 어려운 경우 대비색 적용 가능

⑤ 부착 위치

경고표지는 취급근로자가 사용 중에도 쉽게 볼 수 있는 위치에 견고하게 부착하여야 함

⑧ 용기·포장 외 제공 시 '경고표시 기재항목 자료' 제공

① 제공 시점

경고표시 기재항목을 적은 자료는 양도·제공 시 함께 제공하여야 함

다만, 경고표시 기재항목이 물질안전보건자료에 포함되어 있는 경우에는 물질안전보건자료 제공으로 갈음할 수 있음

② 반복 거래 시 제공 생략

같은 상대방에게 같은 물질을 2회 이상 계속하여 양도·제공하는 경우 최초 제공 자료의 기재내용 변경이 없으면 추가 제공을 생략할 수 있음

다만, 상대방이 자료 제공을 요청하면 제공하여야 함

⑨ 벌칙

위반행위	세부내용	과태료 금액(만원)		
		1차 위반	2차 위반	3차 이상 위반
법 제115조제1항 또는 같은 조 제2항 본문을 위반하여 경고표시를 하지 않은 경우(물질안전보건자료대상물질 1종당)	1) 물질안전보건자료대상물질을 담은 용기 및 포장에 경고표시를 하지 않은 경우			
	가) 물질안전보건자료대상물질을 용기 및 포장에 담는 방법으로 양도·제공하는 자가 용기 및 포장에 경고표시를 하지 않은 경우(양도·제공받은 사업장 1개소당)	50	100	300
	나) 물질안전보건자료대상물질을 사용하는 사업주가 용기에 경고표시를 하지 않은 경우	50	100	300
	다) 종전의 물질안전보건자료대상물질 양도·제공자로부터 경고표시를 한 용기 및 포장을 제공받지 못해 경고표시를 하지 않은 채로 물질안전보건자료대상물질을 양도·제공한 경우(경고표시를 하지 않고 양도·제공받은 사업장 1개소당)	10	20	50
	라) 용기 및 포장의 경고표시가 제거되거나 경고표시의 내용을 알아볼 수 없을 정도로 훼손된 경우	10	20	50
	2) 물질안전보건자료대상물질을 용기 및 포장에 담는 방법이 아닌 방법으로 양도·제공하는 자가 경고표시 기재항목을 적은 자료를 제공하지 않는 경우(제공받지 않은 사업장 1개소당)	50	100	300

12 / 제조등 금지물질(법 제117조)

① 개요

누구든지 직업성 암을 유발하는 것으로 확인되어 근로자의 건강에 특히 해롭다고 인정되는 물질과, 유해성·위험성이 평가되었거나 조사된 화학물질 중 근로자에게 중대한 건강장해를 일으킬 우려가 있는 물질인 제조등금지물질을 제조·수입·양도·제공 또는 사용해서는 아니 되며, 시험·연구 또는 검사 목적 등 법령에서 정한 경우에는 고용노동부장관의 승인을 받아 사용할 수 있음

이는 근로자에게 중대한 건강장해를 초래할 수 있는 고위험 물질에 대하여 원칙적으로 제조 및 사용을 금지함으로써 직업성 질병을 예방하고 근로자의 생명과 건강을 보호하기 위한 취지임

② 제조등 금지물질의 범위 및 지정 기준

① 제조등 금지물질의 개념

제조등 금지물질은 제조·수입·양도·제공 또는 사용 그 자체가 근로자에게 중대한 건강장해를 초래할 우려가 있어 원칙적으로 취급이 금지되는 물질을 말함

② 제조등 금지물질의 지정 기준

⑴ 직업성 암을 유발하는 것으로 확인되어 근로자의 건강에 특히 해롭다고 인정되는 물질

⑵ 법 제105조제1항에 따라 유해성·위험성이 평가된 유해인자나 법 제109조에 따라 유해성·위험성이 조사된 화학물질 중 근로자에게 중대한 건강장해를 일으킬 우려가 있는 물질

③ 제조등 금지물질의 종류

⑴ β-나프틸아민[91-59-8]과 그 염(β-Naphthylamine and its salts)

⑵ 4-니트로디페닐[92-93-3]과 그 염(4-Nitrodiphenyl and its salts)

⑶ 백연[1319-46-6]을 포함한 페인트(포함된 중량의 비율이 2퍼센트 이하인 것은 제외)

⑷ 벤젠[71-43-2]을 포함하는 고무풀(포함된 중량의 비율이 5퍼센트 이하인 것은 제외)

⑸ 석면(Asbestos; 1332-21-4 등)

(6) 폴리클로리네이티드 터페닐(Polychlorinated terphenyls; 61788-33-8 등)

(7) 황린(黃燐)[12185-10-3] 성냥(Yellow phosphorus match)

(8) 제1호, 제2호, 제5호 또는 제6호에 해당하는 물질을 포함한 혼합물(포함된 중량의 비율이 1퍼센트 이하인 것은 제외)

(9) 「화학물질관리법」 제2조제5호에 따른 금지물질(같은 법 제3조제1항제1호부터 제12호까지의 규정에 해당하는 화학물질은 제외)

(10) 그 밖에 보건상 해로운 물질로서 산업재해보상보험및예방심의위원회의 심의를 거쳐 고용노동부장관이 정하는 유해물질

③ 제조등 금지행위의 범위

① 금지되는 행위

누구든지 제조등 금지물질을 제조·수입·양도·제공 또는 사용하여서는 아니 됨

② 적용 주체의 범위

제조등 금지행위는 특정 사업주에 한정되지 아니하고, 모든 자에게 적용됨

④ 예외적 취급 및 사용 승인

① 승인 대상 행위 및 목적

시험·연구 또는 검사 목적의 경우에는 다음의 어느 하나에 해당하는 때에 한하여 제조등 금지물질을 제조·수입·양도·제공 또는 사용할 수 있음

(1) 제조·수입 또는 사용을 위하여 고용노동부령으로 정하는 요건을 갖추어 고용노동부장관의 승인을 받은 경우

(2) 「화학물질관리법」 제18조제1항 단서에 따라 금지물질의 판매 허가를 받은 자가, 같은 항 단서에 따라 판매 허가를 받은 자 또는 제1호에 따라 사용 승인을 받은 자에게 제조등금지물질을 양도하거나 제공하는 경우

② 사용 승인 신청 주체 및 신청기관

제조등 금지물질을 시험·연구 또는 검사 목적으로 제조·수입 또는 사용하려는 자는 관할 지방고용노동관서의 장에게 사용 승인을 신청하여야 함

③ 사용 승인 신청 시 제출 서류

사용 승인 신청 시에는 제조·수입·사용 승인신청서[160]에 다음 각 호의 서류를 첨부하여 제출하여야 함

(1) 시험·연구계획서(제조·수입·사용의 목적·양 포함)

(2) 산업보건 관련 조치를 위한 시설·장치의 명칭·구조·성능 자료

(3) 해당 시험·연구실(작업장)의 전체 작업공정도와 각 공정별로 취급하는 물질의 종류·취급량 및 공정별 종사 근로자 수에 관한 서류

⑤ 승인 심사 및 승인서 발급

① 심사 사항

지방고용노동관서의 장은 제조·수입 또는 사용 승인신청서가 접수된 경우 다음의 사항을 심사함

(1) 신청서 및 첨부서류의 내용이 적정한지 여부

(2) 제조·사용설비 등이 안전보건규칙 제33조 및 제499조부터 제511조까지의 규정에 적합한지 여부

(3) 수입하려는 물질이 사용승인을 받은 물질과 같은지 여부, 사용승인 받은 양을 초과하는지 여부 및 그 밖에 사용승인신청 내용과 일치하는지 여부
(수입승인의 경우에만 해당함)

② 심사 기간 및 처리 결과

지방고용노동관서의 장은 신청서가 접수된 날부터 20일 이내에 심사 결과에 따라 승인서[161]를 신청인에게 발급하거나 불승인 사실을 신청인에게 알려야 함

다만, 수입승인은 해당 물질에 대하여 사용승인을 했거나 사용승인을 하는 경우에만 할 수 있음

⑥ 승인 후 관리사항

① 승인서 재발급

승인을 받은 자는 승인서를 분실하거나 훼손한 경우 관할 지방고용노동관서의 장에

---

160) 산업안전보건법 시행규칙 [별지 제70호서식]
161)   산업안전보건법 시행규칙 [별지 제71호서식]

게 재발급을 신청할 수 있음

② 승인서 반납

승인을 받은 자가 해당 업무를 폐지하거나 고용노동부장관이 승인 요건에 적합하지 아니하다고 판단하여 승인을 취소한 경우에는 즉시 승인서를 관할 지방고용노동관서의 장에게 반납하여야 함

⑦ 승인 취소

고용노동부장관은 사용 승인을 받은 자가 승인 요건에 적합하지 아니하게 된 경우에는 해당 승인을 취소하여야 함

⑧ 벌칙

◆ 산업안전보건법 제168조【벌칙】다음 각 호의 어느 하나에 해당하는 자는 5년 이하의 징역 또는 5천만원 이하의 벌금에 처한다.
　1. 제117조제1항을 위반한 자
◆ 산업안전보건법 제173조【양벌규정】법인의 대표자나 법인 또는 개인의 대리인, 사용인, 그 밖의 종업원이 그 법인 또는 개인의 업무에 관하여 제167조제1항 또는 제168조부터 제172조까지의 어느 하나에 해당하는 위반행위를 하면 그 행위자를 벌하는 외에 그 법인에게 다음 각 호의 구분에 따른 벌금형을, 그 개인에게는 해당 조문의 벌금형을 과(科)한다. 다만, 법인 또는 개인이 그 위반행위를 방지하기 위하여 해당 업무에 관하여 상당한 주의와 감독을 게을리하지 아니한 경우에는 그러하지 아니하다.
　1. 제167조제1항의 경우: 10억원 이하의 벌금
　2. 제168조부터 제172조까지의 경우: 해당 조문의 벌금형

13 / 허가대상물질(법 제118조)

① 개요

직업성 암을 유발하는 등 근로자의 건강에 특히 해롭다고 인정되거나, 유해성·위험성이 평가·조사되었으나 대체물질이 개발되지 아니한 허가대상물질을 제조하거나 사용하려는 경우에는 고용노동부장관의 허가를 받아야 하며, 허가를 받은 후에도 허가기준에 적합한 설비와 작업방법을 유지하고 이를 준수하여야 함

이는 근로자에게 중대한 건강장해를 초래할 우려가 있는 고위험 물질에 대하여 원칙적으로 제조 및 사용을 제한하되, 불가피한 경우에는 행정적 허가와 엄격한 관리기준을 통해 노출을 최소화하고 근로자의 건강을 보호하기 위한 취지임

② 허가대상물질의 범위 및 지정 기준

① 허가대상물질의 개념

대체물질이 개발되지 아니한 물질 중 근로자의 건강에 특히 해로운 물질을 말함

② 허가대상물질의 종류

(1) α-나프틸아민[134-32-7] 및 그 염(α-Naphthylamine and its salts)

(2) 디아니시딘[119-90-4] 및 그 염(Dianisidine and its salts)

(3) 디클로로벤지딘[91-94-1] 및 그 염(Dichlorobenzidine and its salts)

(4) 베릴륨(Beryllium; 7440-41-7)

(5) 벤조트리클로라이드(Benzotrichloride; 98-07-7)

(6) 비소[7440-38-2] 및 그 무기화합물(Arsenic and its inorganic compounds)

(7) 염화비닐(Vinyl chloride; 75-01-4)

(8) 콜타르피치[65996-93-2] 휘발물(Coal tar pitch volatiles)

(9) 크롬광 가공(열을 가하여 소성 처리하는 경우만 해당한다)(Chromite ore processing)

(10) 크롬산 아연(Zinc chromates; 13530-65-9 등)

(11) o-톨리딘[119-93-7] 및 그 염(o-Tolidine and its salts)

(12) 황화니켈류(Nickel sulfides; 12035-72-2, 16812-54-7)

(13) 제1호부터 제4호까지 또는 제6호부터 제12호까지의 어느 하나에 해당하는 물질

을 포함한 혼합물(포함된 중량의 비율이 1퍼센트 이하인 것은 제외)

(14) 제5호의 물질을 포함한 혼합물(포함된 중량의 비율이 0.5퍼센트 이하인 것은 제외)

(15) 그 밖에 보건상 해로운 물질로서 산업재해보상보험및예방심의위원회의 심의를 거쳐 고용노동부장관이 정하는 유해물질

③ 허가대상물질의 제조·사용 허가

① 허가 대상 행위

허가대상물질을 제조하거나 사용하려는 경우에는 사전에 허가를 받아야 하며, 허가 받은 사항을 변경하는 경우에도 동일함

② 허가 신청 주체 및 신청기관

허가대상물질을 제조하거나 사용하려는 자가 관할 지방고용노동관서의 장에게 허가를 신청함

③ 허가 신청 시 제출 서류

허가 신청 시에는 제조·사용 허가신청서[162]에 다음 각 호의 서류를 첨부하여 제출하여야 함

(1) 사업계획서(제조·사용의 목적·양 등에 관한 사항이 포함되어야 함)

(2) 산업보건 관련 조치를 위한 시설·장치의 명칭·구조·성능 등에 관한 서류

(3) 해당 사업장의 전체 작업공정도, 각 공정별로 취급하는 물질의 종류·취급량 및 공정별 종사 근로자 수에 관한 서류

④ 허가 심사 및 허가증 발급

① 심사 사항

(1) 제조·사용 허가신청서 및 첨부서류의 내용이 적정한지 여부

(2) 제조·사용 설비 등이 안전보건규칙 제33조, 제35조제1항(같은 규칙 별표 2 제16호 및 제17호에 해당하는 경우로 한정) 및 같은 규칙 제453조부터 제486조까지의 규정에 적합한지 여부

---

162) 산업안전보건법 시행규칙 [별지 제72호서식]

(3) 그 밖에 법 또는 법에 따른 명령의 이행에 관한 사항

② 심사 기간 및 처리 결과

지방고용노동관서의 장은 신청서가 접수된 날부터 20일 이내에 심사 결과에 따라 허가증[163]을 신청인에게 발급하거나 불허가 사실을 신청인에게 알려야 함

③ 공단 검토

지방고용노동관서의 장은 허가 심사 과정에서 필요하다고 인정하는 경우 공단에 신청서 및 첨부서류 등 기술적 검토를 요청할 수 있으며, 공단은 요청을 받은 날부터 10일 이내에 그 결과를 지방고용노동관서의 장에게 보고함

⑤ 허가 후 준수사항

① 허가기준의 내용

허가기준에는 허가대상물질의 제조·사용설비 기준과 작업방법 기준이 포함됨

② 허가대상물질 제조·사용자의 의무

허가대상물질 제조·사용자는 허가기준에 적합하도록 제조·사용설비를 유지하여야 하며, 허가기준에 맞는 작업방법으로 허가대상물질을 제조·사용하여야 함

⑥ 행정명령 및 사후 관리

■ 허가기준 미적합 시 조치

제조·사용설비 또는 작업방법이 허가기준에 적합하지 아니하다고 인정될 때에는 그 기준에 적합하도록 제조·사용설비를 수리·개조·이전하도록 하거나 그 기준에 적합한 작업방법으로 그 물질을 제조·사용하도록 명할 수 있음

⑦ 허가 취소 및 영업정지

① 허가 취소 또는 영업정지 사유

허가대상물질제조·사용자가 다음 각 호의 어느 하나에 해당하면 그 허가를 취소하거나 6개월 이내의 기간을 정하여 영업을 정지하게 할 수 있다. 다만, 제1호에 해당할 때에는 그 허가를 취소하여야 함

---

163) 산업안전보건법 시행규칙 [별지 제73호서식]

⑴ 거짓이나 그 밖의 부정한 방법으로 허가를 받은 경우

⑵ 허가대상물질의 제조·사용설비 또는 작업방법이 허가기준에 맞지 아니하게 된 경우

⑶ 제조·사용설비를 허가기준에 적합하도록 유지하지 아니하거나, 허가기준에 적합한 작업방법으로 허가대상물질을 제조·사용하지 아니한 경우

⑷ 고용노동부장관이 허가기준에 적합하도록 제조·사용설비의 수리·개조·이전 또는 작업방법의 개선을 명하였음에도 이를 이행하지 아니한 경우

⑸ 자체검사 결과 이상을 발견하고도 즉시 보수 및 필요한 조치를 하지 아니한 경우

② 관계 행정기관 통보

지방고용노동관서의 장은 허가의 취소 또는 영업의 정지를 명한 경우에는 해당 사업장을 관할하는 특별자치시장·특별자치도지사·시장·군수·구청장에게 통보해야 함

8 벌칙

◆ 산업안전보건법 제168조【벌칙】 다음 각 호의 어느 하나에 해당하는 자는 5년 이하의 징역 또는 5천만원 이하의 벌금에 처한다.
1. 제118조제1항을 위반한 자
2. 제118조제5항에 따른 명령을 위반한 자.
◆ 산업안전보건법 제169조【벌칙】 다음 각 호의 어느 하나에 해당하는 자는 3년 이하의 징역 또는 3천만원 이하의 벌금에 처한다.
1. 제118조제3항을 위반한 자
2. 제118조제4항에 따른 명령을 위반한 자
◆ 산업안전보건법 제173조【양벌규정】 법인의 대표자나 법인 또는 개인의 대리인, 사용인, 그 밖의 종업원이 그 법인 또는 개인의 업무에 관하여 제167조제1항 또는 제168조부터 제172조까지의 어느 하나에 해당하는 위반행위를 하면 그 행위자를 벌하는 외에 그 법인에게 다음 각 호의 구분에 따른 벌금형을, 그 개인에게는 해당 조문의 벌금형을 과(科)한다. 다만, 법인 또는 개인이 그 위반행위를 방지하기 위하여 해당 업무에 관하여 상당한 주의와 감독을 게을리하지 아니한 경우에는 그러하지 아니하다.
1. 제167조제1항의 경우: 10억원 이하의 벌금
2. 제168조부터 제172조까지의 경우: 해당 조문의 벌금형

14 / 석면조사(법 제119조)

① 개요

건축물이나 설비를 철거하거나 해체하려는 경우 해당 건축물이나 설비의 소유주 또는 임차인 등은 석면 함유 여부와 석면이 포함된 자재의 종류·위치·면적 등을 조사하여 그 결과를 기록·보존하여야 하며, 법령에서 정한 규모 이상의 건축물이나 설비에 대해서는 석면조사기관을 통한 기관석면조사를 실시하여 그 결과를 기록·보존하여야 함

② 석면조사의 구분

① 석면조사는 조사 주체와 조사 범위에 따라 일반석면조사와 기관석면조사로 구분됨

② 일반석면조사는 건축물·설비소유주등이 직접 실시하는 조사이며, 기관석면조사는 일정 규모 이상의 대상에 대해 석면조사기관이 실시하는 조사임

③ 일반석면조사

① 조사 주체 및 대상

일반석면조사는 건축물이나 설비를 철거·해체하려는 경우 해당 건축물·설비소유주등이 직접 실시하여야 하며, 철거·해체 대상이 되는 모든 건축물 또는 설비가 조사 대상이 됨

② 조사 내용

(1) 조사 대상 건축물 또는 설비에 석면이 포함되어 있는지 여부

(2) 조사 대상 건축물 또는 설비 중 석면이 포함된 경우에는 해당 자재의 종류, 위치 및 면적

③ 조사 결과의 기록·보존

일반석면조사 결과는 향후 석면 해체·제거 작업의 기초자료로 활용될 수 있도록 기록하여 보존하여야 함

④ 기관석면조사

① 기관석면조사의 의무 발생

다음 각 호의 어느 하나에 해당하는 건축물 또는 설비를 철거·해체하려는 경우에는 일반석면조사와 별도로 지정된 석면조사기관을 통해 기관석면조사를 실시하여야 함

⑴ 건축물(제⑵호에 따른 주택은 제외함)의 연면적 합계가 50제곱미터 이상이면서, 그 건축물의 철거·해체하려는 부분의 면적 합계가 50제곱미터 이상인 경우

⑵ 주택(「건축법 시행령」 제2조제12호에 따른 부속건축물을 포함함)의 연면적 합계가 200제곱미터 이상이면서, 그 주택의 철거·해체하려는 부분의 면적 합계가 200제곱미터 이상인 경우

⑶ 설비의 철거·해체하려는 부분에 다음 각 목의 어느 하나에 해당하는 자재(물질을 포함함)를 사용한 면적의 합이 15제곱미터 이상 또는 그 부피의 합이 1세제곱미터 이상인 경우

　　가. 단열재

　　나. 보온재

　　다. 분무재

　　라. 내화피복재(耐火被覆材)

　　마. 개스킷(Gasket: 누설방지재)

　　바. 패킹재(Packing material: 틈박이재)

　　사. 실링재(Sealing material: 액상 메움재)

　　아. 그 밖에 가목부터 사목까지의 자재와 유사한 용도로 사용되는 자재로서 고용노동부장관이 정하여 고시하는 자재

⑷ 파이프 길이의 합이 80미터 이상이면서, 그 파이프의 철거·해체하려는 부분의 보온재로 사용된 길이의 합이 80미터 이상인 경우

② 조사 주체 및 조사 범위

기관석면조사는 고용노동부장관이 지정한 석면조사기관이 실시하며, 일반석면조사 내용에 더하여 조사 대상 건축물 또는 설비에 포함된 석면의 종류 및 함유량까지 조사 대상에 포함됨

③ 조사 결과의 기록·보존

기관석면조사 결과 역시 철거·해체 전 안전조치의 근거자료가 되므로 기록하여 보존하여야 함

④ 기관석면조사 생략

⑴ 기관석면조사 생략이 가능한 경우

기관석면조사는 원칙적으로 일정 규모 이상의 건축물 또는 설비에 대해 실시하여야 하나, 철거·해체 부분에 사용된 자재의 석면 함유 여부가 명백한 경우 등 다음

각 호의 어느 하나에 해당하는 경우에는 예외적으로 생략할 수 있음

　가. 건축물이나 설비의 철거·해체 부분에 사용된 자재가 설계도서, 자재 이력 등 관련 자료를 통해 석면을 포함하고 있지 않음이 명백하다고 인정되는 경우

　나. 건축물이나 설비의 철거·해체 부분에 석면이 중량비율 1퍼센트가 넘게 포함된 자재를 사용하였음이 명백하다고 인정되는 경우

(2) 기관석면조사 생략을 위한 확인 절차

기관석면조사를 생략하려는 건축물·설비소유주등은 관할 지방고용노동관서의 장에게 석면조사의 생략 등에 대한 확인을 받아야 하며, 다음 각 목의 구분에 따른 서류를 첨부하여, 석면조사의 생략 등 확인신청서[164]를 제출하여야 함

　가. 건축물이나 설비에 석면이 함유되어 있지 않은 경우: 이를 증명할 수 있는 설계도서 사본, 건축자재의 목록·사진·성분분석표, 건축물 안팎의 사진 등의 서류. 이 경우 성분분석표는 건축자재 생산회사가 발급한 것으로 함

　나. 건축물이 2017년 7월 1일 이후 「건축법」 제21조에 따른 착공신고를 한 신축 건축물인 경우: 건축물대장 사본

　다. 건축물이나 설비에 석면이 1퍼센트(무게 퍼센트) 초과하여 함유되어 있는 경우: 공사계약서 사본(자체공사인 경우에는 공사계획서)

(3) 다른 법률에 따른 석면조사의 인정

　가. 건축물·설비소유주등이 「석면안전관리법」 등 다른 법률에 따라 이미 석면조사를 실시한 경우에는, 해당 석면조사를 일반석면조사 또는 기관석면조사를 실시한 것으로 볼 수 있음

　나. 이 경우 석면조사의 생략 등 확인신청서에 해당 조사 사실을 표시하고, 석면조사 결과서를 첨부하여 제출하여야 함

　다. 다만, 「석면안전관리법 시행규칙」에 따라 관계 행정기관에 조사 결과를 제출한 경우에는 확인신청서를 제출하지 않을 수 있음

(4) 확인 결과의 통지 및 검토

지방고용노동관서의 장은 확인신청서를 접수한 날부터 20일 이내에 그 결과를 신청인에게 통지하여야 하며, 필요한 경우 기술적인 사항에 대하여 공단에 검토를 요청할 수 있음

---

164)　산업안전보건법 시행규칙 [별지 제74호서식]

⑤ 기관석면조사

① 예비조사

기관석면조사는 먼저 건축도면, 설비제작도면, 사용자재 이력 등 관련 자료를 확인하여 조사 대상 건축물이나 설비에 석면이 사용되었을 가능성이 있는지를 사전에 검토하는 예비조사 단계부터 실시함

이 단계는 이후 현장조사 범위를 설정하기 위한 기초 절차임

② 조사 대상 자재의 구분

예비조사 결과를 바탕으로 철거·해체 대상 자재 중 성질이나 상태가 서로 다른 부분을 구분하여 조사 대상으로 설정함

자재의 종류, 시공 방식, 사용 위치 등이 다른 경우에는 각각을 별도의 조사 단위로 보아야 함

③ 시료 채취 및 분석

구분된 각 조사 대상 부분에 대하여 그 크기와 범위를 고려하여 시료를 채취하고 분석함

시료 채취는 석면 함유 여부를 객관적으로 확인하기 위한 필수 절차임

④ 석면 함유 여부의 판정

하나의 조사 대상 부분에서 고형시료를 1개만 채취·분석한 경우에는 그 분석 결과를 기준으로 해당 부분의 석면 함유 여부를 판정함

2개 이상의 고형시료를 채취·분석한 경우에는 석면 함유율이 가장 높은 결과를 기준으로 해당 부분의 석면 함유 여부를 판정함

⑤ 세부 사항

기관석면조사의 구체적인 조사방법, 판정 기준, 크기별 시료채취 수, 석면조사 결과서 작성 방법 등 세부 사항은 고용노동부고시 「석면조사 및 안전성 평가 등에 관한 고시」에서 정한 방법을 따름

⑥ 석면조사 미이행 시 조치

① 조사 이행 명령

건축물이나 설비를 철거·해체하려는 경우 일반석면조사 또는 기관석면조사를 실시하

지 아니한 때에는, 고용노동부장관은 해당 건축물·설비소유주등에게 일반석면조사 또는 기관석면조사의 이행을 명할 수 있음

이 조치는 석면 함유 여부를 확인하지 아니한 상태에서 철거·해체 작업이 진행되는 것을 방지하기 위한 행정상 이행 명령임

② 작업중지 명령

고용노동부장관은 제①항에 따른 조사 이행 명령을 한 경우, 해당 건축물이나 설비를 철거하거나 해체하는 자에 대하여 조사 이행 결과를 보고받을 때까지 철거·해체 작업의 전부 또는 일부에 대하여 작업중지를 명할 수 있음

이는 석면 노출 위험이 확인되지 않은 상태에서의 작업 진행을 차단하기 위한 조치임

⑦ 벌칙

위반행위	세부내용	과태료 금액(만원)		
		1차 위반	2차 위반	3차 이상 위반
법 제119조제1항을 위반하여 일반석면조사를 하지 않고 건축물이나 설비를 철거하거나 해체한 경우		철거 또는 해체 공사 금액의 100분의 5에 해당하는 금액. 다만, 해당 금액이 10만원 미만인 경우에는 10만원으로, 해당 금액이 100만원을 초과하는 경우에는 100만원으로 함	200	300
법 제119조제2항을 위반하여 기관석면조사를 하지 않고 건축물 또는 설비를 철거하거나 해체한 경우	1) 개인 소유의 단독주택 (다중주택, 다가구주택, 공관은 제외함)	철거 또는 해체 공사 금액의 100분의 5에 해당하는 금액. 다만, 해당 금액이 50만원 미만인 경우에는 50만원으로, 해당금액이 500만원을 초과하는 경우에는 500만원으로 함	1,000	1,500
	2) 그 밖의 경우	철거 또는 해체 공사 금액의 100분의 5에 해당하는 금액. 다만, 해당 금액이 150만원 미만인 경우에는 150만원으로, 해당 금액이 1,500만원을 초과하는 경우에는 1,500만원으로 함	3,000	5,000

15 / 석면의 해체·제거(법 제122조~제124조)

① 개요

기관석면조사 대상인 건축물이나 설비에 법령에서 정하는 함유량과 면적 이상의 석면이 함유되어 있는 경우 해당 건축물·설비소유주등은 석면해체·제거업자로 하여금 그 석면을 해체·제거하도록 하여야 하며, 석면 해체·제거 작업은 법령에서 정한 작업기준에 따라 수행되고 작업 완료 후에는 공기 중 석면농도가 기준 이하로 유지되도록 관리되어야 함

② 석면의 해체·제거

① 석면해체·제거업자를 통한 건축물 또는 설비의 해체·제거

기관석면조사 대상에 해당하는 건축물 또는 설비를 해체하거나 제거하려는 경우, 해당 건축물 또는 설비에 다음 각 호의 어느 하나에 해당하는 기준 이상의 석면이 포함되어 있으면 그 해체·제거 작업은 석면해체·제거업자를 통해 수행하여야 함

(1) 철거·해체하려는 벽체재료, 바닥재, 천장재 및 지붕재 등의 자재에 석면이 중량비율 1퍼센트가 넘게 포함되어 있고 그 자재의 면적의 합이 50제곱미터 이상인 경우

(2) 석면이 중량비율 1퍼센트가 넘게 포함된 분무재 또는 내화피복재를 사용한 경우

(3) 석면이 중량비율 1퍼센트가 넘게 포함된 제89조제1항제3호 각 목[165]의 어느 하나 (다목 및 라목은 제외함)에 해당하는 자재의 면적의 합이 15제곱미터 이상 또는 그 부피의 합이 1세제곱미터 이상인 경우

(4) 파이프에 사용된 보온재에서 석면이 중량비율 1퍼센트가 넘게 포함되어 있고 그 보온재 길이의 합이 80미터 이상인 경우

② 자가 석면해체·제거의 예외적 허용

건축물·설비소유주등이 인력·시설·장비 측면에서 석면해체·제거업자와 동등한 수준의 작업능력을 갖추고, 관련 기준에 따라 이를 증명한 경우에는 예외적으로 스스로 석

---

165) 가. 단열재
  나. 보온재
  다. 분무재
  라. 내화피복재(耐火被覆材)
  마. 개스킷(Gasket: 누설방지재)
  바. 패킹재(Packing material: 틈박이재)
  사. 실링재(Sealing material: 액상 메움재)

면해체·제거 작업을 수행할 수 있음

③ 석면조사기관과 해체·제거 주체의 분리

해당 건축물 또는 설비에 대해 기관석면조사를 실시한 기관은 동일 대상의 석면해체·제거 작업을 수행할 수 없음

③ 석면해체·제거 작업의 신고

① 해체·제거 작업 전 신고 의무

석면해체·제거업자 또는 자가 석면해체·제거를 수행하는 자는 석면해체·제거 작업을 시작하기 7일 전까지, 해당 작업 장소를 관할하는 지방고용노동관서에 신고하여야 함

② 신고 시 제출 서류

석면해체·제거작업 신고서[166]에 공사계약서 사본, 석면 해체·제거 작업계획서(석면 흩날림 방지 및 폐기물 처리방법을 포함) 및 석면조사결과서를 첨부하여 제출하여야 함

자가 석면해체·제거의 경우에는 석면해체·제거업자의 등록 요건 중 인력·시설·장비 요건에 해당함을 갖추었음을 증명하는 서류를 함께 제출하여야 함

③ 신고 내용 변경 시 조치

신고한 내용에 변경이 있는 경우에는 지체 없이 석면해체·제거작업 변경 신고서[167]를 석면해체·제거작업 장소의 소재지를 관할하는 지방고용노동관서의 장에게 제출하여야 함

다만, 신고한 석면함유자재(물질)의 종류가 감소하거나 석면함유자재(물질)의 종류별 석면해체·제거 작업 면적이 축소된 경우에는 변경 신고 대상에서 제외됨

④ 신고의 수리 및 보완

⑴ 관할 지방고용노동관서의 장은 신고 내용과 첨부서류를 검토하여 적합한 경우 7일 이내에 석면해체·제거작업 신고(변경) 증명서[168]를 신청인에게 발급하며, 현장책임자 또는 작업근로자의 변경에 관한 사항인 경우에는 지체 없이 그 적합 여부를 확인하여 변경증명서를 신청인에게 발급함

---

166) 「산업안전보건법 시행규칙」 [별지 제77호서식]
167) 「산업안전보건법 시행규칙」 [별지 제78호서식]
168) 「산업안전보건법 시행규칙」 [별지 제79호서식]

(2) 사실과 다르거나 서류가 누락된 경우에는 보완을 명할 수 있음

④ 석면해체·제거 작업기준의 준수(법 제123조)

① 해체·제거 작업기준 준수

석면이 포함된 건축물 또는 설비를 해체하거나 제거하는 경우에는 석면 비산 방지 및 근로자 보호를 위해 정해진 석면해체·제거 작업기준[169]을 준수하여야 함

② 근로자의 준수 사항

근로자는 석면해체·제거 작업 과정에서 사업주가 작업기준에 따라 근로자에게 실시한 안전보건조치[170]를 준수하여야 함

⑤ 석면해체·제거 작업 완료 후 관리

① 공기 중 석면농도 기준의 준수(법 제124조)

석면해체·제거 작업이 완료된 후에는 해당 작업장의 공기 중 석면농도가 1 세제곱센티미터당 0.01개 이하로 유지되어야 함

② 석면농도 측정 및 결과 제출

석면해체·제거업자는 작업 완료 후 공기 중 석면농도를 측정하고, 석면농도측정 결과보고서에 해당 기관이 작성한 석면농도 측정 결과표를 첨부하여 지체 없이 석면농도 기준의 준수 여부에 대한 증명자료를 관할 지방고용노동관서의 장에게 제출하여야 함

③ 기준 초과 시 조치 제한

작업 완료 후에도 공기 중 석면농도가 기준을 초과하는 경우에는 해당 건축물 또는 설비를 철거하거나 해체할 수 없음

---

169) 「산업안전보건기준에 관한 규칙」 제3편 보건기준 제2장 제6절(석면의 해체·제거 작업 및 유지·관리 등의 조치기준)에서 정한 다음 조문을 말함
제489조(석면해체·제거작업 계획 수립)
제490조(경고표지의 설치)
제491조(개인보호구의 지급·착용)
제492조(출입의 금지)
제493조(흡연 등의 금지)
제494조(위생설비의 설치 등)
제495조(석면해체·제거작업 시의 조치)
제496조(석면함유 잔재물 등의 처리)
제497조(잔재물 흩날림 방지)
제497조의2(석면해체·제거작업 기준의 적용 특례)
제497조의3(석면함유 폐기물 처리작업 시 조치)
170) 「산업안전보건기준에 관한 규칙」 제491조(개인보호구의 지급·착용), 제492조(출입의 금지)

⑥ 석면농도 측정의 주체 및 방법

① 석면농도 측정 가능자

공기 중 석면농도는 석면조사기관 또는 작업환경측정기관에 소속된 산업위생관리산업기사 또는 대기환경산업기사 이상의 자격을 가진 사람이 측정할 수 있음

② 석면농도 측정방법

석면농도는 석면해체·제거 작업이 완료된 상태를 확인한 후, 공기가 건조한 상태에서 침전된 분진을 흩날리게 한 다음 지역시료채취방법으로 측정함

③ 세부 측정 기준의 적용

석면농도 측정방법의 세부적인 방법과 기준은 고용노동부고시 「석면조사 및 안전성 평가 등에 관한 고시」에서 정한 방법을 따름

⑦ 벌칙

◆ 산업안전보건법 제168조【벌칙】 다음 각 호의 어느 하나에 해당하는 자는 5년 이하의 징역 또는 5천만원 이하의 벌금에 처한다.
1. 제122조제1항을 위반한 자
◆ 산업안전보건법 제169조【벌칙】 다음 각 호의 어느 하나에 해당하는 자는 3년 이하의 징역 또는 3천만원 이하의 벌금에 처한다.
1. 제123조제1항을 위반한 자
◆ 산업안전보건법 제173조【양벌규정】 법인의 대표자나 법인 또는 개인의 대리인, 사용인, 그 밖의 종업원이 그 법인 또는 개인의 업무에 관하여 제167조제1항 또는 제168조부터 제172조까지의 어느 하나에 해당하는 위반행위를 하면 그 행위자를 벌하는 외에 그 법인에게 다음 각 호의 구분에 따른 벌금형을, 그 개인에게는 해당 조문의 벌금형을 과(科)한다. 다만, 법인 또는 개인이 그 위반행위를 방지하기 위하여 해당 업무에 관하여 상당한 주의와 감독을 게을리하지 아니한 경우에는 그러하지 아니하다.
1. 제167조제1항의 경우: 10억원 이하의 벌금
2. 제168조부터 제172조까지의 경우: 해당 조문의 벌금형

위반행위	세부내용	과태료 금액(만원)		
		1차 위반	2차 위반	3차 이상 위반
법 제122조제2항을 위반하여 기관석면조사를 실시한 기관으로 하여금 석면해체·제거를 하도록 한 경우		150	300	500
법 제122조제3항을 위반하여 석면해체·제거작업을 고용노동부장관에게 신고하지 않은 경우	1) 신고하지 않은 경우	100	200	300
	2) 변경신고를 하지 않은 경우	50	100	150

위반행위	세부내용	과태료 금액(만원)		
		1차 위반	2차 위반	3차 이상 위반
법 제123조제2항을 위반하여 석면이 함유된 건축물이나 설비를 철거하거나 해체하는 자가 한 조치 사항을 준수하지 않은 경우		5	10	15
법 제124조제1항을 위반하여 공기 중 석면농도가 석면농도기준 이하가 되도록 하지 않은 경우		150	300	500
법 제124조제1항을 위반하여 공기 중 석면농도가 석면농도기준 이하임을 증명하는 자료를 제출하지 않은 경우		100	200	300
법 제124조제3항을 위반하여 공기 중 석면농도가 석면농도기준을 초과함에도 건축물 또는 설비를 철거하거나 해체한 경우		1,500	3,000	5,000

근로자의 보건관리

1 / **작업환경측정**(법 제125조)

① 개요

유해인자로부터 근로자의 건강을 보호하고 쾌적한 작업환경을 조성하기 위하여 인체에 해로운 유해인자가 발생하는 작업을 하는 작업장에 대하여 주기적으로 작업환경측정을 실시하고, 그 결과를 근로자에게 알리며 필요한 개선조치를 통해 작업환경을 관리하도록 함

② 작업환경측정 대상 작업장

① 작업환경측정 대상 유해인자에 노출되는 근로자가 있는 작업장

② 도급인의 사업장에서 관계수급인 또는 관계수급인의 근로자가 작업을 하는 경우에는 도급인이 작업환경측정을 실시함

③ 작업환경측정 대상 유해인자

① 화학적 인자

(1) 유기화합물(114종)

1) 글루타르알데히드(Glutaraldehyde; 111-30-8)	2) 니트로글리세린(Nitroglycerin; 55-63-0)
3) 니트로메탄(Nitromethane; 75-52-5)	4) 니트로벤젠(Nitrobenzene; 98-95-3)
5) p-니트로아닐린(p-Nitroaniline; 100-01-6)	6) p-니트로클로로벤젠(p-Nitrochlorobenzene; 100-00-5)
7) 디니트로톨루엔(Dinitrotoluene; 25321-14-6 등)	8) N,N-디메틸아닐린(N,N-Dimethylaniline; 121-69-7)
9) 디메틸아민(Dimethylamine; 124-40-3)	10) N,N-디메틸아세트아미드 (N,N-Dimethylacetamide; 127-19-5)
11) 디메틸포름아미드(Dimethylformamide; 68-12-2)	12) 디에탄올아민(Diethanolamine; 111-42-2)
13) 디에틸 에테르(Diethyl ether; 60-29-7)	14) 디에틸렌트리아민(Diethylenetriamine; 111-40-0)
15) 2-디에틸아미노에탄올 (2-Diethylaminoethanol; 100-37-8)	16) 디에틸아민(Diethylamine; 109-89-7)
17) 1,4-디옥산(1,4-Dioxane; 123-91-1)	18) 디이소부틸케톤(Diisobutylketone; 108-83-8)
19) 1,1-디클로로-1-플루오로에탄 (1,1-Dichloro-1-fluoroethane; 1717-00-6)	20) 디클로로메탄(Dichloromethane; 75-09-2)
21) o-디클로로벤젠(o-Dichlorobenzene; 95-50-1)	22) 1,2-디클로로에탄(1,2-Dichloroethane; 107-06-2)
23) 1,2-디클로로에틸렌(1,2-Dichloroethylene; 540-59-0 등)	24) 1,2-디클로로프로판(1,2-Dichloropropane; 78-87-5)

25) 디클로로플루오로메탄 (Dichlorofluoromethane; 75-43-4)	26) p-디히드록시벤젠(p-Dihydroxybenzene; 123-31-9)
27) 메탄올(Methanol; 67-56-1)	28) 2-메톡시에탄올(2-Methoxyethanol; 109-86-4)
29) 2-메톡시에틸 아세테이트 (2-Methoxyethyl acetate; 110-49-6)	30) 메틸 n-부틸 케톤(Methyl n-butyl ketone; 591-78-6)
31) 메틸 n-아밀 케톤(Methyl n-amyl ketone; 110-43-0)	32) 메틸 아민(Methyl amine; 74-89-5)
33) 메틸 아세테이트(Methyl acetate; 79-20-9)	34) 메틸 에틸 케톤(Methyl ethyl ketone; 78-93-3)
35) 메틸 이소부틸 케톤(Methyl isobutyl ketone; 108-10-1)	36) 메틸 클로라이드(Methyl chloride; 74-87-3)
37) 메틸 클로로포름(Methyl chloroform; 71-55-6)	38) 메틸렌 비스(페닐 이소시아네이트) [Methylene bis(phenyl isocyanate); 101-68-8 등]
39) o-메틸시클로헥사논 (o-Methylcyclohexanone; 583-60-8)	40) 메틸시클로헥사놀 (Methylcyclohexanol; 25639-42-3 등)
41) 무수 말레산(Maleic anhydride; 108-31-6)	42) 무수 프탈산(Phthalic anhydride; 85-44-9)
43) 벤젠(Benzene; 71-43-2)	44) 1,3-부타디엔(1,3-Butadiene; 106-99-0)
45) n-부탄올(n-Butanol; 71-36-3)	46) 2-부탄올(2-Butanol; 78-92-2)
47) 2-부톡시에탄올(2-Butoxyethanol; 111-76-2)	48) 2-부톡시에틸 아세테이트 (2-Butoxyethyl acetate; 112-07-2)
49) n-부틸 아세테이트(n-Butyl acetate; 123-86-4)	50) 1-브로모프로판(1-Bromopropane; 106-94-5)
51) 2-브로모프로판(2-Bromopropane; 75-26-3)	52) 브롬화 메틸(Methyl bromide; 74-83-9)
53) 비닐 아세테이트(Vinyl acetate; 108-05-4)	54) 사염화탄소(Carbon tetrachloride; 56-23-5)
55) 스토다드 솔벤트(Stoddard solvent; 8052-41-3)	56) 스티렌(Styrene; 100-42-5)
57) 시클로헥사논(Cyclohexanone; 108-94-1)	58) 시클로헥사놀(Cyclohexanol; 108-93-0)
59) 시클로헥산(Cyclohexane; 110-82-7)	60) 시클로헥센(Cyclohexene; 110-83-8)
61) 아닐린[62-53-3] 및 그 동족체 (Aniline and its homologues)	62) 아세토니트릴(Acetonitrile; 75-05-8)
63) 아세톤(Acetone; 67-64-1)	64) 아세트알데히드(Acetaldehyde; 75-07-0)
65) 아크릴로니트릴(Acrylonitrile; 107-13-1)	66) 아크릴아미드(Acrylamide; 79-06-1)
67) 알릴 글리시딜 에테르(Allyl glycidyl ether; 106-92-3)	68) 에탄올아민(Ethanolamine; 141-43-5)
69) 2-에톡시에탄올(2-Ethoxyethanol; 110-80-5)	70) 2-에톡시에틸 아세테이트 (2-Ethoxyethyl acetate; 111-15-9)
71) 에틸 벤젠(Ethyl benzene; 100-41-4)	72) 에틸 아세테이트(Ethyl acetate; 141-78-6)
73) 에틸 아크릴레이트(Ethyl acrylate; 140-88-5)	74) 에틸렌 글리콜(Ethylene glycol; 107-21-1)

75) 에틸렌 글리콜 디니트레이트 (Ethylene glycol dinitrate; 628-96-6)	76) 에틸렌 클로로히드린(Ethylene chlorohydrin; 107-07-3)
77) 에틸렌이민(Ethyleneimine; 151-56-4)	78) 에틸아민(Ethylamine; 75-04-7)
79) 2,3-에폭시-1-프로판올 (2,3-Epoxy-1-propanol; 556-52-5 등)	80) 1,2-에폭시프로판(1,2-Epoxypropane; 75-56-9 등)
81) 에피클로로히드린(Epichlorohydrin; 106-89-8 등)	82) 요오드화 메틸(Methyl iodide; 74-88-4)
83) 이소부틸 아세테이트(Isobutyl acetate; 110-19-0)	84) 이소부틸 알코올(Isobutyl alcohol; 78-83-1)
85) 이소아밀 아세테이트(Isoamyl acetate; 123-92-2)	86) 이소아밀 알코올(Isoamyl alcohol; 123-51-3)
87) 이소프로필 아세테이트(Isopropyl acetate; 108-21-4)	88) 이소프로필 알코올(Isopropyl alcohol; 67-63-0)
89) 이황화탄소(Carbon disulfide; 75-15-0)	90) 크레졸(Cresol; 1319-77-3 등)
91) 크실렌(Xylene; 1330-20-7 등)	92) 클로로벤젠(Chlorobenzene; 108-90-7)
93) 1,1,2,2-테트라클로로에탄 (1,1,2,2-Tetrachloroethane; 79-34-5)	94) 테트라히드로푸란(Tetrahydrofuran; 109-99-9)
95) 톨루엔(Toluene; 108-88-3)	96) 톨루엔-2,4-디이소시아네이트 (Toluene-2,4-diisocyanate; 584-84-9 등)
97) 톨루엔-2,6-디이소시아네이트 (Toluene-2,6-diisocyanate; 91-08-7 등)	98) 트리에틸아민(Triethylamine; 121-44-8)
99) 트리클로로메탄(Trichloromethane; 67-66-3)	100) 1,1,2-트리클로로에탄(1,1,2-Trichloroethane; 79-00-5)
101) 트리클로로에틸렌(Trichloroethylene; 79-01-6)	102) 1,2,3-트리클로로프로판 (1,2,3-Trichloropropane; 96-18-4)
103) 퍼클로로에틸렌(Perchloroethylene; 127-18-4)	104) 페놀(Phenol; 108-95-2)
105) 펜타클로로페놀(Pentachlorophenol; 87-86-5)	106) 포름알데히드(Formaldehyde; 50-00-0)
107) 프로필렌이민(Propyleneimine; 75-55-8)	108) n-프로필 아세테이트(n-Propyl acetate; 109-60-4)
109) 피리딘(Pyridine; 110-86-1)	110) 헥사메틸렌 디이소시아네이트 (Hexamethylene diisocyanate; 822-06-0)
111) n-헥산(n-Hexane; 110-54-3)	112) n-헵탄(n-Heptane; 142-82-5)
113) 황산 디메틸(Dimethyl sulfate; 77-78-1)	114) 히드라진(Hydrazine; 302-01-2)

115) 1)부터 114)까지의 물질을 용량비율 1퍼센트 이상 함유한 혼합물

(2) 금속류(24종)

1) 구리(Copper; 7440-50-8) (분진, 미스트, 흄)	2) 납[7439-92-1] 및 그 무기화합물 (Lead and its inorganic compounds)

3) 니켈[7440-02-0] 및 그 무기화합물, 니켈 카르보닐 [13463-39-3](Nickel and its inorganic compounds, Nickel carbonyl)	4) 망간[7439-96-5] 및 그 무기화합물 (Manganese and its inorganic compounds)
5) 바륨[7440-39-3] 및 그 가용성 화합물 (Barium and its soluble compounds)	6) 백금[7440-06-4] 및 그 가용성 염 (Platinum and its soluble salts)
7) 산화마그네슘(Magnesium oxide; 1309-48-4)	8) 산화아연(Zinc oxide; 1314-13-2) (분진, 흄)
9) 산화철(Iron oxide; 1309-37-1 등) (분진, 흄)	10) 셀레늄[7782-49-2] 및 그 화합물 (Selenium and its compounds)
11) 수은[7439-97-6] 및 그 화합물 (Mercury and its compounds)	12) 안티몬[7440-36-0] 및 그 화합물 (Antimony and its compounds)
13) 알루미늄[7429-90-5] 및 그 화합물 (Aluminum and its compounds)	14) 오산화바나듐 (Vanadium pentoxide; 1314-62-1) (분진, 흄)
15) 요오드[7553-56-2] 및 요오드화물 (Iodine and iodides)	16) 인듐[7440-74-6] 및 그 화합물 (Indium and its compounds)
17) 은[7440-22-4] 및 그 가용성 화합물 (Silver and its soluble compounds)	18) 이산화티타늄(Titanium dioxide; 13463-67-7)
19) 주석[7440-31-5] 및 그 화합물 (Tin and its compounds)(수소화 주석은 제외한다)	20) 지르코늄[7440-67-7] 및 그 화합물 (Zirconium and its compounds)
21) 카드뮴[7440-43-9] 및 그 화합물 (Cadmium and its compounds)	22) 코발트[7440-48-4] 및 그 무기화합물 (Cobalt and its inorganic compounds)
23) 크롬[7440-47-3] 및 그 무기화합물 (Chromium and its inorganic compounds)	24) 텅스텐[7440-33-7] 및 그 화합물 (Tungsten and its compounds)

25) 1)부터 24)까지의 규정에 따른 물질을 중량비율 1퍼센트 이상 함유한 혼합물

(3) 산 및 알칼리류(17종)

1) 개미산(Formic acid; 64-18-6)	2) 과산화수소(Hydrogen peroxide; 7722-84-1)
3) 무수 초산(Acetic anhydride; 108-24-7)	4) 불화수소(Hydrogen fluoride; 7664-39-3)
5) 브롬화수소(Hydrogen bromide; 10035-10-6)	6) 수산화 나트륨(Sodium hydroxide; 1310-73-2)
7) 수산화 칼륨(Potassium hydroxide; 1310-58-3)	8) 시안화 나트륨(Sodium cyanide; 143-33-9)
9) 시안화 칼륨(Potassium cyanide; 151-50-8)	10) 시안화 칼슘(Calcium cyanide; 592-01-8)
11) 아크릴산(Acrylic acid; 79-10-7)	12) 염화수소(Hydrogen chloride; 7647-01-0)
13) 인산(Phosphoric acid; 7664-38-2)	14) 질산(Nitric acid; 7697-37-2)
15) 초산(Acetic acid; 64-19-7)	16) 트리클로로아세트산(Trichloroacetic acid; 76-03-9)

17) 황산(Sulfuric acid; 7664-93-9)	18) 1)부터 17)까지의 물질을 중량비율 1퍼센트 이상 함유한 혼합물

(4) 가스 상태 물질류(15종)

1) 불소(Fluorine; 7782-41-4)	2) 브롬(Bromine; 7726-95-6)
3) 산화에틸렌(Ethylene oxide; 75-21-8)	4) 삼수소화 비소(Arsine; 7784-42-1)
5) 시안화 수소(Hydrogen cyanide; 74-90-8)	6) 암모니아(Ammonia; 7664-41-7 등)
7) 염소(Chlorine; 7782-50-5)	8) 오존(Ozone; 10028-15-6)
9) 이산화질소(nitrogen dioxide; 10102-44-0)	10) 이산화황(Sulfur dioxide; 7446-09-5)
11) 일산화질소(Nitric oxide; 10102-43-9)	12) 일산화탄소(Carbon monoxide; 630-08-0)
13) 포스겐(Phosgene; 75-44-5)	14) 포스핀(Phosphine; 7803-51-2)
15) 황화수소(Hydrogen sulfide; 7783-06-4)	16) 1)부터 15)까지의 물질을 용량비율 1퍼센트 이상 함유한 혼합물

(5) 허가대상유해물질(12종)

1) α-나프틸아민[134-32-7] 및 그 염 (α-naphthylamine and its salts)	2) 디아니시딘[119-90-4] 및 그 염 (Dianisidine and its salts)
3) 디클로로벤지딘[91-94-1] 및 그 염 (Dichlorobenzidine and its salts)	4) 베릴륨[7440-41-7] 및 그 화합물 (Beryllium and its compounds)
5) 벤조트리클로라이드(Benzotrichloride; 98-07-7)	6) 비소[7440-38-2] 및 그 무기화합물 (Arsenic and its inorganic compounds)
7) 염화비닐(Vinyl chloride; 75-01-4)	8) 콜타르피치[65996-93-2] 휘발물 (Coal tar pitch volatiles as benzene soluble aerosol)
9) 크롬광 가공[열을 가하여 소성(변형된 형태 유지) 처리하는 경우만 해당] (Chromite ore processing)	10) 크롬산 아연(Zinc chromates; 13530-65-9 등)
11) o-톨리딘[119-93-7] 및 그 염(o-Tolidine and its salts)	12) 황화니켈류(Nickel sulfides; 12035-72-2, 16812-54-7)
13) 1)부터 4)까지 및 6)부터 12)까지의 어느 하나에 해당하는 물질을 중량비율 1퍼센트 이상 함유한 혼합물	14) 5)의 물질을 중량비율 0.5퍼센트 이상 함유한 혼합물

(6) 금속가공유(1종)

금속가공유[Metal working fluids(MWFs), 1종]

② 물리적 인자(2종)

(1) 8시간 시간가중평균 80dB 이상의 소음

(2) 산업안전보건기준에 관한 규칙 제558조에 따른 고열

「산업안전보건기준에 관한 규칙」 제558조(정의)

1. "고열"이란 열에 의하여 근로자에게 열경련·열탈진 또는 열사병 등의 건강장해를 유발할 수 있는 더운 온도를 말한다.

「산업안전보건기준에 관한 규칙」 제559조(고열작업 등)

① "고열작업"이란 다음 각 호의 어느 하나에 해당하는 장소에서의 작업을 말한다.

1. 용광로, 평로(平爐), 전로 또는 전기로에 의하여 광물이나 금속을 제련하거나 정련하는 장소
2. 용선로(鎔船爐) 등으로 광물·금속 또는 유리를 용해하는 장소
3. 가열로(加熱爐) 등으로 광물·금속 또는 유리를 가열하는 장소
4. 도자기나 기와 등을 소성(燒成)하는 장소
5. 광물을 배소(焙燒) 또는 소결(燒結)하는 장소
6. 가열된 금속을 운반·압연 또는 가공하는 장소
7. 녹인 금속을 운반하거나 주입하는 장소
8. 녹인 유리로 유리제품을 성형하는 장소
9. 고무에 황을 넣어 열처리하는 장소
10. 열원을 사용하여 물건 등을 건조시키는 장소
11. 갱내에서 고열이 발생하는 장소
12. 가열된 노(爐)를 수리하는 장소
13. 그 밖에 고용노동부장관이 인정하는 장소

---

③ 분진(7종)

(1) 광물성 분진(Mineral dust)

　　가. 규산(Silica)

　　　　1) 석영(Quartz; 14808-60-7 등)

　　　　2) 크리스토발라이트(Cristobalite; 14464-46-1)

　　　　3) 트리디마이트(Trydimite; 15468-32-3)

　　나. 규산염(Silicates, less than 1% crystalline silica)

　　　　1) 소우프스톤(Soapstone; 14807-96-6)

　　　　2) 운모(Mica; 12001-26-2)

　　　　3) 포틀랜드 시멘트(Portland cement; 65997-15-1)

　　　　4) 활석(석면 불포함)[Talc(Containing no asbestos fibers); 14807-96-6]

　　　　5) 흑연(Graphite; 7782-42-5)

다. 그 밖의 광물성 분진(Mineral dusts)

(2) 곡물 분진(Grain dusts)

(3) 면 분진(Cotton dusts)

(4) 목재 분진(Wood dusts)

(5) 석면 분진(Asbestos dusts; 1332-21-4 등)

(6) 용접 흄(Welding fume)

(7) 유리섬유(Glass fibers)

※ 비고: "등"이란 해당 화학물질에 이성질체 등 동일 속성을 가지는 2개 이상의 화합물이 존재할 수 있는 경우를 말한다.

④ 작업환경측정 제외 대상 사업장

① 작업환경측정은 작업환경측정 대상 유해인자에 노출되는 근로자가 있는 작업장을 원칙으로 하나, 다음 각 호의 어느 하나에 해당하는 경우에는 해당 유해인자에 대한 작업환경측정을 실시하지 않을 수 있음

(1) 관리대상 유해물질의 허용소비량을 초과하지 않는 작업장(그 관리대상 유해물질에 관한 작업환경측정만 해당)

(2) 임시 작업 또는 단시간 작업을 하는 작업장(고용노동부장관이 정하여 고시한 허가대상 유해물질 및 특별관리물질을 취급하는 작업은 제외)

(3) 분진작업의 적용 제외 사업장(분진에 관한 작업환경측정만 해당)

(4) 그 밖에 작업환경측정 대상 유해인자의 노출 수준이 노출기준에 비하여 현저히 낮은 경우로서 고용노동부장관이 정하여 고시하는 작업장[171]

② 안전보건진단기관이 안전보건진단을 실시하면서 해당 작업장의 모든 유해인자에 대하여 고용노동부장관이 정한 방법[172]에 따라 작업환경을 측정한 경우에는 해당 측정주기에 실시해야 할 작업환경측정을 하지 않을 수 있음

⑤ 작업환경측정의 실시 주체 및 위탁

사업주는 작업환경측정을 산업위생관리산업기사 이상의 자격을 가진 사람으로 하여금

---

171) 「석유 및 석유대체연료 사업법 시행령」 제2조제3호에 따른 주유소를 말함
172) 고용노동부고시 「작업환경측정 및 정도관리 등에 관한 고시」에서 정한 방법을 말함

실시하도록 하여야 하되, 작업환경측정기관에 위탁하여 실시할 수 있으며 필요한 경우 시료의 분석만을 위탁할 수 있음

⑥ 작업환경측정의 방법

① 측정 시기 및 예비조사

작업환경측정은 측정을 실시하기 전에 예비조사를 실시한 후, 작업이 정상적으로 이루어져 근로자의 유해인자 노출 정도를 정확히 평가할 수 있는 시점에 실시함

※ 예비조사 시, 사업주는 근로자대표 또는 해당 작업공정을 수행하는 근로자가 요구하는 경우 이를 참석시켜야 함

② 시료채취 방법

모든 측정은 개인 시료채취방법으로 실시하되, 개인 시료채취방법이 곤란한 경우에는 지역 시료채취방법으로 실시할 수 있으며, 이 경우 그 사유를 작업환경측정 결과표에 명확히 밝혀야 함

③ 위탁 측정 시 정보 제공

작업환경측정을 위탁하여 실시하는 경우에는 작업환경측정기관에 공정별 작업내용, 화학물질 사용 실태 및 물질안전보건자료 등 측정에 필요한 정보를 제공해야 함

④ 세부 측정 기준의 적용

작업환경측정의 세부적인 방법과 기준은 고용노동부고시 「작업환경측정 및 정도관리 등에 관한 고시」에서 정한 방법을 따름

⑦ 작업환경측정의 주기 및 횟수

① 최초 측정 및 정기 측정

⑴ 사업주는 작업장 또는 작업공정이 신규로 가동되거나 변경되어 작업환경측정 대상이 된 경우에는 그 날부터 30일 이내에 작업환경측정을 하여야 함

⑵ 최초 측정 후에는 반기(半期)에 1회 이상 정기적으로 작업환경을 측정하여야 함

② 노출기준 초과 시 측정 주기 강화

다음 각 호의 어느 하나에 해당하는 작업장 또는 작업공정은 해당 유해인자에 대하여 측정일부터 3개월에 1회 이상 작업환경측정을 하여야 함

⑴ 작업환경측정 대상 유해인자에서 화학적 인자 중 허가대상유해물질 또는 특별관

리물질의 측정치가 노출기준을 초과한 경우

(2) 작업환경측정 대상 유해인자에서 화학적 인자 중 허가대상유해물질 또는 특별관리물질을 제외한 물질의 측정치가 노출기준의 2배 이상을 초과한 경우

③ 측정 주기 완화

최근 1년간 작업공정에서 공정설비 변경, 작업방법 변경, 설비 이전, 사용 화학물질 변경 등 작업환경측정 결과에 영향을 주는 변화가 없는 경우로서 다음 각 호의 어느 하나에 해당하는 경우에는 해당 유해인자에 대한 작업환경측정을 연 1회 이상 실시할 수 있음. 다만, 작업환경측정 대상 유해인자에서 화학적 인자 중 허가대상유해물질 또는 특별관리물질을 취급하는 작업공정은 이에 해당하지 않음

(1) 작업공정 내 소음의 작업환경측정 결과가 최근 2회 연속 85데시벨(dB) 미만인 경우

(2) 작업공정 내 소음 외의 모든 인자의 작업환경측정 결과가 최근 2회 연속 노출기준 미만인 경우

④ 측정 실시 간격의 기준

작업환경측정을 실시하는 경우에는 전회(前回) 측정을 완료한 날부터 다음 각 호에서 정하는 간격 이상을 두어야 함

(1) 측정 주기가 반기(半期)에 1회 이상인 경우: 3개월 이상

(2) 측정 주기가 3개월에 1회 이상인 경우: 45일 이상

(3) 측정 주기가 연(年) 1회 이상인 경우: 6개월 이상

⑧ 작업환경측정 결과의 보고

① 사업주가 직접 실시한 경우의 보고

사업주는 작업환경측정을 직접 실시한 경우에는 작업환경측정 결과보고서[173]에 작업환경측정 결과표[174]를 첨부하여 시료채취를 마친 날부터 30일 이내에 관할 지방고용노동관서의 장에게 제출하여야 함

다만, 시료분석 및 평가에 상당한 시간이 소요되어 30일 이내 제출이 어려운 경우에

---

173) 산업안전보건법 시행규칙 [별지 제82호서식]
174) 산업안전보건법 시행규칙 [별지 제83호서식]

는 고용노동부장관이 정하여 고시[175]하는 바에 따라 그 사실을 증명하여 제출기간을 30일의 범위에서 연장할 수 있음

② 작업환경측정기관에 위탁한 경우의 보고

작업환경측정을 위탁하여 실시한 경우에는 작업환경측정기관이 시료채취를 마친 날부터 30일 이내에 작업환경측정 결과표를 전자적 방법으로 관할 지방고용노동관서의 장에게 제출하여야 함

다만, 시료분석 및 평가에 상당한 시간이 소요되어 30일 이내 제출이 어려운 경우에는 고용노동부장관이 정하여 고시하는 바에 따라 그 사실을 증명하여 제출기간을 30일의 범위에서 연장할 수 있음

③ 노출기준 초과 시 개선조치 결과의 보고

사업주는 작업환경측정 결과 노출기준을 초과한 작업공정이 있는 경우에는 해당 시설·설비의 설치·개선 또는 건강진단의 실시 등 필요한 조치를 하고, 시료채취를 마친 날부터 60일 이내에 해당 작업공정의 개선을 증명할 수 있는 서류 또는 개선계획을 관할 지방고용노동관서의 장에게 제출하여야 함

④ 작업환경측정 결과 보고의 세부 기준

작업환경측정 결과의 보고 내용, 방식 및 절차에 관한 사항은 고용노동부장관이 정하여 고시[176]한 기준을 따름

⑨ 작업환경측정 결과의 활용 및 조치

① 작업환경측정 결과의 통보 및 조치

사업주는 작업환경측정 결과를 해당 작업장의 근로자에게 알려야 하며, 그 결과에 따라 시설·설비의 설치 또는 개선, 건강진단 실시 등의 조치를 해야 함

② 작업환경측정 결과에 대한 설명 및 공유

---

175) 시료채취를 마친 날부터 30일 이내에 보고하는 것이 어려운 사업주 또는 작업환경측정기관은 다음 각 호의 내용이 포함된 지연사유서를 작성하여 지방고용노동관서의 장에게 제출하면 30일의 범위에서 제출기간을 연장할 수 있다.
  1. 작성기관 정보(사업장명 또는 작업환경측정기관명, 소재지, 전화번호)
  2. 측정대상 사업장 정보(사업장명, 소재지, 전화번호)
  3. 측정일
  4. 지연사유
  5. 제출자(기관) 직인
  6. 지연사유를 증명할 수 있는 첨부서류
176) 고용노동부고시「작업환경측정 및 정도관리 등에 관한 고시」

산업안전보건위원회 또는 근로자대표가 요구하는 경우에는 작업환경측정 결과에 대한 설명회 등을 개최할 수 있음

⑩ 벌칙

◆ 산업안전보건법 제171조【벌칙】다음 각 호의 어느 하나에 해당하는 자는 1천만원 이하의 벌금에 처한다.
   3. 제125조제6항을 위반하여 해당 시설·설비의 설치·개선 또는 건강진단의 실시 등의 조치를 하지 아니한 자
◆ 산업안전보건법 제173조【양벌규정】법인의 대표자나 법인 또는 개인의 대리인, 사용인, 그 밖의 종업원이 그 법인 또는 개인의 업무에 관하여 제167조제1항 또는 제168조부터 제172조까지의 어느 하나에 해당하는 위반행위를 하면 그 행위자를 벌하는 외에 그 법인에게 다음 각 호의 구분에 따른 벌금형을, 그 개인에게는 해당 조문의 벌금형을 과(科)한다. 다만, 법인 또는 개인이 그 위반행위를 방지하기 위하여 해당 업무에 관하여 상당한 주의와 감독을 게을리하지 아니한 경우에는 그러하지 아니하다.
   1. 제167조제1항의 경우: 10억원 이하의 벌금
   2. 제168조부터 제172조까지의 경우: 해당 조문의 벌금형

위반행위	세부내용	과태료 금액(만원)		
		1차 위반	2차 위반	3차 이상 위반
법 제125조제1항 및 제2항에 따라 작업환경측정을 하지 않은 경우	측정대상 작업장의 근로자 1명당	20	50	100
법 제125조제1항 및 제2항을 위반하여 작업환경측정 시 고용노동부령으로 정한 작업환경측정의 방법을 준수하지 않은 경우		100	300	500
법 제125조제4항을 위반하여 작업환경측정 시 근로자대표가 요구하였는 데도 근로자대표를 참석시키지 않은 경우		500	500	500
법 제125조제5항을 위반하여 작업환경측정 결과를 보고하지 않거나 거짓으로 보고한 경우	1) 보고하지 않은 경우	50	150	300
	2) 거짓으로 보고한 경우	300	300	300
법 제125조제6항을 위반하여 작업환경측정의 결과를 해당 작업장 근로자에게 알리지 않은 경우		100	300	500
법 제125조제7항을 위반하여 산업안전보건위원회 또는 근로자대표가 작업환경측정 결과에 대한 설명회의 개최를 요구했음에도 이에 따르지 않은 경우		100	300	500

2 / 휴게시설의 설치(법 제128조의2)

① 개요

근로자가 휴식시간에 신체적 피로와 정신적 스트레스를 해소할 수 있도록 사업주는 근로자가 이용할 수 있는 휴게시설을 갖추어야 하며, 법령에서 정하는 일정 규모 이상의 사업장에 대해서는 휴게시설의 크기, 위치, 온도, 조명 등 설치 및 관리기준을 준수하여 휴게시설을 설치·관리하도록 함

② 휴게시설 설치·관리기준 준수 대상 사업장

다음 각 호의 어느 하나에 해당하는 사업장의 사업주는 휴게시설을 설치하는 경우 크기, 위치, 온도, 조명 등 설치·관리기준을 준수하여야 함

① 상시근로자 20명 이상 사업장

상시근로자(관계수급인의 근로자를 포함함) 20명 이상을 사용하는 사업장

다만, 건설업의 경우에는 관계수급인의 공사금액을 포함한 해당 공사의 총공사금액이 20억원 이상인 사업장에 한함

② 특정 직종 근로자를 포함한 중규모 사업장

다음 각 목의 어느 하나에 해당하는 직종의 상시근로자가 2명 이상인 사업장으로서, 상시근로자 10명 이상 20명 미만을 사용하는 사업장(건설업 제외)

(1) 전화 상담원

(2) 요양보호사 및 간병인

(3) 노인 및 장애인 돌봄 종사자

(4) 텔레마케터

(5) 배달원

(6) 청소 관련 종사자

(7) 아파트 경비원

(8) 그 외 건물 관리원 중 건물 경비원

③ **휴게시설 설치·관리기준**

① 휴게시설 설치기준(크기)

(1) 최소 면적 및 높이

가. 휴게시설의 최소 바닥면적은 6제곱미터 이상으로 함

나. 휴게시설의 바닥에서 천장까지의 높이는 2.1미터 이상으로 함

(2) 공동휴게시설

가. 둘 이상의 사업장이 공동으로 사용하는 경우 바닥면적은 6제곱미터에 사업장 수를 곱한 면적 이상으로 함

나. 근로자의 휴식 주기, 성별, 동시 사용인원 등을 고려하여 근로자대표와 협의한 경우 그 면적을 최소 바닥면적으로 할 수 있음

② 휴게시설 설치기준(위치)

휴게시설은 다음 각 호의 요건을 모두 충족하여야 함

(1) 근로자가 이용하기 편리하고 가까운 장소에 설치할 것

(2) 공동휴게시설의 경우 왕복 이동 시간이 휴식시간의 20퍼센트를 초과하지 않을 것

(3) 다음 장소로부터 떨어진 곳에 설치할 것

가. 화재·폭발 위험 장소

나. 유해물질 취급 장소

다. 분진·소음 등으로 휴식이 어려운 장소

③ 휴게시설의 환경 기준

(1) 온도

18℃ 이상 28℃ 이하를 유지할 수 있는 냉난방 기능을 갖출 것

(2) 습도

50% 이상 55% 이하의 습도를 유지할 수 있는 습도 조절 기능을 갖출 것

다만, 일시적으로 대기 중 상대습도가 현저히 높거나 낮아 유지가 곤란한 경우는 제외함

(3) 조명

100럭스 이상 200럭스 이하의 밝기를 유지할 수 있는 조명 조절 기능을 갖출 것

(4) 환기

창문 등을 통하여 환기가 가능하도록 할 것

④ 휴게시설의 비품 및 관리

다음의 사항을 갖추어야 함

⑴ 의자 등 휴식에 필요한 비품

⑵ 마실 수 있는 물 또는 식수 설비

⑶ 휴게시설임을 알 수 있는 표지의 부착

⑷ 휴게시설 청소·관리를 담당하는 담당자의 지정

⑸ 휴게시설 목적 외의 용도로 사용하지 않을 것

⑤ 휴게시설 설치·관리기준의 일부 적용 제외

다음 각 호의 어느 하나에 해당하는 경우에는 해당 기준의 일부를 적용하지 않을 수 있음

⑴ 사업장 전용면적의 총합이 300제곱미터 미만인 경우

   → 제①항 및 제②항의 휴게시설 설치기준(크기, 위치) 적용 제외

⑵ 작업장소가 일정하지 않거나 전기 공급이 곤란한 경우로서 그늘막 등 간이 휴게시설을 설치한 경우

   → 제③항 휴게시설의 환경 기준 미적용

⑶ 건조 중인 선박 등에 휴게시설을 설치하는 경우

   → 제③항 휴게시설의 환경 기준 중 ⑵ 습도 미적용

④ 벌칙

위반행위	세부내용	과태료 금액(만원)		
		1차 위반	2차 위반	3차 이상 위반
법 제128조의2제1항을 위반하여 휴게시설을 갖추지 않은 경우		1,500	1,500	1,500
법 제128조의2제2항을 위반하여 휴게시설의 설치·관리기준을 준수하지 않은 경우	고용노동부령으로 정하는 휴게시설 설치·관리기준의 내용 위반 1건당	50	250	500

3 / 건강진단(법 제129조)

① 개요

작업장 내 다양한 유해인자로부터 발생할 수 있는 근로자의 건강장해를 조기에 발견하여 직업성 질병을 예방하고 근로자의 지속적인 건강관리를 도모하기 위하여 사업주는 상시 사용하는 근로자 및 유해인자에 노출되는 근로자에 대하여 일반건강진단, 특수건강진단, 배치전·수시·임시건강진단을 실시하여야 하며, 그 결과에 따라 작업전환 등 필요한 건강 보호 조치를 이행하도록 함

이는 산업재해가 사고성 재해뿐 아니라 장기간 유해인자 노출에 따른 직업성 질병 형태로도 발생할 수 있다는 점을 고려하여 근로자의 건강상태 변화를 체계적으로 확인하고, 건강장해를 조기에 발견하여 중증 질환으로의 진행을 예방하기 위한 제도임

② 건강진단의 종류

① 일반건강진단

일반건강진단은 고혈압, 당뇨 등 일반질환을 조기에 발견하기 위하여 근로자를 대상으로 정기적으로 실시하는 건강진단을 말함

② 특수건강진단

특수건강진단은 법령에서 정한 유해인자에 노출되는 업무에 종사하는 근로자를 대상으로 해당 유해인자에 의한 직업병을 조기에 발견하기 위하여 실시하는 건강진단을 말함

③ 배치전건강진단

배치전건강진단은 특수건강진단 대상 업무에 종사할 근로자의 배치 예정 업무에 대한 적합성을 평가하기 위하여 실시하는 건강진단을 말함

④ 수시건강진단

수시건강진단은 직업성 천식, 직업성 피부염 등과 같은 건강장해 증상을 보이거나 의학적 소견이 있는 근로자를 대상으로 근로자 또는 보건관리 관계자 등의 건의에 따라 실시하는 건강진단을 말함

⑤ 임시건강진단

임시건강진단은 같은 유해인자에 노출되는 근로자에게 유사한 질병 증상이 발생한

경우 해당 유해인자 또는 질병 여부 및 발생 원인을 확인하기 위하여 고용노동부장관의 명령으로 실시하는 건강진단을 말함

③ 건강진단의 의무

① 사업주의 의무

(1) 근로자대표 참석 보장

건강진단(일반·특수·배치전·수시·임시)을 실시하는 경우, 근로자대표가 요구하면 근로자대표를 참석시켜야 함

(2) 건강진단 결과 설명 의무

사업주는 산업안전보건위원회 또는 근로자대표가 요구하는 경우에는, 직접 또는 건강진단을 실시한 기관을 통해 건강진단 결과에 대하여 설명하여야 함
다만, 개별 근로자의 건강진단 결과는 본인의 동의 없이 공개해서는 안 됨

(3) 건강진단 결과 목적 외 사용 금지

건강진단 결과는 근로자의 건강 보호 및 유지를 위한 목적 외에는 사용해서는 안 됨

(4) 건강보호를 위한 사후조치 및 설명

건강진단 결과 근로자의 건강 유지를 위하여 필요하다고 인정되는 경우에는, 작업장소 변경, 작업전환, 근로시간 단축, 야간근로(오후 10시부터 다음 날 오전 6시까지 사이의 근로를 말함)의 제한, 작업환경측정 또는 시설·설비의 설치·개선 등 적절한 조치[177]를 하여야 하며, 근로자에게 해당 조치 내용에 대하여 설명하여야 함

(5) 사후관리 조치 결과 제출 의무

특수건강진단, 수시건강진단 또는 임시건강진단 결과에 따라 근로금지, 작업전환, 근로시간 단축 또는 직업병 확진 의뢰 등의 조치가 필요한 경우에는, 해당 조치를 실시한 결과를 고용노동부장관에게 제출하여야 함

② 근로자의 의무

사업주가 실시하는 건강진단을 받아야 함. 다만, 사업주가 지정한 기관이 아닌 건강진단기관에서 이에 상응하는 건강진단을 받고, 그 결과를 증명하는 서류를 사업주에게

---

[177] 적절한 조치(사후관리 조치)는 작업장소 변경, 작업전환, 근로시간 단축, 야간근무 제한, 작업환경측정, 시설·설비의 설치 또는 개선, 건강상담, 보호구 지급 및 착용 지도, 추적검사, 근무 중 치료 등이 있음

제출한 경우에는, 사업주가 실시하는 건강진단을 받은 것으로 봄

③ 건강진단기관의 의무

(1) 건강진단 결과 통보 및 보고

건강진단을 실시한 경우에는, 그 결과를 근로자 및 사업주에게 통보하고, 고용노동부장관에게 보고하여야 함

(2) 사업주 요청 시 결과 통보

사업주가 근로자의 건강 보호를 위하여 건강진단 결과를 요청하는 경우에는, 고용노동부령으로 정하는 바에 따라 해당 결과를 사업주에게 통보하여야 함

④ 일반건강진단(법 제129조)

① 일반건강진단의 의의

일반건강진단은 근로자의 건강관리를 위하여 실시하는 건강진단으로, 특수건강진단기관 또는 건강검진기관에서 실시함

② 일반건강진단 실시로 보는 경우

다음의 어느 하나에 해당하는 건강진단을 실시한 경우에는, 일반건강진단을 실시한 것으로 봄

(1) 「국민건강보험법」에 따른 건강검진

(2) 「선원법」에 따른 건강진단

(3) 「진폐의 예방과 진폐근로자의 보호 등에 관한 법률」에 따른 정기 건강진 단

(4) 「학교보건법」에 따른 건강검사

(5) 「항공안전법」에 따른 신체검사

(6) 일반건강진단의 검사항목을 모두 포함하여 실시한 건강진단

③ 일반건강진단 실시 주기

일반건강진단은 근로자의 업무 특성에 따라 다음의 주기로 실시함

대상 근로자	일반건강진단 주기
사무직에 종사하는 근로자[178]	2년에 1회 이상
그 밖의 근로자	1년에 1회 이상

④ 일반건강진단 주요 검사항목

일반건강진단의 주요 검사항목은 다음과 같음

(1) 과거병력, 작업경력 및 자각·타각증상

(2) 혈압, 혈당, 요당, 요단백 및 빈혈검사

(3) 체중, 시력 및 청력

(4) 흉부방사선 촬영

(5) AST(SGOT), ALT(SGPT), γ-GTP 및 총콜레스테롤

⑤ 추가 건강진단

검사 결과 질병의 확진이 곤란한 경우에는 추가적인 건강진단을 실시할 수 있음

⑤ 특수건강진단(법 제130조제1항)

① 특수건강진단의 의의

특수건강진단은 유해인자에 노출되는 근로자의 건강관리를 위하여 실시하는 건강진단으로, 특수건강진단기관에서 실시함

② 특수건강진단 실시로 보는 경우

다음 중 어느 하나에 해당하는 건강진단을 실시한 경우에는 해당 유해인자에 대하여 특수건강진단을 실시한 것으로 봄

(1) 「원자력안전법」에 따른 건강진단(방사선에 한함)

(2) 「진폐의 예방과 진폐근로자의 보호 등에 관한 법률」에 따른 정기 건강진단(광물성 분진에 한함)

(3) 「진단용 방사선 발생장치의 안전관리에 관한 규칙」에 따른 건강진단(방사선에 한함)

---

178) 공장 또는 공사현장과 같은 구역에 있지 아니한 사무실에서 서무·인사·경리·판매·설계 등의 사무업무에 종사하는 근로자를 말하며, 판매업무 등에 직접 종사하는 근로자는 제외

(4) 「동물 진단용 방사선발생장치의 안전관리에 관한 규칙」에 따른 건강진단(방사선에 한함)

(5) 그 밖에 특수건강진단의 검사항목을 모두 포함하여 실시한 건강진단(해당 유해인자에 한함)

③ 특수건강진단 대상자

(1) 특수건강진단 대상 유해인자에 노출되는 업무에 종사하는 근로자

(2) 특수건강진단, 수시건강진단 또는 임시건강진단 결과 직업병 소견이 있어 작업전환 또는 작업장소 변경을 한 근로자 중, 해당 유해인자에 대한 건강진단이 필요하다는 의사의 소견이 있는 근로자

④ 일반건강진단과의 병행 실시

일반건강진단과 특수건강진단을 모두 실시하여야 하는 연도에는, 특수건강진단을 실시하면서 일반건강진단을 함께 실시할 수 있음

⑤ 특수건강진단 대상 유해인자

(1) 화학적 인자

가. 유기화합물(109종)

1) 가솔린(Gasoline; 8006-61-9)	2) 글루타르알데히드(Glutaraldehyde; 111-30-8)
3) β-나프틸아민(β-Naphthylamine; 91-59-8)	4) 니트로글리세린(Nitroglycerin; 55-63-0)
5) 니트로메탄(Nitromethane; 75-52-5)	6) 니트로벤젠(Nitrobenzene; 98-95-3)
7) p-니트로아닐린(p-Nitroaniline; 100-01-6)	8) p-니트로클로로벤젠(p-Nitrochlorobenzene; 100-00-5)
9) 디니트로톨루엔(Dinitrotoluene; 25321-14-6 등)	10) N,N-디메틸아닐린(N,N-Dimethylaniline; 121-69-7)
11) p-디메틸아미노아조벤젠 (p-Dimethylaminoazobenzene; 60-11-7)	12) N,N-디메틸아세트아미드 (N,N-Dimethylacetamide; 127-19-5)
13) 디메틸포름아미드(Dimethylformamide; 68-12-2)	14) 디에틸 에테르(Diethyl ether; 60-29-7)
15) 디에틸렌트리아민(Diethylenetriamine; 111-40-0)	16) 1,4-디옥산(1,4-Dioxane; 123-91-1)
17) 디이소부틸케톤(Diisobutylketone; 108-83-8)	18) 디클로로메탄(Dichloromethane; 75-09-2)
19) o-디클로로벤젠(o-Dichlorobenzene; 95-50-1)	20) 1,2-디클로로에탄(1,2-Dichloroethane; 107-06-2)
21) 1,2-디클로로에틸렌(1,2-Dichloroethylene; 540-59-0 등)	22) 1,2-디클로로프로판(1,2-Dichloropropane; 78-87-5)
3) 디클로로플루오로메탄(Dichlorofluoromethane; 75-43-4)	24) p-디히드록시벤젠(p-dihydroxybenzene; 123-31-9)

25) 마젠타(Magenta; 569-61-9)

26) 메탄올(Methanol; 67-56-1)

27) 2-메톡시에탄올(2-Methoxyethanol; 109-86-4)

28) 2-메톡시에틸 아세테이트
(2-Methoxyethyl acetate; 110-49-6)

29) 메틸 n-부틸 케톤(Methyl n-butyl ketone; 591-78-6)

30) 메틸 n-아밀 케톤(Methyl n-amyl ketone; 110-43-0)

31) 메틸 에틸 케톤(Methyl ethyl ketone; 78-93-3)

32) 메틸 이소부틸 케톤(Methyl isobutyl ketone; 108-10-1)

33) 메틸 클로라이드(Methyl chloride; 74-87-3)

34) 메틸 클로로포름(Methyl chloroform; 71-55-6)

35) 메틸렌 비스(페닐 이소시아네이트)
[Methylene bis(phenyl isocyanate); 101-68-8 등]

36) 4,4'-메틸렌 비스(2-클로로아닐린)[4,4'-Methylene bis(2-chloroaniline); 101-14-4]

37) o-메틸시클로헥사논
(o-Methylcyclohexanone; 583-60-8)

38) 메틸시클로헥사놀(Methylcyclohexanol; 25639-42-3 등)

39) 무수 말레산(Maleic anhydride; 108-31-6)

40) 무수 프탈산(Phthalic anhydride; 85-44-9)

41) 벤젠(Benzene; 71-43-2)

42) 벤지딘 및 그 염(Benzidine and its salts; 92-87-5)

43) 1,3-부타디엔(1,3-Butadiene; 106-99-0)

44) n-부탄올(n-Butanol; 71-36-3)

45) 2-부탄올(2-Butanol; 78-92-2)

46) 2-부톡시에탄올(2-Butoxyethanol; 111-76-2)

47) 2-부톡시에틸 아세테이트
(2-Butoxyethyl acetate; 112-07-2)

48) 1-브로모프로판(1-Bromopropane; 106-94-5)

49) 2-브로모프로판(2-Bromopropane; 75-26-3)

50) 브롬화 메틸(Methyl bromide; 74-83-9)

51) 비스(클로로메틸) 에테르
(bis(Chloromethyl) ether; 542-88-1)

52) 사염화탄소(Carbon tetrachloride; 56-23-5)

53) 스토다드 솔벤트(Stoddard solvent; 8052-41-3)

54) 스티렌(Styrene; 100-42-5)

55) 시클로헥사논(Cyclohexanone; 108-94-1)

56) 시클로헥사놀(Cyclohexanol; 108-93-0)

57) 시클로헥산(Cyclohexane; 110-82-7)

58) 시클로헥센(Cyclohexene; 110-83-8)

59) 아닐린[62-53-3] 및 그 동족체
(Aniline and its homologues)

60) 아세토니트릴(Acetonitrile; 75-05-8)

61) 아세톤(Acetone; 67-64-1)

62) 아세트알데히드(Acetaldehyde; 75-07-0)

63) 아우라민(Auramine; 492-80-8)

64) 아크릴로니트릴(Acrylonitrile; 107-13-1)

65) 아크릴아미드(Acrylamide; 79-06-1)

66) 2-에톡시에탄올(2-Ethoxyethanol; 110-80-5)

67) 2-에톡시에틸 아세테이트
(2-Ethoxyethyl acetate; 111-15-9)

68) 에틸 벤젠(Ethyl benzene; 100-41-4)

69) 에틸 아크릴레이트(Ethyl acrylate; 140-88-5)

70) 에틸렌 글리콜(Ethylene glycol; 107-21-1)

71) 에틸렌 글리콜 디니트레이트
(Ethylene glycol dinitrate; 628-96-6)

72) 에틸렌 클로로히드린(Ethylene chlorohydrin; 107-07-3)

73) 에틸렌이민(Ethyleneimine; 151-56-4)	74) 2,3-에폭시-1-프로판올 (2,3-Epoxy-1-propanol; 556-52-5 등)
75) 에피클로로히드린(Epichlorohydrin; 106-89-8 등)	76) 염소화비페닐 (Polychlorobiphenyls; 53469-21-9, 11097-69-1)
77) 요오드화 메틸(Methyl iodide; 74-88-4)	78) 이소부틸 알코올(Isobutyl alcohol; 78-83-1)
79) 이소아밀 아세테이트(Isoamyl acetate; 123-92-2)	80) 이소아밀 알코올(Isoamyl alcohol; 123-51-3)
81) 이소프로필 알코올(Isopropyl alcohol; 67-63-0)	82) 이황화탄소(Carbon disulfide; 75-15-0)
83) 콜타르(Coal tar; 8007-45-2)	84) 크레졸(Cresol; 1319-77-3 등)
85) 크실렌(Xylene; 1330-20-7 등)	86) 클로로메틸 메틸 에테르 (Chloromethyl methyl ether; 107-30-2)
87) 클로로벤젠(Chlorobenzene; 108-90-7)	88) 테레빈유(Turpentine oil; 8006-64-2)
89) 1,1,2,2-테트라클로로에탄 (1,1,2,2-Tetrachloroethane; 79-34-5)	90) 테트라히드로푸란(Tetrahydrofuran; 109-99-9)
91) 톨루엔(Toluene; 108-88-3)	92) 톨루엔-2,4-디이소시아네이트 (Toluene-2,4-diisocyanate; 584-84-9 등)
93) 톨루엔-2,6-디이소시아네이트 (Toluene-2,6-diisocyanate; 91-08-7 등)	94) 트리클로로메탄(Trichloromethane; 67-66-3)
95) 1,1,2-트리클로로에탄(1,1,2-Trichloroethane; 79-00-5)	96) 트리클로로에틸렌(Trichloroethylene(TCE); 79-01-6)
97) 1,2,3-트리클로로프로판 (1,2,3-Trichloropropane; 96-18-4)	98) 퍼클로로에틸렌(Perchloroethylene; 127-18-4)
99) 페놀(Phenol; 108-95-2)	100) 펜타클로로페놀(Pentachlorophenol; 87-86-5)
101) 포름알데히드(Formaldehyde; 50-00-0)	102) β-프로피오락톤(β-Propiolactone; 57-57-8)
103) o-프탈로디니트릴(o-Phthalodinitrile; 91-15-6)	104) 피리딘(Pyridine; 110-86-1)
105) 헥사메틸렌 디이소시아네이트 (Hexamethylene diisocyanate; 822-06-0)	106) n-헥산(n-Hexane; 110-54-3)
107) n-헵탄(n-Heptane; 142-82-5)	108) 황산 디메틸(Dimethyl sulfate; 77-78-1)
109) 히드라진(Hydrazine; 302-01-2)	110) 1)부터 109)까지의 물질을 용량비율 1퍼센트 이상 함유한 혼합물

나. 금속류(20종)

1) 구리(Copper; 7440-50-8)(분진, 미스트, 흄)	2) 납[7439-92-1] 및 그 무기화합물 (Lead and its inorganic compounds)
3) 니켈[7440-02-0] 및 그 무기화합물, 니켈 카르보닐 [13463-39-3](Nickel and its inorganic compounds, Nickel carbonyl)	4) 망간[7439-96-5] 및 그 무기화합물 (Manganese and its inorganic compounds)

5) 사알킬납(Tetraalkyl lead; 78-00-2 등)	6) 산화아연(Zinc oxide; 1314-13-2)(분진, 흄)
7) 산화철(Iron oxide; 1309-37-1 등)(분진, 흄)	8) 삼산화비소(Arsenic trioxide; 1327-53-3)
9) 수은[7439-97-6] 및 그 화합물 (Mercury and its compounds)	10) 안티몬[7440-36-0] 및 그 화합물(Antimony and its compounds)
11) 알루미늄[7429-90-5] 및 그 화합물 (Aluminum and its compounds)	12) 오산화바나듐(Vanadium pentoxide; 1314-62-1)(분진, 흄)
13) 요오드[7553-56-2] 및 요오드화물(Iodine and iodides)	14) 인듐[7440-74-6] 및 그 화합물 (Indium and its compounds)
15) 주석[7440-31-5] 및 그 화합물 (Tin and its compounds)	16) 지르코늄[7440-67-7] 및 그 화합물(Zirconium and its compounds)
17) 카드뮴[7440-43-9] 및 그 화합물 (Cadmium and its compounds)	18) 코발트(Cobalt; 7440-48-4)(분진, 흄)
19) 크롬[7440-47-3] 및 그 화합물 (Chromium and its compounds)	20) 텅스텐[7440-33-7] 및 그 화합물 (Tungsten and its compounds)
21) 1)부터 20)까지의 물질을 중량비율 1퍼센트 이상 함유한 혼합물	

다. 산 및 알칼리류(8종)

1) 무수 초산(Acetic anhydride; 108-24-7)	2) 불화수소(Hydrogen fluoride; 7664-39-3)
3) 시안화 나트륨(Sodium cyanide; 143-33-9)	4) 시안화 칼륨(Potassium cyanide; 151-50-8)
5) 염화수소(Hydrogen chloride; 7647-01-0)	6) 질산(Nitric acid; 7697-37-2)
7) 트리클로로아세트산(Trichloroacetic acid; 76-03-9)	8) 황산(Sulfuric acid; 7664-93-9)
9) 1)부터 8)까지의 물질을 중량비율 1퍼센트 이상 함유한 혼합물	

라. 가스 상태 물질류(14종)

1) 불소(Fluorine; 7782-41-4)	2) 브롬(Bromine; 7726-95-6)
3) 산화에틸렌(Ethylene oxide; 75-21-8)	4) 삼수소화 비소(Arsine; 7784-42-1)
5) 시안화 수소(Hydrogen cyanide; 74-90-8)	6) 염소(Chlorine; 7782-50-5)
7) 오존(Ozone; 10028-15-6)	8) 이산화질소(nitrogen dioxide; 10102-44-0)
9) 이산화황(Sulfur dioxide; 7446-09-5)	10) 일산화질소(Nitric oxide; 10102-43-9)
11) 일산화탄소(Carbon monoxide; 630-08-0)	12) 포스겐(Phosgene; 75-44-5)

13) 포스핀(Phosphine; 7803-51-2)	14) 황화수소(Hydrogen sulfide; 7783-06-4)
15) 1)부터 14)까지의 규정에 따른 물질을 용량비율 1퍼센트 이상 함유한 혼합물	

마. 허가 대상 유해물질(12종)

1) α-나프틸아민[134-32-7] 및 그 염 (α-naphthylamine and its salts)	2) 디아니시딘[119-90-4] 및 그 염 (Dianisidine and its salts)
3) 디클로로벤지딘[91-94-1] 및 그 염 (Dichlorobenzidine and its salts)	4) 베릴륨[7440-41-7] 및 그 화합물 (Beryllium and its compounds)
5) 벤조트리클로라이드(Benzotrichloride; 98-07-7)	6) 비소[7440-38-2] 및 그 무기화합물 (Arsenic and its inorganic compounds)
7) 염화비닐(Vinyl chloride; 75-01-4)	8) 콜타르피치[65996-93-2] 휘발물 (코크스 제조 또는 취급업무)(Coal tar pitch volatiles)
9) 크롬광 가공[열을 가하여 소성(변형된 형태 유지) 처리하는 경우만 해당한다](Chromite ore processing)	10) 크롬산 아연(Zinc chromates; 13530-65-9 등)
11) o-톨리딘[119-93-7] 및 그 염(o-Tolidine and its salts)	12) 황화니켈류(Nickel sulfides; 12035-72-2, 16812-54-7)
13) 1)부터 4)까지 및 6)부터 11)까지의 물질을 중량비율 1퍼센트 이상 함유한 혼합물	14) 5)의 물질을 중량비율 0.5퍼센트 이상 함유한 혼합물

바. 금속가공유(1종)

금속가공유[Metal working fluids; 미네랄 오일 미스트(광물성 오일, Oil mist, mineral)

(2) 분진(7종)

    가. 곡물 분진(Grain dusts)

    나. 광물성 분진(Mineral dusts)

    다. 면 분진(Cotton dusts)

    라. 목재 분진(Wood dusts)

    마. 용접 흄(Welding fume)

    바. 유리 섬유(Glass fiber dusts)

    사. 석면 분진(Asbestos dusts; 1332-21-4 등)

(3) 물리적 인자(8종)

가. 안전보건규칙 제512조제1호부터 제3호까지의 규정의 소음작업, 강렬한 소음작업 및 충격소음작업에서 발생하는 소음

「산업안전보건기준에 관한 규칙」 제512조(정의)

1. "소음작업"이란 1일 8시간 작업을 기준으로 85데시벨 이상의 소음이 발생하는 작업을 말한다.
2. "강렬한 소음작업"이란 다음 각 목의 어느 하나에 해당하는 작업을 말한다.
   가. 90데시벨 이상의 소음이 1일 8시간 이상 발생하는 작업
   나. 95데시벨 이상의 소음이 1일 4시간 이상 발생하는 작업
   다. 100데시벨 이상의 소음이 1일 2시간 이상 발생하는 작업
   라. 105데시벨 이상의 소음이 1일 1시간 이상 발생하는 작업
   마. 110데시벨 이상의 소음이 1일 30분 이상 발생하는 작업
   바. 115데시벨 이상의 소음이 1일 15분 이상 발생하는 작업
3. "충격소음작업"이란 소음이 1초 이상의 간격으로 발생하는 작업으로서 다음 각 목의 어느 하나에 해당하는 작업을 말한다.
   가. 120데시벨을 초과하는 소음이 1일 1만회 이상 발생하는 작업
   나. 130데시벨을 초과하는 소음이 1일 1천회 이상 발생하는 작업
   다. 140데시벨을 초과하는 소음이 1일 1백회 이상 발생하는 작업

나. 안전보건규칙 제512조제4호의 진동작업에서 발생하는 진동

「산업안전보건기준에 관한 규칙」 제512조(정의)

4. "진동작업"이란 다음 각 목의 어느 하나에 해당하는 기계·기구를 사용하는 작업을 말한다.
   가. 착암기(鑿巖機)
   나. 동력을 이용한 해머
   다. 체인톱
   라. 엔진 커터(engine cutter)
   마. 동력을 이용한 연삭기
   바. 임팩트 렌치(impact wrench)
   사. 그 밖에 진동으로 인하여 건강장해를 유발할 수 있는 기계·기구

다. 안전보건규칙 제573조제1호의 방사선

「산업안전보건기준에 관한 규칙」 제573조(정의)

1. "방사선"이란 전자파나 입자선 중 직접 또는 간접적으로 공기를 전리(電離)하는 능력을 가진 것으로서 알파선, 중양자선, 양자선, 베타선, 그 밖의 중하전입자선, 중성자선, 감마선, 엑스선 및 5만 전자볼트 이상(엑스선 발생장치의 경우에는 5천 전자볼트 이상)의 에너지를 가진 전자선을 말한다.
2. "방사성물질"이란 핵연료물질, 사용 후의 핵연료, 방사성동위원소 및 원자핵분열 생성물을 말한다.

라. 고기압

마. 저기압

바. 유해광선

1) 자외선

2) 적외선

3) 마이크로파 및 라디오파

(4) 야간작업(2종)

가. 6개월간 밤 12시부터 오전 5시까지의 시간을 포함하여 계속되는 8시간 작업을 월 평균 4회 이상 수행하는 경우

나. 6개월간 오후 10시부터 다음날 오전 6시 사이의 시간 중 작업을 월 평균 60시간 이상 수행하는 경우

※ 비고: "등"이란 해당 화학물질에 이성질체 등 동일 속성을 가지는 2개 이상의 화합물이 존재할 수 있는 경우를 말함

⑥ 특수건강진단의 시기 및 주기

구분	대상 유해인자	시기 (배치 후 첫 번째 특수 건강진단)	주기
1	N,N-디메틸아세트아미드 디메틸포름아미드	1개월 이내	6개월
2	벤젠	2개월 이내	6개월
3	1,1,2,2-테트라클로로에탄 사염화탄소 아크릴로니트릴 염화비닐	3개월 이내	6개월
4	석면, 면 분진	12개월 이내	12개월
5	광물성 분진 목재 분진 소음 및 충격소음	12개월 이내	24개월
6	제1호부터 제5호까지의 대상 유해인자를 제외한 특수건강진단 대상 유해인자	6개월 이내	12개월

⑦ 특수건강진단 주기 단축 사유

작업환경측정결과 또는 특수건강진단 실시 결과에 따라 다음의 어느 하나에 해당하

는 근로자에 대해서는 다음 회에 한정하여 관련 유해인자별로 특수건강진단 주기를 2분의 1로 단축함

(1) 노출기준 이상 공정 종사 근로자

작업환경을 측정한 결과 노출기준 이상인 작업공정에서 해당 유해인자에 노출되는 모든 근로자

(2) 직업병 유소견자 발생 공정 종사 근로자

특수건강진단·수시건강진단 또는 임시건강진단을 실시한 결과 직업병 유소견자가 발견된 작업공정에서 해당 유해인자에 노출되는 모든 근로자

다만, 특수건강진단·수시건강진단 또는 임시건강진단을 실시한 의사로부터 특수건강진단 주기를 단축하는 것이 필요하지 않다는 자문결과를 제출 받은 경우는 제외

(3) 주기 단축 필요 소견 근로자

특수건강진단 또는 임시건강진단을 실시한 결과 해당 유해인자에 대하여 특수건강진단 실시 주기를 단축하여야 한다는 의사의 소견을 받은 근로자

⑧ 특수건강진단 실시 시기 관리

특수건강진단 실시 시기는 안전보건관리규정 또는 취업규칙 등에 정하여, 특수건강진단이 정기적으로 실시되도록 관리하는 것이 바람직함

⑥ 배치전건강진단(법 제130조제2항)

① 배치전건강진단의 의의

배치전건강진단은 특수건강진단대상업무에 종사할 근로자를 해당 업무에 배치하기 전에, 배치 예정 업무에 대한 적합성 평가를 위하여 실시하는 건강진단으로, 특수건강진단기관에서 실시함

② 배치전건강진단 관련정보 제공 의무

배치전건강진단을 실시할 때에는 특수건강진단기관에 해당 근로자가 담당할 업무나 배치하려는 작업장의 특수건강진단 대상 유해인자 등 관련정보를 미리 알려주어야 함

③ 배치전건강진단 실시 의무

특수건강진단대상업무에 근로자를 배치하려는 경우에는 해당 작업에 배치하기 전에 배치전건강진단을 실시하여야 함

④ 배치전건강진단 실시 면제 사유

(1) 다른 사업장에서 건강진단을 받은 경우

다른 사업장에서 해당 유해인자에 대하여 다음 각 목의 어느 하나에 해당하는 건강진단을 받고 6개월(⑤특수건강진단 중 ⑥특수건강진단의 시기 및 주기에서 제4호부터 제6호까지의 유해인자에 대하여 건강진단을 받은 경우에는 12개월)이 지나지 않은 근로자로서 건강진단 결과를 적은 서류(건강진단개인표) 또는 그 사본을 제출한 근로자

가. 배치전건강진단

나. 배치전건강진단의 제1차 검사항목을 포함하는 특수건강진단, 수시건강진단 또는 임시건강진단

다. 배치전건강진단의 제1차 검사항목 및 제2차 검사항목을 포함하는 건강진단

(2) 해당 사업장에서 건강진단을 받은 경우

해당 사업장에서 해당 유해인자에 대하여 (1) 각 목의 어느 하나에 해당하는 건강진단을 받고 6개월(제4호부터 제6호까지의 유해인자에 대해서는 12개월)이 지나지 않은 근로자

⑦ 수시건강진단(법 제130조제3항)

① 수시건강진단의 의의

수시건강진단은 특수건강진단대상업무에 종사하는 근로자 중 해당 유해인자로 인한 건강장해가 발생하였거나 그 발생이 의심되는 경우에 근로자의 건강상태를 확인·관리하기 위하여 실시하는 건강진단으로, 특수건강진단기관에서 실시함

② 수시건강진단 대상자

수시건강진단 대상자는 특수건강진단대상업무로 인하여 해당 유해인자로 인한 것이라고 의심되는 직업성 천식, 직업성 피부염, 그 밖에 건강장해 증상을 보이거나 의학적 소견이 있는 근로자로서 다음 각 목의 어느 하나에 해당하는 근로자를 말함. 다만, 사업주가 직전 특수건강진단을 실시한 특수건강진단기관의 의사로부터 수시건강진단이 필요하지 않다는 소견을 받은 경우는 제외함

(1) 산업보건의 등의 건의에 따른 대상자

산업보건의, 보건관리자 또는 보건관리 업무를 위탁받은 기관이 필요하다고 판단하여 사업주에게 수시건강진단을 건의한 근로자

(2) 근로자 등의 요청에 따른 대상자

해당 근로자, 근로자대표 또는 명예산업안전감독관이 사업주에게 수시건강진단을

요청한 근로자

③ 수시건강진단 실시 의무

사업주는 수시건강진단 대상 근로자에 대해서는 지체 없이 수시건강진단을 실시하여야 함

⑧ 임시건강진단(법 제131조)

① 임시건강진단의 의의

임시건강진단은 같은 유해인자에 노출되는 근로자에게 유사한 질병 증상이 발생하는 등 근로자의 건강 보호를 위하여 필요하다고 인정되는 경우 고용노동부장관의 명령에 따라 특정 근로자를 대상으로 실시하는 건강진단을 말함

② 임시건강진단 실시명령 사유

고용노동부장관은 특수건강진단 대상 유해인자 또는 그 밖의 유해인자로 인한 중독 여부, 질병 발생 여부 또는 그 원인 등을 확인하기 위하여 필요하다고 인정되는 경우로서 다음의 어느 하나에 해당하는 경우에는 사업주에게 임시건강진단의 실시를 명할 수 있음

(1) 유사 증상 발생

같은 부서에 근무하는 근로자 또는 같은 유해인자에 노출되는 근로자에게 유사한 질병의 자각·타각 증상이 발생한 경우

(2) 직업병 유소견자 발생 또는 발생 우려

직업병 유소견자가 발생하거나 여러 명이 발생할 우려가 있는 경우

(3) 기타 필요 인정

그 밖에 지방고용노동관서의 장이 필요하다고 판단하는 경우

③ 임시건강진단 검사항목

임시건강진단의 검사항목은 특수건강진단 검사항목 중 전부 또는 일부와 건강진단 담당 의사가 필요하다고 인정하는 검사항목으로 함

④ 임시건강진단 및 추가조치 명령

고용노동부장관은 근로자의 건강 보호를 위하여 필요하다고 인정되는 경우에는 사업주에게 임시건강진단의 실시 또는 작업전환, 그 밖에 필요한 조치를 명할 수 있음

⑨ 건강진단 결과의 통보

① 근로자에 대한 건강진단 결과 송부

건강진단기관은 일반건강진단, 특수건강진단, 배치전건강진단, 수시건강진단 또는 임시건강진단을 실시한 경우 그 결과를 고용노동부장관이 정한 건강진단개인표에 기록하고, 건강진단을 실시한 날부터 30일 이내에 해당 근로자에게 송부함

② 질병 유소견자에 대한 설명 의무

건강진단 결과 질병 유소견자가 확인된 경우 건강진단기관은 건강진단을 실시한 날부터 30일 이내에 해당 근로자에게 의학적 소견과 사후관리에 필요한 사항을 설명하며, 특수건강진단기관의 경우에는 업무수행의 적합성 여부도 함께 설명함. 다만, 해당 근로자가 소속된 사업장의 의사인 보건관리자에게 건강진단 결과와 의학적 소견을 설명한 경우에는 근로자에게 다시 설명하지 않을 수 있음

③ 사업주에 대한 건강진단 결과 송부

건강진단기관은 건강진단을 실시한 날부터 30일 이내에 건강진단 결과를 사업주에게 송부하며, 일반건강진단의 경우에는 일반건강진단 결과표[179]를, 특수건강진단·배치전건강진단·수시건강진단 또는 임시건강진단의 경우에는 특수·배치전·수시·임시건강진단 결과표[180]를 송부함

④ 지방고용노동관서의 장에 대한 제출

특수건강진단기관은 특수건강진단, 배치전건강진단, 수시건강진단 또는 임시건강진단을 실시한 경우 건강진단을 실시한 날부터 30일 이내에 해당 건강진단 결과표를 지방고용노동관서의 장에게 제출함. 다만, 건강진단개인표 전산입력자료를 고용노동부장관이 정하는 바에 따라 공단에 송부한 경우에는 제외함

⑩ 건강진단 결과에 따른 사후관리

① 사업주의 사후조치 및 설명

사업주는 건강진단 결과표를 통해 근로자의 건강 유지에 필요한 조치가 확인된 경우 근로 금지 및 제한, 작업전환, 근로시간 단축, 직업병 확진 의뢰 안내 등 근로자의 건강 보호를 위한 사후조치를 할 수 있으며, 해당 조치 내용에 대하여 근로자에게 설명함

---

179) 산업안전보건법 시행규칙 [별지 제84호서식]
180) 산업안전보건법 시행규칙 [별지 제85호서식]

② 사후관리 조치 결과보고서 제출 의무

특수건강진단, 수시건강진단 또는 임시건강진단 결과 특정 근로자에 대하여 근로 금지 및 제한, 작업전환, 근로시간 단축 또는 직업병 확진 의뢰 안내가 필요하다는 의사의 소견이 있는 경우 사업주는 해당 결과표를 송부받은 날부터 30일 이내에 사후관리 조치 결과보고서에 건강진단 결과표 및 사후조치 실시를 증명할 수 있는 서류 또는 실시계획 등을 첨부하여 관할 지방고용노동관서의 장에게 제출함

11 벌칙

위반행위	세부내용	과태료 금액(만원)		
		1차 위반	2차 위반	3차 이상 위반
법 제129조제1항 또는 제130조제1항부터 제3항까지의 규정을 위반하여 근로자의 건강진단을 하지 않은 경우	건강진단 대상 근로자 1명당	10	20	30
법 제132조제1항을 위반하여 건강진단을 할 때 근로자대표가 요구하였는 데도 근로자대표를 참석시키지 않은 경우		500	500	500
법 제132조제2항 전단을 위반하여 산업안전보건위원회 또는 근로자대표가 건강진단 결과에 대한 설명을 요구했음에도 이에 따르지 않은 경우		100	300	500
법 제132조제3항을 위반하여 건강진단 결과를 근로자 건강 보호 및 유지 외의 목적으로 사용한 경우		300	300	300
법 제132조제5항을 위반하여 조치결과를 제출하지 않거나 거짓으로 제출한 경우	1) 제출하지 않은 경우	50	150	300
	2) 거짓으로 제출한 경우	300	300	300
법 제133조를 위반하여 건강진단을 받지 않은 경우		5	10	15
법 제134조제1항을 위반하여 건강진단의 실시결과를 통보·보고하지 않거나 거짓으로 통보·보고한 경우	1) 통보 또는 보고하지 않은 경우	50	150	300
	2) 거짓으로 통보 또는 보고한 경우	300	300	300
법 제134조제2항을 위반하여 건강진단의 실시결과를 통보하지 않거나 거짓으로 통보한 경우	1) 통보하지 않은 경우	50	150	300
	2) 거짓으로 통보한 경우	300	300	300

i Tip

■ **건강관리구분, 사후관리내용 및 업무수행 적합여부 판정**

1. 건강관리구분 판정

건강관리구분		건 강 관 리 구 분 내 용
A		건강관리상 사후관리가 필요 없는 근로자(건강한 근로자)
C	C1	직업성 질병으로 진전될 우려가 있어 추적검사 등 관찰이 필요한 근로자 (직업병 요관찰자)
	C2	일반질병으로 진전될 우려가 있어 추적관찰이 필요한 근로자 (일반질병 요관찰자)
D1		직업성 질병의 소견을 보여 사후관리가 필요한 근로자 (직업병 유소견자)
D2		일반 질병의 소견을 보여 사후관리가 필요한 근로자(일반질병 유소견자)
R		건강진단 1차 검사결과 건강수준의 평가가 곤란하거나 질병이 의심되는 근로자 (제2차건강진단 대상자)

※ "U"는 2차건강진단대상임을 통보하고 30일을 경과하여 해당 검사가 이루어지지 않아 건강관리구분을 판정할 수 없는 근로자 "U"로 분류한 경우에는 해당 근로자의 퇴직, 기한내 미실시 등 2차 건강진단의 해당 검사가 이루어지지 않은 사유를 시행규칙 제105조제3항에 따른 건강진단결과표의 사후관리소견서 검진소견란에 기재하여야 함

2. "야간작업" 특수건강진단 건강관리구분 판정

건강관리구분	건 강 관 리 구 분 내 용
A	건강관리상 사후관리가 필요 없는 근로자(건강한 근로자)
CN	질병으로 진전될 우려가 있어 야간작업 시 추적관찰이 필요한 근로자 (질병 요관찰자)
DN	질병의 소견을 보여 야간작업 시 사후관리가 필요한 근로자(질병 유소견자)
R	건강진단 1차 검사결과 건강수준의 평가가 곤란하거나 질병이 의심되는 근로자 (제2차건강진단 대상자)

※ "U"는 2차건강진단대상임을 통보하고 30일을 경과하여 해당 검사가 이루어지지 않아 건강관리구분을 판정할 수 없는 근로자 "U"로 분류한 경우에는 해당 근로자의 퇴직, 기한내 미실시 등 2차 건강진단의 해당 검사가 이루어지지 않은 사유를 시행규칙 제105조제3항에 따른 건강진단결과표의 사후관리소견서 검진소견란에 기재하여야 함

4 / 건강관리카드(법 제137조)

① 개요

고용노동부장관은 건강장해가 발생할 우려가 있는 업무에 종사하였거나 종사하고 있는 사람 중 법령에서 정하는 요건을 갖춘 사람에 대하여 직업병의 조기발견과 지속적인 건강관리를 위하여 건강관리카드를 발급하도록 하여, 장기적인 건강관리와 산업재해 보상 절차에 활용할 수 있도록 함

② 건강관리카드 발급 대상 업무

구분	건강장해가 발생할 우려가 있는 업무	대상 요건
1	베타-나프틸아민 또는 그 염(같은 물질이 함유된 화합물의 중량 비율이 1퍼센트를 초과하는 제제를 포함)을 제조하거나 취급하는 업무	3개월 이상 종사한 사람
2	벤지딘 또는 그 염(같은 물질이 함유된 화합물의 중량 비율이 1퍼센트를 초과하는 제제를 포함)을 제조하거나 취급하는 업무	3개월 이상 종사한 사람
3	베릴륨 또는 그 화합물(같은 물질이 함유된 화합물의 중량 비율이 1퍼센트를 초과하는 제제를 포함) 또는 그 밖에 베릴륨 함유물질(베릴륨이 함유된 화합물의 중량 비율이 3퍼센트를 초과하는 물질만 해당)을 제조하거나 취급하는 업무	제조하거나 취급하는 업무에 종사한 사람 중 양쪽 폐부분에 베릴륨에 의한 만성 결절성 음영이 있는 사람
4	비스-(클로로메틸)에테르(같은 물질이 함유된 화합물의 중량 비율이 1퍼센트를 초과하는 제제를 포함)를 제조하거나 취급하는 업무	3년 이상 종사한 사람
5	가. 석면 또는 석면방직제품을 제조하는 업무	3개월 이상 종사한 사람
	나. 다음의 어느 하나에 해당하는 업무 1) 석면함유제품(석면방직제품은 제외)을 제조하는 업무 2) 석면함유제품(석면이 1퍼센트를 초과하여 함유된 제품만 해당. 이하 다목에서 같음)을 절단하는 등 석면을 가공하는 업무 3) 설비 또는 건축물에 분무된 석면을 해체·제거 또는 보수하는 업무 4) 석면이 1퍼센트 초과하여 함유된 보온재 또는 내화피복제(耐火被覆劑)를 해체·제거 또는 보수하는 업무	1년 이상 종사한 사람
	다. 설비 또는 건축물에 포함된 석면시멘트, 석면마찰제품 또는 석면개스킷제품 등 석면함유제품을 해체·제거 또는 보수하는 업무	10년 이상 종사한 사람
	라. 나목 또는 다목 중 하나 이상의 업무에 중복하여 종사한 경우	다음의 계산식으로 산출한 숫자가 120을 초과하는 사람: (나목의 업무에 종사한 개월 수)×10+(다목의 업무에 종사한 개월 수)
	마. 가목부터 다목까지의 업무로서 가목부터 다목까지의 규정에서 정한 종사기간에 해당하지 않는 경우	흉부방사선상 석면으로 인한 질병 징후(흉막반 등)가 있는 사람

구분	건강장해가 발생할 우려가 있는 업무	대상 요건
6	벤조트리클로라이드를 제조(태양광선에 의한 염소화반응에 의하여 제조하는 경우만 해당)하거나 취급하는 업무	3년 이상 종사한 사람
7	가. 갱내에서 동력을 사용하여 토석(土石)·광물 또는 암석(습기가 있는 것은 제외. 이하 "암석등"이라 함)을 굴착 하는 작업 나. 갱내에서 동력(동력 수공구(手工具)에 의한 것은 제외)을 사용하여 암석 등을 파쇄(破碎)·분쇄 또는 체질하는 장소에서의 작업 다. 갱내에서 암석 등을 차량계 건설기계로 싣거나 내리거나 쌓아 두는 장소에서의 작업 라. 갱내에서 암석 등을 컨베이어(이동식 컨베이어는 제외)에 싣거나 내리는 장소에서의 작업 마. 옥내에서 동력을 사용하여 암석 또는 광물을 조각 하거나 마무리하는 장소에서의 작업 바. 옥내에서 연마재를 분사하여 암석 또는 광물을 조각하는 장소에서의 작업 사. 옥내에서 동력을 사용하여 암석·광물 또는 금속을 연마·주물 또는 추출하거나 금속을 재단하는 장소에서의 작업 아. 옥내에서 동력을 사용하여 암석등·탄소원료 또는 알루미늄박을 파쇄·분쇄 또는 체질하는 장소에서의 작업 자. 옥내에서 시멘트, 티타늄, 분말상의 광석, 탄소원료, 탄소제품, 알루미늄 또는 산화티타늄을 포장하는 장소에서의 작업 차. 옥내에서 분말상의 광석, 탄소원료 또는 그 물질을 함유한 물질을 혼합·혼입 또는 살포하는 장소에서의 작업 카. 옥내에서 원료를 혼합하는 장소에서의 작업 중 다음의 어느 하나에 해당하는 작업 　1) 유리 또는 법랑을 제조하는 공정에서 원료를 혼합하는 작업이나 원료 또는 혼합물을 용해로에 투입하는 작업(수중에서 원료를 혼합하는 작업은 제외) 　2) 도자기·내화물·형상토제품(형상을 본떠 흙으로 만든 제품) 또는 연마재를 제조하는 공정에서 원료를 혼합 또는 성형하거나, 원료 또는 반제품을 건조하거나, 반제품을 차에 싣거나 쌓아 두는 장소에서의 작업 또는 가마 내부에서의 작업(도자기를 제조하는 공정에서 원료를 투입 또는 성형하여 반제품을 완성하거나 제품을 내리고 쌓아 두는 장소에서의 작업과 수중에서 원료를 혼합하는 장소에서의 작업은 제외) 　3) 탄소제품을 제조하는 공정에서 탄소원료를 혼합하거나 성형하여 반제품을 노(爐: 가공할 원료를 녹이거나 굽는 시설)에 넣거나 반제품 또는 제품을 노에서 꺼내거나 제작하는 장소에서의 작업 타. 옥내에서 내화 벽돌 또는 타일을 제조하는 작업 중 동력을 사용하여 원료(습기가 있는 것은 제외)를 성형하는 장소에서의 작업 파. 옥내에서 동력을 사용하여 반제품 또는 제품을 다듬질하는 장소에서의 작업 중 다음의 의 어느 하나에 해당하는 작업 　1) 도자기·내화물·형상토제품 또는 연마재를 제조하는 공정에서 원료를 혼합 또는 성형하거나, 원료 또는 반제품을 건조하거나, 반제품을 차에 싣거나 쌓은 장소에서의 작업또는 가마 내부에서의 작업(도자기를 제조하는 공정에서 원료를 투입 또는 성형하여 반제품을 완성하거나 제품을 내리고 쌓아 두는 장소에서의 작업과 수중에서 원료를 혼합하는 장소에서의 작업은 제외) 　2) 탄소제품을 제조하는 공정에서 탄소원료를 혼합하거나 성형하여 반제품을 노에 넣거나 반제품 또는 제품을 노에서 꺼내거나 제작하는 장소에서의 작업	3년 이상 종사한 사람으로서 흉부방사선 사진 상 진폐증이 있다고 인정되는 사람(「진폐의 예방과 진폐근로자의 보호 등에 관한 법률」에 따라 건강관리수첩을 발급받은 사람은 제외). 다만, 너목의 업무에 대해서는 5년 이상 종사한 사람(「진폐의 예방과 진폐근로자의 보호 등에 관한 법률」에 따라 건강관리수첩을 발급받은 사람은 제외)으로 함.

구분	건강장해가 발생할 우려가 있는 업무	대상 요건
7	하. 옥내에서 거푸집을 해체하거나, 분해장치를 이용하여 사형(似形: 광물의 결정형태)을 부수거나, 모래를 털어 내거나 동력을 사용하여 주물모래를 재생하거나 혼련(열과 기계를 사용하여 내용물을 고르게 섞는 것)하거나 주물품을 절삭(切削)하는 장소에서의 작업 거. 옥내에서 수지식(手指式) 용융분사기를 이용하지 않고 금속을 용융분사하는 장소에서의 작업 너. 석탄을 원료로 사용하는 발전소에서 발전을 위한 공정[하역, 이송, 저장, 혼합, 분쇄, 연소, 집진(集塵), 재처리 등의 과정을 말함] 및 관련 설비의 운전·정비가 이루어지는 장소에서의 작업	
8	가. 염화비닐을 중합(결합 화합물화)하는 업무 또는 밀폐되어 있지 않은 원심분리기를 사용하여 폴리염화비닐(염화비닐의 중합체를 말함)의 현탁액(懸濁液)에서 물을 분리시키는 업무 나. 염화비닐을 제조하거나 사용하는 석유화학설비를 유지·보수하는 업무	4년 이상 종사한 사람
9	크롬산·중크롬산 또는 이들 염(같은 물질이 함유된 화합물의 중량 비율이 1퍼센트를 초과하는 제제를 포함)을 광석으로부터 추출하여 제조하거나 취급하는 업무	4년 이상 종사한 사람
10	삼산화비소를 제조하는 공정에서 배소(낮은 온도로 가열하여 변화를 일으키는 과정) 또는 정제를 하는 업무나 비소가 함유된 화합물의 중량 비율이 3퍼센트를 초과하는 광석을 제련하는 업무	5년 이상 종사한 사람
11	니켈(니켈카보닐을 포함) 또는 그 화합물을 광석으로부터 추출하여 제조하거나 취급하는 업무	5년 이상 종사한 사람
12	카드뮴 또는 그 화합물을 광석으로부터 추출하여제조하거나 취급하는 업무	5년 이상 종사한 사람
13	가. 벤젠을 제조하거나 사용하는 업무(석유화학 업종만 해당) 나. 벤젠을 제조하거나 사용하는 석유화학설비를 유지·보수하는 업무	6년 이상 종사한 사람
14	제철용 코크스 또는 제철용 가스발생로를 제조하는 업무(코크스로 또는 가스발생로 상부에서의 업무 또는 코크스로에 접근하여 하는 업무만 해당)	6년 이상 종사한 사람
15	비파괴검사(X-선) 업무	1년이상 종사한 사람 또는 연간 누적선량이 20mSv 이상이었던 사람

③ 건강관리카드 소지자의 건강진단

① 건강진단 대상 및 실시기관

건강관리카드를 발급받은 사람이 더 이상 해당 업무에 종사하지 않게 된 경우 공단 또는 특수건강진단기관에서 매년 1회 건강진단을 받을 수 있음. 다만, 해당 업무에 종사하지 않게 된 첫 해는 제외되며, 같은 업무에 다시 취업한 기간에는 건강진단 대상에서 제외됨

② 교통비 및 식비 지급

건강관리카드 소지자가 건강진단을 받는 경우 공단은 교통비와 식비를 지급할 수 있음

③ 신분 확인

건강진단을 받을 때에는 해당 의료기관에 건강관리카드 또는 주민등록증 등 신분 확인이 가능한 증명서를 제시하여야 함

④ 건강진단 결과 전달

건강진단을 실시한 의료기관은 검사일로부터 30일 이내에 건강진단 결과를 건강관리카드 소지자와 공단에 전달하여야 함

⑤ 건강상담 및 직업병 확진 의뢰 안내

의료기관은 건강진단 결과에 따라 필요하다고 판단되는 경우 건강상담 또는 직업병 확진 의뢰 등에 대한 안내를 하고 그 내용을 건강관리카드 소지자에게 설명함

④ 건강관리카드의 발급 절차

① 발급 신청

건강관리카드를 발급받으려는 사람은 공단에 발급을 신청하여야 함. 다만, 재직 중인 근로자가 사업주에게 발급을 의뢰한 경우에는 사업주가 대신 공단에 신청할 수 있음

② 제출서류

건강관리카드 발급을 신청하려는 사람은 건강관리카드 발급신청서[181]에 해당 업무 종사 사실을 증명하는 서류 및 사진 1장을 첨부하여 공단에 제출함(전자문서 제출 포함)

③ 공단의 발급

공단은 제출된 신청서 및 첨부서류를 확인한 후 카드 발급 요건에 적합하다고 인정되는 경우 건강관리카드를 발급함

④ 사업주의 전달 의무

사업주가 근로자를 대신하여 건강관리카드를 신청하여 발급받은 경우 해당 카드를 지체 없이 근로자에게 전달하여야 함

---

181) 산업안전보건법 시행규칙 [별지 제88호서식]

⑤ 건강관리카드의 재발급 및 변경

① 재발급 신청

건강관리카드 소지자가 카드를 분실하거나 카드가 훼손된 경우에는 즉시 건강관리카드 재발급신청서를 공단에 제출하여 카드를 재발급받아야 함. 다만, 카드가 훼손된 경우에는 해당 카드를 함께 제출함

② 분실카드 발견 시 조치

카드 분실을 사유로 재발급을 받은 사람이 이후 분실한 카드를 발견한 경우에는 즉시 해당 카드를 공단에 반환하거나 폐기하여야 함

③ 주소 변경 신고

건강관리카드 소지자가 주소지를 변경한 경우에는 변경한 날부터 30일 이내에 건강관리카드 기재내용 변경신청서에 해당 카드를 첨부하여 공단에 제출하여야 함

⑥ 공단의 건강관리 권고

공단은 건강관리카드를 발급한 경우 카드소지자에게 건강진단을 받도록 권고하거나, 건강 보호를 위하여 필요하다고 인정되는 조치를 권고할 수 있음

⑦ 벌칙

위반행위	세부내용	과태료 금액(만원)		
		1차 위반	2차 위반	3차 이상 위반
법 제137조제3항을 위반하여 건강관리카드를 타인에게 양도하거나 대여한 경우		500	500	500

5 / 질병자의 근로 금지·제한(법 제138조)

① 개요

사업주는 감염병, 정신질환 또는 근로로 인하여 병세가 크게 악화될 우려가 있는 질병으로서 법령에서 정하는 질병에 걸린 근로자에 대하여 의사의 진단에 따라 근로를 금지하거나 제한하여야 하며, 근로가 금지되거나 제한된 근로자가 건강을 회복한 경우에는 지체 없이 근로를 할 수 있도록 하여야 함

이는 질병자의 건강 악화를 방지하고 치료 및 회복 기회를 보장하는 한편, 전염성 질환의 확산 또는 업무 수행 중 발생할 수 있는 2차 사고를 예방하여 사업장 내 안전을 확보하기 위한 제도임. 또한 근로자의 건강상태에 따라 적절한 근로 제한과 복귀 절차를 마련함으로써 근로자의 건강권 보호와 산업재해 예방을 동시에 달성하기 위한 목적을 가짐

② 질병자의 근로금지

① 전염성 질병 근로금지 및 예외

전염될 우려가 있는 질병에 걸린 사람에 대해서는 근로를 금지하여야 함. 다만, 전염을 예방하기 위한 조치를 한 경우에는 근로금지 대상에서 제외됨

② 정신질환자 근로금지

조현병 또는 마비성 치매에 걸린 사람은 근로금지 대상에 해당함

③ 주요 장기질환자 근로금지

심장·신장·폐 등의 질환이 있는 사람으로서 근로로 인해 병세가 악화될 우려가 있는 경우에는 근로를 금지하여야 함

④ 고용노동부장관 지정 질병 근로금지

제①항부터 제③항까지의 질병에 준하는 질병으로서 고용노동부장관이 정하는 질병에 걸린 사람 역시 근로금지 대상에 해당함

⑤ 근로금지 및 복귀 시 의견 청취

위 규정에 따라 근로를 금지하거나 근로를 다시 시작하도록 하는 경우에는 사전에 보건관리자(의사인 보건관리자에 한함), 산업보건의 또는 건강진단을 실시한 의사의 의견을 들어야 함

③ 질병자 등의 근로 제한

① 유해물질 중독 등 근로 제한

건강진단 결과 유기화합물·금속류 등의 유해물질에 중독된 사람, 해당 유해물질에 중독될 우려가 있다고 의사가 인정한 사람, 진폐의 소견이 있는 사람 또는 방사선에 피폭된 사람은 해당 유해물질이나 방사선을 취급하는 업무, 해당 유해물질의 분진·증기·가스가 발산되는 업무 또는 그 업무로 인해 건강이 악화될 우려가 있는 업무에 종사하도록 해서는 안 됨

② 고기압 업무 종사 제한 대상

다음 각 호의 어느 하나에 해당하는 질병이 있는 근로자는 고기압 업무에 종사하도록 해서는 안 됨

(1) 감압증이나 그 밖에 고기압에 의한 장해 또는 그 후유증

(2) 결핵, 급성상기도감염, 진폐, 폐기종 등 호흡기계 질병

(3) 빈혈증, 심장판막증, 관상동맥경화증, 고혈압증 등 혈액 또는 순환기계 질병

(4) 정신신경증, 알코올중독, 신경통 등 정신신경계 질병

(5) 메니에르씨병, 중이염 등 이관협착을 수반하는 귀 질환

(6) 관절염, 류마티스 등 운동기계 질병

(7) 천식, 비만증, 바세도우씨병 등 알레르기성·내분비계·물질대사 또는 영양장해 관련 질병

③ 근로 제한 및 복귀 시 의견 청취

제①항 또는 제②항에 따라 근로를 제한하려는 경우, 또는 근로가 제한된 근로자 중 건강이 회복된 사람을 다시 근로하게 하려는 경우에는 사전에 보건관리자(의사인 보건관리자에 한함), 산업보건의 또는 건강진단을 실시한 의사의 의견을 들어야 함

④ 벌칙

◆ 산업안전보건법 제171조【벌칙】다음 각 호의 어느 하나에 해당하는 자는 1천만원 이하의 벌금에 처한다.
　1. 제138조제1항(제166조의2에서 준용하는 경우를 포함함)·제2항을 위반한 자
◆ 산업안전보건법 제173조【양벌규정】법인의 대표자나 법인 또는 개인의 대리인, 사용인 그 밖의 종업원이 그 법인 또는 개인의 업무에 관하여 다음에 해당하는 위반행위를 하면 그 행위자를 벌하는 외에 그 법인 또는 개인에게 해당 조문의 벌금형을 과(科)한다. 다만, 법인 또는 개인이 그 위반행위를 방지하기 위하여 해당 업무에 관하여 상당한 주의와 감독을 게을리하지 아니한 경우에는 그러하지 아니하다.
　1. 제167조제1항의 경우: 10억원 이하의 벌금
　2. 제168조부터 제172조까지의 경우: 해당 조문의 벌금형

6 / 유해·위험작업에 대한 근로시간 제한(법 제139조)

① 개요

사업주는 유해하거나 위험한 작업으로서 법령에서 정하는 작업에 종사하는 근로자에 대하여 근로시간의 상한을 정하여 이를 초과하여 근로하게 해서는 아니 되며, 필요한 안전조치 및 보건조치 외에도 작업과 휴식의 적정한 배분과 근로시간 관련 근로조건의 개선 등을 통하여 근로자의 건강을 보호하기 위한 조치를 하여야 함

이는 유해·위험작업의 특성상 장시간 작업 시 신체적 피로와 건강장해가 누적되어 직업성 질병 발생 가능성이 높아지고, 집중력 저하로 인한 사고 위험이 증가할 수 있다는 점을 고려하여 근로시간을 제한함으로써 근로자의 건강권을 보호하고 산업재해를 예방하기 위한 취지임

② 유해·위험작업에 대한 근로시간 제한 및 기준

① 이상기압 작업 근로시간 제한

잠함 또는 잠수 작업 등 높은 기압에서 하는 작업에 종사하는 근로자에게는 1일 6시간, 1주 34시간을 초과하여 근로하게 해서는 안 됨

② 이상기압 작업 세부 기준

제①항에 따른 작업에서 잠함·잠수 작업시간, 가압·감압 방법 등 근로자의 안전과 보건을 유지하기 위하여 필요한 사항은 「안전보건규칙 제3편 제5장 이상기압에 의한 건강장해의 예방」에 따름

③ 근로시간 관리 등을 통한 건강보호 조치 대상 작업

안전조치 및 보건조치 외에 작업과 휴식의 적정한 배분, 근로시간과 관련된 근로조건의 개선 등을 통해 근로자의 건강 보호를 위한 조치를 하여야 하는 작업은 다음과 같음

① 갱(坑) 내에서 하는 작업

② 다량의 고열물체를 취급하는 작업과 현저히 덥고 뜨거운 장소에서 하는 작업

③ 다량의 저온물체를 취급하는 작업과 현저히 춥고 차가운 장소에서 하는 작업

④ 라듐방사선·엑스선 및 그 밖의 유해 방사선을 취급하는 작업

⑤ 유리·흙·돌·광물의 먼지가 심하게 날리는 장소에서 하는 작업

⑥ 강렬한 소음이 발생하는 장소에서 하는 작업

⑦ 착암기(바위에 구멍을 뚫는 기계) 등에 의하여 신체에 강렬한 진동을 주는 작업

⑧ 인력(人力)으로 중량물을 취급하는 작업

⑨ 납·수은·크롬·망간·카드뮴 등의 중금속 또는 이황화탄소·유기용제, 그 밖에 고용노동부령으로 정하는 특정 화학물질의 먼지·증기 또는 가스가 많이 발생하는 장소에서 하는 작업

④ 벌칙

◆ 산업안전보건법 제169조【벌칙】다음 각 호의 어느 하나에 해당하는 자는 3년 이하의 징역 또는 3천만원 이하의 벌금에 처한다.
  1. 제139조제1항을 위반한 자
◆ 산업안전보건법 제173조【양벌규정】법인의 대표자나 법인 또는 개인의 대리인, 사용인 그 밖의 종업원이 그 법인 또는 개인의 업무에 관하여 다음에 해당하는 위반행위를 하면 그 행위자를 벌하는 외에 그 법인 또는 개인에게 해당 조문의 벌금형을 과(科)한다. 다만, 법인 또는 개인이 그 위반행위를 방지하기 위하여 해당 업무에 관하여 상당한 주의와 감독을 게을리하지 아니한 경우에는 그러하지 아니하다.
  1. 제167조제1항의 경우: 10억원 이하의 벌금
  2. 제168조부터 제172조까지의 경우: 해당 조문의 벌금형

7 /자격 등에 의한 취업 제한(법 제140조)

① 개요

사업주는 유해하거나 위험한 작업으로서 상당한 지식이나 숙련도가 요구되는 작업의 경우 그 작업에 필요한 자격·면허·경험 또는 기능을 갖춘 근로자가 아닌 사람에게 해당 작업을 하게 해서는 아니 됨

이는 해당 작업이 부주의나 미숙련으로 인해 중대재해로 이어질 가능성이 높고, 작업 과정에서 전문적인 안전조치 및 위험 대응 능력이 요구된다는 점을 고려하여 일정한 자격과 숙련도를 갖춘 사람만이 작업에 종사하도록 제한함으로써 사고를 예방하고 작업의 안전성을 확보하기 위한 취지임

② 대상 작업 및 자격·면허·기능 또는 경험의 종류

작업명	작업범위	자격·면허·기능 또는 경험
1. 「고압가스 안전관리법」에 따른 압력용기 등을 취급하는 작업	자격 또는 면허를 가진 사람이 취급해야 하는 업무	「고압가스 안전관리법」에서 규정하는 자격
2. 「전기사업법」에 따른 전기설비 등을 취급하는 작업	자격 또는 면허를 가진 사람이 취급해야 하는 업무	「전기사업법」에서 규정하는 자격
2의2. 「전기안전관리법」에 따른 전기설비 등을 취급하는 작업	자격 또는 면허를 가진 사람이 취급해야 하는 업무	「전기안전관리법」에서 규정하는 자격
3. 「에너지이용 합리화법」에 따른 보일러를 취급하는 작업	자격 또는 면허를 가진 사람이 취급해야 하는 업무	「에너지이용 합리화법」에서 규정하는 자격
4. 「건설기계관리법」에 따른 건설기계를 사용하는 작업	면허를 가진 사람이 취급해야 하는 업무	「건설기계관리법」에서 규정하는 면허
4의2. 지게차[전동식으로 솔리드타이어를 부착한 것 중 도로(「도로교통법」 제2조제1호에 따른 도로를 말함)가 아닌 장소에서만 운행하는 것을 말함]를 사용하는 작업	지게차를 취급하는 업무	1) 「국가기술자격법」에 따른 지게차운전기능사의 자격 2) 「건설기계관리법」 제26조제4항 및 같은 법 시행규칙 제73조제2항제3호에 따라 실시하는 소형 건설기계의 조종에 관한 교육과정을 이수한 사람

작업명	작업범위	자격·면허·기능 또는 경험
5. 터널 내에서의 발파 작업	장전·결선(結線)·점화 및 불발 장약(裝藥) 처리와 이와 관련된 점검 및 처리업무	1) 「총포·도검·화약류 등의 안전관리에 관한 법률」에서 규정하는 자격 2) 「국민 평생 직업능력 개발법」에 따른 해당 분야 직업능력개발훈련 이수자 3) 관계 법령에 따라 해당 작업을 할 수 있도록 허용된 사람
6. 인화성 가스 및 산소를 사용하여 금속을 용접·용단 또는 가열하는 작업	가. 폭발분위기가 조성된 장소에서의 업무 나. 「산업안전보건기준에 관한 규칙」(이하 "안전보건규칙") 별표 1에 따른 위험물질을 취급하는 밀폐된 장소에서의 업무	1) 「국가기술자격법」에 따른 전기용접기능사, 특수용접기능사 및 가스용접기능사보 이상의 자격(가스용접에 한정) 2) 「국가기술자격법」에 따른 금속재료산업기사, 표면처리산업기사, 주조산업기사 및 금속제련산업기사 이상의 자격 3) 「국민 평생 직업능력 개발법」에 따른 해당 분야 직업능력개발훈련 이수자
7. 폭발성·발화성 및 인화성 물질의 제조 또는 취급작업	폭발분위기가 조성된 장소에서의 폭발성·발화성·인화성 물질의 취급업무	1) 「총포·도검·화약류 등의 안전관리에 관한 법률」에서 규정하는 자격 2) 「국민 평생 직업능력 개발법」에 따른 해당 분야 직업능력개발훈련 이수자 3) 관계 법령에 따라 해당 작업을 할 수 있도록 허용된 사람
8. 방사선 취급작업	가. 원자로 운전업무 나. 핵연료물질 취급·폐기업무 다. 방사선 동위원소 취급·폐기업무 라. 방사선 발생장치 검사·촬영업무	「원자력안전법」에서 규정하는 면허
9. 고압선 정전작업 및 활선작업(活線作業)	안전보건규칙 제302조제1항제3호다목에 따른 고압의 전로(電路)를 취급하는 업무로서 가. 정전작업(전로를 전개하여 그 지지물을 설치·해체·점검·수리 및 도장(塗裝)하는 작업) 나. 활선작업(고압 또는 특별고압의 충전전로 또는 그 지지물을 설치·점검·수리 및 도장작업)	1) 「국가기술자격법」에 따른 전기기능사, 철도신호기능사 및 전기철도기능사 이상의 자격 2) 「초·중등교육법」에 따른 고등학교에서 전기에 관한 학과를 졸업한 사람 또는 이와 같은 수준 이상의 학력 소지자 3) 「국민 평생 직업능력 개발법」에 따른 해당 분야 직업능력개발훈련 이수자 4) 관계 법령에 따라 해당 작업을 할 수 있도록 허용된 사람

작업명	작업범위	자격·면허·기능 또는 경험
10. 철골구조물 및 배관 등을 설치하거나 해체하는 작업	철골구조물 설치·해체작업	1)「국가기술자격법」에 따른 철골구조물기능사보 이상의 자격 2) 3개월 이상 해당 작업에 경험이 있는 사람(높이 66미터 미만인 것에 한정)
	안전보건규칙 제256조에 따른 위험물질등이 들어 있는 배관	1)「국가기술자격법」에 따른 공업배관기능사보 이상 및 건축배관기능사보 이상의 자격 2)「국민 평생 직업능력 개발법」에 따른 해당 분야 직업능력개발훈련 이수자
11. 천장크레인 조종작업(조종석이 설치되어 있는 것에 한정한다)	조종석에서의 조종작업	1)「국가기술자격법」에 따른 천장크레인운전기능사의 자격 2)「국민 평생 직업능력 개발법」에 따른 해당 분야 직업능력개발훈련 이수자 3) 이 규칙에서 정하는 해당 교육기관에서 교육을 이수하고 수료시험에 합격한 사람
12. 타워크레인 조종작업(조종석이 설치되지 않은 정격하중 5톤 이상의 무인타워크레인을 포함)		「국가기술자격법」에 따른 타워크레인운전기능사의 자격
13. 컨테이너크레인 조종업무(조종석이 설치되어 있는 것에 한정)	조종석에서의 조종작업	1)「국가기술자격법」에 따른 컨테이너크레인운전기능사의 자격 2)「국민 평생 직업능력 개발법」에 따른 해당 분야 직업능력개발훈련 이수자 3) 이 규칙에서 정하는 해당 교육기관에서 교육을 이수하고 수료시험에 합격한 사람 4) 관계 법령에 따라 해당 작업을 할 수 있도록 허용된 사람
14. 승강기 점검 및 보수작업		1)「국가기술자격법」에 따른 승강기기능사의 자격 2)「국민 평생 직업능력 개발법」에 따른 해당 분야 직업능력개발훈련 이수자 3) 이 규칙에서 정하는 해당 교육기관에서 교육을 이수하고 수료시험에 합격한 사람 4) 관계 법령에 따라 해당 작업을 할 수 있도록 허용된 사람

작업명	작업범위	자격·면허·기능 또는 경험
15. 흙막이 지보공(支保工)의 조립 및 해체작업		1) 「국가기술자격법」에 따른 거푸집기능사보 또는 비계기능사보 이상의 자격 2) 3개월 이상 해당 작업에 경험이 있는 사람(깊이 31미터 미만인 작업에 한정) 3) 「국민 평생 직업능력 개발법」에 따른 해당 분야 직업능력개발훈련 이수자 4) 이 규칙에서 정하는 해당 교육기관에서 교육을 이수한 사람
16. 거푸집의 조립 및 해체작업		1) 「국가기술자격법」에 따른 거푸집기능사보 이상의 자격 2) 3개월 이상 해당 작업에 경험이 있는 사람(층높이가 10미터 미만인 작업에 한정) 3) 「국민 평생 직업능력 개발법」에 따른 해당 분야 직업능력개발훈련 이수자 4) 이 규칙에서 정하는 해당 교육기관에서 교육을 이수한 사람
17. 비계의 조립 및 해체작업		1) 「국가기술자격법」에 따른 비계기능사보 이상의 자격 2) 3개월 이상 해당 작업에 경험이 있는 사람(층높이가 10미터 미만인 작업에 한정) 3) 「국민 평생 직업능력 개발법」에 따른 해당 분야 직업능력개발훈련 이수자 4) 이 규칙에서 정하는 해당 교육기관에서 교육을 이수한 사람
18. 표면공급식 잠수장비 또는 스쿠버 잠수장비에 의해 수중에서 행하는 작업		1) 「국가기술자격법」에 따른 잠수기능사보 이상의 자격 2) 「국민 평생 직업능력 개발법」에 따른 해당 분야 직업능력개발훈련 이수자 3) 3개월 이상 해당 작업에 경험이 있는 사람 4) 이 규칙에서 정하는 해당 교육기관에서 교육을 이수한 사람
19. 롤러기를 사용하여 고무 또는 에보나이트 등 점성물질을 취급하는 작업		3개월 이상 해당 작업에 경험이 있는 사람
20. 양화장치(揚貨裝置) 운전작업 (조종석이 설치되어 있는 것에 한정)		1) 「국가기술자격법」에 따른 양화장치 운전기능사보 이상의 자격 2) 「국민 평생 직업능력 개발법」에 따른 해당 분야 직업능력개발훈련 이수자 3) 이 규칙에서 정하는 해당 교육기관에서 교육을 이수하고 수료시험에 합격한 사람

작업명	작업범위	자격·면허·기능 또는 경험
21. 타워크레인 설치(타워크레인을 높이는 작업을 포함. 이하 같음)·해체작업		1) 「국가기술자격법」에 따른 타워크레인 설치·해체 기능사의 자격 2) 「국가기술자격법」에 따른 판금제관 기능사 또는 비계기능사의 자격(2025년 12월 31일까지 취득한 자격으로 한정) 3) 이 규칙에서 정하는 해당 교육기관[182]에서 교육을 이수하고 수료시험에 합격한 사람으로서 다음의 어느 하나에 해당하는 사람 - 수료시험 합격 후 5년이 경과하지 않은 사람 - 이 규칙에서 정하는 해당 교육기관에서 보수교육을 이수한 후 5년이 경과하지 않은 사람
22. 이동식 크레인(카고크레인에 한정. 이하 같음)·고소작업대(차량탑재형에 한정. 이하 같음) 조종작업		1) 「국가기술자격법」에 따른 기중기운전기능사의 자격 2) 이 규칙에서 정하는 해당 교육기관에서 교육을 이수하고 수료시험에 합격한 사람

비고
1. 제21호에 따른 타워크레인 설치·해체작업 자격을 이 규칙에서 정하는 해당 교육기관에서 교육을 이수하고 수료시험에 합격하여 취득한 근로자가 해당 작업을 하는 과정에서 근로자가 준수해야 할 안전보건의무를 이행하지 않아 다른 사람에게 손해를 입혀 벌금 이상의 형을 선고받고 그 형이 확정된 경우에는 같은 별표에 따른 교육(144시간)을 다시 이수하고 수료시험에 합격하기 전까지는 해당 작업에 필요한 자격을 가진 근로자로 보지 않음
2. 2021년 7월 15일 이전에 다음 각 목의 요건을 모두 갖춘 사람으로서 공단이 정하는 지게차 조종 관련 교육을 이수한 경우에는 제4호의2에도 불구하고 지게차를 사용하여 작업할 수 있는 자격이 있는 것으로 봄
   가. 「도로교통법」 제80조에 따른 운전면허(같은 조 제2항제2호다목의 원동기장치자전거면허는 제외)를 받은 사람
   나. 3개월 이상 지게차를 사용하여 작업한 경험이 있는 사람

③ 자격·면허·기능 또는 경험이 필요한 작업의 취업 제한

① 취업 제한의 원칙

유해하거나 위험한 작업 중 상당한 지식이나 숙련도가 요구되는 작업의 경우 해당 작업에 필요한 자격·면허·경험 또는 기능을 갖춘 근로자가 아닌 사람에게는 그 작업을 하게 해서는 안 됨

② 취업 제한 적용 범위

제①항에 따른 취업 제한은 원칙적으로 해당 작업을 직접 수행하는 사람에게만 적용되며, 해당 작업의 보조자에게는 적용되지 않음

---

182) 「유해·위험작업의 취업 제한에 관한 규칙」에 따른 지정교육기관을 말함

③ 보조자 적용 예외

관계 법령에서 별도로 정한 경우에는 예외적으로 보조자에게도 취업 제한이 적용될 수 있음

④ 벌칙

◆ 산업안전보건법 제169조【벌칙】 다음 각 호의 어느 하나에 해당하는 자는 3년 이하의 징역 또는 3천만원 이하의 벌금에 처한다.
  1. 제140조제1항(제166조의2에서 준용하는 경우를 포함함)을 위반한 자
◆ 산업안전보건법 제173조【양벌규정】 법인의 대표자나 법인 또는 개인의 대리인, 사용인 그 밖의 종업원이 그 법인 또는 개인의 업무에 관하여 다음에 해당하는 위반행위를 하면 그 행위자를 벌하는 외에 그 법인 또는 개인에게 해당 조문의 벌금형을 과(科)한다. 다만, 법인 또는 개인이 그 위반행위를 방지하기 위하여 해당 업무에 관하여 상당한 주의와 감독을 게을리하지 아니한 경우에는 그러하지 아니하다.
  1. 제167조제1항의 경우: 10억원 이하의 벌금
  2. 제168조부터 제172조까지의 경우: 해당 조문의 벌금형

산업안전지도사·산업보건지도사

산업안전지도사·산업보건지도사(법 제142조~154조)

① 개요

산업안전지도사 및 산업보건지도사는 사업장의 안전·보건관리 수준을 진단·평가하고 위험요인 개선대책 수립, 관련 계획서·보고서 작성, 이행점검 등을 지도·지원하는 국가전문자격 제도임

산업안전지도사는 기계·전기·화공·건설 등 사고예방 중심의 안전 분야를, 산업보건지도사는 작업환경·유해인자 관리 등 직업성 질병예방 중심의 보건 분야를 중심으로 지원함

외부 전문자격자가 제3자의 시각에서 위험요인을 진단하고 위험성평가, 개선계획 수립, 서류 작성 및 이행점검을 지원하여 안전보건관리체계가 현장에서 작동하도록 하는 지원체계임

② 지도사의 직무 범위

① 산업안전지도사의 직무

(1) 공정상의 안전에 관한 평가·지도

(2) 유해·위험의 방지대책에 관한 평가·지도

(3) 제(1)호 및 제(2)호와 관련된 계획서 및 보고서의 작성

(4) 법 제36조에 따른 위험성평가의 지도

(5) 법 제49조에 따른 안전보건개선계획서의 작성

(6) 산업안전에 관한 사항의 자문에 대한 응답 및 조언

② 산업보건지도사의 직무

(1) 작업환경의 평가 및 개선 지도

(2) 작업환경 개선 관련 계획서 및 보고서의 작성

(3) 근로자 건강진단에 따른 사후관리 지도

(4) 직업성 질병 진단(의사인 산업보건지도사에 한정) 및 예방 지도

(5) 산업보건에 관한 조사·연구

(6) 법 제36조에 따른 위험성평가의 지도

(7) 법 제49조에 따른 안전보건개선계획서의 작성

⑻ 산업보건에 관한 사항의 자문에 대한 응답 및 조언

③ 지도사의 업무영역 구분 및 업무범위

① 업무영역 구분

(1) 산업안전지도사: 기계안전·전기안전·화공안전·건설안전

(2) 산업보건지도사: 직업환경의학·산업위생

② 업무영역별 세부 업무범위

(1) 등록한 산업안전지도사(기계안전·전기안전·화공안전 분야)

　　가. 유해위험방지계획서, 안전보건개선계획서, 공정안전보고서, 기계·기구·설비의 작업계획서 및 물질안전보건자료 작성 지도

　　나. 다음의 사항에 대한 설계·시공·배치·보수·유지에 관한 안전성 평가 및 기술 지도

　　　1) 전기

　　　2) 기계·기구·설비

　　　3) 화학설비 및 공정

　　다. 정전기·전자파로 인한 재해의 예방, 자동화설비, 자동제어, 방폭전기설비 및 전력시스템 등에 대한 기술 지도

　　라. 인화성 가스, 인화성 액체, 폭발성 물질, 급성독성 물질 및 방폭설비 등에 관한 안전성 평가 및 기술 지도

　　마. 크레인 등 기계·기구, 전기작업의 안전성 평가

　　바. 그 밖에 기계, 전기, 화공 등에 관한 교육 또는 기술 지도

(2) 등록한 산업안전지도사(건설안전 분야)

　　가. 유해위험방지계획서, 안전보건개선계획서, 건축·토목 작업계획서 작성 지도

　　나. 가설구조물, 시공 중인 구축물, 해체공사, 건설공사 현장의 붕괴우려 장소 등의 안전성 평가

　　다. 가설시설, 가설도로 등의 안전성 평가

　　라. 굴착공사의 안전시설, 지반붕괴, 매설물 파손 예방의 기술 지도

　　마. 그 밖에 토목, 건축 등에 관한 교육 또는 기술 지도

(3) 등록한 산업보건지도사(산업위생 분야)

　　가. 유해위험방지계획서, 안전보건개선계획서, 물질안전보건자료 작성 지도

　　나. 작업환경측정 결과에 대한 공학적 개선대책 기술 지도

　　다. 작업장 환기시설의 설계 및 시공에 필요한 기술 지도

　　라. 보건진단결과에 따른 작업환경 개선에 필요한 직업환경의학적 지도

　　마. 석면 해체·제거 작업 기술 지도

　　바. 갱내, 터널 또는 밀폐공간의 환기·배기시설의 안전성 평가 및 기술 지도

　　사. 그 밖에 산업보건에 관한 교육 또는 기술 지도

　(4) 등록한 산업보건지도사(직업환경의학 분야)

　　가. 유해위험방지계획서, 안전보건개선계획서 작성 지도

　　나. 건강진단 결과에 따른 근로자 건강관리 지도

　　다. 직업병 예방을 위한 작업관리, 건강관리에 필요한 지도

　　라. 보건진단 결과에 따른 개선에 필요한 기술 지도

　　마. 그 밖에 직업환경의학, 건강관리에 관한 교육 또는 기술 지도

④ 자격 취득과 시험 운영

① 자격 취득 원칙

고용노동부장관이 시행하는 지도사 자격시험에 합격한 사람은 지도사 자격을 가짐

② 시험 구조

(1) 지도사 자격시험은 필기시험과 면접시험으로 구분하여 실시함

(2) 지도사 자격시험 중 필기시험은 제1차 시험과 제2차 시험으로 구분하여 실시하고 제1차 시험은 선택형, 제2차 시험은 논문형을 원칙으로 하되, 각각 주관식 단답형을 추가할 수 있음

(3) 지도사 자격시험 중 제2차 시험은 제1차 시험 합격자에 대해서만 실시함

(4) 지도사 자격시험 중 면접시험은 필기시험 합격자 또는 면제자에 대해서만 실시함

③ 일부 시험면제

산업 안전·보건 관련 자격 보유자 등에 대하여 지도사 자격시험의 일부를 면제할 수 있으며, 면제대상 자격·학위, 면제과목 범위는 다음과 같음

(1) 「국가기술자격법」에 따른 건설안전기술사, 기계안전기술사, 산업위생관리기술사, 인간공학기술사, 전기안전기술사, 화공안전기술사: 시행령 별표 32에 따른 전공필수·공통필수Ⅰ 및 공통필수Ⅱ 과목

(2) 「국가기술자격법」에 따른 건설 직무분야(건축 중 직무분야 및 토목 중 직무분야로 한정함), 기계 직무분야, 화학 직무분야, 전기·전자 직무분야(전기 중 직무분야로 한정함)의 기술사 자격 보유자: 별표 32에 따른 전공필수 과목

(3) 「의료법」에 따른 직업환경의학과 전문의: 별표 32에 따른 전공필수·공통필수Ⅰ 및 공통필수Ⅱ 과목

(4) 공학(건설안전·기계안전·전기안전·화공안전 분야 전공으로 한정함), 의학(직업환경의학 분야 전공으로 한정함), 보건학(산업위생 분야 전공으로 한정함) 박사학위 소지자: 별표 32에 따른 전공필수 과목

(5) 제2호 또는 제4호에 해당하는 사람으로서 각각의 자격 또는 학위 취득 후 산업안전·산업보건 업무에 3년 이상 종사한 경력이 있는 사람: 별표 32에 따른 전공필수 및 공통필수Ⅱ 과목

(6) 「공인노무사법」에 따른 공인노무사: 별표 32에 따른 공통필수Ⅰ 과목

(7) 지도사 자격 보유자로서 다른 지도사 자격 시험에 응시하는 사람: 별표 32에 따른 공통필수Ⅰ 및 공통필수Ⅲ 과목

(8) 지도사 자격 보유자로서 같은 지도사의 다른 분야 지도사 자격 시험에 응시하는 사람: 별표 32에 따른 공통필수Ⅰ, 공통필수Ⅱ 및 공통필수Ⅲ 과목

(9) 제1차 필기시험 또는 제2차 필기시험에 합격한 사람에 대해서는 다음 회의 자격시험에 한정하여 합격한 차수의 필기시험을 면제함

④ 과목 및 범위

(1) 지도사 자격시험 중 필기시험의 업무 영역별 과목 및 범위는 다음과 같음

구분		산업안전지도사				산업보건지도사	
		기계안전 분야	전기안전 분야	화공안전 분야	건설안전 분야	직업환경의학 분야	산업위생 분야
전공필수	과목	기계 안전공학	전기 안전공학	화공 안전공학	건설 안전공학	직업 환경의학	산업 위생공학
	시험범위	- 기계·기구·설비의 안전 등(위험기계·양중기·운반기계·압력용기 포함) - 공장자동화설비의 안전기술 등	- 전기기계·기구 등으로 인한 위험 방지 등(전기방폭설비 포함) - 정전기 및 전자파로 인한 재해예방 등	- 가스·방화 및 방폭설비 등, 화학장치·설비안전 및 방식기술 등 - 정성·정량적 위험성 평가, 위험물 누출·확산 및 피해예측 등	- 건설공사용 가설구조물·기계·기구 등의 안전기술 등 - 건설공법 및 시공방법에 대한 위험성 평가 등	- 직업병의 종류 및 인체 발병경로, 직업병의 증상 판단 및 대책 등 - 역학조사의 연구방법, 조사 및 분석방법, 직종별 직업환경의학적 관리대책 등	- 산업환기설비의 설계, 시스템의 성능검사·유지관리기술 등 - 유해인자별 작업환경측정 방법, 산업위생통계 처리 및 해석, 공학적 대책 수립기술 등

전공필수	시험범위	- 기계·기구·설비의 설계·배치·보수·유지 기술 등	- 감전사고 방지기술 등 - 컴퓨터·계측 제어 설비의 설계 및 관리 기술 등	- 유해위험물질 화재폭발 방지론, 화학공정 안전관리 등	- 추락·낙하·붕괴·폭발 등 재해요인별 안전대책 등 - 건설현장의 유해·위험요인에 대한 안전기술 등	- 유해인자별 특수건강진단 방법, 판정 및 사후관리대책 등 - 근골격계질환, 직무스트레스 등 업무상 질환의 대책 및 작업관리방법 등	- 유해인자별 인체에 미치는 영향·대사 및 축적, 인체의 방어기전 등 - 측정시료의 전처리 및 분석 방법, 기기 분석 및 정도관리기술 등
공통필수 I		산업안전보건법령					
	시험범위	「산업안전보건법」, 「산업안전보건법 시행령」, 「산업안전보건법 시행규칙」, 「산업안전보건기준에 관한 규칙」					
공통필수 II		산업안전 일반			산업위생 일반		
	시험범위	산업안전교육론, 안전관리 및 손실방지론, 신뢰성공학, 시스템안전공학, 인간공학, 위험성평가, 산업재해 조사 및 원인 분석 등			산업위생개론, 작업관리, 산업위생보호구, 위험성평가, 산업재해 조사 및 원인 분석 등		
공통필수 III		기업진단·지도					
	시험범위	경영학(인적자원관리, 조직관리, 생산관리), 산업심리학, 산업위생개론			경영학(인적자원관리, 조직관리, 생산관리), 산업심리학, 산업안전개론		

(2) 제1차 시험은 공통필수 I, 공통필수 II 및 공통필수 III의 과목 및 범위로 함

(3) 제2차 시험은 (1)의 필기시험의 업무 영역별 과목 및 범위에서 전공필수의 과목 및 범위로 함

(4) 제3차 시험은 다음 각 호의 사항을 평가함

　가. 전문지식과 응용능력

　나. 산업안전·보건제도에 관한 이해 및 인식 정도

　다. 상담·지도능력

⑤ 합격 기준

(1) 필기시험은 매 과목 40점 이상, 전과목 평균 60점 이상 기준으로 합격 처리

(2) 면접시험은 10점 만점에 6점 이상 기준으로 합격 처리

⑥ 시험기관 및 공고

⑴ 자격시험 실시는 전문기관에 대행하게 할 수 있으며 한국산업인력공단이 수행함

⑵ 한국산업인력공단은 시험 실시 90일 전까지 응시자격, 과목, 일시·장소, 절차 등을 공고함

⑦ 부정행위 제재

부정행위를 한 응시자는 해당 시험을 무효로 하고 처분일로부터 5년간 시험응시자격을 정지함

⑤ 등록·갱신·변경·재발급(등록제도)

① 등록 의무

지도사가 직무를 수행하려는 경우 고용노동부장관에게 등록하여야 함

② 법인 설립

등록한 지도사는 직무를 조직적·전문적으로 수행하기 위해 법인을 설립할 수 있으며 해당 법인에는 상법 중 합명회사[183] 규정을 적용함

③ 등록 결격사유

⑴ 피성년후견인 또는 피한정후견인

⑵ 파산선고를 받고 복권되지 아니한 사람

⑶ 금고 이상의 실형을 선고받고 집행 종료 또는 면제 후 2년이 지나지 아니한 사람

⑷ 금고 이상의 형의 집행유예 기간 중인 사람

⑸ 이 법을 위반하여 벌금형을 선고받고 1년이 지나지 아니한 사람

⑹ 등록이 취소(제1호 또는 제2호에 해당하여 등록이 취소된 경우는 제외함)된 후 2년이 지나지 아니한 사람

④ 등록 갱신

⑴ 등록한 지도사는 5년마다 등록을 갱신하여야 함

⑵ 법령으로 정하는 지도실적이 있는 지도사만 갱신등록이 가능하며 지도실적이 기

---

183) 상법상 인적(人的) 회사의 일종으로, 2인 이상의 무한책임사원으로만 구성되며 모든 사원이 회사 채무에 대하여 연대하여 무한책임을 부담하는 회사임. 사원 상호 간의 신뢰를 기초로 하므로 지분 양도에는 다른 사원 전원의 동의가 필요하며, 각 사원이 원칙적으로 업무집행권과 대표권을 가짐. 법인격은 인정되나 조합적 성격이 강한 회사 형태임

준에 미달하는 지도사는 보수교육 후 갱신등록이 가능함

⑤ 등록·갱신 신청 및 처리

(1) 등록 또는 갱신등록을 하려는 사람은 등록·갱신 신청서[184]에 다음 각 사항의 서류를 첨부하여 주사무소를 설치하려는 지역(사무소를 두지 않는 경우에는 주소지를 말함)을 관할하는 지방고용노동관서의 장에게 제출함. 이 경우 등록신청은 이중으로 할 수 없음

　가. 신청일 전 6개월 이내에 촬영한 탈모 상반신의 증명사진(가로 3센티미터 × 세로 4센티미터) 1장

　나. 지도사 연수교육 이수증 또는 경력을 증명할 수 있는 서류(법 제145조제1항에 따른 등록의 경우만 해당함)

　다. 지도실적을 확인할 수 있는 서류 또는 지도사 보수교육 이수증(법 제145조제4항에 따른 등록의 경우만 해당함)

(2) 지방고용노동관서의 장은 제1호에 따라 등록·갱신 신청서를 접수한 경우에는 결격 사유에 해당하는지 확인하여 해당 신청서를 접수한 날부터 30일 이내에 등록증[185]을 신청인에게 발급함

⑥ 지도사는 등록사항이 변경되었을 때에는 지체 없이 등록사항 변경신청서[186]에 변경사항을 증명할 수 있는 서류와 등록증 원본을 첨부하여 지방고용노동관서의 장에게 제출함

⑦ 지도사는 발급받은 등록증을 잃어버리거나 그 등록증이 훼손된 경우 또는 등록사항의 변경 신고를 한 경우에는 등록증 재발급신청서[187]에 등록증(등록증을 잃어버린 경우는 제외함)을 첨부하여 지방고용노동관서의 장에게 제출하고 등록증을 다시 발급받아야 함

⑥ 교육 제도

① 등록 전 연수교육

지도사 자격이 있는 사람은 등록 전 1년 범위에서 연수교육을 받아야 함(일부 경력자는 제외[188])

② 연수교육 제외

산업안전 또는 산업보건 분야에서 5년 이상 실무에 종사한 경력이 있는 사람은 연수교육에서 제외

---

184) 산업안전보건법 시행규칙 [별지 제91호서식]
185) 산업안전보건법 시행규칙 [별지 제92호서식]
186) 산업안전보건법 시행규칙 [별지 제91호서식]
187) 산업안전보건법 시행규칙 [별지 제93호서식]
188) ④ 자격취득과 시험 운영 → ③ 일부 시험면제 중 (1)~(8)에 해당하는 사람 중 산업안전·보건 분야에서 5년 이상 실무에 종사한 경력이 있는 자

③ 보수교육

 ⑴ 등록 갱신 시 지도실적이 기준에 못 미칠 경우 갱신등록 위해 받아야 하는 보수교육은 업무교육과 직업윤리교육으로 구성함

 ⑵ 보수교육의 시간은 업무교육 및 직업윤리교육의 교육시간을 합산하여 총 20시간 이상으로 하되, 갱신기간 동안 지도실적이 2년 이상인 지도사의 교육시간은 10시간 이상으로 함

 ⑶ 공단이 보수교육을 실시하였을 때에는 그 결과를 보수교육이 끝난 날부터 10일 이내에 고용노동부장관에게 보고해야 하며, 다음 각 호의 서류를 5년간 보존함

  가. 보수교육 이수자 명단

  나. 이수자의 교육 이수를 확인할 수 있는 서류

 ⑷ 공단은 보수교육을 받은 지도사에게 지도사 보수교육 이수증189)을 발급함

⑦ 지도실적 및 미달 기준(갱신 연계)

① 지도실적의 범위

지도 실적은 지도사 등록의 갱신기간 동안 사업장 또는 다음의 산업안전·산업보건 관련 기관·단체에서 지도하거나 종사한 실적을 말하며, 해당 기관·단체는 다음과 같음

관련 법령	기관 및 단체
영 제27조제1항	안전관리전문기관
영 제27조제2항	보건관리전문기관
영 제40조제1항	근로자안전보건교육기관
영 제40조제2항	건설업기초안전보건교육기관
영 제40조제3항	직무교육기관
영 제47조	종합 진단기관·안전 진단기관·보건진단기관
영 제61조	건설재해예방 전문지도기관
영 제75조	안전인증기관
영 제79조	안전검사기관

---

189) 산업안전보건법 시행규칙 [별지 제96호서식]

영 제81조	자율안전검사기관
영 제90조	석면조사기관
영 제95조	작업환경측정기관
영 제97조	특수건강진단기관
규칙 제137조	안전인증대상 기계·기구 등 제조사업 등의 지원 및 등록요건에 해당하는 「국소배기장치 및 전체환기장치 시설업체」

② 미달 기준

  ⑴ 지도실적이 기준에 못 미치는 지도사는 지도·종사 실적의 기간이 3년 미만인 지도사를 말함

  ⑵ 이 경우 지도사가 둘 이상의 사업장 또는 기관·단체에서 지도하거나 종사한 경우에는 각각의 지도·종사 기간을 합산함

⑧ 지도사에 대한 관리·지원 체계

고용노동부장관은 공단에 다음 각 사항의 업무를 하게 할 수 있음

  ⑴ 지도사에 대한 지도·연락 및 정보의 공동이용체제의 구축·유지

  ⑵ 지도사의 직무 수행과 관련된 사업주의 불만·고충의 처리 및 피해에 관한 분쟁의 조정

  ⑶ 지도결과의 측정과 평가

  ⑷ 지도사의 기술지도능력 향상 지원

  ⑸ 중소기업 지도 시 지원

  ⑹ 불성실·불공정 지도행위를 방지하고 건실한 지도 수행을 촉진하기 위한 지도기준의 마련

⑨ 손해배상책임 및 보증보험

① 손해배상책임

지도사는 직무 수행과 관련하여 고의 또는 과실로 의뢰인에게 손해를 입힌 경우에는 그 손해를 배상할 책임이 있음

② 보증보험 등

⑴ 등록한 지도사는 손해배상책임을 담보하기 위해 보증보험 가입 등 조치를 하여야 함

⑵ 보증보험 보험금액은 2천만원 이상이며, 법인의 경우 2천만원 × 사원인 지도사 수로 산정함

⑶ 지도사는 보증보험금으로 손해배상을 한 경우에는 그 날부터 10일 이내에 다시 보증보험에 가입해야 함

⑷ 보험가입 신고 및 지급 절차

　가. 손해배상을 위한 보험에 가입한 지도사(법인을 설립한 경우에는 그 법인을 말함)는 가입한 날부터 20일 이내에 보증보험가입 신고서[190]에 증명서류를 첨부하여 해당 지도사의 주된 사무소의 소재지(사무소를 두지 않는 경우에는 주소지를 말함)를 관할하는 지방고용노동관서의 장에게 제출함

　나. 지도사는 해당 보증보험의 보증기간이 만료되기 전에 다시 보증보험에 가입하고 가입한 날부터 20일 이내에 보증보험가입 신고서에 증명서류를 첨부하여 해당 지도사의 주된 사무소의 소재지를 관할하는 지방고용노동관서의 장에게 제출함

　다. 의뢰인이 손해배상금으로 보증보험금을 지급받으려는 경우에는 보증보험금 지급사유 발생확인신청서[191]에 해당 의뢰인과 지도사 간의 손해배상합의서, 화해조서, 법원의 확정판결문 사본, 그 밖에 이에 준하는 효력이 있는 서류를 첨부하여 해당 지도사의 주된 사무소의 소재지를 관할하는 지방고용노동관서의 장에게 제출함. 이 경우 지방고용노동관서의 장은 보증보험금 지급사유 발생확인서[192]를 지체 없이 발급해야 함

🔟 명칭보호·직업윤리·금지행위·열람권

① 명칭보호

등록한 지도사가 아닌 사람은 산업안전지도사, 산업보건지도사 또는 이와 유사한 명칭을 사용할 수 없음

② 품위유지 및 성실의무

⑴ 지도사는 항상 품위를 유지하고 신의와 성실로써 공정하게 직무를 수행하여야 함

⑵ 지도사는 직무와 관련하여 작성하거나 확인한 서류에 기명·날인하거나 서명하여야 함

---

190)　산업안전보건법 시행규칙 [별지 제97호서식]
191)　산업안전보건법 시행규칙 [별지 제98호서식]
192)　산업안전보건법 시행규칙 [별지 제99호서식]

③ 금지행위

(1) 거짓이나 그 밖의 부정한 방법으로 의뢰인에게 법령에 따른 의무를 이행하지 아니하게 하는 행위

(2) 의뢰인에게 법령에 따른 신고·보고, 그 밖의 의무를 이행하지 아니하게 하는 행위

(3) 법령에 위반되는 행위에 관한 지도·상담

④ 장부·서류 열람 신청권

직무 수행에 필요하면 사업주에게 관계 장부·서류 열람을 신청할 수 있으며, 직무 수행 목적의 신청이면 사업주는 정당한 사유 없이 거부할 수 없음

11 자격대여 금지 및 제재

① 자격대여 및 알선 금지

(1) 지도사는 다른 사람에게 성명 또는 사무소 명칭을 사용하여 직무를 수행하게 하거나 자격증·등록증을 대여할 수 없음

(2) 누구든지 지도사 자격 없이 지도사 성명 또는 사무소 명칭을 사용하여 직무를 수행하거나 자격증·등록증을 대여받을 수 없으며 이를 알선할 수 없음

② 등록 취소 및 업무정지

고용노동부장관은 지도사가 다음 중 어느 하나에 해당하는 경우에는 그 등록을 취소하거나 2년 이내의 기간을 정하여 그 업무의 정지를 명할 수 있음

다만, 제1호부터 제3호까지의 규정에 해당할 때에는 그 등록을 취소하여야 함

(1) 거짓이나 그 밖의 부정한 방법으로 등록 또는 갱신등록을 한 경우

(2) 업무정지 기간 중에 업무를 수행한 경우

(3) 업무 관련 서류를 거짓으로 작성한 경우

(4) 직무 수행과정에서 고의 또는 과실로 인하여 중대재해가 발생한 경우

(5) 지도사 등록 결격사유 중 어느 하나에 해당하게 된 경우

(6) 보증보험에 가입하지 아니하거나 그 밖에 필요한 조치를 하지 아니한 경우

(7) 품위유지 및 성실의무를 위반하거나 직무와 관련하여 작성하거나 확인한 서류에 기명·날인 또는 서명을 하지 아니한 경우

(8) 법령으로 정하는 지도사 금지행위, 자격대여행위 또는 업무상 비밀누설·도용금지

사항을 위반한 경우

①② 벌칙

위반행위	세부내용	과태료 금액(만원)		
		1차 위반	2차 위반	3차 이상 위반
법 제145제1항을 위반하여 등록 없이 지도사 직무를 시작한 경우		150	300	500
법 제149조를 위반하여 지도사 또는 이와 유사한 명칭을 사용한 경우	1) 등록한 지도사가 아닌 사람이 지도사 명칭을 사용한 경우	100	200	300
	2) 등록한 지도사가 아닌 사람이 지도사와 유사한 명칭을 사용한 경우	30	150	300

> **ⓘ Tip**
>
> ■ 관련고시
> ▶ 「산업안전지도사 및 산업보건지도사 시험위원회 구성·운영 등에 관한 규정」
> ▶ 「산업안전지도사 및 산업보건지도사 지도 실적으로 인정할 수 있는 기관·단체에 관한 고시」

근로감독관 등

근로감독관 등(법 제155조~157조)

① 개요

근로감독관은 산업안전보건 관련 법령의 실효성을 확보하기 위하여 사업장 등에 출입하여 관계인에 대한 질문, 장부·서류 및 설비에 대한 검사·점검, 자료 제출 요구 등을 할 수 있으며, 필요한 경우 기계·설비에 대한 검사, 시료 수거, 보고 및 출석 요구 등을 통해 법령 준수 여부를 확인함

또한 고용노동부장관의 위탁을 받은 공단 소속 직원도 산업재해 예방을 위한 검사·지도 및 역학조사 등을 수행할 수 있고, 근로자는 사업장에서 법령 위반 사실이 있는 경우 감독기관에 신고할 수 있으며, 사업주는 이를 이유로 근로자에게 불리한 처우를 하여서는 아니 되는 등 감독권한의 실효성과 신고제도의 보호를 함께 확보하려는 취지임

② 근로감독관의 권한

① 출입·질문·검사·점검·제출요구

근로감독관은 이 법 또는 이 법에 따른 명령을 시행하기 위하여 필요한 경우 다음 각 호의 장소에 출입하여 사업주, 근로자 또는 안전보건관리책임자 등(이하 "관계인")에게 질문을 하고, 장부, 서류, 그 밖의 물건의 검사 및 안전보건 점검을 하며, 관계 서류의 제출을 요구할 수 있음

(1) 사업장

(2) 안전관리전문기관·보건관리전문기관, 근로자안전보건교육기관, 직무교육기관, 건설업 기초안전보건교육기관, 안전보건진단기관, 건설재해예방전문지도기관, 안전인증기관, 안전검사기관, 자율안전검사기관, 석면조사기관, 작업환경측정기관, 건강진단기관에 따른 기관의 사무소

(3) 석면해체·제거업자의 사무소

(4) 등록한 지도사의 사무소

② 기계·설비 검사 및 시료 수거

근로감독관은 기계·설비등에 대한 검사를 할 수 있으며, 검사에 필요한 한도에서 무상으로 제품·원재료 또는 기구를 수거할 수 있음. 이 경우 근로감독관은 해당 사업주 등에게 그 결과를 서면으로 알려야 함

③ 보고·출석 명령

근로감독관은 이 법 또는 이 법에 따른 명령의 시행을 위하여 관계인에게 보고 또는 출석을 명할 수 있음

④ 출입 시 신분 표시 및 출입문서 교부

근로감독관은 출입 시 신분증표를 지니고 관계인에게 보여 주어야 하며 성명, 출입시간, 출입 목적 등이 표시된 문서를 관계인에게 내주어야 함

③ 근로감독관의 감독기준 및 절차

① 감독기준(질문·검사·점검·제출요구)

근로감독관은 다음의 경우 질문·검사·점검하거나 관계 서류의 제출을 요구할 수 있음

⑴ 산업재해가 발생하거나 산업재해 발생의 급박한 위험이 있는 경우

⑵ 근로자의 신고 또는 고소·고발 등에 대한 조사가 필요한 경우

⑶ 법 또는 법에 따른 명령을 위반한 범죄의 수사 등 사법경찰관리의 직무 수행에 필요한 경우

⑷ 고용노동부장관 또는 지방고용노동관서의 장이 위반 여부 조사를 위하여 필요하다고 인정하는 경우

② 보고·출석 명령의 기간 및 방식

⑴ 지방고용노동관서의 장은 보고 또는 출석을 명하려는 경우 7일 이상의 기간을 주어야 함. 다만 긴급한 경우에는 예외로 함

⑵ 보고 또는 출석 명령은 문서로 하여야 함

④ 사업장 감독·점검·조사의 운용

① 사업장 감독의 의미 및 종류

⑴ 사업장 감독은 근로감독관이 법 제155조에 따라 감독대상 사업장의 산업안전보건법 위반 여부를 조사하는 활동임

⑵ 일반감독: 사업장 안전보건감독 종합계획에 따라 실시하거나, 중대재해·중대산업사고 발생 사업장 또는 감독 필요성이 인정되는 사업장·업종을 대상으로 실시함

⑶ 특별감독: 안전·보건상의 조치미비로 동시에 2명 이상 사망, 최근 1년간 3회 이상

사망재해 반복, 작업중지 등 명령 위반으로 중대재해 등이 발생한 경우 등 특정 사유가 있을 때 본부장·지방청장 등이 실시함

② 감독계획 및 감독반 편성

⑴ 고용노동부장관은 매년 감독 종합계획을 수립·시행하고 필요 시 전문가·지방관서 의견을 수렴할 수 있음

⑵ 지방관서장은 일반감독의 대상·일정·감독반 편성 등 자체 계획을 수립하여 시행함

⑶ 감독반은 2명 이상 1개조 편성을 원칙으로 하며, 필요 시 관계전문가(지도사, 교수, 공단 직원 등)의 참여로 기술지원을 받을 수 있음

③ 감독의 범위

⑴ 감독은 산안법 전반을 종합적으로 확인하는 종합감독 또는 일부 공정·작업·분야에 한정하는 부분감독으로 실시할 수 있음

⑵ 감독은 감독점검표(제조업/건설업 등)를 활용하여 실시하는 것이 원칙임

⑶ 감독 대상기간은 원칙적으로 감독 실시일 전 3년 범위이며, 반복 위반 등 상당한 이유가 있으면 공소시효·제척기간 내 범위에서 확대될 수 있음

⑷ 도급인의 사업장에서 중대재해·중대산업사고가 발생하여 일반감독 대상이 되는 경우, 도급인과 수급인에 대하여 일반감독을 실시할 수 있음

④ 감독의 준비 및 진행

⑴ 감독은 불시 방문 실시가 원칙이나, 업무시간 외 방문 필요 또는 출입 곤란 사유 등이 있으면 사전 안내할 수 있음

⑵ 사전 안내하는 경우 감독 목적·선정사유·시기 등을 문서로 알릴 수 있으며, 사업장 요청에 따라 일정 조정이 이루어질 수 있음

⑶ 감독 시 감독관은 신분증표 및 현장조사지령서 등을 제시하고, 감독의 목적·선정 사유, 조치절차 및 이의제기 방법 등을 안내함

⑷ 감독 과정에서 감독관은 감독 분야에 해당하는 장부·서류 제출을 요구하여 확인할 수 있고, 시료 수거가 필요한 경우 취지를 설명하여 정상적인 경영활동에 지장이 없도록 고려함

⑸ 감독관은 위법사항 확인 시 서류사본 확보, 사진촬영, 측정, 면담 등 증거보전에 유의함

⑤ 감독 이후 조치

⑹ 감독 종료 후 근로자대표 등 및 사업주 등에게 감독결과, 향후 조치계획, 개선대책 등을 설명하고 감독점검표에 서명 또는 날인을 받을 수 있음

⑤ 감독 이후 조치

⑴ 감독 종료 후 감독결과보고서 등은 원칙적으로 감독 종료일부터 3일(휴일 제외) 이내 보고함

⑵ 위반사항이 확인되면 범죄인지, 과태료 부과, 시정명령·시정지시 등을 병과할 수 있으며, 행정조치는 원칙적으로 감독결과 보고일로부터 5일(휴일 제외) 이내 실시함

⑶ 시정기간은 재해발생과 직접 관련성이 높은 안전·보건 조치는 10일 이내, 그 밖의 사항은 20일 이내 범위에서 부여하는 것이 원칙이며, 객관적으로 부족하면 조정될 수 있음

⑷ 사업장이 시정기한 연장을 요청하는 경우 1차 시정기간 범위에서 연장될 수 있음

⑸ 시정결과보고서 제출 시 서류로 우선 확인하되, 서류 확인이 곤란하면 현장 확인을 통해 종결함

⑥ 점검·조사

⑴ 점검은 특정 업종·작업·유해위험요인 집중 확인, 지정(등록)기관 점검 목적, 안전보건 수준 차등관리, 위험성평가 적정성 확인 필요 등 사유가 있을 때 실시될 수 있음

⑵ 조사는 산재발생 미보고, 안전검사·작업환경측정·건강진단 미실시, 유해·위험방지계획서·공정안전보고서 미제출 등 위반 사실 확인을 위해 계획하여 실시될 수 있음

⑶ 점검·조사는 감독 절차 규정을 준용하여 운영될 수 있으며, 방문조사가 아닌 방식으로도 진행될 수 있음

⑷ 점검·조사 결과 과태료 대상은 즉시 부과할 수 있고, 형사처벌 대상은 시정지시·시정명령 등 행정조치를 우선한 후 불이행 시 범죄인지 및 수사로 이어질 수 있음

⑦ 행정지도

⑴ 감독관은 직무 수행 중 위반사항을 확인한 경우, 사업주 등이 안전·보건에 관한 필요한 조치를 하도록 지도할 수 있음

⑵ 산업재해 발생의 급박한 위험이 있다고 판단되는 경우, 작업계획 변경, 근로자 대피 등 필요한 조치를 하도록 지도할 수 있음

i Tip

■ 근로감독관 집무규정(산업안전보건) 【별표 1】 감독 시 주요확인 서류

1. 공통분야
   - 고용노동부관련 문서철(산업안전보건분야 관련)
   - 안전보건관리규정, 단체협약, 취업규칙, 근로자 명부
   - 산업안전보건위원회 구성 및 운영 관련 서류
   - 관리책임자, 안전·보건관리자 등 안전·보건관계자 선임 관련 서류
   - 위험성평가에 관한 서류
   - 안전·보건관계자(관리감독자 포함) 직무수행 관계 서류
   - 사업장내 안전·보건교육 관련 서류
   - 산업안전·보건 인·허가 및 승인 관련 서류
   - 명예산업안전감독관 위촉 및 활동에 관한 사항
   - 보호구 지급 및 관리에 관한 서류
   - 재해발생 원인분석 및 대책수립·시행 등 산업재해 관련 서류
   - 안전·보건진단 관련 서류
   - 화학물질에 대한 원·부자재 입출고 현황
   - 도급사업 시 안전·보건조치에 관한 서류
   - 그 밖의 법령 이행여부 확인을 위해 필요하다고 판단되는 서류

2. 산업안전분야
   - 공정안전보고서 관련 서류
   - 유해·위험방지계획서 관련 서류
   - 법령에 의한 위험기계·기구검사 및 자율검사프로그램에 관한 서류
   - 위험기계·기구, 방호장치 및 보호구에 대한 안전인증 및 자율안전확인 관련 서류 등

3. 건설안전분야
   - 산업안전보건관리비 계상 및 집행현황
   - 유해·위험방지계획서 관련 서류
   - 안전·보건 협의체 구성 및 운영, 순회점검 등 관련 서류
   - 재해예방전문지도기관 기술지도 관련 서류 등

4. 산업보건환경분야
   - 근로자 건강진단 실시 및 사후조치에 관한 서류
   - 작업공정별 유해인자의 종류, 사용량, 사용실태 관련 자료
   - 작업환경측정 실시 및 개선에 관한 서류
   - 유해작업 도급관계 서류
   - MSDS 이행실태에 관한 서류

⑤ 공단 소속 직원의 검사·지도

① 출입 및 검사·지도, 역학조사 지원

고용노동부장관은 공단이 위탁받은 업무를 수행하기 위하여 필요하다고 인정할 때에는 공단 소속 직원에게 사업장에 출입하여 산업재해 예방에 필요한 검사 및 지도 등을 하게 하거나, 역학조사를 위하여 필요한 경우 관계자에게 질문하거나 필요한 서류의 제출을 요구하게 할 수 있음

② 결과 보고

공단 소속 직원이 검사 또는 지도업무 등을 하였을 때에는 그 결과를 고용노동부장관에게 보고하여야 함

③ 출입 시 신분 표시 및 출입문서 교부

공단 소속 직원이 사업장에 출입 시 신분증표를 지니고 관계인에게 보여 주어야 하며 성명, 출입시간, 출입 목적 등이 표시된 문서를 관계인에게 내주어야 함

⑥ 감독기관에 대한 신고 및 신고자 보호

① 근로자의 신고권

사업장에서 이 법 또는 이 법에 따른 명령을 위반한 사실이 있으면 근로자는 그 사실을 고용노동부장관 또는 근로감독관에게 신고할 수 있음

② 의료인의 신고

의사·치과의사 또는 한의사는 3일 이상의 입원치료가 필요한 부상 또는 질병이 환자의 업무와 관련성이 있다고 판단할 경우에는 「의료법」 제19조제1항[193]에도 불구하고 치료과정에서 알게 된 정보를 고용노동부장관에게 신고할 수 있음

③ 불이익 처우 금지

사업주는 신고를 이유로 해당 근로자에 대하여 해고나 그 밖의 불리한 처우를 해서는 안 됨

---

193) 「의료법」 제19조(정보 누설 금지) ① 의료인이나 의료기관 종사자는 이 법이나 다른 법령에 특별히 규정된 경우 외에는 의료·조산 또는 간호업무나 제17조에 따른 진단서·검안서·증명서 작성·교부 업무, 제18조에 따른 처방전 작성·교부 업무, 제21조에 따른 진료기록 열람·사본 교부 업무, 제22조제2항에 따른 진료기록부등 보존 업무 및 제23조에 따른 전자의무기록 작성·보관·관리 업무를 하면서 알게 된 다른 사람의 정보를 누설하거나 발표하지 못한다.

⑦ 벌칙

위반행위	세부내용	과태료 금액(만원)		
		1차 위반	2차 위반	3차 이상 위반
법 제155조제1항(법 제166조의2에서 준용하는 경우를 포함함)에 따른 질문에 답변을 거부·방해 또는 기피하거나 거짓으로 답변한 경우		300	300	300
법 제155조제1항(법 제166조의2에서 준용하는 경우를 포함함) 또는 제2항(법 제166조의2에서 준용하는 경우를 포함함)에 따른 근로감독관의 검사·점검 또는 수거를 거부·방해 또는 기피한 경우		1,000	1,000	1,000
법 제155조제3항(법 제166조의2에서 준용하는 경우를 포함함)에 따른 명령을 위반하여 보고·출석을 하지 않거나 거짓으로 보고한 경우	1) 보고 또는 출석을 하지 않은 경우	150	300	500
	2) 거짓으로 보고한 경우	500	500	500
법 제156조제1항(법 제166조의2에서 준용하는 경우를 포함함)에 따른 검사·지도 등을 거부·방해 또는 기피한 경우		300	300	300

> **ⓘ Tip**
>
> ■ 관련훈령
> ▶ 「근로감독관 집무규정(산업안전보건)」

> **ⓘ Tip**
>
> ■ **고용노동부 소속기관 현황 및 관할지역**
>
> 1) 지방고용노동청
>
> | 명칭 | 위치 | 관할구역 |
> |---|---|---|
> | 서울지방고용노동청
(광역산재예방감독과,
중대재해수사과,
산재예방감독과,
건설산재예방감독과) | 서울특별시 | 서울특별시 중구·종로구·서초구 및 동대문구 |
> | 경기지방고용노동청
(광역산재예방감독과,
중대재해수사1과,
중대재해수사2과,
산재예방감독과,
건설산재예방감독과) | 경기도 | 경기도 수원시·용인시 및 화성시 |
> | 중부지방고용노동청
(광역산재예방감독과,
중대재해수사과,
산재예방감독과,
건설산재예방감독과) | 인천광역시 | 인천광역시 중구·동구·미추홀구·연수구·남동구 및 옹진군 |
> | 부산지방고용노동청
(광역산재예방감독과,
중대재해수사과,
산재예방감독과,
건설산재예방감독과) | 부산광역시 | 부산광역시 중구·동구·서구·사하구·영도구· 남구·부산진구 및 연제구 |
> | 대구지방고용노동청
(광역산재예방감독과,
중대재해수사과,
산재예방감독과,
건설산재예방감독과) | 대구광역시 | 대구광역시 중구·동구·수성구·북구·군위군, 경상북도 영천시·경산시 및 청도군 |
> | 광주지방고용노동청
(광역산재예방감독과,
중대재해수사과,
산재예방감독과,
건설산재예방감독과) | 광주광역시 | 광주광역시, 전라남도 나주시·화순군·곡성군·구례군· 담양군·장성군·영광군 및 함평군, 제주특별자치도 |
> | 대전지방고용노동청
(광역산재예방감독과,
중대재해수사과,
산재예방감독과,
건설산재예방감독과) | 대전광역시 | 대전광역시, 세종특별자치시, 충청남도 공주시· 논산시·계룡시 및 금산군 |

Tip

2) 지청 및 출장소

명칭	위치	관할구역
서울강남지청 (산재예방감독과)	서울특별시	서울특별시 강남구
서울동부지청 (중대재해수사과, 산재예방감독과)	서울특별시	서울특별시 성동구·광진구·송파구 및 강동구
서울서부지청 (산재예방감독과)	서울특별시	서울특별시 용산구·마포구·서대문구 및 은평구
서울남부지청 (중대재해수사과, 산재예방감독과)	서울특별시	서울특별시 영등포구·강서구 및 양천구
서울북부지청 (산재예방감독과)	서울특별시	서울특별시 성북구·도봉구·강북구·중랑구 및 노원구
서울관악지청 (산재예방감독과)	서울특별시	서울특별시 관악구·구로구·금천구 및 동작구
의정부지청 (중대재해수사과, 산재예방감독과, 건설산재예방감독과)	경기도 의정부시	경기도 의정부시·동두천시·구리시·남양주시·양주시· 포천시·연천군 및 강원특별자치도 철원군
고양지청 (중대재해수사과, 산재예방감독과, 건설산재예방감독과)	경기도 고양시	경기도 고양시 및 파주시
성남지청 (중대재해수사과, 산재예방감독과, 건설산재예방감독과)	경기도 성남시	경기도 성남시·하남시·이천시·광주시·여주시 및 양평군
안양지청 (중대재해수사과, 산재예방감독과, 건설산재예방감독과)	경기도 안양시	경기도 광명시·안양시·과천시·의왕시 및 군포시
안산지청 (중대재해수사과, 산재예방감독과)	경기도 안산시	경기도 안산시 및 시흥시
평택지청 (중대재해수사과, 산재예방감독과, 건설산재예방감독과)	경기도 평택시	경기도 평택시·오산시 및 안성시

인천북부지청 (중대재해수사과, 산재예방감독과, 건설산재예방감독과)	인천광역시	인천광역시 부평구·계양구·서구 및 강화군
부천지청 (중대재해수사과, 산재예방감독과)	경기도 부천시	경기도 부천시 및 김포시
강원지청 (산재예방감독과)	강원특별자 치도 춘천시	강원특별자치도 춘천시·홍천군·인제군·화천군· 양구군 및 경기도 가평군
강릉지청 (중대재해수사과, 산재예방감독과)	강원특별자 치도 강릉시	강원특별자치도 강릉시·속초시·동해시·양양군 및 고성군
원주지청 (산재예방감독과)	강원특별자 치도 원주시	강원특별자치도 원주시 및 횡성군
태백지청 (산재예방감독팀)	강원특별자 치도 태백시	강원특별자치도 태백시 및 삼척시
영월출장소 (산재예방감독팀)	강원특별자 치도 영월군	강원특별자치도 영월군·정선군 및 평창군
부산동부지청 (중대재해수사과, 산재예방감독과)	부산광역시	부산광역시 동래구·해운대구·금정구·수영구 및 기장군
부산북부지청 (산재예방감독과)	부산광역시	부산광역시 북구·사상구 및 강서구
창원지청 (중대재해수사과, 산재예방감독과)	경상남도 창원시	경상남도 창원시·창녕군·함안군 및 의령군
울산지청 (중대재해수사과, 산재예방감독과, 건설산재예방감독과)	울산광역시	울산광역시 남구 및 울주군
울산동부지청 (산재예방감독과)	울산광역시	울산광역시 동구·중구 및 북구
양산지청 (중대재해수사과, 산재예방감독과)	경상남도 양산시	경상남도 김해시·밀양시 및 양산시
진주지청 (중대재해수사과, 산재예방감독과)	경상남도 진주시	경상남도 진주시·사천시·합천군·거창군· 산청군·하동군·함양군 및 남해군

통영지청 (산재예방감독과)	경상남도 통영시	경상남도 통영시·거제시 및 고성군
대구서부지청 (산재예방감독과, 건설산재예방감독과)	대구광역시	대구광역시 서구·달서구·남구·달성군, 경상북도 칠곡군(석적읍 중리 구미국가산업단지는 제외)·고령군 및 성주군
포항지청 (중대재해수사과, 산재예방감독과, 건설산재예방감독과)	경상북도 포항시	경상북도 포항시·경주시·영덕군·울릉군 및 울진군
구미지청 (중대재해수사과, 산재예방감독과)	경상북도 구미시	경상북도 구미시·김천시 및 칠곡군 석적읍 중리 구미국가산업단지
영주지청 (산재예방감독팀)	경상북도 영주시	경상북도 영주시·상주시·문경시 및 봉화군
안동지청 (산재예방감독팀)	경상북도 안동시	경상북도 안동시·예천군·의성군·영양군 및 청송군
전주지청 (중대재해수사과, 산재예방감독과, 건설산재예방감독과)	전북특별자 치도 전주시	전북특별자치도 전주시·남원시·정읍시·장수군· 임실군·순창군·완주군·진안군 및 무주군
익산지청 (산재예방감독과)	전북특별자 치도 익산시	전북특별자치도 익산시 및 김제시
군산지청 (산재예방감독과)	전북특별자 치도 군산시	전북특별자치도 군산시·부안군 및 고창군
목포지청 (중대재해수사과, 산재예방감독과)	전라남도 목포시	전라남도 목포시·무안군·영암군·강진군·완도군·해남군·장흥군·진도군 및 신안군
여수지청 (중대재해수사과, 산재예방감독과, 건설산재예방감독과)	전라남도 여수시	전라남도 여수시·순천시·광양시·고흥군 및 보성군
청주지청 (중대재해수사과, 산재예방감독과, 건설산재예방감독과)	충청북도 청주시	충청북도 청주시·진천군·괴산군·보은군·옥천군·영동군 및 증평군
천안지청 (중대재해수사과, 산재예방감독과, 건설산재예방감독과)	충청남도 천안시	충청남도 천안시·아산시·당진시 및 예산군

512

충주지청 (중대재해수사과, 산재예방감독과)	충청북도 충주시	충청북도 충주시·제천시·음성군 및 단양군
보령지청 (중대재해수사과, 산재예방감독과)	충청남도 보령시	충청남도 보령시·서천군·청양군·홍성군 및 부여군
서산지청 (산재예방감독과)	충청남도 서산시	충청남도 서산시 및 태안군

제11장

기타

1 / 영업정지의 요청(법 제159조)

① 개요

고용노동부장관은 사업주가 중대재해를 발생시킨 경우 관계 행정기관 또는 공공기관에 영업정지나 입찰참가 제한 등 제재를 요청할 수 있음

이는 중대 위반행위에 대한 실효성 있는 제재를 통해 재해 예방 효과를 확보하고, 공공 발주 과정에서도 안전보건 확보 의무 이행을 유도하기 위한 제도임

② 영업정지 등 제재 요청

① 제재 요청권자 및 요청대상

고용노동부장관은 사업주가 중대한 산업재해를 발생시킨 경우 제재 요청을 다음과 같이 구분하여 할 수 있음

(1) 관계 행정기관의 장에게 관계 법령에 따른 해당 사업의 영업정지 등 제재를 요청

(2) 공공기관의 장에게 해당 기관이 시행하는 사업 발주 시 필요한 제한을 해당 사업 자에게 부과하도록 요청

② 제재 요청 사유

고용노동부장관은 다음 중 어느 하나에 해당할 경우 제재를 요청할 수 있음

(1) 제38조(안전조치), 제39조(보건조치) 또는 제63조(도급인의 안전조치 및 보건조치)를 위 반하여 동시에 2명 이상의 근로자가 사망하는 재해[194]

(2) 근로자가 사망하거나 부상을 입을 수 있는 공정안전보고서 제출 대상 설비에서의 누출·화재·폭발 사고

(3) 인근 지역의 주민이 인적 피해를 입을 수 있는 공정안전보고서 제출 대상 설비에서 의 누출·화재·폭발 사고

(4) 제53조제1항 또는 제3항에 따른 명령[195]을 위반하여 근로자가 업무로 인하여 사 망한 경우

---

194) "동시에 2명 이상의 근로자가 사망하는 재해"란 재해 발생 시각부터 그 사고가 주원인이 되어 72시간 이내에 2명 이상이 사망하는 재해를 말함

195) 법 제53조(고용노동부장관의 시정조치)에 관한 내용은 본서 제4장 '유해·위험 방지 조치'의 「12. 고용노동부장관의 시정조 치」를 참조

③ 요청받은 기관의 조치 및 통보

요청을 받은 관계 행정기관의 장 또는 공공기관의 장은 정당한 사유가 없으면 이에 따라야 하며, 조치 결과를 고용노동부장관에게 통보하여야 함

③ 요청 가능한 제재의 종류

고용노동부장관은 사업주가 제재 요청 사유에 해당하는 경우에는 관계 행정기관 또는 「공공기관의 운영에 관한 법률」 제6조에 따라 공기업으로 지정된 기관의 장에게 해당 사업주에 대하여 다음 각 호의 어느 하나에 해당하는 처분을 할 것을 요청할 수 있음

① 「건설산업기본법」 제82조제1항제7호[196]에 따른 영업정지

② 「국가를 당사자로 하는 계약에 관한 법률」 제27조[197], 「지방자치단체를 당사자로 하는 계약에 관한 법률[198]」 제31조 및 「공공기관의 운영에 관한 법률[199]」 제39조에 따른 입찰참가자격의 제한

---

196) 「건설산업기본법」 제82조(영업정지 등) ① 국토교통부장관은 건설사업자가 다음 각 호의 어느 하나에 해당하면 6개월 이내의 기간을 정하여 그 건설사업자의 영업정지를 명하거나 영업정지를 갈음하여 1억원 이하의 과징금을 부과할 수 있다.
7. 「산업안전보건법」에 따른 중대재해를 발생시킨 건설사업자에 대하여 고용노동부장관이 영업정지를 요청한 경우와 그 밖에 다른 법령에 따라 국가 또는 지방자치단체의 기관이 영업정지를 요구한 경우

197) 「국가를 당사자로 하는 계약에 관한 법률」 제27조(부정당업자의 입찰 참가자격 제한 등) ① 각 중앙관서의 장은 다음 각 호의 어느 하나에 해당하는 자(이하 "부정당업자"라 한다)에게는 2년 이내의 범위에서 대통령령으로 정하는 바에 따라 입찰 참가자격을 제한하여야 하며, 그 제한사실을 즉시 다른 중앙관서의 장에게 통보하여야 한다. 이 경우 통보를 받은 다른 중앙관서의 장은 대통령령으로 정하는 바에 따라 해당 부정당업자의 입찰 참가자격을 제한하여야 한다.
8. 계약을 이행할 때에 「산업안전보건법」에 따른 안전·보건 조치 규정을 위반하여 근로자에게 대통령령으로 정하는 기준에 따른 사망 등 중대한 위해를 가한 자

198) 「지방자치단체를 당사자로 하는 계약에 관한 법률」 제31조(부정당업자의 입찰 참가자격 제한) ① 지방자치단체의 장은 다음 각 호의 어느 하나에 해당하는 자(이하 "부정당업자"라 한다)에 대해서는 대통령령으로 정하는 바에 따라 2년 이내의 범위에서 입찰 참가자격을 제한하여야 한다.
9. 그 밖에 다음 각 목의 어느 하나에 해당하는 자로서 대통령령으로 정하는 자
「지방자치단체를 당사자로 하는 계약에 관한 법률」 시행령 제92조(부정당업자의 입찰 참가자격 제한) ② 법 제31조제1항제9호 각 목 외의 부분에서 "대통령령으로 정하는 자"란 다음 각 호의 자를 말한다.
3. 다른 법령을 위반하는 등 입찰에 참가시키는 것이 적합하지 않다고 인정되는 자로서 다음 각 목의 어느 하나에 해당하는 자
가. 계약의 이행 과정에서 안전대책을 소홀히 하여 공중(公衆)에게 위해(危害)를 끼친 자 또는 사업장에서 「산업안전보건법」에 따른 안전·보건조치를 소홀히 하여 근로자 등에게 사망 등 중대한 위해를 끼친 자

199) 「공공기관의 운영에 관한 법률」 제39조(회계원칙 등) ③제1항 및 제2항에 따른 회계처리의 원칙과 입찰참가자격의 제한기준 등에 관하여 필요한 사항은 재정경제부령으로 정한다.
「공기업·준정부기관 계약사무규칙」 제15조(부정당업자의 입찰참가자격 제한 등) ① 기관장은 법 제39조제2항 각 호 외의 부분 본문에 따라 공정한 경쟁이나 계약의 적정한 이행을 해칠 것(이하 "계약질서위반행위"라 한다)이 명백하다고 판단되는 자(이하 "부정당업자"라 한다)에 대해서는 「국가를 당사자로 하는 계약에 관한 법률」 제27조에 따라 입찰참가자격을 제한할 수 있다.

2 / 비밀 유지(법 제162조)

① 개요

산업안전보건 관련 업무 수행 과정에서 알게 되는 사업장의 기술정보, 공정정보, 화학물질 관련 자료 등 민감한 정보를 보호하기 위하여, 법에서 정한 업무 수행자에게 비밀유지의무를 부과하고 위반 시 제재가 가능하도록 한 규정임

② 비밀유지의무의 대상 및 내용

① 누설 및 도용 금지

다음의 업무를 수행하는 자는 업무상 알게 된 비밀을 누설하거나 도용해서는 아니 됨

(1) 제42조에 따라 제출된 유해위험방지계획서를 검토하는 자

(2) 제44조에 따라 제출된 공정안전보고서를 검토하는 자

(3) 제47조에 따른 안전보건진단을 하는 자

(4) 제84조에 따른 안전인증을 하는 자

(5) 제89조에 따른 신고 수리에 관한 업무를 하는 자

(6) 제93조에 따른 안전검사를 하는 자

(7) 제98조에 따른 자율검사프로그램의 인정업무를 하는 자

(8) 제108조제1항 및 제109조제1항에 따라 제출된 유해성·위험성 조사보고서 또는 조사 결과를 검토하는 자

(9) 제110조제1항부터 제3항까지의 규정에 따라 물질안전보건자료 등을 제출받는 자

(10) 제112조제2항·제5항 및 제112조의2제2항에 따라 대체자료의 승인, 연장승인 여부를 검토하는 자 및 제112조제10항에 따라 물질안전보건자료의 대체자료를 제공받은 자

(11) 제129조부터 제131조까지의 규정에 따라 건강진단을 하는 자

(12) 제141조에 따른 역학조사를 하는 자

(13) 제145조에 따라 등록한 지도사

② 예외

근로자의 건강장해를 예방하기 위하여 고용노동부장관이 필요하다고 인정하는 경우에는 예외로 함

3 / 서류의 보존(법 제164조)

① 개요

산업안전보건 관련 주요 조치와 기록의 사후 확인 및 재해 예방을 위하여, 사업주 및 관련 기관 등에게 일정한 안전보건 서류를 일정 기간 보존하도록 의무를 부과함

② 사업주의 서류 보존(원칙 3년, 회의록은 2년)

① 보존기간(원칙)

사업주는 다음의 서류를 3년간 보존하여야 함. 다만, 제(2)호는 2년간 보존함

② 보존대상 서류

(1) 안전보건 인력 선임 서류

안전보건관리책임자, 안전관리자, 보건관리자, 안전보건관리담당자, 산업보건의 선임 관련 서류

(2) 회의록(2년 보존)

산업안전보건위원회(제24조제3항) 및 노사협의체(제75조제4항)에 따른 회의록

(3) 안전조치·보건조치 관련 서류

안전조치 및 보건조치 사항 중 고용노동부령으로 정하는 사항을 적은 서류

(4) 산업재해 원인 기록

산업재해 발생 원인 등 기록(제57조제2항)

(5) 화학물질 유해성·위험성 조사 서류

화학물질 유해성·위험성 조사 관련 서류(제108조제1항, 제109조제1항)

(6) 작업환경측정 서류

작업환경측정 관련 서류(제125조)

※ 3년 보관은 주로 작업환경측정 관련 일반 서류, 측정 전 사전조사, 작업환경 개선 계획서 등을 말함. 다만, 작업환경측정 결과를 기록한 서류는 연장하여 보존하며, 연장 보존에 관한 사항은 '③ 보존기간 연장' 참조

(7) 건강진단 서류

건강진단 관련 서류(제129조~제131조)

③ 보존기간 연장(작업환경측정 결과기록·건강진단 결과)

안전보건 서류 중 일부는 고용노동부령으로 정하는 바에 따라 보존기간을 연장하여 보존하여야 하며, 대상 서류는 다음과 같음

① 작업환경측정 결과 기록(연장)

 (1) 사업주는 작업환경측정 결과 기록 서류를 5년 보존하여야 함

 (2) 사업주는 다음의 물질에 대한 기록이 포함된 서류는 30년 보존하여야 함

  가. 영 제88조에 따른 허가대상유해물질

  나. 안전보건규칙 별표 12에 따른 특별관리물질[200]

② 건강진단 결과표 등(연장)

 (1) 사업주는 건강진단 결과표 및 근로자가 제출한 건강진단 결과 증명서류를 5년 보존하여야 함

 (2) 사업주는 다음의 물질을 취급하는 근로자의 건강진단 결과 서류는 30년간 보존하여야 함

  가. 영 제87조에 따른 제조 등이 금지되는 유해물질

  나. 영 제88조에 따른 허가 대상 유해물질

  다. 안전보건규칙 별표 12에 따른 특별관리물질

④ 안전인증·안전검사·자율안전 관련 보존

① 안전인증기관·안전검사기관(3년)

 안전인증 또는 안전검사 업무를 위탁받은 기관은 다음의 서류를 3년간 보존하여야 함

 (1) 안전인증 신청서(첨부서류를 포함)

 (2) 심사와 관련하여 인증기관이 작성한 서류

② 안전인증을 받은 자(3년)

 안전인증을 받은 자는 안전인증대상기계등 기록 서류를 3년간 보존하여야 함

③ 자율안전확인대상기계등 제조·수입자(2년)

 자율안전확인대상기계등 제조·수입자는 자율안전기준 적합 증명서류를 2년간 보존하

---

200) 안전보건규칙 별표 12에 따른 특별관리물질 중 발암성 물질, 생식세포 변이원성 물질, 생식독성 물질 등 근로자에게 중대한 건강장해를 일으킬 우려가 있는 물질을 말함. 구체적인 목록은 본서 [부록 3] 참조

여야 함

④ 자율안전검사 받은 자(2년)

자율안전검사를 받은 자는 자율검사프로그램 검사결과 서류를 2년간 보존하여야 함

⑤ 석면 관련 서류 보존

① 일반석면조사(해체·제거 종료 시까지)

일반석면조사를 한 건축물·설비소유주등은 조사결과 서류를 해체·제거작업 종료 시까지 보존하여야 함

② 기관석면조사(3년)

기관석면조사를 한 건축물·설비소유주등 및 석면조사기관은 조사결과 서류를 3년간 보존하여야 함

③ 석면해체·제거업자(30년)

석면해체·제거업자는 다음 각 사항을 적은 서류를 30년간 보존하여야 함

(1) 석면해체·제거업자의 명칭 및 소재지

(2) 석면해체·제거작업 근로자의 인적 사항(성명, 생년월일 등을 말함)

(3) 작업의 내용 및 작업 기간

⑥ 작업환경측정기관의 보존(3년)

작업환경측정기관은 다음 각 사항을 적은 작업환경측정 관련 서류를 3년간 보존하여야 함

(1) 측정 대상 사업장 명칭 및 소재지

(2) 측정 연월일

(3) 측정을 한 사람의 성명

(4) 측정방법 및 측정결과

(5) 기기를 사용하여 분석한 경우에는 분석자, 분석방법 및 분석자료 등 분석과 관련된 사항

⑦ 지도사의 보존(5년)

지도사는 업무에 관한 사항으로서 다음 각 사항을 적은 서류를 5년간 보존하여야 함

⑴ 의뢰자 성명(법인 명칭 포함) 및 주소

⑵ 의뢰를 받은 연월일

⑶ 실시항목

⑷ 의뢰자로부터 받은 보수액

⑧ 전산자료 보존

전산입력자료가 있는 경우에는 서류 대신 전산입력자료로 보존할 수 있음

⑨ 벌칙

위반행위	세부내용	과태료 금액(만원)		
		1차 위반	2차 위반	3차 이상 위반
법 제164조제1항부터 제6항까지의 규정을 위반하여 보존해야 할 서류를 보존기간 동안 보존하지 않은 경우(각 서류당)		30	150	300

4 / 현장실습생에 대한 특례(법 제166조의2)

① 개요

현장실습생은 근로계약을 체결한 근로자와 법적 지위가 다를 수 있으나, 실제 사업장 현장에서 작업과 유사한 활동을 수행하는 과정에서 산업재해 위험에 노출될 수 있으므로, 산업안전보건법상 핵심 보호규정을 준용하여 안전보건을 확보하려는 취지임

② 적용 대상(현장실습생의 범위)

「직업교육훈련 촉진법」에 따른 현장실습[201]을 받기 위하여 현장실습산업체의 장과 현장실습계약을 체결한 직업교육훈련생을 말함

③ 준용되는 규정(현장실습생에게 적용)

현장실습생에게는 근로자 보호를 위한 주요 규정을 준용하여 적용함

① 총칙 및 안전보건관리체계 관련

　제5조

　제29조

② 안전조치·보건조치 등 핵심 보호규정

　제38조부터 제41조까지

　제51조부터 제57조까지

　제63조

③ 화학물질 관련 일부 규정

　제114조제3항

④ 건강진단 및 직업성 질병 예방 관련

　제131조

　제138조제1항

　제140조

---

201) "현장실습"이란 직업교육훈련생이 향후 진로와 관련하여 취업 및 직무수행에 필요한 지식·기술 및 태도를 습득할 수 있도록 직업현장에서 실시하는 교육훈련과정을 말함

⑤ 감독·점검 및 신고 보호 관련

제155조부터 제157조까지

④ 용어의 치환

현장실습생에게 준용할 때에는 현장실습의 특성을 반영하여 다음과 같이 용어를 바꾸어 적용함

① 사업주 → 현장실습산업체의 장

② 근로 → 현장실습

③ 근로자 → 현장실습생

⑤ 벌칙

현장실습생에 대한 특례(제166조의2)는 준용 규정 위반 시에도 벌칙·과태료 규정에서 "제166조의2에서 준용하는 경우를 포함한다"는 방식으로 제재가 연동됨

5 / 산업안전보건법에 따른 기관

① 개요

산업안전보건법은 산업재해 예방을 위한 제도의 실효성을 확보하기 위하여 안전·보건 관련 업무를 수행하는 다양한 전문기관을 두고 있음

각 전문기관은 법령에 근거하여 사업장의 안전보건관리 수준을 점검·지원하거나, 교육·검사·인증·진단 등 분야별 업무를 수행함

사업주 및 관계자는 필요한 경우 해당 전문기관의 지원제도를 활용하여 법령에서 정한 안전보건조치를 충실히 이행하고 산업재해 예방 수준을 확보할 수 있음

② 산업안전보건법에 따른 전문기관의 종류 및 주요 업무

기관명	관계법령	주요 역할
안전관리 전문기관	법 제21조 (안전관리전문기관 등)	사업장의 안전관리 업무를 전문적으로 지원하며, 안전보건 조치의 이행 수준을 점검하고 개선 방향을 제시하는 역할을 수행함
보건관리 전문기관		사업장의 보건관리 업무를 전문적으로 지원하며, 유해인자 노출에 따른 건강장해 예방을 위한 관리체계 구축과 개선을 지원함
근로자 안전보건 교육기관	법 제33조 (안전보건교육기관)	근로자 대상 안전보건교육을 실시하며, 교육 내용의 체계화 및 교육 이력의 관리에 필요한 기반을 제공함
직무교육기관		안전보건관리책임자·안전관리자·보건관리자 등 직무별 교육을 실시하여, 사업장 내 안전보건관리 수행 역량을 확보하도록 지원함
건설업 기초안전보건 교육기관		건설업 종사자에게 기초안전보건교육을 실시하여, 건설현장 투입 전 기본적인 안전수칙과 위험인지 능력을 확보하도록 함
안전보건 진단기관	법 제48조 (안전보건진단기관)	사업장의 안전보건 수준을 종합적으로 진단하고, 위험요인 개선 및 재해예방을 위한 개선대책을 제시하는 역할을 수행함
안전진단기관		안전 분야 중심으로 설비·작업공정의 위험요인을 진단하고, 안전조치의 적정성 및 개선 방향을 제시함
보건진단기관		보건 분야 중심으로 유해인자와 건강장해 요인을 진단하고, 근로자 건강보호를 위한 보건조치 개선 방향을 제시함
건설재해예방전문 지도기관	법 제74조 (건설재해예방전문 지도기관)	건설공사의 특성을 반영하여 재해예방을 위한 기술지도를 수행하고, 주요 위험요인에 대한 개선 권고 및 관리방안을 제시함
안전인증기관	법 제88 (안전인증기관)	안전인증 대상 기계·기구 등에 대한 심사를 수행하여, 기준 적합 여부를 확인하고 안전성 확보를 위한 인증 업무를 수행함

기관명	관계법령	주요 역할
안전검사기관	법 제96조 (안전검사기관)	안전검사 대상 설비 등에 대하여 검사 업무를 수행하여, 사용 단계에서의 안전성 유지 여부를 확인하고 관리기준 준수를 지원함
자율안전검사기관	법 제100조 (자율안전검사기관)	자율안전검사 및 자율검사프로그램 관련 업무를 수행하여, 사업장의 자체 점검체계가 안전기준에 부합하도록 지원함
석면조사기관	법 제120조 (석면조사기관)	건축물·설비 등에 대한 석면조사를 수행하여, 석면 관련 위험의 확인 및 적정한 관리·조치의 근거를 제공함
작업환경측정기관	법 제126조 (작업환경측정기관)	작업환경 중 유해인자 노출 수준을 측정하고 결과를 기록하여, 노출관리 및 보건조치 수립을 위한 객관 자료를 제공함
건강진단기관	법 제129조 (일반건강진단)	근로자 건강진단을 실시하고 결과를 판정하여, 직업성 질병의 조기 발견과 건강장해 예방을 위한 기초 자료를 제공함

부록

[부록 1] 위험물질의 종류

<table>
<tr><td colspan="2">산업안전보건기준에 관한 규칙[별표 1]</td></tr>
<tr><td colspan="2" align="center">위험물질의 종류</td></tr>
</table>

1. 폭발성 물질 및 유기과산화물

가. 질산에스테르류
나. 니트로화합물
다. 니트로소화합물
라. 아조화합물
마. 디아조화합물
바. 하이드라진 유도체
사. 유기과산화물
아. 그 밖에 가목부터 사목까지의 물질과 같은 정도의 폭발 위험이 있는 물질
자. 가목부터 아목까지의 물질을 함유한 물질

2. 물반응성 물질 및 인화성 고체

가. 리튬
나. 칼륨·나트륨
다. 황
라. 황린
마. 황화인·적린
바. 셀룰로이드류
사. 알킬알루미늄·알킬리튬
아. 마그네슘 분말
자. 금속 분말(마그네슘 분말은 제외)
차. 알칼리금속(리튬·칼륨 및 나트륨은 제외)
카. 유기 금속화합물(알킬알루미늄 및 알킬리튬은 제외)
타. 금속의 수소화물
파. 금속의 인화물
하. 칼슘 탄화물, 알루미늄 탄화물
거. 그 밖에 가목부터 하목까지의 물질과 같은 정도의 발화성 또는 인화성이 있는 물질
너. 가목부터 거목까지의 물질을 함유한 물질

3. 산화성 액체 및 산화성 고체

가. 차아염소산 및 그 염류
나. 아염소산 및 그 염류
다. 염소산 및 그 염류
라. 과염소산 및 그 염류
마. 브롬산 및 그 염류
바. 요오드산 및 그 염류
사. 과산화수소 및 무기 과산화물
아. 질산 및 그 염류
자. 과망간산 및 그 염류
차. 중크롬산 및 그 염류
카. 그 밖에 가목부터 차목까지의 물질과 같은 정도의 산화성이 있는 물질
타. 가목부터 카목까지의 물질을 함유한 물질

4. 인화성 액체

가. 에틸에테르, 가솔린, 아세트알데히드, 산화프로필렌, 그 밖에 인화점이 섭씨 23도 미만이고 초기끓는점이 섭씨 35도 이하인 물질
나. 노르말헥산, 아세톤, 메틸에틸케톤, 메틸알코올, 에틸알코올, 이황화탄소, 그 밖에 인화점이 섭씨 23도 미만이고 초기 끓는점이 섭씨 35도를 초과하는 물질
다. 크실렌, 아세트산아밀, 등유, 경유, 테레핀유, 이소아밀알코올, 아세트산, 하이드라진, 그 밖에 인화점이 섭씨 23도 이상 섭씨 60도 이하인 물질

5. 인화성 가스

가. 수소
나. 아세틸렌
다. 에틸렌
라. 메탄
마. 에탄
바. 프로판
사. 부탄
아. 영 별표 10에 따른 인화성 가스

※ 인화성 가스란 인화한계 농도의 최저한도가 13퍼센트 이하 또는 최고한도와 최저한도의 차가 12퍼센트 이상인 것으로서 표준압력(101.3 ㎪)하의 20℃에서 가스 상태인 물질을 말한다.

6. 부식성 물질

가. 부식성 산류
　⑴ 농도가 20퍼센트 이상인 염산, 황산, 질산, 그 밖에 이와 같은 정도 이상의 부식성을 가지는 물질
　⑵ 농도가 60퍼센트 이상인 인산, 아세트산, 불산, 그 밖에 이와 같은 정도 이상의 부식성을 가지는 물질
나. 부식성 염기류
　농도가 40퍼센트 이상인 수산화나트륨, 수산화칼륨, 그 밖에 이와 같은 정도 이상의 부식성을 가지는 염기류

7. 급성 독성 물질

가. 쥐에 대한 경구투입실험에 의하여 실험동물의 50퍼센트를 사망시킬 수 있는 물질의 양, 즉 LD50(경구, 쥐)이 킬로그램당 300밀리그램-(체중) 이하인 화학물질
나. 쥐 또는 토끼에 대한 경피흡수실험에 의하여 실험동물의 50퍼센트를 사망시킬 수 있는 물질의 양, 즉 LD50(경피, 토끼 또는 쥐)이 킬로그램당 1000밀리그램 -(체중) 이하인 화학물질
다. 쥐에 대한 4시간 동안의 흡입실험에 의하여 실험동물의 50퍼센트를 사망시킬 수 있는 물질의 농도, 즉 가스 LC50(쥐, 4시간 흡입)이 2500ppm 이하인 화학물질, 증기 LC50(쥐, 4시간 흡입)이 10mg/ℓ 이하인 화학물질, 분진 또는 미스트 1mg/ℓ 이하인 화학물질

[부록 2] 화학설비 및 그 부속설비의 종류

산업안전보건기준에 관한 규칙[별표 7]

화학설비 및 그 부속설비의 종류

1. 화학설비

1) 반응기·혼합조 등 화학물질 반응 또는 혼합장치
2) 증류탑·흡수탑·추출탑·감압탑 등 화학물질 분리장치
3) 저장탱크·계량탱크·호퍼·사일로 등 화학물질 저장설비 또는 계량설비
4) 응축기·냉각기·가열기·증발기 등 열교환기류
5) 고로 등 점화기를 직접 사용하는 열교환기류
6) 캘린더(calender)·혼합기·발포기·인쇄기·압출기 등 화학제품 가공설비
7) 분쇄기·분체분리기·용융기 등 분체화학물질 취급장치
8) 결정조·유동탑·탈습기·건조기 등 분체화학물질 분리장치
9) 펌프류·압축기·이젝터(ejector) 등의 화학물질 이송 또는 압축설비

2. 화학설비의 부속설비

1) 배관·밸브·관·부속류 등 화학물질 이송 관련 설비
2) 온도·압력·유량 등을 지시·기록 등을 하는 자동제어 관련 설비
3) 안전밸브·안전판·긴급차단 또는 방출밸브 등 비상조치 관련 설비
4) 가스누출감지 및 경보 관련 설비
5) 세정기, 응축기, 벤트스택(vent stack), 플레어스택(flare stack) 등 폐가스처리설비
6) 사이클론, 백필터(bag filter), 전기집진기 등 분진처리설비
7) 1)부터 6)까지의 설비를 운전하기 위하여 부속된 전기 관련 설비
8) 정전기 제거장치, 긴급 샤워설비 등 안전 관련 설비

[부록 3] 관리대상 유해물질

산업안전보건기준에 관한 규칙[별표 12]	
관리대상 유해물질의 종류	

1. 유기화합물(123종)	
1) 글루타르알데히드(Glutaraldehyde; 111-30-8)	2) 니트로글리세린(Nitroglycerin; 55-63-0)
3) 니트로메탄(Nitromethane; 75-52-5)	4) 니트로벤젠(Nitrobenzene; 98-95-3)
5) p-니트로아닐린(p-Nitroaniline; 100-01-6)	6) p-니트로클로로벤젠(p-Nitrochlorobenzene; 100-00-5)

7) 2-니트로톨루엔
    (2-Nitrotoluene; 88-72-2)(특별관리물질)
	8) 디(2-에틸헥실)프탈레이트
	    (Di(2-ethylhexyl)phthalate; 117-81-7)

9) 디니트로톨루엔 (Dinitrotoluene; 25321-14-6 등)(특별관리물질)	10) N,N-디메틸아닐린(N,N-Dimethylaniline; 121-69-7)
11) 디메틸아민(Dimethylamine; 124-40-3)	12) N,N-디메틸아세트아미드 (N,N-Dimethylacetamide; 127-19-5)(특별관리물질)

13) 디메틸포름아미드(Dimethylformamide; 68-12-2)
    (특별관리물질)
	14) 디부틸 프탈레이트
	    (Dibutyl phthalate; 84-74-2)(특별관리물질)

15) 디에탄올아민(Diethanolamine; 111-42-2)	16) 디에틸 에테르(Diethyl ether; 60-29-7)
17) 디에틸렌트리아민(Diethylenetriamine; 111-40-0)	18) 2-디에틸아미노에탄올 (2-Diethylaminoethanol; 100-37-8)
19) 디에틸아민(Diethylamine; 109-89-7)	20) 1,4-디옥산(1,4-Dioxane; 123-91-1)
21) 디이소부틸케톤(Diisobutylketone; 108-83-8)	22) 1,1-디클로로-1-플루오로에탄 (1,1-Dichloro-1-fluoroethane; 1717-00-6)
23) 디클로로메탄(Dichloromethane; 75-09-2)	24) o-디클로로벤젠(o-Dichlorobenzene; 95-50-1)

25) 1,2-디클로로에탄
    (1,2-Dichloroethane; 107-06-2)(특별관리물질)
	26) 1,2-디클로로에틸렌
	    (1,2-Dichloroethylene; 540-59-0 등)

27) 1,2-디클로로프로판
    (1,2-Dichloropropane; 78-87-5)(특별관리물질)
	28) 디클로로플루오로메탄
	    (Dichlorofluoromethane; 75-43-4)

29) p-디히드록시벤젠(p-dihydroxybenzene; 123-31-9)	30) 메탄올(Methanol; 67-56-1)

31) 2-메톡시에탄올
    (2-Methoxyethanol; 109-86-4)(특별관리물질)
	32) 2-메톡시에틸 아세테이트
	    (2-Methoxyethyl acetate; 110-49-6)(특별관리물질)

33) 메틸 n-부틸 케톤(Methyl n-butyl ketone; 591-78-6)	34) 메틸 n-아밀 케톤(Methyl n-amyl ketone; 110-43-0)
35) 메틸 아민(Methyl amine; 74-89-5)	36) 메틸 아세테이트(Methyl acetate; 79-20-9)
37) 메틸 에틸 케톤(Methyl ethyl ketone; 78-93-3)	38) 메틸 이소부틸 케톤(Methyl isobutyl ketone; 108-10-1)
39) 메틸 클로라이드(Methyl chloride; 74-87-3)	40) 메틸 클로로포름(Methyl chloroform; 71-55-6)

41) 메틸렌 비스(페닐 이소시아네이트) (Methylene bis(phenyl isocyanate); 101-68-8 등)	42) o-메틸시클로헥사논 (o-Methylcyclohexanone; 583-60-8)
43) 메틸시클로헥사놀(Methylcyclohexanol; 25639-42-3 등)	44) 무수 말레산(Maleic anhydride; 108-31-6)
45) 무수 프탈산(Phthalic anhydride; 85-44-9)	46) 벤젠(Benzene; 71-43-2)(특별관리물질)
47) 벤조(a)피렌 [Benzo(a)pyrene; 50-32-8](특별관리물질)	48) 1,3-부타디엔 (1,3-Butadiene; 106-99-0)(특별관리물질)
49) n-부탄올(n-Butanol; 71-36-3)	50) 2-부탄올(2-Butanol; 78-92-2)
51) 2-부톡시에탄올(2-Butoxyethanol; 111-76-2)	52) 2-부톡시에틸 아세테이트 (2-Butoxyethyl acetate; 112-07-2)
53) n-부틸 아세테이트(n-Butyl acetate; 123-86-4)	54) 1-브로모프로판 (1-Bromopropane; 106-94-5)(특별관리물질)
55) 2-브로모프로판 (2-Bromopropane; 75-26-3)(특별관리물질)	56) 브롬화 메틸(Methyl bromide; 74-83-9)
57) 브이엠 및 피 나프타(VM&P Naphtha; 8032-32-4)	58) 비닐 아세테이트(Vinyl acetate; 108-05-4)
59) 사염화탄소 (Carbon tetrachloride; 56-23-5)(특별관리물질)	60) 스토다드 솔벤트 (Stoddard solvent; 8052-41-3) (벤젠을 0.1% 이상 함유한 경우만 특별관리물질)
61) 스티렌(Styrene; 100-42-5)	62) 시클로헥사논(Cyclohexanone; 108-94-1)
63) 시클로헥사놀(Cyclohexanol; 108-93-0)	64) 시클로헥산(Cyclohexane; 110-82-7)
65) 시클로헥센(Cyclohexene; 110-83-8)	66) 시클로헥실아민(Cyclohexylamine; 108-91-8)
67) 아닐린[62-53-3] 및 그 동족체 (Aniline and its homologues)	68) 아세토니트릴(Acetonitrile; 75-05-8)
69) 아세톤(Acetone; 67-64-1)	70) 아세트알데히드(Acetaldehyde; 75-07-0)
71) 아크릴로니트릴 (Acrylonitrile; 107-13-1)(특별관리물질)	72) 아크릴아미드(Acrylamide; 79-06-1)(특별관리물질)
73) 알릴 글리시딜 에테르 (Allyl glycidyl ether; 106-92-3)	74) 에탄올아민(Ethanolamine; 141-43-5)
75) 2-에톡시에탄올 (2-Ethoxyethanol; 110-80-5)(특별관리물질)	76) 2-에톡시에틸 아세테이트 (2-Ethoxyethyl acetate; 111-15-9)(특별관리물질)
77) 에틸 벤젠(Ethyl benzene; 100-41-4)	78) 에틸 아세테이트(Ethyl acetate; 141-78-6)
79) 에틸 아크릴레이트(Ethyl acrylate; 140-88-5)	80) 에틸렌 글리콜(Ethylene glycol; 107-21-1)
81) 에틸렌 글리콜 디니트레이트 (Ethylene glycol dinitrate; 628-96-6)	82) 에틸렌 클로로히드린 (Ethylene chlorohydrin; 107-07-3)
83) 에틸렌이민 (Ethyleneimine; 151-56-4)(특별관리물질)	84) 에틸아민(Ethylamine; 75-04-7)

85) 2,3-에폭시-1-프로판올
(2,3-Epoxy-1-propanol; 556-52-5 등)(특별관리물질)

86) 1,2-에폭시프로판
(1,2-Epoxypropane; 75-56-9 등)(특별관리물질)

87) 에피클로로히드린
(Epichlorohydrin; 106-89-8 등)(특별관리물질)

88) 와파린
(Warfarin; 81-81-2)(특별관리물질)

89) 요오드화 메틸(Methyl iodide; 74-88-4)

90) 이소부틸 아세테이트(Isobutyl acetate; 110-19-0)

91) 이소부틸 알코올(Isobutyl alcohol; 78-83-1)

92) 이소아밀 아세테이트(Isoamyl acetate; 123-92-2)

93) 이소아밀 알코올(Isoamyl alcohol; 123-51-3)

94) 이소프로필 아세테이트
(Isopropyl acetate; 108-21-4)

95) 이소프로필 알코올(Isopropyl alcohol; 67-63-0)

96) 이황화탄소(Carbon disulfide; 75-15-0)

97) 크레졸(Cresol; 1319-77-3 등)

98) 크실렌(Xylene; 1330-20-7 등)

99) 2-클로로-1,3-부타디엔
(2-Chloro-1,3-butadiene; 126-99-8)

100) 클로로벤젠(Chlorobenzene; 108-90-7)

101) 1,1,2,2-테트라클로로에탄
(1,1,2,2-Tetrachloroethane; 79-34-5)

102) 테트라히드로푸란
(Tetrahydrofuran; 109-99-9)

103) 톨루엔(Toluene; 108-88-3)

104) 톨루엔-2,4-디이소시아네이트
(Toluene-2,4-diisocyanate; 584-84-9 등)

105) 톨루엔-2,6-디이소시아네이트
(Toluene-2,6-diisocyanate); 91-08-7 등)

106) 트리에틸아민(Triethylamine; 121-44-8)

107) 트리클로로메탄(Trichloromethane; 67-66-3)

108) 1,1,2-트리클로로에탄
(1,1,2-Trichloroethane; 79-00-5)

109) 트리클로로에틸렌
(Trichloroethylene; 79-01-6)(특별관리물질)

110) 1,2,3-트리클로로프로판
(1,2,3-Trichloropropane; 96-18-4)(특별관리물질)

111) 퍼클로로에틸렌
(Perchloroethylene; 127-18-4)(특별관리물질)

112) 페놀(Phenol; 108-95-2)(특별관리물질)

113) 페닐 글리시딜 에테르
(Phenyl glycidyl ether; 122-60-1 등)

114) 포름아미드
(Formamide; 75-12-7)(특별관리물질)

115) 포름알데히드
(Formaldehyde; 50-00-0)(특별관리물질)

116) 프로필렌이민
(Propyleneimine; 75-55-8)(특별관리물질)

117 n-프로필 아세테이트
(n-Propyl acetate; 109-60-4)

118) 피리딘(Pyridine; 110-86-1)

119) 헥사메틸렌 디이소시아네이트
(Hexamethylene diisocyanate; 822-06-0)

120) n-헥산(n-Hexane; 110-54-3)

121) n-헵탄(n-Heptane; 142-82-5)

122) 황산 디메틸
(Dimethyl sulfate; 77-78-1)(특별관리물질)

123) 히드라진[302-01-2] 및 그 수화물(Hydrazine and its hydrates)(특별관리물질)

124) 1)부터 123)까지의 물질을 중량비율 1%[N,N-디메틸아세트아미드(특별관리물질), 디메틸포름아미드(특별관리물질), 디부틸 프탈레이트(특별관리물질), 2-메톡시에탄올(특별관리물질), 2-메톡시에틸 아세테이트(특별관리물질), 1-브로모프로판(특별관리물질), 2-브로모프로판(특별관리물질), 2-에톡시에탄올(특별관리물질), 2-에톡시에틸 아세테이트(특별관리물질), 와파린(특별관리물질), 페놀(특별관리물질) 및 포름아미드(특별관리물질)는 0.3%, 그 밖의 특별관리물질은 0.1%] 이상 함유한 혼합물

2. 금속류(25종)

1) 구리[7440-50-8] 및 그 화합물(Copper and its compounds)

2) 납[7439-92-1] 및 그 무기화합물(Lead and its inorganic compounds)(특별관리물질)

3) 니켈[7440-02-0] 및 그 무기화합물, 니켈 카르보닐
(Nickel and its inorganic compounds, Nickel carbonyl)(불용성화합물만 특별관리물질)

4) 망간[7439-96-5] 및 그 무기화합물(Manganese and its inorganic compounds)

5) 바륨[7440-39-3] 및 그 가용성 화합물(Barium and its soluble compounds)

6) 백금[7440-06-4] 및 그 화합물(Platinum and its compounds)

7) 산화마그네슘(Magnesium oxide; 1309-48-4)

8) 산화붕소(Boron oxide; 1303-86-2)(특별관리물질)

9) 셀레늄[7782-49-2] 및 그 화합물(Selenium and its compounds)

10) 수은[7439-97-6] 및 그 화합물
(Mercury and its compounds)(특별관리물질. 다만, 아릴화합물 및 알킬화합물은 특별관리물질에서 제외한다)

11) 아연[7440-66-6] 및 그 화합물(Zinc and its compounds)

12) 안티몬[7440-36-0] 및 그 화합물(Antimony and its compounds) (삼산화안티몬만 특별관리물질)

13) 알루미늄[7429-90-5] 및 그 화합물(Aluminum and its compounds)

14) 오산화바나듐(Vanadium pentoxide; 1314-62-1)

15) 요오드[7553-56-2] 및 요오드화물(Iodine and iodides)

16) 은[7440-22-4] 및 그 화합물(Silver and its compounds)

17) 이산화티타늄(Titanium dioxide; 13463-67-7)

18) 인듐[7440-74-6] 및 그 화합물(Indium and its compounds)

19) 주석[7440-31-5] 및 그 화합물(Tin and its compounds)

20) 지르코늄[7440-67-7] 및 그 화합물(Zirconium and its compounds)

21) 철[7439-89-6] 및 그 화합물(Iron and its compounds)

22) 카드뮴[7440-43-9] 및 그 화합물(Cadmium and its compounds)(특별관리물질)

23) 코발트[7440-48-4] 및 그 무기화합물(Cobalt and its inorganic compounds)
24) 크롬[7440-47-3] 및 그 화합물(Chromium and its compounds) (6가크롬 화합물만 특별관리물질)
25) 텅스텐[7440-33-7] 및 그 화합물(Tungsten and its compounds)
26) 1)부터 25)까지의 물질을 중량비율 1%[납 및 그 무기화합물(특별관리물질), 산화붕소(특별관리물질), 수은 및 그 화합물(특별관리물질. 다만, 아릴화합물 및 알킬화합물은 특별관리물질에서 제외한다)은 0.3%, 그 밖의 특별관리물질은 0.1%] 이상 함유한 혼합물

3. 산·알칼리류(18종)
1) 개미산(Formic acid; 64-18-6)
2) 과산화수소(Hydrogen peroxide; 7722-84-1)
3) 무수 초산(Acetic anhydride; 108-24-7)
4) 불화수소(Hydrogen fluoride; 7664-39-3)
5) 브롬화수소(Hydrogen bromide; 10035-10-6)
6) 사붕소산 나트륨(무수물, 오수화물)(Sodium tetraborate; 1330-43-4, 12179-04-3)(특별관리물질)
7) 수산화 나트륨(Sodium hydroxide; 1310-73-2)
8) 수산화 칼륨(Potassium hydroxide; 1310-58-3)
9) 시안화 나트륨(Sodium cyanide; 143-33-9)
10) 시안화 칼륨(Potassium cyanide; 151-50-8)
11) 시안화 칼슘(Calcium cyanide; 592-01-8)
12) 아크릴산(Acrylic acid; 79-10-7)
13) 염화수소(Hydrogen chloride; 7647-01-0)
14) 인산(Phosphoric acid; 7664-38-2)
15) 질산(Nitric acid; 7697-37-2)
16) 초산(Acetic acid; 64-19-7)
17) 트리클로로아세트산(Trichloroacetic acid; 76-03-9)
18) 황산(Sulfuric acid; 7664-93-9)(pH 2.0 이하인 강산은 특별관리물질)
19) 1)부터 18)까지의 물질을 중량비율 1%[사붕소산나트륨(무수물, 오수화물)(특별관리물질)은 0.3%, pH 2.0 이하인 황산(특별관리물질)은 0.1%] 이상 함유한 혼합물

4. 가스 상태 물질류(15종)
1) 불소(Fluorine; 7782-41-4)
2) 브롬(Bromine; 7726-95-6)
3) 산화에틸렌(Ethylene oxide; 75-21-8)(특별관리물질)
4) 삼수소화 비소(Arsine; 7784-42-1)
5) 시안화 수소(Hydrogen cyanide; 74-90-8)
6) 암모니아(Ammonia; 7664-41-7 등)
7) 염소(Chlorine; 7782-50-5)
8) 오존(Ozone; 10028-15-6)
9) 이산화질소(nitrogen dioxide; 10102-44-0)
10) 이산화황(Sulfur dioxide; 7446-09-5)
11) 일산화질소(Nitric oxide; 10102-43-9)
12) 일산화탄소(Carbon monoxide; 630-08-0)
13) 포스겐(Phosgene; 75-44-5)
14) 포스핀(Phosphine; 7803-51-2)
15) 황화수소(Hydrogen sulfide; 7783-06-4)
16) 1)부터 15)까지의 물질을 중량비율 1%(특별관리물질은 0.1%) 이상 함유한 혼합물

비고: '등'이란 해당 화학물질에 이성질체[202] 등 동일 속성을 가지는 2개 이상의 화합물이 존재할 수 있는 경우를 말함

---

202) 원자 구성은 같지만 구조가 달라 성질이 달라질 수 있는 서로 다른 화합물을 말함

[부록 4] 분진작업의 종류

산업안전보건기준에 관한 규칙[별표 16]

분진작업의 종류

1. 토석·광물·암석(이하 "암석등"이라 하고, 습기가 있는 상태의 것은 제외함)을 파내는 장소에서의 작업. 다만, 다음 중 어느 하나에서 정하는 작업은 제외함
   (1) 갱 밖의 암석등을 습식에 의하여 시추하는 장소에서의 작업
   (2) 실외의 암석등을 동력 또는 발파에 의하지 않고 파내는 장소에서의 작업
2. 암석등을 싣거나 내리는 장소에서의 작업
3. 갱내에서 암석등을 운반, 파쇄·분쇄하거나 체로 거르는 장소(수중작업은 제외함) 또는 이들을 쌓거나 내리는 장소에서의 작업
4. 갱내의 제1호부터 제3호까지의 규정에 따른 장소와 근접하는 장소에서 분진이 붙어 있거나 쌓여 있는 기계설비 또는 전기설비를 이설(移設)·철거·점검 또는 보수하는 작업
5. 암석등을 재단·조각 또는 마무리하는 장소에서의 작업(화염을 이용한 작업은 제외함)
6. 연마재의 분사에 의하여 연마하는 장소나 연마재 또는 동력을 사용하여 암석·광물 또는 금속을 연마·주물 또는 재단하는 장소에서의 작업(화염을 이용한 작업은 제외함)
7. 갱내가 아닌 장소에서 암석등·탄소원료 또는 알루미늄박을 파쇄·분쇄하거나 체로 거르는 장소에서의 작업
8. 시멘트·비산재·분말광석·탄소원료 또는 탄소제품을 건조하는 장소, 쌓거나 내리는 장소, 혼합·살포·포장하는 장소에서의 작업
9. 분말 상태의 알루미늄 또는 산화티타늄을 혼합·살포·포장하는 장소에서의 작업
10. 분말 상태의 광석 또는 탄소원료를 원료 또는 재료로 사용하는 물질을 제조·가공하는 공정에서 분말 상태의 광석, 탄소원료 또는 그 물질을 함유하는 물질을 혼합·혼입 또는 살포하는 장소에서의 작업
11. 유리 또는 법랑을 제조하는 공정에서 원료를 혼합하는 작업이나 원료 또는 혼합물을 용해로에 투입하는 작업(수중에서 원료를 혼합하는 장소에서의 작업은 제외함)
12. 도자기, 내화물(耐火物), 형사토 제품 또는 연마재를 제조하는 공정에서 원료를 혼합 또는 성형하거나, 원료 또는 반제품을 건조하거나, 반제품을 차에 싣거나 쌓은 장소에서의 작업이나 가마 내부에서의 작업. 다만, 다음 중 어느 하나에 정하는 작업은 제외함
    (1) 도자기를 제조하는 공정에서 원료를 투입하거나 성형하여 반제품을 완성하거나 제품을 내리고 쌓은 장소에서의 작업
    (2) 수중에서 원료를 혼합하는 장소에서의 작업
13. 탄소제품을 제조하는 공정에서 탄소원료를 혼합하거나 성형하여 반제품을 노(爐)에 넣거나 반제품 또는 제품을 노에서 꺼내거나 제작하는 장소에서의 작업
14. 주형을 사용하여 주물을 제조하는 공정에서 주형(鑄型)을 해체 또는 탈사(脫砂)하거나 주물모래를 재생하거나 혼련(混鍊)하거나 주조품 등을 절삭하는 장소에서의 작업
15. 암석등을 운반하는 암석전용선의 선창(船艙) 내에서 암석등을 빠뜨리거나 한군데로 모으는 작업
16. 금속 또는 그 밖의 무기물을 제련하거나 녹이는 공정에서 토석 또는 광물을 개방로에 투입·소결(燒結)·탕출(湯出) 또는 주입하는 장소에서의 작업(전기로에서 탕출하는 장소나 금형을 주입하는 장소에서의 작업은 제외함)
17. 분말 상태의 광물을 연소하는 공정이나 금속 또는 그 밖의 무기물을 제련하거나 녹이는 공정에서 노(爐)·연도(煙道) 또는 굴뚝 등에 붙어 있거나 쌓여 있는 광물찌꺼기 또는 재를 긁어내거나 한곳에 모으거나 용기에 넣는 장소에서의 작업
18. 내화물을 이용한 가마 또는 노 등을 축조 또는 수리하거나 내화물을 이용한 가마 또 는 노 등을 해체하거나 파쇄하는 작업
19. 실내·갱내·탱크·선박·관 또는 차량 등의 내부에서 금속을 용접하거나 용단하는 작업
20. 금속을 녹여 뿌리는 장소에서의 작업
21. 동력을 이용하여 목재를 절단·연마 및 분쇄하는 장소에서의 작업
22. 면(綿)을 섞거나 두드리는 장소에서의 작업
23. 염료 및 안료를 분쇄하거나 분말 상태의 염료 및 안료를 계량·투입·포장하는 장소에서의 작업
24. 곡물을 분쇄하거나 분말 상태의 곡물을 계량·투입·포장하는 장소에서의 작업
25. 유리섬유 또는 암면(巖綿)을 재단·분쇄·연마하는 장소에서의 작업
26. 「기상법 시행령」 제8조의2제1항제5호에 따른 황사 경보 발령지역 또는 「대기환경보전법 시행령」 제2조제3항제1호 및 제2호에 따른 미세먼지(PM-10, PM-2.5) 경보 발령지역에서의 옥외 작업

[부록 5] 밀폐공간의 종류

산업안전보건기준에 관한 규칙[별표 18]

밀폐공간

1. 다음의 지층에 접하거나 통하는 우물·수직갱·터널·잠함·피트 또는 그밖에 이와 유사한 것의 내부
   (1) 상층에 물이 통과하지 않는 지층이 있는 역암층 중 함수 또는 용수가 없거나 적은 부분
   (2) 제1철 염류 또는 제1망간 염류를 함유하는 지층
   (3) 메탄·에탄 또는 부탄을 함유하는 지층
   (4) 탄산수를 용출하고 있거나 용출할 우려가 있는 지층
2. 장기간 사용하지 않은 우물 등의 내부
3. 케이블·가스관 또는 지하에 부설되어 있는 매설물을 수용하기 위하여 지하에 부설한 암거·맨홀 또는 피트의 내부
4. 빗물·하천의 유수 또는 용수가 있거나 있었던 통·암거·맨홀 또는 피트의 내부
5. 바닷물이 있거나 있었던 열교환기·관·암거·맨홀·둑 또는 피트의 내부
6. 장기간 밀폐된 강재(鋼材)의 보일러·탱크·반응탑이나 그 밖에 그 내벽이 산화하기 쉬운 시설(그 내벽이 스테인리스강으로 된 것 또는 그 내벽의 산화를 방지하기 위하여 필요한 조치가 되어 있는 것은 제외함)의 내부
7. 석탄·아탄·황화광·강재·원목·건성유(乾性油)·어유(魚油) 또는 그 밖의 공기 중의 산소를 흡수하는 물질이 들어 있는 탱크 또는 호퍼(hopper) 등의 저장시설이나 선창의 내부
8. 천장·바닥 또는 벽이 건성유를 함유하는 페인트로 도장되어 그 페인트가 건조되기 전에 밀폐된 지하실·창고 또는 탱크 등 통풍이 불충분한 시설의 내부
9. 곡물 또는 사료의 저장용 창고 또는 피트의 내부, 과일의 숙성용 창고 또는 피트의 내부, 종자의 발아용 창고 또는 피트의 내부, 버섯류의 재배를 위하여 사용하고 있는 사일로(silo), 그 밖에 곡물 또는 사료종자를 적재한 선창의 내부
10. 간장·주류·효모 그 밖에 발효하는 물품이 들어 있거나 들어 있었던 탱크·창고 또는 양조주의 내부
11. 분뇨, 오염된 흙, 썩은 물, 폐수, 오수, 그 밖에 부패하거나 분해되기 쉬운 물질이 들어있는 정화조·침전조·집수조·탱크·암거·맨홀·관 또는 피트의 내부
12. 드라이아이스를 사용하는 냉장고·냉동고·냉동화물자동차 또는 냉동컨테이너의 내부
13. 헬륨·아르곤·질소·프레온·이산화탄소 또는 그 밖의 불활성기체가 들어 있거나 있었던 보일러·탱크 또는 반응탑 등 시설의 내부
14. 산소농도가 18퍼센트 미만 또는 23.5퍼센트 이상, 이산화탄소농도가 1.5퍼센트 이상, 일산화탄소농도가 30피피엠 이상 또는 황화수소농도가 10피피엠 이상인 장소의 내부
15. 갈탄·목탄·연탄난로를 사용하는 콘크리트 양생장소(養生場所) 및 가설숙소 내부
16. 화학물질이 들어있던 반응기 및 탱크의 내부
17. 유해가스가 들어있던 배관이나 집진기의 내부
18. 근로자가 상주(常住)하지 않는 공간으로서 출입이 제한되어 있는 장소의 내부